国家科学技术学术著作出版基金资助出版

既有建筑结构检测与鉴定

顾祥林　张伟平　著

中国建筑工业出版社

图书在版编目（CIP）数据

既有建筑结构检测与鉴定 / 顾祥林，张伟平著．—
北京 ：中国建筑工业出版社，2023.6（2025.2 重印）
ISBN 978-7-112-28730-7

Ⅰ．①既…　Ⅱ．①顾… ②张…　Ⅲ．①建筑结构-检
测②建筑结构-鉴定　Ⅳ．①TU3

中国国家版本馆 CIP 数据核字（2023）第 082502 号

《既有建筑结构检测与鉴定》一书是作者及其团队在相关领域基础研究成果的综合和千余项既有建筑结构检测鉴定项目工程经验的总结。本书既有深厚的专业理论知识，又有相当范围的专业内容，作者旨在向读者系统介绍既有建筑结构检测与鉴定中的基本理论和基本技术，为合理、科学地评定建筑结构的性能做理论和技术准备。

全书共有 15 章内容，分别是：第 1 章 绪论，第 2 章 既有建筑结构检测样本抽取与合理数量，第 3 章 既有建筑结构现场测绘与调查，第 4 章 既有建筑结构材料力学性能检测，第 5 章 既有建筑结构损伤及材料性能劣化检测，第 6 章 既有建筑结构火灾后性能检测，第 7 章 既有建筑结构现场荷载试验，第 8 章 既有建筑结构动力反应及动力特性测试，第 9 章 既有建筑结构损伤的动力识别，第 10 章 既有建筑结构荷载作用效应分析，第 11 章 既有建筑结构损伤原因分析，第 12 章 既有建筑结构的性能演化，第 13 章 锈蚀混凝土结构构件承载力及抗弯刚度，第 14 章 既有建筑结构构件的可靠性分析，第 15 章 既有建筑结构体系的可靠性分析。

本书适合建筑结构专业的师（生）和从事检测工作的人员阅读、使用。

责任编辑：张伯熙
责任校对：赵　菲

既有建筑结构检测与鉴定
顾祥林　张伟平　著
*
中国建筑工业出版社出版、发行（北京海淀三里河路 9 号）
各地新华书店、建筑书店经销
北京鸿文瀚海文化传媒有限公司制版
北京中科印刷有限公司印刷
*
开本：787 毫米×1092 毫米　1/16　印张：27¼　字数：546 千字
2023 年 5 月第一版　　2025 年 2 月第三次印刷
定价：**98.00** 元
ISBN 978-7-112-28730-7
（40959）

作者简介

顾祥林，男，1963年生于安徽省庐江县，同济大学特聘教授、博士生导师，上海市领军人才，国家重点研发计划项目首席科学家，获国务院政府特殊津贴、第四届上海高校教学名师奖。

1996年12月获同济大学结构工程博士学位。1998年至1999年分别赴美国新泽西理工学院、伊利诺伊大学做访问学者。现任同济大学副校长、工程结构性能演化与控制教育部重点实验室主任，兼任国际建筑遗产结构分析与修复委员会委员、美国混凝土学会中国分会主席、国际材料与结构研究实验联合会中国分会副主席、全国工程专业学位研究生教育指导委员会副主任委员、中国土木工程学会副理事长、上海市土木工程学会副理事长、第七届建筑物鉴定与加固专业委员会副主任委员等职。主要从事工程结构性能演化与控制方面的科学研究和教学工作。主持国家“十三五”和“十四五”重点研发计划项目、973课题、863课题、国家自然科学基金重大国际合作项目、国家自然科学基金重点项目等重要科研项目30余项。发表SCI论文140余篇、EI论文150余篇。出版专著4部。受邀做国际学术会议特邀报告5次、主题报告4次。获省部级科技奖7项。主持省部级教学研究项目10余项。主编英文教材1部、中文教材5部，参编中文教材5部。获国家级教学成果奖4项、省部级教学成果奖8项。

张伟平，男，1973年生于浙江省武义县，同济大学长聘教授、博士生导师，先后入选上海市浦江人才计划、教育部新世纪优秀人才计划、宝钢教育基金优秀教师奖、首届霍英东基金教育教学奖。

2000年7月获同济大学结构工程专业博士学位。2006年9月至2008年9月赴美国科罗拉多大学波德分校从事博士后研究。现任同济大学土木工程学院副院长，兼任教育部高等学校土木工程专业教学指导分委员会秘书长、中国工程教育专业认证协会土木类认证委员会副秘书长、中国力学学会结构工程专业委员会副主任委员、中国土木工程学会工程质量分会理事、中国民族建筑研究会建筑遗产数字化保护专家委员会副主任委员、上海市土木工程学会城市更新专业委员会副主任委员、住房和城乡建设部建筑维护加固与房地产标准化技术委员会委员等职。主要从事工程结构性能演化与控制方面的科学研究和教学工作。主持或承担973课题、863课题、国家自然科学基金重大国际合作项目、国家自然科学基金企业创新联合基金重点项目、国家自然科学基金项目等科研项目20余项。发表SCI论文80余篇，出版专著2部，获省部级科技奖4项。主持省部级教学研究项目10余项，主编中文教材2部，获国家级教学成果奖2项、省部级教学成果奖9项。

前　　言

与拟建建筑结构的设计相比，既有建筑结构的鉴定主要有如下特点：一是既有建筑结构材料的性能及既有建筑结构的现状应该通过现场检测或室内试验的方法确定；二是既有建筑结构的抗力客观上是确定性的、可认识的量，应考虑既有建筑结构的特点重新进行统计分析和理论研究，建立实用的极限状态验算表达式；三是既有建筑结构可能具有不同程度的损伤，其性能在环境作用下可能出现退化，分析既有建筑结构的性能时，应考虑损伤或退化对既有建筑结构性能的影响；四是既有建筑结构的期望继续使用期不同于设计基准期或设计年限，在假设可变荷载为平稳二项随机过程的前提下，可变荷载的统计参数会有所不同；五是作为鉴定结论需要进行结构体系的可靠性分析和结构的剩余寿命预测。为体现这些特点，应将既有建筑结构的检测和鉴定有机地结合起来，并针对既有建筑结构的特点，进行相关基础理论和实用方法研究，以便更加科学地评价既有建筑结构的受力性能，为充分利用既有建筑资源、实现绿色发展提供技术依据。二十余年来，作者在既有建筑结构检测与鉴定方向上的研究工作主要围绕这一思路进行，并用取得的成果指导工程实践。

《既有建筑结构检测与鉴定》（或称“既有建筑结构诊断学”）一书，是作者及其团队在相关领域基础研究成果的综合，也是千余项既有建筑结构检测鉴定项目工程经验的总结。本书旨在向读者系统地介绍既有建筑结构检测与鉴定中的基本理论和基本技术，为合理、科学地评定既有建筑结构的性能做理论和技术准备。全书共有 15 章内容，张伟平完成本书第 4 章、第 5 章、第 12 章的内容编写，顾祥林完成本书其余章节内容的编写，并对全书进行统稿。另外，同济大学的程效军教授、林峰教授、宋晓滨教授、陈涛教授、李翔教授、余倩倩副教授、姜超副研究员、黄庆华博士、管小军高级工程师，上海同瑞土木工程技术有限公司的商登峰高级工程师，上海理工大学的彭斌教授，上海市建筑科学研究院有限公司的蒋利学教授级高级工程师等，为本书提供了编写素材；同济大学土木工程博士后流动站的欧阳煜博士，同济大学结构工程专业的多届博士研究生赵挺生、苗吉军、印小晶、宋力、王璐等，同济大学结构工程专业的多届硕士研究生许勇、陈少杰、吴周偲、李立树、孙凯、张强、王徽、胡广鸿、郑士举、代红超、程珽、孟益、赵伟、崔玮、王辉、孙栋杰、马来飞、左浩然、丁豪、王宝通等，对本书的理论研究和工程实践做出了很大贡献。在此，向他们表示衷心感谢！感谢国家

“十一五”科技支撑计划（项目编号：2006BAJ03A01、2006BAJ03A07）、国家重点基础研究发展计划（973计划）（项目编号：2009CB623200、2015CB655103）和国家自然科学基金重大国际（地区）合作研究项目（项目编号：51320105013）对本书中部分研究成果的资助！

作者的导师同济大学张誉教授生前一直关注既有建筑结构相关领域的基础研究和工程应用。多年前，张誉先生驾鹤仙去，谨以此书对先生表示深深的怀念！

由于作者水平有限，书中定有不当甚至错误之处，敬请广大读者批评指正。

目　　录

第1章 绪论

1.1 既有建筑结构检测与鉴定的目的与意义

由于既有建筑使用功能或使用荷载变更、环境作用、地震、火灾或飓风袭击等诸多因素的影响，往往需要对既有建筑结构性能进行鉴定以保证结构安全可靠。既有建筑结构鉴定与拟建建筑结构设计有明显的区别。主要表现在：

（1）结构鉴定是建立在对既有结构进行现场检测或室内试验基础上的分析，检测与鉴定密切相关不可分离，而拟建结构设计一般不需要检测。

（2）既有结构抗力客观上是确定性的、可认识的量，应该考虑既有结构的特点重新进行统计分析和理论研究，建立既有结构的极限状态验算公式，直接套用设计规范中承载力极限状态方程评定既有结构构件的安全性不科学。

（3）既有结构的希望继续使用期不同于设计基准期。在假设可变荷载为平稳二项随机过程的前提下，可变荷载的统计参数会有所不同。

（4）既有结构中可能存在裂缝和损伤，在结构分析时应考虑初始损伤对结构反应的影响。

（5）既有结构在环境和荷载作用下一般会出现性能退化，结构性能演化规律的科学描述以及已退化构件的性能分析是检测鉴定中的一项重要工作。

（6）结构鉴定还涉及结构体系的可靠性分析和结构剩余寿命预测等复杂问题。因此，有必要针对既有结构的特点，进行相关基础理论和实用方法研究，以便更加科学地评价既有建筑结构的受力性能，为充分利用现有建筑资源、科学合理地进行城市更新提供技术依据。

从第二次世界大战结束至今，建筑业大致经历了三个不同的发展时期。第一个发展时期为战后重建期，其特点是建筑规模大而标准低。随着社会和经济的发展，人们不再满足原来较单一的低标准建筑，而逐步被多元化的发展所代替，从而使建筑业过渡到新建和维修并重的第二个发展时期。之后，随着生活水平的提高以及高新技术产业的崛起，人们越来越觉得已有建筑物的功能已不能满足新的使用要求，又因为昂贵的地价与拆建费用以及对现有资源的保护意识，从而把建筑业推向了第三个发展时期—对既有建筑的维护和改造。英国在1980年的建筑维修改造工程占全英国建筑工程总量的三分之一[1]；美国自 20 世纪 70 年代起新建建筑逐渐减少，而建筑维修改造日益兴旺[2]；德国在 20 世纪 80 年代用于厂房改建的投资占建筑总投资的 60%，丹麦的维修改造工程与新建工程的投资比例更是高达 6：1[3]。在我国，沿海经济发达的大中城市目前已逐步开始进入既有建筑物维修改造的第三阶段。据有关部门统计，我国城镇现有 500 多亿 m^2 的既有建筑，其中，有一般性的居住建筑、公共建筑和工业建筑，也有大量具有文化价值的优秀历史建筑和保护建筑（图 1-1、图 1-2）。如何在满足使用要求的前提下保证这些建筑的可靠性，对充分利用现有资源，继承文化传统，保持社会的可持续发展，实现城市的科学更新具有重要意义。而对建筑结构进行检测和鉴定正是保证既有建筑结构可靠性的重要技术手段。

(a) 1994年　(b) 2001年　(c) 2005年

图 1-1　上海市邮政大楼

(a) 改造前

(b) 改造后

图 1-2　上海新天地石库门里弄建筑

1.2　既有建筑结构检测与鉴定的基本原则

既有建筑结构检测与鉴定是一项严肃认真且复杂的技术工作，需遵循下列基本原则：

（1）既有建筑结构的鉴定与拟建结构的设计有着明显的区别。结构鉴定不是结构设计的逆过程，有其特定的程序和方法。

（2）结构鉴定离不开结构检测。结构检测是为结构鉴定提供必需的信息，结构鉴定是建立在检测、试验和理论分析基础上的科学判断。

（3）定量分析和定性分析相结合。科学合理的鉴定结论除了依赖合理的计算分析外，还依赖对结构构造措施的正确认识以及鉴定人员的知识水平和工程经验。单纯的结构计算分析结果并不能全面反映结构的受力性能。

（4）除了分析结构的损伤原因外，应充分估计结构既有损伤对其性能的影响。

（5）应关注环境作用下结构性能的退化。

（6）不能受委托方或业主的意愿所影响。结构检测鉴定的目的是为委托方或业主提供技术服务，但整个检测鉴定过程以及最终的结论都必须是客观的、科学的，不能受外部主观因素的影响。

（7）不能先入为主，要重视任何一个可能不支持已作出结论的证据和信息。

（8）推理和判断应符合逻辑。这里需要记住一个最基本的逻辑推理原则，即如果由 A 到 B 的推论是正确的话，那么由 B 到 A 的推论不一定正确。举一简单的例子：结构的不均匀沉降可能在墙体上产生斜裂缝，但墙体中的斜裂缝并不一定是由于结构的不均匀沉降而产生的，水平剪力同样可能在墙体中产生斜裂缝，如图 1-3 所示。

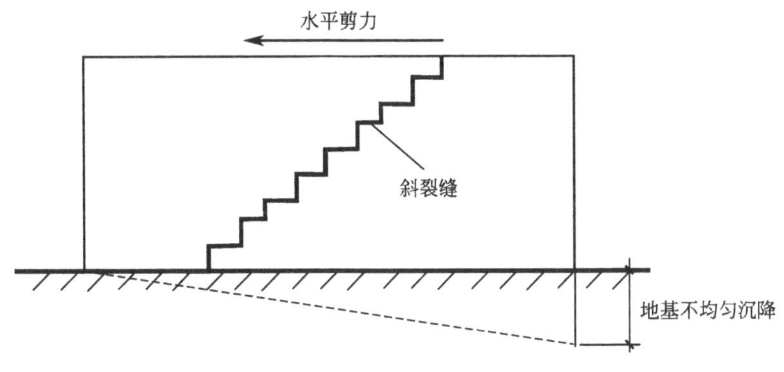

图 1-3　不同外部作用下砖墙中的裂缝

1.3 既有建筑结构检测与鉴定的程序与内容

1.3.1 程序

既有建筑结构检测与鉴定工作程序见图 1-4。图 1-4 中的各个阶段在结构检测鉴定中必不可少。对于特殊情况的检测鉴定，如保护性建筑的检测鉴定，还应根据实际情况适当调整工作程序及相应的工作内容。

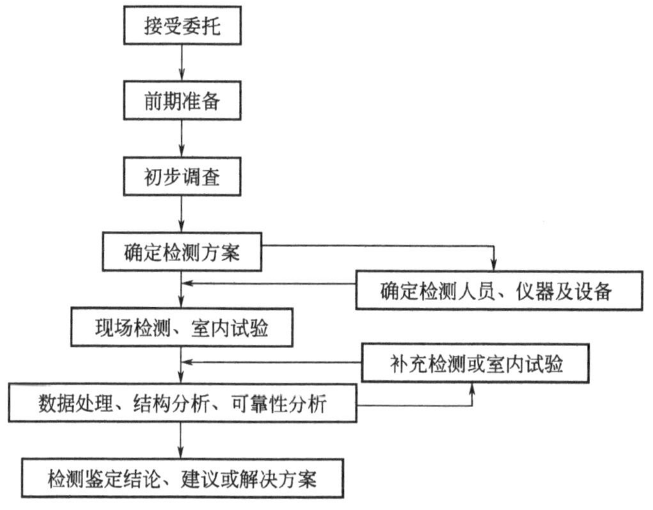

图 1-4 既有建筑结构检测与鉴定工作程序

1.3.2 前期准备和初步调查工作的内容

前期准备包括了解检测对象、明确检测目的、成立检测组织。初步调查一般包括下列基本工作内容：

（1）收集图纸资料，如工程地质勘察报告、建筑结构的设计图纸和计算书、设计变更、施工记录、竣工图、竣工检查及验收文件等。

（2）了解建筑物使用、损坏及修缮历史，如建筑物的改造、维修、用途变更、使用条件改变以及是否受过灾害等情况。

（3）调查现场基本情况，如资料的核对，既有建筑的实际使用条件、使用环境、荷载的调查，询问有关人员等。

（4）对优秀历史建筑或文物建筑还要调查其历史沿革、建筑特色以及相关部门制定的条例、规章和文件，以明确建筑的人文价值和保护要求。

通过现场调查，可以初步了解既有建筑的历史和现状，明确检测鉴定的重点和难点，为制定有针对性的、完善的检测鉴定方案做准备。如图 1-1（a）所示，对此房屋进行检测鉴定时，必须要评价后装铁塔对原有房屋结构受力性能尤其是抗震性能的影响[4]。

1.3.3　现场检测工作的内容

在进行必要的前期准备和初步调查工作后，可按照制定的检测方案进行现场检测。既有建筑结构的现场检测包括建筑结构图的复核与测绘、地基基础的调查、建筑结构使用环境的调查、材料性能的检测、结构损伤的检测、建筑物变形的检测。必要时，还应进行结构动力特性检测以及结构或构件的现场荷载试验。

由于施工中的修改、使用过程中的维修和改造的影响，既有建筑的建筑布置、建筑构造可能有别于原始设计图纸的内容。因此，即使有原始建筑设计图纸，也应根据既有建筑的实际情况对其进行复核；如无原始建筑设计图纸，应对既有建筑进行现场测绘。

同理，由于施工中的修改、使用过程中的维修、改造和加固等的影响，既有建筑的结构布置、结构构造可能有别于原始设计图纸的内容。因此，即使有原始结构设计图纸，也应根据既有建筑结构的实际情况对其进行复核；如无原始结构设计图纸，应对既有建筑结构进行现场测绘。

地质情况对确定地基的工作状态非常重要，在既有建筑结构评定之前，必须弄清地质情况。基础是重要的结构构件，检测中必须能正确判断基础的工作情况。

环境作用是影响结构耐久性的直接原因，要了解结构的实时性能，对结构的性能演化规律进行定量描述，必须详细调查和检测结构的使用环境。

材料力学性能的检测主要包括材料的强度检测、材料的变形性能（弹性模量、峰值应变和极限应变）检测、其他必要项目的检测。材料的强度指标可通过检测直接获得，材料的变形指标一般则通过测试强度推定获得。

结构构件的损伤状况是评定结构性能的基本信息。混凝土结构损伤检测包括混凝土结构构件外观缺陷检测、混凝土结构构件内部缺陷检测、混凝土结构构件裂缝检测、混凝土碳化深度检测、恶劣环境下混凝土受腐蚀情况检测、钢筋锈蚀情况检测等内容。钢结构构件损伤检测包括：钢材涂装与锈蚀、构（杆）件变形、裂缝、连接的变形及损伤等内容。砌体结构构件损伤检测包括：裂缝、块体和砂浆的粉化、腐蚀等内容。木结构损伤检测包括：木结构构件的损伤检测及木结构构件连接的损伤检测。其中，木结构构件损伤的检测又包括：木材疵病、裂缝和腐蚀的检测。

建筑物的相对沉降和倾斜可以作为评判地基、基础工作状态的重要辅助信息。因此，建筑物的相对沉降和倾斜应作为必检项目。水平构件的挠度、竖向构件的垂直度以及节点的变形是衡量构件使用性能的重要指标，另外，竖向构件的垂直度还会影响构件的承载力（二次弯矩的影响）或结构的整体稳定性（如抗倾覆性能）。因此，当怀疑构件的刚度，或构件的承载力，或结构的整体稳定性，或必须对结构的使用性能作评价时，应检测构件的挠度、垂直度和节点的变形。节点变形检测的主要内容是节点连接构件间的滑移、掀起或相对转角检测。

当需要通过试验检验既有混凝土结构受弯构件，如梁、楼板、屋面板、阳台板等的承载力、刚度或抗裂度等结构性能时，或对结构的理论计算模型进行验证时，可进行非破坏性的现场荷载试验。对于大型复杂钢结构体系或木结构体系也可进行非破坏性现场荷载试验，检验结构的性能，验证结构分析模型。

考虑动力特性测试的复杂性，且需要较大的费用，一般只在重要和大型的公用建筑的检测鉴定时或当动力特性对结构的可靠性评估起重要作用时，才进行动力测试。

1.3.4 结构分析和结构可靠性分析工作的内容

结构分析的主要内容包括计算模型选取、荷载（作用）计算、结构反应分析。

结构的可靠性分析包括结构的安全性分析、正常使用性分析和耐久性分析。结构安全性分析主要包括结构抗力的计算，根据荷载效应和结构抗力的计算结果或现场试验结果对既有建筑结构在目标使用期内的安全性进行定量分析，以及根据既有建筑结构的实际构造情况按相关的标准规范对结构的安全性进行定性分析等内容。结构的正常使用性分析主要是根据变形、裂缝等的检测结果，对既有建筑结构能否满足正常使用要求进行评定。结构的耐久性分析主要是引入时间变量，考虑结构的实际工作状况以及环境因素对结构性能的影响，对既有建筑结构能否满足安全性要求或正常使用要求进行分析，或对既有建筑结构的剩余使用寿命进行预测。

检测与鉴定结论中应明确指出缺陷或损伤的原因和结构的可靠程度。建议或解决方案中应包括使用维护建议和加固、修复、改造措施或方法等。

1.4 目标使用期

目标使用期指根据既有建筑已使用时间、使用历史、使用现状和未来使用要求所确定的期望继续使用期。该定义主要有两方面的含义：一是委托检测鉴定方

（或称甲方）根据既有建筑的现状和自己的使用要求，希望其能再使用若干年（如 10 年、20 年或 30 年……，称之为希望继续使用期）后被拆除、改建或挪作他用，以节省投资；二是建筑物维持现状能继续使用多长时间（既有建筑的剩余使用寿命）。为给甲方一个明确的检测鉴定结论，就将甲方的希望继续使用期定为目标使用期，以此作为标准时间段对结构性能进行评定。既有建筑剩余寿命的评估是一个非常复杂的问题。定义了目标使用期后，可以用逐步搜索法确定既有建筑的剩余使用寿命[5]，具体步骤是：

（1）根据既有建筑使用历史、现状和未来使用情况分别确定不同的目标使用期，如 5 年、10 年、20 年、30 年、40 年等。

（2）从小到大取不同的目标使用期，对结构的可靠性进行分析。

（3）若对给定的目标使用期，经计算分析确定结构是可靠的，则说明该建筑的剩余寿命大于（或至少等于）该目标使用期，继续进行搜索分析。

（4）若对给定的目标使用期，经计算分析确定，结构是不可靠的，则说明该建筑的剩余寿命小于（或至多等于）该目标使用期。此时，只有采取必要的加固维修措施或改变建筑的用途才能延长其剩余使用寿命。

目标使用期是对既有建筑物进行结构可靠性评定的时间标准，类似拟建结构的设计基准期。作用在结构上的活荷载、地震作用，以及材料、结构性能的最终退化值，都是以目标使用期作为时间标准来确定的。

目标使用期可由甲方或委托方根据既有建筑的使用要求提出，也可由检测人员按照既有建筑的已使用时间、使用历史、使用现状结合未来使用要求综合分析后提出。

1.5　既有建筑结构检测与鉴定理论的发展与现状

1.5.1　既有建筑结构检测技术的发展

通过结构检测可为结构鉴定提供必要的信息。从检测内容来看既有建筑结构检测可分为结构几何性能检测、结构物理性能检测和材料性能退化检测；从检测方法来看可分为破损检测、半破损检测（或局部破损检测）和无损检测。

（1）结构几何性能检测主要是指结构及构件的几何尺寸检测、结构的沉降、倾斜和变形检测等。原始的几何性能检测工具主要为卷尺、直尺、卡尺、拉线、线坠等。随后百分表、千分表、电磁式位移计、光学水准仪、经纬仪等仪器（表）在工程中得到应用。20 世纪 90 年代以来，激光测距仪、全站仪以及基于电磁技术的钢筋探测仪等被逐渐应用于既有建筑结构的检测。21 世纪以来，科技人员相继开发了三维激光扫描技术和无人机摄影测量技术，并将其应用于复杂建筑的图形测绘。结构几何性能测绘主要为无损检测，但有时也采用局部破损检测。如要检测混凝土结构中钢筋的直径、数量、布置和保护层厚度等，最直接的方法就是打开混凝土的保护层进行检查和量测。

（2）结构物理性能检测包括结构的组成、材料的基本力学性能、结构的动力特性和结构的损伤等检测内容。最初的结构物理性能检测主要采用局部破损法，如打开混凝土的保护层以检查其配筋，打开地基以检查基础的形式，在混凝土结构中钻取混凝土芯样、截取钢筋试样以测试其强度和变形等。20 世纪 60 年代以来，无损检测技术在材料力学性能检测方面得到了广泛的应用，如基于硬度的回弹检测技术，基于密实度的超声检测技术、雷达检测技术以及超声—回弹综合检测技术等。1964 年，同济大学研制出我国第一台非金属超声仪[6]。同济大学还将回弹仪的应用范围从测试混凝土、砖和砂浆的强度拓展到测试钢筋的强度[7-9]。对一些特殊的结构构件，如既有预应力混凝土梁、板，为了正确认识其受力性能，有时会采用全破损的现场荷载试验法进行检测[10]。为了分析结构的动力反应，必须了解结构的动力特性（包括自振频率、振型和阻尼等）。随着加速度传感技术以及相应的数据采集和处理技术的发展，基于环境振动源引起的结构动力反应测试结构的动力特性技术在检测鉴定中得到了广泛的应用[11]。建筑结构由于荷载和环境的作用不可避免地会产生损伤，结构关键部位的损伤累积到一定程度且未被及时发现和处理就会威胁结构安全。因此，结构损伤检测是结构检测中的重要内容之一。结构损伤检测主要采用无损检测，其技术主要沿三条路径发展[12]。第一条路径是目测和基于仪器设备的局部损伤检测。如通过目测检查混凝土和砌体结构的表面裂缝，钢结构、木结构的节点连接情况，结构表面的腐蚀情况；利用锤击法检测木材的内部腐蚀情况；利用超声技术和红外技术检测混凝土的内部损伤以及不同材料之间的连接（粘结）情况等。后两条路径分别是基于结构静态反应（如位移、应变等）及动力特性变化（如频率、振型等）的整体损伤检测。其基本原理是结构发生损伤时会引起刚度变化，进而影响静、动力反应，根据静、动力反应的变化情况可以判断结构是否产生损伤。该两项检测除取决于信息采集技术外，还取决于结构分析理论，非常复杂，目前尚处于发展阶段。

材料性能退化检测是结构耐久性分析的基础。其技术经历了目测、化学试剂测试以及电学仪器测试的发展过程，且以无损检测和局部破损检测为主。如通过目测检测混凝土表面的冻融剥蚀情况，用酚酞试剂测试混凝土的碳化深度，通过测试混凝土中的电阻、钢筋中的微电流或微电位确定钢筋锈蚀的可能性等。但目前尚没有可靠的测试混凝土中钢筋锈蚀程度的无损检测技术。

检测技术的发展主要体现为相关检测规范的制定和颁布。其中以美国试验与材料协会（ASTM）颁布的标准最多。国际标准化组织（ISO）以及材料与结构试验研究国际联合组织（RILEM）也先后提出了若干项相关的国际标准。近几十年，我国也相继颁布了一大批相关的标准，如 1988 年中国工程建设标准化协会颁布了《钻芯法检测混凝土强度技术规程》CECS 03：88，1996 年颁布了上海市地方标准《超声回弹综合法检测混凝土强度技术规程》DBJ08—223—96，2000 年颁布了国家标准《烧结多孔砖》GB 13544—2000 以及《砌体工程现场检测技术标准》GB/T 50315—2000 等。

值得一提的是：无论检测技术如何发展，传统的方法仍然在工程实践中得到应用，且发挥了很好的辅助作用，并与现代检测技术形成了很好的互补。

1.5.2　既有建筑结构可靠性鉴定理论的发展

既有建筑结构可靠性鉴定理论是随着结构可靠性理论的不断发展而逐步发展和完善的。现有的结构可靠性鉴定方法有：传统经验法、实用评定法、近似概率法[13]。

传统经验法以设计规范为依据，由有经验的技术人员在现场观察，进行必要的结构验算，然后凭借个人或少数鉴定人员所拥有的知识和直觉作出鉴定（无统一的鉴定规范）。鉴定结论往往因人而异，且为了避免个人风险而显得保守。尽管如此，由于该方法具有程序少、费用低的优点，在较单一问题的鉴定中仍得到广泛应用。

实用评定法是随着现代检测技术的发展在传统经验法的基础上逐渐发展起来的。检测人员依靠现代检测手段和计算工具，运用数理统计方法获得结构的各种技术参数和统计信息，由此评定结构的可靠性。优点是重视个人和集体的双重作用，强调严格的鉴定程序；缺点是工作量大、费用高。如日本提出的根据 2～3 次调查结果进行综合评价的综合评定法[14]、美国在 20 世纪 70 年代中期提出的“安全性评估程序”[15,16]、1971 年 Wiggin 等人在现场检测的基础上按专门制定的评分准则对既有建筑结构进行分级的方法[17]、1975 年 Culver 提出的现场评估法[18] 等，都属于实用评定法的范畴。随着研究的深入与实际工程的需要，国内外加快了既有建筑结构检测与鉴定标准规范的制定工作。如美国在 1980 年出版了《房屋检查手册》，各州还制定了相应的法规和标准[19]；日本出版了《建筑物损伤与对策》《建筑物维修改造与管理》《建筑物鉴定方法和检验手册》，颁布了《混凝土结构物耐久性鉴定规程》《钢筋混凝土建筑物诊断规程》等标准和规范；瑞典在 1973 年颁布了《住室更新法》。我国原城乡建设环境保护部颁布的《房屋完损等级评定标准》将房屋完损状况划分为 5 级，按结构、装修和设备进行综合评定。

实用评定法比传统经验法有了很大的改进，但其所做的工作主要集中在对评定程序与检测技术的完善，以及对评定机构的建立和集体作用的发挥上。然而，许多工程实例表明：对既有建筑结构的鉴定，除了需要精确估计构件和结构的损坏程度与损伤状态外，还需要根据现代可靠性理论及其实用方法，对结构整体可靠性进行分析，才能对结构、构件的维修、加固或拆换给出合理的决定[20]。但实用评定法没有涉及这方面的内容，其得出的结论最多处于半概率极限状态概念的水准，难以对构件和结构的可靠度给出科学的、定量的描述。其原因是：既有建筑结构的可靠性分析始终受到整个工程结构可靠性基础理论的约束和限制；在早期，整个工程结构的可靠性设计尚处于定值法阶段，无法为既有建筑结构的可靠性分析提供定量的参数和正确的结果。

1969 年，美国的 Cornel 在苏联尔然尼钦提出的一次二阶矩理论基本概念的基础上，用与结构失效概率相关联的可靠指标 β 作为衡量结构可靠度的统一数量指标，并建立了结构可靠度的二阶矩模式。1971 年，加拿大的 Lind 将 β 表达成设计人员习惯采用的分项系数形式[21]。1976 年，国际结构安全度联合委员会（JCSS）采用 Rackwitz 和 Fiessler 等人提出的通过“当量正态”法考虑随机变量实际分布的二阶矩模式，提出验算点法和改进的验算点法，简称为 R—F 或 JC 法[22]，采用下述简化措施近似求解结构的失效概率：①对影响构件抗力的诸多因素及作用中的永久作用，均取与时间无关的随机变量；对其他可变作用，取设计基准期 T 内的极值分布，将其转化为随机变量。②对非正态分布的随机变量，在设计验算点处当量正态化，将其转化为正态分布的随机变量。这样，对所有的随机变量，均可只考虑其一阶原点矩及二阶中心矩。③对非线性的极限状态方程，在设计验算点处，按泰勒级数展开，取线性项，转化为线性的极限状态方程。经上述处理后，即可较为方便地求出构件的可靠指标 β，进而求出失效概率 P_{f}，如式（1-1）所示。

$$P_{\mathrm{f}}=\Phi\ (-\beta) \tag{1-1}$$

这样，以概率理论为基础考虑基本变量概率分布类型的一次二阶矩极限状态设计方法进入了实用阶段，并相继被许多国家的结构设计规范和国际有关设计准则所采用。由于在结构可靠性基础理论方面的进展，Hart 等人于 1981 年提出应用可靠指标评估结构的损坏[23]；Fitzsimons 也提出了类似的可靠性分析方法[24]。我国在 1984 年颁布了以采用可靠指标 β 衡量结构可靠性的《建筑结构设计统一标准》GBJ 68—84，在 1989 年颁布了《钢铁工业建（构）筑物可靠性鉴定规程》YBJ 219—89，在 1990 年颁布了《工业厂房可靠性鉴定标准》GBJ 144—90，在 1995 年颁布了《建筑抗震鉴定标准》GB 50023—95，在 1999 年颁布了《民用建筑可靠性鉴定标准》GB 50292—1999，在 2001 年颁布了《建筑结构可靠度设计统一标准》GB 50068—2001。同时，还颁布了相关的地方标准，如在 1999 年颁布的上海市工程建设规范《房屋质量检测规程》DBJ 08—79—99。这些技术标准的颁布，为我国既有建筑物的鉴定、加固、维修改造规范化奠定了基础。然而，这些规范规程提供的评定方法还没有在真正意义上形成与现行设计标准相协调的近似概率鉴定法。如在《工业厂房可靠性鉴定标准》GBJ 144—90 中，虽然以可靠指标 β 作为结构构件承载力鉴定评级的分级标志，但是一些重要的统计参数（如荷载和抗力的分项系数）仍然按照设计规范取值。《民用建筑可靠性鉴定标准》GB 50292—1999 对此有了进一步的改善，考虑既有建筑结构的后继使用期，重新确定荷载的标准值，但分项系数仍按设计规范的要求取值。

西方国家在使鉴定规范与设计规范相协调的道路上迈出了相对较大的步伐，但也仍然处于探索阶段。结构工程师协会所建议的既有建筑结构的鉴定准则就包括了对结构抗力和荷载分项系数的调整[25]，这种调整正是考虑既有建筑结构在某些方面的不确定性要少于拟建建筑结构的不确定性（比如，实测得到的永久荷载、采用符合既有建筑结构实际工作状态的分析方法等）。

上海市工程建设规范《既有建筑物结构检测与评定标准》DG/TJ08—804—2005 根据目标使用期确定活荷载的标准值，对荷载和承载力分项系数也进行了相应的调整。

1.5.3　既有建筑结构检测鉴定理论的现状和存在的问题

既有建筑结构检测技术和鉴定理论的现状和存在的问题主要体现在以下几个方面：

(1) 现有的检测和鉴定规范相互分离。

既有建筑结构的鉴定不同于拟建结构的设计，鉴定的整个过程都不能脱离客观存在的鉴定个体。鉴定是建立在对既有建筑结构进行现场检测基础上的分析和判断。通常对于一个检测项目会有不止一种的检测方法，而每种检测方法又可能对应不同的检测精度以及数据处理方法。如只用回弹法检测出的混凝土强度和用超声回弹综合法（简称综合法）并经混凝土芯样修正而得到的混凝土强度，两者之间显然存在着不同的检测误差。在这种情况下，就应该充分考虑不同的检测方法对鉴定结果的影响。只有把鉴定与检测有机结合起来，才能充分体现检测方法给鉴定结果带来的影响。

(2) 目前大多数检测方法是在实验室中标定的，而现场实际情况和实验室中的标准情况往往存在较大的差异。另外，尚缺少有效的钢材、钢筋强度的现场无损检测技术。

如《回弹仪评定烧结普通砖强度等级的方法》JC/T 796—2013、《贯入法检测砌筑砂浆抗压强度技术规程》JGJ/T 136—2017 等检测标准均存在现场实际情况和实验室中的标准情况不同的问题。

(3) 我国鉴定规范中，结构或构件的承载力验算仍然沿用设计规范的方法。

如我国《民用建筑可靠性鉴定标准》GB 50292—2015 规定，当验算被鉴定结构或构件的承载力时，对结构上作用的组合、作用的分项系数及组合系数，应按《建筑结构荷载规范》GB 50009—2012 的规定执行。而《建筑结构荷载规范》GB 50009—2012 规定的作用分项系数及作用组合系数是以拟建结构为研究对象而确定的，对既有建筑结构并不适合。既有建筑结构的目标使用期不同于设计时采用的基准期，在假设可变荷载为平稳随机过程的前提下，可变荷载的统计参数会有不同。而对于既有建筑结构的抗力，虽然客观上是确定性的量，但是由于主观认识上的原因，还应该按照随机变量或随机过程来考虑，这时，对既有建筑结构抗力模型和统计参数的选取与设计阶段相比，显然不相同。因此，对于既有建筑结构的承载力极限状态计算公式应考虑既有建筑结构的特点，重新进行统计分析和理论研究。

（4）在结构体系可靠性方面还没有形成科学、实用的评价方法。

很长一段时间内，我国工业厂房的可靠性鉴定主要采用《工业厂房可靠性鉴定标准》GBJ 144—90 中提出的传力树方法。对于单棵传力树，该标准规定："取树中各基本构件等级中的最低评定等级"。即将单棵传力树模拟成串联结构体系评估，只要传力树中的某一基本构件失效，整个传力树失效。它以传力为特征，符合厂房单元承重结构体系受力、传力的特点。将传力系统形象化，能清晰地显现出树中各个部分所处的地位及其作用。用逻辑推理关系表示了构件之间、构件与系统之间的内在联系。

但传力树方法不能反映结构体系失效模式的多样性。对于复杂的结构，划分传力树工作量大，而没有统一的标准，因此每个人评价的结果可能不一致，容易产生分歧。

我国民用建筑可靠性鉴定主要采用《民用建筑可靠性鉴定标准》GB 50292—2015。该标准给出了民用建筑可靠性鉴定评级的层次、等级划分，从单一构件到一种构件，到一个单元，直至整个结构体系都给出了具体的评级方法和过程。民用建筑可靠性鉴定评级根据地基基础、上部承重结构和维护系统承重部分等的等级，以及与整幢建筑有关的其他可靠性问题进行评定。在上部承重结构子单元安全性评定中，分别评定各种构件的安全性等级、结构的整体性等级，以及结构侧向位移等级。

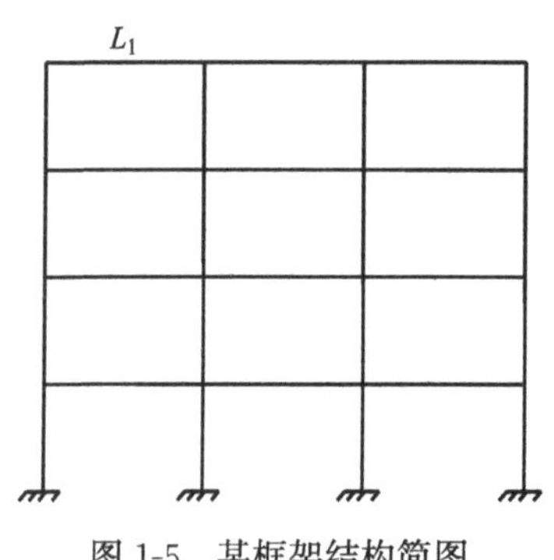

图 1-5　某框架结构简图

然而，上述方法没有考虑构件的重要性系数。如图 1-5 所示的某框架结构简图，若梁 L_1 的等级为 d_u 级，则根据现有的标准，该结构体系应该被评为 D 级。但梁 L_1 破坏只对最上层的局部影响较大，对整个结构影响不大，评为

D 级显然和实际情况有较大差异。

针对现有体系可靠性评级的一些问题，已经有学者开始研究构件的重要性系数，力求更好地反映结构的真实情况。

(5) 过分强调荷载的作用效应，对环境引起的结构耐久性问题重视程度不够。

对既有建筑结构，考虑环境作用时结构的性能演化规律和结构的剩余使用寿命预测是和耐久性相关的两个基本问题。要很好地解决这两个问题必须有相应的研究成果作为支撑。

(6) 目前对既有建筑结构的分析大多采用线性的分析方法，而对结构的非线性特性没有给予充分重视。

线性分析方法只适用于结构（构件）开裂前（结构为小变形）的情况，结构（构件）开裂后或为大变形时则应采用非线性的分析方法（包括材料非线性和几何非线性）。既有建筑结构在使用过程中，由于设计或施工的偏差、使用不当或者其他人为因素，特别是当结构承受了地震或飓风以后，都会不可避免地出现结构构件严重开裂或者构件变形过大等现象，在这种情况下都需要考虑结构的非线性。

(7) 没有考虑既有建筑结构的损伤累积对整个结构反应的影响。

既有建筑结构的损伤累积主要包括两方面的内容：一是不同因素作用下（如强风、地震、冲撞、爆炸、腐蚀、高温等）结构的损伤累积；二是相同因素、多次作用下结构的损伤累积（如工业厂房的吊车运行时，对吊车梁的损伤累积）。结构在其整个生命周期内，由于损伤的不断累积，会严重影响结构的安全性、使用性和耐久性，并且在结构损伤以后，其恢复力特性也将发生变化。因此，对既有建筑结构进行评定、加固时，必然要考虑损伤累积对其性能的影响。

(8) 未充分利用新的信息获取技术和结构分析技术。

随着人工智能技术的飞速发展和广泛应用，智能信息采集和获取技术已经显示出强大的优势，但是，目前在既有建筑结构的检测与鉴定中并未有效地使用智能信息采集和获取技术。对于新的结构分析技术，特别是计算机分析技术，虽然近年来，国内外的相关机构已开始研究、开发针对各类结构可靠性评定的计算机分析软件，但是，因为工程可靠性理论的不完善，各国标准又不统一，这些软件难以普遍应用[26-28]。计算机仿真技术在结构工程中的应用也日益普遍，国内外很多学者已在这方面做了大量的工作，如美国康奈尔大学的 Cundall 用离散元技术模拟了岩石边坡的渐进过程[29]；日本东京大学的学者用离散单元技术对钢筋混凝土框架结构在遭遇强烈地震作用时的倒塌过程进行了计算机仿真分析[30]；本书第一作者曾对混凝土结构基本构件、钢筋混凝土杆系结构在不同外部作用下的破坏过程、混凝土结构和砌体结构在地震作用下的倒塌反应进行过计算机仿真分析[31-35]。应用计算机仿真技术可以很好地模拟实际结构的性能，从某种程度上代替模型试验，为既有建筑结构的检测与鉴定提供直观的参考。然而，要让计算机仿真技术真正发挥应有的作用，还需要不断完善结构工程的基础理论。

1.6 有待解决的关键问题

综合分析既有建筑结构检测与鉴定的现状和存在的问题可知，如要完善既有建筑结构的检测技术和鉴定理论，首先要解决好如下关键问题：

（1）推广采用和设计规范相协调的近似概率鉴定分析方法。

（2）采用先进的信息采集和处理技术。

（3）形成科学、实用的结构体系可靠性分析方法。

（4）对既有建筑结构剩余使用寿命进行科学预测。

（5）充分重视结构的非线性特性。

（6）考虑既有建筑结构的损伤累积对结构性能的影响。

（7）动力损伤识别理论的完善及损伤识别技术的应用。

对上述问题的讨论、研究与工程应用构成了本书的主要内容，也形成了本书的特色。

参考文献

[1] 姚继涛 . 服役结构可靠性分析方法 [D]. 大连：大连理工大学，1996.

[2] 张富春，林志伸 . 建造物的鉴定、加固和改造 [M]. 北京：中国建筑工业出版社，1992.

[3] 邸小坛，周燕 . 旧建筑物的检测加固和维护 [M]. 北京：地震出版社，1990.

[4] 顾祥林，蒋利学，张誉 . 旧房屋屋顶后加铁塔的抗震性能分析 [J]. 工程抗震，1996，(2)：23-25.

[5] Zhang W P，Wang X G，Gu X L，et al. Reliability-based prediction of service life for reinforced concrete structures subjected to corrosion of steel bars [C]. Proceedings of 2007 international symposium on international life-cycle design and management of infrastructure，Tongji University Press，Shanghai，2007：161-163.

[6] 吴新璇 . 混凝土无损检测技术手册 [M]. 北京：人民交通出版社，2003.

[7] 管小军，顾祥林，顾筠，等 . 回弹法现场检测既有砌体结构中烧结普通砖的强度 [J]. 结构工程师，2004，20（5）：44-46，31.

[8] 管小军，顾祥林，陈谦，等 . 硬度法现场检测既有混凝土结构中钢筋的强度 [J]. 结构工程师，2004，20（6）：66-69，5.

[9] 林峰，顾祥林，肖炳辉 . 硬度法检测历史建筑中钢筋强度 [J]. 结构工程师，2010，26

（1）：108-112.

[10] 上海市建设和交通委员会．既有建筑物结构检测与评定标准：DG/TJ08—804—2005 [S]. 上海：上海市建设工程标准定额管理总站，2005.

[11] 张令弥．振动测试与动态分析 [M]. 北京：北京航天工业出版社，1992.

[12] 朱宏平．结构损伤检测的智能方法 [M]. 北京：人民交通出版社，2009.

[13] 陆锦标，顾祥林．既有建筑结构检测鉴定规范的现状和发展趋势 [J]. 住宅科技，2008，28（6）：37-43.

[14] 张富春译．已有建筑物可靠性鉴定方法和检验手册 [M]. 北京：中国铁道出版社，1982.

[15] BRESLER B，HANSON J M，COMARTIN C D，THOMASEN S E. Practical evaluation of structural reliability [R]. Preprint 80-596，ASCE Convention，Florida，October 27-31，1980.

[16] YAO J T P. Damage assessment and reliability evaluation of existing structures [J]. Engineering structures，1979，1（5）：245-251.

[17] YAO J T P. Safety and reliability of existing structures [M]. London：pitman advanced publishing program，1985.

[18] CULVER C G. Evaluations of existing buildings [R]. National bureau of standard. Building Science Series，1975（61）.

[19] 卓尚木，季直仓，卓昌志．钢筋混凝土结构事故分析与加固 [M]. 北京：中国建筑工业出版社，1997.

[20] 梁坦．建筑物可靠性鉴定与加固改造的发展 [J]. 四川建筑科学研究．1994，（3）：35-41.

[21] LIND N C. Consistent partial safety factors [J]. Journal of the structural division，1971，97（6）：1651-1669.

[22] RACKWITZ R，FIESSLER B. Structural reliability under combined random load sequence [J]. Computers and structures，1978，9（5）：489-494

[23] HART G C，DELTOSTO R，ENGLEKIRK R E. Damage evaluation using reliability indices [C]. in "Probabilistic methods in structural engineering"，edited by M. SHINOZUKA and J. T. P. YAO，ASCE，1981：344-357.

[24] FITZSIMONS N. Techniques for investigating structural reliability [C]. in "Probabilistic methods in structural engineering"，edited by M. SHINOZUKA and J. T. P. YAO，ASCE，1981：399-404.

[25] ALLEN D E. Limit states criteria for structural evaluation of existing buildings [J]. Canadian journal of civil engineering，1991，18：995-1004.

[26] 李胜波，王建国，谢会川．民用建筑可靠性鉴定评估软件的开发 [J]. 重庆工业高等专科学校学报，2002：13-14.

[27] 贡金鑫，仲伟秋，赵国藩．工程结构可靠性基本理论的发展与应用 [J]. 建筑结构学报，2002，23（4）：2-9.

[28] MAREK P，GUŠTAR M，ANAGNOS T. Simulation-based reliability assessment for structural engineers [M]. CRC Press，Inc. Boca Raton，Florida，1995.

[29] 王泳嘉，邢纪波．离散单元法及其在岩土力学中的应用 [M]. 沈阳：东北大学出版社，1991.

[30] HAKUNO M，MEGURO K. Simulation of concrete-frame collapse due to dynamic loading [J]. Journal of engineering mechanics，1993，119 (9)：1709-1723.

[31] GU X L，LI C. Computer simulation for reinforced concrete structures demolished by controlled explosion [C]，in "Computing in civil and building engineering"，ASCE，2000：82-89.

[32] 顾祥林．混凝土结构破坏过程仿真分析 [M]. 北京：科学出版社，2020.

[33] 苗吉军，顾祥林，张伟平，等．地震作用下砌体结构倒塌反应的数值模拟计算分析 [J]. 土木工程学报，2005，38 (9)：45-52.

[34] 顾祥林，印小晶，林峰，等．建筑结构倒塌过程模拟与防倒塌设计 [J]. 建筑结构学报，2010，31 (6)：179-187.

[35] 顾祥林，黄庆华，汪小林，等．地震中钢筋混凝土框架结构倒塌反应的试验研究与数值仿真 [J]. 土木工程学报，2012，45 (9)：37-45.

第2章　既有建筑结构检测样本抽取与合理数量

按如图 1-4 所示的程序进行既有建筑结构的现场检测时，必须考虑检测样本数量（简称样本数量）。增加样本数量会降低误差，但会增加检测成本和时间。减少样本数量可能会带来较大的误差，进而影响鉴定结论的准确性。

许多国家和地区都相继出台了相关的现场检测规程和标准。但既有建筑结构检测的样本数量尚未得到广泛重视，样本数量对最终鉴定结果的影响也未得到很好的体现。现场检测不仅要获得既有建筑结构特定的几何和物理参数的特征值，最终目标是通过几何和物理参数的特征值或变量的概率分布评定既有建筑结构性能。因此，在检测几何和物理变量时，必须明确抽样的基本方法且应考虑样本数量对既有建筑结构性能评定结果的影响，并通过相应分析确定最佳样本数量。

2.1　抽样方法

2.1.1　结构单元与检测单元

一幢建筑物往往由若干个独立的结构单元组成，如在钢筋混凝土单层厂房中设置一条伸缩缝，就将厂房上部结构分成两个独立的部分（图 2-1a）[1]。一个独立的结构单元又由若干类构件组成，不同类构件之间、同类构件之间的材料强度等级有可能不同。因此，在一个独立的结构单元内又可根据构件的种类、材料强度的原始设计等级及施工方法、施工程序等划分不同的检测单元。例如，可分别将图 2-1b 中的基础、排架柱（抗风柱）、吊车梁、屋架、屋面板划分成不同的检测单元。抽样检测前需将整幢房屋划分成若干个独立的结构单元，将每一个结构单元划分成若干个检测单元。在检测单元中抽取的样本被称为检测单体。随检测方法的不同，同一检测单体中可以含有不同的测区或测点。

2.1.2　抽样原则

材料性能项目的检测（通常是物理参数的检测）宜按检测单元进行抽样检

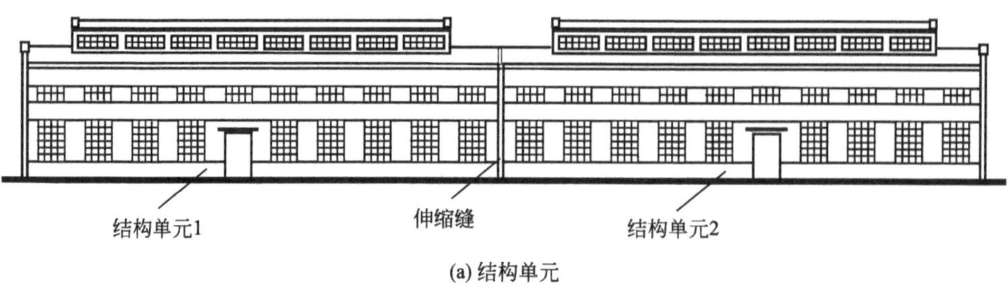

(a) 结构单元

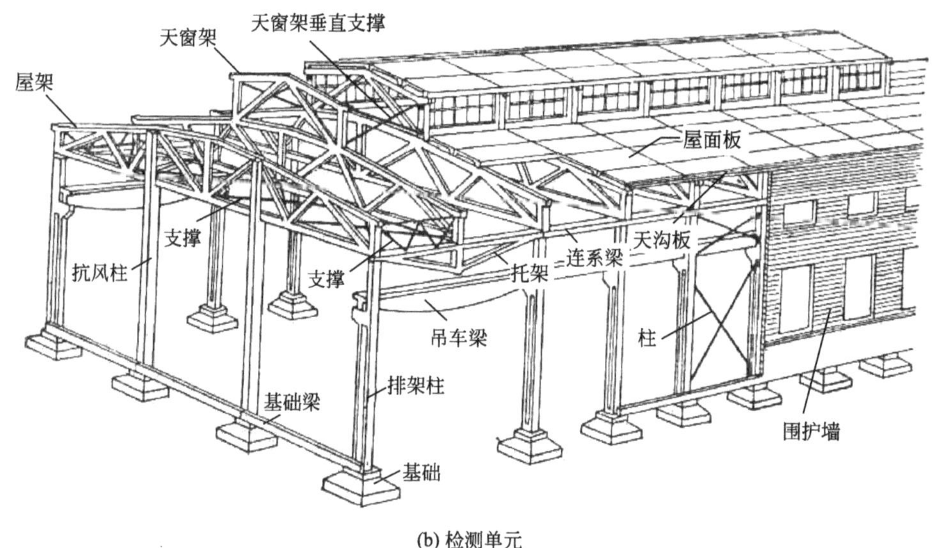

(b) 检测单元

图 2-1　钢筋混凝土单层厂房示意图[1]

测。对非材料性能项目检测时（如几何参数的检测），可根据检测项目的特点选择不同的抽样方案。抽样原则如下：

(1) 按检测单元检测的项目，应进行随机抽样，且应满足一定的抽样数量要求。

(2) 对结构构件进行现场荷载试验时，同类构件宜选取受力较大、自身现状较差、所处环境恶劣、暴露缺陷较多的构件。

(3) 建筑图、结构图的复核与测绘宜采用全数普查、重点复核的方法。

(4) 结构损伤宜采用全数普查、重点抽查的方法。

(5) 沉降观测点的选取和布置应反映相对不均匀沉降对房屋整体结构的影响。

(6) 整体倾斜观测点的选取应能反映结构不同部位、不同方向的倾斜。

(7) 构件变形检测点的选取和布置应能反映构件不同部位之间的相对变形。

（8）动测测点的选取和布置应能反映结构关键部位在不同方向的动力反应。

2.2 统计数学基础

2.2.1 基本概念

实际问题中往往会遇到由大量个体事物组成的集体，每个个体有一个或几个数字指标。如 2.1 节中的检测单元就是这样的一类集体，其中的个体均可用几何尺寸、力学性能等数字指标来表述。对于这类集体，如果只是对所提出的数字感兴趣，那么，可以用由这些数字指标的全体组成的集合代替原来的集体进行讨论，称这种由全体讨论对象组成的集合为总体（或母体）。

如果从一个总体中抽取一个个体，而在抽取时，总体中各个个体被抽到的可能性相等，那么，所抽得的个体的指标 X（在还未具体抽定时）是一个随机变数，X 的分布就是总体分布。可沿用随机变数分布的各种惯用的表达方法来表达总体分布。例如，可用分布函数 $F(x)$ 来表示。$F(x)$ 的具体含义为：$F(x)$ = 总体中所讨论的指标小于 x 的个体所占的比值。

由于总体中有大量个体，实际上不可能或难以把每个个体的指标都具体测出。因此，总体分布是客观存在的，却是未知的。为了要对不完全已知的总体分布的某些方面给出推测，往往要借助从总体中按一定方式取出的一部分个体（或它的指标），称这些被取到的个体（或它的指标）组成的集合为子样（或样本），称子样中含有的个体的个数为子样容量（或样本数量）。

当一个子样已经被抽定后，这个子样是一组具体数字，称它为子样观察值。当一个子样尚未被抽定时，这个子样是一组随机变数。如果子样容量为一常数 n，那么，这个子样是一个 n 维随机变数，称子样中的各个随机变数为子样变数，称由子样可能取值的全体组成的集为子样空间，称子样的分布为子样分布。显然，子样分布是由总体分布及抽样方式确定的。

有各种抽取子样的方式。最简单且常用的方式是：子样容量为一常数，诸子样变数相互独立且服从总体分布，称这种子样为简单子样。

设（X_1，…，X_n）为一简单子样，其密度为

随机变数	X_1	X_2	…	X_n
概率	$1/n$	$1/n$	…	$1/n$

的“离散型分布”，称这样的分布为经验分布（事实上，经验分布不是通常含义下的分布。因为这里，X_1，…，X_n 不是常数，而是随机变数）。称经验分布的函

数 F_n（x）为经验分布函数。

在子样尚未被抽定时，经验分布本身是一个随机性的东西。因此经验分布函数也是一个随机函数。相应于子样的一个观察值，有一个经验分布（经验分布函数）的具体化，称它为经验分布（经验分布函数）的一个观察值。

可以证明如式（2-1）所示的格列汶科定理[2]。

$$P([\lim_{n\to\infty}\max_{-\infty<x<\infty}|F_n(x)-F(x)|=0])=1 \tag{2-1}$$

即概率为 1，有式（2-2）。

$$\lim_{n\to\infty}\max_{-\infty<x<\infty}|F_n(x)-F(x)|=0 \tag{2-2}$$

格列汶科定理给出的结论与下列直观事实吻合：如果相互独立地从一个总体中逐个抽取个体，每次抽取时面对相同的总体，且总体中各个个体被抽到的可能性相等，那么，当抽取的个体的个数很大时，在抽到的那部分个体中，所考虑的指标分布情况大致与总体中所考虑的指标分布情况相同。

在实际应用中经常用到经验分布定出的“期望”及“方差”，依次称它们为子样平均值及子样方差，记为 $\overline{X}$ 及 S^2。具体地，如果（X_1，…，X_n）为一个容量 n 维的子样，则有式（2-3）和式（2-4）。

$$\overline{X}=\frac{1}{n}(X_1+\cdots+X_n) \tag{2-3}$$

$$S^2=\frac{1}{n}[(X_1-\overline{X})^2+\cdots+(X_n-\overline{X})^2] \tag{2-4}$$

2.2.2 区间估计

由式（2-1）或式（2-2）可知，当总体分布不完全清楚时，可以通过抽取子样来对总体分布的某些方面作出推测。其中的关键问题之一是区间估计，该问题可用如下确切的形式提出。

设总体分布是用未知参数 ϑ 来标志的，其中 ϑ 属于某个已知集 Θ。又，g 为一个已知函数，$\theta=g$（ϑ）。要找出一个按子样（X_1，…，X_n）而定的随机区间（f（X_1，…，X_n），h（X_1，…，X_n）），使得对于每个 $\vartheta\in\Theta$ 都有这随机区间含有（或者说覆盖）θ 真值的概率至少有给定值 $1-\alpha$ 那么大。其中，$1-\alpha$ 为小于 1 但近于 1 的数（例如，0.9，0.95，0.99），用算式表达为

$$P_\vartheta([(f(X_1+\cdots+X_n),\ h(X_1+\cdots+X_n))\ni\theta])\geqslant 1-\alpha,\ (\theta\in\Theta) \tag{2-5}$$

即

$$P_\vartheta([f(X_1+\cdots+X_n)<\theta<h(X_1+\cdots+X_n)])\geqslant 1-\alpha,\ (\theta\in\Theta) \tag{2-6}$$

称这样的区间（f（X_1，…，X_n），h（X_1，…，X_n））为 θ 在置信水平 $1-\alpha$ 下

的一个置信区间。所谓区间估计问题就是寻找置信区间的问题。

对于子样（X_1，…，X_n）的一个观察值（x_1，…，x_n），相应地有置信区间（f（X_1，…，X_n），h（X_1，…，X_n））的一个观察值（f（x_1，…，x_n），h（x_1，…，x_n））。

下面以总体分布为N（a，σ^2）为例说明如何确定置信区间。若a，σ^2（>0）都未知，则a在置信水平$1-\alpha$下的置信区间可按下列方法求得：

设随机变数$t=\dfrac{\overline{x}-a}{\sqrt{\sum\limits_{i=1}^{n}(x_i-\overline{x})^2/[n(n-1)]}}$，则，无论总体分布取预定范围内的哪一个分布，这个随机变数t都服从$t_{(n-1)}$。从附表A中查得能使$P([|t|<t_{(n-1)1-\frac{\alpha}{2}}])=1-\alpha$ $\left(\text{即}P([t<t_{(n-1)1-\frac{\alpha}{2}}])=1-\dfrac{\alpha}{2}\right)$的数值$t_{(n-1)1-\frac{\alpha}{2}}$后，就得到：概率为$1-\alpha$地，有

$$-t_{(n-1)1-\frac{\alpha}{2}}<\frac{\overline{x}-a}{\sqrt{\sum\limits_{i=1}^{n}(x_i-\overline{x})^2/[n(n-1)]}}<t_{(n-1)1-\frac{\alpha}{2}} \tag{2-7}$$

即，概率为$1-\alpha$地，有

$$\overline{x}-\sqrt{\sum_{i=1}^{n}(x_i-\overline{x})^2/[n(n-1)]}\,t_{(n-1)1-\frac{\alpha}{2}}<a<\overline{x}+\sqrt{\sum_{i=1}^{n}(x_i-\overline{x})^2/[n(n-1)]}\,t_{(n-1)1-\frac{\alpha}{2}} \tag{2-8}$$

于是，$\left(\overline{x}-\sqrt{\sum\limits_{i=1}^{n}(x_i-\overline{x})^2/[n(n-1)]}\,t_{(n-1)1-\frac{\alpha}{2}},\ \overline{x}+\sqrt{\sum\limits_{i=1}^{n}(x_i-\overline{x})^2/[n(n-1)]}\,t_{(n-1)1-\frac{\alpha}{2}}\right)$就是所要找的在置信水平$1-\alpha$下$a$的一个置信区间。

若a，σ^2（>0）都未知，则σ^2（>0）在置信水平$1-\alpha$下的置信区间可按下列方法求得：

设随机变数$\chi^2=\dfrac{1}{\sigma^2}\sum\limits_{i=1}^{n}(x_i-\overline{x})^2$，则，无论总体分布是所指定的范围内的哪个分布，$\chi^2=\dfrac{1}{\sigma^2}\sum\limits_{i=1}^{n}(x_i-\overline{x})^2$总服从$\chi^2_{(n-1)}$。从附表B中查得满足$P([\chi^2<\chi^2_{(n-1)1-\frac{\alpha}{2}}])=1-\dfrac{\alpha}{2}$及$P([\chi^2_{(n-1)\frac{\alpha}{2}}<\chi^2])=1-\dfrac{\alpha}{2}$ $\left(\text{即}P([\chi^2<\chi^2_{(n-1)\frac{\alpha}{2}}])=\dfrac{\alpha}{2}\right)$的数值$\chi^2_{(n-1)1-\frac{\alpha}{2}}$及$\chi^2_{(n-1)\frac{\alpha}{2}}$后，就得到：概率为$1-\alpha$地，有

$$\chi^2_{(n-1)\frac{\alpha}{2}}<\frac{1}{\sigma^2}\sum_{i=1}^{n}(x_i-\overline{x})^2<\chi^2_{(n-1)1-\frac{\alpha}{2}} \tag{2-9}$$

即，概率为$1-\alpha$地，有

$$\frac{\sum_{i=1}^{n}(x_i-\overline{x})^2}{\chi^2_{(n-1)1-\frac{\alpha}{2}}}<\sigma^2<\frac{\sum_{i=1}^{n}(x_i-\overline{x})^2}{\chi^2_{(n-1)\frac{\alpha}{2}}} \tag{2-10}$$

于是，$\left(\frac{\sum_{i=1}^{n}(x_i-\overline{x})^2}{\chi^2_{(n-1)1-\frac{\alpha}{2}}},\ \frac{\sum_{i=1}^{n}(x_i-\overline{x})^2}{\chi^2_{(n-1)\frac{\alpha}{2}}}\right)$ 就是所要找的在置信水平 $1-\alpha$ 下 σ^2 的一个置信区间。

2.3 随机抽样时合理的样本数量

2.3.1 以均值为指标的待测参数的样本数量

对既有建筑结构，有些参数可以用均值来表征。现假设这样的一个待测参数总体 x 呈正态随机分布，方差 σ^2 和均值 α 均未知，则由式（2-4）和式（2-8）可得总体均值 a 在置信水平 $1-\alpha$ 下的置信区间见式（2-11）。

$$\left(\overline{x}-t_{(n-1)1-\frac{\alpha}{2}}\frac{S}{\sqrt{n-1}},\ \overline{x}+t_{(n-1)1-\frac{\alpha}{2}}\frac{S}{\sqrt{n-1}}\right) \tag{2-11}$$

式中，$\overline{x}$ 为样本均值；S 为样本标准差；n 为样本数量。

当用样本均值 $\overline{x}$ 来估计总体均值 a 时，两者的绝对误差上限见式（2-12）。

$$D=t_{(n-1)1-\frac{\alpha}{2}}\frac{S}{\sqrt{n-1}} \tag{2-12}$$

若 D 可在抽样前确定，则最小样本数量见式（2-13）。

$$n_{\min}=\left[t_{(n-1)1-\frac{\alpha}{2}}\frac{S}{D}\right]^2+1 \tag{2-13}$$

然而，对工程师和业主来说，绝对误差 D 的上限很难被确定。因此，很难通过式（2-13）确定最小的样本数量。结构检测的目的是通过现场检测获得表征结构性能的量化指标，由此评价结构的性能。于是，可通过分析检测值对结构性能的影响程度确定检测样本的数量。具体步骤如下：

（1）从总体中随机取出 n 个样本（不少于 3 个）。

（2）由式（2-3）计算样本均值 $\overline{x}$，由式（2-4）计算样本标准差 S，由式（2-12）计算绝对误差 D 的上限。

（3）由结构的性能指标 $\overline{x}$、$\overline{x}\pm D$ 求结构构件的抗力即 $F_R(\overline{x})$ 和 $F_R(\overline{x}\pm D)$。

(4) 计算相对误差 $\rho=\frac{\max(|F_R(\overline{x})-F_R(\overline{x}\pm D)|)}{F_R(\overline{x})}\times 100\%$。

(5) 确定样本数量：若 $\rho\leqslant\rho_0$，说明由抽样引起的抗力误差可以接受，样本数量 n 合适，否则，应适当增加样本数量，并返回步骤 (2)。

上述步骤中，$\rho_0=1\%\sim5\%$，可由鉴定工程师确定。

对既有建筑结构检测评估时，几何尺寸的确定相当重要。通常认为总体均值就是尺寸的真实值。这是因为：首先，随着测量技术的发展，测量值与真实值之间的误差不断缩小；其次，在正常的施工条件下，结构尺寸的变异性相对较小。

几何尺寸可分为两种：一种对结构抗力的影响可以被忽略，而另一种则不能被忽略。对于前者，工程师可根据相关的工程经验确定样本数量；对于后者，如果没有足够可靠的经验或者所需工程精度较高，则需分析尺寸大小的波动对最终鉴定结果的影响。

以钢筋混凝土受弯构件为例，已知同一检测单元中各受弯构件的截面为矩形，受压区有 2 根直径为 12mm 的钢筋，受拉区有 4 根直径为 25mm 的钢筋，钢筋的屈服强度为 300MPa，混凝土保护层厚度为 25mm，混凝土棱柱体抗压强度为 20MPa，截面宽度为 250mm。

为了确定截面高度 h，随机取出 3 根构件。测得构件截面高度平均值 $\overline{h}=504$mm，样本标准差 $S=21$mm。设式 (2-12) 中的 α 等于 0.1，则绝对误差的上限 $D=43.4$mm。用 $\overline{h}$ 和 $\overline{h}\pm D$ 的值分别求截面的抗弯承载力 $M_u(\overline{h})$ 和 $M_u(\overline{h}\pm D)$。检查相对误差：$\rho=\frac{\max(|M_u(\overline{h})-M_u(\overline{h}\pm D)|)}{M_u(\overline{h})}\times 100\%=10.33\%>5\%$。样本数量不满足要求，需增加样本数量。

另加 3 根构件，测得构件截面高度平均值为 $\overline{h}=500$mm，样本标准差 $S=20$mm。设式 (2-12) 中的 α 等于 0.1，则绝对误差的上限为 $D=18.0$mm。用 $\overline{h}$ 和 $\overline{h}\pm D$ 的值分别求截面的抗弯承载力 $M_u(\overline{h})$ 和 $M_u(\overline{h}\pm D)$ 有：$\rho=\frac{\max(|M_u(\overline{h})-M_u(\overline{h}\pm D)|)}{M_u(\overline{h})}\times 100\%=4.33\%<5\%$。样本数量满足要求。

2.3.2　非单纯以均值为指标的待测参数的样本数量

在进行材料强度检测时，若总体符合正态分布且已知总体的均值 α_f 和标准差 σ_f，则达到 95%保证率的材料强度的标准值见式 (2-14)。

$$f_k=\alpha_f-1.645\sigma_f \tag{2-14}$$

显然，在一定的保证率下材料强度标准值同时取决于均值和标准差。根据 2.2.2 节的相关内容，参照 2.3.1 节的方法，可以由总体均值 α_f 和标准差 σ_f 的置信区间分别确定用样本均值和标准差代替总体均值和标准差时的最大误差，进而由式（2-14）得出强度的标准值后再进行其对结构抗力影响程度分析，以确定样本的数量。但上述分析中涉及均值和标准差两个统计量，使计算工作量大大增加，不便于实际应用。为此，近似地只考虑用样本均值代替总体均值产生的误差进行分析，则可用类似 2.3.1 节中的步骤来确定样本的合理数量。下面举例说明具体过程。

仍以钢筋混凝土受弯构件为例。已知同一检测单元中各受弯构件的截面形状为矩形，受压区有 2 根直径为 12mm 的钢筋，受拉区有 4 根直径为 25mm 的钢筋，钢筋的屈服强度为 300MPa，混凝土保护层厚度为 25mm，截面尺寸 $b\times h=250\text{mm}\times 500\text{mm}$。

为了确定混凝土强度，随机取出 6 根构件。测得混凝土棱柱体抗压强度的平均值 $\mu_f=24\text{MPa}$，样本标准差 $S_f=5\text{MPa}$。设式（2-12）中的 α 等于 0.1，则绝对误差的上限 $D=4.5\text{MPa}$。用 μ_f 和 $\mu_f\pm D$ 的值分别求截面的抗弯承载力 $M_u(\mu_f)$ 和 $M_u(\mu_f\pm D)$。检查相对误差：$\rho=\dfrac{\max(|M_u(\mu_f)-M_u(\mu_f\pm D)|)}{M_u(\mu_f)}\times 100\%=7.41\%>5\%$。样本数量不满足要求，需增加样本数量。

另外增加 2 根构件，测得混凝土棱柱体抗压强度的平均值为 $\mu_f=25\text{MPa}$，样本标准差 $S_f=5.1\text{MPa}$。设式（2-12）中的 α 等于 0.1，则绝对误差的上限 $D=3.7\text{MPa}$。用 μ_f 和 $\mu_f\pm D$ 的值分别求截面的抗弯承载力 $M_u(\mu_f)$ 和 $M_u(\mu_f\pm D)$ 有：$\rho=\dfrac{\max(|M_u(\mu_f)-M_u(\mu_f\pm D)|)}{M_u(\mu_f)}\times 100\%=5.0\%=5\%$，样本数量满足要求。

2.4 国内规范中有关检测样本数量规定的讨论

既有建筑结构的材料强度一般通过现场非破损或部分破损检测技术获得。许多规范规程都提到了材料强度检测，且明确了最小样本数量。《回弹法检测混凝土抗压强度技术规程》JGJ/T 23—2011 指出：样本数量不应小于同批构件总数的 30%，且同时不小于 10。同样，《砌体工程现场检测技术标准》GB/T 50315—2011 认为样本数量不应小于 6。

这些标准规定了最小的样本数量是为了便于工程应用，但未将样本数量与结构失效模式联系，也未将样本数量与结构性能评价结果联系，对离散性较大的总体，可能会由于样本数量不足而产生较大的计算误差。

以材料强度为例，在确定结构抗力时，材料强度是一个很重要的影响因素，但并不唯一。材料强度对结构抗力的影响因结构构件不同的失效模式而改变，影响程度也有差异。影响越大，说明结构抗力对材料强度越敏感。在这种情况下，需要更高的精度，为了获得正确的评定结果需要更多的样本数量，否则，所需精度可以相对低些，样本数量也可适当减少以节约检测成本与时间。

现有一组钢筋混凝土轴心受拉构件，由于构件的极限承载力由钢筋决定，混凝土的强度对构件的承载力几乎没有贡献。检测时，对混凝土强度的检测要求可适当放松。而对钢筋混凝土轴向受压构件，混凝土强度是其极限承载力的主要影响因素，现场检测时，需要的混凝土强度精度必须得到保证。

《民用建筑可靠性鉴定标准》GB 50292—2015 规定：如果检测结构构件数量不少于 5 个，且检测结果用来评估同种构件，则材料强度的标准值见式（2-15）。

$$f_k = \mu_f - kS_f \tag{2-15}$$

式中，f_k 为材料强度标准值；μ_f 为检测构件样本均值；S_f 为样本标准差；k 为与 α、C 及 n 相关的系数；α 为确定材料强度标准值时的低分位值（通常取 $\alpha=0.05$）；C 为检测置信度（钢筋取 0.90、混凝土和木材取 0.75、砌体取 0.60）；n 为样本数量。

以混凝土材料的强度检测为例，式（2-15）中的系数 k 见表 2-1。

系数 k　　**表 2-1**

样本数量 n	系数 k	样本数量 n	系数 k
5	2.463	18	1.951
6	2.336	20	1.933
7	2.250	25	1.895
8	2.190	30	1.869
9	2.141	35	1.849
10	2.103	40	1.834
12	2.048	45	1.821
15	1.991	50	1.811

显然，式（2-15）的取值比较科学，且用表 2-1 中的 k 值考虑了样本均值、标准差和总体均值、标准差因素的影响。但是对离散性较大的材料，取表 2-1 中的样本数量 n 进行抽样检测，再由式（2-15）算出的材料强度是否具有足够的精度？这一问题需要用实例来回答。

给定一组既有建筑结构中的钢筋混凝土抗弯构件，混凝土强度未知。已知构件截面尺寸为 250mm×250mm；截面受拉区有 3 根直径为 20mm 的钢筋，屈服强度为 200MPa，保护层厚度为 25mm。从这些构件中随机抽取 n 个样本，对混凝土抗压强度现场检测结果进行统计分析得知：n 个样本的混凝土棱柱体抗压强度均值μ_f=20MPa，n个样本的标准差S_f=8MPa。假定样本均值及标准差不变，将μ_f=20MPa及S_f=8MPa代入式（2-15），得式（2-16）。

$$f_k = 20 - 8k \tag{2-16}$$

式中，系数k按表2-1中的数值取用。

样本数量n和混凝土强度标准值f_k的关系如图2-2所示，样本数量n与截面抗弯承载力M_u的关系如图2-3所示。

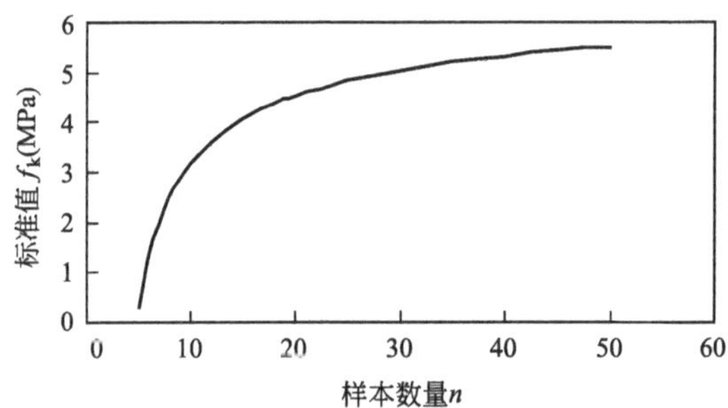

图2-2　样本数量n和混凝土强度标准值f_k的关系

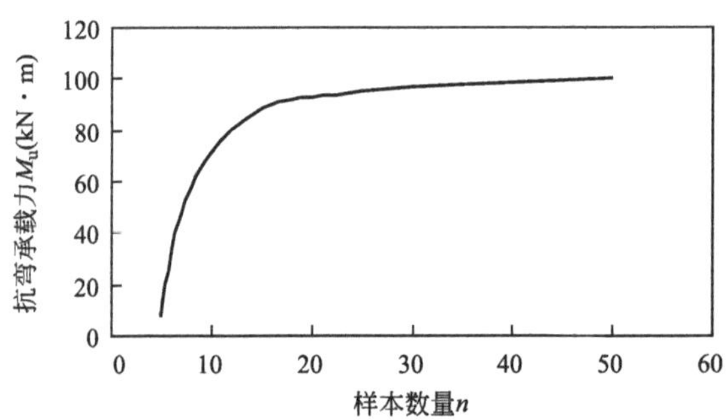

图2-3　样本数量n与截面抗弯承载力M_u的关系

图2-3表明M_u随样本数量增加而增加，但其增加率会逐渐降低。由此可以看出表2-1中所列的样本数量并非全部合适。定义M_u的增加率如式（2-17）所示。

$$\rho(n) = \frac{M_u(n) - M_u(n-1)}{M_u(n)} \times 100\% \tag{2-17}$$

若n_0满足式（2-18），则认为n_0为材料强度检测时的最佳样本数量。

$$\begin{cases} \rho(n) > \rho_0 & \text{当 } n < n_0 \text{ 时} \\ \rho(n) \leqslant \rho_0 & \text{当 } n > n_0 \text{ 时} \end{cases} \tag{2-18}$$

式中，ρ_0=1%～5%。

在上例中，若ρ_0=5%，则最佳样本数量，即混凝土抗弯构件的最佳抽检数量为 18。

改变上例初始条件：截面受拉区改为 2 根直径 10mm 的钢筋，屈服强度为 200MPa，其余条件不变。通过上述分析，可得到样本数量 n 与不同混凝土梁截面抗弯承载力间的关系如图 2-4 所示。

图 2-4 表明：在第二种情况下，弯曲抗力对样本数量不敏感，若 $\rho_0=5\%$，最佳样本数量为 7。

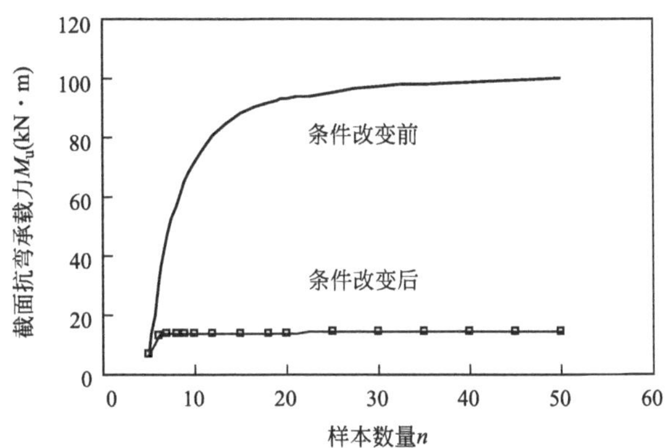

图 2-4　样本数量 n 与不同混凝土梁截面抗弯承载力间的关系

为何在上述两种情况下，最佳样本数量不一样？计算表明：第一种情况为适筋梁，其受弯失效以受压区混凝土被压碎为特征，因此，混凝土强度对截面抗弯承载力的影响非常明显；第二种情况为少筋梁，其受弯失效模式以纵向受拉钢筋拉断为特征；混凝土强度对截面抗弯承载力的影响不明显。可见，即使对同类构件，材料强度检测时的样本数量也与构件的破坏模式相关。

上述算例中假定样本的均值和标准差不随 n 变化，这是不真实的。但是分析得出的结论还是给了我们有益的启示：在应用《民用建筑可靠性鉴定标准》GB 50292—2015 的相关规定计算被检测材料的强度时，宜按下列步骤确定检测样本的数量：

（1）从总体中随机抽取 n 个样本（不宜少于 5 个）进行检测。

（2）计算样本均值 μ_f 以及标准差 S_f。

（3）保持 μ_f 与 S_f 不变，变化样本数量 n，得到样本数量 n 与材料强度标准值 f_k 的关系，以及样本数量 n 与构件抗力 F_R 的关系。

（4）由式（2-17）（将式中的 M_u 换成 F_R）和式（2-18）确定 n_0。若 $n \geqslant n_0$，则 n 满足抽样要求；若 $n<n_0$，则需要增加（n_0-n）个样本进行检测，并转向步骤（2）。

2.5 样本检测值的处理

在抽样统计分析中，不应随意剔除或者修正检测值，当怀疑检测数据有异常值时，应按下列规定进行判断和处理：

（1）对检出的异常值，应寻找产生异常值的技术上、物理上的原因，作为处理异常值的依据，有充分理由时，允许剔除或者修正异常值；当无法明确其在技术上、物理上的原因时，按《数据的统计处理和解释　正态样本离群值的判断和处理》GB/T 4883—2008 的规定进行处理。

（2）对被检出的异常值、被剔除或者修正的检测值及其理由，应记录备查。

（3）剔除异常值后，宜适当补充样本再行检测。

附表 A　t 分布的 $t_{(n)\alpha}$ 值表

$$\alpha=\int_{-\infty}^{t_{(n)\alpha}}\frac{\Gamma\left(\frac{n+1}{2}\right)}{\sqrt{n\pi}\,\Gamma\left(\frac{n}{2}\right)}\cdot\frac{1}{\left(1+\frac{x^2}{n}\right)^{\frac{n+1}{2}}}\mathrm{d}x$$

n	α						
	0.75	0.90	0.95	0.975	0.99	0.995	0.9995
1	1.000	3.078	6.314	12.706	31.821	63.657	636.619
2	0.816	1.886	2.920	4.303	6.965	9.925	31.598
3	0.765	1.638	2.353	3.182	4.541	5.841	12.941
4	0.741	1.533	2.132	2.776	3.747	4.604	8.610
5	0.727	1.476	2.015	2.571	3.365	4.032	6.859
6	0.718	1.440	1.943	2.447	3.143	3.707	5.959
7	0.711	1.415	1.895	2.365	2.998	3.499	5.405
8	0.706	1.397	1.860	2.306	2.896	3.355	5.041
9	0.703	1.383	1.833	2.262	2.821	3.250	4.781
10	0.700	1.372	1.812	2.228	2.764	3.169	4.587

续表

n	α						
	0.75	0.90	0.95	0.975	0.99	0.995	0.9995
11	0.697	1.363	1.796	2.201	2.718	3.106	4.437
12	0.695	1.356	1.782	2.179	2.681	3.055	4.318
13	0.694	1.350	1.771	2.160	2.650	3.012	4.221
14	0.692	1.345	1.761	2.145	2.624	2.977	4.140
15	0.691	1.341	1.753	2.131	2.602	2.947	4.073
16	0.690	1.337	1.746	2.120	2.583	2.921	4.015
17	0.689	1.333	1.740	2.110	2.567	2.898	3.965
18	0.688	1.330	1.734	2.101	2.552	2.878	3.922
19	0.688	1.328	1.729	2.093	2.539	2.861	3.883
20	0.687	1.325	1.725	2.086	2.528	2.845	3.850
21	0.686	1.323	1.721	2.080	2.518	2.831	3.819
22	0.686	1.321	1.717	2.074	2.508	2.819	3.792
23	0.685	1.319	1.714	2.069	2.500	2.807	3.767
24	0.685	1.318	1.711	2.064	2.492	2.797	3.745
25	0.684	1.316	1.708	2.060	2.485	2.787	3.725
26	0.684	1.315	1.706	2.056	2.479	2.779	3.707
27	0.684	1.314	1.703	2.052	2.473	2.771	3.690
28	0.683	1.313	1.701	2.048	2.467	2.763	3.674
29	0.683	1.311	1.699	2.045	2.462	2.756	3.659
30	0.683	1.310	1.697	2.042	2.457	2.750	3.646
40	0.681	1.303	1.684	2.021	2.423	2.704	3.551
60	0.679	1.296	1.671	2.000	2.390	2.660	3.460
120	0.677	1.289	1.658	1.980	2.358	2.617	3.373
∞	0.674	1.282	1.645	1.960	2.326	2.576	3.291

附表 B χ^2 分布的 $\chi^2_{(n)\alpha}$ 值表

$$\alpha=\int_0^{\chi^2(n)\alpha}\frac{x^{\frac{n}{2}-1}e^{-\frac{x}{2}}}{2^{\frac{n}{2}}\Gamma\left(\frac{n}{2}\right)}\mathrm{d}x$$

n	α												
	0.005	0.010	0.025	0.050	0.100	0.250	0.500	0.750	0.900	0.950	0.975	0.990	0.995
1	0.0^4393	0.0^3157	0.0^3982	0.0^2393	0.0158	0.102	0.455	1.32	2.71	3.84	5.02	6.63	7.88
2	0.0100	0.0201	0.0506	0.103	0.211	0.575	1.39	2.77	4.61	5.99	7.38	9.21	10.6
3	0.0717	0.115	0.216	0.352	0.584	1.21	2.37	4.11	6.25	7.81	9.35	11.3	12.8
4	0.207	0.297	0.484	0.711	1.06	1.92	3.36	5.39	7.78	9.49	11.1	13.3	14.9
5	0.412	0.554	0.831	1.15	1.61	2.67	4.35	6.63	9.24	11.1	12.8	15.1	16.7
6	0.676	0.872	1.24	1.64	2.20	3.45	5.35	7.84	10.6	12.6	14.4	16.8	18.5
7	0.989	1.24	1.69	2.17	2.83	4.25	6.35	9.04	12.0	14.1	16.0	18.5	20.3
8	1.34	1.65	2.18	2.73	3.49	5.07	7.34	10.2	13.4	15.5	17.5	20.1	22.0
9	1.73	2.09	2.70	3.33	4.17	5.90	8.34	11.4	14.7	16.9	19.0	21.7	23.6
10	2.16	2.56	3.25	3.94	4.87	6.74	9.34	12.5	16.0	18.3	20.5	23.2	25.2
11	2.60	3.05	3.82	4.57	5.58	7.58	10.3	13.7	17.3	19.7	21.9	24.7	26.8
12	3.07	3.57	4.40	5.23	6.30	8.44	11.3	14.8	18.5	21.0	23.3	26.2	28.3
13	3.57	4.11	5.01	5.89	7.04	9.30	12.3	16.0	19.8	22.4	24.7	27.7	29.8
14	4.07	4.66	5.63	6.57	7.79	10.2	13.3	17.1	21.1	23.7	26.1	29.1	31.3
15	4.60	5.23	6.26	7.26	8.55	11.0	14.3	18.2	22.3	25.0	27.5	30.6	32.8
16	5.14	5.81	6.91	7.96	9.31	11.9	15.3	19.4	23.5	26.3	28.8	32.0	34.3
17	5.70	6.41	7.56	8.67	10.1	12.8	16.3	20.5	24.8	27.6	30.2	33.4	35.7
18	6.26	7.01	8.23	9.39	10.9	13.7	17.3	21.6	26.0	28.9	31.5	34.8	37.2
19	6.84	7.63	8.91	10.1	11.7	14.6	18.3	22.7	27.2	30.1	32.9	36.2	38.6
20	7.43	8.26	9.59	10.9	12.4	15.5	19.3	23.8	28.4	31.4	34.2	37.6	40.0

续表

n	α												
	0.005	0.010	0.025	0.050	0.100	0.250	0.500	0.750	0.900	0.950	0.975	0.990	0.995
21	8.03	8.90	10.3	11.6	13.2	16.3	20.3	24.9	29.6	32.7	35.5	38.9	41.4
22	8.64	9.54	11.0	12.3	14.0	17.2	21.3	26.0	30.8	33.9	36.8	40.3	42.8
23	9.26	10.2	11.7	13.1	14.8	18.1	22.3	27.1	32.0	35.2	38.1	41.6	44.2
24	9.89	10.9	12.4	13.8	15.7	19.0	23.3	28.2	33.2	36.4	39.4	43.0	45.6
25	10.5	11.5	13.1	14.6	16.5	19.9	24.3	29.3	34.4	37.7	40.6	44.3	46.9
26	11.2	12.2	13.8	15.4	17.3	20.8	25.3	30.4	35.6	38.9	41.9	45.6	48.3
27	11.8	12.9	14.6	16.2	18.1	21.7	26.3	31.5	36.7	40.1	43.2	47.0	49.6
28	12.5	13.6	15.3	16.9	18.9	22.7	27.3	32.6	37.9	41.3	44.5	48.3	51.0
29	13.1	14.3	16.0	17.7	19.8	23.6	28.3	33.7	39.1	42.6	45.7	49.6	52.3
30	13.8	15.0	16.8	18.5	20.6	24.5	29.3	34.8	40.3	43.8	47.0	50.9	53.7

参考文献

[1] 顾祥林．建筑混凝土结构设计 [M]. 上海：同济大学出版社，2011.
[2] 王福宝．概率论及数理统计（第三版）[M]. 上海：同济大学出版社，1994.

第3章　既有建筑结构现场测绘与调查

由于施工中修改或使用过程中维修和改造等原因，既有建筑的建筑布置、建筑构造、结构布置、结构构造可能有别于原始设计。因此，即使有原始设计图，也应根据建筑物的实际情况对其进行复核。如无原始设计图，则应进行现场测绘。另外，结构的相对不均匀沉降和倾斜可作为判断地基基础工作状况以及结构整体稳定性的重要辅助依据，评价结构使用性能时，要用到构件和节点的变形值；分析结构的耐久性能时，应明确结构的使用环境。因此，必须对这些重要信息进行现场量测和调查。

3.1　建筑建造年代的判断

随着科学技术的发展和人类社会的进步，为了满足人们的物质文化需求，建筑物的建造技术也在不断发展。在材料方面，由古代的砖、木、石材为主，发展到近代的混凝土、钢、膜、玻璃等各种材料均能在建筑物中占一席之地。在结构形式方面，由古代较单一的砖木结构，发展到近现代的砖混结构、混凝土结构、钢结构、胶合木结构、膜结构、混合结构。在建筑外形方面，由古代的单层、多层建筑，发展到近现代的多层、大跨度、高层、超高层等各式建筑。在施工技术方面，由古代的手工施工为主，发展到现代的机械化施工。不同时期的建造质量既受当时技术水平的制约，又受当时社会因素的影响。以 20 世纪 60 年代中期至今这段时间为例，我国大约每隔 10 年要对建筑结构的设计规范进行一次全面的修订。不同版本规范的技术要求不同，按不同规范设计并建成的结构性能肯定不同。在进行既有建筑结构现场测绘和调查之前，应先判断建筑的建造年代，以便对既有建筑结构有更加科学的认识。同时，判断建筑的建造年代还有助于检测者认识结构潜在的隐患，便于制定科学合理的检测与鉴定方案。如对 20 世纪 80 年代建造的砌体结构房屋和混凝土结构房屋，要特别注意其抗震性能和抗震构造；对 20 世纪初建造的混凝土或钢结构、木结构房屋，要特别注意其耐久性能和耐久性损伤；对 20 世纪 90 年代初建造的房屋，要特别注意其施工阶段留下的隐患。

一般可根据建筑结构的设计、施工资料确定建筑物的建造年代。如无资料，可以按下面的线索来判断建筑物的建造年代[1]：

（1）根据建筑风格确定建造年代，尤其是对于古建筑和历史建筑。要做到这一点必须有一定的建筑历史知识。

（2）根据所用的建筑材料确定建造年代。如 20 世纪初，混凝土结构中的纵向受力钢筋一般为竹节方钢；20 世纪 60 至 80 年代，混凝土结构中的纵向受力钢筋可用光圆钢筋；而 20 世纪 80 年代至今，混凝土结构中的纵向受力钢筋则主要是螺纹钢筋。

（3）根据结构形式判断建造年代。如 20 世纪 80 年代之前，我国城市主要以多层建筑为主；20 世纪 80 年代以后，我国城市建造了大量的高层建筑；21 世纪以后，我国城市出现了很多大跨空间建筑结构。

（4）根据建筑使用者或当地专家的介绍判断建造年代。

3.2　建筑图的复核与测绘

3.2.1　一般规定

建筑图纸是进行结构荷载计算的基本依据。现场测绘建筑图纸的内容、方法及测绘工具的选择等应以能了解建筑布置、主要建筑尺寸、主要建筑构造和便于计算荷载为主要目标。对具有历史意义的文物、保护性建筑和重要建筑，尚应符合一些特殊要求。

建筑测绘图的内容宜包括建筑总平面图、建筑平面图、建筑立面图、建筑剖面图和细部大样等。建筑总平面图主要表示整个建筑基地的总体布局，具体表达房屋的位置、朝向以及周围环境（交通道路、绿化、地形以及其他建筑）等基本情况。建筑平面图应标明轴线的位置、建筑平面尺寸及细部尺寸、楼地面标高、建筑的平面功能和使用情况等。建筑立面图应标明门窗洞口的位置、建筑竖向的相关尺寸、建筑的高度等。建筑剖面图应标明门窗洞口的位置、各层竖向间的相关关系、楼（屋）面标高、建筑各层的层高和总高度等。对一般建筑，细部大样图应包括楼、地面以及墙面等的细部构造。对具有历史意义的文物、保护性建筑和重要建筑，还应测绘具有特色的、有历史意义的、受保护部位的细部大样。

应对建筑的轴线尺寸和细部的平面尺寸进行全数量测，且应用总尺寸复核各分段尺寸。也应对建筑的层高进行全数量测，并用建筑的总高度复核各层的层高。

对建筑图进行复核的目的主要是了解建筑现状与原始设计资料（或竣工资料）之间的差别，明确建筑的改造、维修历史。建筑图复核的基本要求与建筑图测绘相同，不再讲述。

3.2.2 应用传统技术测绘建筑图

传统的测绘方法是根据既有建筑的现状，采用卷尺、水准仪、经纬仪、全站仪、激光测距仪等常用工具或仪器在现场量测建筑的相关尺寸，结合目测获得的有关建筑平面、立面及剖面的定性信息，绘制建筑图。对复杂的建筑构造或建筑立面，往往也辅以摄影照片来获得更多、更准确的信息。

对墙面构造或楼（屋）面构造通常采用开凿或钻芯的方法进行测绘。

工程实例

1. 上海市邮政大楼检测与鉴定

上海市邮政大楼位于上海市虹口区北苏州路 276 号、四川路桥北面，1924 年 11 月建成，是一幢英国古典式建筑。1989 年 9 月，上海市人民政府将此建筑列为市级优秀建筑之一。随后，该建筑又被列为国家级文物保护单位。

1994 年 7 月，上海市邮电管理局因为要在大楼内安装空调设施以改进工作环境，曾委托同济大学对大楼进行检测分析。2001 年，上海市邮政局拟对大楼内部的使用功能进行调整，并在原房屋的天井上方搭设天棚，将原天井改为邮政博物馆。为了在改进工作环境、调整使用功能的过程中有效地保护这一优秀建筑，上海市邮政局委托同济大学再次对该大楼进行全面检测。作为检测工作的一部分，同济大学对已保存的大楼建筑图纸进行了复核，并重新绘制了上海市邮政大楼平面图和立面图，如图 3-1、图 3-2 所示[2]。

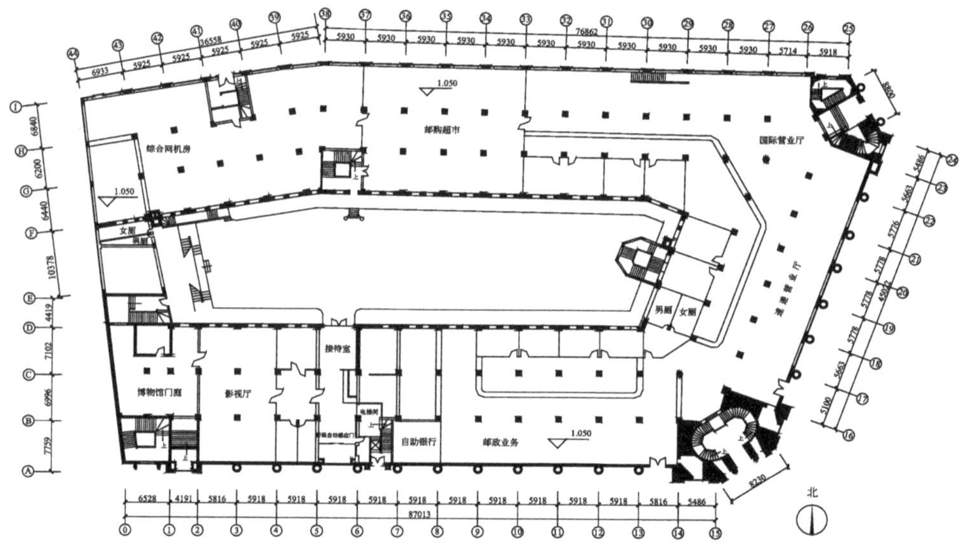

图 3-1　上海市邮政大楼平面图

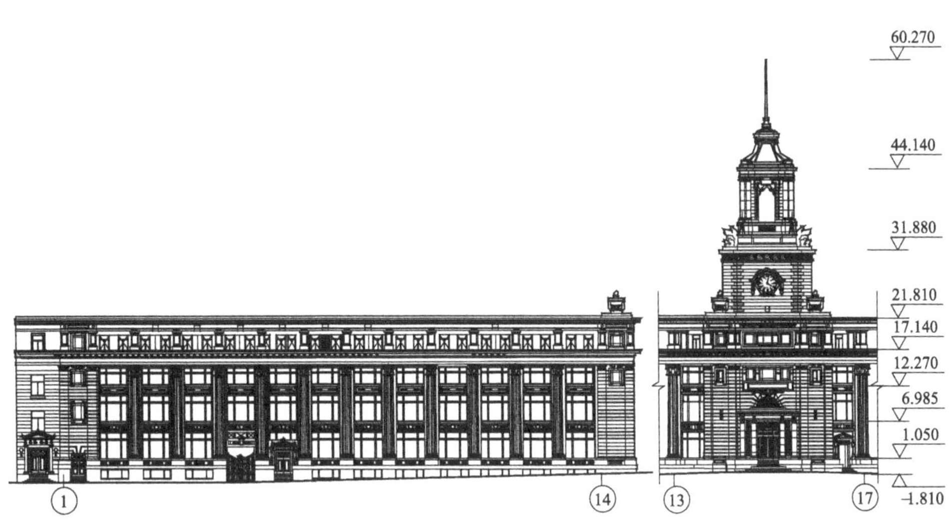

图 3-2　上海市邮政大楼立面图

2. 中国科学院生理大楼检测与鉴定

该大楼位于上海市岳阳路 320 号，系上海市重点保护性建筑。该楼始建于 1928 年，1930 年建成，由日本建筑师设计，是一幢有特色的装饰主义建筑(图 3-3)，总建筑面积约为 9600m^2。建造后被用作上海自然科学研究院实验大楼，中华人民共和国成立以后，该大楼由中国科学院上海生命科学研究院生化所、实生所、生理所、植生所、药物所等共同使用。为满足科研发展的需要，2000 年中国科学院上海生命科学研究院计划对该房屋进行改建和重新装修。为了保证结构安全、更好地保护该建筑，委托同济大学房屋质量检测站对该房屋进行检测评估。

图 3-3　中国科学院生理大楼

作为检测与鉴定的成果之一，图 3-4 和图 3-5 为中国科学院生理大楼平面图（示意图）和立面图（示意图）[3]。

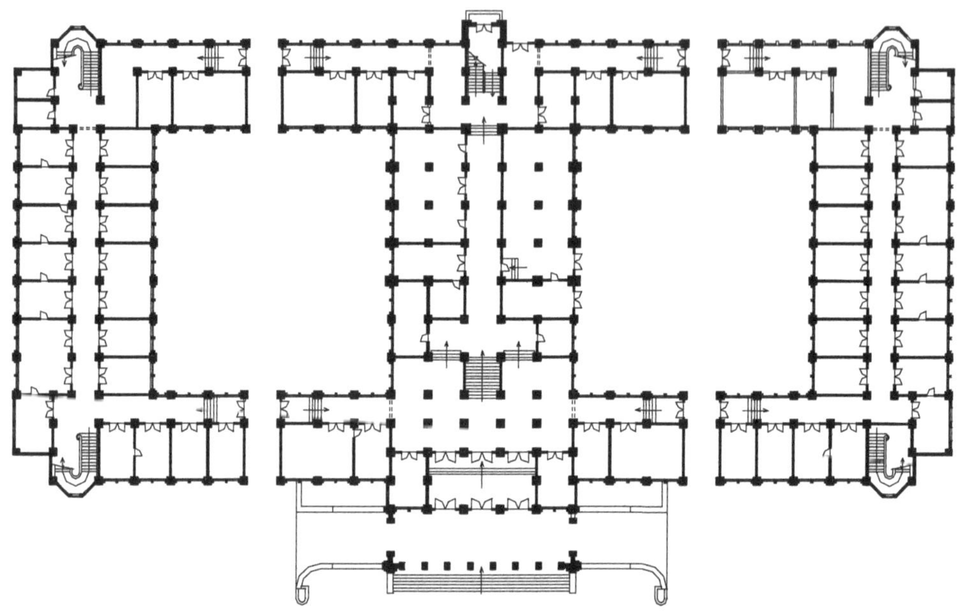

图 3-4 中国科学院生理大楼平面图（示意图）

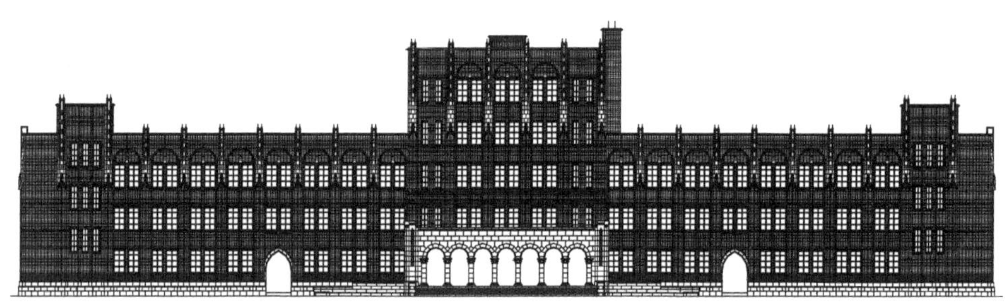

图 3-5 中国科学院生理大楼立面图（示意图）

3. 上海市中山东一路 33 号房屋检测与鉴定

该建筑为英国古典砖木混合结构，建筑外形设计具有英国文艺复兴时期风格，高两层，平面略呈 H 形，为四坡顶屋面（图 3-6）。由于建筑所在地地势低，为了让建筑底层有良好的通风，故设计了较高的台基。立面上门窗较多，且多采用圆拱和平拱。正立面底层中部有 5 孔券廊，其内是大厅。立面上下窗洞呈平卷式拱券，装有硬百叶窗，外墙为水泥粉刷勾勒横线条。底层和二层均有宽敞的遮阳长廊，屋顶使用中国的蝴蝶小青瓦。

图 3-6　上海市中山东一路 33 号房屋

上海新黄浦（集团）有限责任公司计划对该建筑进行修缮改造，重塑功能。考虑房屋历史悠久，且原始建筑结构图纸基本遗失，为了了解房屋结构安全现状，并为修缮改造设计提供依据，同时为更好地保护该建筑，业主委托同济大学对该建筑主楼进行全面检测，对其结构安全性给出综合评价，并对可能存在的问题提出处理建议。图 3-7、图 3-8 为上海市中山东一路 33 号房屋平面图和立面图[4]。

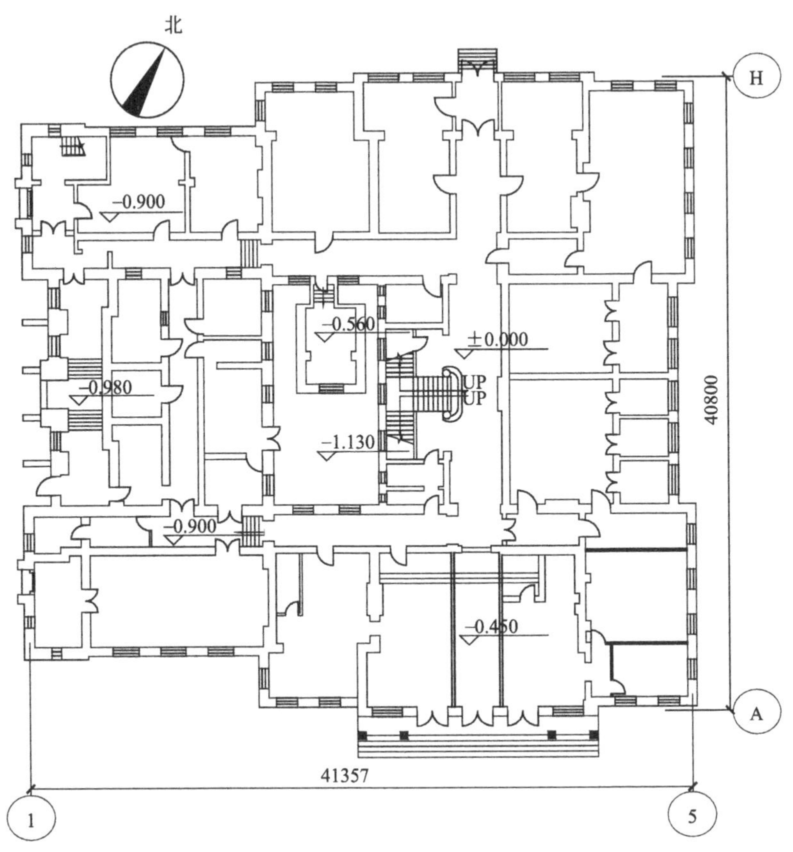

图 3-7　上海市中山东一路 33 号房屋平面图

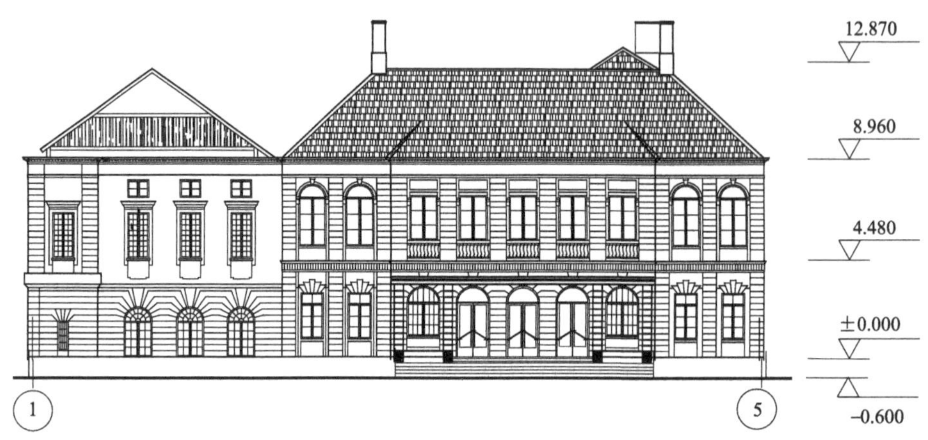

图 3-8 上海市中山东一路 33 号房屋立面图

4. 上海市中山东一路 18 号房屋检测与鉴定

上海市中山东一路 18 号房屋，又称春江大楼（图 3-9），1920 年 3 月由英国公和洋行进行建筑设计，1922 年开工，1923 年完工。房屋位于上海市黄浦区外滩建筑群的中部，原为麦加利银行（现又译作渣打银行），是一幢 5 层钢筋混凝土现浇楼板、钢梁、钢柱结构，一层局部有夹层，屋面局部有突出屋面的楼梯间、天窗。正立面采用文艺复兴时期新古典主义建筑风格，横竖向均采用严格的三段式构图，左右对称、庄重典雅。在竖向上，一层是比较粗犷的宽缝石块墙面，中段为细缝石块墙面，而上段为不留缝的光滑墙面。

图 3-9 上海市中山东一路 18 号房屋（春江大楼）

上海市中山东一路 18 号房屋原设计主要用作办公，系上海市第二批优秀历史建筑，保护类别为二类。2002 年将其变为综合商业大楼。为保证结构安全且能很好地保护历史建筑，业主在房屋改变用途前委托同济大学对其进行检测与鉴定。图 3-10a、b 给出了上海市中山东一路 18 号房屋平面图和建筑立面图[5]。

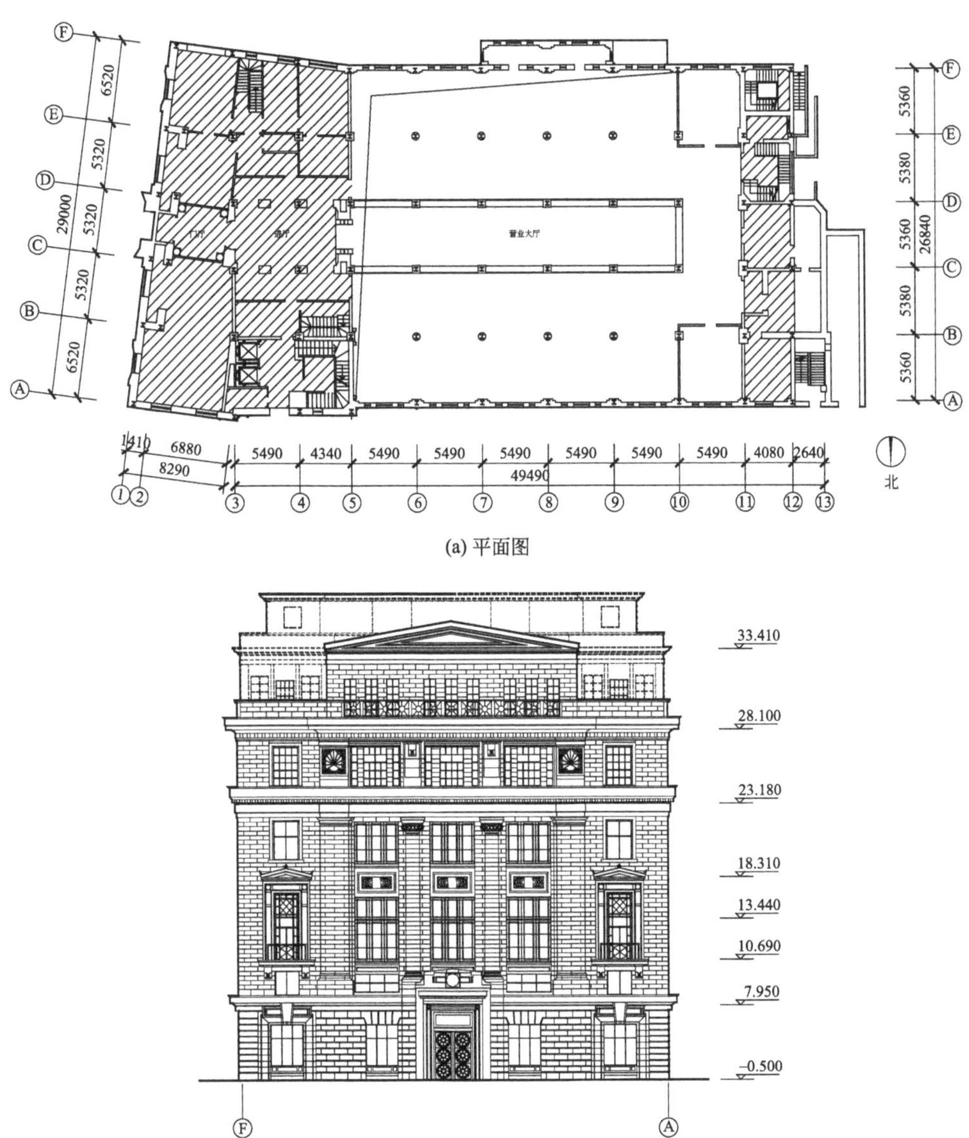

(a) 平面图

(b) 立面图

图 3-10　上海市中山东一路 18 号房屋平面图和建筑立面图

5. 长海医院第二医技楼检测与鉴定

长海医院第二医技楼见图 3-11。该建筑为上海市优秀历史建筑，属于上海市文物保护单位，保护要求为二类。该建筑于 1934 年动工，1935 年完工，由著名建筑师董大西设计、张裕泰合记营造厂施工。在建筑上采用了传统的民族形式，外形简洁、雄浑有力，屋角起翘低而深远，具有中国古典宫殿建筑的风格。2000年，使用单位为了增加新的医疗设备决定将其改造成医技楼，并委托同济大学对其进行检测与鉴定。图 3-12 是长海医院第二医技楼测绘图[6]。

图 3-11　长海医院第二医技楼

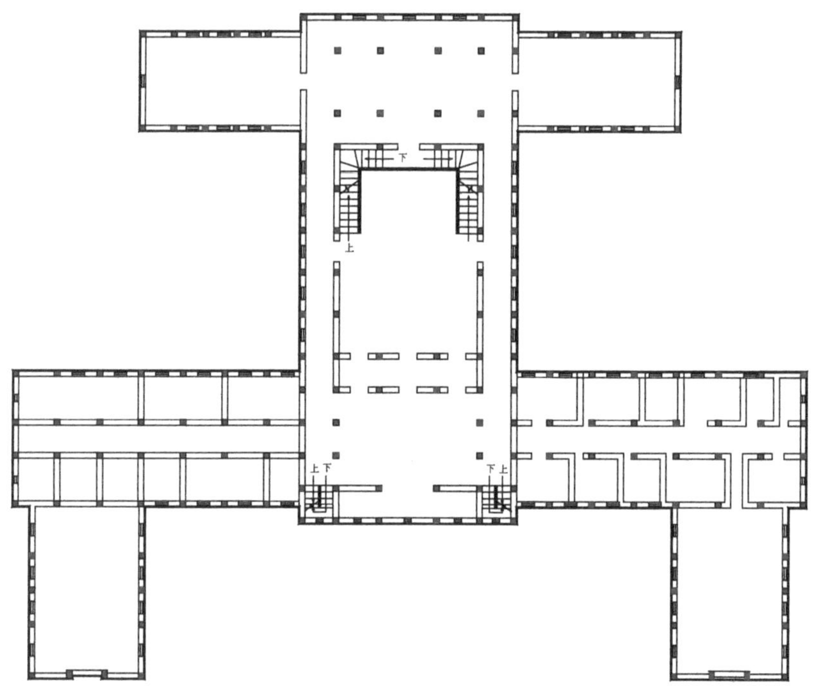

(a) 平面图

图 3-12　长海医院第二医技楼建筑测绘图（一）

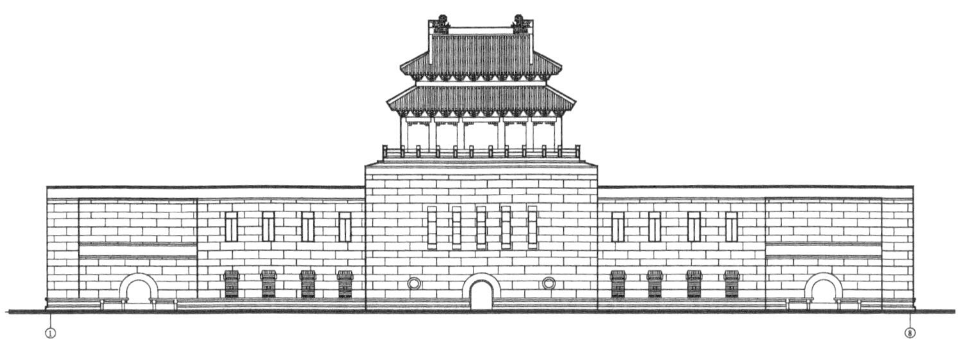

(b) 立面图

图 3-12　长海医院第二医技楼建筑测绘图（二）

6. 上海市北京东路 31～91 号房屋检测与鉴定

上海市北京东路 31～91 号房屋原为益丰洋行，为上海市优秀历史建筑（图 3-13）。于 1920 年 1 月 1 日设计，1923 年 12 月 1 日竣工。为了更好地保护该建筑，于 2007 年由同济大学对其进行检测与鉴定。图 3-14～图 3-16 为上海市北京东路 31～91 号房屋局部建筑平面图、立面图和剖面图[7]。

图 3-13　上海市北京东路 31～91 号房屋

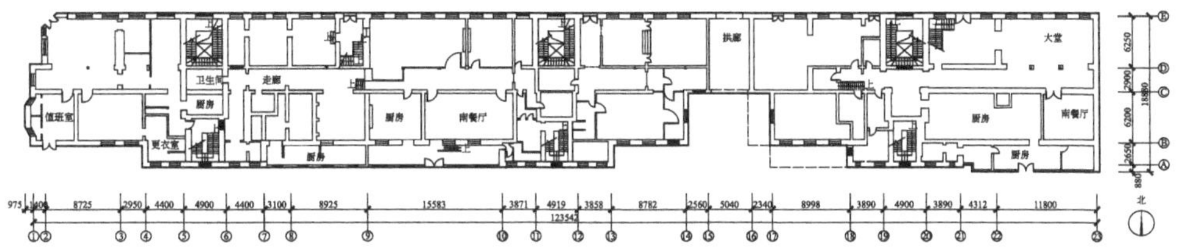

图 3-14　上海市北京东路 31～91 号房屋局部建筑平面图

图 3-15　上海市北京东路 31～91 号房屋局部建筑立面图

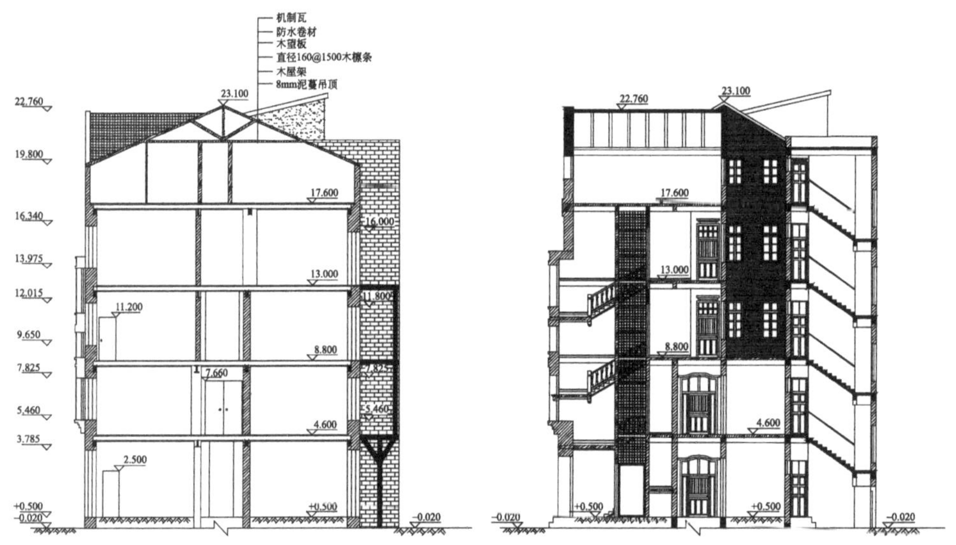

图 3-16　上海市北京东路 31～91 号房屋局部建筑剖面图

3.2.3　应用现代技术测绘建筑图

1. 概述

对于外形独特、平立面复杂的建筑，采用传统方法难以准确地对建筑进行测绘，此时，可采用三维激光扫描技术和近景摄影测量技术相结合的新型测绘方法。

用三维激光扫描仪对建筑物进行扫描，得到原始的三维激光扫描点云数据。由于建筑物范围比较大，不能一次完成建筑物的扫描，因此，需要安置多个测站，改变扫描角度和范围，分站扫描。扫描结束后，将两个或两个以上坐标系中的大容量三维空间点云转换到同一坐标系统中。采用标靶法、利用测站坐标法或数学计算法进行数据配准。在对点云数据进行去噪、采样等预处理后，构建三角网格。在此基础上，进行去除零星面域、基于曲率的孔填充、边界修补等多边形编辑和特征识别、边界构建、面片组织、面片光顺等曲面编辑，最终建立网格线，拟合曲面，形成CAD三维实体模型[8]。

利用三维扫描点云建立的建筑物模型往往没有纹理特征，并且对一些形状复杂的细部构造和花纹，扫描数据也不能很好地反映其特征。为弥补这一缺陷，配合近景摄影测量技术，对建筑物的细部构造和装饰图案影像进行纠正，得到具有尺度的正射影像，将影像映射到建筑物三维模型中，并通过AutoCAD绘制出建筑细部的线划图。点云数据处理步骤如图3-17所示[9]。

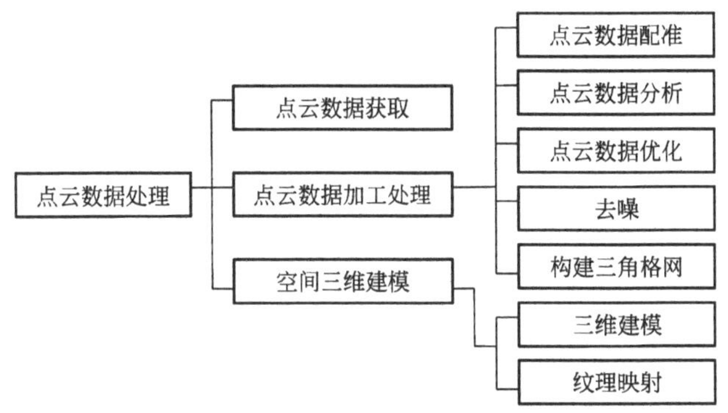

图3-17 点云数据处理步骤

应用三维激光扫描技术一般只能获得建筑的外部几何信息，对墙面构造或楼（屋）面构造仍需采用开凿或钻芯的方法进行测绘。

2. 工程实例

(1) 长海医院“飞机楼”检测与鉴定

长海医院“飞机楼”位于中国人民解放军第二军医大学附属长海医院住院部（原上海市博物馆）的南侧，因其外貌酷似一架20世纪30年代的双翼飞机而得名，飞机楼见图3-18。“飞机楼”始建于1935年，1936年竣工，由中国著名建筑师董大酉设计，由久泰锦记营造厂承建，是“江湾三十年代市政中心历史风貌保护区”内的建筑，并于2004年10月18日被列入上海市优秀近代建筑第四批保护单位名单。2006年使用单位拟对其进行改造。为了更好地保护该建筑并为改造设计和施工提供技术依据，同济大学接受委托对该建筑进行检测与鉴定。该建筑形状复杂，检测人员用三维

图3-18 飞机楼

激光扫描技术对其建筑图进行了测绘。其三维模型示意图和建筑平面示意图分别如图 3-19、图 3-20 所示[10]，仅采用三维激光扫描技术测绘的图纸，细部复杂构造处尚显粗糙。

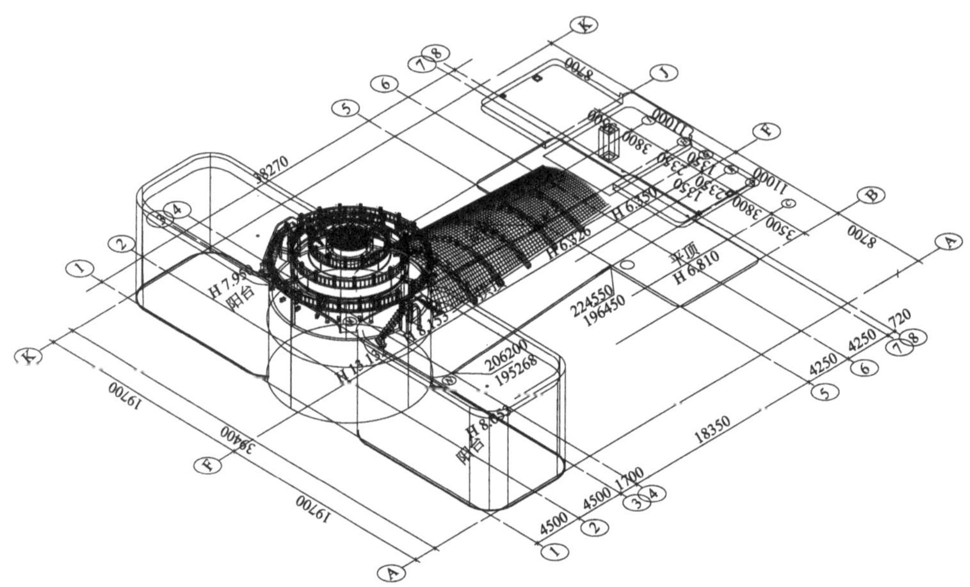

图 3-19 “飞机楼”三维建筑模型示意图

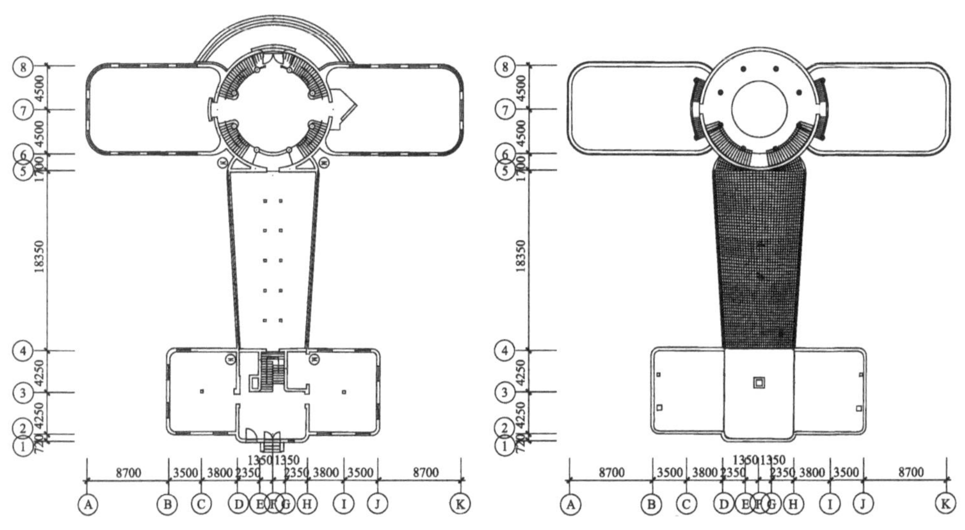

图 3-20 “飞机楼”建筑平面示意图

(2) 上海市邮政大楼检测与鉴定

为了获取上海市邮政大楼主体结构精确的现状信息，通过高分辨率三维激光扫描仪采集邮政大楼建筑立面以及内部房间的点云数据，其中，采集分辨率设置为 1/4，采集质量为 5x，扫描测站共设置 152 个。使用无人机、单反照相机获得该大楼的顶部和立面数据，最终通过数据转换和融合，构成了该楼完整的三维测绘图，如图 3-21 所示。基于三维测绘图提取并绘制的建筑平面图、立面图与使用传统方法绘制的图形相比，一致性好，细部更精准。

图 3-21　上海市邮政大楼三维测绘图

(3) 拉萨罗布林卡房屋检测与鉴定

罗布林卡是全国重点文物保护单位，位于西藏拉萨西郊。始建于 18 世纪 40 年代，是一座典型的藏式风格园林。经过 200 多年的扩建，目前，它是西藏人造园林中规模最大、风景最佳的、古迹最多的园林。采用高精度三维激光扫描仪、无人机，结合检测人员自主研发的点云数据处理软件，采集罗布林卡大门部分的三维数据，构建其点云模型。拉萨罗布林卡大门点云数据、平面图（局部示意图）见图 3-22 和图 3-23。

图 3-22　拉萨罗布林卡大门点云数据

(4) 上海北外滩“红楼”检测与鉴定

上海北外滩“红楼”位于上海市黄浦路 106 号，1911 年建成，是四层砖混结构，建筑面积 2705m^2。使用无人机、高精度激光扫描设备采集“红楼”的三

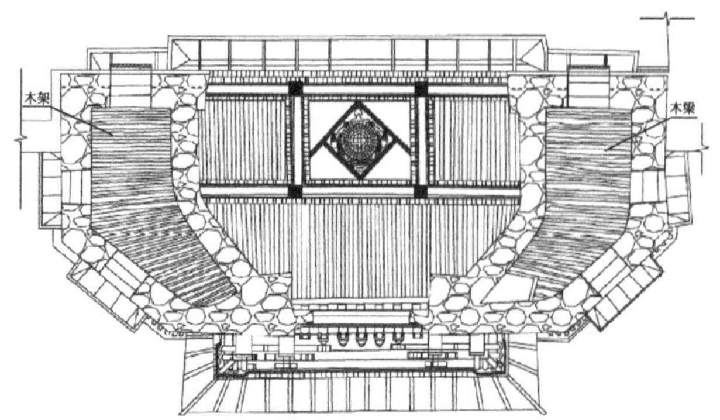

图 3-23　拉萨罗布林卡大门平面图（局部示意图）

维几何精密数据，构建“红楼”三维点云数据，进而实现对其现状图纸的精细绘制（图 3-24、图 3-25），以辅助后期的结构加固和功能提升[11]。

图 3-24　“红楼”三维测绘图（点云数据）

图 3-25　“红楼”立面测绘图（示意图）（一）

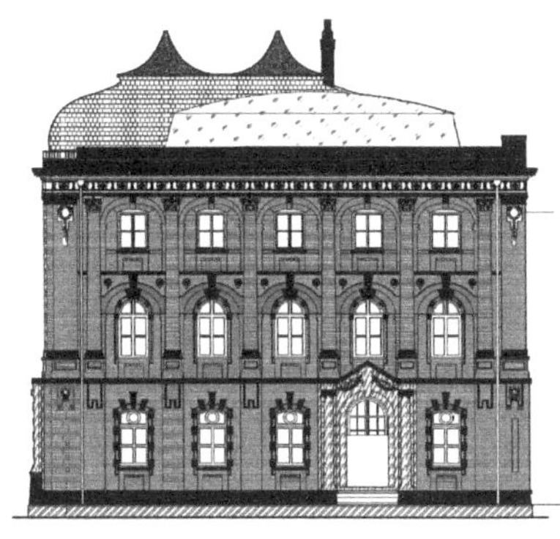

图 3-25　“红楼”立面测绘图（示意图）（二）

3.3　结构图的复核与测绘

3.3.1　一般规定

结构图是结构分析和结构性能评定的主要依据。现场测绘结构图的内容应以能了解结构布置，了解主要结构尺寸、配筋、连接节点构造，明确主体结构的类别和传力体系，便于建立结构计算分析模型为主要目标。

结构测绘图的主要内容应包括：结构平面布置图、构件尺寸、截面形式、主要配筋形式、配筋量和连接构造等。结构平面布置图上应标明结构构件的类别、编号及其相关关系。构件详图应标明构件的材料、形式和截面尺寸。混凝土构件配筋详图应注明构件的截面尺寸、配筋形式、配筋量、保护层厚度等数值。节点的连接详图应包含构件的详细连接构造。

对确定的检测单元内构件的截面尺寸一般应全数量测。对任一等截面构件可取 3 个不同的截面进行量测，以 3 个截面量测结果的平均值作为构件的截面尺寸代表值。

对结构图进行复核的目的主要是了解建筑结构现状和原始设计资料（或竣工资料）之间的差别，明确建筑结构的改造、维修或加固历史。结构图复核的基本要求与结构图测绘相同，不再赘述。

3.3.2　结构平面布置图及结构构件几何尺寸测绘

结构平面布置图中应明确表示各结构构件之间的相关关系、结构的平面尺寸、结构构件的尺寸、材料强度等信息，以便工程技术人员在评定时能准确地判断建筑的承重结构体系，建立合理的计算分析模型。结构构件之间的相关关系及结构的平面尺寸一般采用目测并结合卷尺、水准仪、经纬仪、全站仪、激光测距仪等常用工具或仪器用现场量测的方法进行测绘。结构构件的几何尺寸一般采用常用工具进行量测，但一定要判断出装饰（修）层的厚度。结构材料强度的检测将在第 4 章中详细讨论。

3.3.3 混凝土构件配筋和保护层厚度检测

混凝土构件配筋检测包括：对钢筋的种类（或钢筋的性能）、位置、数量和直径的检测。对主要受力构件钢筋位置、数量和直径等的检测宜采用全数普查和重点抽查相结合的方法进行（用电磁感应法或雷达波法进行非破损普查，对混凝土构件的重点部位用凿开混凝土的方法抽查）。钢筋力学性能的检测方法将在第 4 章中介绍。

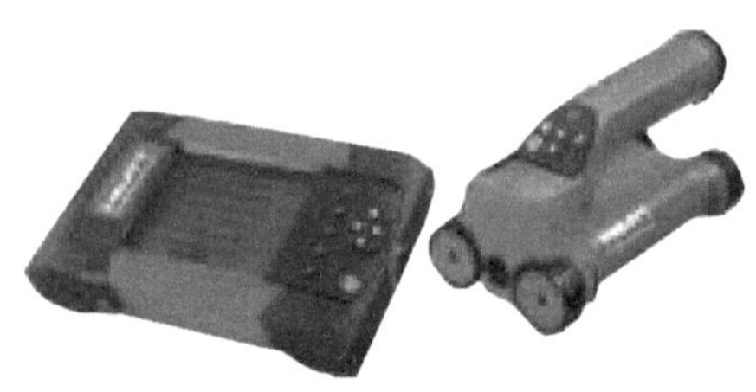

图 3-26 常用的一款钢筋探测仪

电磁感应法是利用电磁原理探测混凝土中的钢筋。利用信号发射装置产生一定频率的交变电磁场，激发混凝土内钢筋产生感应电流。钢筋内的感应电流又产生二次交变电磁场，且被接收装置接收和识别。根据接收的二次交变电磁场的强弱，确定钢筋的位置、深度和钢筋直径。图 3-26 为常用的一款钢筋探测仪。

雷达波法探测钢筋原理示意图见图 3-27。雷达天线在混凝土表面移动，并向混凝土内部发射微波。由于混凝土和钢筋的介电常数不同，使微波在不同介质的表面发生反射，并由混凝土表面的天线接收。根据发射波发射，反射波返回的时间差，以及混凝土中微波的传播速度，可算出钢筋配置深度即混凝土保护层厚度，并同时确定钢筋的数量。图 3-28 为钢筋混凝土雷达仪。

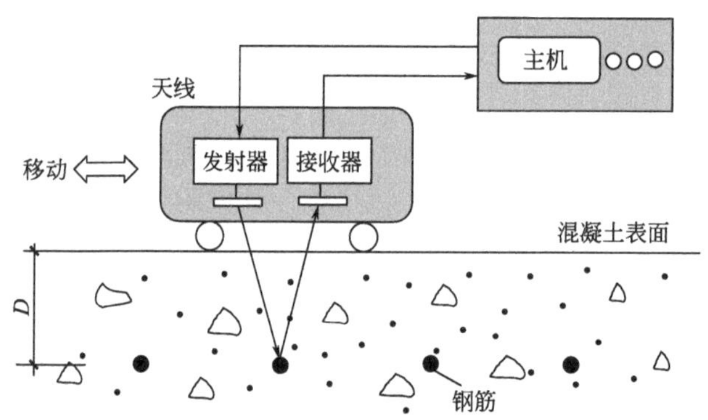

图 3-27 雷达波法探测钢筋原理示意图

图 3-28 钢筋混凝土雷达仪

用电磁感应法或雷达波法检测混凝土中钢筋的位置、数量和直径简单易行，但也容易受到干扰。若配筋较密或混凝土中含有其他金属材料，则难以获得准确的结果。因此，在用电磁法进行普查的同时，对混凝土构件的重点部位应凿开混凝土保护层抽查，以对电磁法的普查结果进行校核。凿开混凝土保护层检测钢筋直径见图 3-29。

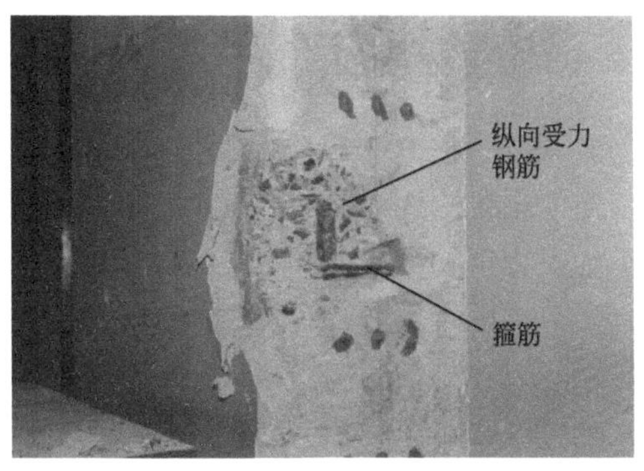

图 3-29　凿开混凝土保护层检测钢筋直径

3.3.4　钢木和砌体等材料的辨识

辨识主要结构材料的种类是结构图测绘和复核的重要内容之一。最好的辨识方法是对取样进行理化分析。但是，通过外表的观察可以做初步的辨识。作为实例，表 3-1 列出了钢铁材料的表面特征[1]，据此可对钢铁材料做初步判定；表 3-2 给出了常用承重块材的尺寸和形状[12]，据此可对砌体材料做初步判定。

钢铁材料的表面特征[1]　　**表 3-1**

铸铁	锻铁	软钢
表面粗糙，有麻点，构件有一体化的加强件、凸出件和牛腿等，截面不规整。不容易生锈，即使生锈一般也不会剥落	表面有时呈纤维状，截面规整，有锻造的连接件，翼缘板通常铆接。锈蚀可导致长条形的薄片剥落	表面光滑，构件截面规整，无一体化的或锻造的部件，为铆接或焊接(1960 年以后)，易锈蚀且锈蚀物会呈粉状剥落

常用承重块材尺寸和形状[12]　　**表 3-2**

名称	烧结普通砖	烧结多孔砖	蒸压灰砂砖	单排孔砌块	毛料石	毛石
外形图						
主要规格(mm)	240×115×53 (216×105×43)	240×115×90 190×190×90	240×115×53	390×190×190	高度不小于 200； 凹入深度不大于 25	中部厚度不小于 200

注：表 3-2 中烧结普通砖尺寸括号外为九五砖，括号内为江浙地区常用的八五砖。

原木和工程木材料通常可以根据木材的外观形状、轴向（树木高度方向）、断面的年轮或侧面的纹理区分。

3.3.5 节点详图的测绘

1. **概述**

对混凝土构件节点的外部尺寸可用钢卷尺直接量测，对节点内部的配筋和构件纵向受力钢筋在节点区域的锚固情况可用雷达波法或电磁感应法进行非破损检测。当节点区域的配筋密集时，可以凿开混凝土的保护层检查节点内部的配筋情况，但不应对节点产生伤害。

钢结构节点连接有焊缝连接、螺栓连接、铆钉连接等，可用目测法确定其连接形式，用钢卷尺和游标卡尺量测焊缝尺寸或螺栓、铆钉的型号。当节点外部外包混凝土、砌体或其他装饰材料时，应将其凿开，再进行检测，但不应对节点产生伤害。

对砌体结构节点的外部尺寸可用钢卷尺直接量测，对节点中的钢筋混凝土垫块、连接钢筋等可用雷达波法或电磁感应法进行非破损检测，并用局部凿开法进行校核与修正。

木结构的节点形式有齿连接、螺栓连接和钉连接等形式，可用目测法确定其连接形式，用钢卷尺和游标卡尺量测其细部构造尺寸。当节点外部外包有装饰材料时，应凿开装饰材料，再进行检测。

2. **工程实例**

(1) 上海市邮政大楼检测与鉴定

上海市邮政大楼结构平面测绘图如图 3-30 所示，最终，根据检测结果可知：上海市邮政大楼的结构体系为钢筋混凝土梁—板—柱结构体系[2]。

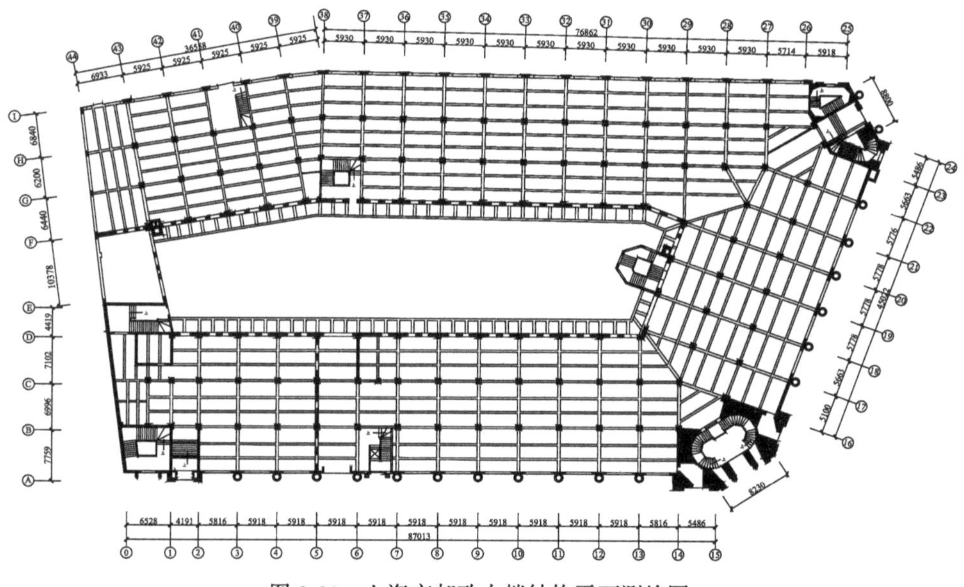

图 3-30 上海市邮政大楼结构平面测绘图

（2）中国科学院生理大楼检测与鉴定

现场检测发现：该大楼的主要承重体系为钢筋混凝土梁—板—柱结构体系，但是梁柱节点构造、柱与墙的节点连接构造、梁与墙的节点连接构造与现代钢筋混凝土框架剪力墙结构明显不同，如图 3-31 所示[3]。

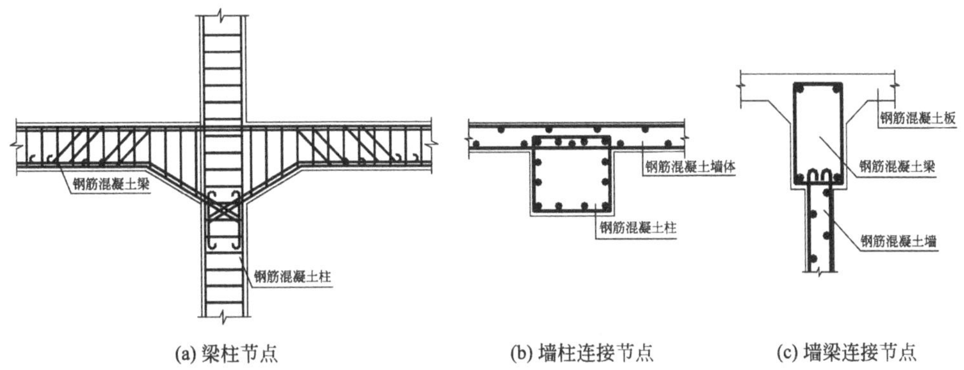

图 3-31　中国科学院生理大楼钢筋混凝土节点详图

（3）上海市中山东一路 33 号房屋检测与鉴定

现场检测表明：该房屋原始部分为砖木结构，后加部分为砖—混凝土混合结构。图 3-32 为上海市中山东一路 33 号房屋屋面结构布置图以及屋架结构详图[4]。

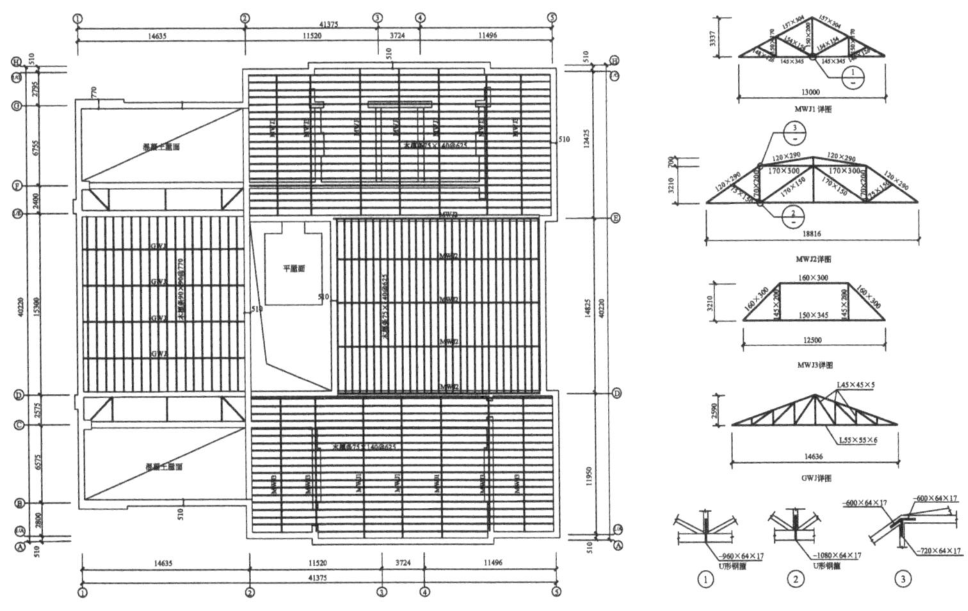

图 3-32　上海市中山东一路 33 号房屋屋面结构布置图以及屋架结构详图

(4) 上海市中山东一路 18 号房屋检测与鉴定

现场检测表明：该房屋为钢排架外包砖砌体结构，这也是 20 世纪初建于上海外滩多高层建筑中常用的结构形式之一。图 3-33 和图 3-34 给出了房屋结构平面图和节点详图。在图 3-33 和图 3-34 中可看出：结构由钢梁、钢柱和钢筋混凝土现浇楼板组成，钢梁和钢柱之间由角钢和锚栓链接，梁端不能传递弯矩，钢梁由低强度混凝土包裹，钢柱由砖砌体包裹（部分柱间尚有砖填充墙）[5]。

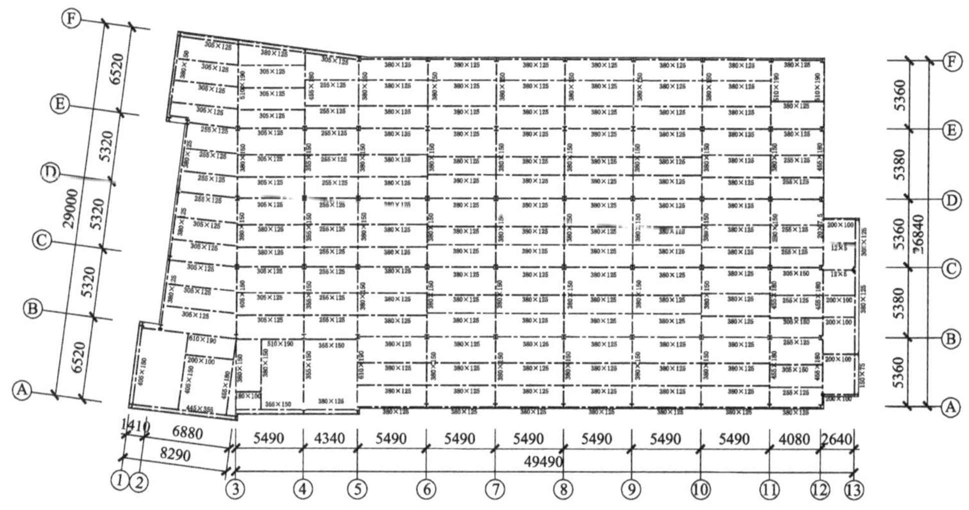

图 3-33　上海市中山东一路 18 号房屋结构平面图

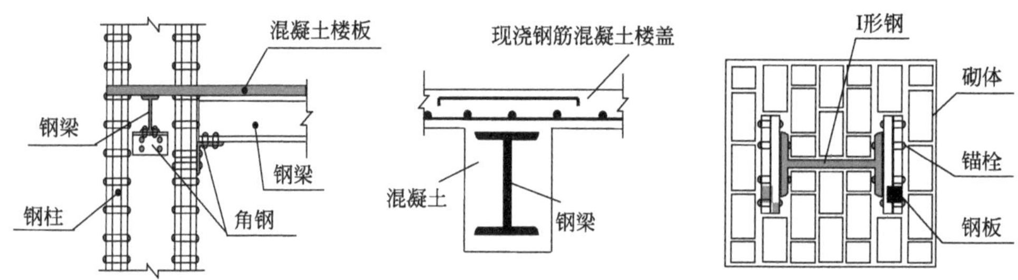

图 3-34　上海市中山东一路 18 号房屋节点结构详图

(5) 长海医院第二医技楼检测与鉴定

如图 3-12 所示的长海医院第二医技楼看上去非常像中国的传统砖木古建筑。但在现场检测却发现该建筑为钢筋混凝土框架结构，甚至连大屋盖的塔楼也全部是钢筋混凝土结构。图 3-35 为长海医院第二医技楼结构平面测绘图[6]。

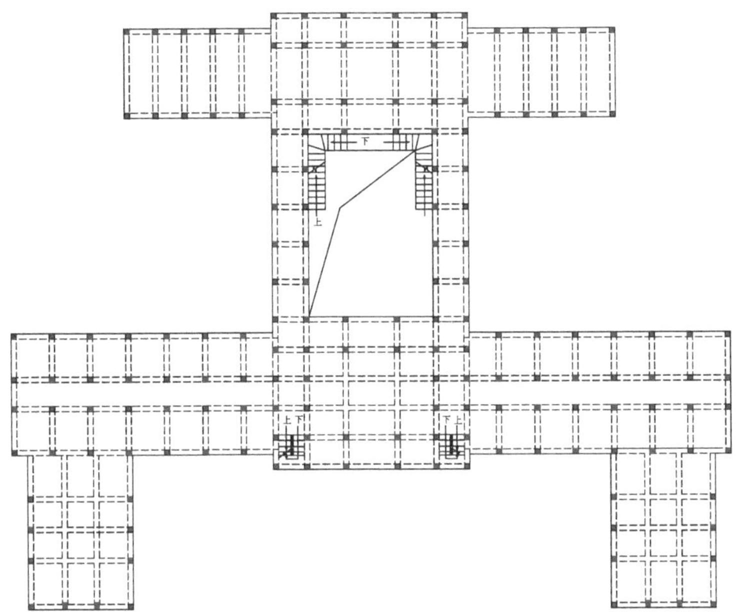

图 3-35　长海医院第二医技楼结构平面测绘图

3.4　地基基础调查

3.4.1　概述

地质情况对确定地基的工作状态非常重要，在结构评定之前必须弄清地质情况。建筑物拟改变用途、结构改造且预计地基反力明显增加时，应进行地质情况调查。对既有建筑物所处的地质情况有怀疑时，也应进行地质情况调查。

当有基础平面图及详图时，应对基础的结构形式和埋深等进行复核。若无基础设计资料或竣工资料，应对基础进行检测。目前尚无十分有效的方法检测基础的形式和埋深，故一般采用开挖的方法进行抽查（图 3-36）。若现场无开挖条件，可根据建筑物的相对沉降、整体开裂、过去的使用荷载等信息，间接判断基础的工作情况。

图 3-36　通过开挖检测既有建筑的基础形式和埋深[4]

3.4.2 工程实例

1. 上海市中山东一路 33 号房屋检测与鉴定

采用现场开挖的方法对房屋的基础情况进行调查，图 3-37 是上海市中山东一路 33 号房屋基础测绘图[4]。由图 3-37 可见，该房屋的基础情况相当复杂。

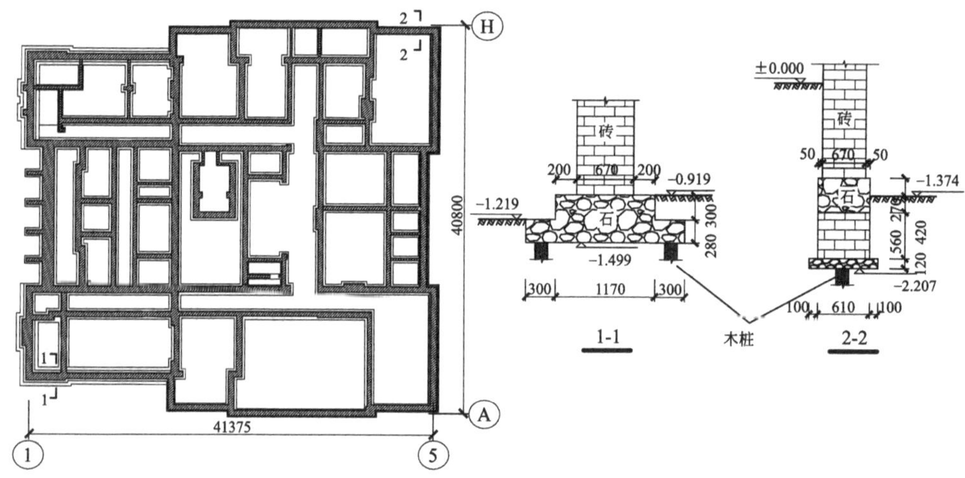

图 3-37 上海市中山东一路 33 号房屋基础测绘图

2. 上海市北京东路 31～91 号房屋检测与鉴定

采用现场开挖的方法检测建筑的基础情况，图 3-38 是上海市北京东路 31～91 号房屋基础测绘图（局部）[7]。由图 3-38 可知，该房屋主要为条形基础。

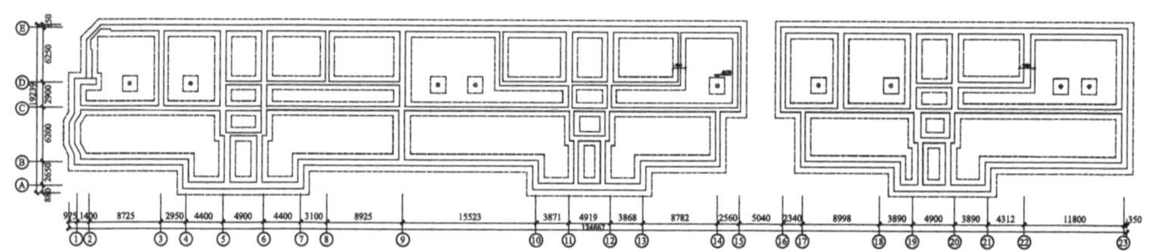

图 3-38 上海市北京东路 31～91 号房屋基础测绘图（局部）

3.5 结构变形检测

既有建筑的相对沉降和倾斜可以作为评判地基、基础工作状态以及结构整体稳定的重要辅助信息。因此，建筑物的相对沉降和倾斜应作为必检项目。水平构件的挠度和竖向构件的垂直度是衡量构件使用性能的重要指标，另外，竖向构件的垂直度还会影响构件的承载力（受二次弯矩的影响）。因此，当怀疑构件的刚度或必须对结构的使用性能作评价时，应检测构件的挠度和垂直度。节点变形既是衡量其使用性能的指标，也是确定其约束程度的指标。当怀疑节点的刚度或不确定其约束性能时，应检测节点的变形。对节点变形检测的主要内容有：对节点连接构件间的滑移、掀起或相对转角的检测。

3.5.1　相对沉降与倾斜检测

当既有建筑上已设有沉降观测点并保存完好，且有原始沉降观测资料时，可利用已有的沉降观测点和原始沉降观测资料进行沉降检测，以求得建筑的绝对沉降值以及各测点间的相对沉降值。当既有建筑上未设沉降观测点，或虽设有沉降观测点但大多被损坏，或已有的沉降观测点完好，但原始沉降观测资料已被遗失时，可选取房屋施工时处于同一水平面的标志面（如未做改建或装修的窗台面、楼面及女儿墙顶面等）作为基准面，在该基准面上布置观测点量测建筑物的相对沉降，为建筑结构性能评估提供辅助依据。基准面上的观测点应按下述原则布置[13]：

（1）若将基准面选在未改建或装修的窗台面，则应在每个窗台面设置一个观测点。

（2）若将基准面选在楼面或女儿墙顶面，则应在建筑物的四角、大转角处及沿外墙每 5～10m 或每根柱处设置观测点。

（3）若既有建筑有因不均匀沉降引起的裂缝，则应在裂缝的两侧设置观测点。

（4）既有建筑任何一边的测点数不宜少于 3 个。

宜用水准仪量测建筑的沉降，量测数据的处理、相对沉降的计算和相关的技术要求见《建筑变形测量规范》JGJ 8—2016 的规定[14]。测得的相对沉降值含有施工误差，在数据分析时应对此有充分的估计。

既有建筑的倾斜检测。应测定建筑顶部相对于底部或各层间上部相对于下部的水平位移，分别计算整体或各层的倾斜度以及倾斜方向。从建筑的外部观测其整体倾斜时，宜选用经纬仪或电子全站仪进行观测；利用建筑顶部与底部之间的竖向通视条件（如电梯井）观测时，宜选用吊垂球法、激光铅直仪观测法、激光位移计自动观测法或正垂线法。不同方法的测点布置、技术要求和数据分析见《建筑变形测量规范》JGJ 8—2016 的规定[14]。测得的建筑的整体倾斜值含有施工误差，在数据分析时应对此有充分的估计。应对建筑相对沉降和整体倾斜的检测结果相互复核。

工程实例　上海市中山东一路 33 号房屋检测与鉴定。

图 3-39 是上海市中山东一路 33 号房屋的相对沉降检测结果[4]。从图 3-39 中

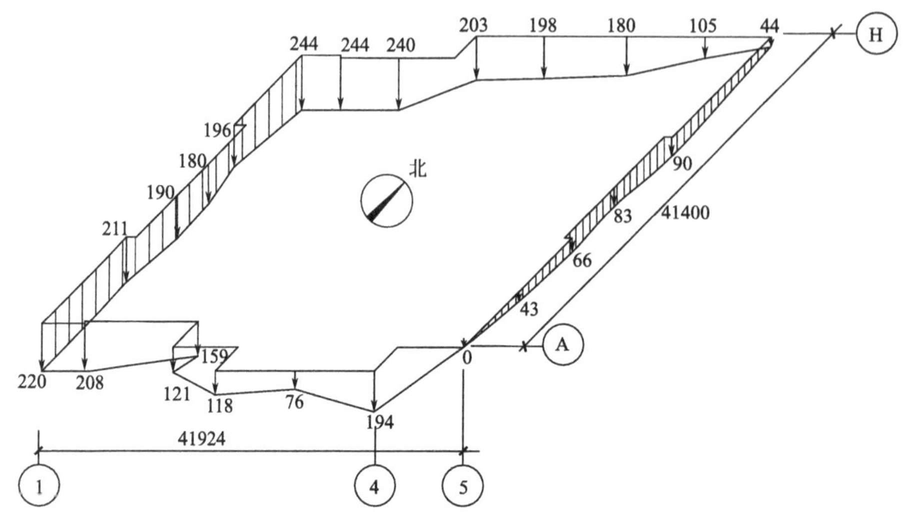

图 3-39　上海市中山东一路 33 号房屋相对沉降检测结果（单位：mm）

可以看出：A 轴纵向整体表现为西端沉降大、东端沉降小；H 轴纵向整体也表现为西端沉降大、东端沉降小；1 轴横向整体表现为南北两端沉降大、中央沉降小；5 轴横向整体表现为中央沉降大、南北两端沉降小。综合沉降发展趋势，房屋东西向整体表现为相对向西沉降，南北方向整体倾斜规律不明显。

表 3-3 给出了上海市中山东一路 33 号房屋倾斜情况检测结果[4]。从表 3-3 中可以看出：主楼南北整体倾斜规律不明显，向南最大倾斜为 4.78‰；东西向整体表现为向西倾斜，最大倾斜率为 5.57‰，倾斜方向与相对不均匀沉降发展方向一致。

上海市中山东一路 33 号房屋倾斜情况检测结果　　表 3-3

测点位置	测试方向	倾斜方向	水平偏差（mm）	竖向距离（mm）	倾斜率（‰）
5 轴与 H 轴外墙转角	东西方向	向西	—	—	—
	南北方向	向南	9	8112	约 1.11
5 轴与 A 轴外墙转角	东西方向	向西	11	8178	约 2.43
	南北方向	向北	22	7754	约 2.84
1 轴与 A 轴外墙转角	东西方向	向西	42	7536	约 5.57
	南北方向	向南	36	7536	约 4.78
2 轴与 H 轴外墙转角	东西方向	向西	28	7971	约 3.51
	南北方向	向北	15	7614	约 1.97

3.5.2 构件与节点变形检测

1. 概述

对构件和节点的变形可采用抽样方法检测，每一检测单元的抽样比例不宜低于抽样总数的 30%。对水平构件的挠度宜采用水准仪或激光测距仪检测，选取构件支座及跨中的若干点作为测点，量测构件支座与跨中的相对高差，利用该相对高差计算构件的挠度。对竖向构件（如柱）的垂直度应采用经纬仪或电子全站仪检测，测定构件顶部相对于底部的水平位移，计算倾斜度，并记录倾斜方向。显然，由此测得的构件挠度和倾斜值含有施工误差，在数据分析时，应考虑施工误差的影响。

对装配式混凝土结构、钢结构、木结构及砌体结构连接节点的变形情况，可用卷尺、卡尺直接量测。同样，测得的节点变形值含有施工误差，在数据分析时，应考虑施工误差的影响。

按照 3.2.3 节所述方法利用三维激光扫描和近景摄影测量技术建立既有建筑高精度三维几何模型之后，可以通过建筑物外墙转角竖向棱线、水平构件棱线拟合获得倾斜率和挠度，也可以通过楼（地）面、墙面的拟合获得其变形。对于没有明显棱线的圆形构件（如钢管）或结构（如烟囱），可以通过拟合中心轴获得其变形[15]。

2. 工程实例

（1）上海市宝山区某钢结构厂房检测与鉴定

该厂房在设计时未考虑大面积地面堆载，改用作物流仓库后出现地坪沉陷和开裂、外墙开裂、钢柱倾斜、吊车啃轨等现象。为了确保结构安全，要对厂房结构的安全性进行综合评估[16]。

检测人员使用 SET2110R 型电子全站仪对钢柱的倾斜情况进行了普测，实测结果见图 3-40。从图 3-40 中可以看出：从厂房横向看，厂房 A、B 轴钢柱基本向北倾斜 0.1‰～2.6‰，D 轴、E 轴基本向南倾斜 0.1‰～3.0‰，C 轴有向北倾斜 0.1‰～2.0‰的，也有向南倾斜 0.3‰～1.0‰的，表现出两端钢柱向中间倾斜的规律；从厂房纵向看，厂房钢柱基本表现为两端钢柱向中间倾斜的规律，倾斜率在 0.3‰～4.9‰。

（2）江苏省常州市武南变电站 220kV 钢构架变形检测

江苏省常州市武南变电站建于 1995 年，A、B、C 轴 3 榀钢构架东西向（X 向）均由 7 根 A 字形钢构架柱（边柱设端撑）和 6 根钢构架梁组成，南北向（Y 向）间距为 81.5～86.5m。其中，A 轴钢构架立面示意图如图 3-41 所示。为了进行钢构架梁和柱的变形检测，采用三维激光扫描建立其三维几何模型，如图 3-42 所示。通过圆柱面的拟合算法，对圆形截面钢柱、钢梁构件的表面坐标进行计算

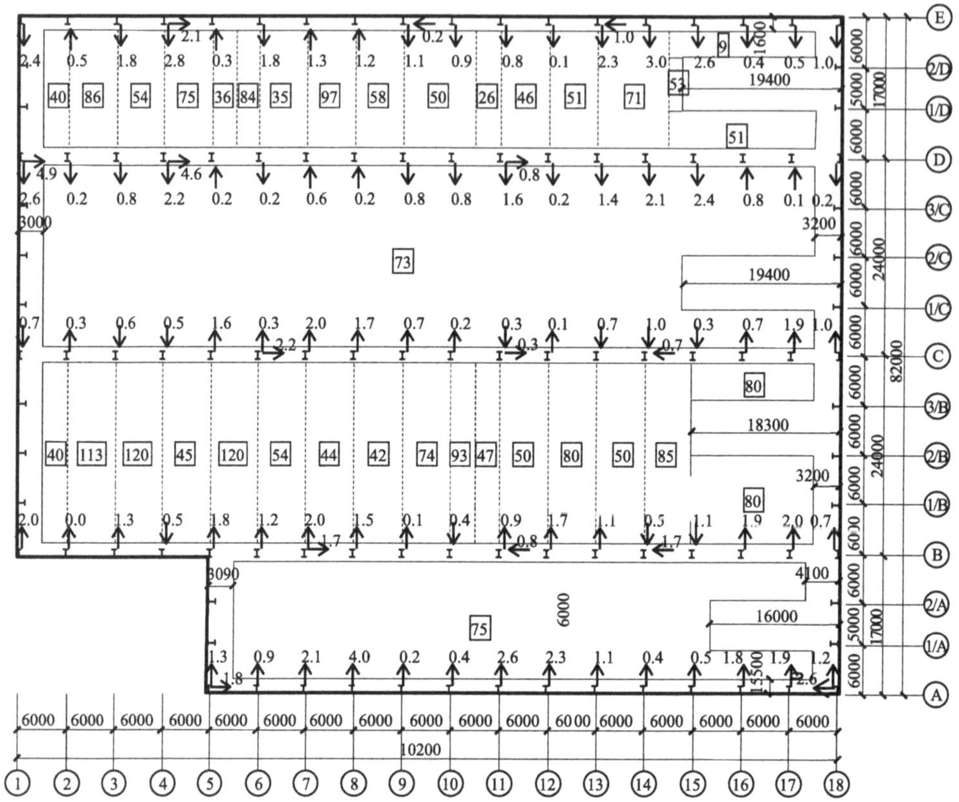

图 3-40 上海市宝山区某钢结构厂房建筑平面及地面堆载、钢柱倾斜情况

（□内数值为所在区域地面荷载，kN/m²；箭头表示倾斜方向，其附近数字表示倾斜率，‰）

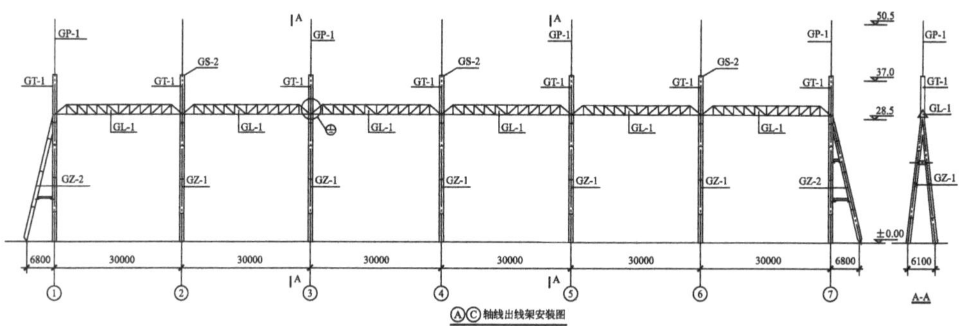

图 3-41 A 轴钢构架立面示意图

分析，得出圆形截面钢构件中心轴线，进一步推算钢构件的变形情况。A 轴钢构架柱倾斜检测结果见表 3-4[16]。

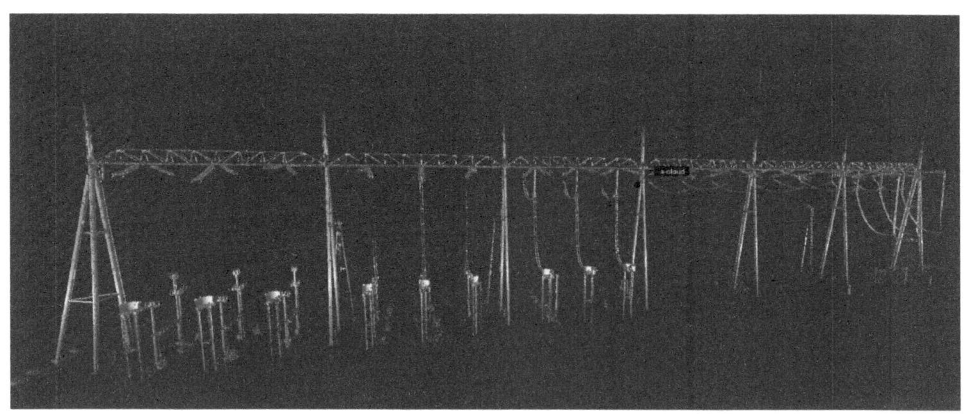

图 3-42　A 轴钢构架三维激光扫描模型

A 轴钢构架柱倾斜检测结果　　**表 3-4**

柱编号	A1-1	A2-1	A3-1	A4-1	A5-1	A6-1	A7-1
X 向	0.32%	0.22%	0.08%	−0.13%	0.13%	−0.24%	0.05%
Y 向	10.24%	10.24%	10.13%	10.06%	10.09%	10.23%	10.23%

对各跨钢构架梁下部 2 根弦杆（根据其所处方位分别以 NL、SL 标记，如图 3-43 所示）的变形（挠度）进行分析。考虑弦杆在水平方向上并非一条直线，在其中部直线段（Z1～Z5）均匀选取 5 个测点，计算弦杆变形（挠度）情况，钢构架梁变形情况的检测结果见表 3-5。

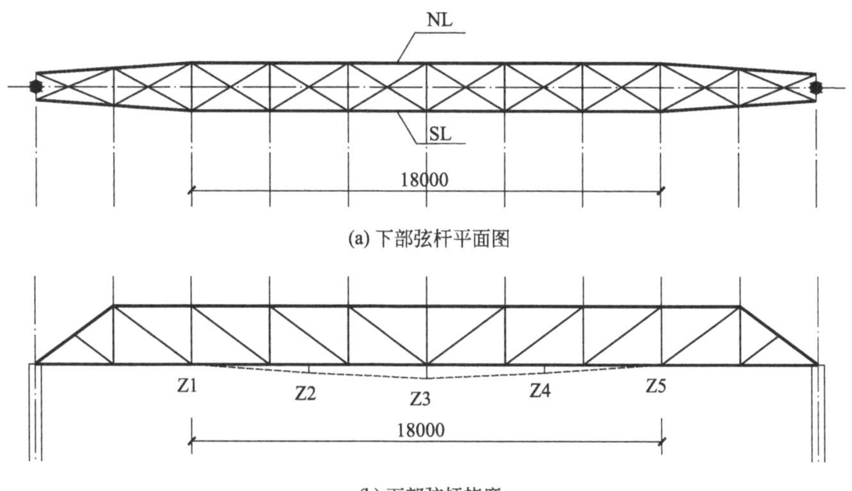

图 3-43　钢构架梁下部 2 根弦杆变形（挠度）示意图

钢构架梁变形情况的检测结果　　表 3-5

序号	梁编号		测点相对支座竖向坐标(mm)					实测挠度(mm)
			Z1	Z2	Z3	Z4	Z5	
1	A 轴与 1～2 轴	SL	0	−2	8	0	0	8
		NL	0	28	21	17	0	28
2	A 轴与 2～3 轴	SL	0	0	0	29	0	29
		NL	0	6	31	33	0	33
3	A 轴与 3～4 轴	SL	0	14	16	18	0	18
		NL	0	13	18	24	0	24
4	A 轴与 4～5 轴	SL	0	10	10	11	0	11
		NL	0	28	8	8	0	28
5	A 轴与 5～6 轴	SL	0	20	34	15	0	34
		NL	0	22	16	18	0	22
6	A 轴与 6～7 轴	SL	0	9	22	0	0	22
		NL	0	25	38	13	0	38

3.6　结构使用环境调查

结构使用环境可分为一般环境、冻融环境、海洋环境、除冰盐等其他氯化物环境、化学腐蚀环境。不同环境下的环境作用及环境作用效应不同，环境作用下既有建筑结构的性能演化机理亦不相同，结构环境类别、劣化机理、环境作用及环境作用效应见表 3-6。在环境调查时必须加以区分。

结构使用环境调查主要为对结构使用期间环境作用的调查，以及对目标使用期内环境作用的预测。

使用期间环境作用调查包括：(1) 大气年平均气温，月平均最高与最低气温；(2) 大气年平均相对湿度，月平均最高与最低相对湿度；(3) 年降雪量及冰冻、积雪时间；(4) 构件所处工作环境的平均温度、平均湿度、温湿度变化以及干湿交替情况；(5) 侵蚀性气体、侵蚀性液体、侵蚀性固体含量及影响程度，影响范围；(6) 冻融交替情况；(7) 承受冲刷、磨损情况；(8) 其他影响耐久性的因素等。

目标使用期内环境作用的预测，除了包括上述相关内容外，还应考虑气象条件和环境作用随时间的变化。

结构环境类别、劣化机理、环境作用及环境作用效应　　表 3-6

环境类别		名称	劣化机理	环境作用	环境作用效应
A		一般环境	混凝土碳化引起钢筋锈蚀，钢材锈蚀，木材腐蚀和干裂	环境温度、环境相对湿度、大气二氧化碳浓度等	混凝土碳化深度、钢材锈蚀程度、木材腐蚀和干裂程度
B		冻融环境	反复冻融导致混凝土、砌体损伤	累计冻融循环次数、年冻融循环次数、降温速率等	混凝土、砌体冻融损伤程度
C	Ca	海洋环境：大气区	氯盐侵入混凝土引起钢筋锈蚀，氯盐导致钢材锈蚀	环境温度，环境相对湿度，混凝土表面、钢材表面氯离子含量等	钢筋、钢材表面处氯离子含量/混凝土临界氯离子含量侵蚀深度
	Cb	海洋环境：浪溅区			
	Cc	海洋环境：潮汐区			
	Cd	海洋环境：淹没区			
D		除冰盐等其他氯化物环境	氯盐侵入混凝土引起钢筋锈蚀，氯盐导致钢材锈蚀	环境温度，环境相对湿度，混凝土表面、钢材表面氯离子含量等	
E	Ea	化学腐蚀环境：土壤和水的化学腐蚀环境	硫酸盐等化学物质对混凝土等材料的腐蚀	土壤/水中温度、混凝土等材料表面硫酸根离子等化学物质浓度/含量等	化学物质侵蚀深度/混凝土等材料的损伤程度
	Eb	化学腐蚀环境：大气污染环境	酸雨等化学物质对混凝土等材料的腐蚀	环境温度、相对湿度，混凝土等材料表面硫酸根离子等化学物质浓度/含量等	
	Ec	化学腐蚀环境：盐结晶环境	硫酸盐等化学物质对混凝土等材料的腐蚀	环境温度、相对湿度，混凝土等材料表面硫酸根离子等化学物质浓度/含量等	
	Ed	化学腐蚀环境：工业腐蚀环境	酸碱盐等化学物质对混凝土等材料的腐蚀	环境温度、相对湿度，混凝土等材料表面化学物质浓度/含量等	

参考文献

[1] ROBSON P. Structural appraisal of traditional buildings [M]. United Kingdom: Donhead Publishing, 2005.

[2] GU X L, YIN X J, LI X, et al. Case study on a historical building structure strengthened by CFRP [A]. Structural analysis of historical constructions (Proceedings of the sixth international conference on structural analysis of historical construction, New Delhi, India) [C], November, 2006: 1941-1948.

[3] 顾祥林，张伟平，管小军，等．中国科学院上海生命科学研究院生理大楼（原中央研究院大楼）房屋质量检测报告 [R]. 同济大学房屋质量检测站，2000.

[4] GU X L，PENG B，LI X，et al. Structural inspection and analysis of former british consulate in Shanghai [A]. Structural analysis of historical constructions（Proceedings of the sixth international conference on structural analysis of historical construction，Bath，United Kingdom）[C]，July，2008：1537-1543.

[5] 顾祥林，张伟平，管小军，等．中山东一路 18 号（春江大楼）房屋质量检测报告 [R]. 同济大学房屋质量检测站，2003.

[6] 顾祥林，张誉，张伟平，等．长海医院第二医技楼（原上海市博物馆）房屋检测与评定 [R]. 同济大学房屋质量检测站，2000.

[7] 顾祥林，张伟平，李翔，等．北京东路 31～91 号（原益丰洋行）房屋质量检测评定报告 [R]. 同济大学房屋质量检测站，2007.

[8] 张鸿飞，程效军，王峰．激光扫描技术在建筑数字化中的应用 [J]. 地理空间信息，2011（3）：86-88，91.

[9] 贾东峰，程效军，刘燕萍．球标靶在点云数据配准中的应用分析 [J]. 工程勘察，2011（9）：64-68.

[10] 顾祥林，张伟平，李翔，等．长海医院"飞机楼"房屋质量检测与评定 [R]. 同济大学房屋质量检测站，2006.

[11] 李检保，贾东峰．黄浦路 106 号红楼修缮改造房屋综合检测报告 [R]. 同济大学房屋质量检测站，2020.

[12]《建筑结构构造资料集》编辑委员会．建筑结构构造资料集（下）（第二版）[M]. 北京：中国建筑工业出版社，2009.

[13] 上海市工程建设规范．既有建筑物结构检测与评定标准：DG/T J08—804—2005 [S]. 上海：上海市建设工程标准定额管理总站，2005.

[14] 中华人民共和国住房和城乡建设部．建筑变形测量规范：JGJ 8—2016 [S]. 北京：中国建筑工业出版社，2016.

[15] JIA D F，ZHANG W P，WANG Y H，et al. A new approach for cylindrical steel structure deformation monitoring by dense point clouds [J]. Remote sensing. 2021（13）:2263.

[16] 张伟平，顾祥林，陈涛．大面积地面堆载作用下厂房结构安全性的评估 [J]. 四川建筑科学研究，2007，33（3）：74-78.

第4章　既有建筑结构材料力学性能检测

既有建筑结构材料力学性能检测主要包括：强度检测、变形性能（弹性模量、峰值应变和极限应变）检测、其他必要项目的检测。对既有建筑结构而言，材料强度一般通过现场检测直接确定；材料的变形性能指标一般难以直接检测，通常取现场测得的材料强度标准值，根据相关设计规范的有关规定进行换算后间接获得。材料力学性能检测除应采用先进的仪器和科学的方法外，其最终获得的性能指标标准值必须有足够的保证率。

既有建筑结构中的结构材料主要包括混凝土材料、砌体材料、钢材（钢筋）和木材。

4.1　混凝土材料力学性能检测

4.1.1　检测单元、检测单体及检测内容

混凝土材料力学性能检测时，一般情况下可按房屋的层划分检测单元，当不同类型构件的混凝土力学性能检测值相差较大时，也可按房屋构件的类型划分检测单元。当房屋的层数较多，且确知混凝土的强度设计等级时，也可将混凝土设计强度相同的若干层合为一个检测单元。

在检测单元中抽取的样本称为检测单体，检测单体可以是一个构件，也可以是一个测区。

混凝土材料力学性能检测主要包括：强度检测、变形性能（弹性模量、峰值应变和极限应变）检测、其他必要项目的检测。其中，混凝土材料强度（主要为混凝土的立方体抗压强度，如无特殊说明，后面的混凝土强度均指混凝土的立方体抗压强度）一般通过现场检测确定；变形性能指标一般可按现场测得的混凝土材料强度标准值，根据《混凝土结构设计规范》GB 50010—2010（2015 年版）的有关规定进行换算后确定。

4.1.2 回弹法检测混凝土强度

回弹法最初主要用于新建建筑混凝土工程的质量检验，由于其仪器简单、操作方便，且具有相当的精度，近年来逐渐被应用于既有建筑混凝土结构的强度检测。用于检测混凝土强度的回弹仪是一种直射锤击式仪器（图 4-1a）。混凝土的表面硬度越大，回弹值越高。而混凝土的硬度又与强度相关，即硬度越大，强度越高。采用数显式混凝土回弹仪（图 4-1b）可以直接在刻度值上显示回弹值，并对回弹值进行存储，测试完成后，检测人员可直接将测试结果导入到计算机进行数据处理。

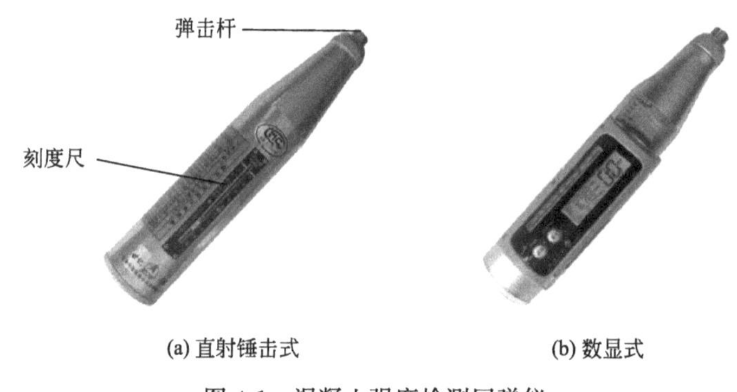

(a) 直射锤击式　　(b) 数显式

图 4-1　混凝土强度检测回弹仪

我国疆域辽阔、材料品种多、气候差异大，一般有三类测强曲线，可根据实际工程情况选择应用。第一类是统一测强曲线，系由全国代表性的材料、成型、养护工艺配制的混凝土试块，通过大量的破损和非破损对比试验所建立的曲线，适用于无地区测强曲线或专用测强曲线时使用。第二类是地区测强曲线，系由某一地区代表性的材料、成型、养护工艺配制的混凝土试块，通过大量的破损和非破损对比试验所建立的曲线，适用于无专用测强曲线时使用。第三类是专用测强曲线，系由特定的材料、成型、养护工艺配制的混凝土试块（如水下的潮湿混凝土），通过大量的破损和非破损对比试验所建立的曲线，适用于相同条件或类似条件下混凝土的强度检测。测强曲线仅适用于建立测强曲线时的技术条件下使用，强度不能外推[1]。

混凝土中的主要成分是氢氧化钙。在空气中水和二氧化碳的作用下，混凝土中的氢氧化钙会逐渐变为碳酸钙，这种现象是混凝土的碳化。混凝土碳化后，硬度明显增大，但其强度变化不明显。因此，对碳化混凝土的回弹检测值必须修正。混凝土在结硬过程中会出现分层泌水现象，使一般构件底部的石子变多，回弹值偏高；面层相对疏松时，则回弹值偏低。国外资料介绍，试件上表面回弹值通常较两侧的回弹值低 5%～10%，而底部回弹值则较两侧回弹值高 10%～

20%[2]。因此，测试时要尽量选择构件浇筑面的侧面，如不能满足此要求，应对不同测试面的回弹值进行修正[3]。对于体积小、刚度差的构件，应设置支撑固定。

按照抽样的原则，在一个检测单元内设置若干个测区作为检测单体，测区应均匀分布在不同的构件上（若检测单元内只有一个构件，则测区可均匀分布于该构件上），测区的面积不宜大于 $0.04m^2$。凿去测区所在位置处的粉刷层，露出结构混凝土。用砂轮将混凝土表面打平并清除酥松杂物。在测区中均匀布置 16 个弹击点，点和点之间的距离一般不小于 20mm。对每个点弹击一次，获得 16 个回弹值。去掉其中 3 个最大值和 3 个最小值，取余下 10 个回弹值的平均值作为该测区的回弹值。进行碳化和测试面修正后，由相应的测强曲线可获得该测区的混凝土强度推定值。

回弹值量测完毕后，应在构件有代表性的位置上量测碳化深度值，测点不应少于检测单元内 30%的测区数，取其平均值作为该检测单元的碳化深度值。当碳化深度值极差大于 2.0mm 时，应在每一测区量测碳化深度值。混凝土碳化深度的具体量测方法将在第 5 章中详细介绍。

用回弹法检测既有建筑结构中混凝土材料的强度时，一般用钻芯法对回弹结果进行修正，详见第 4.1.5 节内容。

4.1.3 超声法检测混凝土强度

超声法最初也是用于新建混凝土工程的质量检验，后在既有建筑混凝土结构的检测中得到了广泛的应用。与回弹法利用混凝土表面硬度检测混凝土的强度不同，超声法是利用混凝土内部的密实度检测混凝土强度。一般地，混凝土的密实度越好，其强度越高，超声波在其中传播速度也越快。因而，可以通过对比试验标定出一定条件下混凝土强度与超声波声速之间的关系，进一步通过量测超声波在混凝土中传播速度来确定混凝土的强度。检测混凝土强度的超声波仪有两个探头，一个为超声波发射探头，一个为超声波接收探头。检测时，一般将两个探头分别放于混凝土构件的两对面（图 4-2），根据发射探头发射超声波和接收探头接收到超声波之间的时间差以及两探头之间的距离，可以计算出超声波在混凝土中的传播速度，进而确定混凝土的强度。

影响超声波在混凝土中传播速度的因素有很多。混凝土中的钢筋、粗骨料（品种、粒径及含量），水灰比，水泥用量，混凝土龄期，混凝土养护方法，混凝土缺陷与损伤等均会影响超声波在混凝土中的传播速度。因此，确定混凝土强度与超声波声速之间关系的测强曲线也有三类，即统一测强曲线、地区测强曲线和专用测强曲线。实际工程中应优先选用地区测强曲线或专用测强曲线，确无此两类曲线时，可选用统一测强曲线。超声法的测强曲线是通过混凝土试件两相对振捣侧面间的超声波速（称为对测）来标定的。在实际工程中，如在混凝土浇筑的

图 4-2 超声法现场检测混凝土强度

顶面与底面之间测试时（如楼板混凝土的强度检测），其测得的声速应乘以 1.034 的放大系数。有些构件无法找到两个相对面，如挡土墙、地下室外墙和扶壁柱等，如要采用超声法测强度只能采用平测法或斜测法，如图 4-3 所示。一般情况下单面平测声速（$v_{平}$）比对测声速（$v_{对}$）要慢。如表面光洁、平整，未受任何破坏，$v_{对}/v_{平}=1.00 \sim 1.03$；如表面粗糙、酥松，$v_{对}/v_{平}=1.04 \sim 1.10$。实际工程中，可先在同一检测单元内找到一根具有两个相对侧面的构件，分别进行对测和平测（两者的探头测试距离 l 应相等），求出 $v_{对}$ 和 $v_{平}$ 的比值，对随后的平测结果进行修正。同理，斜测时的声速（$v_{斜}$）和对测声速（$v_{对}$）也不相同，可采用类似的方法求出待测工程中 $v_{斜}$ 和 $v_{对}$ 的比值，以便对斜测法进行修正。

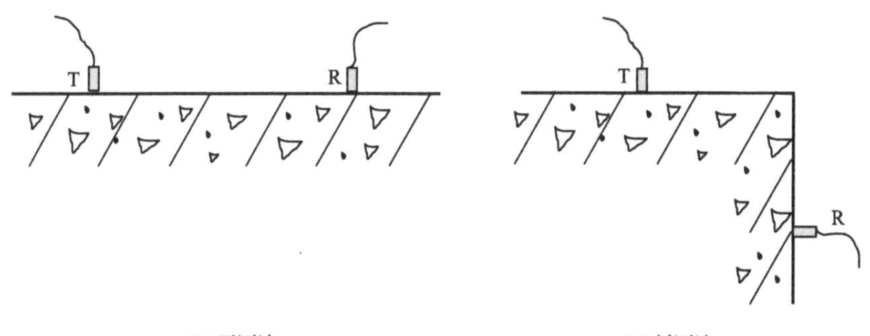

(a) 平测法　　(b) 斜测法

图 4-3 超声法平测法和斜测法示意图

在实际工程中，优先选用对测法。按照抽样原则在一个检测单元中选出若干个构件，凿去构件表面的粉刷层，清除杂物与粉尘。在每个构件的两相对面上各划出不少于 10 个 200mm×200mm 的方格网，每一相对的方格网为一个测区。测区之间的间距不宜大于 2m，且应避开钢筋密集区和预埋铁件。在每对测区网格内布置 3 对或 5 对超声波测点测超声波的声速，以 3 对或 5 对测点处超声波声速的平均值作为该测区的超声波声速，由相应的测强曲线获得该测区混凝土强度推定值[2]。平测法和斜测法的检测步骤类似，不再赘述。

用超声法检测既有建筑中混凝土材料的强度时，一般也需用钻芯法对超声法检测结果进行修正，详见第 4.1.5 节。

4.1.4　综合法检测混凝土强度

回弹法基于混凝土表面硬度检测混凝土的强度，超声法基于混凝土的内部密实度检测混凝土的强度。将两种方法综合应用可以发挥各自的优势，弥补各自的不足。和单一的回弹法或超声法相比，综合法具有如下特点：

(1) 减少龄期和含水率的影响。混凝土含水率大，超声波声速偏高，回弹值偏低；混凝土龄期长，超声波声速随强度的增长率降低，回弹值则因混凝土碳化程度增大而提高。用综合法测定混凝土强度可以部分减少龄期和含水率的影响。在实际检测中，采用综合法时，可不考虑碳化因素的影响。

(2) 适用范围扩大。回弹值主要反映混凝土表面的表面硬度。当混凝土强度较低、塑性变形较大时，回弹值的变化不敏感；当构件截面尺寸较大或内外质量有较大差异时，回弹值很难反映材料的实际强度。超声法可以较精确地量测混凝土密实度对混凝土强度影响的数据，可以反映粗骨料和湿度的影响。但对强度较高的混凝土，超声波声速随混凝土强度改变而降低。采用综合法，可以在很大的强度区间内检测混凝土强度。

(3) 检测精度提高。综合法综合超声法和回弹法两者的优势，弥补了两者的不足，检测精度有所提高。

综合法的测强曲线是描述混凝土强度、超声波声速和回弹值三者关系的曲线。根据指定测强曲线的材料来源，同样分为统一测强曲线、地区测强曲线和专用测强曲线。

按照抽样原则在一个检测单元中选出若干构件，凿去构件表面的粉刷层，清除杂物与粉尘。在每个构件的两相对面上各画出不少于 10 个 200mm×200mm 的方格网，每一相对的方格网为一个测区。如找不到相对的构件侧面，也可以将测区布置在同一测试面内（平测）或相邻测试面上（斜测）。测区之间的间距不宜大于 2m，且应避开钢筋密集区和预埋铁件。对每一测区，宜先进行回弹测试，后进行超声测试。

在测区的两个测试面中各均匀布置 8 个弹击点，点和点之间的距离一般不小于 30mm，测点距离构件边缘或外露钢筋、铁件的距离不小于 50mm。对每个点弹击一次，获得 16 个回弹值。去掉其中 3 个最大值和 3 个最小值，取余下 10 个回弹值的平均值作为该测区的回弹值。在回弹测试的相应测区网格内布置 3 对超声波测点测超声波的声速（若测区的两个测试面不位于构件两相对振捣侧面，则应做修正)，以 3 对测点处超声波声速的平均值作为该测区的超声波声速。根据测得的某一测区的回弹和超声波声速测试值，由相应的测强曲线获得该测区混凝土强度推定值。

用综合法检测既有建筑混凝土强度时，一般需用钻芯法对检测结果修正，见 4.1.5 节。

4.1.5 钻芯法检测混凝土强度

钻芯法是利用专用钻机和人造金刚石空心薄壁钻头，在混凝土中钻取芯样(图 4-4)，并对芯样进行受压试验以检测混凝土强度的方法。由于在钻芯过程中会对混凝土结构造成局部损伤，因此它是一种半破损的现场检测方法。由于直接通过芯样的受压试验确定混凝土强度，钻芯法是一种直观、可靠和准确的方法。当不能在结构上大量钻取芯样时，可用芯样验证和修正无损检测方法，提高无损检测精度。

图 4-4　钻取混凝土芯样

为了正确反映混凝土强度，芯样直径与混凝土粗骨料粒径之间应保持一定比例。正常情况下，芯样直径应为粗骨料直径的 3 倍。当构件截面面积较小或钢筋过密时，芯样的直径可为粗骨料直径的 2 倍。当检测单元内只有一个构件时，在构件上的取芯个数一般不少于 3 个，若构件的体积或截面面积较小时，可取 2 个；当检测单元内有多个构件时，取芯数量应为 20～30 个，且每个构件上宜取 1 个芯样。

我国以边长为 150mm 的立方体试块作为混凝土立方体抗压强度的标准试块[1]。试验证明：直径 100mm 的圆柱体混凝土试块与边长为 150mm 的混凝土立方体试块的抗压强度基本是一致的。因此，《钻芯法检测混凝土强度技术规程》JGJ/T 384—2016 中将直径和高度均为 100mm 的芯样试件作为圆柱体标准试件。芯样在现场至试验室的运输过程中，应避免对其敲击和碰撞。试验前，应将影响试件强度的缺边、掉角、孔洞、酥松层、钢筋等部分切除。若切割后芯样端面的平整度和垂直度仍不能满足要求，则需要用专用机具磨平或补平处理，具体要求见文献 [3]。待测结构的工作环境比较干燥时，芯样试件受压前，应在室内自然干燥 3d；待测结构的工作环境比较潮湿时，如水下混凝土结构、地下水位以下的混凝土基础、地下室外墙等，芯样试件应在（20 ±5)℃的清水中浸泡 40～48h 后再进行受压试验。

根据芯样试件所能承受的最大压力值，由式（4-1）计算芯样的强度。

$$f_{\mathrm{cor},i}=\alpha\frac{4F}{\pi D^2} \tag{4-1}$$

式中，$f_{\mathrm{cor},i}$ 为芯样试件混凝土强度换算值；F 为芯样试件受压试验测得的最大压力；D 为芯样试件的平均直径（用游标卡尺在试件中部两个相互垂直的位置测得的平均直径）；α 为不同高径比芯样试件混凝土换算强度的修正系数，如表 4-1 所示。

芯样试件混凝土换算强度的修正系数　　表 4-1

高径比	1.0	1.1	1.2	1.3	1.4	1.5	1.6	1.7	1.8	1.9	2.0
α	1.00	1.04	1.07	1.10	1.13	1.15	1.17	1.19	1.21	1.22	1.24

用钻芯法对回弹法、超声法、综合法修正时，可采用对应测区的修正系数对整个检测单元内的检测值进行修正。每个检测单元标准芯样试件的数量宜为 3～6 个。若采用小直径芯样，数量应适当增加。修正系数按式（4-2）计算，修正值按式（4-3）计算。

$$\alpha_{\mathrm{cor}}=\frac{1}{m}\sum_{j=1}^{m}f_{\mathrm{cor},j}/f_{\mathrm{cu},j0} \tag{4-2}$$

$$f_{\mathrm{cu},i}=\alpha_{\mathrm{cor}}f_{\mathrm{cu},i0} \tag{4-3}$$

式中，α_{cor} 为某一检测单元测区强度修正系数；$f_{\mathrm{cor},j}$ 为芯样试件混凝土强度换算值；$f_{\mathrm{cu},j0}$ 为和芯样试件对应的用其他方法检测的测区混凝土强度推定值；m 为芯样试件数量；$f_{\mathrm{cu},i0}$ 为检测单元内测区混凝土强度推定值；$f_{\mathrm{cu},i}$ 为检测单元内测区混凝土强度修正值。

4.1.6　各检测方法的适用性

不同的检测方法有不同的适用范围和要求，应综合考虑结构特点、现状和现场检测条件选择。对长龄期混凝土，应优先采用超声回弹综合法检测；当不具备两个平行相对测试面时，也可采用回弹法检测；当混凝土表里不一时，如表面受冻伤、受火灾、受化学侵蚀、有严重内部缺陷等，用加大截面法加固处理原有构件混凝土，对一些特种混凝土，宜采用钻芯法。

采用回弹法或超声法或综合法检测混凝土强度时，若检测条件与相应检测强度曲线适用条件有较大差异时，应钻取混凝土芯样进行修正。

4.1.7 混凝土强度标准值

获得每个检测单体（测区或测点）混凝土强度推定值后，一般按 95%的保证率确定混凝土强度标准值。

采用回弹法或超声法或综合法检测混凝土强度时，若检测单体的数量少于 5 个，可取检测单体的最小混凝土强度推定值作为混凝土强度标准值。若检测单体的数量不少于 10 个，混凝土强度标准值应按式（4-4）确定。

$$f_{cu,k}=m_{f_{cu}}-1.645S_{f_{cu}} \tag{4-4}$$

式中，$m_{f_{cu}}$ 为按 n 个检测单体算得的测区强度的平均值；$S_{f_{cu}}$ 为按 n 个检测单体算得的测区强度的标准差。

当 $m_{f_{cu}}<25$MPa，且 $S_{f_{cu}}>4.5$MPa 时，或 $m_{f_{cu}}>25$MPa，且 $S_{f_{cu}}>5.5$MPa 时，则说明检测单元划分得不合适（所划分的检测单元不属于同一母体），应重新划分检测单元，再分别确定不同检测单元的混凝土强度标准值。

若检测单体的数量（n）少于 10 个，但不少于 5 个，混凝土强度标准值应按式（4-5）确定。

$$f_{cu,k}=\max\begin{cases}f_{cu,min}\\m_{f_{cu}}-k_cS_{f_{cu}}\end{cases} \tag{4-5}$$

式中，$f_{cu,min}$为检测单体最小混凝土强度推定值；$m_{f_{cu}}$ 为按 n 个检测单体算得的材料强度平均值；$S_{f_{cu}}$ 为按 n 个检测单体算得的材料强度标准差；k_c 为计算系数，按表 4-2 取值。

计算系数 k_c **表 4-2**

n	5	6	7	8	9	10	12	15
k_c	2.463	2.336	2.250	2.190	2.141	2.103	2.048	1.991
n	18	20	25	30	35	40	45	50
k_c	1.951	1.933	1.895	1.869	1.849	1.834	1.821	1.811

采用钻芯法检测混凝土强度时，混凝土强度标准值宜按式（4-5）确定。

需要特别说明的是：既有建筑混凝土结构中混凝土强度标准值是材料经若干年使用后的实际强度，与混凝土在标准养护条件下 28d 的强度明显不同。不能把经检测获得的混凝土强度标准值与设计资料中混凝土的强度等级做简单的比较，以此判断混凝土是否合格或是否满足设计要求。其他材料亦是如此，后面将不再说明。

4.1.8　工程实例

1. 上海市中山东一路 26 号大楼检测与鉴定

该大楼为七层钢筋混凝土框架结构（含少量混凝土墙承重），建于 1920 年（图 4-5）。将房屋结构按层分为七个检测单元（每层检测单元包含本层墙柱及上层楼面梁），采用回弹法对其墙、柱及梁混凝土强度进行检测，并钻取芯样进行强度修正。表 4-3 为上海市中山东一路 26 号大楼墙柱芯样混凝土抗压强度实测结果，表 4-4 为上海市中山东一路 26 号大楼回弹法检测混凝土抗压强度实测部分结果[4]。

图 4-5　上海市中山东一路 26 号大楼

上海市中山东一路 26 号大楼墙柱芯样混凝土抗压强度实测结果　　表 4-3

芯样编号	取芯部位	芯样直径（mm）	芯样高度（mm）	抗压强度（MPa）	碳化深度（mm）
HX1-1	一层 6 轴与 D 轴柱	75	75	27.5	22
HX1-2	一层 1/2 轴与 A 轴柱	75	75	29.4	43
HX1-3	一层 1/2 轴与 A～B 轴墙	75	75	26.6	32
HX2-1	二层 1/2 轴与 B 轴柱	75	75	28.0	23
HX2-2	二层 2 轴与 A 轴柱	75	75	37.2	25
HX2-3	二层 2 轴与 A～B 轴墙	75	75	22.2	20

上海市中山东一路 26 号大楼回弹法检测混凝土抗压强度实测部分结果　表 4-4

构件编号	检测部位		测区强度平均值（MPa）	测区强度最小值（MPa）	测区强度标准差（MPa）	构件强度推定值（MPa）
ZH1-1	检测单元一	一层 3 轴与 C 轴柱	31.7	22.3	5.92	21.9
ZH1-2		一层 1/2 轴与 A 轴柱	23.2	19.5	2.07	19.8
ZH1-3		一层 6 轴与 C 轴柱	32.1	26.8	3.45	26.4
ZH1-4		一层 6 轴与 D 轴柱	34.3	24.5	4.94	26.2

续表

构件编号	检测部位		测区强度平均值（MPa）	测区强度最小值（MPa）	测区强度标准差（MPa）	构件强度推定值（MPa）
ZH1-5	检测单元一	一层 5 轴与 C 轴柱	29.2	25.9	2.47	25.2
ZH1-6		一层 4 轴与 D 轴柱	30.3	24.5	2.93	25.5
ZH1-7		一层 4 轴与 B 轴柱	29.3	25.1	4.1	22.5
ZH1-8		一层 1/2 轴与 A～B 轴墙	25.9	22.3	3.29	20.5
ZH2-1	检测单元二	二层 5 轴与 B 轴柱	26.4	21.3	3.39	20.8
ZH2-2		二层 1/2 轴与 B 轴柱	31.7	22.5	3.63	25.7
ZH2-3		二层 2 轴与 A 轴柱	25.5	21.2	3.02	20.5
ZH2-4		二层 1/2 轴与 A 轴柱	26.4	19.8	6.17	16.2
ZH2-5		二层 5 轴与 A 轴柱	32.6	27.0	3.22	27.3
ZH2-6		二层 8 轴与 A 轴柱	24.6	20.2	2.48	20.5
ZH2-7		二层 2 轴与 A～B 轴墙	30.1	27.0	2.37	26.2
ZH2-8		二层 1/2 轴与 A～B 轴墙	31.5	21.2	5.11	23.1
ZH2-9		三层 4 轴与 B～C 轴梁	20.5	17.9	2.16	16.9
ZH2-10		三层 3 轴与 C～D 轴梁	20.2	18.3	1.2	18.2

2. 上海市四川中路 261 号房屋检测与鉴定

该房屋为地下一层、地上八层钢筋混凝土框架结构（含少量混凝土墙承重），建于 1928 年（图 4-6）。根据房屋结构特点和现场检测条件，将房屋整体作为一个检测单元，选取框架梁柱，采用综合法进行混凝土材料强度的检测，并采用芯样法对其进行修正。表 4-5 为该房屋芯样法检测混凝土抗压强度实测结果，表 4-6 为该房屋综合法检测混凝土的抗压强度实测结果[5]。

图 4-6　上海市四川中路 261 号房屋

上海市四川中路 261 号房屋芯样法检测混凝土抗压强度实测结果　　表 4-5

芯样编号	取芯部位	芯样直径（mm）	芯样高度（mm）	抗压强度（MPa）	碳化深度（mm）
ZX-1	地下室 11 轴与 D 轴柱	75	75	18.8	28
ZX-2	地下室 11 轴与 A 轴柱	75	75	20.4	17
ZX-3	地下室 12 轴与 D 轴柱	75	75	18.5	22
ZX-4	地下室 7 轴与 D 轴柱	75	75	34.4	5
ZX-5	四层 12 轴与 D 轴柱	75	75	19.2	48
ZX-6	四层 12 轴与 F 轴柱	75	75	15.4	20
ZX-7	五层 3 轴与 D 轴柱	75	75	18.3	24
ZX-8	五层 11 轴与 F 轴柱	75	75	16.1	15
ZX-9	六层 13 轴与 D 轴柱	75	75	19.0	23
ZX-10	七层 11 轴与 D 轴柱	75	75	26.5	19
ZX-11	七层 8 轴与 D 轴柱	75	75	27.5	16

上海市四川中路 261 号房屋综合法检测混凝土的抗压强度实测结果　　表 4-6

构件编号	检测部位	测区强度平均值（MPa）	测区强度最小值（MPa）	测区强度标准差（MPa）	构件强度推定值（MPa）
ZH-1	二层 11 轴与 D 轴柱	17.3	15.7	0.98	15.7
ZH-2	二层 8 轴与 1/E 轴柱	16.9	15.3	1.15	15.0
ZH-3	三层 10 轴与 D 轴柱	16.9	15.0	1.22	14.9
ZH-4	三层 C 轴与 12～15 轴梁	21.0	18.3	1.50	18.6
ZH-5	三层 3 轴与 C～D 轴梁	16.4	15.2	0.78	15.1
ZH-6	三层 11 轴与 A 轴柱	16.9	16.1	0.61	15.9
ZH-7	三层 12 轴与 A 轴柱	21.8	18.3	1.48	19.4
ZH-8	四层 12 轴与 D 轴柱	22.0	19.7	1.75	19.1
ZH-9	四层 3 轴与 D 轴柱	23.3	20.1	1.60	20.7
ZH-10	五层 13 轴与 D 轴柱	17.6	15.7	1.33	15.4
ZH-11	五层 7 轴与 D 轴柱	19.4	17.5	1.19	17.4
ZH-12	五层 11 轴与 C～D 轴梁	20.0	15.7	2.05	16.6

续表

构件编号	检测部位	测区强度平均值（MPa）	测区强度最小值（MPa）	测区强度标准差（MPa）	构件强度推定值（MPa）
ZH-13	五层 11 轴与 D 轴柱	24.3	17.7	2.29	20.5
ZH-14	五层 3 轴与 D 轴柱	22.7	20.7	0.81	21.4
ZH-15	六层 13 轴与 D 轴柱	21.0	19.4	0.87	19.6
ZH-16	六层 11 轴与 D 轴柱	18.8	15.8	1.51	16.3
ZH-17	六层 3 轴与 D 轴柱	26.7	23.0	1.89	23.6
ZH-18	六层 9 轴与 C～D 轴梁	24.9	19.3	2.08	21.5
ZH-19	七层 7 轴与 D 轴柱	20.7	19.4	0.95	19.1
ZH-20	七层 11 轴与 D 轴柱	22.7	18.8	3.30	17.2
ZH-21	七层 3 轴与 D 轴柱	21.4	20.3	1.32	19.2
ZH-22	八层 10 轴与 C 轴柱	23.0	19.8	1.65	20.3
ZH-23	八层 9 轴与 D 轴柱	23.8	20.7	1.38	21.5
ZH-24	八层 13 轴与 D 轴柱	23.2	18.9	1.63	20.5
ZH-25	八层 11 轴与 C 轴柱	24.3	17.3	2.50	20.1

4.2 砌体材料力学性能检测

4.2.1 检测单元、检测单体及检测内容

砌体材料力学性能检测时，一般情况下可按房屋的层划分检测单元。由于砌体的离散性较大，当房屋的层数较多，且明确砌体的设计强度等级时，只有单层的建筑面积较小时（不超过 300m^2），才将具有相同设计强度等级的若干层合并作为一个检测单元。

对砌体结构，可将检测单元中抽取的样本称为测区（检测单体），一般将一个构件视作一个测区。在一个测区内通常还要布置若干个测点，回弹法的测位相当于其他方法的测点。

砌体材料力学性能检测主要包括：强度检测、变形性能检测、对其他必要项目的检测。

砌体材料的强度检测有直接法和间接法。直接法是在现场直接检测砌体的抗

压和抗剪强度。间接法是通过检测砌筑块材和砂浆的强度，根据《砌体结构设计规范》GB 50003—2011 的有关规定计算砌体的强度。

采用直接法检测砌体的强度时，每个检测单元的抽样（测区）数量不宜少于3个。采用间接法检测砌体的强度时，每个检测单元的抽样（测区）数量不宜少于5个；同一检测单元内的总建筑面积不大于300m^{2}时，抽样数量可适当减少，但不应少于3个。

4.2.2　砌体抗压强度的检测

我国的砌体检测规范中推荐砌体抗压强度的检测方法有：原位扁顶法、原位轴压法和切制试件法。

用原位扁顶法时，需要将砌体本身作为反力装置，检测时可能会引起较大范围内的砌体破坏。对强度较低的既有砌体结构，切制试件的难度很大。因此，原位轴压法被认为是检测既有建筑中砌体抗压强度的最有效的方法。应用原位轴压法检测既有建筑中砌体材料的抗压强度时，同一墙体上测点不宜多于1个，测点宜位于墙体中部，距楼（地）面1m左右高度处，槽间砌体每侧的墙体宽度不应小于1.5m。确定测点的位置后，在测点的上下开设对齐的水平槽。普通砖砌体槽间砌体高度为7皮砖；多孔砖砌体，槽间砌体高度为5皮砖。将扁式千斤顶插入下槽口，反力板插入上槽口，用4根钢拉杆和螺母将扁式千斤顶和反力板夹紧。接上手动油泵，进行手动加载。当槽间砌体被压坏时，停止加载，记录破坏荷载值N_{uij}（图4-7）。

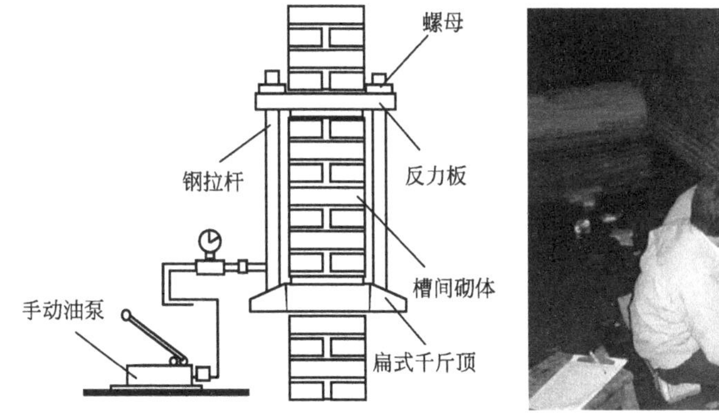

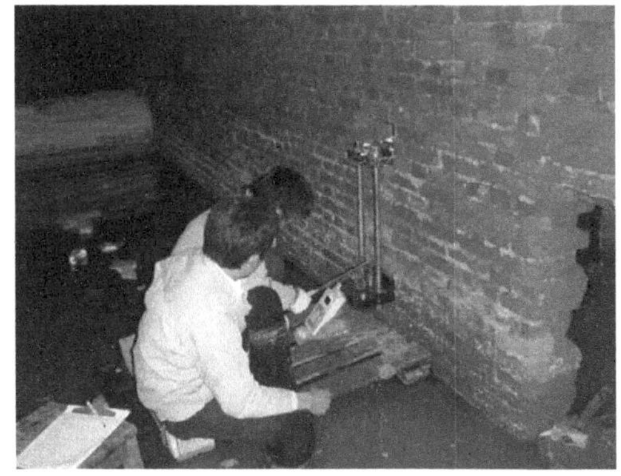

图4-7　原位轴压法检测砌体抗压强度

则测点j处，砌体抗压强度的推定值见式（4-6）和式（4-7）。

$$f_{mij}=\frac{N_{uij}}{A_{ij}\xi_{1ij}} \tag{4-6}$$

$$\xi_{1ij}=1.25+0.60\sigma_{0ij} \tag{4-7}$$

式中，f_{mij} 为第 i 测区第 j 测点砌体抗压强度推定值；N_{uij} 为第 i 测区第 j 测点槽间砌体的受压破坏荷载值；A_{ij} 为原位轴压法检测砌体强度时，第 i 测区第 j 测点槽间砌体的受压面积；ξ_{1ij} 为砌体强度换算系数；σ_{0ij} 为第 i 测区第 j 测点砌体上部的正压应力，可按墙体实际承受的荷载标准值计算。

如图 4-7 所示，槽间砌体受到两侧砌体的约束。因此，测得的槽间砌体的抗压强度大于标准砌体的抗压强度，必须引入砌体强度换算系数对 ξ_{1ij} 进行修正。

测区砌体强度的推定值是各测点的平均值，见式（4-8）。

$$f_{mi}=\frac{1}{n_i}\sum_{j=1}^{n_i}f_{mij} \tag{4-8}$$

式中，f_{mi} 为第 i 测区砌体抗压强度推定值；n_i 为第 i 测区的测点数。

上海市建筑科学研究院的研究结果表明：无论是对于试验室试件，还是对于实际工程试件，按《砌体工程现场检测技术标准》GB/T 50315—2011 规定的原位轴压法强度换算公式换算的砌体抗压强度均存在很大的误差，一般情况下换算强度偏低。分析认为，两侧砌体对槽间砌体的约束作用主要取决于砌体本身的强度。根据试验室试件和实际工程试件检测结果拟合，用原位轴压法检测烧结普通砖或烧结多孔砖砌体的抗压强度时，砌体强度换算系数应按式（4-9）计算，且当 $\xi_{1ij}<1.15$ 时，取 $\xi_{1ij}=1.15$[6]。

$$\xi_{1ij}=0.353+0.175\frac{N_{uij}}{A_{ij}} \tag{4-9}$$

4.2.3 砌体抗剪强度的检测

砌体的抗剪强度可通过砂浆强度检测结果推算，但由于砂浆强度的现场检测方法多为非破损方法，检测精度相对较差，其推算结果的可靠性也较低。因此，对重要建筑的可靠性鉴定仍有赖于可靠的砌体抗剪强度现场检测方法。《砌体工程现场检测技术标准》GB/T 50315—2011 推荐的砌体抗剪强度现场检测方法有：原位单剪法和原位双剪法（包括原位单砖双剪法和原位双砖双剪法）。实践表明，原位单剪法检测结果可靠性较好，但因荷载对中要求较高，需现场浇筑混凝土传力件且养护和检测周期很长；另外，检测结果受割槽时振动影响较大，故对现场检测的适用性较差。对于原位单砖双剪法，由于实际工程中竖向灰缝饱满度差异很大，竖向灰缝对检测结果的精度有影响；试件尺寸仅为标准试件的 1/3，尺寸效应的影响较大；砂浆强度低于 5MPa 时，检测误差较大。上海市建筑科学研究院在进行大量对比试验的基础上提出了能克服上述方法不足的原位双砖双剪法[6]。该方法是对原位单剪法和原位单砖双剪法适当改进后提出的一种砌体抗剪强度检测方法（图 4-8）：检测位置宜选择在窗下砌体的第三、四皮砖（否则应该掏空试件顶部两皮砖上的水平灰缝以卸载），受剪体为两块并排的顺砖；将受剪体后侧（拟安装原位剪切仪位置）凿除两块并排顺砖，并在受剪体前方凿出宽 30～50mm 的切口；量测受剪截面尺寸；在受剪体后侧安装原位剪切仪和压力传感器，匀速施加水平荷载，直至受剪体和周围砌体之间产生相对滑移，试件达到破坏状态（加荷全过程控制在 1～3min）。记录破坏荷载，按式（4-10）计算测点的抗剪强度推定值。测区砌体的抗剪强度取测区内各测点强度的平均值。

$$f_{vij}=\frac{N_{vij}}{2A_{vij}\xi_{2ij}\xi_{3ij}} \tag{4-10}$$

式中，f_{vij} 为第 i 测区第 j 测点抗剪强度推定值；N_{vij} 为第 i 个检测单体剪切破坏荷载值；A_{vij} 为单个剪切面面积；ξ_{2ij} 为约束条件与尺寸效应系数，根据如图 4-9 和图 4-10 所示的对比试验结果分析，取 $\xi_{2ij}=1.5$；ξ_{3ij} 为多孔砖砌体销钉效应系数，根据如图 4-9 和图 4-10 所示的对比试验结果分析，对普通砖砌体取 $\xi_{3ij}=1$，对多孔砖砌体取 $\xi_{3ij}=1.686-0.578\frac{N_{vij}}{2A_{vij}}$。

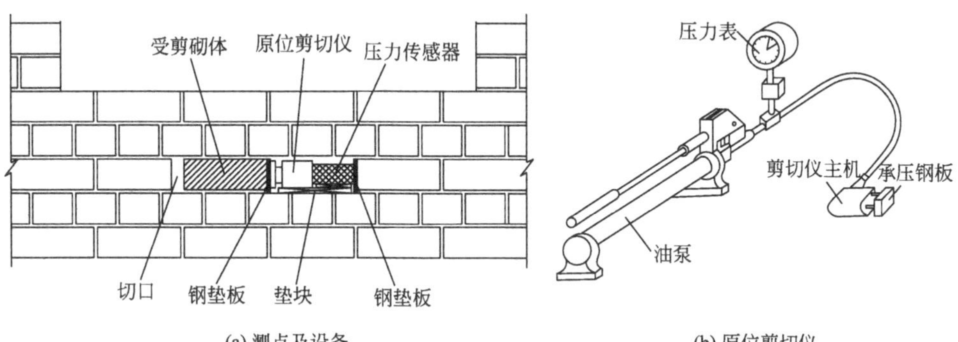

(a) 测点及设备　　(b) 原位剪切仪

图 4-8　原位双砖双剪法检测砌体抗剪强度

图 4-9　原位双砖双剪法检测实况

图 4-10　按文献［7］的砌体抗剪强度标准试验实况

4.2.4 砌体抗压、抗剪强度标准值

当某一检测单元内测区的数量（n）小于5时，可取测区抗压强度、抗剪强度的最小值作为该单元砌体抗压强度和抗剪强度的标准值。

当某一检测单元内测区的数量（n）不小于5时，该测区砌体抗压强度标准值和抗剪强度标准值按式（4-11）确定。

$$f_{mk}=\max\begin{cases}f_{mi,\min}\\ m_{fm}-k_{m}S_{fm}\end{cases} \tag{4-11a}$$

$$f_{vk}=\max\begin{cases}f_{vi,\min}\\ m_{fv}-k_{m}S_{fv}\end{cases} \tag{4-11b}$$

式中，$f_{mi,\min}$ 为测区砌体抗压强度最小值；$f_{vi,\min}$ 为测区砌体抗剪强度最小值；m_{fm}、m_{fv} 为按 n 个测区算得的砌体材料抗压强度、抗剪强度平均值；S_{fm}、S_{fv} 为按 n 个测区算得的材料强度标准差；k_m 为计算系数，按表4-7取值。

砌体抗压强度、抗剪强度标准值计算系数 k_m 值 **表4-7**

n	5	6	7	8	9	10	12	15
k_m	2.005	1.947	1.908	1.880	1.858	1.841	1.816	1.790
n	18	20	25	30	35	40	45	50
k_m	1.773	1.764	1.748	1.736	1.728	1.721	1.716	1.712

4.2.5 砌筑块材强度的检测

砌筑块材的强度可采用取样检测，取样位置应与砌筑砂浆强度的检测位置相对应，但应保证结构安全。检测方法依据相应的标准，如《烧结普通砖》GB/T 5101—2017、《烧结多孔砖和多孔砌块》GB/T 13544—2011、《蒸压加气混凝土砌块》GB/T 11968—2020等。

对烧结普通砖可采用回弹法检测其强度，测试原理和回弹法测试混凝土强度的原理类似。根据《回弹仪评定烧结普通砖强度等级的方法》JC/T 796—2013规定，可在试验室的标准条件下应用回弹仪检测烧结普通砖的强度。回弹法检测砖强度时试验室标准条件和现场工作条件的比较如表4-8所示。因此，要想利用《回弹仪评定烧结普通砖强度等级的方法》JC/T 796—2013中的测强曲线在现场用回弹法检测既有建筑中烧结普通砖的强度，必须首先对现场测试获得的回弹值进行必要的修正[8]。

由表4-8可知：用回弹法检测砖强度时，试验室标准条件与现场检测条件的主要差别表现在测点布置、测点间距、竖向荷载、试验时试件的约束条件等方面，故首先通过试验对这些因素的影响做比较分析。

回弹法检测砖强度时试验室标准条件和现场工作条件的比较　　表 4-8

比较内容	试验室标准条件	现场工作条件
测点布置	在两个条面上	只有一个条面
测点间距	30mm	<30mm
试件状态	无粘结自由叠放	有砂浆粘结
受力情况	受 500N 重锤压制	压力远大于 500N

在试验室标准条件下，间距为 20mm、30mm 时砖回弹值比较，如图 4-11 所示。对同一砖试件，测点间距为 20mm 与 30mm 的回弹值互有大小，但相差不大，没有明显的变化规律。

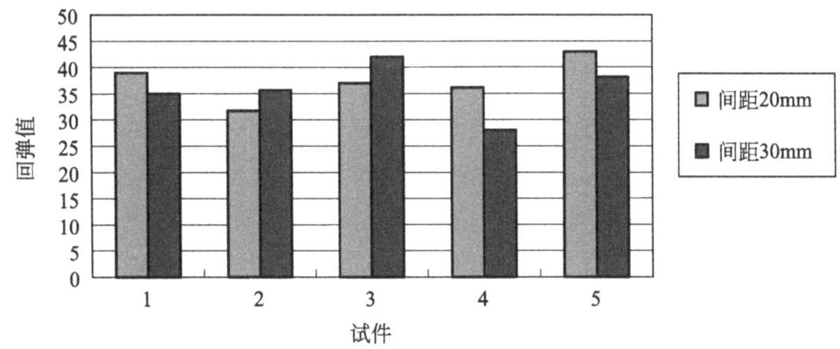

图 4-11　试验室标准条件下间距为 20mm、30mm 时砖回弹值比较

在试验室标准条件下，间距为 15mm、30mm 时砖回弹值比较，如图 4-12 所示。测点间隔为 15mm 时砖的回弹值均大于测点间隔为 30mm 时砖的回弹值。

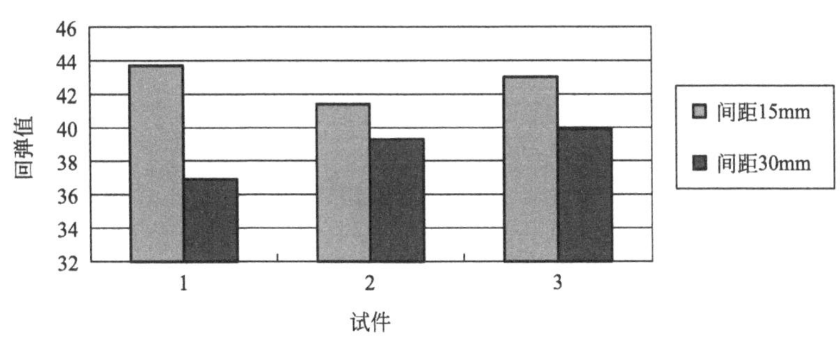

图 4-12　试验室标准条件下间距为 15mm、30mm 时砖回弹值比较

上述试验表明：当把测点间距由 30mm 减少为 20mm 时，没有明显的系统误差。在既有建筑中，由于砖只有一个条面可供检测，在长度为 240mm 的砖条面上，可以按测点间距为 20mm 测试砖的 10 个回弹值。

为比较外加竖向荷载大小对回弹值的影响，用一块尺寸为 100mm×100mm×

300mm 的混凝土试件替代砖，用万能试验机加竖向荷载。竖向荷载与测试回弹值的关系，如图 4-13 所示，回弹值与荷载的变化趋势线几乎是水平线，即荷载的大小对回弹值的影响不显著。

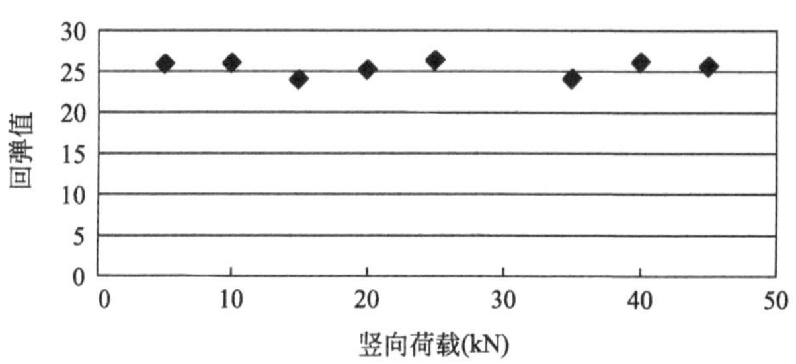

图 4-13　竖向荷载与测试回弹值的关系

为了研究砂浆粘结对砖回弹值的影响，先按试验室标准条件，在砖的一个条面上，以测点间距为 20mm 测试砖的 10 个回弹值，并求其平均值；然后对每 5 块砖用 1∶3 的水泥砂浆将大面相互粘结在一起，以近似模拟砖在既有建筑砌体结构中的状态，再按试验室标准的方法将它们固定，在砖的另一条面上同样以测点间距为 20mm 测试砖的 10 个回弹值，并求其平均值。试件在砂浆粘结前后回弹值的测试结果如图 4-14 所示。用砂浆砌筑砖后，回弹值增大。经统计线性回归分析，砌筑前后，砖的平均回弹值的线性相关系数为 0.909。当样本数为 88，显著性水平为 0.01 时，相关系数临界值为 0.273，即两者之间存在显著的线性关系。线性回归公式见式（4-12）

$$R_b' = 0.84R_b + 2.13 \tag{4-12}$$

式中，R_b' 为砌筑前砖的回弹平均值；R_b 为砌筑后砖的回弹平均值。

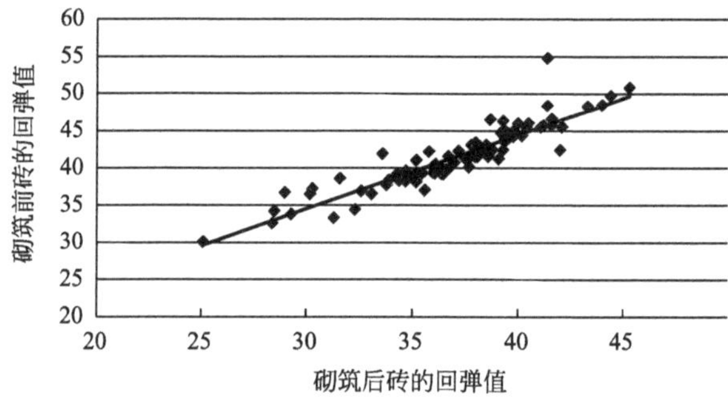

图 4-14　试件在砂浆粘结前后回弹值的测试结果

上述分析表明，可以在既有砌体结构砖的一个条面上，用回弹仪测试砖强度。为了利用《回弹仪评定烧结普通砖强度等级的方法》JC/T 796—2013 中的测强曲线，可以不考虑竖向压力对砖回弹值的影响，按下列方法现场检测既有建筑中某一检测单元内砖的抗压强度标准值[8]：

（1）在检测单元内选取 10 块条面向外的砖。

（2）在每块砖的一个 240mm 长的条面上，按测点间距为 20mm 测试 10 个回弹值。

（3）计算每块砖回弹值的平均值 R_{bi}。

（4）由式（4-12）得到修正后的平均值 R'_{bi}，用 R'_{bi} 按照《回弹仪评定烧结普通砖强度等级的方法》JC/T 796—2013 的规定评定烧结普通砖的强度等级。

显然对既有建筑，最好能直接评价出材料的实际强度。为此，《砌体工程现场检测技术标准》GB/T 50315—2011 根据湖南大学等单位的试验分析结果，建议按下列方法在现场检测既有建筑中某一检测单元内砖的抗压强度标准值[9]：

（1）在检测单元中随机选择 n 个测区，每个测区的面积不宜小于 $1m^2$，在每个测区内随机选取 10 块条面向外的砖作为 10 个测位供回弹测试，砖与砖墙边缘的距离应大于 250mm。

（2）在砖的一个条面上（第 i 测区第 j 测位）均匀布置 5 个弹击点，弹击点的间距不应小于 20mm，测试 5 个回弹值。

（3）计算该 5 个回弹值的平均值作为第 i 测区第 j 测位的回弹值 R_{bij}。

（4）由式（4-13）计算第 i 测区第 j 测位砖的强度 f_{1ij}。

对于烧结普通砖：

$$f_{1ij}=0.02R_{bij}^{2}-0.45R_{bij}+1.25 \tag{4-13a}$$

对于烧结多孔砖：

$$f_{1ij}=1.70\times10^{-3}R_{bij}^{2.48} \tag{4-13b}$$

（5）取各测位砖强度的平均值作为第 i 测区砖强度值 f_{1i}。

（6）按式（4-14）确定检测单元砖抗压强度的标准值。

$$f_{1k}=m_{f1}-1.8S_{f1} \tag{4-14}$$

式中，m_{f1} 为按 n 个测区算得的砖抗压强度平均值；S_{f1} 为按 n 个测区计算的砖抗压强度标准差。

一般情况下，可根据《砌体工程现场检测技术标准》GB/T 50315—2011 进行砖强度推定，该标准可用于强度为 6～30MPa 的烧结普通砖和烧结多孔砖的检测。当烧结普通砖回弹值＜30 时，宜按式（4-12）对回弹值进行修正后，按照《回弹仪评定烧结普通砖强度等级的方法》JC/T 796—2013 的方法进行砖强度等级评定。

4.2.6　砂浆强度的检测

《砌体工程现场检测技术标准》GB/T 50315—2011 建议采用原位剪切法、推出法、筒压法、砂浆片剪切法、点荷法、回弹法等方法检测砂浆的强度，并给出相应的检测要求和数据分析法。对既有砌体结构而言，最方便的方法还是贯入法和回弹法，且其测位和块材的取样位置与砖的回弹测位一致，下面分别介绍：

1. 贯入法检测砂浆强度

贯入法的基本原理是将钢钉射入砂浆内，根据射入深度确定砂浆的强度（图 4-15）。贯入法是一种现场检测砌筑砂浆抗压强度的实用方法。根据《贯入法检测砌筑砂浆抗压强度技术规程》JGJ/T 136—2017 的规定，贯入法可适用于强度在 M0.4～M16 的水泥石灰混合砂浆或水泥砂浆强度的检测。该规程的测强曲线是用砂浆试块标定的，但在既有建筑中检测的均是砌体灰缝中的砂浆，两者之间有多大的差异，该测强曲线是否适用，应通过砌体灰缝中的砂浆强度贯入法检测结果与同条件下砂浆试块强度的对比试验加以验证。

图 4-15　用贯入法确定砂浆的强度

相关试验研究表明[6]，对于强度低于 2MPa 的砂浆，用贯入法检测的砂浆强度与砂浆试块强度之间的误差很大。另外，指数形式的 f_2-d（砂浆的强度与贯入深度）测强曲线在低强度段，f_2 与 d 的相关性很差（曲线的斜率很小）。当砂浆强度较高时，砂浆强度受贯入深度的影响十分敏感（曲线的斜率过大），如贯入深度减少 0.3mm，砂浆强度增加 4MPa，这对贯入深度量测精度提出了过高要求。而在实际工程中，砂浆表面的平整度一般较差，很难使贯入深度达到如此高的精度，因此，对低强度砂浆（低于 2MPa）或高强度砂浆（高于 12MPa），在用贯入法检测后，宜用原位双砖双剪法等相对可靠的方法进行校核与修正。

基于砌体灰缝中砂浆强度贯入法检测结果与同条件下砂浆试块强度的对比试验，得到的水泥混合砂浆贯入法测强曲线如图 4-16 所示。第 i 测区第 j 测位砂浆的强度推定值按式（4-15）计算。

$$f_{2ij}=611.47d_{ij}^{-3.059} \tag{4-15}$$

式中，f_{2ij} 为第 i 测区第 j 测位砂浆抗压强度推定值；d_{ij} 为第 i 测区第 j 测位的平均贯入深度。

图 4-16 中还表示了建议测强曲线与《贯入法检测砌筑砂浆抗压强度技术规程》JGJ/T 136—2017 测强曲线的比较。

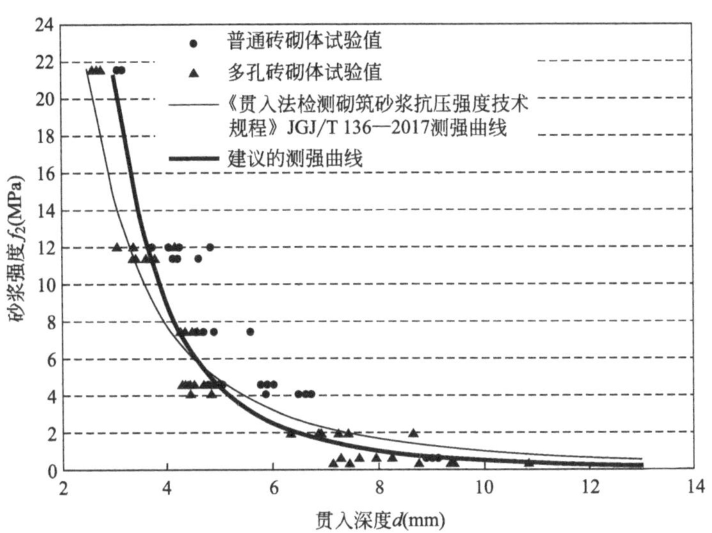

图 4-16　水泥混合砂浆贯入法测强曲线

用贯入法检测强度低于 2MPa 的砂浆或强度超过 12MPa 的砂浆或龄期超过 20 年的砂浆时，宜采用原位双砖双剪法检测砌体的抗剪强度，按式（4-16）推算的砂浆强度对式（4-15）的计算结果进行校核与修正。显然，当应用原位双砖双剪法检测砂浆的强度时，也可以用式（4-16）推定砂浆的强度。

$$f_{2ij}=64f_{vij}^{2} \tag{4-16}$$

式中，f_{2ij} 为由砂浆剪切强度推定的第 i 测区第 j 测位砂浆抗压强度；f_{vij} 为第 i 测区第 j 测位砂浆抗剪强度换算值，按式（4-10）计算。

对于水泥砂浆，因其在实际工程中主要在地面以下砌体中采用，未对其进行专门的试验研究，可参考《贯入法检测砌筑砂浆抗压强度技术规程》JGJ/T 136—2017 测强曲线。

2. 回弹法检测砂浆强度

回弹法检测砂浆强度的原理和回弹法检测混凝土强度的原理相似。回弹测位宜选在承重墙的可测面上，墙面上每个测位的面积不宜大于 0.3m^2。清除粉刷层、勾缝砂浆，将弹击点处的砂浆打磨平整并去除浮灰。每个测位内应布置 12 个弹击点，相邻弹击点的间距不应小于 20mm。每个弹击点上，应使用回弹仪连续弹击 3 次，第 1 次、第 2 次不读数，仅记录第 3 次的回弹读数。从每个测位的 12 个回弹值中剔除最大值和最小值，取余下值的算术平均值作为该测区的回弹值（R_m）。在每一测位内选取3处灰缝测碳化深度，取其平均值作为该测位的碳化深度（d_m），可按式（4-17a）～式（4-17c）确定第i测区第j测位砂浆强度推定值[7]。

当$d_m \leqslant 1.0$mm时，

$$f_{2ij}=13.97\times10^{-5}R_m^{3.57} \tag{4-17a}$$

当$1.0\text{mm}<d_m\leqslant3.0$mm时，

$$f_{2ij}=4.85\times10^{-4}R_m^{3.04} \tag{4-17b}$$

当$d_m>3.0$mm时，

$$f_{2ij}=6.34\times10^{-5}R_m^{3.60} \tag{4-17c}$$

式中，f_{2ij}为第i测区第j测位砂浆抗压强度推定值；d_m为第i测区第j测位的平均碳化深度；R_m为第i测区第j测位的平均回弹值。

第i测区的强度推定值，取测区内各测位强度的平均值。

用回弹法检测砂浆的抗压强度应符合下列要求：

（1）回弹法适用于检测抗压强度为2～16MPa的水泥砂浆或水泥石灰混合砂浆。

（2）用回弹法检测强度超过7.5MPa的砂浆以及龄期超过20年的砂浆时，宜采用原位双砖双剪法检测砌体的抗剪强度，对式（4-16）推定的砂浆强度进行校核与修正。

（3）表面严重粗糙、不平且无法磨平，或砂浆饱满度很差时，不得采用回弹法。

（4）砂浆强度低于2MPa时，不得使用回弹法。

3. 砂浆抗压强度标准值

当某一检测单元内测区的数量n小于5时，可取测区砂浆抗压强度的最小值作为该检测单元内砂浆抗压强度标准值。

当某一检测单元内测区的数量n不小于5时，该检测单元内砂浆的抗压强度标准值按式（4-18）确定。

$$f_{2k}=\min\begin{cases}1.33f_{2i,\min}\\ m_{f2}\end{cases} \tag{4-18}$$

式中，$f_{2i,\min}$为测区砂浆抗压强度最小值；m_{f2}为按n个测区算得的砂浆抗压强度平均值。

4.2.7 砌体弹性模量的检测

对于普通砖砌体，弹性模量的检测可采用扁顶法。相应的操作和分析应符合《砌体工程现场检测技术标准》GB/T 50315—2011的规定，不再详述。

4.2.8　工程实例

1. 上海市北京东路 31～91 号房屋检测与鉴定

按层划分检测单元，用回弹法检测砖强度，用贯入法检测砂浆强度。同时，又用原位轴压法检测砌体抗压强度，以便相互验证[9]。表 4-9 给出了用回弹法检测上海市北京东路 31～91 号房屋砖强度的数据。

用回弹法检测上海市北京东路 31～91 号房屋砖强度的数据　　表 4-9

检测单元	测区	按式(4-11a)算得的测区砖强度(MPa)	测区强度平均值/标准差(MPa)	检测单元砖强度(MPa)
1	二层 D 轴与 3 轴墙	8.71	8.35/1.92	4.89
	二层 C 轴与 8～9 轴墙	7.08		
	二层 15 轴与 D～E 轴墙	9.25		
	二层 D 轴与 9～10 轴墙	4.67		
	二层 B 轴与 13～14 轴墙	7.58		
	二层 E 轴与 22～23 轴墙	9.53		
	二层 E 轴与 18～19 轴墙	8.89		
	二层 B 轴与 17～18 轴墙	11.07		
2	三层 D 轴与 7～8 轴墙	8.62	8.00/2.26	3.93
	三层 B 轴与 2～3 轴墙	8.01		
	三层 B 轴与 8～9 轴墙	8.62		
	三层 D 轴与 13～14 轴墙	6.52		
	三层 E 轴与 9～10 轴墙	5.68		
	三层 C 轴与 13～14 轴墙	11.98		
	三层 D 轴与 17～18 轴墙	8.89		
	三层 D 轴与 22～23 轴墙	4.26		
	三层 C 轴与 20～21 轴墙	9.39		
3	四层 C 轴与 3～4 轴墙	4.13	7.08/2.01	3.46
	四层 D 轴与 8～9 轴墙	7.08		
	四层 E 轴与 4～5 轴墙	10.00		
	四层 D 轴与 9～10 轴墙	4.46		
	四层 B 轴与 13～14 轴墙	7.58		
	四层 E 轴与 10～11 轴墙	5.40		
	四层 D 轴与 18～19 轴墙	8.62		
	四层 B 轴与 22～23 轴墙	8.01		
	四层 E 轴与 16～17 轴墙	8.44		

表4-10给出了用贯入法检测上海市北京东路31～91号房屋砂浆强度的数据。表4-11给出了用原位轴压法检测上海市北京东路31～91号房屋砌体抗压强度的数据。

用贯入法检测上海市北京东路31～91号房屋砂浆强度的数据　　表4-10

检测单元	测区	测区砂浆强度（MPa）	测区砂浆强度平均值（MPa）	检测单元砂浆强度（MPa）
1	二层D轴与3轴墙	2.1	1.58	0.67
	二层E轴与6～7轴墙	1.0		
	二层C轴与8～9轴墙	0.8		
	二层D轴与9～10轴墙	0.5		
	二层B轴与13～14轴墙	1.3		
	二层15轴与D～E轴墙	3.3		
	二层B轴与17～18轴墙	0.5		
	二层E轴与18～19轴墙	3.3		
	二层E轴与22～23轴墙	1.4		
2	三层B轴与2～3轴墙	1.0	1.58	0.80
	三层D轴与7～8轴墙	3.5		
	三层B轴与8～9轴墙	2.0		
	三层D轴与13～14轴墙	2.1		
	三层E轴与9～10轴墙	1.6		
	三层C轴与13～14轴墙	1.1		
	三层D轴与17～18轴墙	0.9		
	三层D轴与22～23轴墙	0.6		
	三层C轴与20～21轴墙	1.4		
3	四层D轴与8～9轴墙	0.8	0.99	0.67
	四层C轴与3～4轴墙	0.7		
	四层E轴与4～5轴墙	0.8		
	四层D轴与9～10轴墙	0.6		
	四层E轴与10～11轴墙	1.0		
	四层B轴与13～14轴墙	1.1		
	四层D轴与18～19轴墙	0.5		
	四层B轴与22～23轴墙	2.0		
	四层E轴与16～17轴墙	1.4		

用原位轴压法检测上海市北京东路 31～91 号房屋砌体抗压强度的数据表 4-11

测点	上部墙体压应力(MPa)	槽间砌体强度(MPa)	测点强度推定值(MPa)		*由砖和砂浆的强度算得的砌体抗压强度(MPa)
			按式(4-6)、式(4-7)计算	按式(4-6)、式(4-9)计算	
二层 15 轴与 D～E 轴墙	0.09	1.48	1.13	1.29	1.57
三层 D 轴与 7～8 轴墙	0.31	1.43	1.00	1.24	1.51
三层 D 轴与 13～14 轴墙	0.20	1.41	1.03	1.23	
三层 D 轴与 22～23 轴墙	0.40	1.29	0.87	1.12	
三层 D 轴与 17～18 轴墙	0.35	1.37	0.94	1.19	
四层 C 轴与 3～4 轴墙	0.14	0.89	0.67	0.77	1.32
四层 D 轴与 9～10 轴墙	0.16	1.28	0.95	1.11	
四层 D 轴与 8～9 轴墙	0.15	0.91	0.69	0.79	
四层 D 轴与 18～19 轴墙	0.18	1.05	0.77	0.91	

* 此列数据系根据表 4-5 和表 4-6 中获得的相应砖和砂浆的强度值由 $f_m=0.78\,f_1^{0.5}\,(1+0.07f_2)(0.6+0.4f_2)$ 算得的结果。

2. 上海市松江区某砖混结构办公楼检测与鉴定

上海市松江区某多层砖混结构办公楼，如图 4-17 所示[8]。在现场采用回弹仪测试砌体砖回弹值，并将回弹值按式（4-12）修正至试验室标准状态；同时，将砖样编号并取出，在试验机上直接检测砖的抗压强度，测试结果如表 4-12 所示，最终得到的结论是：若不对回弹值进行修正，会导致不安全的结果。

图 4-17　上海市松江区某砖混结构办公楼

上海市松江区某砖混结构办公楼砖样回弹值及抗压强度　　表 4-12

砖样编号	X-1	X-2	X-3	X-4	X-5	X-6	X-7	X-8	X-9	X-10
现场检测平均回弹值(未修正)	44.3	45.4	46.8	43.3	50.0	43.3	33.9	45.8	43.2	46.9
现场检测平均回弹值(已修正)	39.3	40.3	41.4	38.5	44.1	38.5	30.6	40.6	38.4	41.5
抗压强度(MPa)(直接受压试验测得)	23.4	20.7	27.7	21.8	36.2	23.9	8.9	27.1	17.6	33.2

4.3 钢材力学性能检测

4.3.1 检测单元、检测单体及检测内容

钢材力学性能检测时，一般对每一结构单元按同类构件、同一规格的钢材划分检测单元。

在检测单元中抽取的样本是检测单体，检测单体可以是一个构件，也可以是构件的一部分。

钢材力学性能检测包括对结构中钢筋、型钢、钢板以及焊缝和螺栓连接件等的强度、变形性能及其他必要力学性能的检测。

4.3.2 切取试样法检测钢材或钢筋的力学性能

钢材力学性能检测应优先采用在结构中切取试样（图 4-18）直接检测的方法，若无法切取试样，也可采用表面硬度法等非破损或微破损法进行检测。在既有建筑结构构件上切取试样时，应保证所取试样具有代表性，并不应危及结构安全和正常使用。应保证所切取试样的原始自然状态，防止其有塑性变形、硬化。焰切取样时，切口距试样边线宜大于 20mm，并大于钢材厚度或直径。采用切取试样法检测时，应测定钢材屈服点、抗拉强度和伸长率（均匀伸长率），若结构可靠性鉴定分析需要，可增加钢材冷弯和冲击功测试项目。

图 4-18 现场切取钢材试样

当工程档案资料中有钢材记录资料时，可按原资料确定钢材的力学性能指标。若虽有钢材记录资料，但对钢材的性能有怀疑时，可切取钢材试样检测。钢材力学性能检测项目和方法见表 4-13 的规定。

钢材力学性能检测项目和方法　　表 4-13

检测项目	取样数量（个/检测单元）	取样方法	试验方法	评定标准
屈服点、抗拉强度、伸长率	1	《钢及钢产品　力学性能试验取样位置及试样制备》GB/T 2975—2018	《金属材料　拉伸试验　第 1 部分:室温试验方法》GB/T 228.1—2021	《碳素结构钢》GB/T 700—2006,《低合金高强度结构钢》GB/T 1591—2018,其他钢材产品标准
冷弯	1		《金属材料　弯曲试验方法》GB/T 232—2010	
冲击功	3		《金属材料　夏比摆锤冲击试验方法》GB/T 229—2020	

当工程档案资料中没有钢材记录资料时，每一检测单元应至少抽取 3 个试样进行拉伸试验，取试验结果的平均值作为钢材的力学性能指标。

宜优先采用现场取样法直接测试钢筋的强度和变形性能。一般在每个检测单元内，凿取 3 根同类钢筋试件（相同级别、相同直径）进行力学性能试验，以 3 根试件试验结果的平均值作为该单元钢筋的力学性能指标。

4.3.3　硬度法检测钢材的力学性能

硬度法是根据金属材料的极限强度 f_b 与其硬度存在一定相关性的原理建立起来的一种非破损试验方法。在试验室，一般采用布氏硬度换算钢材的极限强度，低碳钢的极限强度与其布氏硬度间的关系为：$f_b=3.6\text{HB}$，或者由《黑色金属硬度及强度换算值》GB/T 1172—1999 表格得出强度。对于现场检测，常用里氏硬度计法，按《金属材料　里氏硬度试验　第 1 部分：试验方法》GB/T 17394.1—2014 规定进行。其检测过程为：首先测出里氏硬度（HLD），然后换算成布氏硬度（HB），再推算极限强度，即 HLD→HB→f_b。

里氏硬度以冲头反弹速度与冲击速度之比乘以 1000 表示，其计算式见式(4-19)。[10]

$$\text{HLD}=\frac{v_r}{v_i}\times 1000 \tag{4-19}$$

式中，HLD 为里氏硬度；v_r 为冲头反弹速度；v_i 为冲头冲击速度。

图 4-19 给出了里氏硬度计及其冲击装置的构造简图。进行硬度试验时，使用冲击装置冲击被测试件，硬度计主机处理并显示所测硬度值。测试步骤为：①加载：向下推动加载套，使冲头被抓钩锁定、抓起；②定位：将冲击装置支撑环压紧在被测试件表面；③启动：按冲击装置释放钮将冲头释放；④读数并记录里氏硬度。

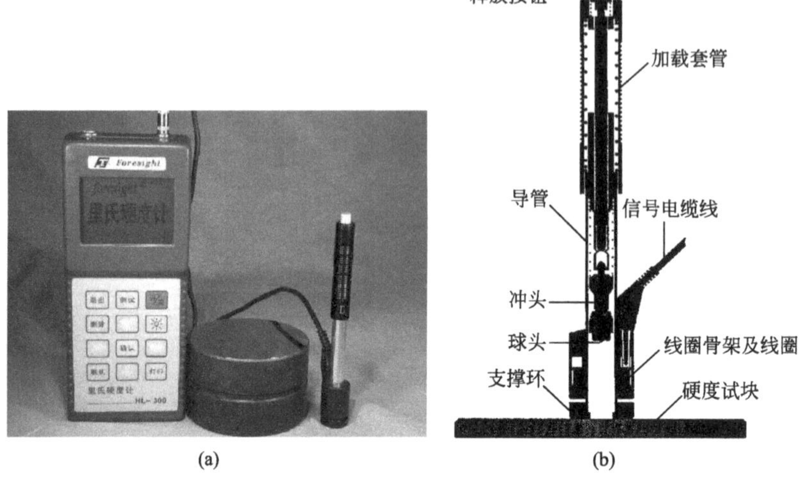

图 4-19　里氏硬度计及其冲击装置的构造简图

在每一检测单元布置 3 个测区，每一测区布置 5 个测点。测试时，两测点的间距≥3mm、测点至试件边缘距离≥5mm，试件表面粗糙度 $R_a \leqslant 2\mu m$、被测试件重量 $G \geqslant 5kg$、曲面半径≥30mm，试件表面无氧化皮。取同一测区内 5 个测点测试硬度的平均值作为该测区的硬度测试值，再由硬度推定钢材的极限强度。

当工程档案资料中没有钢材记录资料时，在每一检测单元至少应抽取 3 个测区进行硬度试验，取测试结果的平均值作为钢材的力学性能指标。

4.3.4　硬度法检测混凝土中钢筋的力学性能

若被测混凝土结构不适宜或无法取样，可以采用表面硬度法近似推断钢筋的强度。显然，对于混凝土构件中的钢筋，其表面的粗糙度、在混凝土中的约束情况、试件的尺寸等不能满足上节所述的里氏硬度法的试验条件。为此，同济大学对影响硬度值的相关因素进行了试验研究，在此基础上提出了钢筋的表面处理方法和相应的硬度测试方法[10]。

首先，考虑钢筋表面粗糙度的影响。采用不同打磨片对钢筋试件表面进行打磨，形成具有不同粗糙度的平整表面，分别测试不同钢筋表面粗糙度的里氏硬度，结果如图 4-20 所示。由图 4-20 可见，不同钢筋表面粗糙度对里氏硬度有较大的影响，钢筋表面越粗糙，里氏硬度越离散。经 JB-6C 型粗糙度仪测定，由抛光片打磨后试件的 $R_a < 1.0\mu m$，满足 $R_a < 2\mu m$ 的要求。说明采用抛光片对钢筋试件表面打磨处理，可以满足里氏硬度计对测试表面粗糙度的要求。

其次，考虑钢筋固定条件的影响。在一根钢筋上切取 3 段长 80～100mm 的钢筋段，按不同的条件固定，经对试件表面抛光处理后，分别测定其里氏硬度，

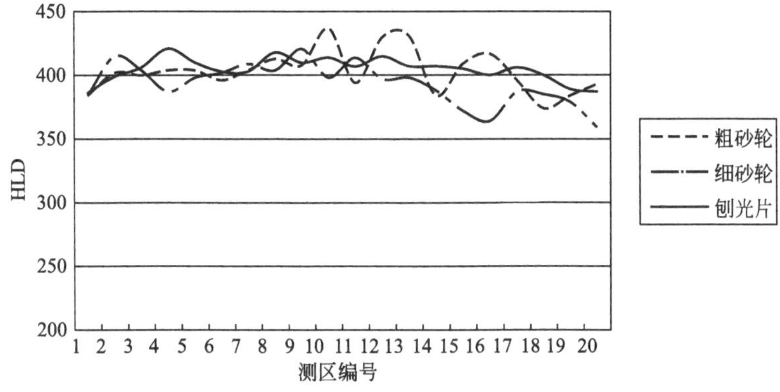

图 4-20　不同钢筋表面粗糙度对里氏硬度的影响

对同一试件取 5 次测量的平均值，结果如图 4-21 所示。图 4-21 表明：将钢筋焊在 100mm 厚的钢块和埋入混凝土中所测得的里氏硬度相差不大，即混凝土构件中的钢筋满足里氏硬度计对钢筋约束条件的要求。从一根严重锈蚀的钢筋上，截取 2 段试件，将一段除锈，另一段保持原状，同埋于混凝土中，对它们进行表面处理后，测试它们的里氏硬度，测得除锈后的钢筋的里氏硬度为 433，未除锈的钢筋的里氏硬度为 412，结果表明：锈蚀对钢筋里氏硬度有一定的影响。这可能是由于锈蚀削弱了混凝土对钢筋的粘结力，从而影响了混凝土对钢筋的约束。

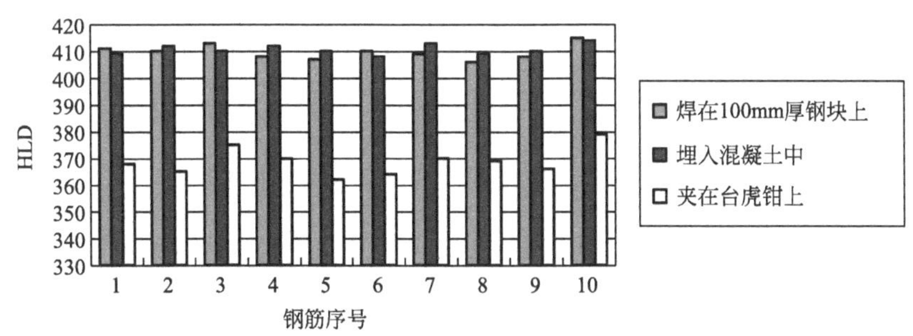

图 4-21　固定条件与里氏硬度的关系

最后考虑外加荷载（压力）大小的影响，将尺寸为 210mm×70mm×70mm 的钢试件表面打磨、抛光后置于万能试验机中（图 4-22），测定它在不同受压荷载条件下，试件的里氏硬度与受压荷载之间的关系，结果如图 4-23 所示。试验表明：试件在屈服前，其里氏硬度变化不受受压荷载大小的影响；试件屈服后，里氏硬度随之下降。

上述试验表明：混凝土中的钢筋表面经打磨抛光处理后，满足里氏硬度计的测量要求，并按相关规范规定，将测得的里氏硬度直接换算成试件的抗拉强度值。

(a) 试验装置

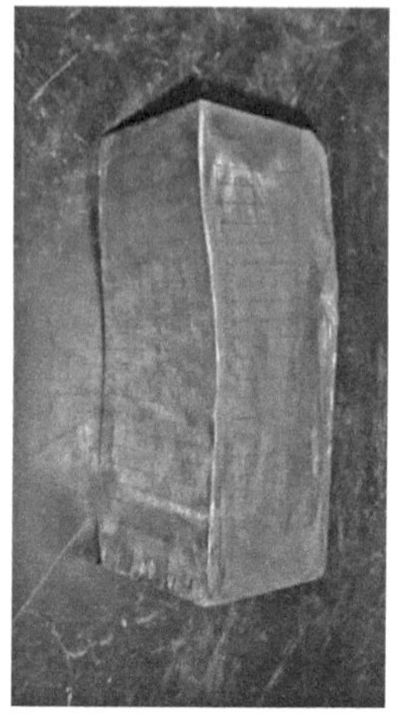

(b) 试件受压后变形

图 4-22 测试钢试件

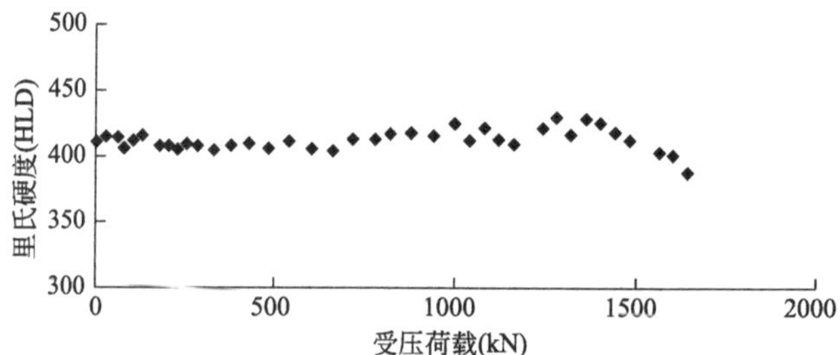

图 4-23 试件的里氏硬度与受压荷载之间的关系

但由试验发现，在测得试件的里氏硬度后，根据相关规范的规定，对换算结果为 476MPa 的钢筋试件，采用试验机实测其抗拉强度值为 574MPa，相对误差约 20.6%。经分析，主要是因为在不同硬度之间换算，累积了较大的误差。因此，有必要直接建立里氏硬度与钢筋抗拉强度值的相关公式。

取直径为 10～25mm 常用钢筋试件，共 104 组。将钢筋试件截下一段埋入混凝土，模拟钢筋在混凝土中的实际情况，钢筋表面经打磨抛光处理后测试里氏硬度；将钢筋试件剩余部分在万能试验机上测试抗拉强度，钢筋抗拉强度与里氏硬度之间的关系如图 4-24 所示。见图 4-24a，钢筋的抗拉强度值与里氏硬度之间呈线性相关，其线性回归公式见式（4-20)。

$$f_b = 0.952 \times \text{HLD} + 167 \tag{4-20}$$

式中，f_b 为钢筋的极限抗拉强度。

经统计分析，回归方程式的抗拉强度平均相对误差 $\delta = 3.0\%$；相对标准差

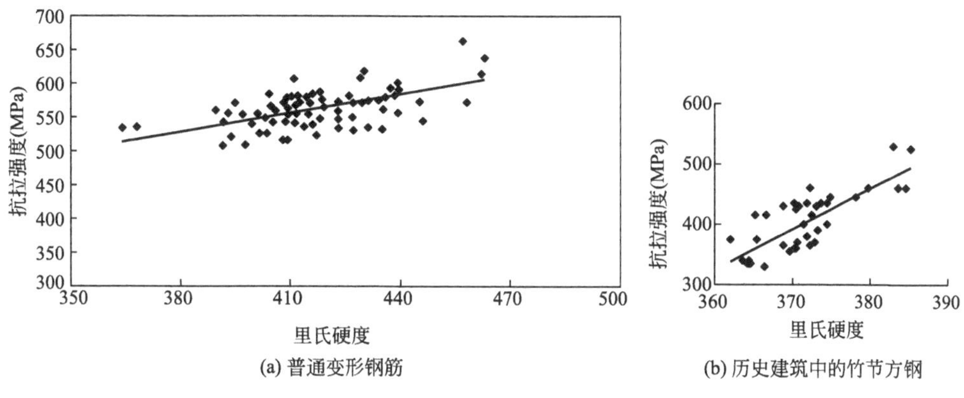

(a) 普通变形钢筋　　(b) 历史建筑中的竹节方钢

图 4-24　钢筋抗拉强度与里氏硬度之间的关系

e_r=3.8%；相关系数为 0.606。当样本数为 100、显著性水平为 0.05 时，相关系数临界值为 0.254，表明由模拟试验建立的钢筋测强曲线具有较小的误差和较高的置信度。

应用硬度法现场检测钢筋强度的具体步骤是：

(1) 钢筋定位：用钢筋探测仪探测构件中钢筋的分布与位置，确定被测钢筋。

(2) 试件处理：用便携式切割机小心切割混凝土，并撬开钢筋保护层，长约 100mm；再用便携式角向磨光机将钢筋表面打磨平整、抛光。在进行试件处理时，尽量避免被测钢筋受到强烈振动，同时使钢筋的裸露面积小于截面面积的三分之一，以使混凝土对钢筋保持足够的约束力。

(3) 里氏硬度测量：沿钢筋中轴线布置 5 个测点，两相邻测点的间距≥3mm，用里氏硬度计测量钢筋的里氏硬度，取 5 测点硬度测试数据的平均值作为被测钢筋的硬度值。

(4) 钢筋强度的换算：按式 (4-20) 计算被测钢筋的极限抗拉强度。

T 形混凝土结构节点内钢筋强度检测如图 4-25 所示，检测结果如表 4-14 所示。可知用硬度法检测混凝土中钢筋的强度具有令人满意的精度。

(a) 钢筋定位、凿保护层

(b) 钢筋表面打磨、抛光

(c) 里氏硬度测量

(d) 钢筋取样实测

图 4-25　T 形混凝土结构节点内钢筋强度检测

T形混凝土结构节点内钢筋强度检测结果 **表 4-14**

直径(mm)	里氏硬度(HLD)	换算强度(MPa)	受拉实测强度(MPa)	相对误差(%)
20	387	535	523	约 2.2
20	388	536	547	约−2.0
16	384	533	573	约−7.0
16	389	537	580	约−8.0

在每一检测单元内，至少应选取 3 根同类钢筋试件（相同级别、相同直径）进行硬度测试，以试件测试结果的平均值推定该单元钢筋的力学性能指标。

上海有大量的钢筋混凝土历史建筑建于 20 世纪初，其中，受力钢筋的主要形式是带肋圆钢和竹节方钢。采用类似方法进行对比试验[11] 发现：带肋圆钢的极限强度可用式（4-20）计算，竹节方钢的极限强度可用式（4-21）计算（图 4-24b）。带肋圆钢和竹节方钢的屈服强度可用式（4-22）和式（4-23）计算，带肋圆钢和竹节方钢屈服强度与里氏硬度之间的关系见图 4-26。

$$f_b=\begin{cases}6.734\times HLD-2100 & HLD\geqslant 360\\ 324 & HLD<360\end{cases} \tag{4-21}$$

$$f_y=1.425\times HLD-215 \tag{4-22}$$

$$f_y=\begin{cases}2.668\times HLD-688 & HLD\geqslant 360\\ 272 & HLD<360\end{cases} \tag{4-23}$$

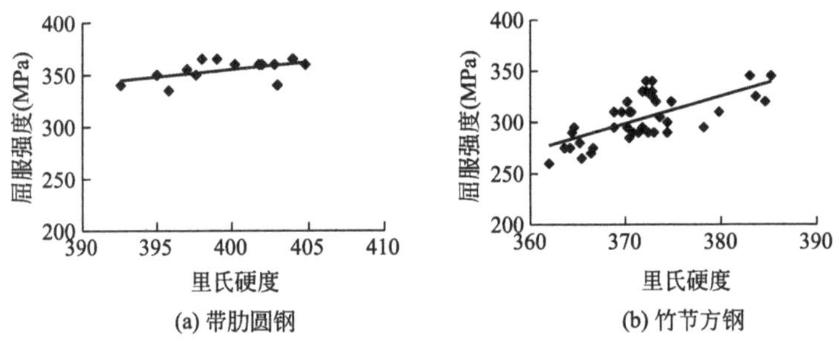

图 4-26 历史建筑中带肋圆钢和竹节方钢屈服强度与里氏硬度之间的关系

4.3.5 切取试样法检测焊接接头以及紧固件材料的力学性能

对既有建筑钢结构焊接接头取样时，应尽量采用机械切削的方法，在任何情况下都必须保证受试部分的金属不在切割影响区内。采用热切割时，切割面至试样边缘的距离不得少于 8mm，并随切割速度减小和切割厚度的增加而增加。焊接接头的动力学性能可依照《金属材料焊缝破坏性试验 冲击试验》GB/T

2650—2022 的规定测得。焊接接头的静力抗拉性能和抗剪性能可依照《焊接接头拉伸试验方法》GB/T 2651—2008 的规定测得。

既有建筑钢承重构件连接时常用的紧固件有高强度螺栓连接副、普通螺栓连接副和锚栓。螺栓连接副包括螺栓、螺母和垫圈 3 部分（图 4-27）。螺栓球网架中的高强度螺栓连接副包括螺栓、套筒和销钉 3 部分。锚栓是一种非标准件，主要用于钢构件与其他材料构件之间的连接，如钢构件与混凝土构件之间的连接。锚栓的直径和长度随工程情况而定。机械锚栓的锚固长度一般不小于 25 倍栓径，在下部弯折或焊接钢板以增大抗拔力（图 4-28）。

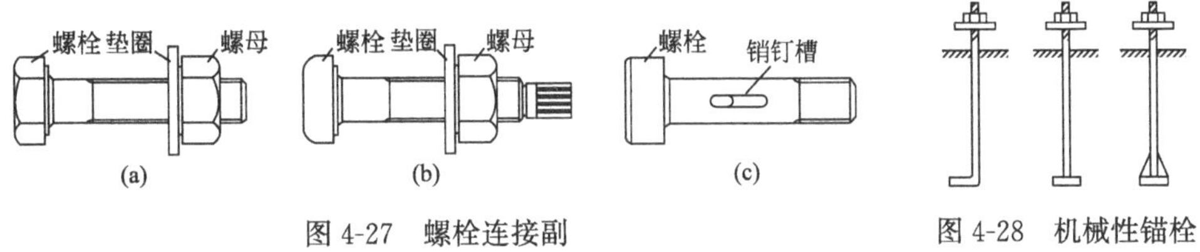

图 4-27　螺栓连接副

图 4-28　机械性锚栓

在高强度螺栓上剖取试件进行力学性能试验不方便时，可以进行实物试验，但需要制作配套的拉力夹具，并在万能试验机上进行实物试验。

4.3.6　工程实例

1. 某南、北厂房改建工程检测与鉴定

某南、北厂房为钢框架结构，分别建于 1995 年和 1997 年，原设计强度未知。在南厂房拆除下来的钢梁上截取 3 块翼缘钢板，并在北厂房二层 3 根对结构安全影响不大的钢柱上截取 3 块翼缘钢板，对它们进行检测。在现场取回试样后，将它们加工成标准试件，在 CSS-44500 型电子万能试验机上进行了钢材力学性能试验。某南、北厂房钢材材性检测结果见表 4-15[12]。图 4-29 为某南、北厂房典型试件应力—应变关系曲线。

某南、北厂房钢材材性检测结果　　表 4-15

试件编号		试件取样位置	弹性模量（MPa）	屈服强度（MPa）	极限强度（MPa）	伸长率（%）
南厂房	1	1 轴与 B～C 轴钢梁翼缘	2.27×10^5	276	411	37.9
	2	3 轴与 B～C 轴钢梁翼缘	1.75×10^5	280	408	36.2
	3	4 轴与 B～C 轴钢梁翼缘	1.91×10^5	283	411	37.0
北厂房	1	二层 6～J 轴钢柱翼缘	1.92×10^5	265	424	35.7
	2	二层 11～F 轴钢柱翼缘	2.00×10^5	259	395	38.2
	3	二层 11～C 轴钢柱翼缘	1.96×10^5	261	394	39.0

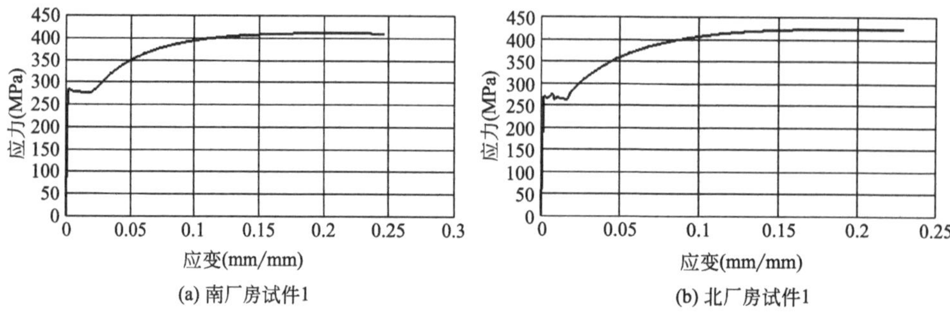

(a) 南厂房试件1　　(b) 北厂房试件1

图 4-29　某南、北厂房典型试件应力—应变关系曲线

图 4-30　某会所房屋

2. 某会所房屋检测与鉴定

房屋为地下一层、地上二层混合结构，建于 1924 年左右，属上海市优秀历史建筑（图 4-30）。房屋中的钢筋主要采用竹节方钢和圆钢，采用里氏硬度法对其纵筋和箍筋进行抗拉强度测定。用里氏硬度法检测某会所钢筋抗拉强度测定结果见表 4-16[13]。

用里氏硬度法检测某会所钢筋抗拉强度测定结果　　表 4-16

序号	检测部位		钢筋类型	冲击方向	里氏硬度平均值（HLD）	测区换算抗拉强度（MPa）	测区换算屈服强度（MPa）
1	纵筋	地下一层 E 轴与 5～6 轴梁	方钢	水平	349	324	272
2		地下一层 5 轴与 D～E 轴梁	方钢	水平	301	324	272
3	纵筋	地下一层 3～4 轴与 E～F 轴梁	圆钢	水平	360	510	298
4		地下一层 3～4 轴与 C～D 轴梁	圆钢	水平	305	457	220
5		地下一层 4 轴与 B～C 轴梁	圆钢	水平	367	516	310
6		地下一层 5～E 轴柱	圆钢	水平	330	482	255
7		一层 1～3 轴与 C～D 轴梁	圆钢	水平	354	504	289
8	箍筋	地下一层 5 轴与 D～E 轴梁	圆钢	水平	298	451	210
9		地下一层 3～4 轴与 E～F 轴梁	圆钢	水平	370	519	312
10		地下一层 5～E 轴柱	圆钢	水平	455	600	433
11		一层 1～3 轴与 C～D 轴梁	圆钢	水平	306	458	221

4.4　木材力学性能检测

4.4.1　切取试件法检测木材的力学性能

当木材的材质或外观与同类木材有显著差异（如重度过小、灰色），不能确定树种、木材产地，且可以在结构上取样时，可通过取样检测确定木材的力学性能。

采用切取试件法进行木材力学性能检测时，以整幢建筑物作为检测对象，对每一结构单元按同类构件、同类木材划分检测单元。在每个检测单元中随机抽取 3 个检测单体，在每个检测单体木材髓心以外的部分按弦向抗弯试件的要求切取 3 个试件（尺寸为 300mm×20mm×20mm，长度为木材顺纹方向），按相关标准要求进行弦向抗弯强度试验，并测定含水率。采用中央集中加荷载，将试件放在试验装置的两支座上，在支座间试件中部的径面以均匀速度加荷载至破坏，得出抗弯强度，最后将试验结果换算到含水率为 12%的数值。以同一检测单体中 3 个试件的换算强度平均值作为检测单体的强度代表值，用 3 个检测单体中的最小强度代表值作为木材的强度标准值。

4.4.2　用间接方法推定木材的力学性能

在被测建筑中无法切取木材试件，且木材的材质或外观与同类木材有显著差异时，可根据木材的材质、材种、材性和使用条件、使用部位、使用年限等情况进行综合分析，强度标准值宜按《木结构设计标准》GB 50005—2017 规定的相应木材的强度乘以折减系数 0.6～0.8，弹性模量宜按《木结构设计标准》GB 50005—2017 规定的相应木材的弹性模量乘以折减系数 0.6～0.9。

在被检测建筑中无法切取试件，且又无法参照《木结构设计标准》GB 50005—2017 确定木材的强度时，可根据结构在使用期内已经承受的最大荷载反算木材的强度。也可采用超声波、应力波、X 射线、γ 射线、皮罗钉、阻力仪等无损检测方法[14-19]，其中，超声波、应力波和阻力仪检测是比较常用的方法。上述方法的原理是通过间接测试木材的密度，根据木材密度推算木材强度。无损检测时，每一检测单元内的检测单体数应取单体总数的 10%，且不少于 3 个。检测时，应选择无缺陷的良好部位以及关键受力部位（例如受弯构件的受拉区域），且宜采用多种方法互相校验。

4.4.3 工程实例

1. 上海市中山东一路 33 号房屋检测与鉴定

房屋为两层砖木结构，建于 1872 年。在房屋木楼盖和木屋盖中随机选取搁栅、龙骨和檩条等木材试样，通过室内试验法测定木材抗弯强度，抗弯试件尺寸为 300mm×20mm×20mm（长度为顺纹方向）。考虑含水率变化，对试验结果进行修正，最后可得到含水率为 12%时，木材抗弯强度标准值。主楼和官邸木材抗弯强度测定结果如表 4-17 和表 4-18 所示[20]。

上海市中山东一路 33 号主楼木材抗弯强度检测结果　　表 4-17

检测部位	木材品种	含水率(%)	含水率 12% 抗弯强度(MPa)	强度平均值 (MPa)	强度标准值 (MPa)
二层东北角 5～G 轴搁栅	红松木	11	80.8	81.7	70.4
		11	85.0		
		11	79.3		
屋顶 C～3 轴搁栅	红松木	10	67.2	70.4	
		11	63.9		
		13	80.1		
屋顶 F～3 轴搁栅	红松木	11	87.2	90.3	
		11	90.4		
		13	93.3		

上海市中山东一路 33 号官邸木材抗弯强度检测结果　　表 4-18

检测部位	木材品种	含水率(%)	含水率 12% 抗弯强度(MPa)	强度平均值 (MPa)	强度标准值 (MPa)
二层 E～5 轴木板	柳桉木	13	69.9	74.8	70.5
		14	86.0		
		12	68.5		
二层 D～3 轴木板	柳桉木	12	68.5	约 70.5	
		12	73.4		
		12	69.5		
二层 A～4 轴木板	柳桉木	13	74.9	70.9	
		12	76.4		
		14	61.4		

2. 芜湖市某房屋检测与鉴定

该房屋为英式砖木结构老洋房，建于 1877 年左右（图 4-31）。在房屋木楼盖中随机选取木搁栅等木材试样，通过室内试验法测定木材抗弯强度，抗弯试件尺寸为 300mm×20mm×20mm（长度为顺纹方向）。考虑含水率变化，需对试验结果进行修正，最后可得到木材抗弯强度检测结果，如表 4-19 所示[21]。

图 4-31　芜湖市某房屋正立面图

芜湖市某房屋木材抗弯强度检测结果　　表 4-19

检测部位	木材品种	含水率(%)	抗弯强度(MPa)	强度平均值(MPa)	强度标准值(MPa)
二层 4～5 轴与 A～B 轴楼面木搁栅	松木	6	45.9	50.2	50.2
		7	51.8		
		6	52.9		
二层 5～6 轴与 A～B 轴楼面木搁栅	松木	7	86.2	76.0	
		7	95.6		
		9	46.2		
二层 2～3 轴与 B～C 轴楼面木搁栅	松木	8	76.0	67.3	
		7	81.9		
		8	44.0		

参考文献

[1] 吴新璇．混凝土无损检测技术手册［M］．北京：人民交通出版社，2003.

[2] 中国工程建设标准化协会．超声回弹综合法检测混凝土强度技术规程：CECS 02—2005［S］．北京：中国计划出版社，2005.

[3] 中华人民共和国住房和城乡建设部．钻芯法检测混凝土强度技术规程：JGJ/T 384—2016［S］．北京：中国建筑工业出版社，2016.

[4] 顾祥林，张伟平，商登峰，等．中山东一路 26 号大楼（原扬子大楼）文物建筑勘察报告［R］．同济大学建筑设计研究院（集团）有限公司，2009.

[5] 顾祥林，张伟平，商登峰，等．四川中路 261 号（四行储蓄会联合大楼）房屋质量检测评定报告［R］．同济大学房屋质量检测站，2012.

[6] 上海市建设和交通委员会．既有建筑物结构检测与评定标准：DG/T J08—804—2005［S］．上海：上海市建设工程标准定额管理总站，2005.

[7] 中华人民共和国住房和城乡建设部．砌体基本力学性能试验方法标准：GB/T 50129—2011［S］．北京：中国建筑工业出版社，2011.

[8] 管小军，顾祥林，顾筠，等．回弹法现场检测既有砌体结构中烧结普通砖的强度［J］．结构工程师，2004，20（5）：44-46，31.

[9] 顾祥林，张伟平，李翔，等．北京东路 31～91 号（原益丰洋行）房屋质量检测评定报告［R］．同济大学房屋质量检测站，2007.

[10] 管小军，顾祥林，陈谦，等．硬度法现场检测既有混凝土结构中钢筋的强度［J］．结构工程师，2004，20（6）：66-69，5.

[11] 林峰，顾祥林，肖炳辉．硬度法检测历史建筑中钢筋的强度［J］．结构工程师，2010，26（1）：108-112.

[12] 顾祥林，张伟平，商登峰，等．宜山路 407 号南、北老厂房改建工程结构检测鉴定报告［R］．同济大学房屋质量检测站，2006.

[13] 顾祥林，张伟平，商登峰，等．延安西路 1262 号哥伦比亚会所房屋质量检测评定报告［R］．同济大学房屋质量检测站，2016.

[14] 鲍震宇，王立海．电阻测试法在立木腐朽检测中的应用研究进展［J］．森林工程，2013，29（6）：47-51.

[15] 孙学东，陶新民，曲艺卓，等．基于电阻断层成像技术的立木探伤检测系统［J］．应用科技，2017，44（4）：40-48.

[16] 张富文，许清风，张治宇，等．钻入阻抗法检测木材缺陷［J］．无损检测，2016（1）：6-9，74.

[17] 张瑛春，王军辉，张守攻，等．Pilodyn 和日本落叶松材性指标的关系［J］．林业科学，2010，46（7）：114-119.

[18] SONG X B，ZHANG Y F，GU X L，et al. Non-destructive testing of wood members from existing timber buildings by use of ultrasonic method［A］．Proceeding of 2012 world

conference on timber engineering，Auckland，New Zealand [C]，2012.
[19] 中华人民共和国住房和城乡建设部．木结构现场检测技术标准：JGJ/T 488—2020 [S]. 北京：中国建筑工业出版社，2020.
[20] GU X L，PENG B，LI X， et al. Structural inspection and analysis of former british consulate in Shanghai [A]. Structural analysis of historical constructions (proceedings of the sixth international conference on structural analysis of historical construction，Bath，United Kingdom) [C]，July，2008：1537-1543.
[21] 顾祥林，张伟平，林峰，等．芜湖市原英驻芜领事署保护建筑房屋质量检测评定报告 [R]. 同济大学房屋质量检测站，2011.

第5章 既有建筑结构损伤及材料性能劣化检测

既有建筑结构由于施工或制作不当等原因会产生内部或外部缺陷，由于荷载的作用它会开裂、变形。缺陷、裂缝及变形均为既有建筑结构损伤的表现形式。在环境的长期作用下，既有建筑结构会剥落、干裂、腐蚀、锈蚀，出现材料性能劣化。既有建筑损伤及材料性能劣化会直接影响结构的使用性能和安全性能。只有认清既有建筑结构损伤和材料性能劣化现状，才能准确地分析既有建筑结构的可靠性。和其他结构形式比较，环境作用下混凝土结构材料性能劣化以及钢结构中微裂缝更具有隐蔽性，难以被人们察觉。故对于混凝土结构的性能劣化和钢结构中微裂缝的检测，需要借助一定的物理和化学手段。对于其他结构形式，一般可通过目测或借助简单的工具设备检测其损伤及材料性能的劣化程度。

5.1 混凝土结构损伤检测

混凝土结构损伤检测主要包括混凝土结构构件外观缺陷检测、混凝土结构构件内部缺陷检测、混凝土结构构件裂缝检测等。

5.1.1 混凝土结构构件外观缺陷检测

对混凝土结构构件外观缺陷（图 5-1）的检测主要有对其蜂窝、露筋、孔洞、

(a) 蜂窝

(b) 混凝土疏松露筋

(c) 孔洞、露筋

图 5-1 混凝土结构构件外观缺陷

夹渣、疏松、连接部位缺陷、外形缺陷、外表缺陷的检测，可采用目测与简单工具量测相结合的方法进行检测。检测数量宜为全数普查，特殊条件下也可采用随机抽样的方式进行，但抽样数量不宜少于同类构件数量的 30%。混凝土结构构件外观缺陷的检测内容和评定如表 5-1 所示[1]。对严重缺陷处，还应详细记录缺陷的部位、范围等信息，以便在抗力计算时考虑缺陷的影响。

混凝土结构构件外观缺陷的检测内容和评定　　表 5-1

缺陷名称	现象	损伤程度	
		严重缺陷	一般缺陷
蜂窝	混凝土表面缺少水泥砂浆而形成石子外露	构件主要受力部位有蜂窝	其他部位有少量蜂窝
露筋	构件内钢筋未被混凝土包裹而外露	纵向受力钢筋有露筋	其他钢筋有少量露筋
孔洞	混凝土中孔洞深度和长度均超过保护层厚度	构件主要受力部位有孔洞	其他部位有少量孔洞
夹渣	混凝土中夹有杂物且深度超过保护层厚度	构件主要受力部位有夹渣	其他部位有少量夹渣
疏松	混凝土中局部不密实	构件主要受力部位有疏松	其他部位有少量疏松
连接部位缺陷	构件连接处混凝土缺陷及连接钢筋、连接件松动	连接部位有影响结构传力性能的缺陷	连接部位有基本不影响结构传力性能的缺陷
外形缺陷	缺棱掉角、棱角不直、翘曲不平、飞边、凸肋	清水混凝土构件有影响使用功能或装饰效果的外形缺陷	其他混凝土构件有不影响使用功能的外形缺陷
外表缺陷	构件表面麻面、掉皮、起砂、沾污	具有重要装饰效果的清水混凝土构件有外表缺陷	其他混凝土构件有不影响使用功能的外表缺陷

5.1.2　混凝土结构构件内部缺陷检测

对混凝土结构构件内部缺陷的检测主要有对其内部不密实区和孔洞、混凝土二次浇筑形成的施工缝与加固修补结合面的质量、表面损伤层厚度、混凝土各部位的相对均匀性的检测。检测方法可采用超声检测法（简称超声法），并应符合相关规程的要求。超声法的基本原理是利用超声波在技术条件相同的混凝土中传播的时间（或速度）、接收波的振幅和频率等声学参数的相对变化判定混凝土的缺陷。混凝土结构构件内部缺陷检测的抽样数量宜与混凝土强度检测时的抽样数量相同，可与混凝土强度检测结合进行。仅检测混凝土内部缺陷且当混凝土表面有较明显外观缺陷时，抽样数量不宜少于同类构件数量的 30%。

根据混凝土结构构件的实际情况，可选择合适的方式采用超声法检测混凝土结构构件的内部不密实区或孔洞。常用的检测方法有平面对测法、平面斜测法和钻孔检测法[2]。

平面对测法适用于具有两个平行表面构件的检测。检测时，先在构件的检测区域均匀划分网格、布置测点（图 5-2a、b），将发射和接收探头分别置于其中一对相互平行测试面对应的测点（图 5-2c 中的 1-1 测点或 2′-2′测点）上，逐点测读声时、波幅和主频值。当某些测点出现异常时，若能排除表面清洁不当的影响则可判断混凝土内部有缺陷。分别在另一对相互平行的测试面上做类似的测试，则可判断缺陷的位置和范围，如图 5-2c 所示。

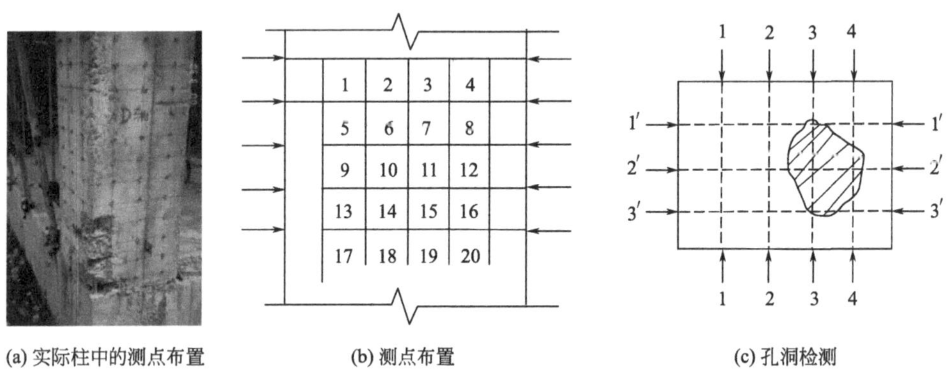

(a) 实际柱中的测点布置　(b) 测点布置　(c) 孔洞检测

图 5-2　平面对测法检测混凝土内部不密实区或孔洞

平面斜测法和平面对测法的原理和步骤类似，平面斜测法检测混凝土内部不密实区或孔洞如图 5-3 所示。

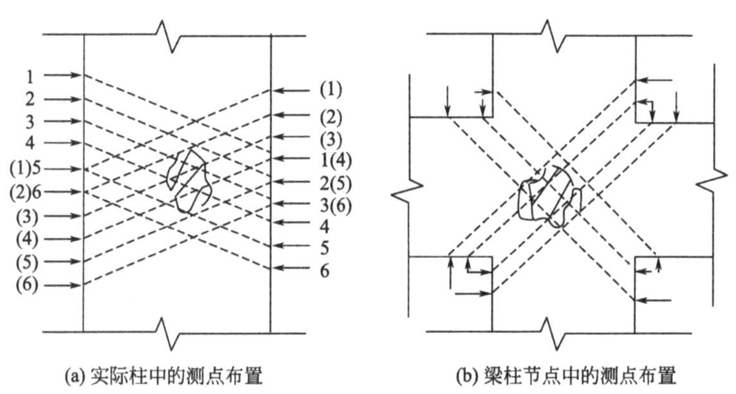

(a) 实际柱中的测点布置　(b) 梁柱节点中的测点布置

图 5-3　平面斜测法检测混凝土内部不密实区或孔洞

对于断面较大的结构，虽然具有一对或两对相互平行的表面，但测距太大，若穿过整个截面测试，接收信号很弱，甚至接收不到信号。为了提高测试的灵敏度，可在适当位置钻测试孔或预埋声测管，以缩短测距，钻孔检测法检测混凝土内部不密实区或孔洞如图 5-4 所示。显然，钻孔检测法适合于圆形截面构件内部损伤的检测。

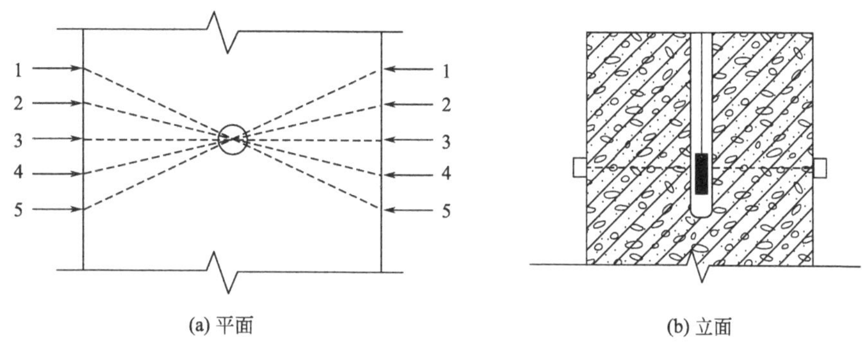

(a) 平面　　(b) 立面

图 5-4　钻孔检测法检测混凝土内部不密实区或孔洞

对混凝土结合面（施工缝、加固修复结合面），可采用穿过与不穿过结合面的脉冲声速、波幅和频率等声学参数进行比较的方法进行检测。为保证对应测点间的声学参数具有可比性，每一对测点都应保持倾斜角度一致，相邻两对测点间应保持测距相等。对于杆类构件与构件纵轴垂直的结合面，可采用平面斜测法检测；对于杆类构件中局部修补混凝土的结合面，可采用平面对测法检测；对于加大截面进行加固的混凝土结合面，可采用平面斜测对测综合法检测。混凝土结合面质量检测见图 5-5。

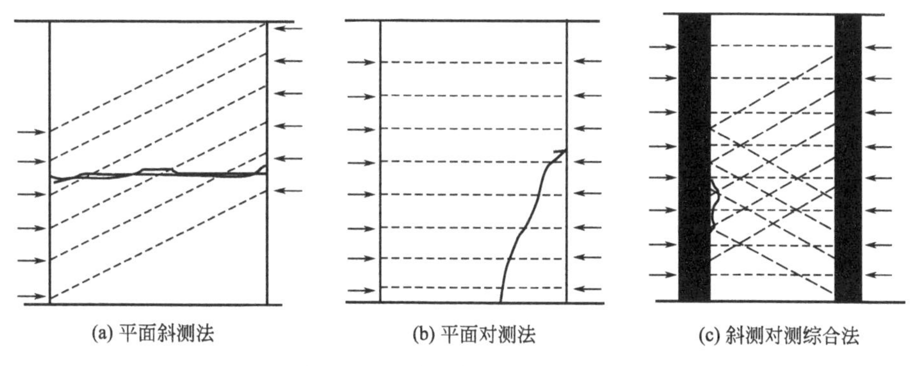

(a) 平面斜测法　　(b) 平面对测法　　(c) 斜测对测综合法

图 5-5　混凝土结合面质量检测

5.1.3　混凝土结构构件裂缝检测

混凝土结构构件裂缝检测包括裂缝表面特征和裂缝深度两项内容。裂缝表面特征主要包括裂缝部位、数量、长度、开展方向、起始点、裂缝表面宽度等。作为实例，图 5-6a 是钢筋混凝土受弯构件上的裂缝；图 5-6b 是钢筋混凝土纯扭构件上的裂缝。根据裂缝的出现部位、起始位置和发展方向等信息可以判断裂缝产生的原因；根据裂缝的数量、裂缝的宽度和深度可以判断裂缝的危害程度。

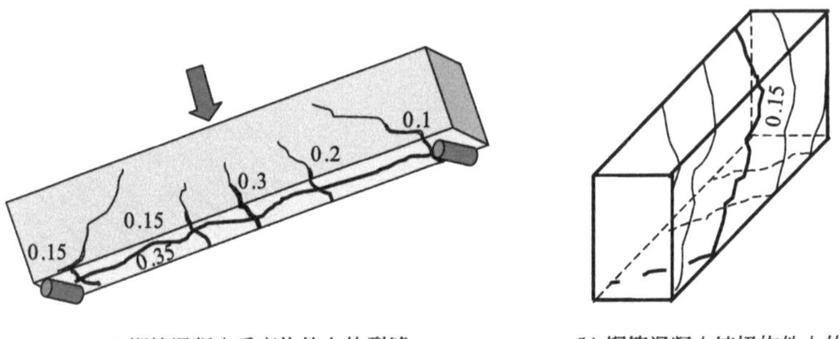

(a) 钢筋混凝土受弯构件上的裂缝　(b) 钢筋混凝土纯扭构件上的裂缝

图 5-6　钢筋混凝土受弯、受扭构件上裂缝的表面特征
（裂缝旁的数字为裂缝表面宽度，单位：mm）

混凝土结构构件的裂缝宜全数普查，特殊条件下也可采用随机抽样的方式进行，但抽样数量不宜少于同类构件的 30%。裂缝部位、数量、长度、开展方向、起始点等可采用目测和卷尺量测。裂缝的宽度可采用刻度放大镜、裂缝宽度检验卡（精度 0.05mm）、裂缝表面宽度检验规（精度 0.05mm）分别量测或用其相结合的方法进行量测[3]。混凝土裂缝宽度的量测用具见图 5-7。

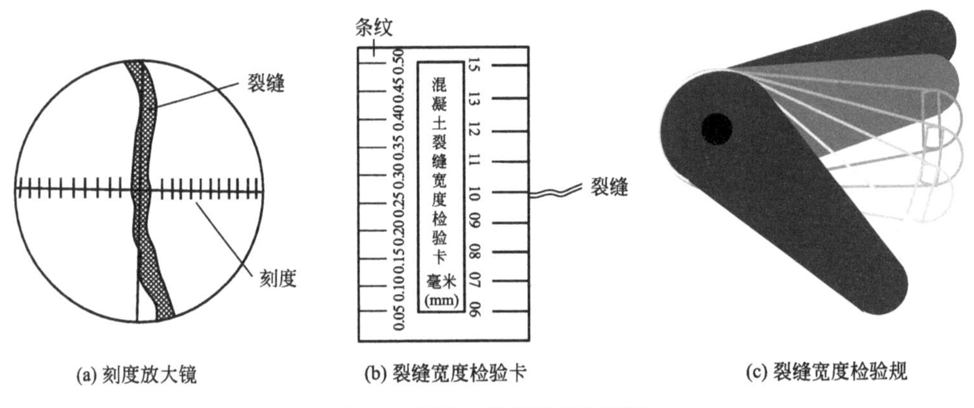

(a) 刻度放大镜　(b) 裂缝宽度检验卡　(c) 裂缝宽度检验规

图 5-7　混凝土裂缝宽度的量测

裂缝的深度可用超声法检测。当混凝土结构被测部位只有一个表面可供超声检测时，可采用单面平测法检测裂缝的深度。选择合适的测点，分别做跨缝、不跨缝超声检测，获得相应距离，根据三角关系便可算出裂缝深度，如图 5-8 所

示。由于超声波传播距离有限，超声平测法一般只适合检测深度为 500mm 以内的裂缝。当裂缝检测部位有相互平行的表面，可用超声斜测法检测裂缝的深度，见图 5-9。当混凝土结构被测部位只有一个表面可供超声检测且裂缝的深度较大时，可采用钻孔对测法检测裂缝的深度。如图 5-10 所示，在裂缝两侧分别钻出直径略大于超声发射或接收器直径的测试孔 A、B、C，A、B 两孔跨过裂缝，B、C 两孔间无裂缝，A、B 两孔的距离和 B、C 两孔间的距离相等。先将超声发射和接收器分别放置于 B、C 两孔，保持超声发射和接收器在同一高度，自上而下等间距同步移动，逐点测度声时、波幅及发射、接收器的深度。然后，再将超声发射和接收器分别放置于 A、B 两孔，以相同方法逐点测试并记录相关数据。比较相应测点处 A、B 和 B、C 两组数据的差异，即可判断裂缝的深度。当需要监测混凝土结构中裂缝的发展情况时，可在裂缝的末端和最大宽度处外贴石膏块，如图 5-11 所示。若石膏块开裂说明裂缝的宽度在发展，若裂缝跨过端部的石膏块说明裂缝的长度在发展。

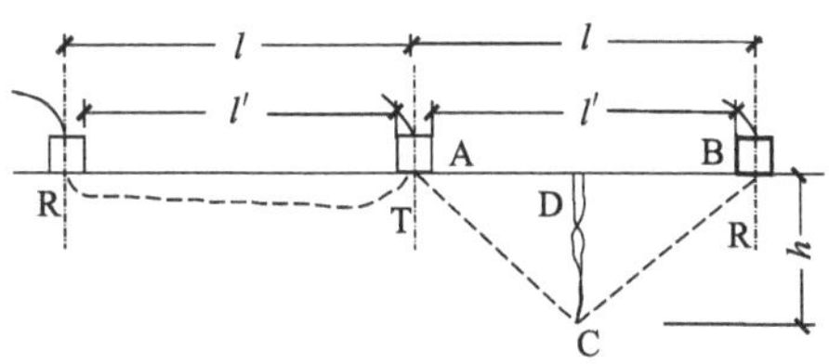

图 5-8　超声平测法检测裂缝深度

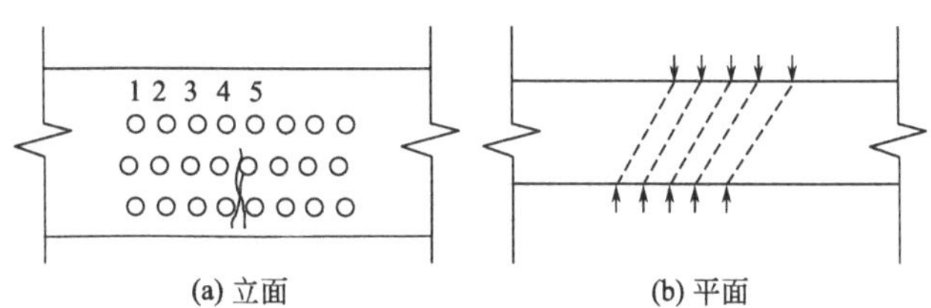

图 5-9　用超声斜测法检测裂缝深度

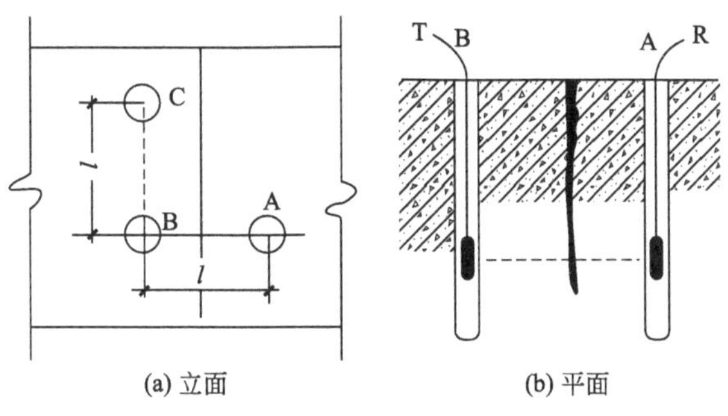

图 5-10　超声钻孔法检测裂缝深度

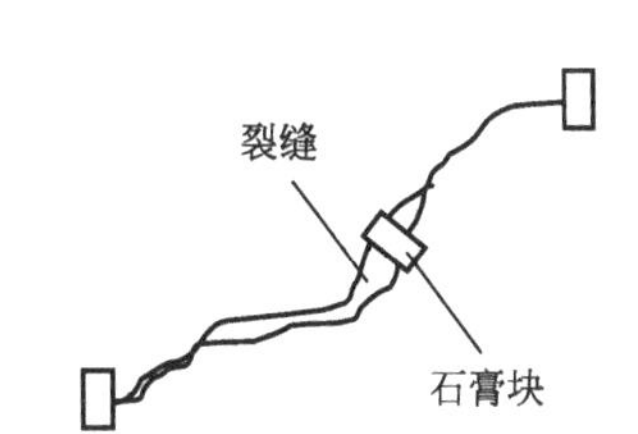

图 5-11　外贴石膏块监测裂缝发展

5.2 混凝土材料中的介质传输、化学反应和钢筋锈蚀检测

5.2.1 混凝土碳化深度检测

混凝土碳化深度可采用喷洒酚酞或彩虹试剂的方法进行测试。在清洁混凝土断面上均匀喷洒酚酞试剂，如图 5-12 所示。

对既有建筑混凝土结构，在单个构件 30%的回弹测区代表性位置设置碳化深度检测点。仅为混凝土碳化深度检测时，单个构件碳化深度测点数不应少于 3 处。对每个检测构件，取测点的平均值作为碳化深度的代表值。

现场检测时，可在混凝土测区表面钻取直径约 15mm 的孔洞，其深度应大于混凝土的保护层厚度，除净孔洞中的粉末和碎屑（不得用水冲洗），并立即用浓度为 1%～2%的酚酞酒精溶液滴在孔洞内壁的边缘处，再用碳化深度测量仪测量已碳化和未碳化混凝土交界面到混凝土表面的垂直距离，如图 5-13 所示。测量不少于 3 次，每次读数精确至 0.25mm。取 3 次测量的平均值作为检测结果，并精确至 0.5mm。当碳化深度值极差大于 2.0mm 时，应在每一个测区分别测量碳化深度值。

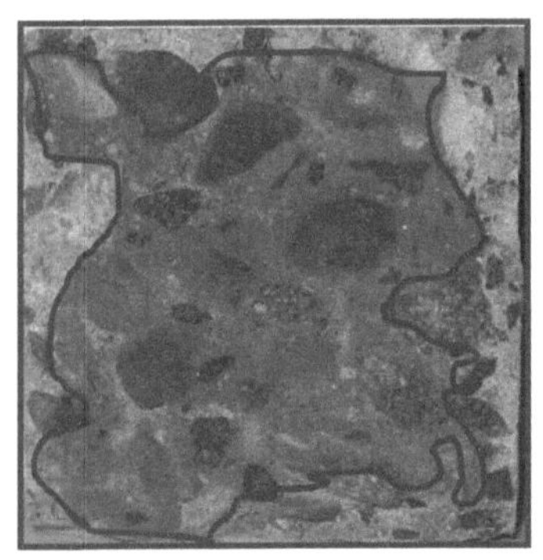

图 5-12　清洁混凝土断面喷洒酚酞试剂后的状态

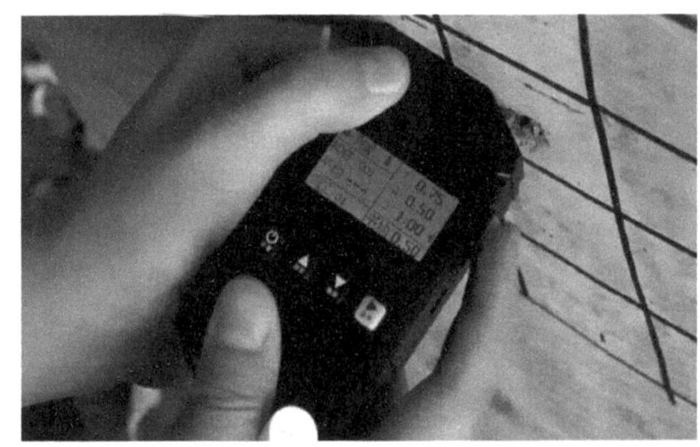

图 5-13　采用碳化深度测量仪测量混凝土碳化深度

当采用钻芯法检测混凝土的强度时，可利用钻出的芯样检测混凝土的碳化深度。将混凝土芯样取出后，立即清除混凝土芯样表面的粉末和碎屑，在芯样表面均匀喷洒酚酞试剂。根据芯样表面颜色的变化情况，可方便地测出混凝土的碳化深度。

在干净的混凝土断面上均匀喷洒彩虹试剂，未碳化混凝土断面呈现红紫色，测出混凝土表面到呈现红紫色位置之间的距离即为混凝土完全碳化的深度。根据彩虹试剂所附带的颜色与 pH 对应指标图，还可以测出混凝土的局部碳化深度。

5.2.2　混凝土中氯离子含量和侵入深度检测

当既有建筑混凝土结构处于海洋环境或除冰盐之外的其他氯化物环境时，或怀疑混凝土构件中含有氯离子时，应检测混凝土中的氯离子含量及其侵入深度。混凝土中的氯离子如是掺入型，则仅需检测混凝土中氯离子含量，如是外渗型，则需检测混凝土由表及里的氯离子含量分布，从而判断其侵入深度。进行混凝土中氯离子含量及其侵入深度检测时，要划分检测单元，每个检测单元的样本数量应不少于 3 个，当均匀性很差时，应增加样本数量。

混凝土中氯离子含量可采用钻芯检测，芯样直径为 100mm，长度为 50～100mm。将混凝土芯样破碎后，剔除大颗粒骨料，将碎屑研磨成可全部通过 0.08mm 筛子的粉末，用磁铁吸出粉末中的金属铁屑后，将其置于 105～110℃烘箱中烘干 2h，取出后，放入干燥皿中冷却至室温，然后参考《混凝土中氯离子含量检测技术规程》JGJ/T 322—2013 的要求用硝酸银滴定法检测混凝土中的水溶性氯离子或酸溶性氯离子含量，再将其换算为氯离子占水泥重量的百分比。

用硝酸银滴定法测定混凝土中水溶性氯离子含量时，利用铬酸钾指示剂判断滴定终点，按以下步骤进行：

(1) 称取一份混凝土试样 m 克，放入磨口三角烧瓶中，加入 V_1mL 蒸馏水 (100mL)，摇匀盖好表面皿后，放到带石棉网的试验电炉或其他加热装置上煮沸 5min，停止加热，盖好瓶盖，静置 24h 或在 90℃的水浴锅中浸泡 3h 后，用快速定量滤纸过滤得到试样溶液。

(2) 用移液管分别提取 V_2mL (20mL) 试样溶液，将其置于 2 个 250mL 锥形瓶中，并将提取试样溶液的 pH 调整为 7～8。用硝酸溶液调整 pH，用碳酸氢钠或氢氧化钠溶液调碱度。

(3) 加入浓度为 5% (50g/L) 的铬酸钾指示剂 10～12 滴，用当量浓度为 N (一般为 0.01mol/L) 的硝酸银溶液滴定，边滴边摇，直至溶液呈现不消失的橙红色为止。记录 2 个 250mL 锥形瓶中试样溶液滴定时分别消耗的硝酸银溶液量 V_{31} 和 V_{32}，取两者的平均值 V_3 作为测定结果。

(4) 混凝土中水溶性氯离子含量按式 (5-1) 计算。

$$p=\frac{0.03545NV_3}{mV_2/V_1} \tag{5-1}$$

式中，N 为硝酸银溶液的当量浓度；V_3 为滴定时消耗的硝酸银溶液量；m 为试样的质量；V_1 为浸泡样品的水量；V_2 为每次滴定时提取的滤液量；p 为单位质量混凝土中水溶性氯离子含量。

硝酸银滴定法测定混凝土中酸溶性氯离子含量时，以电位滴定法测定滴定终点。

混凝土中酸溶性氯离子含量按式（5-2）计算。

$$p=\frac{0.03545N(V_{11}-V_{12})}{mV_2/V_1} \tag{5-2}$$

式中，N 为硝酸银溶液的当量浓度；V_{11} 为 V_2 达到当量点所消耗的硝酸银溶液量；V_{12} 为空白试验达到当量点所消耗的硝酸银溶液量；m 为试样的质量；V_1 为浸泡样品的硝酸溶液用量；V_2 为电位滴定时提取的滤液量；p 为单位质量混凝土中酸溶性氯离子含量。

经研磨、过筛、烘干等措施处理后的混凝土粉末，还可以通过 RCT 氯离子选择电极方法进行测试。通过对含氯离子的混凝土粉末进行萃取，获取不含二价硫离子等干扰离子的氯离子溶液，根据氯离子溶液的电极电位与氯离子的含量成正比，采用离子选择电极测得待测溶液的电极电位，并由电极标定曲线确定溶液中氯离子含量，最终转化为单位混凝土质量中的氯离子含量。

测定前，将 RCT 氯离子选择电极在 4 种标准氯离子溶液（分别对应氯离子含量占混凝土质量的 0.005%、0.020%、0.050%和 0.500%）中进行标定，并确定电极电压与氯离子含量占混凝土质量百分数两者关系的标定曲线。

测试混凝土中水溶性氯离子含量时，取 1.5g 混凝土粉末，倒入装有 9mL 超纯水萃取液的小瓶中，振荡 5min，再加入 1mL 缓冲液振荡，使溶液的 pH 稳定，将 RCT 氯离子选择电极置于混合液中，待读数稳定后读出电压值。通过电压值从上述标定曲线中查到对应的氯离子占混凝土质量百分数值。

测试混凝土中酸溶性氯离子含量时，取 1.5g 混凝土粉末，置于 10mL 的 RCT 萃取液中，轻轻摇晃 5min，静置 24h 后，将 RCT 离子选择电极置于萃取混合液中，待读数稳定后读出电压值。通过电压值从上述标定曲线中查到对应的氯离子占混凝土质量百分数值。

混凝土中氯离子分布或侵入深度可采用钻芯切片法或分层取粉法进行检测：

（1）钻芯切片法：在抽样检测位置钻取长 100～150mm 的芯样，然后将芯样切割成厚 5～10mm 的薄片，对每一薄片采用硝酸银滴定法检测混凝土中的水溶性氯离子或酸溶性氯离子含量。

（2）分层取粉法：用取粉机由表及里向内分层研磨，每隔 1mm、2mm、5mm 或 10mm 磨粉一次，然后采用硝酸银滴定法检测混凝土中的水溶性氯离子或酸溶性氯离子含量。

（3）取几个同层样品氯离子含量实测值的平均值作为该层中点氯离子含量的代表值，绘出沿深度变化的氯离子含量分布规律曲线。

工程实例

舟山某制造有限公司码头病害调查

采用钻芯切片法，应用 RCT 氯离子选择电极对舟山某制造公司货运码头的墩台和人行便道梁氯离子侵蚀深度进行测试。该码头位于浙江省舟山岛中北部，靠泊能力 1200t，长 87m，宽 30m，上部为钢排架结构和屋盖，下部为混凝土结构墩台及桩基。墩台为高桩墩式结构，分为东西两排，分别包括 12 个和 13 个墩式承台。墩台中间为 30m 净宽的港池。墩台平面尺寸为 11m×8m、14m×10m 或 10m×8m，高度为 3m。墩台间距为 4～5m。墩台混凝土强度等级为 C40，墩台底部钢筋的保护层厚度为 100mm，其余部分保护层厚度为 65mm，墩台于 2009 年 8 月份完成浇筑。墩台桩基采用直径 1000mm 的钻孔灌注桩或直径 800mm 的 PHC 管桩，混凝土设计强度等级为 C80，每个墩台的桩数量为 9～20 根，桩长 51～55m，桩顶伸入承台内 400mm。连接墩台的人行便道采用钢筋混凝土 T 形梁，梁长 4m 或 5m，高度为 1m，上部翼缘宽度为 1.5m，混凝土强度等级为 C40，主筋的保护层厚度为 50mm。码头现场照片见图 5-14[4]，码头平面图见图 5-15[4]。

图 5-14　码头现场照片

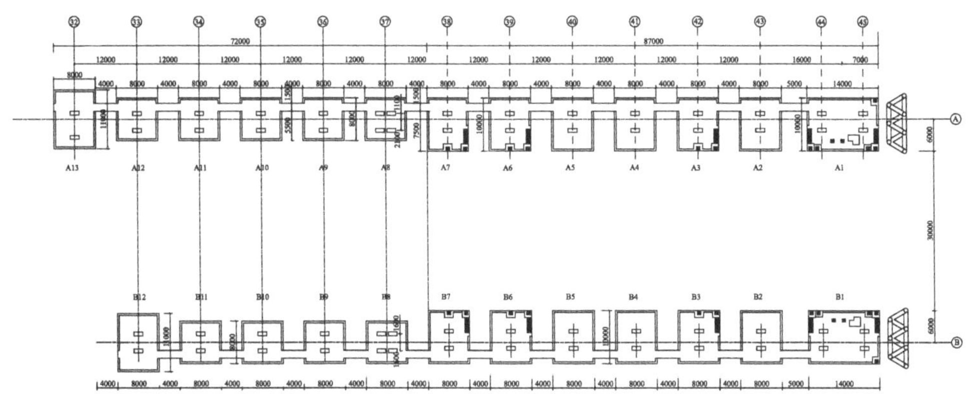

图 5-15　码头平面图

2015 年，该码头多个混凝土墩台在潮差区位置出现大量的沿竖直和水平方向的裂纹，在裂缝处可观察到红色锈迹；部分墩台角部发生严重角部混凝土剥落，混凝土剥落位置周围出现大量的沿钢筋方向的裂纹。同济大学于 2015 年 9 月对码头 A7 和 B7 墩台、A12～A13 和 B11～B12 人行便道梁进行氯离子侵蚀深度量测。在现场钻孔取混凝土芯样，长度为 50～70mm，直径为 55mm。用混凝土打磨机对芯样进行磨粉，每 3mm 作为一层，磨粉深度为 3mm/层×10 层＝30mm，采用 RCT 方法测得不同深度处芯样粉末的酸溶性氯离子含量分布图如图 5-16 所示。

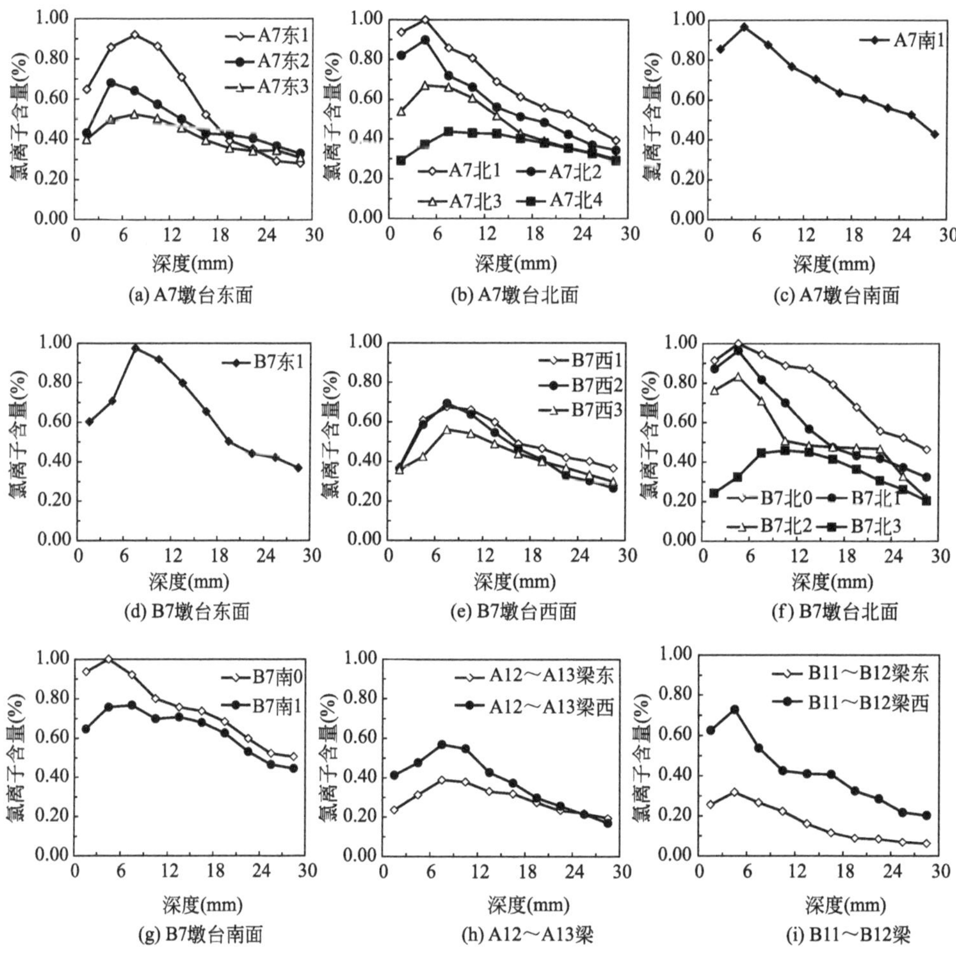

图 5-16　采用 RCT 方法测得不同深度芯样粉末的酸溶性氯离子含量分布图

（注：图中编号为 0 的点在水位变动区，1 在浪溅区，2 和 3 在大气区，3 点的位置比 2 点高）

由图 5-16 可见，氯离子对墩台 A7 和 B7 的侵蚀程度比梁 A12～A13 和

B11～B12 严重，在 30mm 深度处，墩台中的氯离子含量一般都超过 0.40%，而梁中的氯离子含量一般不超过墩台的一半。在水位变动区，氯离子对混凝土的侵蚀比浪溅区严重，而浪溅区氯离子对混凝土的侵蚀又比大气区严重。在大气区，氯离子侵蚀程度与高程密切相关，高程越高，氯离子对混凝土的侵蚀程度越弱。由于浅层混凝土内部的温度和相对湿度受环境影响较大，导致氯离子在浅层混凝土中的传输出现不同深度的"对流区"，之后才是氯离子的纯扩散区。对于 A12～A13 梁，跨中处"A12～A13 梁西"受拉区混凝土中的氯离子侵蚀程度比 1/4 跨处的"A12～A13 梁东"严重。

5.2.3　混凝土中硫酸盐含量和侵入深度检测

混凝土中硫酸盐含量及其侵入深度检测时的测区布置、试样制取同 5.2.2 节中的相关内容。混凝土中硫酸盐含量可借鉴《水质 硫酸盐的测定 重量法》GB 11899—1989 中硫酸钡重量法按下列步骤测定：

(1) 称取混凝土粉末试样 1g (m)，精确至 0.0001g，将其置于 200mL 烧杯中，加入 40mL 蒸馏水，搅拌，使试样完全分散；在搅拌时，加入 10mL 稀盐酸 (1∶1)，用平头玻璃棒压碎块状物，加热煮沸，并保持微沸 5～10min，使试样中的 SO_4^{2-} 离子充分溶解。冷却后用中速定性滤纸过滤，用热水洗涤 10～12 次，将滤液及洗液收集在 400mL 烧杯中。

(2) 加两滴 1g/L 的甲基红指示剂，用适量的盐酸 (1∶1) 或者氨水 (1∶1) 调至显示橙黄色，再加 2mL 盐酸 (1∶1)，加蒸馏水调整滤液体积至约 250mL，加热煮沸至少 5min，不断搅拌溶液并逐滴加入 10mL 热的 100g/L 氯化钡溶液，继续微沸数分钟，然后在常温下静置 12～24h 或在温热处静置至少 4h，溶液的体积应保持在约 200mL。用慢速定量滤纸过滤，用热水洗涤，用胶头棒和定量滤纸片擦洗烧杯及玻璃棒，洗涤至流出的洗涤水无氯根为止（用 1%硝酸银溶液检验）。

(3) 将沉淀物及滤纸一并移入已灼烧至恒重的瓷坩埚中 (m_1)，完全灰化后，放入 800～950℃的高温炉内灼烧 30min 以上，取出瓷坩埚，置于干燥器中冷却至室温，称量，反复灼烧直至恒量 (m_2)。

(4) 混凝土中水溶性硫化物、硫酸盐含量（以 SO_4^{2-} 计）按式 (5-3) 计算（精确至 0.01%）。取两次平行试验的算术平均值作为评定指标，若两次试验结果之差大于 0.15%，重新做试验。

$$w_{SO_4^{2-}} = 0.4116 \times \frac{m_2 - m_1}{m} \times 100\% \tag{5-3}$$

式中，m 为混凝土粉末试样质量；m_2 为沉淀与瓷坩埚总质量；m_1 为瓷坩埚质量；0.4116 为硫酸钡质量换算为 SO_4^{2-} 系数。

工程实例

福清某电站厂房受地下回填层酸性水影响的结构性能检测

采用钻芯切片法对福清某电站主厂房地下一层受酸性水影响范围内的混凝土结构进行硫酸盐侵蚀深度检测。该电站主厂房平面近似矩形，地下室最低处标高约为−11.000m，在使用过程中发现存在酸性液体渗漏情况。渗漏液的 pH 为 2.3～5.4，考虑到酸性液体长期残留在−7.500m 地下级配碎石回填层内，对下部设备基础、设备支墩、筏基底板、框架柱等混凝土结构可能产生腐蚀、影响混凝土结构承载力，故进行相应检测[5]。

在主厂房地下一层选取 5 处混凝土墙体，钻取直径 75mm 的 5 个混凝土芯样，分别编为 1～5 号。对芯样进行加工，将芯样加工成若干段。将 1 号芯样分成 3 段，编号为 1-1～1-3；将 2～5 号芯样分别分成 7 段和 4 段，相应编号分别为 2-1～2-7、3-1～3-7、4-1～4-7 和 5-1～5-4。经过加工处理后，由于部分芯样段太短无法利用，故将其剔除（如 2-3、2-5、4-5）。

在各芯样中磨取适当深度的混凝土粉末，对 5 个芯样的靠近回填层的端部，即 1-3、2-7、3-7、4-7 及 5-4 段的内侧端部各磨 4 层粉末，每层深度分别为 0.5mm、1mm、1mm、1mm，共深 3.5mm。分别选 5 个芯样远离回填层的端部，即 2-7、3-4、4-1、4-7、5-1 段的外侧端部各磨 3 层粉末，每层 1mm，共深 3mm。采用硫酸钡重量法测量每层粉末中硫酸根离子的含量，从而获得各个芯样不同深度处硫酸根离子含量分布，如图 5-17 所示。由图 5-17 可见：2 号、3 号、5 号芯样靠近回填层端的硫酸根离子含量随深度基本保持不变，一直保持在

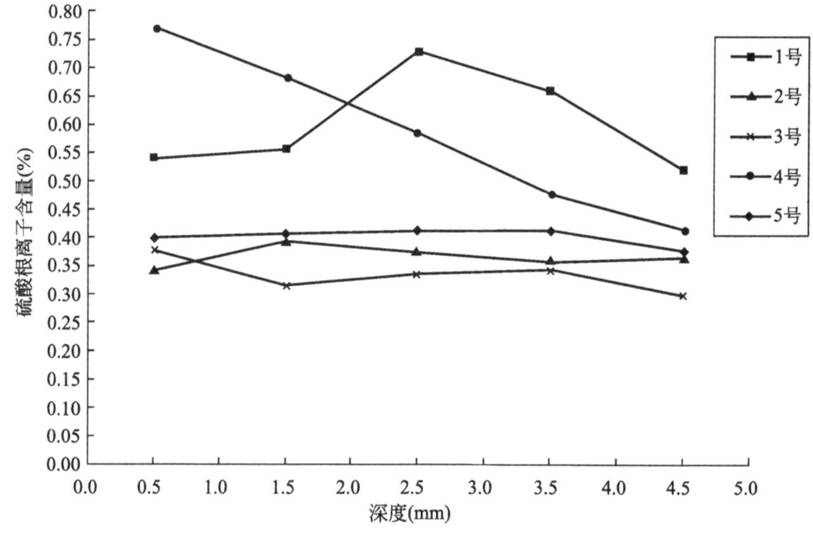

图 5-17 福清某电站主厂房地下混凝土结构硫酸根离子含量分布

（与回填层接触处深度为 0mm）

0.3%～0.4%；4号芯样靠近回填层端的硫酸根离子含量随深度呈现降低规律，离回填土端部近侧的0.5mm厚度范围的硫酸根离子含量达0.7710%，最远处则为0.4137%；1号芯样靠近回填层端的硫酸根离子含量随深度增加呈现含量先增大后降低的变化规律，其硫酸根离子含量最低为0.5182%；远离回填层端部的各层混凝土中硫酸根离子含量接近未受硫酸根离子侵蚀的混凝土中原本硫酸根离子的含量。综上所述，可认为1号、4号芯样所在位置混凝土受到硫酸根离子侵蚀，深度在4.5mm左右；2号、3号、5号芯样位置混凝土受硫酸根离子侵蚀不明显。

5.2.4　碱骨料反应对混凝土结构影响的检测

碱骨料反应对混凝土结构的损坏表现在外观上，主要有龟裂和半透明泌出物等特征。通过外观调查，初步确定碱骨料反应对混凝土质量有影响的部位和范围，并对裂缝和泌出物的部位、尺寸和特征详细记录。在混凝土结构损坏严重处钻取混凝土芯样。芯样直径根据骨料粒径按《钻芯法检测混凝土强度技术规程》JGJ/T 384—2016的要求确定。对同一检测单元应选取不少于3处进行钻芯检测，且应在每一部位同时钻取2个芯样。

按《钻芯法检测混凝土强度技术规程》JGJ/T 384—2016的要求，对所钻取的每处芯样各加工1个芯样试件，通过试验获得混凝土芯样的抗压强度。将经强度试验后的芯样试件剔除水泥砂浆后，按《普通混凝土用砂、石质量及检验方法标准》JGJ 52—2006的要求，鉴别混凝土中的碱骨料反应活性。

对各处余下的另外一个芯样，钻取后，应立即在芯样断头断面上通过圆心画2条垂直的直线，再以直线的4个端点为起点，画4条平行于芯样母线的直线，并在距芯样两端2～3cm处及芯样中部画3条圆周线，每条圆周线分别与4条直线相交于4点。然后用千分尺量取4条沿轴向直线的长度及相互垂直的6个直径的长度，作出编号并记录。将量过尺寸的芯样放入(20±1)℃、>90%RH条件下养护14d，如果存在碱骨料反应，则在骨料的界面处可观察到有透明的凝胶析出。测量相应标志点间的长度和直径并计算膨胀量。该膨胀量为芯样试件解除结构约束后的碱活性反应膨胀量。

若将芯样试件再置于(40±1)℃、>90%RH条件下，养护3～6个月，测量其膨胀量。该膨胀量为潜在膨胀量，若存在潜在膨胀量，说明骨料还有潜在碱活性。

5.2.5　含氧化镁骨料对混凝土结构影响的检测

含氧化镁(MgO)骨料膨胀反应对混凝土结构的损坏，在外观上主要有局部的放射性爆裂和裂缝内核的粉末状残留物等特征。通过外观调查可以初步确定含 MgO 骨料膨胀反应对混凝土质量有影响的部位和范围，并对裂缝的部位、尺寸和特征进行详细记录。

在损坏严重处钻取混凝土芯样。钻取芯样，在芯样上画线，给芯样编号的过程，同 5.2.4 碱骨料反应对混凝土结构影响的检测的相关内容。将量过尺寸的芯样放入高压釜压蒸，压蒸见《水泥压蒸安定性试验方法》GB/T 750—1992 的规定。试验后，观察试件是否有开裂、疏松或崩溃等现象，如有可能，同时测量其膨胀量。选取裂缝内核的粉末状残留物，对其进行化学分析、X 射线衍射分析或者用电子显微镜对其观察，以确定 MgO、$Mg(OH)_2$ 的含量。参考《水泥化学分析方法》GB/T 176—2017 中的方法，用氢氟酸—高氯酸分解，用锶盐消除硅的干扰，在空气—乙炔火焰中，在波长 285.2nm 处测定溶液的吸光度，从而测定裂缝内核的粉末状残留物中 MgO 的含量，MgO 的质量分数按式（5-4）计算。

$$w_{MgO}=\frac{c_1\cdot 0.5}{m} \tag{5-4}$$

式中，w_{MgO} 为 MgO 的质量分数；c_1 为测定的溶液中 MgO 浓度；m 为粉末试样质量。

5.2.6 混凝土中钢筋锈蚀状况的判断与检测

根据检测需要，混凝土中钢筋锈蚀状况的判断与检测包括：对钢筋锈蚀可能性的判断，对钢筋锈蚀率或钢筋锈蚀速率的检测。检测人员可以根据构件状况、现场测试条件、测试要求，选择自然电位法、混凝土电阻法、电流密度法、锈胀裂缝法或破损检测法对混凝土中钢筋锈蚀状况进行判断和检测。检测时，对每一个结构单元，应根据构件的环境条件和外观检查结果确定检测单元，每个检测单元的样本不应少于 6 个。

1. 自然电位法

对于混凝土表面完好、未发现锈迹和锈胀裂缝的构件，但有理由怀疑构件中的钢筋可能已经有锈蚀时（如检测发现混凝土的碳化深度超过混凝土保护层厚度），可以采用自然电位法或混凝土电阻法对构件中的钢筋锈蚀情况进行初步判断。自然电位法适用于表面无涂层的钢筋，且钢筋表面的混凝土已饱水或接近饱水。自然电位法检测混凝土中的钢筋电位如图 5-18 所示。采用自然电位法检测时，根据构件表面的实测腐蚀电位等值线图，可按以下标准或检测设备的操作规程，定性判断混凝土中钢筋锈蚀的可能性：

实测腐蚀电位为－350～－500mV 时，有锈蚀活动性，发生锈蚀概率为 95％；

实测腐蚀电位为－200～－350mV 时，有锈蚀活动性，发生锈蚀概率为 50％；

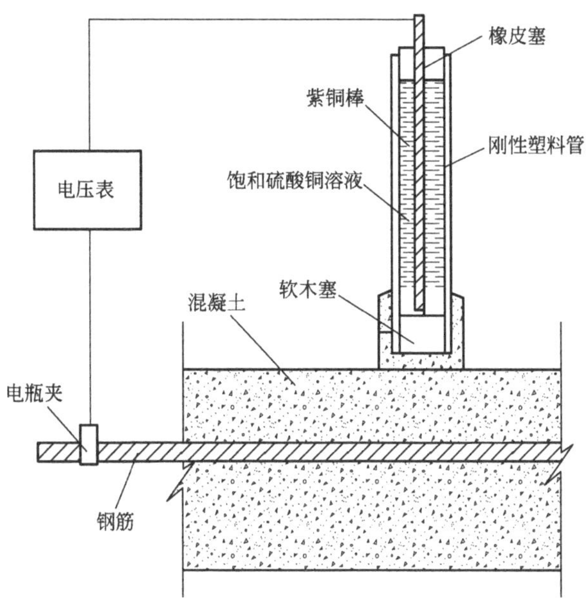

图 5-18　自然电位法检测混凝土中的钢筋电位

实测腐蚀电位－200mV 以上时，无锈蚀活动性或锈蚀活动性不确定，发生锈蚀概率为 5%。

2. **混凝土电阻法**

当钢筋微阴极和微阳极之间的平衡电位差一定时，覆盖并连通微阴极和微阳极的钢筋表面混凝土的电阻越大，所形成的微电池的电流密度越小。当钢筋表面混凝土电阻率大于某定值时，即使钢筋表面存在强活性区，微阴极和微阳极之间的平衡电位差也较大，微电池的电流密度也足够小，锈蚀速率低；反之，钢筋表面混凝土电阻率很低时，钢筋锈蚀速率可能很大。混凝土电阻率可采用四电极法检测。混凝土电阻率检测示意图如图 5-19 所示，在混凝土表面垂直布置两两相距为 l 的 4 支电极，两外侧电极为电流电极，两内侧电极为电压电极，在两电流电极间输入测量电流 I，读取两电压电极间的电压 V，可测得混凝土电阻率 $R_c = 2\pi lV/I$[6]。

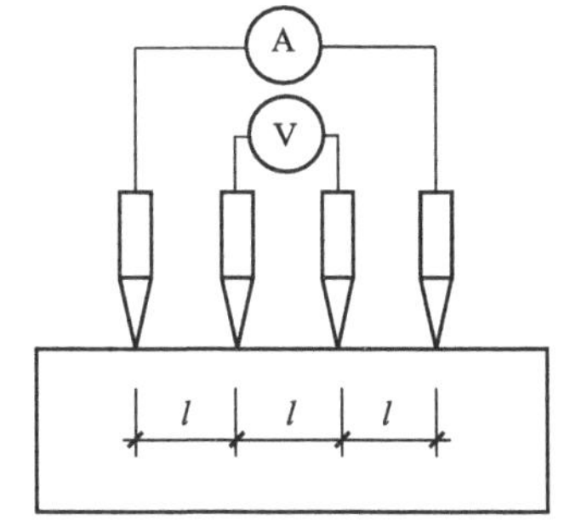

图 5-19　混凝土电阻率检测示意图

采用混凝土电阻法检测时，可根据实测混凝土电阻率按以下标准或检测设备的操作规程，定性判断混凝土中钢筋锈蚀的可能性：

R_c=100kΩ·cm 以上时，即使氯化物含量高或深度碳化，锈蚀速率也极低；

R_c=50～100kΩ·cm 时，有低锈蚀速率；

R_c=10～50kΩ·cm 时，钢筋活化时，出现中高度锈蚀速率；

R_c=10kΩ·cm 以下时，混凝土电阻率不是钢筋锈蚀的控制因素。

3. 电流密度法

根据电化学腐蚀理论[7]，钢筋锈蚀时的电流 I_{corr} 计算，见式（5-5）。

$$I_{corr}=\beta_a \cdot \beta_c/[2.303(\beta_a+\beta_c)\cdot R_p] \tag{5-5}$$

式中，R_p 为极化电阻；β_a 和 β_c 为阳极反应和阴极反应的 Tafel 斜率。

式（5-5）中的相关参数可利用电化学工作站测试获得，具体步骤如下：

（1）对锈蚀钢筋的锈蚀电位，即开路电位（OCP）进行测试。通过电化学工作站的 OCP 测试功能，采用三电极测试体系，测试锈蚀钢筋开路电位 E_{corr}，如图 5-20 所示。

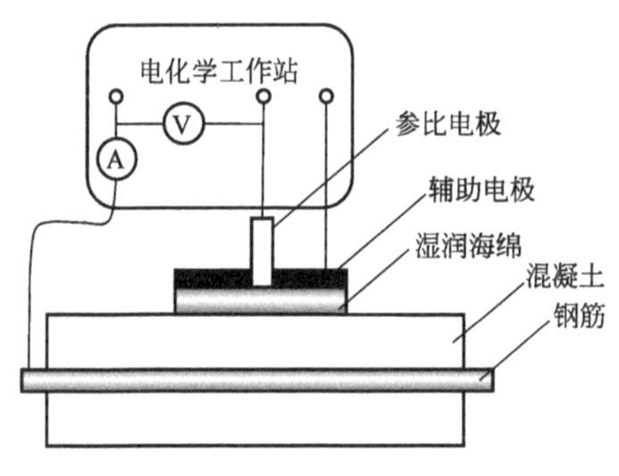

图 5-20　测试锈蚀钢筋开路电位 E_{corr}

（2）用动电位扫描法，通过电化学工作站的 LPR 测试功能对锈蚀钢筋施加 [E_{corr}−10mV，E_{corr}+10mV] 范围的极化电位，扫描速率为 0.166mV/s[8]，获得锈蚀钢筋的线性极化曲线，如图 5-21 所示（假设 E_{corr}=−0.6V）。由于极化范围很小，因此，一般认为在此极化范围内，锈蚀钢筋相对参比电极的电位 E 和电流 I 满足欧姆定律。对该曲线进行线性拟合，即可得到极化电阻 R_p。

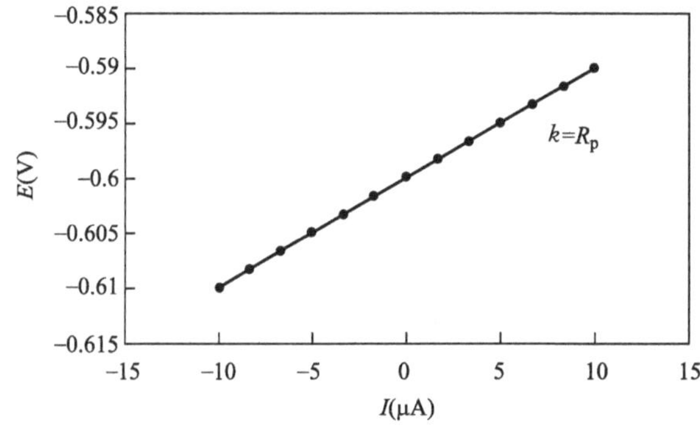

图 5-21　锈蚀钢筋的线性极化曲线

（3）采用动电位扫描法，通过电化学工作站的 LPR 测量功能对锈蚀钢筋施加 [E_{corr}−200mV，E_{corr}+200mV] 范围的极化电位，扫描速率为 0.166mV/s[8]，获得锈蚀钢筋的强极化曲线，如图 5-22 所示（假设 $E_{corr}=-0.6V$）。在阳极极化区和阴极极化区分别对该曲线拟合得到阳极反应和阴极反应的 Tafel 斜率 β_a 和 β_c。

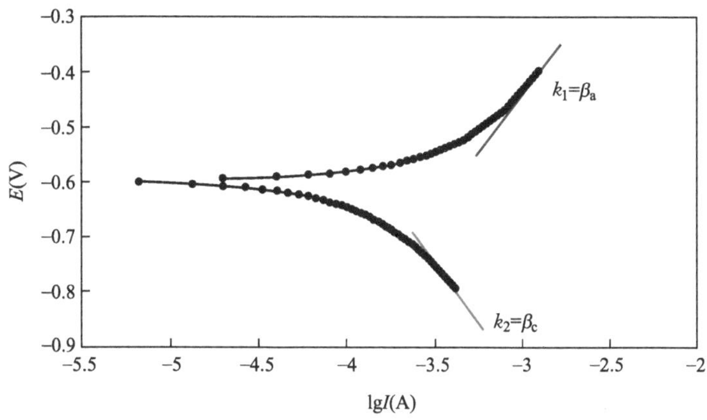

图 5-22　锈蚀钢筋的强极化曲线

（4）结合极化电阻 R_p、阳极 Tafel 斜率 β_a 和阴极 Tafe 斜率 β_c，由式（5-5）可算得锈蚀钢筋腐蚀电流 I_{corr}。假设锈蚀钢筋的锈蚀表面积为 A，则锈蚀钢筋的锈蚀电流密度 $i_{corr}=I_{corr}/A$。根据法拉第定律可得式（5-6）。

$$\begin{cases} Q=n \cdot Z \cdot F \\ Q=I_{corr} \cdot t=i_{corr} \cdot A \cdot t=i_{corr} \cdot \pi \cdot d \cdot l \cdot t \\ m=n \cdot M=n \cdot \rho \cdot \Delta V=n \cdot \rho \cdot \pi \cdot d \cdot \delta \cdot l \end{cases} \tag{5-6}$$

式中，Q 为电量；n 为摩尔数；Z 为单个粒子的带电荷数量；F 为法拉第常数；I_{corr} 为锈蚀电流；i_{corr} 为锈蚀电流密度；t 为时间；d 为钢筋直径；l 为钢筋长度；M 为铁的摩尔质量；ρ 为铁的密度；δ 为锈蚀深度。

根据式（5-6）可以得到式（5-7）。

$$\delta=\frac{i_{corr} \cdot M \cdot t}{Z \cdot F \cdot \rho} \tag{5-7}$$

对于钢筋有：$M=56\text{g/mol}$，$Z=2$，$F=96500\text{C/mol}$，$\rho=7.86\text{g/cm}^2$。若 i_{corr} 的单位为 $\mu\text{A/cm}^2$，则一年（$t=31536000\text{s}$）中钢筋的锈蚀深度 $\delta_a=0.01164i_{corr}$（mm）。

4. 锈胀裂缝法

对于已经锈胀开裂的结构构件，可参照《混凝土结构耐久性评定标准》CECS 220—2007 的规定，根据锈胀裂缝宽度按式（5-8）推算钢筋锈蚀深度，但宜用破损检测法进行校核和修正。

$$\delta=k_w w+k_{cd} c/d+k_{cu} f_{cu}+k_k \tag{5-8}$$

式中，δ 为钢筋的锈蚀深度；w、c、d 和 f_{cu} 为锈胀裂缝宽度、保护层厚度、钢筋直径和混凝土立方体抗压强度；k_w、k_{cd}、k_{cu} 和 k_k 为锈胀裂缝宽度与钢筋直径之比、保护层厚度与钢筋直径之比、混凝土立方体抗压强度标准值的影响系数及常数项，见表 5-2。

w、k_w、k_{cd}、k_{cu}、k_k 值 **表 5-2**

钢筋类型	钢筋位置	w	k_w	k_{cd}	k_{cu}	k_k
光圆钢筋	角部	<0.3mm	0.35	0	0	−0.013
		≥0.3mm	0.07	0.012	0.00084	0.08
	非角部	<0.3mm	1.00	0	0	−0.032
		≥0.3mm	0.69	0	0	0.074
螺纹钢筋	角部	<0.1mm	0.35	0	0	−0.013
		≥0.1mm	0.086	0.008	0.00055	0.015

5. 破损检测法

破损检测时宜选择保护层空鼓、锈胀开裂或剥落等钢筋锈蚀严重的部位，根据锈蚀钢筋的有效截面面积和锈蚀前公称截面面积计算钢筋的截面锈蚀率，或截取钢筋试样，根据锈蚀钢筋的净重和锈蚀前的公称重量，计算钢筋的平均锈蚀率，或根据钢筋锈蚀前后的三维形貌计算钢筋沿长度方向各处的锈蚀率和平均锈蚀率。

根据锈蚀钢筋的有效截面面积和锈蚀前的公称截面面积计算钢筋的截面锈蚀率时，在破损检测部位，凿除混凝土保护层，并刮除钢筋表面的锈蚀层后，用游标卡尺测量钢筋在两个正交方向锈蚀后的有效直径，然后，近似地按照椭圆形计算锈蚀钢筋的有效截面面积。由锈蚀前后钢筋的截面面积的差值计算钢筋截面的锈蚀率。若精度要求较高，可以通过外包黏土或石膏获得锈蚀钢筋的实际形状来算出钢筋的截面锈蚀率。

根据锈蚀钢筋的净重和锈蚀前钢筋的公称重量计算钢筋的平均锈蚀率时，在现场条件允许的情况下，可在对结构安全影响不大，而钢筋有严重锈蚀的部位截取一段锈蚀钢筋，按照《普通混凝土长期性能和耐久性能试验方法标准》GB/T 50082—2009 的有关规定除锈，并称量锈蚀钢筋的净重。钢筋的公称面积或公称重量可根据经过现场复核的原始设计图纸确定，如原遗失原始设计图纸，宜在同一或同类构件无明显钢筋锈蚀的部位，凿除混凝土保护层后，用游标卡尺量取钢筋的直径，据此判断钢筋的型号，并推算钢筋锈蚀前的公称截面面积、单位长度、公称重量。

根据钢筋锈蚀前后的三维形貌计算钢筋沿长度方向各处的锈蚀率和平均锈蚀率时，在现场条件允许的情况下，可在对结构的安全影响不大，而钢筋有严重锈蚀的部位截取钢筋试样。使用三维激光扫描仪对锈蚀钢筋和未被锈蚀钢筋的表面分别扫描（图 5-23a），获取未优化的锈蚀钢筋表面的点云数据，对点云数据进行滤波、除噪等处理，获取优化后的锈蚀钢筋表面的点云数据，拟合钢筋轴线，再进行点云数据的网格化处理及快速曲面构建，通过曲线闭合把封闭的锈蚀钢筋曲面转换成锈蚀钢筋三维几何模型（图 5-23b）[9]。沿三维几何模型的轴线，等间隔分别提取锈蚀钢筋和未锈蚀钢筋的横截面面积，计算获得沿长度方向不同位置各点的锈蚀率。整根钢筋试样各点锈蚀率的平均值即为平均锈蚀率。

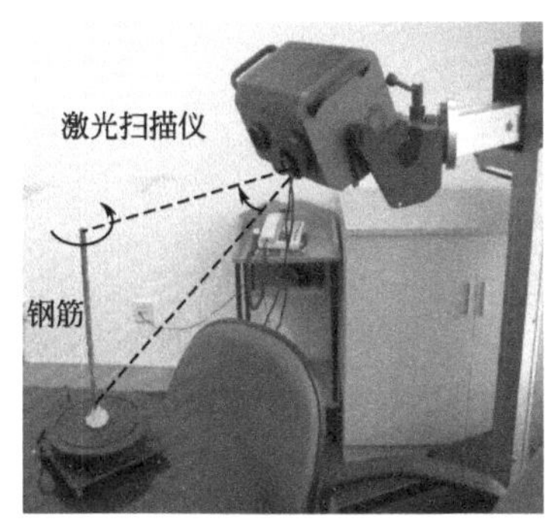

(a) 三维激光扫描

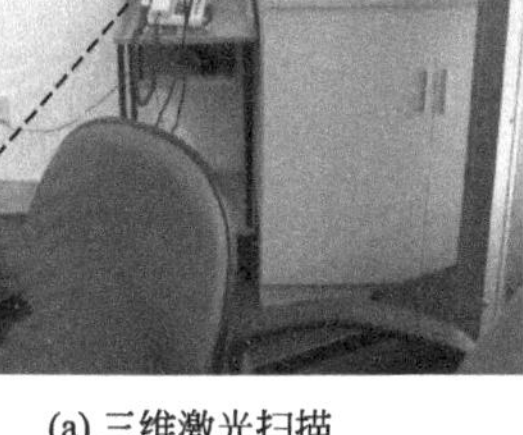

(b) 锈蚀钢筋三维几何模型

图 5-23　用三维激光扫描仪扫描获得钢筋的表面信息

在对锈蚀钢筋进行三维扫描时，钢筋的肋可能会影响分析结果，需要针对性地对钢筋的肋进行除噪处理。为此，选取文献［10］中的 4 个锈蚀钢筋试样 S1—1、S4—1、S13—2 和 S17—2 作相关分析。4 个锈蚀钢筋试样的平均锈蚀率如表 5-3 所示。除噪处理分三步进行：

第一步，对钢筋模型表面点云坐标进行极坐标展开。假设钢筋的纵向是 z 轴，钢筋截面是 x—y 平面，钢筋截面的坐标可以通过式（5-9）和式（5-10）从（x，y）转移到（r，θ）。

$$r=\sqrt{x^2+y^2} \tag{5-9}$$

$$\theta=\arccos(x/\sqrt{x^2+y^2}) \tag{5-10}$$

式中，r 为半径；θ 为对应的角度，如图 5-24a 所示。

4 个锈蚀钢筋试样的平均锈蚀率　　表 5-3

试样编号	钢筋直径(mm)	平均锈蚀率(%)
S1—1	10	4.4
S4—1	10	2.1
S13—2	14	2.3
S17—2	16	3.2

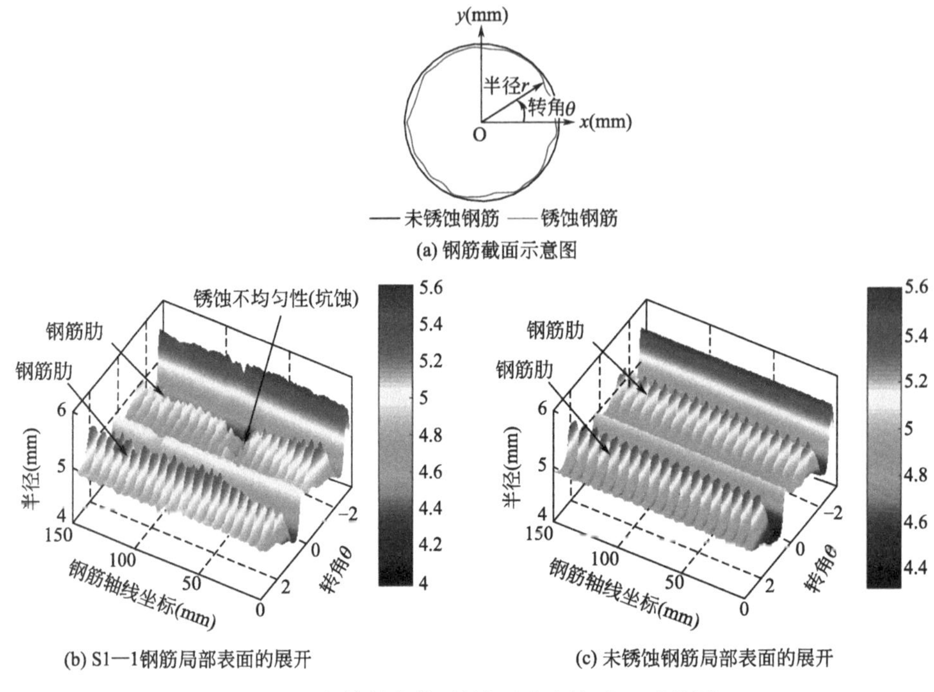

图 5-24　钢筋数字模型的极坐标图与表面形状图

为简化表示，将图 5-24a 中未锈蚀钢筋的横截面假定为一个完整的圆。由图 5-24a 可知：由于钢筋锈蚀的不均匀性，在不同角度下，半径 r 不同。应用式（5-9）和式（5-10）可以形象地描述钢筋的表面形貌，如图 5-24b、c 所示。由图 5-24b、c 可见，有两列“山峰”延轴向周期性出现，这些“山峰”是钢筋的肋；另外，受不均匀锈蚀的影响（如坑蚀），锈蚀钢筋的表面形貌会发生突变。

将钢筋表面的极坐标展开后，需要引入功率谱密度（PSD）识别肋的频率[11]。同时，应用基于 FFT 变换的 Welch 方法和汉宁窗估计锈蚀钢筋极坐标的 PSD 结果[12,13]。图 5-25a 为 S1—1 的 PSD 估计结果，其中，峰的大小随半径 r 的变化而变化，但其位置不变。另外，0.1425mm^{-1} 和 0.2818mm^{-1} 分别被识别为钢筋肋的频率和它们的二次谐波，与文献［11］中的结果相似。见图 5-25b，虽然 S4—1 的平均锈蚀率低于 S1—1 的平均锈蚀率，但 S4—1 的峰值与 S1—1 的峰值很接近，说明锈蚀并不影响钢筋肋的出现频率。另外，图 5-25c 显示了直径为 14mm 的钢筋 S13—2 的 PSD 估计结果，其峰值频率分别为 0.0551mm^{-1}、0.1093mm^{-1}、0.1641mm^{-1}、0.2187mm^{-1} 和 0.2734mm^{-1}。图 5-25d 为直径 16mm 钢筋 S17—2 的 PSD 估计结果，其峰值频率分别 0.0941mm^{-1}、0.1953mm^{-1} 和 0.2841mm^{-1}。由此，可以发现：峰值的大小和数量只受钢筋类型的影响，不受锈蚀程度的影响。

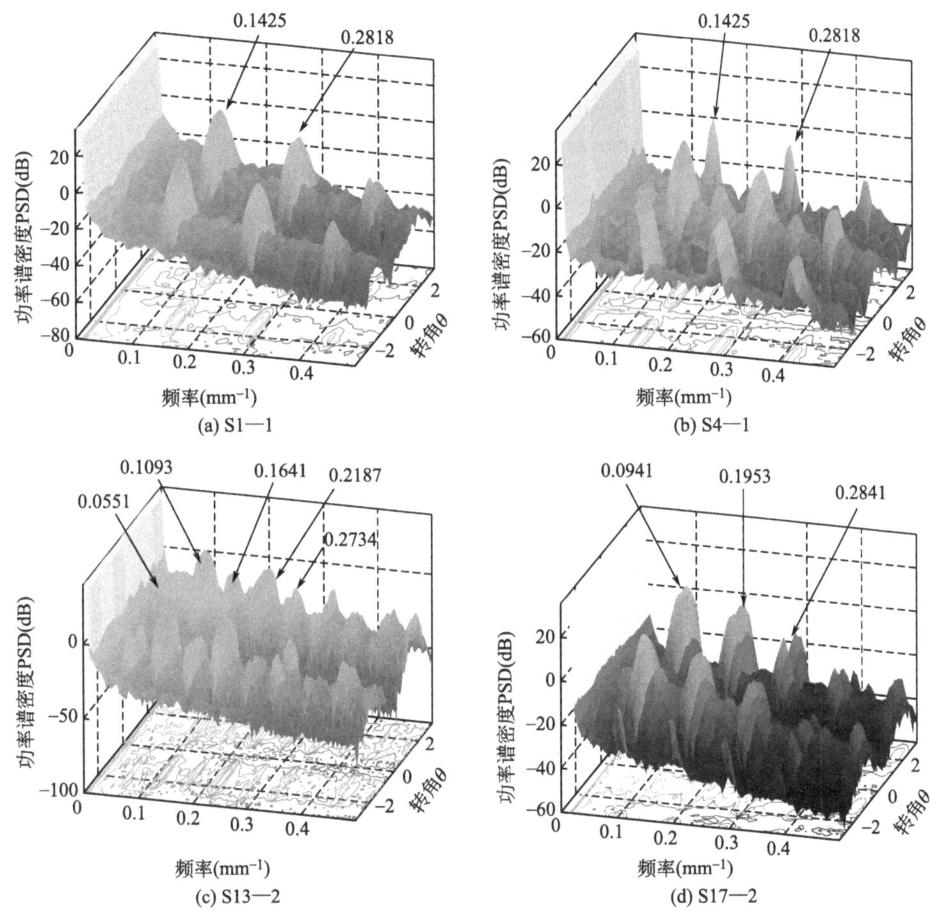

(a) S1—1　(b) S4—1　(c) S13—2　(d) S17—2

图 5-25　锈蚀钢筋试件半径 r 的 Welch PSD 估计结果

确定了钢筋的肋及其谐波的频率后，最后采用带阻滤波器去除钢筋表面的肋[11]。经过反复尝试，确定了两个滤波器对直径 10mm 的钢筋最适合。图 5-26～图 5-28 是 S1—1、S13—2 和 S17—2 这 3 个试样在过滤前后的钢筋锈蚀形态等高图对比。可见，过滤后，原始数据中的肋基本已被去除，并未影响钢筋的整体形貌。

工程实例

长海医院第二医技楼检测与鉴定

利用混凝土强度检测的芯样，采用酚酞试剂对该楼进行混凝土碳化深度的量测。检测结果表明：该楼的混凝土浇筑质量差，水泥含量较低，呈土黄色；尽管有吊顶的封闭保护作用，楼板的碳化深度为 20～65mm，超过混凝土保护层的厚度；梁柱构件混凝土碳化深度超过 65mm，甚至个别梁的截面已全部碳化。由于

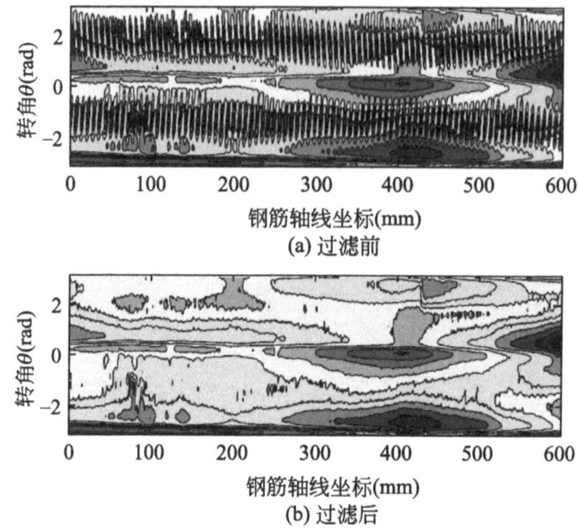

图 5-26　过滤前后 S1-1 的锈蚀形态等高线图对比

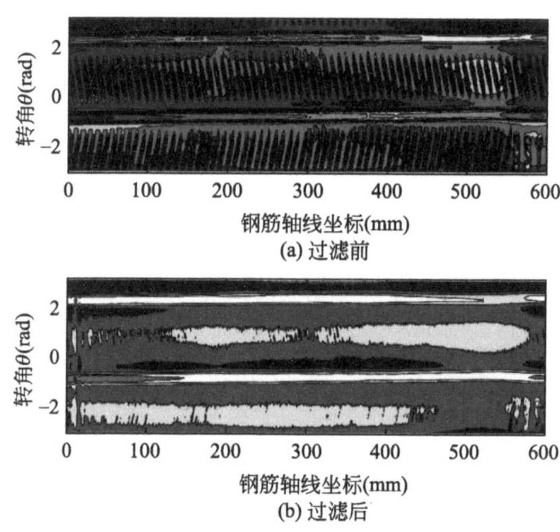

图 5-27　过滤前后 S13—2 的锈蚀形态等高线图对比

混凝土碳化深度超过保护层的厚度，钢筋表面的强碱性环境遭到破坏，确保钢筋不发生锈蚀的钝化保护膜被破坏，在湿度较大处的钢筋发生锈蚀。采用非破损检测和局部破损检测相结合的方法，检测钢筋的锈蚀程度。在局部破损检测时，在混凝土构件上选择保护层有空鼓、胀裂或剥落的部位，选择钢筋锈蚀较严重的部位，凿开该部位的混凝土保护层，直接观察钢筋锈蚀的情况；对于已经锈胀开裂的结构构件，根据锈胀裂缝宽度推测钢筋锈蚀的程度，该楼混凝土构件钢筋锈蚀检测流程如图 5-29 所示[14]。

楼板底部的混凝土保护层厚度较小，板底钢筋发生锈蚀的情况较普遍，保护

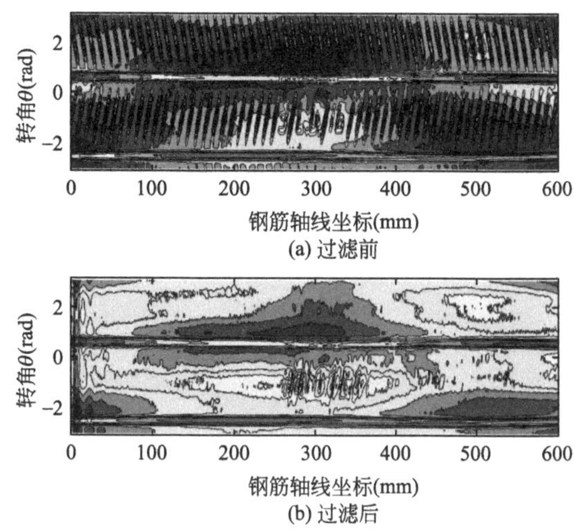

图 5-28　过滤前后 S17—2 的锈蚀形态等高线图对比

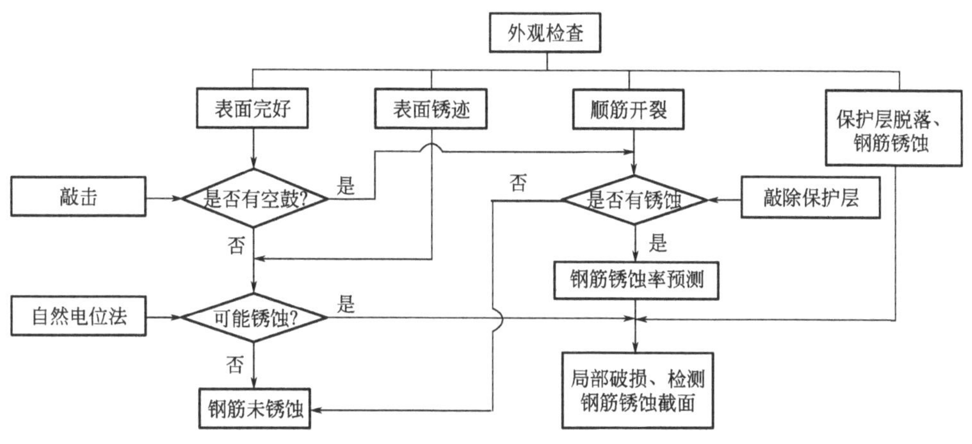

图 5-29　长海医院第二医技楼混凝土构件钢筋锈蚀检测流程

层胀裂脱落，钢筋的截面有严重锈蚀，截面锈蚀率为 0.05～0.24。底层湿度较大，钢筋混凝土柱脚钢筋锈蚀较多，且主要表现为箍筋和角部纵筋的锈蚀：轻者锈胀裂缝宽度 0.2～0.5mm，重者混凝土保护层脱落（图 5-30）。对保护层剥落的钢筋混凝土柱，从胀裂部位观察发现，钢筋锈蚀产物主要为疏松的 Fe_2O_3，其体积膨胀一般是 2～4 倍，用游标卡尺测量锈蚀层厚度，推算钢筋锈蚀深度为 1～2.6mm，折算成钢筋截面损失率为 0.10%～0.24%。保护层胀裂而未剥落的梁柱构件，根据锈胀裂缝宽度、保护层厚度、钢筋直径等推测钢筋的平均截面锈蚀率为 0.08%～0.24%。

图 5-30　钢筋混凝土柱脚混凝土保护层脱落

5.3　钢结构损伤及材料性能劣化检测

钢结构损伤检测主要包括：构（杆）件变形及损伤检测、连接的变形及损伤检测。钢结构材料性能劣化检测主要有钢材涂装与锈蚀检测。对钢结构的损伤及材料性能劣化检测一般采用全数普查和重点抽查的方法。普查的方法以目测和简单的工具量测为主，重点抽查的方法主要以特定的仪器设备检测为主。

5.3.1　构（杆）件变形及损伤检测

用观察和简单工具量测的方法全数检查杆件弯曲变形或板件凹凸等局部变形的情况。

对承受重复荷载、冲击荷载以及在低温环境中的结构应检测裂缝情况。检测裂缝可采用如下方法[15]：

（1）橡皮木槌敲击法：用包有橡皮的木槌敲击构（杆）件的多个部位，若声音不清脆、传声不均匀，构（杆）件有裂缝损伤存在。

（2）用 10 倍以上放大镜检查：在有裂缝的构（杆）件表面画方格网，用 10 倍以上放大镜检查，如发现油漆表面有直线黑褐色锈痕或细直开裂，油漆有条形小块起鼓，立面有锈，则可能有开裂，铲除油漆后，再仔细检查。

（3）渗透法检测：将构（杆）件被检查部位的表面及其周围 20mm 的表面用

砂轮和砂纸打磨光滑，再用清洗剂将表面清洗干净，干燥后，喷涂渗透剂。10min 后，用清洗剂将表面多余的渗透剂清除；最后喷涂显示剂，停留 10～30min 后，观察构（杆）件裂缝情况。

（4）磁粉法检测：分干法和湿法两种。干法是将磁粉直接撒在被测构（杆）件的表面，根据磁粉颗粒向磁场的滚动结果判断构（杆）件的开裂情况，确定开裂位置。湿法是将磁粉悬浮于载液（水或煤油）中，将形成的磁悬浮液喷洒于被测构（杆）件表面，根据磁粉颗粒向磁场的移动结果可以判断构（杆）件的开裂情况，确定开裂位置。湿法流动性好、灵敏性更好。

对于构（杆）件的孔洞或缺口，应观察且记录构（杆）件中预留的施工孔洞及缺口周边是否是平滑曲线，或用放大镜观察该部位周边是否有裂纹、表面熔渣、局部屈曲等现象。

5.3.2　连接的变形及损伤检测

钢结构的连接包括焊接连接和螺栓连接，现场检测宜对连接节点进行全数检测，如条件不允许，也可进行抽样检测，但每一检测单元的抽样比例不得低于检测单元数量的 30%。

对于焊接连接，应检查连接板的变形、焊缝的缺陷和损伤。焊缝的缺陷如图 5-31 所示[15]。焊缝的损伤主要表现为裂纹。根据裂纹发生时间的不同，可将其分为高温裂纹和低温裂纹两大类。根部裂纹是低温裂纹常见的一种形态。产生根部裂纹的原因主要有：焊接金属含氢量较高、焊接接头的约束力较大。焊道下梨状裂纹是常见高温裂纹的一种，在埋弧焊或二氧化碳气体保护焊中出现。弧坑裂纹也是高温裂纹的一种，主要产生原因是弧坑处的冷却速度过快、凹形未被充分填满。

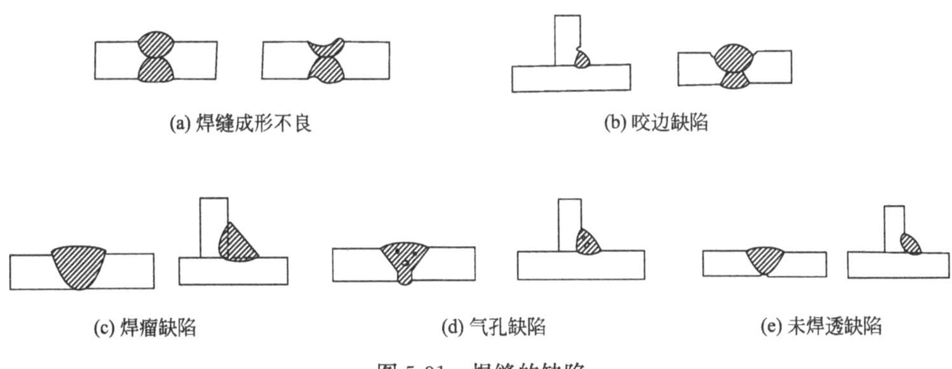

图 5-31　焊缝的缺陷

对连接板的变形损伤可采用观察法检测，焊缝可分为外观缺陷（损伤）和内部缺陷（损伤）检测。焊缝的外观缺陷可通过观察或使用放大镜、焊缝质量规和钢尺检测。当存在疑义时，可再用渗透或磁粉法检测。裂缝的内部缺陷（损伤）可采用超声波探伤检测。超声波垂直探伤和斜角探伤的原理如图 5-32 所示。使用超声波斜角探伤时，根据事先测定的折射角及在探伤仪显示屏读取的超声波的传播距离，再用几何关系，可方便地计算出缺陷的位置，如图 5-33 所示[15]。超声波探伤方法和焊缝内部缺陷分级应符合相关的规定。

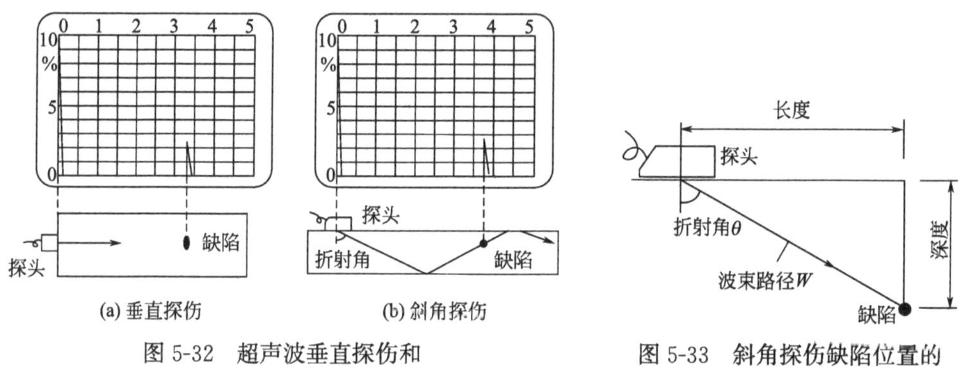

图 5-32　超声波垂直探伤和斜角探伤的原理

图 5-33　斜角探伤缺陷位置的计算原理

对连接质量有怀疑时，可截取试样进行焊接接头的力学性能检验。各取 2 个试样进行焊接接头力学性能检验（包括拉伸、面弯和背弯检验），取样和试验方法按相关的规定进行。

对螺栓连接，应检查连接板滑移变形、螺栓松动断裂和脱落。对高强度螺栓连接，还应检查螺栓终拧标志。对螺栓松动断裂，可采用锤击的方法检查。对高强度螺栓连接，可以采用放松—重新紧固的方法评估螺栓拉力水平，必要时，可以进行再生螺栓检验。

5.3.3　钢材涂装与锈蚀检测

对具有防火要求的钢构件应检查其防火措施的完备性及有效性。对采用涂料防火的钢构件，应全数检查其涂层的完整性。对涂层防火性能有怀疑时，应请专业检测机构对涂层防火性能进行检测鉴定。对已进行防锈涂装的钢构件，应全数检查涂层的完整性。对于发生锈蚀的钢构件（杆件、板件），应逐一测定钢构件的锈蚀深度和范围。对未涂装的钢构件，应全数检查钢材的锈蚀状况。检测方法主要有：目测或采用钢尺、卡尺等简单工具量测。

工程实例

上海市中山东一路 18 号房屋的检测与鉴定

该建筑多数钢梁表面外包素混凝土，钢柱表面外包烧结普通砖。因为地下室湿度较大，所以该建筑在长期使用的过程中，外包素混凝土的钢梁和外露的钢梁与柱的节点均发生了锈蚀，如图 5-34 所示[16]。

(a) 梁侧的锈蚀

(b) 梁底的锈蚀

(c) 柱底的锈蚀

(d) 柱顶的锈蚀

图 5-34　上海市中山东一路 18 号房屋钢梁、钢柱的锈蚀情况

5.4　砌体结构损伤及材料性能劣化检测

5.4.1　概述

砌体结构构件损伤检测主要包括：裂缝、块体和砂浆的粉化、腐蚀检测。砌体结构构件的损伤检测可采用全数普查和重点抽查的方案。

对砌体结构构件的开裂位置、形式和裂缝走向可采用观察的方法确定，对裂缝的宽度可采用目测、游标卡尺量测，用显微镜读数、用裂缝宽度检验规（精度 0.05mm）检测的方法检测。每条裂缝应在沿裂缝延伸方向量测不少于 3 个裂缝表面宽度数值，取其最大值作为该条裂缝表面宽度值。裂缝长度可用卷尺量测。对块体和砂浆的粉化、腐蚀情况，应先用目测普查；对粉化、腐蚀严重处，应逐一测定构件的粉化、腐蚀深度和范围。与混凝土结构类似，当需要监测砌体结构中裂缝的发展情况时，可在裂缝的最大宽度或裂缝的端部设置石膏块，根据石膏块的开裂情况评判砌体结构中裂缝的发展情况，如图 5-35 所示。

图 5-35　外贴石膏块监测既有建筑砌体结构裂缝发展情况

5.4.2　工程实例

上海市华侨城苏河湾 1 街坊房屋检测与鉴定

该房屋位于上海市北苏州路 470 号，原为上海总商会。房屋为一幢建于 1913 年的巴洛克式老式洋房，属于上海市第三批公布的优秀历史建筑，为砖木混合结构（图 5-36）。因受相邻工程施工影响，房屋存在较大的不均匀沉降，外墙面存在较多的开裂，另外，由于房屋年久失修，墙面出现开裂、风化及破损现象，如图 5-37 所示[17]。

图 5-36　上海市华侨城苏河湾 1 街坊房屋外立面

图 5-37　上海市华侨城苏河湾 1 街坊房屋墙面出现开裂、风化及破损情况

5.5　木结构损伤及材料性能劣化检测

木结构损伤检测主要为木结构构件的损伤检测及木结构构件连接的损伤检测。其中，木结构构件损伤的检测又包括木材疵病和裂缝的检测。木结构材料性能劣化检测主要为构件腐蚀的检测。木结构构件及其连接节点在不同工作环境中的损伤及材料性能劣化情况可能不一致，对木结构构件、构件连接节点的损伤以及材料性能劣化都应逐根、逐个检查。

木材疵病的检测包括木节、斜纹和扭纹检测等。可采用外观检查和量尺检测。木结构构件裂缝检测包括裂缝宽度、裂缝长度和裂缝走向检测。裂缝宽度可用目测、游标卡尺量测、读数显微镜、裂缝宽度检验规（精度 0.05mm）相结合的方法检测，裂缝长度可用卷尺量测，构件的裂缝走向可用目测法确定。

构件腐蚀包括木质的腐朽和蛀蚀。可采用外观检查或用锤击法结合简单工具量测法检测，确定构件的腐蚀范围和构件截面的削弱程度。

构件连接节点损伤应包括连接松动变形、滑移、剪切面开裂、铁件锈蚀等。可采用外观检查或用量尺和探针检测。

图 5-38 为木构件典型损伤情况。

(a) 木构件开裂

(b) 木构件渗水腐朽

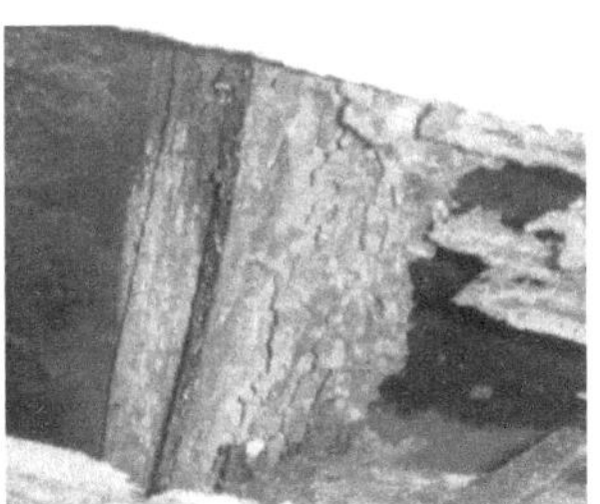
(c) 白蚁侵蚀木构件

图 5-38　木构件典型损伤情况

工程实例

上海市秋霞圃城隍庙建筑木构件蚁害抢险项目房屋完损检测

秋霞圃城隍庙是一座具有独特风格的明代园林，是上海五大古典园林之一。秋霞圃城隍庙照片见图 5-39。在使用过程中发现该房屋部分木构件有不同程度的白蚁蛀蚀情况，存在安全隐患，为此，对其完损状况进行了专项检测。检测人员发现：大殿南侧入户门廊两侧木门框、木门槛存在一定程度的白蚁蛀蚀情况；殿内两侧半窗窗扇、窗框存在严重的白蚁蛀蚀情况。连廊部分木柱有白蚁蛀蚀、受潮腐烂的情况，其中，两侧外廊北端木柱有严重损坏，柱身被白蚁蛀空、柱根腐烂；部分木窗窗扇、窗框被白蚁蛀蚀。寝宫西南角柱、北侧木柱根部存在一定程度的白蚁蛀蚀情况；南、北两侧木窗窗扇、窗框以及窗上部木枋，均存在较为严重的白蚁蛀蚀情况，木枋上方与其相连的檩条端部有白蚁蛀蚀的情况。部分木构件白蚁蛀蚀情况见图 5-40[18]。

图 5-39　秋霞圃城隍庙照片

(a) 窗扇有严重白蚁蛀蚀的情况

(b) 木柱有白蚁蛀蚀、柱身开裂的情况

(c) 柱根腐烂

(d) 柱身被白蚁蛀空

图 5-40　部分木构件白蚁蛀蚀情况

参考文献

[1] 上海市建设和交通委员会．既有建筑物结构检测与评定标准：DG/T J08—804—2005 [S]. 上海：上海市建设工程标准定额管理总站，2005.

[2] 吴新璇．混凝土无损检测技术手册 [M]. 北京：人民交通出版社，2003.

[3] 徐有邻，顾祥林，刘刚，等．混凝土结构工程裂缝的判断与处理（第二版）[M]. 北京：中国建筑工业出版社，2016.

[4] 顾祥林，张伟平，姜超，等．混凝土结构的环境作用 [M]．北京：科学出版社．2021.
[5] 张伟平，李翔，商登峰，等. 福清核电站 3MX 厂房受地下回填层酸性水影响的结构性能检测报告 [R]. 同济大学房屋质量检测站. 2017. 12.
[6] 董晓强，白晓红，吴植安，等．电阻率技术在混凝土钢筋锈蚀测试中的应用研究 [J]. 混凝土，2007 (9)：9-12.
[7] 曹楚南．腐蚀电化学原理（第三版）[M]. 北京：化学工业出版社，2008.
[8] POURSAEE A. Determining the appropriate scan rate to perform cyclic polarization test on the steel bars in concrete [J]. Electrochim. Acta. 2010，55 (3)：1200-1206.
[9] ZHANG W P，ZHOU B B，GU X L，et al. Probability distribution model for cross sectional area of corroded reinforcing steel bars [J]. Journal of Materials in Civil Engineering，ASCE，2014，26 (5)：822-832.
[10] GU X L，GUO H Y，ZHOU B B，et al. Corrosion non-uniformity of steel bars and reliability of corroded RC beams [J]. Engineering Structures. 2018，167：188-202.
[11] KASHANI M M，CREWE A J，ALEXANDER N A. Use of a 3D optical measurement technique for stochastic corrosion pattern analysis of reinforcing bars subjected to accelerated corrosion [J]. Corrosion Science. 2013，73：208-221.
[12] OPPENHEIN A V，BUCK J R，SCHAFER R W. Discrete-Time signal processing Vol. 2 [M]. Upper Saddle River，NJ：Prentice Hall，2001.
[13] WELCH P D. The use of fast fourier transform for the estimation of power spectra：a method based on time averaging over short，modified periodograms [J]. IEEE Trans. Audio & Electroacoust，1967，15 (2)：70-73.
[14] 顾祥林，张誉，张伟平，等．长海医院第二医技楼（原上海市博物馆）房屋检测与评定 [R]. 同济大学房屋质量检测站，2000.
[15] 郭兵，雷淑忠．钢结构的检测鉴定与加固改造 [M]. 北京：中国建筑工业出版社，2006.
[16] 顾祥林，张伟平，管小军，等．中山东一路 18 号（春江大楼）房屋质量检测报告 [R]. 同济大学房屋质量检测站，2003.
[17] 顾祥林，张伟平，商登峰，等．华侨城苏河湾 1 街坊（原上海总商会）房屋质量检测评定报告 [R]. 同济大学房屋质量检测站，2013.
[18] 张伟平，李翔，商登峰，等．秋霞圃城隍庙建筑木构件蚁害抢险项目房屋完损检测报告 [R]. 同济大学房屋质量检测站，2022.

第6章　既有建筑结构火灾后性能检测

火灾会给人类的生命财产带来巨大的损失。以 2014 年美国火灾为例，美国共发生火灾 13.0 万起，造成 3275 人死亡，15775 人受伤，财产损失约 116 亿美元。在这些火灾中，建筑物火灾有 4.94 万起，平均每 64s 发生一起火灾，造成 2860 人死亡，13425 人受伤，财产损失 98 亿美元[1]。

我国的火灾次数和损失虽然比发达国家少得多，但也相当严重，且呈现不断上升的趋势。根据应急管理部消防救援局网站（www.119.gov.cn）公布的统计数据，1991～2000 年，我国年均火灾次数 8.8 万次、年均死亡人数 2500 人、年均受伤人数 4000 人、年均损失 12.0 亿人民币；2001～2010 年，我国年均火灾次数 20.1 万次、年均死亡人数 1957 人、年均受伤人数 1971 人、年均损失 15.0 亿人民币；2011～2018 年，我国年均火灾次数 27.9 万次、年均死亡人数 1565 人、年均受伤人数 1053 人、年均经济损失 36.5 亿人民币。除巨额的直接经济损失外，火灾带来的间接经济损失更多，统计分析表明：火灾的间接经济损失是直接经济损失的 3 倍左右[2,3]。

建筑物发生火灾时，除了烧毁生活和生产设施，威胁人的生命安全以外，由于火灾的高温作用，建筑材料性能迅速劣化，建筑的完整性遭到破坏，结构构件的承载力下降，可能造成结构破坏，甚至导致建筑倒塌。而且，很多情况下火灾中建筑物并不立刻倒塌，而是在消防人员灭火或者有关人员抢救财产时突然倒塌，这会造成更严重的损失。即使建筑物不发生倒塌，火灾后建筑物能否安全使用也是非常现实的工程问题。为了最大限度地减少火灾损失，保证灾后建筑物能安全使用，必须对火灾后建筑结构性能进行科学检测。

6.1　火灾温度的判定

既有建筑结构在火灾高温作用下的材料性能变化，与火灾现场的温度有关，也与受火时间有关。从我国火灾统计资料看[4]，同一区域建筑构件受火最高温度持续时间为 30～120min，因此，火灾现场温度的判断即成为灾后结构性能检测的关键技术之一。但火灾实际情况极为复杂，影响因素很多，火灾现场不同位置的火伤程度不同。且由于一般建筑均无智能化系统，不能像飞机“黑匣子”那样对建筑状态随时记录，一旦发生火灾，其各部位的燃烧温度、燃烧时间和火灾升温、旺盛及衰减过程都无记录可查，故只能在火灾熄灭的废墟中对现场进行调查和取证，而取证也多以灾后现场的遗留物为主，下面介绍目前常用的判定方法。

6.1.1　表观检测法

1. 残留物烧损特征推定法

通过检查火场残留物的燃烧、融化、变形和烧损程度，估计火灾现场的受火温度。如玻璃烧融软化，其温度一般要达到 700℃；钢窗变形，其温度在 600～700℃；铝合金门窗、柜台融化，它们所处的火场温度应当在 750℃左右。其他材料的熔点等数据可参照文献［4］或者有关材料手册推断。

2. 混凝土表面特征推定法

通过现场调查与检测，详细记录混凝土表面颜色、外观特征和锤击反应，然后对照表 6-1 可大致推断混凝土构件的受火温度[5]。

混凝土表面颜色、裂损剥落、锤击反应与温度的关系　　表 6-1

温度(℃)	颜色	爆裂、剥落	开裂	锤击反应
＜200	灰青，近视正常	无	无	声音响亮、表面不留下痕迹
300～500	浅灰，略显粉红	局部粉刷层	微细裂缝	较响亮、表面留下较明显痕迹
500～700	浅灰白，显浅红	角部混凝土	角部出现裂缝	声音较闷、混凝土粉碎和坍落，留下痕迹
700～800	灰白，显浅黄	大面积	较多裂缝	声音较闷、混凝土粉碎和坍落
＞800	浅黄色	酥松、大面积剥落	贯穿裂缝	声音较哑、混凝土严重脱落

3. 钢结构表面颜色推定法

钢结构高温过火冷却后，表面颜色随经历的最高温度的升高而逐步加深。这对于判定构件曾经经历的最高温度有一定的参考价值。高温冷却后钢材的表观特征与钢材的种类、高温持续时间、冷却方式、表面光洁程度等有关。Q235 钢所经历的最高温度与表面颜色间的关系可见表 6-2。由于实际构件在绝大多数情况下表面有防腐涂料或有锈蚀，因此表 6-2 中提供的钢材表观颜色仅供参考。

Q235 钢所经历的最高温度与表面颜色间的关系　　表 6-2

经历的最高温度(℃)	试件表面的颜色(Q235)	
	初步冷却	完全冷却
240	与常温下基本相同	—
330	浅蓝色	浅蓝黑色
420	蓝色	深蓝黑色
510	灰黑色	浅灰黑色
600	黑色	黑色

6.1.2 混凝土表面烧疏层厚度法

受火后混凝土在一定厚度内强度降低较多，易于被凿除，这层厚度就叫混凝土烧疏层厚度。在混凝土烧疏层表面有一层强度很低的疏松层。不同的受火温度会产生不同的混凝土烧疏层厚度，见表 6-3[5]。

混凝土烧疏层厚度　　表 6-3

受火温度(℃)	500～700	700～800	800～850	850～900	900～1000	>1000
混凝土烧疏层厚度(mm)	1～2	2～3	3～4	4～5	5～6	>6

6.1.3 火灾燃烧时间推算法

一般情况下，民用住宅和公用建筑物（如旅馆、商店、剧院等）火灾持续时间约 60min，温度 700～1000℃。随着起火房间内燃烧物增加，火灾持续时间可延长至 90～120min，温度提高至 800～1100℃。工业厂房、仓库由于燃烧物较多，火灾持续时间可达 120～240min，温度达 1200～1500℃。火灾持续时间的长短与火灾时可燃物的多少与种类有关，也与灭火方式和灭火条件有关。

6.1.4 混凝土碳化深度检测法

混凝土受火前已有一个碳化深度值。在高温下，混凝土中的 $Ca(OH)_2$ 被加速热分解，使混凝土呈中性。因此，火灾前后混凝土的碳化深度值存在着较大的差异。为消除龄期、混凝土强度等级等影响因素，比较准确地推断建筑构件表面温度，可以采用火灾后碳化深度与火灾前的碳化深度之比来推定建筑构件表面温度。碳化深度比值与温度的关系见表 6-4[6]。

碳化深度比值与受火温度关系　　表 6-4

碳化深度比值	1.00	1.60	2.50	4.00	9.00
受火温度	正常温度	200℃	400℃	600℃	800℃

6.1.5 混凝土强度降低系数推定法

火灾后混凝土的立方体抗压强度 f_{cut} 与火场温度 T 之间的关系可用式（6-1）表达[6]。

$$\begin{cases} f_{cut}=f_{cu} & T \leqslant 400℃ \\ f_{cut}/f_{cu}=1.6-0.0015T & 400℃ < T \leqslant 800℃ \end{cases} \tag{6-1}$$

式中，f_{cu} 为常温下混凝土的立方体抗压强度；T 为火场温度。

利用现场测试的过火混凝土强度和未过火的同条件混凝土强度进行比较计算，即可推定建筑构件表面受火温度。

6.1.6 混凝土烧失量试验法

混凝土烧失量试验法是目前推定混凝土最高受火温度较精确的方法之一。根据高温下水泥水化物及其衍生物分解失去结晶水，同时混凝土中的 $CaCO_3$ 分解产生 CO_2，从而减轻重量的原理，首先测定不同温度所对应的混凝土烧失量，得到相应的回归关系，然后由实际过火混凝土的烧失量大小推断该混凝土的最高受火温度。具体步骤可见文献［7］的相关内容。

6.1.7 化学分析法

主要是检测硬化水泥浆体中是否残留结合水或者混凝土中是否残留氯化物的方法。前者根据残留结合水含量与温度的关系，估计出混凝土构件的温度梯度和强度损失，后者根据含氯离子的混凝土深度与温度关系推测混凝土表面受火温度和持续时间[4]。

6.1.8 电子显微镜分析法

混凝土在高温作用下，不仅会因为脱水反应产生氧化物，还会在水化、碳化和矿物分解后产生许多新的物相。不同的火灾温度产生的相变和内部结构的变化程度亦不同，根据这种相变和内部结构变化的规律，可用X衍射分析法或电子显微镜（表6-5和表6-6）判定火灾温度。为了使判定结果更可靠，在抽取构件表面被烧损的混凝土试块的同时，也应抽取构件内部未被烧损的混凝土试块，以便进行电镜分析对比，提高判断结果的精度[5]。

用X衍射分析法确定火灾温度 **表6-5**

物相特征	特征温度(℃)
水化物基本正常	<300
水泥水化产物水化铝酸三钙脱水　$C_3A*aq \rightarrow C_3A+nH_2O$	280～300

续表

物相特征	特征温度(℃)
水泥水化产物氢氧化钙脱水 $Ca(OH)_2 \rightarrow CaO + H_2O$ 或砂石中 α-石英发生相变 $\alpha\text{-}SiO_2 \rightarrow \beta\text{-}SiO_2$	580 570
骨料中白云石分解 $CaMg(CO_2)_2 \rightarrow CaCO_3 + MgO + CO_2 \uparrow$ 骨料中方解石及水泥石碳化生成物分解 $CaCO_3 \rightarrow CaO + CO_2 \uparrow$	720～740 900

用电子显微镜确定火灾温度 **表 6-6**

物相特征	特征温度(℃)
物相基本正常	<300
方解石集料表面光滑、平整，水泥砂浆密集、连续性好	280～350
石英晶体完整，水泥砂浆中水化产物氢氧化钙脱水，浆体开始酥松，但仍较紧密，连续性好，氢氧化钙晶型缺损、有裂纹	550～650
水泥浆体已脱水，收缩成为酥松体。氢氧化钙脱水、分解，并有少量 CaO 生成，吸收空气中水分膨胀	650～700
水泥浆体脱水，收缩成板块状，CaO 吸收空气中水分	700～760
浆体脱水放出 CaO 成为团聚体，浆体酥松、孔隙大	760～800
水泥浆体成为不连续的团块，孔隙很大，CaO 增加	800～850
水泥浆体成为不连续的团块，孔隙很大，但石英晶体较完整	850～880
方解石出现不规则小晶体，开始分解	880～910
方解石分解成长方形柱状体，浆体脱水、收缩后孔隙很大	910～940
方解石分解成柱状体，浆体脱水、收缩后孔隙更大	980

6.1.9 标准升温曲线推定法

火灾是一种偶然事件，建筑物发生火灾一般分为 3 个阶段：火灾成长期、火灾旺盛期、火灾衰减期。根据这一规律，国际标准化组织制定了相关的标准升温曲线，模拟建筑物火灾温度情况。采用相关的标准升温曲线，通过调查火灾所经历的时间可推算火灾温度。相关的标准升温曲线计算公式如式（6-2）所示。

$$T = 345\lg(8t + 1) + T_0 \tag{6-2}$$

式中，T 为标准火灾温度；T_0 为自然温度，火灾发生在夏季时，取 30℃；t 为火灾经历时间，最大值取 240min。

6.1.10 超声法

超声波是一种频率超过 20kHz 的声波，它在介质中传播时会遇到不同情况，将产生反射、折射、绕射、衰减等现象，因此，超声波传播时的振幅、波形、频率将发生变化。若超声波在有限的均质且各向同性的介质中传播时，传播速度 v 的计算公式如式（6-3）所示。

$$v=\sqrt{\frac{E(1-\mu)}{\rho(1+\mu)(1-2\mu)}} \tag{6-3}$$

式中，E 为介质的弹性模量；ρ 为介质密度；μ 为介质泊松比。

由式（6-3）可知，当混凝土的性质发生变化时，超声波在混凝土中的传播速度将会改变。张辉的试验结果表明：受火温度在 200℃以上时，混凝土超声波波速随着火灾温度升高呈明显的线性下降[8]；受火温度在 100℃以下时，混凝土超声波波速没有明显变化；受火温度在 300℃以下时，混凝土超声波波速降低的幅度不超过 20%；受火温度达 500℃时，混凝土超声波波速分别降低了 32.7%和 36.0%（保温 2h 和 4h，下同）；受火温度达 700℃时，混凝土超声波波速分别降低了 49.0%和 52.6%；受火温度达 900℃时，混凝土超声波波速分别降低了 67.5%和 71.5%；受火温度达 1000℃时，混凝土超声波波速分别只有常温下混凝土超声波波速的 23.2%和 21.3%。在同一火灾温度条件下，混凝土受火时间越长，超声波波速降低的幅度越大。但受火时间延长对混凝土超声波波速的影响没有因火灾温度提高而显著提高。由此，可建立超声波波速与受火温度之间的关系，从而通过超声波波速判断混凝土的受火温度。文献［9］给出了混凝土构件受火温度 T 与超声波波速比（v_t/v_0）的回归方程式，如式（6-4）所示。

$$T=789-649v_t/v_0 \tag{6-4}$$

式中，v_t 为受火温度达到 t 时混凝土超声波波速，v_0 为正常室温时混凝土超声波波速。

若采用综合法检测混凝土的受火温度，文献［10］同样给出了混凝土构件受火温度 T 与回弹比（R_T/R_0）及其超声波波速比（v_t/v_0）的回归方程式，如式（6-5）所示。

$$T=993-506.5v_t/v_0-303.5R_T/R_0 \tag{6-5}$$

式中，R_T 为受火温度达到 T 时混凝土表面的回弹值，R_0 为室温时混凝土表面的回弹值。

6.1.11　钢结构烧损状况判断法

大火燃烧至一定温度时，钢结构中的压杆会产生压屈破坏。在现场检测时，可以通过结构上分布的荷载计算出压杆在高温下的临界压屈力，由此求出火灾时材料的屈服强度，并与已知结构材料在常温下的屈服强度进行比较，即可推断压杆压屈时该高温屈服点的构件温度[10]。

6.2 火灾后混凝土结构损伤检测

一般情况下可凭经验采用一些简单的方法进行检测，对重要的结构构件或连接，也可采用新颖的方法检测[11,12]。

6.2.1 表观检测法

表观检测主要根据火灾后混凝土的颜色、裂缝及剥落判定混凝土的受损状况。由于骨料和砂中含有铁盐，如果混凝土没有变成粉红色，说明混凝土尚未因受热而有损伤（当然也有例外，石灰岩和火成岩类骨料及轻骨料混凝土较少出现这种情况）。裂缝和剥落可直接从结构的外表进行判断。

表观检测法简单易行，但只能粗略估计，不能定量化，所以在实际工程检测中只作为参考。

6.2.2 锤击法

锤击法这种方法过于依靠经验，而且声音还与锤击的部位有关，其结果只能作为参考。

6.2.3 钻芯法

火灾后混凝土芯样的损伤程度呈层状分布。据此，可以把芯样切成厚 15mm 的片状样本，并认为每片样本自身的损伤程度一致。损伤程度越严重的混凝土裂缝越多，也越疏松，吸水率也必然增长。分别称得干燥时和吸水饱和时片状样本的重量，得到吸水率，同时做张拉应力试验。从而得到每个切片样本的吸水率和张拉应力损失，并与火灾后混凝土的损伤深度建立关联[13]。

这种方法比前面介绍的两种方法有很大的进步，可更合理、更精确地检测火灾后混凝土的损伤深度和程度。但该方法本身也有不足，比如，在某些损伤严重的混凝土无法获得芯样；另外，实际火灾情况错综复杂，在构件上某点所获芯样得到的结论也不一定能代表整个构件其他部位的损伤状况。

6.2.4 超声法

见 6.1.10 内容。

6.2.5 红外热像法

红外辐射也称为红外线，它是由原子或分子的振动或转动引起的，是一种电磁辐射，是电磁波，波长 0.75～1000μm[14,15]。红外热像法是利用红外辐射对物体或材料表面进行检验和测量的专门检测方法。大多数建筑材料（混凝土、砖、石等）导热性差而表面辐射率大，采用红外热像检测灵敏度较高。

火灾后混凝土表面状态和组成随遭受的温度不同而发生变化。在一定环境下，不同损伤的混凝土辐射不同数量的红外能。使用合适的热像仪能迅速地扫描建筑物或混凝土结构表面，在缺陷区域将显示不同的红外辐射结果，从而推断其损伤情况。

混凝土试件遭受较高温度后，表面变得疏松并产生微裂缝。温度越高，表面疏松越严重，微裂缝越多。对被测试件加热时，热流在受损部位被阻滞，引起热积聚，其热像图与其他部位热像图有差异。遭受较高温度（600℃和 800℃）的混凝土试件，其红外热像图与未加热和遭受较低温度（＜500℃）试件的热像图相比，相应的热像量测值较高。小于 500℃时，热像量测值变化不大。

将红外热像法应用于火灾后混凝土的性能检测，突破了传统的检测模式，可相当精准地得到混凝土的损伤状况。但由于必须给被测物提供稳定热源，而在实地检测时，热源加热往往受环境中空气流动的影响，所以，最好能对现场进行适当的封闭处理。

6.2.6　热发光法

热发光是岩石、矿物受热而发光的现象。其特点是：

(1) 不同于一般矿物的赤热发光（可见光），在赤热之前（一般指 0～400℃），由矿物晶格缺陷捕获电子而储存起来的电离辐射能在受热过程中又以光的形式释放出来。

(2) 发光的不可再现性，即一旦受热发光，冷却后重新加热不再重新发光，只有当样品接受一定量辐照后才会重现热发光[16]。

石英本身放射性元素含量极微，其热发光灵敏度较强，易于在环境中累积热发光能量，因而，上述热发光特性在石英矿物中尤为明显和稳定。混凝土中的天然石英颗粒，在未受火灾高温前具有的热发光量是在不同环境中经较长地质时期接受辐射所累积的能量。在试验室测定的石英矿物都具有反映其辐射历史和环境背景的辉光曲线和低温、中温、高温的峰形变化特征。经过火灾高温后，石英积存的能量（热发光量）部分或全部损失，而且随受热温度的逐渐升高，低温峰、中温峰、高温峰逐渐丧失。当遭受的温度大于 400℃时，石英累积的热发光全部损失。当温度小于 400℃时，会残存和保留部分热发光量和峰形特征。400～500℃恰好是混凝土是否受损的温度界线，因此，对火灾烧伤的混凝土构件，分别由其表面向内部不同深度取样，选取混凝土中的石英颗粒，进行热发光量测，其热发光曲线和峰形变化特征可作为判定其受热上限温度的重要依据。

热发光法的原理从岩相学借鉴而来，优点是只需在构件上钻一小洞，适当取样，即可进行试验。但若混凝土受火温度大于400℃，石英累积的热发光将完全损失，此时，虽然能确定混凝土受损，却难以判断混凝土的受损状态。另外，热发光法的实现需要用专门的设备和技术。

6.2.7 电化学分析法

混凝土受到灼烧时，水泥水化产物会脱水分解，尤其是$Ca(OH)_2$在温度高于400℃时会脱水形成CaO，导致混凝土中性化。混凝土在高温过程中水泥水化产物的一系列物理化学变化在电化学性能方面表现为混凝土表面电势降低，火灾损伤混凝土中性化将导致其内部钢筋钝化膜被破坏，钢筋锈蚀，电流增大。电化学方法正是通过现场检验火灾混凝土的表面电势来判定其损伤程度。

同济大学张雄教授用一种恒流互环仪GE-COR6检测混凝土表面电势，其建立的混凝土表面电势E_e与混凝土损伤的关系模型如式（6-6）所示[17]。

$$\begin{cases} E_e > -100\text{mV} & \text{混凝土未有损伤} \\ -300\text{mV} < E_e < -100\text{mV} & \text{混凝土损伤深度小于保护层厚度} \\ E_e < -300\text{mV} & \text{混凝土损伤深度大于保护层厚度} \end{cases} \tag{6-6}$$

应用式（6-6）所示的关系模型只能简单地判断混凝土损伤深度与保护层的关系，尚不能与具体的损伤深度或遭受高温温度等参数建立关联。

6.3 火灾后混凝土强度检测

火灾后混凝土强度的检测方法主要有间接检测法（如回弹法、射钉法、拔出试验法和红外热像法等）和直接检测法（如钻芯法）。

6.3.1 回弹法

回弹法主要是通过测定混凝土的表面硬度来确定混凝土的强度。火灾后的混凝土构件内外强度存在差异，弹性模量和强度依据受火温度和持续时间随混凝土受损深度而发生改变。因此，使用回弹法检测火灾后受损范围内的混凝土强度，必须对检测值进行必要的修正。很多学者通过试验得出很多回归修正公式，其误差总体是可以接受的[9,18,19]。

6.3.2 射钉法

射钉法最早由美国学者提出，试验时将一枚钢钉射入混凝土表面，然后测量钢钉的射入深度，并建立射入深度与混凝土抗压强度的关系。这种方法快捷、方便，而且离散性较小，对水平和竖向构件均适合。尤其适合出现剥落的混凝土构件，分层凿除检测完的混凝土，还可用此法检测不同深度混凝土的强度。射钉法的检测结果好于其他方法的检测结果，若将损伤混凝土的检测结果与未损伤混凝土的检测结果进行比较分析，则可靠性更高。

6.3.3　拔出试验法

拔出试验法是把一根螺栓或相类似的装置埋入混凝土试件中，然后从表面拔出，测定其拔出力的大小来评定混凝土的强度，一般分为预埋拔出法和后装拔出法。对火灾后的建筑主要采取后者，它又分为钻孔内裂法和扩孔拔出法。

6.3.4　红外热像法

采用红外热像法也可以检测混凝土的强度。红外热像平均温升 x 与混凝土强度比值 f_{cut}/f_{cu} 之间的关系如式（6-7）所示。

$$\frac{f_{cut}}{f_{cu}} = -1.1641x + 2.8226 \tag{6-7}$$

式中，f_{cut} 为火灾作用后混凝土的立方体抗压强度；f_{cu} 为常温下混凝土的立方体抗压强度。

6.3.5　钻芯法

钻芯法是检测未受损混凝土强度较直接和较精确的方法之一。但对于火灾混凝土，有时因为构件太小或破坏严重（强度＜10MPa），难以获得完整的芯样。其次，由于火灾后混凝土损伤由表及里呈层状分布，所获得的芯样很难具有代表性。且在结构高度较高、构件截面呈斜面时很难实施。文献［18］对这种方法进行研究后，提出芯样长度不是标准的 100mm，而是实际受损厚度，并给出了非标准长度芯样的修正系数计算公式。

6.4　火灾后钢结构和砌体结构检测

火灾后钢结构检测主要包括：钢结构防火保护层的受损情况、残余变形与撕裂、局部屈曲与扭曲，以及构件的整体变形等。一般通过普通的测试方法即可获得所需的信息。火灾后钢材力学性能的检测主要采用现场取样后的直接测试法，也可采用经专门标定后的硬度法。

火灾后砌体结构检测主要包括：砌体外观损伤（高温冷却后引起的剥落）、

裂缝和构件的变形检测。其检测方法主要为目测或采用常规的量测工具进行量测。砌体结构强度的检测方法和普通砌体结构的检测方法类似。

6.5 火灾后木结构检测

木材受火后，其内部不仅会发生热量传输，还会发生物质传输。在火灾下，木材自身温度低于外界环境温度，木材表面在热对流和热辐射的作用下不断吸收热量。在木材内部，木材表面吸收的热量通过热传导向内部温度更低的区域传递，同时，高温区中一部分受热蒸发的水分也会在低温区凝结，传递一部分热量。随着温度的升高，木材表面开始发生热解、燃烧，木材自身的燃烧也会释放一部分热量。随着木材受火时间的增加，木材表面形成炭化层，并逐步由表面向木材内部扩展。炭化层热传导系数较低，具有良好的隔热作用，可以有效地阻止外部热环境与木材之间的热量传递，对内部木材具有良好的保护作用。但随着温度不断升高，炭化层表面发生收缩开裂，热量可以通过裂缝传递，导致隔热能力下降，最后炭化层发生剥落，如图 6-1a 所示。根据截面温度可将木结构构件截面划分为炭化区（＞300℃）、高温分解区（200～300℃）、正常区（＜200℃），如图 6-1b 所示。火灾后木结构损伤检测主要是采用简单的工具量测木构件中非炭化区域的尺寸。

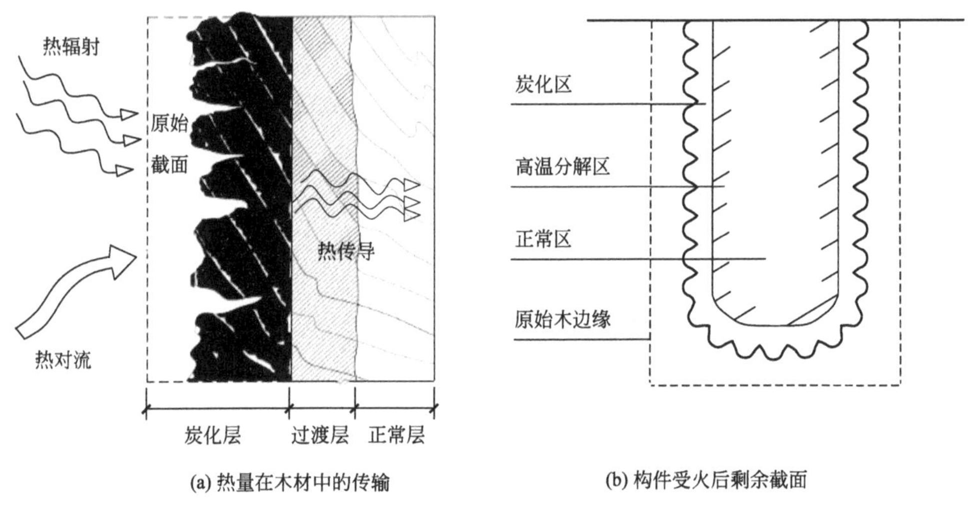

图 6-1　火灾后木结构构件的损伤[20]

6.6　工程实例

1. 江苏某涂料厂钢结构厂房火灾后安全性评估

江苏某涂料厂车间平面示意图如图 6-2 所示，在 2004 年夏天，该车间的一号车间发生大火，火灾持续了 4h，火势才被控制。一号车间屋顶坍塌，钢梁挠曲后下坠落地，F 轴钢柱全部倾倒，该车间无法使用（图 6-3）。在一号车间北侧建有车间附属办公楼，两者共用 L 轴钢柱。虽然 L 轴钢柱并未发生倒塌，但梁柱节点处构件翘曲变形严重，并且，柱外侧的填充墙受损也十分严重：圈梁下部粉刷面层几乎全部剥落，在持续高温和消防冷却水的作用下，缺乏保护的烧结普通砖表面纷纷碎裂，最大表面剥落深度达 30mm。在一号车间南侧是二号车间。两个车间之间有 11.5m 宽的分隔通道。凭借通道两侧的砖墙，在火灾中，二号车间得到了保护，虽然 E 轴钢柱北侧翼缘被火烧，但工字钢其他部分未受火灾直接影响。二号车间 6～7 轴运输通道口上方附近的屋盖被烟气熏烤发黑，且 6 轴北端一段框架梁发生了侧向弯曲，运输通道口上方混凝土过梁和两侧立柱表面粉刷层掉落，过梁严重开裂。一号车间西侧为产品仓库，由于防火墙的保护，除 5 轴部分钢柱东侧翼缘被火烧，仓库其他构件在火灾中未受影响。为弄清火灾后二号车间厂房是否安全，同济大学受委托对厂房进行了检测与鉴定[21]。

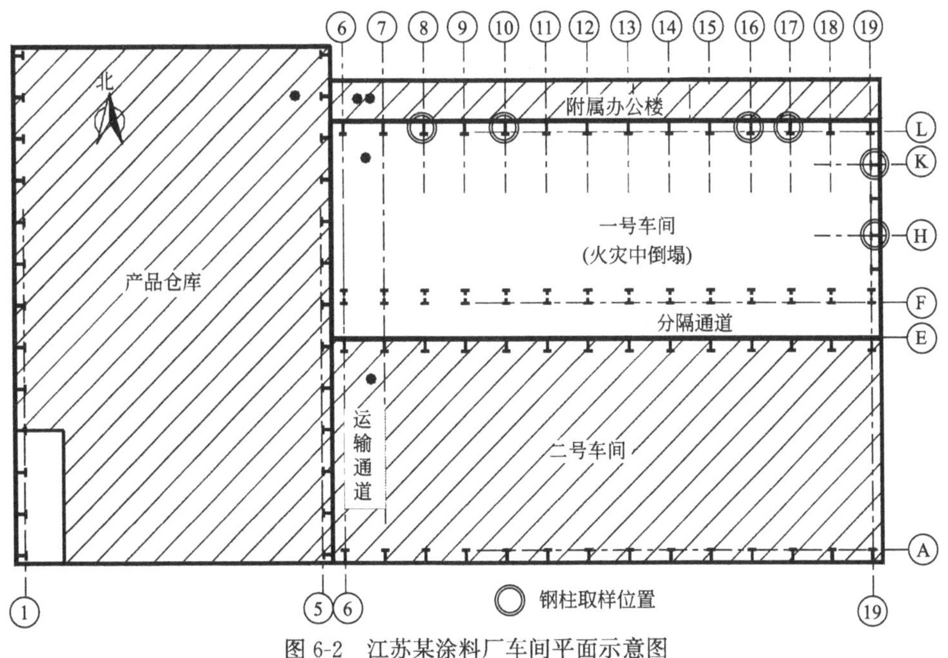

图 6-2　江苏某涂料厂车间平面示意图

图 6-3　江苏某涂料厂一号车间火灾后全景

根据火灾持续时间和国际标准火灾温度—时间曲线计算，本次火灾温度为 1163℃。根据二号车间走道口混凝土表面颜色（灰白略带浅黄）的特征，估计本次火灾温度为 700～800℃。根据车间周围填充墙表面粉刷层大多已经剥落的现象，估计本次火灾温度超过 800℃。综合上述情况可知，本次火灾温度超过 800℃。

根据估计的火灾温度，确定灾后钢材的强度约为灾前的 0.8 倍左右。由于火灾的发生是不可预料的，而且火灾过程中温度分布受可燃物的数量、种类，以及通风等因素的影响很大，因此，在现场取样，对火灾后钢材及高强度螺栓的力学性能进行试验研究。

厂房原设计时采用 Q235 钢。为了解灾后钢材残余强度，在坍塌的一号车间按构件表面特征抽取了 6 根钢柱和 3 根钢梁，采用气割的方法从每根钢柱上取 2 个试样，从每根钢梁上取 4 个试样。在同济大学材料力学试验室用 CSS-44100 型电子万能试验机进行钢材的拉伸试验。该厂火灾后部分试件应力—应变关系曲线见图 6-4。从图 6-4 中可见，随着钢材屈服强度降低，屈服平台逐渐缩短。

江苏某涂料厂一号车间火灾后钢材表面特征和抗拉试验结果见表 6-7。

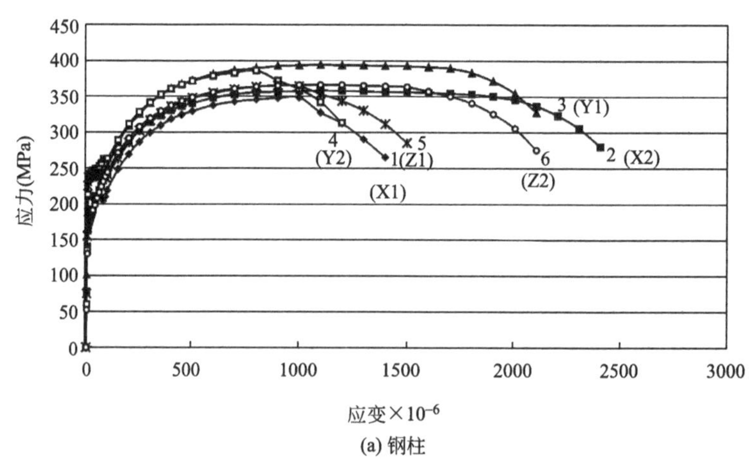

(a) 钢柱

图 6-4　江苏某涂料厂火灾后部分试件应力—应变关系曲线（一）

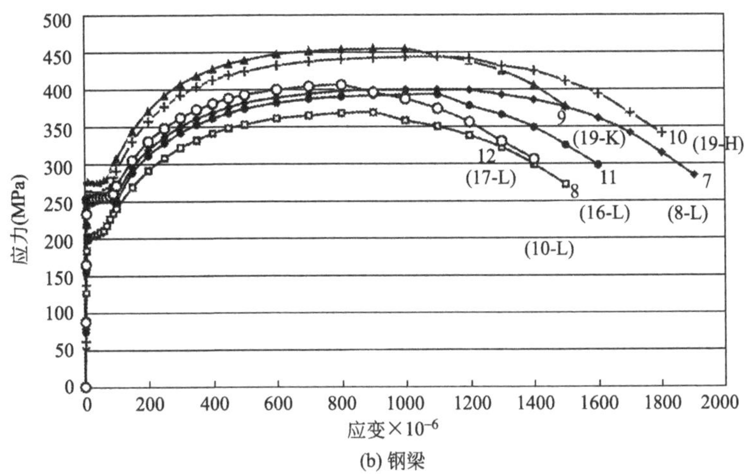

(b) 钢梁

图 6-4　江苏某涂料厂火灾后部分试件应力—应变关系曲线（二）

江苏某涂料厂一号车间火灾后钢材表面特征和抗拉试验结果　　　表 6-7

试件编号	表面特征			屈服强度（MPa）	极限强度（MPa）	弹性模量（$\times10^5$MPa）
	防火涂料	表面颜色	氧化层			
梁 8-L-1	有	黄	无	251	410	2.1
梁 8-L-2	有	黄	无	251	401	2.0
梁 10-L-1	无	黑	有	211	375	2.0
梁 10-L-2	无	黑	有	203	370	1.9
梁 19-K-1	有	红黑	无	271	447	2.0
梁 19-K-2	有	红黑	无	271	456	2.0
梁 19-H-1	有	黄	无	266	445	2.1
梁 19-H-2	有	黄	无	267	440	2.1
梁 16-L-1	无	褐红	有	244	393	1.9
梁 16-L-2	无	褐红	有	248	394	2.0
梁 17-L-1	局部脱落	黑	无	256	407	1.9
梁 17-L-2	局部脱落	黑	无	246	407	2.1
柱 X1-1	无	黑	有	202	348	1.9
柱 X1-2	无	黑	有	201	346	1.8
柱 X2-1	无	黑	有	171	358	1.8
柱 X2-2	无	黑	有	190	365	1.7
柱 Y1-1	无	黑	有	186	366	1.8
柱 Y1-2	无	黑	有	178	358	1.9
柱 Y2-1	无	黑	有	222	365	1.9

续表

试件编号	表面特征			屈服强度(MPa)	极限强度(MPa)	弹性模量($\times10^5$MPa)
	防火涂料	表面颜色	氧化层			
柱 Y2-2	无	黑	有	212	361	1.9
柱 Z2-1	无	褐红	有	237	394	2.0
柱 Z2-2	无	褐红	有	230	382	2.1
柱 Z1-1	无	褐红	有	248	392	1.8
柱 Z1-2	无	褐红	有	240	388	1.8

厂房采用8.8级高强度螺栓连接分段加工的钢框架。为了评估火灾对节点连接性能的影响，在一号车间选取2根严重翘曲变形钢梁上的高强度螺栓作为试样，准备通过扭矩扳手测定摩擦型螺栓预拉力。由于火灾破坏了构件连接处的接触条件，再加上温度应力的影响，高强度螺栓已全部松脱，扳手无法显示正常读数。这表明受火灾影响的高强度螺栓已无法正常工作。为了解灾后螺栓抗拉强度，在2根钢梁上选择6个M22×90螺栓，按照相关标准要求，用WE-100万能试验机和配套夹具测得火灾后每个螺栓的抗拉强度如表6-8所示。试验中，所有螺栓均在螺纹处发生颈缩断裂，断裂拉力均在170～230kN，全部小于8.8级高强度螺栓破断拉力要求。这表明火灾后节点连接性能已明显退化，必须重新调换或校验螺栓以确保结构安全。

江苏某涂料厂火灾后高强度大六角头螺栓抗拉试验结果　　表6-8

编号	M1-1	M1-2	M1-3	M1-4	M1-5	M1-6
破断拉力(kN)	230	197	183	184	202	218
编号	M2-1	M2-2	M2-3	M2-4	M2-5	M2-6
破断拉力(kN)	177	170	178	174	179	173

2. 江南某名寺宝塔底层火灾后安全性评定

2006年5月25日上午11点10分，江南某名寺宝塔底层局部发生火灾。12时50分左右，大火被扑灭。火灾后发现该建筑部分混凝土柱表面的混凝土剥落、钢筋外露，压型钢板、钢梁变形，贵重楠木构件严重受损，如图6-5所示。江南某名寺宝塔效果图及平面图见图6-6。

火灾后造成的结构损伤主要有：①底层抗震墙和框架柱顶部混凝土的开裂、脱落及钢筋外露；②二层暗层楼面钢梁和板底压型钢板被烟熏黑并产生变形；③二层挑檐混凝土开裂、被烟熏黑；④1～2轴、5～6轴楼梯间边梁和楼梯梁板被烟熏黑、发生变形；⑤底层木构件、二层挑檐下方铜斗栱、各层管线等非结构构件发生破坏（图6-7～图6-10）。为了保证结构安全，同济大学对火灾后该建筑结构的性能进行了检测与鉴定[22]。

(a) 火灾后情况之一　　(b) 火灾后情况之二

图 6-5　江南某名寺宝塔底层火灾后情况

(a) 效果图

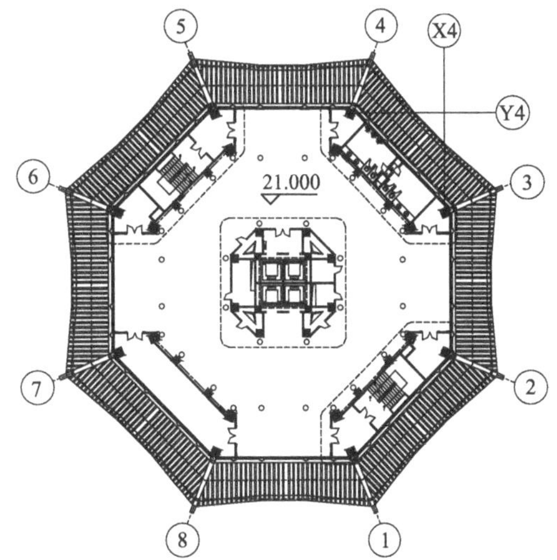

(b) 二层暗层建筑平面示意图(虚线所示范围为火灾影响范围)

图 6-6　江南某名寺宝塔效果图及平面图

图 6-7　底层 3 轴框架柱角部混凝土剥落

图 6-8　底层 3～4 轴抗震墙顶混凝土脱落

图 6-9　二层暗层 8～1 轴内圈区域板底被烟熏黑

图 6-10　二层暗层节点防火材料脱落

现场损伤调查发现：1～3 轴框架柱、抗震墙顶部有较大面积混凝土脱落、表层混凝土开裂现象，混凝土表面显浅黄色，由此判断该区域表面温度在 700～800℃；相邻受火区域混凝土表面显浅红色，角部混凝土开裂甚至剥落，由此判断该区域表面温度在 500～700℃；半层高以下框架柱、抗震墙混凝土表面局部有微细裂缝，由此判断该区域表面温度在 200～500℃。选取部分代表性的框架柱和剪力墙，在构件高度自上而下间隔 200～1000mm 布置测区，每个测区沿水平方向布置 16 个测点，用 HT225A 型回弹仪测量回弹值，由回弹值推定构件的表面温度。图 6-11 给出了底层 1 轴、2 轴框架柱的检测结果。

此外，在宝塔底层外圈现场遍地可以看到从挑檐上熔化滴落的铝片（熔点为 650℃）、黄铜（熔点 850～950℃），局部（很少）有紫铜的熔化物（熔点为 1100℃左右）。从烧毁掉落的木构件上可以看到完整无损的铁钉（熔点 1100～1200℃）。由此判断挑檐温度高达 650～1100℃。1～2 轴楼梯受火区域钢踏板上方的木板基本已被烧毁，但铜钉完好无损；四层暗层楼梯间外露部分电线塑料套

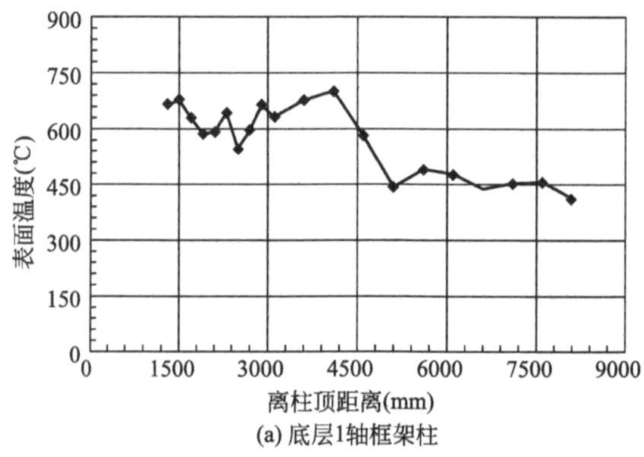

图 6-11　底层 1 轴、2 轴框架柱的检测结果（一）

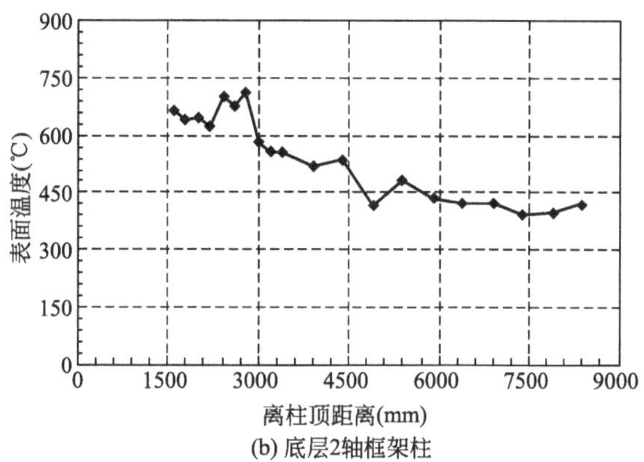

(b) 底层2轴框架柱

图 6-11　底层 1 轴、2 轴框架柱的检测结果（二）

管被烧化，楼梯间设备管道外包保温材料有不同程度的碳化；由此判断 1～2 轴楼梯间温度为 150～400℃。5～6 轴楼梯间二层暗层电线套管被烧化，估计该处温度为 250℃。

对损伤较严重的构件在不同高度或不同侧面钻取 12 个直径 75mm 的芯样，按照相关标准的要求，待芯样自然干燥后，在万能试验机上直接测量其混凝土的强度，芯样混凝土实测强度见表 6-9。结果表明：爆裂的混凝土基本失去了强度，而未爆裂的混凝土还有足够的强度。

江南某名寺芯样混凝土实测强度　　　　表 6-9

<table>
<tr><th>芯样编号</th><th colspan="3">取芯部位</th><th>芯样直径(mm)</th><th>芯样高度(mm)</th><th>抗压强度(MPa)</th><th>碳化深度(mm)</th></tr>
<tr><td>ZX-1</td><td rowspan="4">外廊外侧 3 轴框架柱</td><td colspan="2">侧面距顶 300mm</td><td>75</td><td>—</td><td>破碎 *</td><td>9</td></tr>
<tr><td>ZX-2</td><td colspan="2">内侧距顶 1100mm</td><td>75</td><td>75</td><td>40.1</td><td>8</td></tr>
<tr><td rowspan="2">ZX-3</td><td rowspan="2">内侧底部</td><td>外部</td><td>75</td><td>75</td><td>55.5</td><td>4</td></tr>
<tr><td>内部</td><td>75</td><td>75</td><td>52.5</td><td>0</td></tr>
<tr><td>ZX-4</td><td colspan="3">外廊内侧 3 轴端柱外侧，距顶 3400mm</td><td>75</td><td>—</td><td>破碎</td><td>4</td></tr>
<tr><td>ZX-5</td><td rowspan="2">外廊内侧 3～4 轴墙</td><td colspan="2">外侧距顶 1600mm</td><td>75</td><td>75</td><td>50.9</td><td>0</td></tr>
<tr><td>ZX-6</td><td colspan="2">内侧底部</td><td>75</td><td>75</td><td>64.5</td><td>6</td></tr>
<tr><td>ZX-7</td><td rowspan="3">外廊外侧 2 轴框架柱</td><td colspan="2">侧面距顶 2600mm</td><td>75</td><td>75</td><td>56.6</td><td>0</td></tr>
<tr><td rowspan="2">ZX-8</td><td rowspan="2">内侧底部</td><td>外部</td><td>75</td><td>75</td><td>55.9</td><td>5</td></tr>
<tr><td>内部</td><td>75</td><td>75</td><td>56.6</td><td>0</td></tr>
<tr><td>ZX-9</td><td rowspan="3">外廊外侧 1 轴框架柱</td><td colspan="2">侧面距顶 2100mm</td><td>75</td><td>—</td><td>破碎 **</td><td>4</td></tr>
<tr><td rowspan="2">ZX-10</td><td rowspan="2">内侧底部</td><td>外部</td><td>75</td><td>75</td><td>65.6</td><td>12</td></tr>
<tr><td>内部</td><td>75</td><td>75</td><td>48.4</td><td>0</td></tr>
</table>

续表

芯样编号	取芯部位		芯样直径（mm）	芯样高度（mm）	抗压强度（MPa）	碳化深度（mm）
ZX-11	外廊外侧1轴框架柱	侧面距顶3100mm	75	—	破碎	5
ZX-12		内侧底部	75	75	69.5	2

注：* 裂缝深47mm，** 裂缝深25mm。

采用表面硬度法检测火灾前后的钢材强度的变化。在每个构件布置1个测区，选H形钢梁翼缘中部（腹板相应位置附近）作为测区，将测区表面打磨平整并抛光直至露出金属光泽。采用TH140型里氏硬度计沿着腹板方向进行里氏硬度检测，在每个测区布置5个测点，检测时，两测点中心之间距离不大于3mm，取平均值作为测区里氏硬度的代表值。根据相关标准将里氏硬度LHD换算成布氏硬度HB，再参照相关标准换算成钢材的抗拉强度。测区的布置及实测结果见表6-10，由于未对温度、过火时间、灭火方式等因素的影响进行标定，表中数值仅为估算值。比较表中的结果可知：除二层暗层楼面挑檐外挑梁外，其他构件过火后强度基本未降低。

江南某名寺钢材力学性能的表面硬度法实测结果　　表6-10

构件编号	检测单元	冲击方向	里氏硬度值						计算强度（MPa）		钢材型号
			1	2	3	4	5	均值			
HL-1	二层暗层楼面钢梁	向上	465	444	433	505	462	461.8	600	均值586	Q345
HL-2		向上	433	429	459	440	445	441.2	533		Q345
HL-3		向上	444	500	489	477	443	470.6	627		Q345
HL-4		向上	400	408	407	403	380	399.6	388		Q235B
HL-5	二层暗层楼面挑檐外挑梁	向上	401	428	394	421	430	414.8	443	均值457	Q345
HL-6		向上	421	448	397	432	405	420.6	463		Q345
HL-7		向上	401	418	458	407	397	416.2	448		Q345
HL-8		向上	409	419	428	406	439	420.2	462		Q345
HL-9		向上	424	398	400	399	426	409.4	423		Q345
HL-10		向上	426	450	407	424	394	420.2	462		Q345
HL-11		向上	487	404	434	476	433	446.8	551		Q345
HL-12		向上	399	405	401	408	410	404.6	406		Q345
HL-13	1～2轴、5～6轴楼梯间受火钢梁	向上	414	410	382	367	376	389.8	352		Q235B
HL-14		向上	446	451	473	451	444	453.0	571	均值526	Q345
HL-15		向上	426	475	451	446	426	444.8	545		Q345
HL-16		向上	451	443	427	442	449	442.4	537		Q345
HL-17		向上	434	434	462	448	428	441.2	533		Q345
HL-18		向上	396	406	410	440	423	415.0	443		Q345

续表

构件编号	检测单元	冲击方向	里氏硬度值						计算强度（MPa）		钢材型号
			1	2	3	4	5	均值			
HL-19	未受火的二层明层楼面钢梁	向上	463	428	455	439	480	453.0	571	均值 568	Q345
HL-20		向上	434	443	460	429	449	443.0	539		Q345
HL-21		向上	463	460	416	462	483	456.8	584		Q345
HL-22		向上	453	449	473	430	474	455.8	580		Q345

现场选取不同受火程度的 1～2 轴楼梯踏板、二层暗层隅撑，采用乙炔切割的办法截取钢材试样，将其加工成标准试样后，在万能试验机上进行拉伸试验，测试其力学性能。试样截取部位和力学性能的试验结果见表 6-11。

江南某名寺钢材试样截取部位和力学性能的试验结果　　表 6-11

序号	取样部位	屈服强度（MPa）	极限强度（MPa）	弹性模量（$\times10^5$MPa）
YC-1	X4 轴与 2 轴相交处	330(−4.1%)	429(−2.1%)	1.99
YC-2	X4 轴与 3 轴相交处	338(−1.7%)	437(−0.2%)	1.97
YC-3	Y4 轴与 4 轴相交处	335(−2.6%)	435(−0.7%)	2.04
YC-4	Y4 轴与 5 轴相交处	344(0%)	438(0%)	2.05
TB-1	二层暗层往上梯段	323(5.6%)	453(3.0%)	1.98
TB-2	二层明层往下梯段	309(1.0%)	443(0.7%)	1.97
TB-3	二层明层往上梯段	331(8.2%)	460(4.5%)	2.07
TB-4	未过火区域	306(0%)	440(0%)	1.95

注：表中屈服强度、极限强度均值一栏内括号内的数值表示变化幅度，负值表示降低。

根据现场测试条件，采用日本产索佳 SET1130R3 型电子全站仪（精度为 ±1s），检测了火灾后二层暗层主要楼面钢梁平面内的挠度（垂直位移）和平面外的变形（水平位移）。在变形检测时，观测钢梁两端及近似四分点共 5 点的三维坐标，计算跨中相对于两端的水平位移和竖向位移（含施工误差），结果如表 6-12 所示。

江南某名寺二层暗层主要楼面钢梁变形检测结果　　表 6-12

构件编号	测试方向	实测位移(mm)					
		C	1	2	3	B	相对值
B1 梁	垂直位移	0	—	−2	—	0	l/1966
	水平位移	0	—	7	—	0	l/561

续表

构件编号	测试方向	实测位移(mm)					
		C	1	2	3	B	相对值
B2 梁	垂直位移	0	—	2	—	0	l/1889
	水平位移	0	—	−4	—	0	l/944
B3 梁	垂直位移	0	4	17	7	0	l/526
	水平位移	0	−4	−4	−2	0	l/2236
B4 梁	垂直位移	0	7	6	3	0	l/1619
	水平位移	0	12	3	0	0	l/944
B5 梁	垂直位移	0	—	5	—	0	l/731
	水平位移	0	—	3	—	0	l/1218
B6 梁	垂直位移	0	4	16	7	0	l/554
	水平位移	0	2	1	4	0	l/2216
B7 梁	垂直位移	0	−2	14	10	0	l/772
	水平位移	0	19	−3	1	0	l/569
B8 梁	垂直位移	0	1	10	14	0	l/825
	水平位移	0	10	−2	−2	0	l/1156
B9 梁	垂直位移	0	—	−4	—	0	l/866
	水平位移	0	—	−1	—	0	l/3466
B10 梁	垂直位移	0	—	−2	—	0	l/1560
	水平位移	0	—	1	—	0	l/3120
B11 梁	垂直位移	0	3	11	13	0	l/991
	水平位移	0	−17	−1	3	0	l/641
B12 梁	垂直位移	0	15	13	9	0	l/770
	水平位移	0	−15	−4	−1	0	l/770
B13 梁	垂直位移	0	5	10	−1	0	l/798
	水平位移	0	1	−2	9	0	l/886

在现场检测时，在隅撑连接节点处卸掉普通螺栓，在试验室对其进行力学性能试验，判断火灾的影响程度，试验结果如表 6-13 所示。比较表 6-13 中结果发现：火灾后隅撑连接节点普通螺栓抗拉强度明显降低。用扭矩扳手全面检测二层楼面所有高强度螺栓连接节点的螺栓紧固力是否符合要求，结果表明：受火区隅撑安装螺栓有松动。

江南某名寺隅撑连接节点普通螺栓抗拉试验　　　　表 6-13

位置	X4 轴与 2 轴相交处				X4 轴与 3 轴相交处			
编号	M1-1	M1-2	M1-3	M1-4	M2-1	M2-2	M2-3	M2-4
破断拉力(kN)	80	85	90	78.5	89	89	92	91
抗拉强度(MPa)	397.9	422.8	447.6	390.4	442.7	442.7	457.6	452.6
平均强度(MPa)	414.7(－14.7%)				448.9 (－7.7%)			
位置	Y4 轴与 4 轴相交处				Y5 轴与 5 轴相交处			
编号	M3-1	M3-2	M3-3	M3-4	M4-1	M4-2	M4-3	M4-5
破断拉力(kN)	93.5	90.5	89	91	99	99	97	96
抗拉强度(MPa)	465.0	450.1	442.7	452.6	492.4	492.4	482.4	477.5
平均强度(MPa)	452.6 (－6.9%)				486.2			

注：括号内数值表示与 M4 系列螺栓平均强度相比的降低幅度。

3. 某医院 16 层病房主楼火灾后安全性评定

某医院 16 层病房主楼（图 6-12）土建竣工后，在装修过程中 2 层局部发生火灾，3 层楼面板严重受损，主要损伤分布情况如图 6-13 所示。图 6-13 中 B1～B7 为楼板编号，按受损严重程度由重至轻排列，括号内数值为板底混凝土最大脱落深度（单位 mm）；裂缝系板面裂缝，裂缝旁数值为最大裂缝宽度（单位 mm）。火灾后楼面板板底混凝土脱落如图 6-14 所示。为保证楼面结构的安全，同济大学对该楼进行了检测与鉴定[23]。

图 6-12　某医院 16 层病房主楼

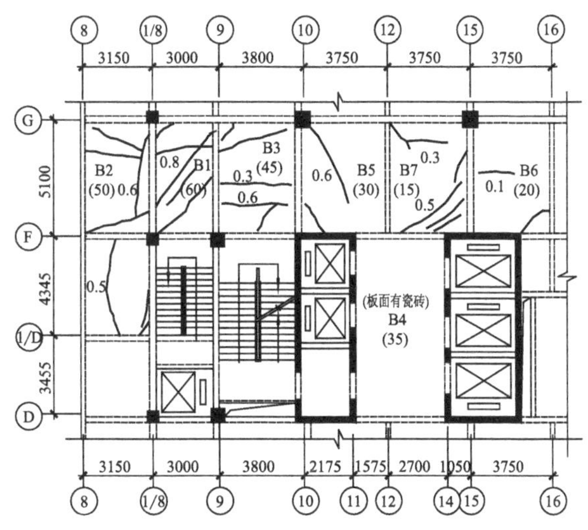

图 6-13　3 层楼面板主要损伤分布情况

在现场损伤调查过程中发现：8～12 轴与 F～G 轴、11～14 轴与 D～F 轴受火面混凝土表面显黄色，骨料呈粉红色，由此判断该区域表面温度在 200～500℃；

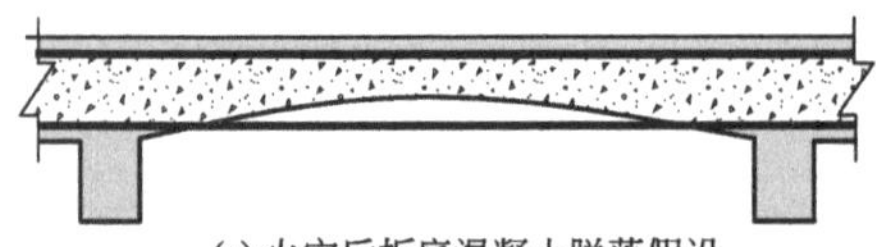

(a) 火灾后板底混凝土脱落假设

(b)火灾后板底混凝土脱落实际情况

图 6-14 火灾后楼面板板底混凝土脱落

12～16 轴与 F～G 轴混凝土表面无明显变化或局部脱落，由此判断其表面温度低于 200℃。

板底表面温度近似认为与梁侧顶部表面温度相等，则 8～12 轴与 F～G 轴板底表面温度在 300～380℃，12～16 轴与 F～G 轴板底表面温度在 240～300℃。根据混凝土材料的热工性能可算出不同表面温度下混凝土内部的温度分布，如表 6-14 所示。由表 6-14 可以看出：在混凝土保护层完好的情况下，板底钢筋升高温度为 91～167℃。理论上，在该温度范围内不会引起钢筋力学性能的明显退化。在此基础上利用不同温度作用后钢筋和混凝土的本构关系，可以对火灾后钢筋混凝土楼板的受力性能进行数值计算。

在火灾后板底混凝土大面积脱落的 3 层楼面板板底，每跨截取 3 根钢筋试样，利用万能试验机进行钢筋的拉伸试验。图 6-15 给出了部分钢筋应力—应变关系实测曲线，表 6-15 给出了火灾后钢筋力学性能和混凝土强度实测结果。比较分析图 6-15 及表 6-15 中的结果可以看出：火灾后钢筋屈服强度、极限强度均有降低，且屈服强度比极限强度降低更为明显。B1～B7 区域，板底脱落越严重，强度退化越显著，而延伸率与屈服台阶长度略有增长。B1～B3 区域板底钢筋屈服强度降低最为明显，B4 区域次之，受损较轻的是 B5～B7 区域板底钢筋。结合表 6-14 的计算结果可以给出判断：板底混凝土保护层在受火过程中脱落，以致钢筋直接受火导致其力学性能退化。

某医院病房大楼楼面板不同表面温度下混凝土内部的温度分布（℃） 表 6-14

离受火面距离											
0	10mm	20mm	30mm	40mm	50mm	60mm	70mm	80mm	90mm	100mm	110mm
240/91	135/91	85/91	51/91	29/91	17/91	8/91	6/91	2/91	—/91	—/91	—/91
270/105	154/105	98/105	61/105	36/105	21/105	11/105	8/105	2/105	—/105	—/105	—/105
300/120	173/120	112/120	71/120	43/120	25/120	13/120	9/120	3/120	1/120	—/120	—/120
340/143	201/143	134/143	88/143	57/143	35/143	21/143	14/143	6/143	4/143	1/143	—/143
380/167	229/167	157/167	107/167	72/167	46/167	29/167	18/167	9/167	7/167	3/167	2/167

注：表格中数据为混凝土温度和钢筋温度，如，240/91 表示混凝土 240℃、钢筋 91℃。

某医院病房大楼火灾后钢筋力学性能和混凝土强度实测结果　　表 6-15

楼板编号	钢筋屈服强度（MPa）	钢筋极限强度（MPa）	钢筋弹性模量（$\times 10^5$MPa）	混凝土强度（MPa）
B1	396.6(−24.1%)	553.8(−16.1%)	1.92	40.2
B2	402.9(−22.9%)	568.9(−13.8%)	1.91	40.2
B3	421.6(−19.3%)	577.2(−12.5%)	2.00	41.3
B4	442.8(−15.3%)	600.6(−9.0%)	1.95	41.0
B5	462.4(−11.5%)	604.2(−8.5%)	1.95	39.0
B6	459.1(−12.1%)	620.1(−6.0%)	2.01	48.6
B7	468.9(10.3%)	625.9(−5.2%)	1.80	56.7

注：括号内数值为强度降低比例。

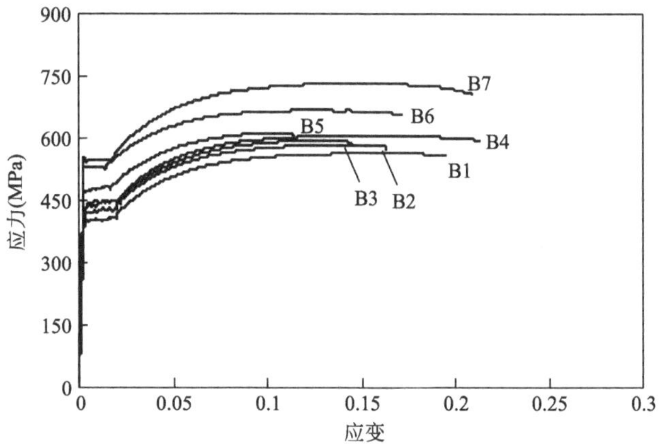

图 6-15　某医院病房大楼火灾后部分钢筋应力—应变关系实测曲线

参考文献

[1] 邱培芳．美国 2014 年火灾统计 [J]. 消防科学与技术，2016，3：396-396.

[2] 中华人民共和国公安部消防局．中国火灾统计年鉴 2000 [M]. 北京：群众出版社，2000.

[3] 胡隆华，霍然，李元洲．澳大利亚性能化防火设计规范的结构特点浅析及启发 [J]. 消防科学与技术，2002，86 (3)：18-20.

[4] 闵明保，李延和，高本立，等．建筑物火灾后诊断与处理 [M]. 南京：江苏科学技术出版社，1994.

[5] 中国工程建设标准化协会标准．火灾后工程结构鉴定标准：T/CECS 252—2019 [S]. 北京：中国建筑工业出版社，2019.

[6] 陆洲导，朱伯龙．混凝土结构火灾后的检测方法研究 [J]. 工业建筑，1995，25 (12)：

37-41.
[7] 吴波．火灾后钢筋混凝土结构的力学性能 [M]．北京：科学出版社，2003.
[8] 张辉．混凝土结构火灾损伤超声波检测试验研究 [J]．混凝土与水泥制品，2004，4 (8)：48-49.
[9] 阎继红，胡云昌，林志伸．回弹法和超声回弹综合法判定高温后混凝土抗压强度的试验研究 [J]．工业建筑，2001，31 (12)：46-47.
[10] 唐业清，万墨林．建筑物改造与病害处理 [M]．北京：中国建筑工业出版社，2000.
[11] 杜红秀．混凝土结构火灾损伤评估方法研究进展 [J]．工程质量，2006，4 (4)：8-14.
[12] 李延和，闵明保．火灾后建筑结构受损程度的诊断方法 [J]．南京建筑工程学院学报，1995，34 (3)：7-14.
[13] DOS SANTOS J R，BRANCO F A，DE BRITO J. Assessment of concrete ctructures subjected to fire-fb test [J]．Magazine of concrete research，2002，54 (3)：203-208.
[14] 张洁龙，杜红秀，张雄．火灾损伤混凝土结构红外热像检测与评估 [J]．高技术通讯，2002，12 (2)：62-65.
[15] 杜红秀，张雄．火灾混凝土红外热像检测实验研究 [J]．工程力学，1998，(A02)：229-233.
[16] 裴静娴，韩扬，孙新河．用热发光方法评定火灾后混凝土构件的烧伤程度 [J]．科学通报，1996，41 (15)：1409-1412.
[17] 韩继红，张雄．构筑物混凝土火灾损伤红外热像—电化学检测 [J]．同济大学学报，2000，28 (4)：422-425.
[18] 陈治平，超声—回弹综合法在受火砼结构检测中的应用 [J]．华侨大学学报（自然科学版），1996，17 (1)：35-39.
[19] 贾锋，丛永全，朱伯龙．回弹仪检测高温后普通混凝土抗压强度的试验研究 [J]．四川建筑科学研究，1996，22 (2)：37-41.
[20] BUCHANAN A，OSTMAN B，FRANGI A. Fire resistance of timber structures [M]. Gaithersburg：national institute of standards and technology，2014.
[21] 李翔，顾祥林，张伟平，等．火灾后钢结构厂房安全性评估 [J]．工业建筑，2005，35（增刊)：706-709.
[22] 顾祥林，张伟平，李翔，等．常州天宁宝塔工程火灾后结构安全检测与评估报告 [R]．同济大学房屋质量检测站，2006.
[23] 张伟平，顾祥林，王晓刚，等．火灾后钢筋混凝土楼板安全性检测与评估 [J]．结构工程师，2009，25 (6)：128-132.

第7章　既有建筑结构现场荷载试验

当需要通过试验检验既有混凝土结构受弯构件，如梁、楼板、屋面板、阳台板等的承载力、刚度或抗裂度等结构性能时，或对结构的理论计算模型进行验证时，可进行非破坏性的现场荷载试验。对于大型复杂钢结构体系也可进行非破坏性现场荷载试验，检验结构的性能。通过检测获得结构的几何物理性能以及相关的力学指标后，可针对不同结构采用相应的理论计算其受力性能，具体方法可参见相关的设计规范[1-4]。但是，对有些力学参数，如预应力混凝土构件中的有效预压应力，目前尚无可靠的现场检测方法。有些结构节点构造复杂，无法通过现场检测技术获取有效信息进而准确建立其结构计算模型，当然，对于这类结构或构件可以根据其使用历史情况来检验其功能。可是，若结构或构件出现性能退化，或因改变用途要增加使用荷载就有困难了。解决困难的有效方法是进行结构的现场荷载试验。另外，若采用新技术对结构进行加固改造，现场荷载试验也是检验加固改造效果的有效方法之一。

根据具体情况现场荷载试验一般分为三类：第一类是承载力试验，即根据承载力极限状态的试验项目验证或评估结构的承载力；第二类是使用状态试验，即根据正常使用状态的试验项目验证或评估结构的使用性能；第三类是其他试验，主要对复杂结构或有特殊使用功能要求的结构进行针对性试验。与试验室内的结构试验不同，结构现场荷载试验的最大难度是加（卸）载。另外，在试验过程中又不能损伤试验结构。从加（卸）载的可行性以及对结构的有效保护角度来看，较容易在现场实现的是混凝土结构受弯构件以及楼、屋盖等整体受弯结构体系的现场荷载试验。故本章以混凝土结构的现场受弯试验为主线叙述，并简要介绍以验证计算模型为主要目的的复杂结构体系的现场整体受弯试验。

7.1　加载方式

进行现场荷载试验的结构构件应具有代表性，且宜位于受荷载最大、最薄弱、缺陷较多或性能退化较严重的部位。受检构件的试验结果应能反映整体结构的主要受力特征。受检构件不宜过多，且应能方便地实施加（卸）载和量测。现场荷载试验一般采用短期静力加载的方式进行，加载形式应能反映结构的实际内力分布。根据受检构件的内力包络图，通过荷载调配使控制截面的主要内力等效，并在主要内力等效的同时，保证其他内力与实际受力的差异较小。

对混凝土结构板或有板相连的梁，一般用堆载方式进行均布加载[5]。常用铁块、混凝土块、砖块等进行加载，但加载时应注意如下事项：

（1）加载物重量应均匀一致、形状规则。

（2）不宜采用有吸水性的加载物，要保证试验中加载物的重量不会因环境因素的影响而发生变化。

（3）加载物的重量应满足分级加载的要求，单块重量不宜大于 250N，便于搬运。

（4）试验前，应对加载物称重，求得其平均重量。

（5）加载物应分堆码放，沿单向或双向受力试件跨度方向的堆积长度宜为 1m，且不应大于跨度的 1/6，若跨度为 4m 或 4m 以下，每堆的长度不应大于跨度的 1/4。

（6）堆与堆之间预留不小于 50mm 的间隙，避免试件变形后形成拱作用而使荷载直接传给支座。

（7）块材堆载均布加载见图 7-1。

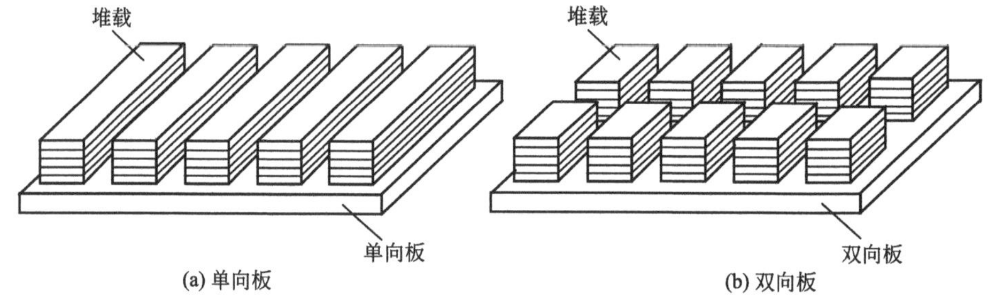

图 7-1　块材堆载均布加载

当采用散体材料均布加载时，考虑试件变形后形成的拱作用不强，可将散体材料装袋称量后计数加载，也可在构件表面加载区域周围设置侧向围挡，逐级称量加载并均匀摊平，散体均布加载见图 7-2。

利用水均布加载是一种简易、方便且又经济的方法，见图 7-3。可控制水的深度或控制水流量进行分级加载。利用虹吸管原理也可以方便地卸载，但应保证围堰的稳定性，并有相应的防漏措施。

对大型复杂的混凝土结构体系、钢结构体系、组合结构体系、木结构体系等，如屋架、桁架、网架等，一般采用集中吊重加载，如图 7-4 所示。

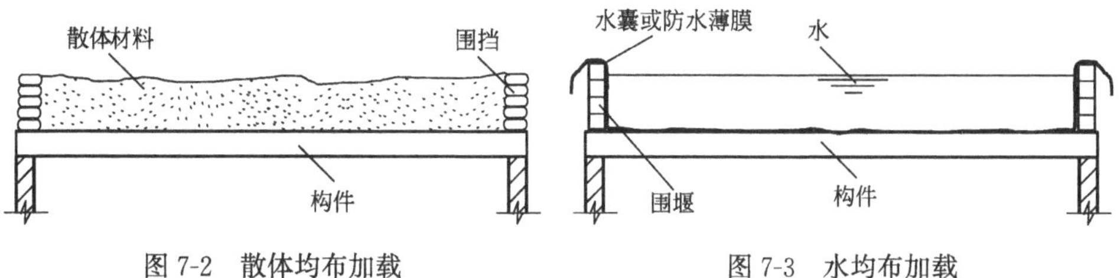

图 7-2　散体均布加载　　　　图 7-3　水均布加载

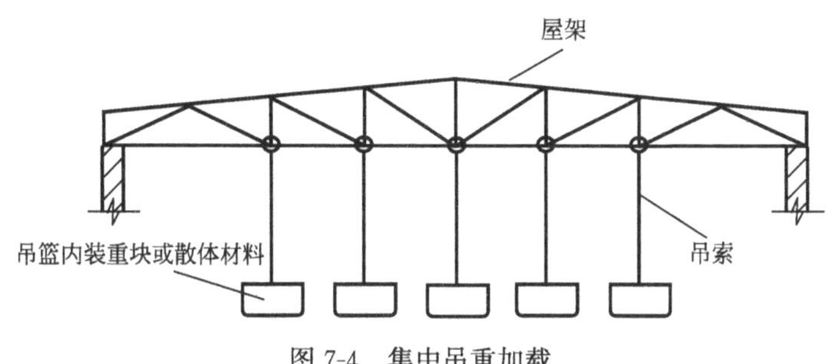

图 7-4　集中吊重加载

除了采用水均布加载外，其他方式的加（卸）载都要耗费大量的人力。为此，作者开发了一种既有结构梁板受力性能现场加载装置，并获得国家实用新型专利（ZL200520045496.0），如图 7-5 所示。其中，将角钢和扁钢钢板分别设置在梁或板构件上、下表面的两端，并且通过连接装置组成可拆卸的固定连接；反力梁的四角通过 4 根钢拉杆与支座角钢连接；将加载梁放在梁或板构件的跨中部位。试验时，将千斤顶置于反力梁与加载梁之间，通过自反力装置对梁或板结构的跨中施加集中荷载。该装置特别适用于预应力混凝土预制板的现场荷载试验（图 7-6）。如沿构件跨度方向设置 1 根分配梁，可实现不同位置多个集中力的加载。

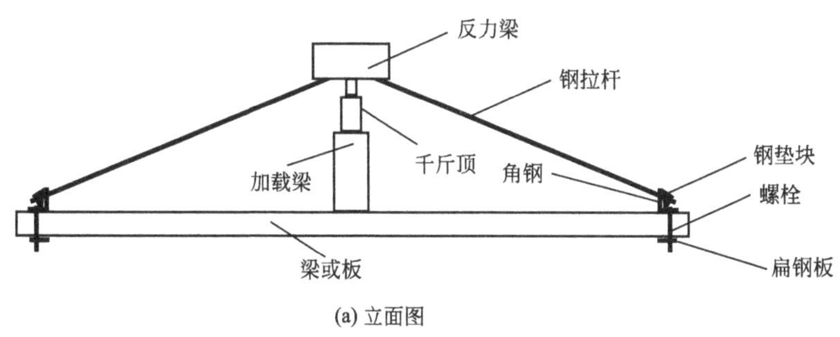

(a) 立面图

图 7-5　既有结构梁板受力性能现场加载装置（一）

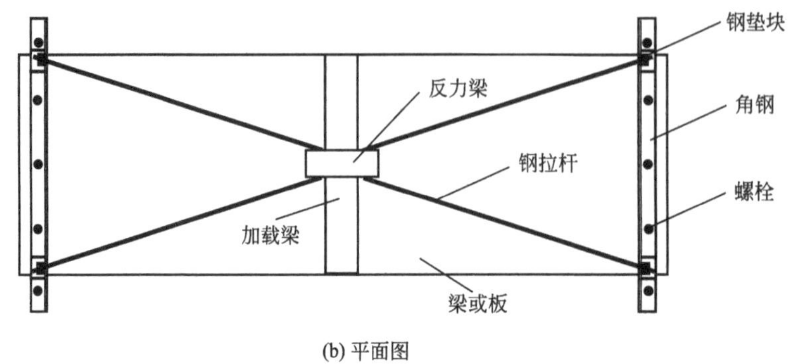

(b) 平面图

图 7-5　既有结构梁板受力性能现场加载装置（二）

(a) 原始装置

(b) 对拉杆改进后的装置

图 7-6　预应力混凝土预制板的现场荷载试验

当采用集中力模拟均布荷载对简支受弯构件进行等效加载时，可按如表 7-1 所示的方式进行加载。加载值及挠度实测值的修正系数 ψ 取表 7-1 中所列的数值[5]。但应注意：表 7-1 是按最大弯矩相等的原则来进行等效的，对构件的抗剪性能和纵向受力钢筋的支座锚固性能的检验不一定合适，尤其对跨中单个集中力加载的等效方式更加不适合。

加载值及挠度实测值的修正系数ψ　　　　**表 7-1**

加载形式	等效加载模式及加载值	ψ
均布荷载	q l	1.00

续表

加载形式	等效加载模式及加载值	ψ
跨中集中力加载	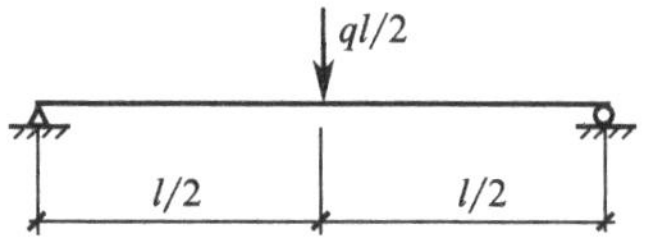 $ql/2$；$l/2$，$l/2$	0.63
四分点集中力加载	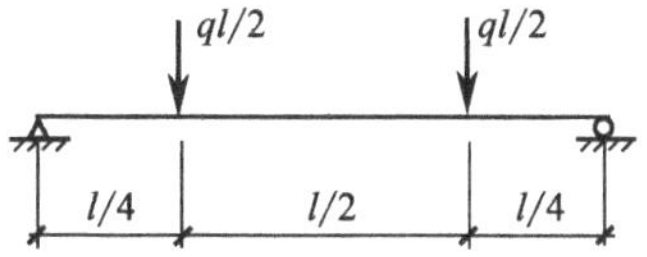 $ql/2$，$ql/2$；$l/4$，$l/2$，$l/4$	0.91
三分点集中力加载	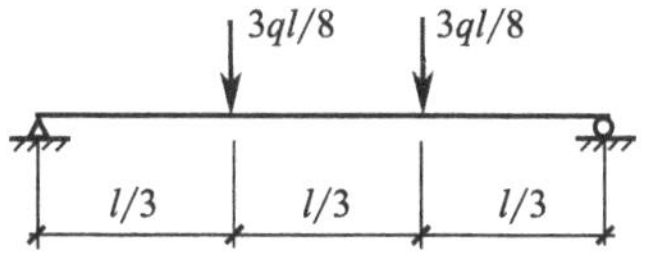 $3ql/8$，$3ql/8$；$l/3$，$l/3$，$l/3$	0.98
剪跨 a 集中力加载	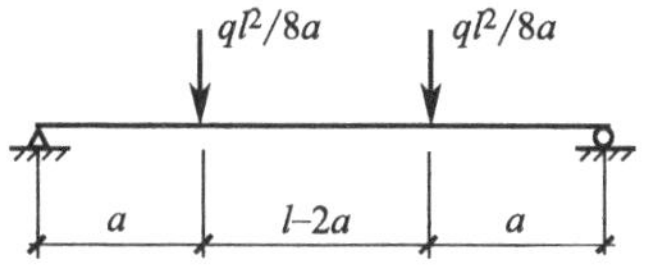 $ql^2/8a$，$ql^2/8a$；a，$l-2a$，a	计算确定
八分点集中力加载	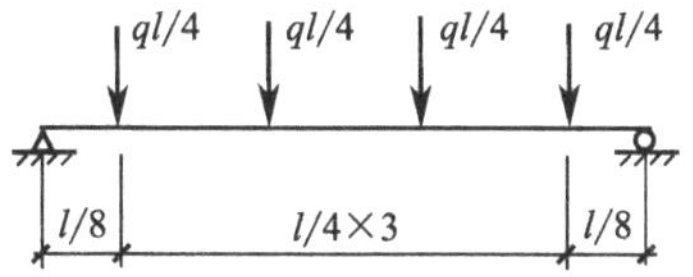 $ql/4$，$ql/4$，$ql/4$，$ql/4$；$l/8$，$l/4\times3$，$l/8$	0.97
十六分点集中力加载	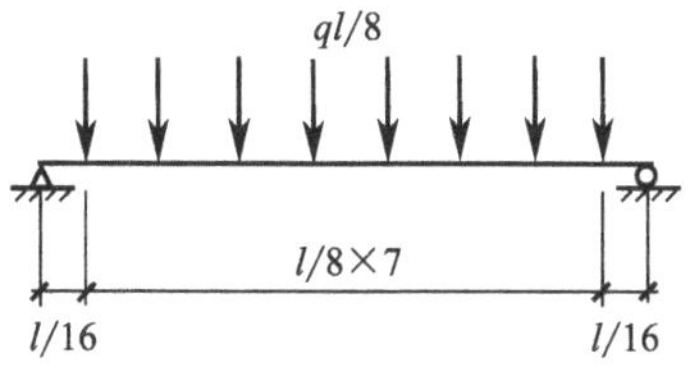 $ql/8$；$l/16$，$l/8\times7$，$l/16$	1.00

对超静定结构，荷载布置均应采用受检构件与邻近区域同步加载的方式，加载过程应能保证控制截面上的主要内力按比例逐级加载。为简化加载过程，对于构件中的连续板可分别按如图 7-7 或图 7-8 所示的多种情况进行均布加载。对于构件中的连续梁可分别按如图 7-9 所示的多种情况进行均布加载。对装配式结构中的预制梁板，若不考虑后浇面层所引起的连续性，可将板缝、板端或梁端的后浇面层切开，按单个构件进行试验。

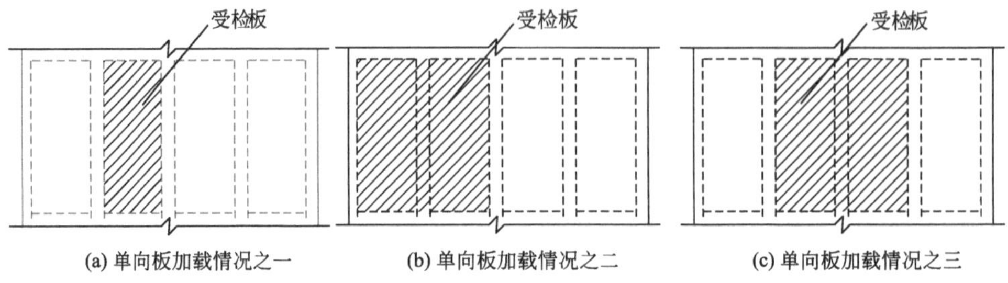

图 7-7　单向板均布加载情况（阴影部分为加载范围）

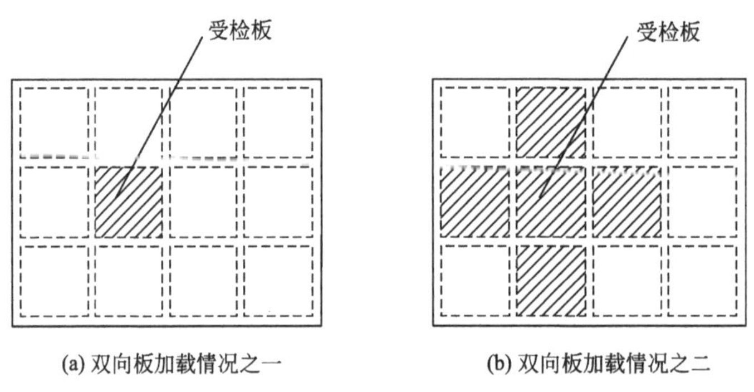

图 7-8　双向板均布加载情况（阴影部分为加载范围）

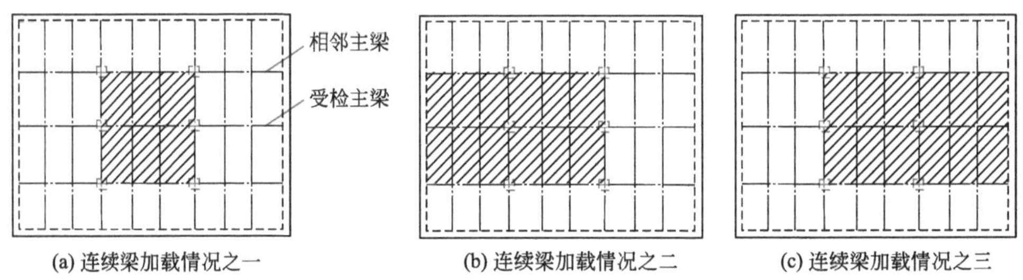

图 7-9　连续梁均布加载情况（阴影部分为加载范围）

7.2　加载程序

在结构试验开始之前应进行预加载，以检验仪表和试验设备是否正常，并对仪表设备进行调零。预加载的最大值应保证受检构件处于弹性工作范围内，不应产生裂缝和其他形式的加载残余值。

现场荷载试验一般采用分级加载。在加载过程中应对比实测数据和预估值，判断试件是否达到预计的开裂、屈服等临界状态。在接近临近状态时，可根据实际情况适当减小加载级差，以便更准确地量测、确定各临界状态的荷载、变形等参数。在达到正常使用极限状态试验荷载前，每级加载值一般不得大于正常使用极限状态试验荷载的 20%；超过正常使用极限状态后，每级加载值不宜大于正常使用极限状态试验荷载的 10%；接近开裂荷载计算值时，每级加载值不宜大于开裂荷载计算值的 5%；加载至临近承载力极限状态时，每级加载值不应大于最大荷载试验值的 5%。

对于需要研究试件恢复性能的试验，加载完成以后可按阶段分级卸载。每级卸载值可取为最大试验荷载的 20%，也可按各级临界试验荷载逐级卸载。

在实际工程中，也可根据不同的试验目的增大或减小每级加（卸）载值。

7.3　试验量测

每级加（卸）载完成后，应保持 10～15min；在最大试验荷载作用下，应保持 30min；卸载后恢复性能的量测时间一般为 1h。在持荷时间内，应观察受检构件的反应。持荷开始时，预观察各仪表的读数；持荷结束时，正式观察并记录各项读数。

当采用分配梁及其他加载设备时，可以用荷载传感器直接量测施加于构件上的荷载值。以块材进行均布加载时，以每堆加载物的数量乘以单个块材重量，再折算成区格内的均布加载值。散体材料装在容器内倾倒加载时，称量容器内散体材料的重量，以倾倒次数计算总重，再折算成均布加载值。称量加载物重量的容器允许误差为量程的±1%。用水加载时，以量测水的深度再乘以水的密度计算均布加载值，或采用精度不低于 1.0 级的水表按水的流量计算加载量，再换算成加载值。构件及其附属物的自重应计入加载值。

分级加载时，在持荷完成后，出现试验标志时，取该级荷载值作为试验荷载实测值；在加载过程中出现试验标志时，取前一级荷载值作为试验荷载实测值；在持荷过程中出现试验标志时，取该级荷载和前一级荷载的平均值作为试验荷载的实测值。

构件位移及变形的量测可根据精度及数据采集要求，选用电子位移计、百分表、千分表、水准仪、经纬仪、倾角仪、全站仪、激光测距仪、直尺等设备。在试验中，应在受检构件最大位移处及支座处布置测点；对宽度较大的受检构件尚应在构件的两侧布置测点，并取量测结果的平均值作为该处的实测值；对具有边肋的单向板，除应量测边肋的挠度外，还宜量测板中央的最大挠度。若需量测挠度曲线，沿跨度方向的测点不应少于 5 个；对跨度大于 6m 的构件，测点数量还要适当增加。对屋架、桁架等挠度较大的构件，可用水准仪—标尺量测位移，如图 7-10、图 7-11 所示，一般在下弦节点处均匀布置测点。

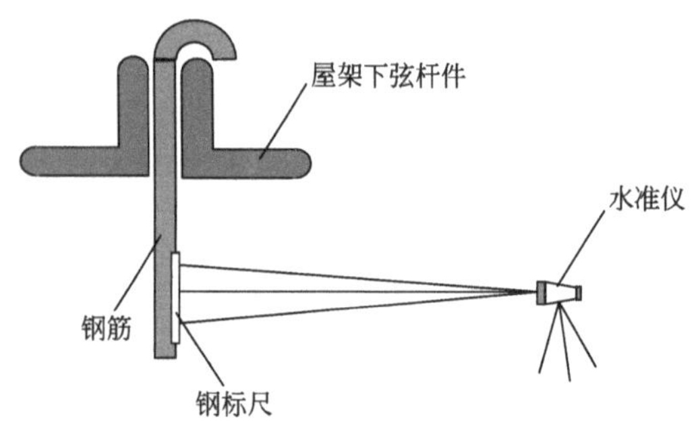

图 7-10　用水准仪—标尺量测位移

图 7-11　现场用水准仪—标尺量测位移

钢筋和混凝土的应变可采用电阻应变计、振弦式应变计、光纤光栅应变计、引伸仪等量测。钢结构杆件应力检测，可根据实际条件选用应力磁测仪或电阻应变仪进行实际应力检测。电阻应变仪可测得加（卸）载过程中的应力变化情况；应力磁测仪可测得当前状态的总应力。

混凝土构件可通过直接观察法，用放大镜或电子裂缝观测仪观察第一次出现的裂缝；也可通过间接法，根据荷载—挠度曲线发生转折或关键部位应变是否出现突变判断是否有开裂。裂缝宽度可用最小刻度不大于 0.05mm 的放大镜、精度不低于 0.02mm 的电子裂缝观测仪、最小刻度不大于 0.05mm 裂缝检测卡或裂缝检验规等进行量测。对试验前已存在的裂缝应进行量测和标记，并在试验中确定裂缝的变化情况。

7.4　混凝土结构构件现场受弯试验

7.4.1　承载力检验

试验时的最大荷载值取目标使用期内的荷载验算值的 1.60 倍。当在规定的荷载持续时间内出现如表 7-2 所示的破坏标志之一时，说明构件在目标使用期内的荷载作用下，不能满足承载力要求，应取本级荷载值与前一级荷载值的平均值作为其承载力检验荷载的实测值；当在规定的荷载持续时间结束后出现上述破坏标志时，说明构件在目标使用期内的荷载作用下，能满足承载力要求，应取本级荷载值作为其承载力检验荷载实测值[5,6]。

若构件在试验中发生破坏，试验结束后，应及时更换或加固试验构件。

混凝土受弯构件的破坏标志及目标使用期内能承受的荷载验算值　　表 7-2

<table>
<tr><th>破坏形态</th><th colspan="2">破坏标志</th><th>能承受的荷载验算值</th></tr>
<tr><td rowspan="7">受弯破坏</td><td rowspan="2">弯曲挠度达到跨度的1/50或悬臂长度的1/25</td><td>混凝土强度等级低于C60,且采用有明显屈服点的钢筋作为主筋</td><td>承载力检验荷载实测值/1.20</td></tr>
<tr><td>混凝土强度等级不低于C60,或采用无明显屈服点的钢筋作为主筋</td><td>承载力检验荷载实测值/1.35</td></tr>
<tr><td rowspan="2">受拉主筋处的最大裂缝宽度达1.5mm或钢筋应变达0.01</td><td>混凝土强度等级低于C60,且采用有明显屈服点的钢筋作为主筋</td><td>承载力检验荷载实测值/1.20</td></tr>
<tr><td>混凝土强度等级不低于C60,或采用无明显屈服点的钢筋作为主筋</td><td>承载力检验荷载实测值/1.35</td></tr>
<tr><td rowspan="2">受压区混凝土被破坏</td><td>混凝土强度等级低于C60,且采用有明显屈服点的钢筋作为主筋</td><td>承载力检验荷载实测值/1.30</td></tr>
<tr><td>混凝土强度等级不低于C60,或采用无明显屈服点的钢筋作为主筋</td><td>承载力检验荷载实测值/1.50</td></tr>
<tr><td colspan="2">受拉主筋被拉断</td><td>承载力检验荷载实测值1.60</td></tr>
<tr><td rowspan="3">受剪破坏</td><td colspan="2">腹部斜裂缝宽度达到1.5mm,或斜裂缝末端受压混凝土有剪压破坏</td><td>承载力检验荷载实测值/1.40</td></tr>
<tr><td colspan="2">沿斜截面混凝土斜压破坏,或沿斜截面出现斜拉裂缝,有混凝土撕裂</td><td>承载力检验荷载实测值/1.45</td></tr>
<tr><td colspan="2">有沿构件叠合面接槎面出现的剪切裂缝</td><td>承载力检验荷载实测值/1.45</td></tr>
<tr><td rowspan="2">钢筋的锚固、连接失效</td><td colspan="2">受拉主筋锚固失效,主筋端部滑移达到0.2mm,或受拉主筋搭接连接头处滑移,传力失效</td><td>承载力检验荷载实测值/1.50</td></tr>
<tr><td colspan="2">受拉主筋搭接脱离或在焊接、机械连接处断裂,传力中断</td><td>承载力检验荷载实测值/1.60</td></tr>
</table>

7.4.2　挠度检验

由混凝土结构的基本理论可知，混凝土受弯构件在荷载标准组合下的短期挠度 a_s 可由式（7-1）计算[7]。若 a_s 不超过短期挠度允许值 $[a_s]$，则满足要求。

$$a_s = S\frac{M_k l_0^2}{B_s} \tag{7-1}$$

式中，M_k 为目标使用期内按荷载标准组合计算的弯矩值；l_0 为构件的计算跨度；S 为与荷载形式、支撑条件有关的系数。

《混凝土结构设计规范》GB 50010—2010（2015年版）中考虑荷载长期作用的影响，建议用式（7-2）来检验挠度值 a_f。

$$a_f=S\frac{M_kl_0^2}{B}=S\frac{M_kl_0^2}{\frac{M_k}{M_q(\theta-1)+M_k}B_s}\leqslant[a_f] \tag{7-2}$$

式中，M_q 为目标使用期内按荷载准永久值组合计算的弯矩值；θ 为考虑荷载长期作用对挠度增大的影响系数，按《混凝土结构设计规范》GB 50010—2010（2015 年版）确定；$[a_f]$ 为按《混凝土结构设计规范》GB 50010—2010（2015 年版）确定的受弯构件的挠度限值。

对式（7-2）略作处理得到式（7-3）。

$$a_s=S\frac{M_kl_0^2}{B_s}\leqslant\frac{M_k}{M_q(\theta-1)+M_k}[a_f] \tag{7-3}$$

于是，有式（7-4）。

$$[a_s]=\frac{M_k}{M_q(\theta-1)+M_k}[a_f] \tag{7-4}$$

混凝土受弯构件的挠度检验，应满足式（7-5）的要求。

$$a_s^0\leqslant[a_s] \tag{7-5}$$

式中，a_s^0 为目标使用期内荷载标准组合作用下构件挠度实测值；$[a_s]$ 为短期挠度允许值。

对一般钢筋混凝土受弯构件，若挠度不满足式（7-5）的要求，可按式（7-6）和式（7-7）检验。

$$a_q^0\leqslant[a_s] \tag{7-6}$$

$$[a_s]=\frac{1}{\theta}[a_f] \tag{7-7}$$

式中，a_q^0 为目标使用期内荷载准永久组合作用构件的挠度量测值。

7.4.3 抗裂度检验

由于无法估计出既有预应力混凝土结构构件中预应力在构件抗拉边缘混凝土内产生的法向应力值，因此，用式（7-8）来检验构件抗裂度。式（7-8）右端的 1.05 主要是考虑现场试验为短期加载，结构实际长期受荷载，故而引入的 5% 余量。

$$\frac{q_{cr}}{q_k}\geqslant1.05 \tag{7-8}$$

式中，q_{cr} 为试验中实测的开裂荷载（包括自重）；q_k 为目标使用期内的荷载标准值（包括自重）。

7.4.4 裂缝宽度检验

对混凝土受弯构件的裂缝宽度检验时，应满足式（7-9）的要求。

$$w_{s,max}^{0max} \leqslant [w_{max}] \quad (7-9)$$

式中，$w_{s,max}^{0max}$ 为目标使用期内荷载标准组合作用下，受拉主筋处的最大裂缝宽度实测值；$[w_{max}]$ 为构件的最大裂缝宽度允许值，按表 7-3 取用。

混凝土受弯构件现场荷载试验时最大裂缝宽度允许值（mm）　　表 7-3

设计要求的最大裂缝宽度限值	0.20	0.30	0.40
$[w_{max}]$	0.20	0.25	0.30

注：既有混凝土受弯构件一直受恒荷载作用，因此将《混凝土结构工程施工质量验收规范》GB 50204—2015 中的最大裂缝宽度允许值分别由 0.15mm、0.20mm 和 0.25mm 提高至 0.20mm、0.25mm 和 0.30mm。

7.5　复杂结构体系现场整体受弯试验

对大型复杂混凝土结构体系、钢结构体系、组合结构体系、木结构体系，现场试验荷载不宜超过目标使用期内荷载标准组合，根据试验与理论分析结果综合评价结构的性能。

7.6　工程实例

1. 上海某居民住宅受损楼面板现场荷载试验

上海某居民住宅设计采用钢筋混凝土框支剪力墙结构，楼板为 100mm 厚的钢筋混凝土现浇板，客厅、卧室楼面活荷载标准值为 1.5kN/m²，卫生间、厨房、阳台楼面活荷载标准值为 2.0kN/m²。某居室建筑平面示意图如图 7-12 所示。在木地板装修过程中，施工方用冲击钻在多处打穿楼板，为了安全，要对被打穿后的楼板进行现场荷载试验，判定楼板的承载力、挠度、裂缝宽度是否满足设计要求。

现场调查和检测结果表明：该楼板损伤形式主要为上下贯穿的楼板孔洞，且主要集中在卧室的东端；孔洞位于木格栅的正下方，平均间隔 300mm×410mm，均匀分布，共计 42 个（如图 7-13 所示），孔洞边板底混凝土有脱落现象[8]。

根据原始设计资料可知，楼板活荷载标准值为 1.5kN/m²，楼板自重标准值为 2.54kN/m²。取目标使用期为 50 年，考虑极限状态下楼板会发生适筋受弯破坏，则根据表 7-2 确定荷载试验值为 6.69kN/m²。扣除楼板自重，试验中施加的荷载应为 4.15kN/m²。

该居室正在装修施工，因此，采用袋装水泥、黄砂堆载加载。分三级加载，

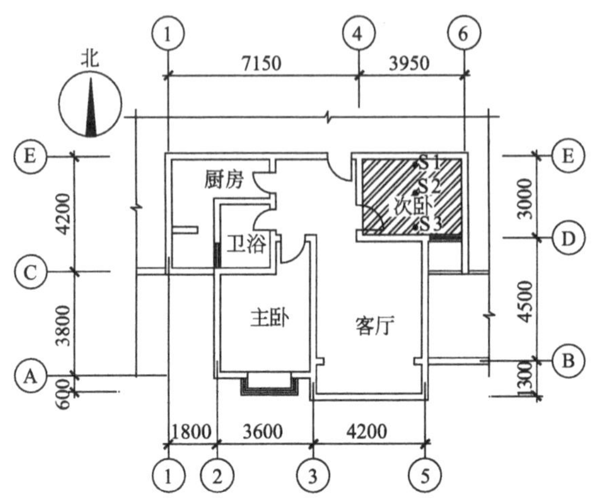

图 7-12　某居室建筑平面示意图
（图中阴影部分为加载范围，●为百分表安装位置）

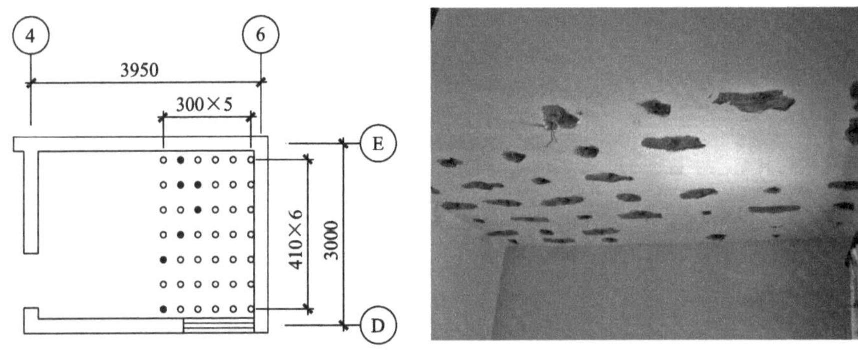

图 7-13　某居室次卧室孔洞分布示意图

第一级用袋装水泥满铺一层，第二级将 70 袋黄砂均匀铺两层，最后一级用 35 袋黄砂均匀铺一层，楼板承受 4.15kN/m^2 荷载。图 7-14 是住宅楼板分级加载情况。每级荷载稳定后，进行下一级加载，稳定时间不少于 10min。加到试验最大荷载，稳定 30mim 后，分级卸载。

在试验板长边支座中间和跨中布置 3 个百分表。在支座处，用膨胀螺栓将专用支架固定于板底的梁上，安装百分表量测支座位移；将支架固定于下层楼板，安装百分表量测跨中位移。由跨中位移和支座位移，通过换算得到试验楼板的跨中挠度。图 7-15 给出了试验楼板跨中 S2 测点的荷载—挠度曲线。加载结束未观察到表 7-2 中所描述的破坏标志。由图 7-15 可知：卸载后，跨中有上拱现象，主要原因是卸载后水泥和黄砂堆放在相邻的楼板上所致。由此可知：楼板能够承受的荷载验算值为 4.15kN/m^2，承载力满足设计要求。按照插值法可以求得，在

(a) 第一级加载情况

(b) 第二级加载情况

(c) 第三级加载情况

图 7-14　住宅楼板分级加载情况

荷载标准组合作用下均布荷载为 4.04kN/m² 时（包括自重），试验楼板跨中 S2 测点的竖向挠度达到 0.174mm。经过计算，挠度满足要求。整个加载过程中未发现试验楼板有明显开裂，综合判断楼板能满足设计要求。

2. 上海市邮政大楼新南楼五层楼面预制板现场荷载试验

上海市邮政大楼新南楼平面呈矩形，系一五层的钢筋混凝土框架结构房屋。新南楼与国家级文物保护单位邮政大楼老楼相连，如图 7-16 所示。2002 年，上海市邮政局拟将新南楼五层的办公室改为能容纳 500 人的有固定座位和主席台的大型会议室。为保证大楼结构安全，并为改建设计提供技术依据，上海市邮政局委托同济大学对该大楼进行全面检测。同济大学的检测结果表明[9]：五层楼面为预制预应力多孔板楼面（预制板楼面），多孔板的平面尺寸为 3700mm×1200mm；但原始资料遗失，无法确定多孔板的型号，故建议在大楼改造前，先对多孔板进行现场荷载试验以准确评价其受力性能。

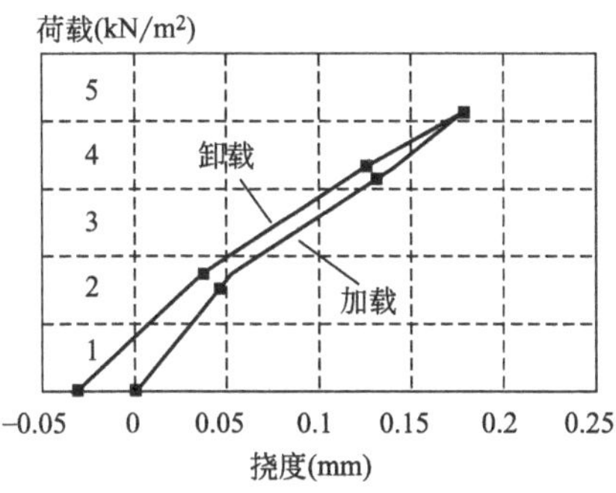

图 7-15　试验楼板跨中的 S2 测点荷载—挠度曲线

图 7-16　上海市邮政大楼新南楼（改造前）

在五层楼面随机选取 3 块预制板 B1～B3。考虑加固对楼板受力性能的影响，先用碳纤维复合材料在 B1 的板底对它进行加固。安装自平衡加载装置后，B1～B3 的实际跨度为 3050mm、3030mm 和 3000mm。在板的跨中和两支座处布置位移计，加载过程中同步测试板的挠度。检测结果表明：五层楼面的恒荷载为3.5kN/m²，改建后楼面的活荷载为2.5kN/m²。考虑到可以更换被破坏的3块试验预制板，为充分估计预制板的受力性能，取楼面的恒荷载标准值为4.0kN/m²，取楼面的活荷载标准值为3.5kN/m²，经过计算，最大的试验荷载为15.5kN/m²。扣除楼板及板底粉刷自重后的外加试验荷载，最后取值为13.5kN/m²，折算成跨中集中荷载为33kN。

试验分10级加载，每级荷载3.3kN。荷载加载至33kN时，在现场未观察到预制板有宏观裂缝，将B1、B2的荷载加载至39.6kN，将B3的荷载加至38.0kN。然后分五级卸载，每级卸载6.6kN。图7-17给出了实测获得的B1～B3的荷载—挠度曲线。由图7-17中的结果可知：上海市邮政大楼新南楼五楼楼面预制板能满足房屋改造后的承载力要求，在试验荷载范围内，CFRP的加固效果未得到充分体现。

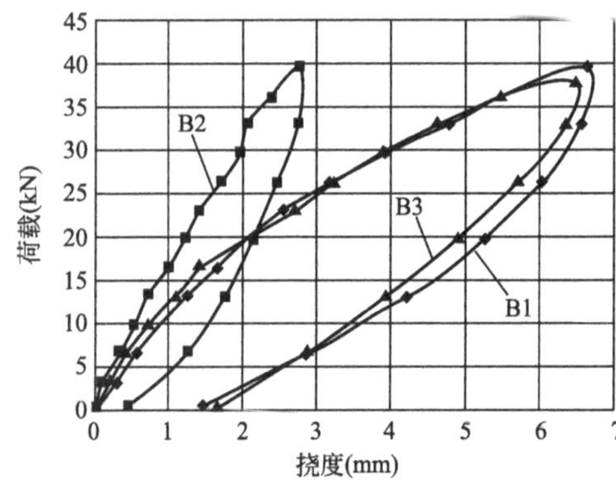

图7-17　B1～B3荷载—挠度曲线

见图7-17，B2的刚度明显大于B1和B3的刚度。其原因是：在板底的一侧沿板跨方向共有10根截面尺寸为45mm×75mm的木龙骨，它们组成了木龙骨隔墙，板的变形受到约束。因B1被加固过，故仅用B3的实测结果分析挠度。根据图7-17中的实测结果，按插值法可求得：在荷载标准组合下，集中荷载为18.8kN时，B3的跨中挠度为1.88mm。考虑相关的挠度修正系数，考虑加载装置跨度和板实际跨度之间的区别，最终得到的结论是：挠度满足要求。

由图7-17可知，将B1～B3完全卸载后仍有残余变形，说明构件在加载过程中已有开裂。但是应用式（7-8）计算后可知，对房屋改造后，其楼板能满足抗裂的要求。

对现场荷载的试验结果进行分析，得到的结论是：大楼的预制板满足改造后承载力和正常使用的要求，避免了对楼板的整体翻建或整体加固，节省投资。

3. 上海外滩中国银行大楼特殊形式楼面板现场荷载试验

上海外滩中国银行大楼在1937年建成（图7-18）。占地面积为5075m²，建筑面积约为26400m²。它是上海外滩唯一一座具有中国传统装饰的早期现代高层建筑，也是20世纪30年代上海外滩唯一一座由中国设计师设计的大型高层建筑。大楼的前部为钢框架结构外包混凝土，后部为钢筋混凝土结构。现场的检测结果表明：大楼的混凝土立方体抗压强度为 10～15MPa[10]。楼面板采用钢筋混凝土密肋板，板肋之间砌筑大孔砖作为模板和隔声墙，中国银行大楼钢筋混凝土密肋试验板（加固后）的截面图如图 7-19 所示。在使用过程中，业主委托检测方对该大楼的楼面板进行现场荷载试验。

图 7-18　上海外滩中国银行大楼

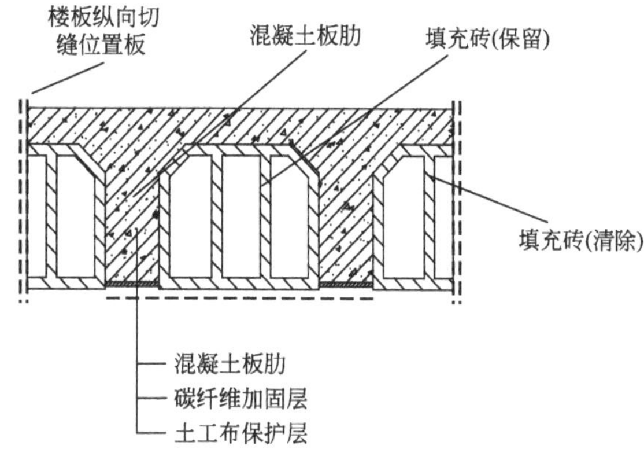

图 7-19　中国银行大楼钢筋混凝土密肋试验板（加固后）的截面图

为使现场荷载试验结果具有代表性，选择一处将要被拆除的密肋楼板，用混凝土切割机沿板肋方向切出 3 条宽度约 5mm 的纵向贯通缝，3 条缝之间形成了 2 条截面呈"Π"形的密肋板带，板带宽度约为 800mm，长度约为 4000mm。由于该大楼经过多次改造，试验位置楼板的混凝土找平层厚度较大，为防止混凝土找平层共同工作参与受力，试验前，用混凝土切割机在找平层顶面直接横向切割，形成若干条横向切割缝，横向切割缝深度控制在 85mm 以内，切割缝间距控制在 200mm 以内。

为分析比较粘贴碳纤维复合材料的加固效果，对一条板带直接进行加载试验；对另外一条板带先加固，再进行加载试验。加固施工的步骤如下：

（1）对混凝土楼板表面处理。用电动打磨机清除楼板底面的剥落、疏松、蜂窝等劣化混凝土，露出混凝土结构层。

（2）配置涂刷底胶。将底胶按 2∶1 比例配制使用，用滚筒刷均匀涂刷于混凝土肋底，2h 后，指触干燥，然后进行下道工序。

（3）配置涂刷胶。在需贴碳纤维布处均匀涂抹胶。

（4）粘贴碳纤维布。按肋底宽度剪裁碳纤维布，并在梁上指定位置试贴符合要求的碳纤维布，随时校核尺寸，定位误差不超过 5mm。

（5）表面防护。碳纤维布粘贴结束后，刷胶，采用土工布将两肋之间的填充砖包裹在密肋之间，防止其在使用过程中发生掉落。

现场采用对拉杆进行改进后的自平衡系统加载试验，由 200kN 机械式千斤顶在跨中位置附近施加竖向集中力，千斤顶产生的反力由 4 根直径 18mm 的拉杆传递到密肋板端支座附近的角钢和地脚锚栓上。

为了采集数据，在千斤顶上设置测力传感器，在密肋板带支座和跨中位置设置竖向电子位移计。通过静态电阻应变仪测定由传感器和位移计传来的数据，经过换算可得到跨中竖向集中力的数值以及跨中、支座竖向位移量。

按照设计要求，在目标使用期内密肋楼板将承担 6kN/m^2 的均布恒荷载和 2.5kN/m^2 的均布活荷载，因此宽度 800mm、跨度 4040mm 的两端简支密肋楼板跨中最大弯矩验算值为$\frac{1}{8}\times(1.2\times4.8+1.4\times2.0)\times4.04^2\approx17.5$（kN・m）。最大试验弯矩值可取 $1.6\times17.5=28.0$（kN・m）。扣除楼板和加载设备自重产生的弯矩，考虑集中力的影响，当跨中集中力试验加载值超过 17.0kN 时，可保证楼板抗弯承载力能够满足设计要求。试验采用分级加载的方式，每级加载 2kN，分级加载值小于最大总试验荷载的 10%，密肋楼板（含找平层）和加载设备的自重作为第一级荷载。每级加（卸）载完成后，持续 10～15min。在持续时间内，观察密肋楼板的反应，持续时间结束时，分别记录楼板支座和跨中竖向位移值。

图 7-20 给出了实测获得的未加固密肋楼板的 $P—\delta$ 曲线。当竖向荷载达到 18kN 时，未出现任何破坏标志，跨中挠度仅为 0.58mm。为了获得更多的试验数据，在加载设备允许的条件下，继续分级加载直至 34kN。此时，楼板跨中挠度为 1.14mm，楼板变形不明显，也无掉砖等异常现象出现。由此可以判断：未加固密肋楼板可以承担的均布活荷载是设计要求均布活荷载（2.5kN/m^2）的 3～4 倍。对构件挠度、抗裂度和裂缝宽度未做进一步的检验。

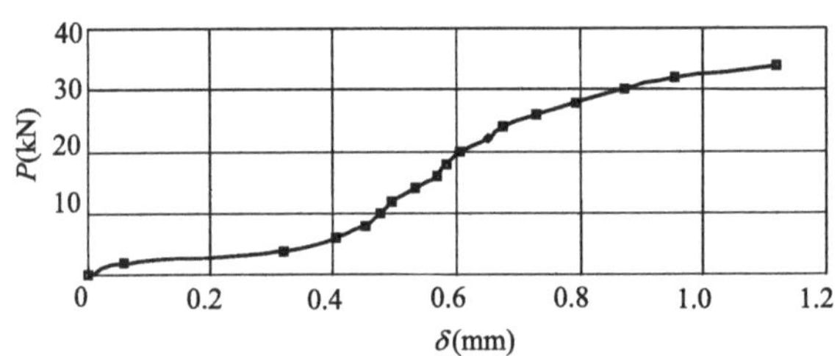

图 7-20　实测获得的未加固密肋楼板的 $P—\delta$ 曲线

与未加固楼板相似，随着竖向荷载的增加，经加固的密肋楼板跨中和支座竖向位移逐渐增加。与未加固楼板相比，相同荷载下碳纤维复合材料加固的楼板跨中挠度略小。试验集中力最大加载值达 39.7kN 时，未出现任何破坏标志。由此可以判断：经加固后的楼板可以承担超过设计要求（2.5kN/m^2）4 倍以上的均布活荷载。现场加载试验证实了粘贴碳纤维是一种加固低强度等级混凝土受弯构件简便、有效的方法。由于楼板的变形不明显，再加上未见土工布脱落等异常现象出现，因此未对构件挠度、抗裂度和裂缝宽度进行进一步的检验。

4. 上海汽车集团仪征汽车一厂厂房大型钢屋架的现场荷载试验

上海汽车集团仪征汽车一厂，原为仪征汽车制造厂，厂区内从南向北有办公楼、综合楼检测线车间、涂装车间、内饰线车间等多个厂房。为满足市场要求和自身发展，上海汽车集团对该厂部分厂房按新的生产要求及工艺进行改造。由于该厂众多厂房建于不同时期，厂房建筑和结构情况各异，厂房新旧程度、完好程度也不一样，但其勘察报告、设计图纸和施工记录等原始资料已遗失。考虑改造后荷载改变、历年使用过程中钢材存在锈蚀等因素，抽取涂装车间的钢屋架进行荷载试验，通过现场试验确定钢屋架是否满足短期使用荷载下的承载力要求[11]。

根据房屋结构的特点和现场试验条件，选取涂装车间 13 轴屋架（具体位置见图 7-21）进行静载试验。试验屋架的短期使用荷载有：大型屋面板的重量、改造后屋架节点上的吊载及屋面活荷载。由于静载试验为现场足尺试验，加载荷载仅含屋架节点吊载和屋面活荷载两部分。图 7-22 给出了委托方提供的涂装车间屋架节点吊载示意图。在屋面活荷载（按 0.7kN/m^2 考虑）的作用下，屋架及天窗屋架各上弦节点荷载如图 7-23 所示。

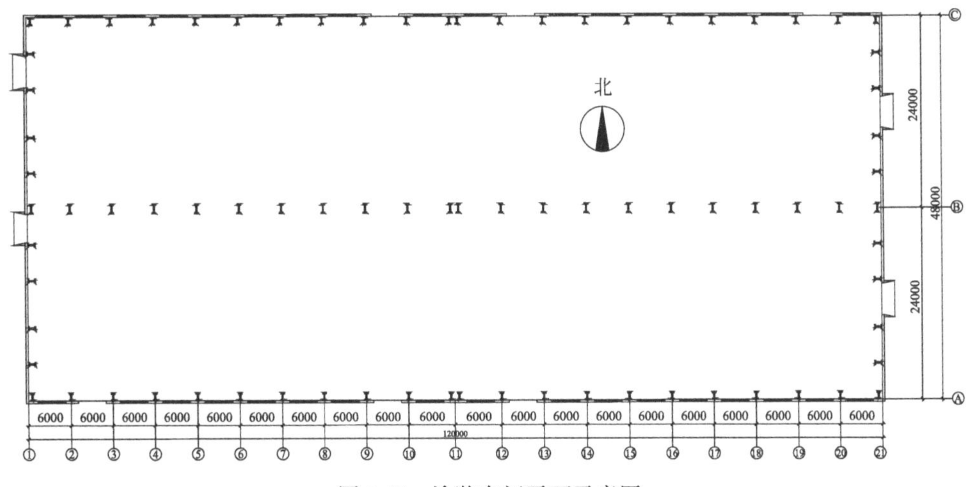

图 7-21　涂装车间平面示意图

试验荷载取设计值，同时为方便加载，试验荷载均加在屋架下弦节点上。为此，首先将天窗架的荷载等效作用在其支座节点上；然后将屋架上弦节点的荷载下移至屋架下弦节点。下移时为安全起见，将 AB 跨屋架 11 号、12 号节点上的荷载下移至 2 号，将 13 号、14 号节点上的荷载下移至 3 号，将 15 号节点上的荷

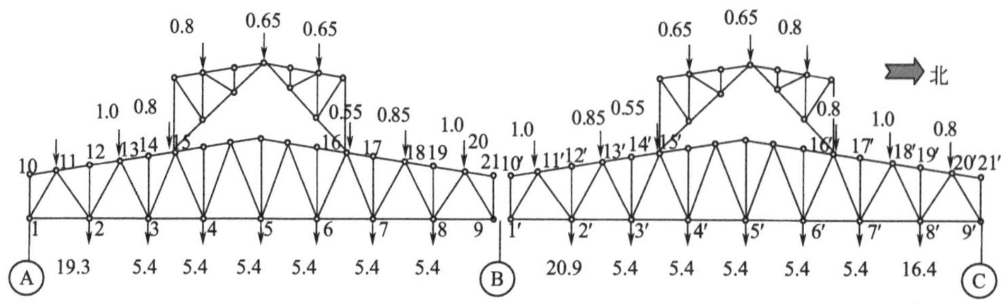

图 7-22　涂装车间屋架节点吊载示意图（单位：kN）

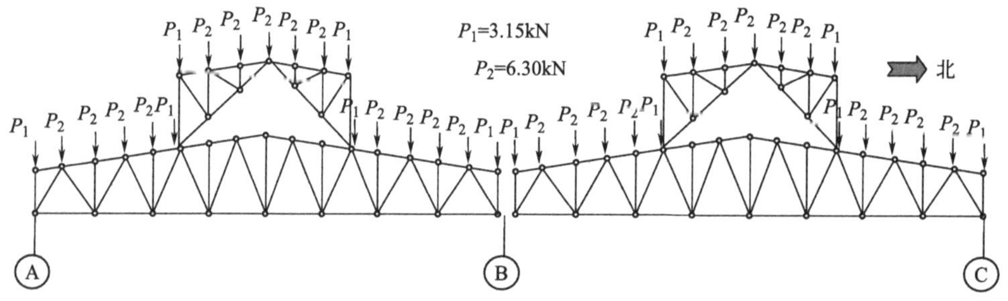

图 7-23　屋架及天窗屋架上弦节点荷载

载下移至 4 号，将 16 号节点上的荷载下移至 6 号，将 17 号、18 号节点上的荷载下移至 7 号，将 19 号、20 号节点上的荷载下移至 8 号，对 BC 跨荷载的处理类似。图 7-24 给出了屋架下弦节点试验荷载示意图。

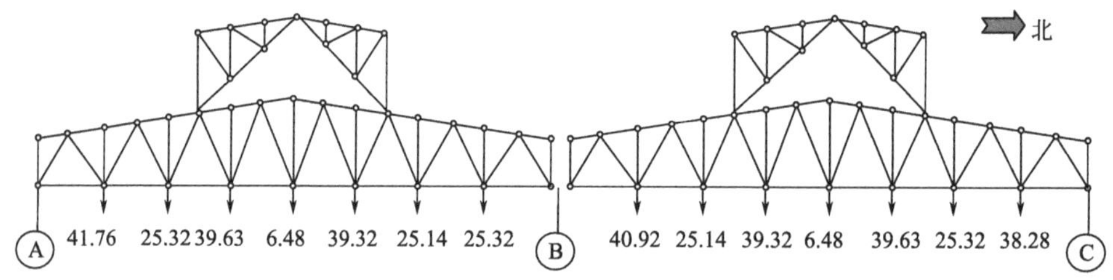

图 7-24　屋架下弦节点试验荷载示意图（单位：kN）

鉴于荷载较大，现场用砂较为方便，故采用砂袋进行加载。试验前，事先在袋里装好砂，并进行称量，每袋砂重 0.25kN。试验时，采用吊篮进行加载（图 7-25），在屋架下弦节点处通过钢索将吊篮固定在节点上，其节点形式如图 7-26 所示。

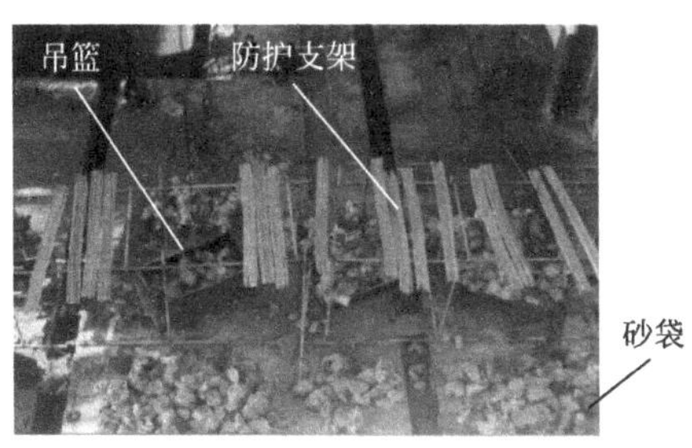

图 7-25　用吊篮加载

图 7-26　节点形式

分 11 级进行加载（其中第 1 级荷载含吊篮的重量），待荷载稳定后，进行下一级加载，稳定时间不少于 10min。加到试验最大荷载时，稳定 30min 后，分级卸载，一次卸去两级荷载。

为量测 AB 跨屋架在加载过程中下弦 2～8 号节点、BC 跨屋架下弦 2′～8′ 号节点的竖向位移，专门设计了量测装置。将长 1500mm 左右的直径 8mm 钢筋的端部做成弯钩，通过屋架下弦杆件之间的缝隙（10mm）挂在角钢上，尽量靠近节点，并将长 200mm 左右的钢标尺固定在钢筋下端，使其与弯钩基本在同一水平面。试验前，检查各节点处钢筋上下方是否已被固定，以防试验过程中因屋架变形引起钢筋上下位置发生突变，同时，检查钢筋侧向调整是否自由，确保试验过程中钢筋保持竖直，不会因为屋架的变形发生倾斜。

表 7-4、表 7-5 给出了加载过程中涂装车间 13 轴 AB 跨和 BC 跨屋架各下弦节点的实际荷载值。图 7-27、图 7-28 给出了各级荷载作用下涂装车间 13 轴 AB 跨和 BC 跨屋架下弦节点的变形示意图。图 7-29、图 7-30 为涂装车间 13 轴 AB 跨和 BC 跨屋架各下弦节点的竖向位移变化规律。

涂装车间 13 轴 AB 跨屋架各下弦节点的实际荷载值　　表 7-4

加载级别			0	1	2	3	4	5	6	7	8	9	10	11
结点 2	荷载(kN)	本次	0	4.18	3.75	3.75	3.75	3.75	3.75	3.75	3.75	3.75	3.75	3.75
		累计	0	4.18	7.93	11.68	15.43	19.18	22.93	26.68	30.43	34.18	37.93	41.68
结点 3	荷载(kN)	本次	0	2.50	2.25	2.25	2.25	2.25	2.25	2.25	2.25	2.25	2.25	2.50
		累计	0	2.50	4.75	7.00	9.25	11.50	13.75	16.00	18.25	20.50	22.75	25.25
结点 4	荷载(kN)	本次	0	3.90	3.50	3.50	3.50	3.50	3.50	3.50	3.50	3.50	3.50	4.00
		累计	0	3.90	7.40	10.90	14.40	17.90	21.40	24.90	28.40	31.90	35.40	39.40
结点 5	荷载(kN)	本次	0	0.68	0.50	0.50	0.50	0.75	0.75	0.75	0.75	0.50	0.50	0.25
		累计	0	0.68	1.18	1.68	2.18	2.93	3.68	4.43	5.18	5.68	6.18	6.43
结点 6	荷载(kN)	本次	0	3.90	3.50	3.50	3.50	3.50	3.50	3.50	3.50	3.50	3.50	4.00
		累计	0	3.90	7.40	10.90	14.40	17.90	21.40	24.90	28.40	31.90	35.40	39.40

续表

加载级别			0	1	2	3	4	5	6	7	8	9	10	11
结点 7	荷载（kN）	本次	0	2.50	2.25	2.25	2.25	2.25	2.25	2.25	2.25	2.25	2.25	2.25
		累计	0	2.50	4.75	7.00	9.25	11.50	13.75	16.00	18.25	20.50	22.75	25.00
结点 8	荷载（kN）	本次	0	2.50	2.25	2.25	2.25	2.25	2.25	2.25	2.25	2.25	2.25	2.50
		累计	0	2.50	4.75	7.00	9.25	11.50	13.75	16.00	18.25	20.50	22.75	25.25

涂装车间 13 轴 BC 跨屋架下弦节点的实际荷载值　　表 7-5

加载级别			0	1	2	3	4	5	6	7	8	9	10	11
结点 2′	荷载（kN）	本次	0	4.18	3.75	3.75	3.75	3.75	3.75	3.75	3.75	3.75	3.75	3.00
		累计	0	4.18	7.93	11.68	15.43	19.18	22.93	26.68	30.43	34.18	37.93	40.93
结点 3′	荷载（kN）	本次	0	2.50	2.25	2.25	2.25	2.25	2.25	2.25	2.25	2.25	2.25	2.25
		累计	0	2.50	4.75	7.00	9.25	11.50	13.75	16.00	18.25	20.50	22.75	25.00
结点 4′	荷载（kN）	本次	0	3.90	3.50	3.50	3.50	3.50	3.50	3.50	3.50	3.50	3.50	3.75
		累计	0	3.90	7.40	10.90	14.40	17.90	21.40	24.90	28.40	31.90	35.40	39.15
结点 5′	荷载（kN）	本次	0	0.68	0.50	0.50	0.50	0.50	0.75	0.75	0.75	0.50	0.50	0.50
		累计	0	0.68	1.18	1.68	2.18	2.68	3.43	4.18	4.93	5.43	5.93	6.43
结点 6′	荷载（kN）	本次	0	3.90	3.50	3.50	3.50	3.50	3.50	3.50	3.50	3.50	3.50	4.00
		累计	0	3.90	7.40	10.90	14.40	17.90	21.40	24.90	28.40	31.90	35.40	39.40
结点 7′	荷载（kN）	本次	0	2.50	2.25	2.25	2.25	2.25	2.25	2.25	2.25	2.25	2.25	2.50
		累计	0	2.50	4.75	7.00	9.25	11.50	13.75	16.00	18.25	20.50	22.75	25.25
结点 8′	荷载（kN）	本次	0	3.75	3.50	3.50	3.50	3.50	3.50	3.50	3.50	3.50	3.50	3.00
		累计	0	3.75	7.25	10.75	14.25	17.75	21.25	24.75	28.25	31.75	35.25	38.25

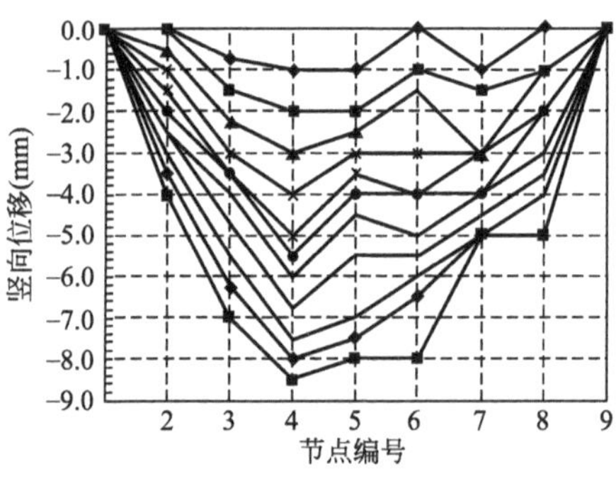

图 7-27　各级荷载作用下涂装车间 13 轴 AB 跨屋架下弦节点的变形示意图

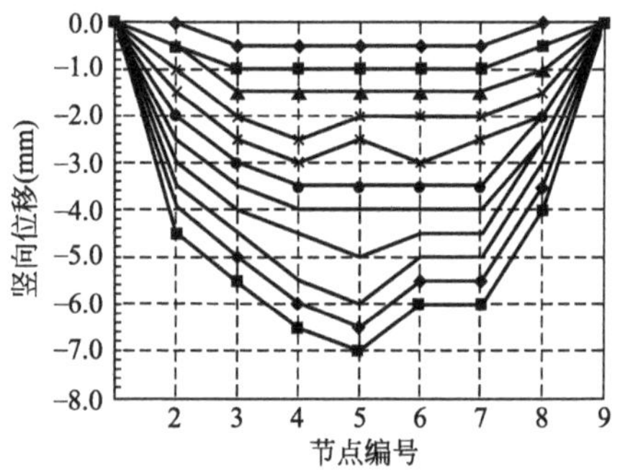

图 7-28　各级荷载作用下涂装车间 13 轴 BC 跨屋架下弦节点的变形示意图

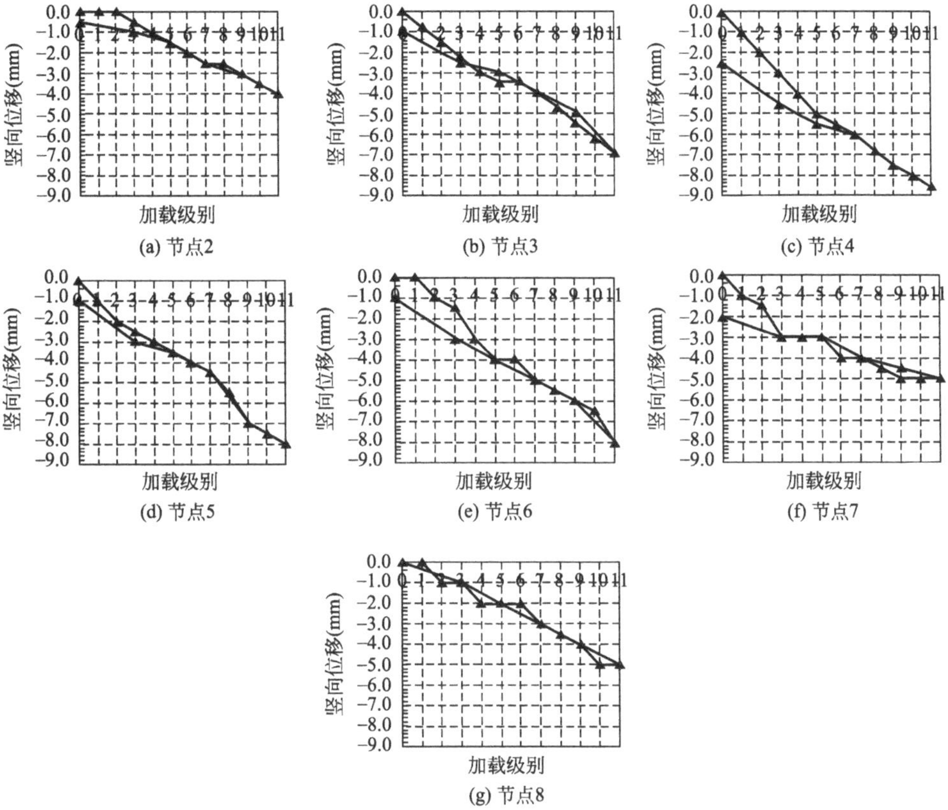

(a) 节点2　(b) 节点3　(c) 节点4

(d) 节点5　(e) 节点6　(f) 节点7

(g) 节点8

图 7-29　涂装车间 13 轴 AB 跨屋架各下弦各节点的竖向位移变化规律

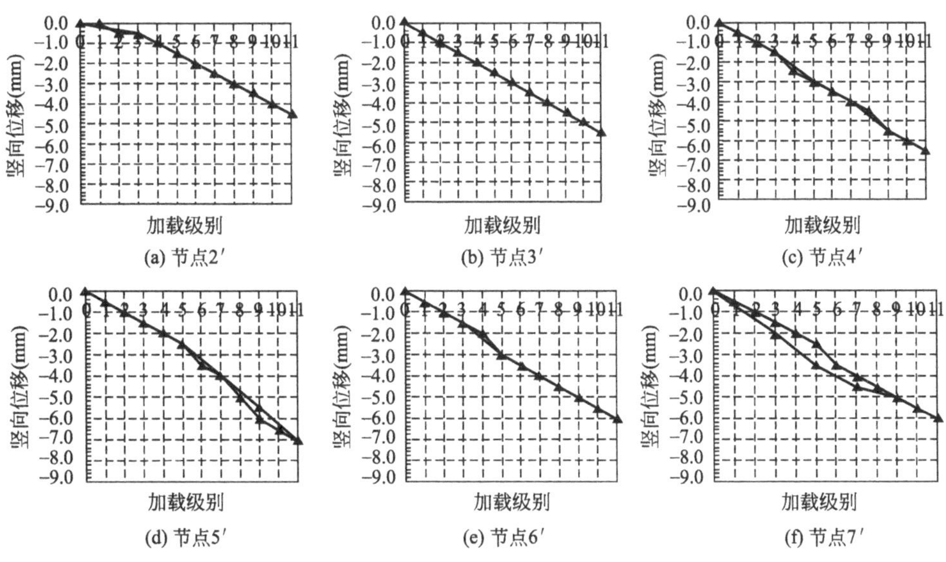

(a) 节点2′　(b) 节点3′　(c) 节点4′

(d) 节点5′　(e) 节点6′　(f) 节点7′

图 7-30　涂装车间 13 轴 BC 跨屋架各下弦各节点的竖向位移变化规律（一）

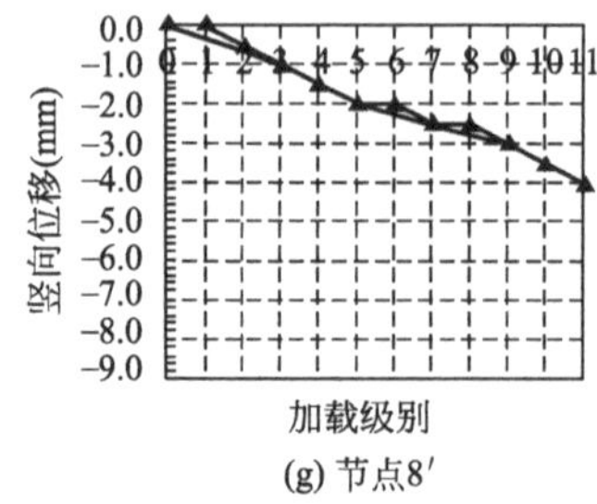

(g) 节点8′

图 7-30　涂装车间 13 轴 BC 跨屋架各下弦各节点的竖向位移变化规律（二）

从图 7-27、图 7-28 可以看出：在短期使用荷载下（包括屋面活荷载），涂装车间 13 轴 AB 跨屋架下弦节点的最大位移达 8.5mm 左右，涂装车间 13 轴 BC 跨屋架下弦节点的最大位移达 7.0mm 左右。从图 7-29、图 7-30 可以看出：加载过程中涂装车间 13 轴 AB 跨、BC 跨下弦节点的竖向位移基本呈线性增大。

参考文献

[1] 中华人民共和国住房和城乡建设部．混凝土结构设计规范 GB 50010—2010（2015 年版）[S]. 北京：中国建筑工业出版社，2010.

[2] 中华人民共和国住房和城乡建设部．砌体结构设计规范 GB 50003—2011 [S]. 北京：中国建筑工业出版社，2011.

[3] 中华人民共和国住房和城乡建设部．木结构设计规范 GB 50005—2017 [S]. 北京：中国建筑工业出版社，2017.

[4] 中华人民共和国住房和城乡建设部．钢结构设计规范 GB 50017—2017 [S]. 北京：中国建筑工业出版社，2017.

[5] 中华人民共和国住房和城乡建设部．混凝土结构试验方法标准 GB/T 50152—2012 [S]. 北京：中国建筑工业出版社，2012.

[6] 上海市建设和交通委员会．既有建筑物结构检测与评定标准 DG/TJ 08—804—2005 [S]. 上海：上海市建设工程标准定额管理总站，2005.

[7] 顾祥林．混凝土结构基本原理（第三版）[M]. 上海：同济大学出版社，2015.

[8] 顾祥林，张伟平，管小军，等．中艺花园 10＃楼六层楼面板静载试验报告 [R]. 上海同济建设工程质量检测站，2003.

[9] 张誉，顾祥林，张伟平，等．上海市邮政大厦新南楼、新北楼房屋质量检测报告 [R]. 同济大学房屋质量检测站，2002.

[10] 顾祥林，张伟平，李翔，等．上海外滩中国银行大楼楼板现场荷载试验报告 [R]. 同济大学房屋质量检测站，2005.

[11] 张誉，顾祥林，张伟平，等．上海汽车集团仪征汽车一厂厂房房屋质量评估报告 [R]. 同济大学房屋质量检测站，2001.

第8章 既有建筑结构动力反应及动力特性测试

在动荷载作用下结构的反应，除依赖于外部作用的大小和特性外，还与结构自身性能密切相关，因此，与静荷载作用下的结构反应计算相比，确定结构动力反应的难度更大。由于受到不同荷载和环境的作用，既有建筑结构在服役过程中可能出现损伤或性能退化，这更增加了如何确定结构动力反应的难度。当要评价外部振源对既有建筑结构的影响，且振源的特性未知时，唯一有效的方法是对结构的动力反应进行现场测试。在已知外部振源（如机器振动作用、地震作用、风振作用等）下计算结构的动力反应时，必须首先确定结构的动力特性，而对阻尼参数，只能通过现场测试准确判定。对既有建筑结构，其动力参数往往不同于原始参数，通过对动力参数的实测分析，才能识别结构的损伤以及填充墙等非结构构件对结构动力性能的影响。从理论上讲：既有建筑结构动力反应可被直接测得，此过程是动力分析中的正问题；结构的物理特性（阻尼）和模态参数（频率和振型）可由实测获得的动力反应识别出，结构的损伤可以通过结构动力特性变化来识别，这两个过程均属于动力分析中的反问题。近 40 年来，国内外科技工作者在结构动力分析理论和实测技术方面开展了大量的研究和技术开发工作，取得了卓越的成果。但由于既有建筑结构本身的复杂性、振源的不确定性、观测技术的不完备性的影响，还难以将许多研究成果直接应用在既有建筑结构的动力测试中[1-3]。既有建筑结构的动力特性识别仍然是结构工程领域的热点研究课题之一。本章以工程应用为目标，介绍既有建筑结构的动力反应和动力特性测试。有关既有建筑结构损伤动力识别问题将在第 9 章中讨论。

8.1 激振方法

在测试外部振动影响下既有建筑结构的动力反应时，不需要考虑激振问题，可直接测试其动力反应。当测试既有建筑结构的动力特性时，必须选择合适的方法对结构施加外部激励，使其产生振动，然后，测试其动力反应，进而识别出结构的动力参数。常用的激振方法主要有：瞬时突加荷载激振法、正弦稳态激振法和环境随机激振法等，前两种方法属于人工激振法[1,4,5]，在实际工程中，可综合考虑现场条件、结构现状、分析要求等因素选择合适的激振方法。

8.1.1 瞬时突加荷载激振法

它是早期使用的一种方法，获得的测试数据直观、简单、容易处理。简单的瞬时突加荷载激振法是从一定高度落下已知质量的重物（落锤、夯锤），作用在结构上，冲击结构而使其产生竖向振动；或将重物悬于支架上侧向撞击结构，使其产生水平振动。较复杂的瞬时突加荷载激振法是采用拉索机构使结构产生变形，当拉力足够大时，预先设置的钢棒被拉断，结构贮存的变形能转变成动能，结构发生自由振动，如图 8-1 所示。较现代的方法是采用激励锤（力锤）敲击结构，对结构施加瞬态激振。

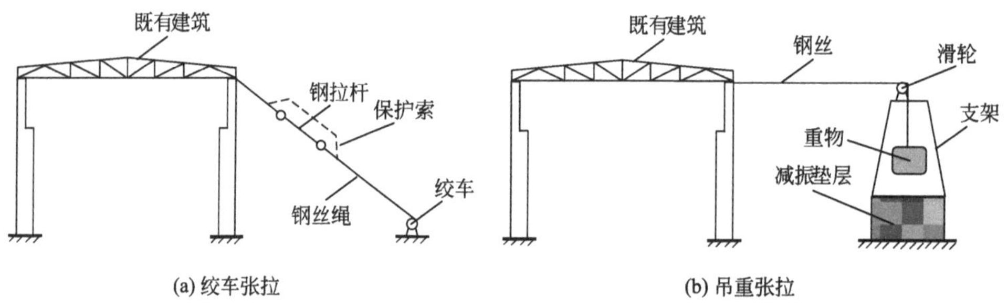

图 8-1 用拉索机构对建筑结构施加瞬时突击荷载激振法

8.1.2 正弦稳态激振法

正弦稳态激振是利用激振器在结构上施加稳态的简谐激励，现将常用的 4 种激振器的工作原理简单介绍[1]：

（1）机械式激振器。它的工作原理是：当两个偏心质量做反向旋转时，两个偏心质量产生的离心力将在某一方向上合成一按正弦规律变化的简谐力。

（2）电液式激振器。它的工作原理是：通过改变控制伺服阀的电流大小控制作动器的运动或作用力大小，通过电流频率调节作动器的频率，能产生很大的激振力。但该系统复杂、成本高。

（3）电磁式激振器。它的工作原理是：在磁场中放入工作线圈，通入交变电流时，使固定在工作线圈上的顶杆等部件做往复运动，对房屋结构施加动荷载。

（4）摆式激振器。它的工作原理是：在既有建筑结构上悬挂一重力摆，使摆产生自由振动，则吊点处的反作用力即为简谐力。

8.1.3　环境随机激振法

地面的振动（地脉动或地震）或空气的流动（风）均会引起建筑物振动。在既有建筑结构的动力特性测试时，可将引起的建筑物振动的地面振动和风作为环境激振。在一般情况下，环境激振具有随机特征，可用随机过程描述。根据作用的方式不同，可将环境随机激振方式分为以下 4 种[1]：

(1) 自然地脉动：由车辆、海浪、机械等自然和人为活动所引起，其位移幅值从千分之几微米到几微米，基岩处的地脉动接近于白噪声，地表面的地脉动受地基土的影响具有脉动卓越周期。

(2) 人工地脉动：采用地下爆破的方式产生，可提高激励的强度。

(3) 地震动：地震引起的地面震动是理想的环境激振方式，但地震发生的时间具有高度的不可预测性，地震的发生概率又很小，不适合既有建筑结构动力特性的常规测试。

(4) 脉动风：作用在既有建筑上的风荷载可分为静压风和脉动风，其中，脉动风是结构振动的激振源。

8.1.4　激振方法的选择

瞬时突加荷载激振法只适合于低矮的、刚度不大的既有建筑结构。采用落物或冲击的方法施加瞬时突加荷载可能会在结构上产生损伤，影响结构的正常使用。正弦稳态激振法可在既有建筑结构上施加高信噪比的集中激振，但需要专门的振动设备，且设备的搬运和安装困难，激振时有可能影响建筑物的正常使用，不适合作为激振源。环境随机激振法无激振设备要求，不受结构形状、大小的限制，测试费用低，随着高精度传感的发展是较理想的既有建筑结构动力特性测试的激振法。

8.2　结构动力反应与结构动力特性测试系统

8.2.1　基于接触式传感技术的测试系统

该系统主要由传感器、信号放大器、信号传输系统、动态信号采集分析系统等组成，增加的激振系统[6] 对既有建筑结构施加外部激励，使其产生振动。基于接触式传感器技术的测试系统的总体结构示意图如图 8-2 所示。

在图 8-2 中，传感器是获取既有建筑结构反应信息的主要仪器，其性能的好坏直接影响测试结果的准确性。目前，广泛应用的压电式加速度传感器有如下 4

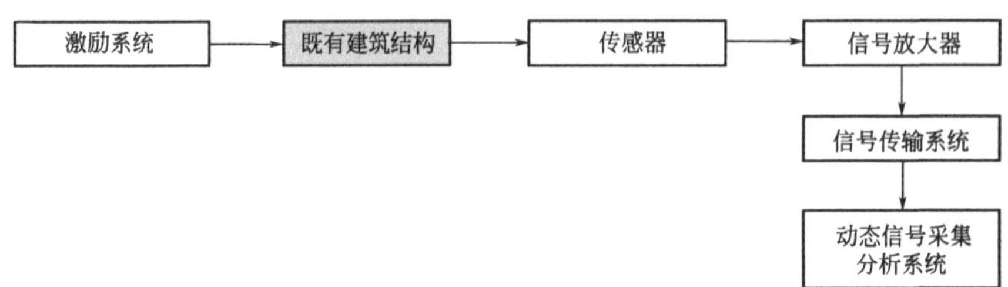

图 8-2　基于接触式传感技术的测试系统的总体结构示意图

个关键指标[6]：

（1）横向灵敏度。压电式传感器的主灵敏度方向一般垂直于其底座，可用于测量沿其轴向的结构振动。但当它受到与轴向垂直的横向振动时，传感器同样会有信号输出，传感器对横向振动的敏感性称为横向灵敏度，通常采用主轴灵敏度的百分数表示。横向灵敏度随振动方位角的不同而变化，最大横向灵敏度一般小于主轴灵敏度的 4%。

（2）灵敏度。压电式加速度传感器的灵敏度与压电晶体材料的特性和质量块的大小有关。一般情况下，灵敏度越高，传感器质量越大，体积也越大，相应的频率响应范围越窄。体积小的压电式加速度传感器频率响应范围很宽，频率下限从 2～5Hz 到上限 10～20kHz，但灵敏度下降。

（3）频率响应曲线。一般情况下，要求振动测试的最高频率不大于传感器谐振频率的 1/10。

（4）动态范围。传感器灵敏度保持在一定误差范围内（通常不大于 0.5dB）时，传感器所测量的最大加速度称为传感器的动态范围。用于既有建筑结构测试的传感器，最大加速度达到 10g 就可满足常规振动测试的要求。传感器的最大加速度与其灵敏度常常是一对矛盾，动态范围越大的传感器，灵敏度就越低。一般情况下，要求振动测试的最大加速度不大于传感器容许最大加速度的 1/3。

应采用带滤波功能的多通道放大器（低通滤波应大于 24dB/oct），可分档切换上限频率。放大器的频响范围应满足：低频不大于 0.5Hz，高频大于传感器的上限频率[7]。放大器各通道间应无串扰、相位一致、频响范围相同。由传感器测得的信号被放大后，一般将其通过有线连接的方式传给动态信号采集和分析系统。这对体量不大的既有建筑是可行的，但是若检测对象是高层建筑或大体量的大跨度建筑，无线传输则更方便。

振动信号经传感器转换、放大器放大后得到一个随时间连续变化的电压信号，也将其称为模拟信号。计算机存储数字信号，因此，要将模拟信号通过采样过程转换成数字信号。经过采样过程后，一个连续的模拟信号被转换成离散的数字信号，以周期（时间间隔Δt）为 T_s（采样周期，采样频率 $f_s=1/T_s$）的离散脉冲形式排列，而数字信号应能够完整地保留原模拟信号的主要特征，包括：振动的频率和幅值特征。根据 Shannon 采样定律，若要恢复原模拟信号的最高频率 f_{max}，则采样频率 f_s 至少应满足 $f_s > f_{max}$，否则会出现“频率混叠”。满足采样频率的要求，只能保证无“频率混叠”，仍旧可能丢失信号的幅值特征（也就是波形失真）。因此，在振动测试中，采样频率通常大于所要求的最小采样频率，一般取 $f_s = 4 \sim 10 f_{max}$。信号分析系统应具有基本的数字信号处理功能。

测试前应充分估计测试参数的最大值，然后调整传感器和分析仪器的量程，使得最大值落在量程的 1/3～2/3 处（有特殊要求的除外）。测试系统应具有稳定性、兼容性和可扩展性，测得信号的信噪比应符合实际工程分析需求[7]。

8.2.2　高速摄影测试系统

如图 8-3 所示的高速摄影测试系统就是同济大学童小华教授等为本书第一作者研究结构倒塌反应而开发的非接触式动力测试系统[8,9]。在被测建筑结构模型的周围布置 2 台高速摄影机，记录在爆炸荷载作用下结构倒塌过程的影像信息，既可记录结构的倒塌过程，又可获得结构关键部位的位移反应时程曲线，如图 8-4、图 8-5 所示。

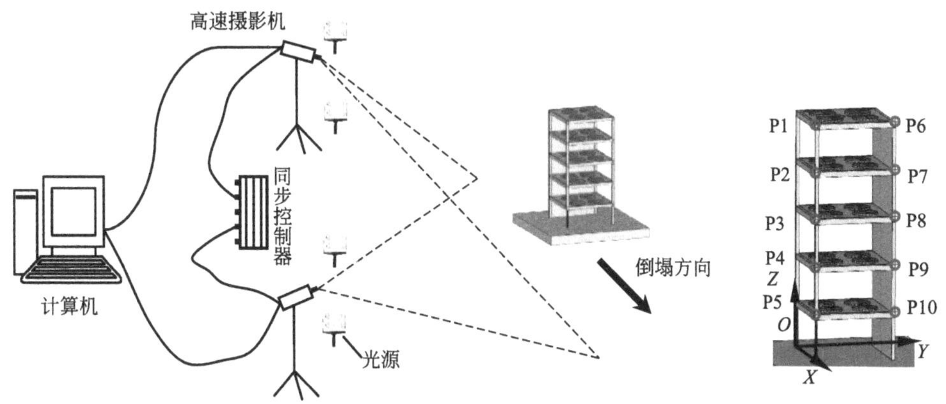

图 8-3　高速摄像测试系统及被测结构上的测点编号

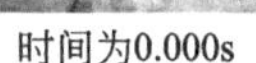

图 8-4　爆炸作用下 5 层钢筋混凝土框架—剪力墙结构模型的倒塌过程

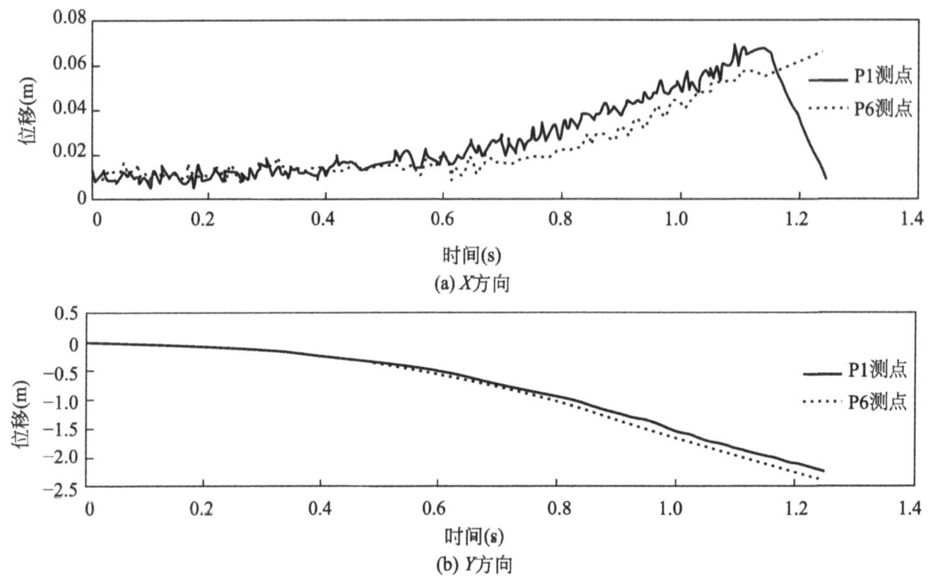

图 8-5 爆炸作用下 5 层钢筋混凝土框架—剪力墙结构模型的倒塌过程中屋面的位移反应时程曲线[8]

高速摄影测试系统的精度和适用性取决于摄影机的摄影速度，只有大幅度提高摄影机的摄影速度，才能在工程实践中广泛使用该系统。故本章仅针对传统的基于接触传感技术的测试系统进行叙述。

8.3 结构动力反应测试

要准确获得外部激励作用下既有建筑结构的动力反应，必须合理布置测点。一般来说，测点越多、分布越均匀，越能得出准确的结构动力反应测试结果。另外，还要有足够长的采样时间和足够高的采样频率。但是，增加测点，测试设备数量也会增加，数据处理工作量也会增加；增加采样时间，测试工作量也会增加；提高采样频率，对测试设备的性能要求也会提高。因此，考虑工程适用性和便利性，要合理布置测点，合理确定采样时间和采样频率。

8.3.1 合理布置测点

在实际测试工作中，一般希望在满足精度要求的前提下用尽量少的测点达到测试目的。因此，必须对测点的数量和位置做优化，合理布置测点。国内外学者已对结构动力反应测试中测点的优化布置进行了相应的研究，并取得较好的成果[10,11]。如下的两条基本原则目前是大家公认的，且对工程实践有指导意义：

（1）在结构可能出现的最大响应处布置测点。若只关心单向动力反应，则沿主方向布置测点（图 8-6a）；若关心空间动力反应，则应沿 3 个方向布置测点（图 8-6b）；另外，要特别关注扭转反应的测试（图 8-6c）。

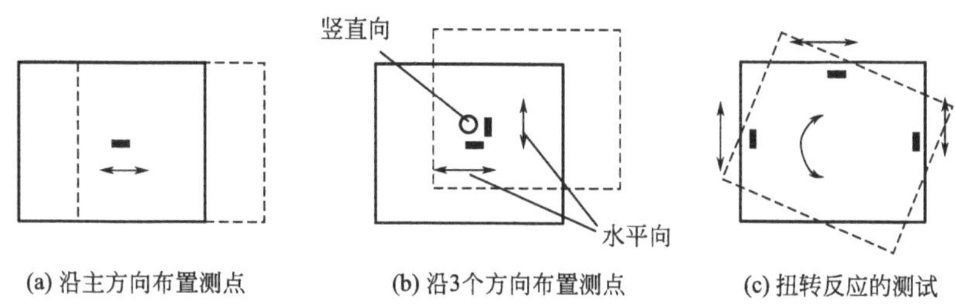

图 8-6　考虑不同测试方向时测点的布置

（2）测点的布置应能保证获得结构主振振型。如图 8-7 所示，以串联多自由度结构体系为例。如按第一阶振型布置测点，则在振型的范围内至少布置 2 个测点，且一定要在最大反应处布置 1 个测点；如按第二阶振型布置测点，则在如图 8-7 所示的Ⅰ区至少布置 3 个测点，在如图 8-7 所示的Ⅱ区（振型节点附近）和Ⅲ区至少布置 2 个测点；更高阶振型的测点布置原则依此类推。在实际工程中，可先计算出结构的主振振型，再根据计算获得的振型按此原则布置测点。

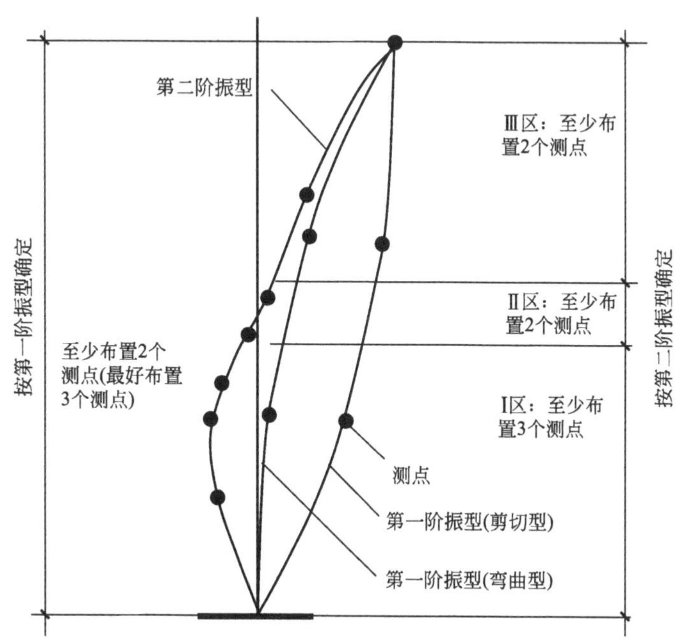

图 8-7　考虑主振振型时测点的布置

8.3.2 合理确定采样时间和采样频率

在外部激励作用下，结构会有强迫振动阶段，当外部激励作用结束后，结构还会有自由振动阶段，之后，再逐渐静止，但是，结构的最大反应会出现在强迫振动阶段。因此，结构动力反应测试的采样时间不得短于外部激励的作用时间，结构动力反应测试数据的采集记录应真实。既有建筑结构外部激励振动参数见表 8-1。

既有建筑结构外部激励振动参数 **表 8-1**

振源类型	频率范围(Hz)	时间特征(s)	加速度特征(g)
交通运输(公路和铁路)地面传播	1～100	1～60(C)	0.01～0.2
爆破振动地面传播	1～1000	0.01～10(T)	0.01～1.0
打桩地面传播	1～500	1～30(T)	0.01～0.5
室外机械地面传播	1～300	1～100(C)	0.01～0.3
室内机械地面传播	1～1000	1～300(C)	0.01～0.4
人的活动影响	0.1～100	0.1～10(T)	0.01～0.1
环境风影响	0.1～10	10～600(C)	0.01～0.2
地震影响	—	1～300(T)	0.01～3.0

注：C 表示连续的；T 表示瞬态的。

8.4 结构动力特性测试

结构动力特性测试主要是通过结构动力反应的测试来识别结构自振频率、结构阻尼比和结构振型。外部激励方法的不同，结构自振特性识别方法亦不同。

8.4.1 传递函数和频响函数

传递函数反映系统的输入与输出之间的量化关系，是结构系统的重要特征，也是基于动力反应测试识别结构系统参数的重要工具[12]。在研究一般激励下结构系统的输入—输出关系时，设结构系统在激振力 $f(t)$ 作用下产生振动响应 $x(t)$，假定 $t<0$，系统的激励为零，系统传递函数 $H(s)$ 见式（8-1）。

$$H(s)=L[x(t)]/L[f(t)]=X(s)/F(s) \tag{8-1}$$

式中，$L[\quad]$ 表示拉普拉斯变换；s 为复频率；$X(s)$、$F(s)$ 分别为 $x(t)$、$f(t)$ 的拉普拉斯变换结果。

与结构振动特性相关的信号一般是有界信号。这时，用傅里叶变换代替式（8-1）中的拉普拉斯变换，可得到系统的频响函数 $H(\omega)$，见式（8-2）。

$$H(\omega)=F[x(t)]/F[f(t)]=X(\omega)/F(\omega) \tag{8-2}$$

式中，$F[\quad]$ 表示傅里叶变换；ω 为圆频率；$X(\omega)$、$F(\omega)$ 分别为 $x(t)$、$f(t)$ 的傅里叶变换结果。

不同振动系统的频响函数可以表示成不同形式。对于简谐激励下的单自由度黏性阻尼结构系统，其位移频响函数见式（8-3）。

$$H(\omega)=\frac{1}{m(\omega_0^2-\omega^2+2j\xi\omega_0\omega)} \tag{8-3}$$

式中，m 为系统质量，ω_0 为系统固有频率。

对于已知激励下的多自由度系统，其位移频响矩阵或频响函数见式（8-4）。

$$\boldsymbol{H}(\omega)=\frac{\boldsymbol{X}(\omega)}{\boldsymbol{F}(\omega)}=,\boldsymbol{H}(\omega)=\begin{bmatrix} H_{ll} & \cdots & H_{lN} \\ \vdots & \ddots & \vdots \\ H_{Nl} & \cdots & H_{NN} \end{bmatrix} \tag{8-4}$$

式中，$\boldsymbol{H}(\omega)$ 中任一元素 $H_{lp}(\omega)$ 表示第 l 点的输出与第 p 点的输入之间的频响函数。当 $l=p$ 时，称为原点频响函数；当 $l\neq p$ 时，则称为跨点频响函数。$H_{lp}(\omega)=H_{pl}(\omega)$ 可称为频响函数的互易定理。互易定理给测试和分析工作带来很大方便：对于 N 自由度线性振动系统，传递函数（频响函数）矩阵有 N^2 个元素；根据传递函数的互易定理，仅需确定 $N(N+1)/2$ 个元素。

有环境脉动、环境风或波浪扰动时[13,14]，输入和输出均为随机过程，信号的特征可用时域的相关函数或频域的功率谱密度函数描述。此时，测点的频响函数见式（8-5）。

$$\begin{cases} H(\omega)=\dfrac{S_{\mathrm{fx}}(\omega)}{S_{\mathrm{ff}}(\omega)} \\ H(\omega)=\dfrac{S_{\mathrm{xx}}(\omega)}{S_{\mathrm{xf}}(\omega)} \\ |H(\omega)|^2=\dfrac{S_{\mathrm{xx}}(\omega)}{S_{\mathrm{ff}}(\omega)} \end{cases} \tag{8-5}$$

式中，$S_{\mathrm{xx}}(\omega)$、$S_{\mathrm{ff}}(\omega)$ 为输出、输入过程的自功率谱密度函数；$S_{\mathrm{xf}}(\omega)$、$S_{\mathrm{fx}}(\omega)$ 为输出与输入过程、输入与输出过程的互功率谱密度函数。

8.4.2 数据的分析与处理

1. 信号泄露和加窗

当采用式（8-5）计算频响函数时，需要进行量测时间记录后的傅里叶变换。傅里叶变换是在无限长的时间内进行，在随机激励下，通过动力测试获得有限长度的信号。对有限长度的非周期信号进行傅里叶变换前，还需要对其进行周期延拓处理，因此，可能会导致原信号不具有的频率出现，这种现象就是信号泄露。通过选择合理的窗函数对信号进行加权移动的平均处理，可以减少信号泄露的影响[15]。

窗函数是具有不同形状的脉冲。在模态试验中，汉宁窗多用于随机和同期信号激励的场合，而指数窗多用于瞬态信号激励的场合。使用窗函数可减少时域信号的噪声和毛刺，但同时也使各信号频率的谱值主瓣变宽、幅值减小，降低信号的分辨率。

图 8-8 以余弦信号 $x(t)=A\cos(\omega_0 t)$ 为例说明信号的截断、加窗以及减少泄露的效果。余弦信号的时域曲线 $x(t)=A\cos(\omega_0 t)$ 和相应傅氏谱 $X(\omega)$ 如图 8-8a 所示。实际记录的信号在时间上是有限的，记为 $x_T(t)$。$x_T(t)$ 实际上是对真实信号 $x(t)$ 进行时间长度为 T 的截断，图 8-8c 显示出现了频率泄露。截取一段信号进行傅氏变换，相当于对原信号和一分段函数的乘积进行傅氏变换。这个分段函数称作矩形窗函数（图 8-8b），如式（8-6）所示。

$$w_R(t)=\begin{cases}1, & \left|t\leqslant\dfrac{T}{2}\right|\\ 0, & \left|t>\dfrac{T}{2}\right|\end{cases} \tag{8-6}$$

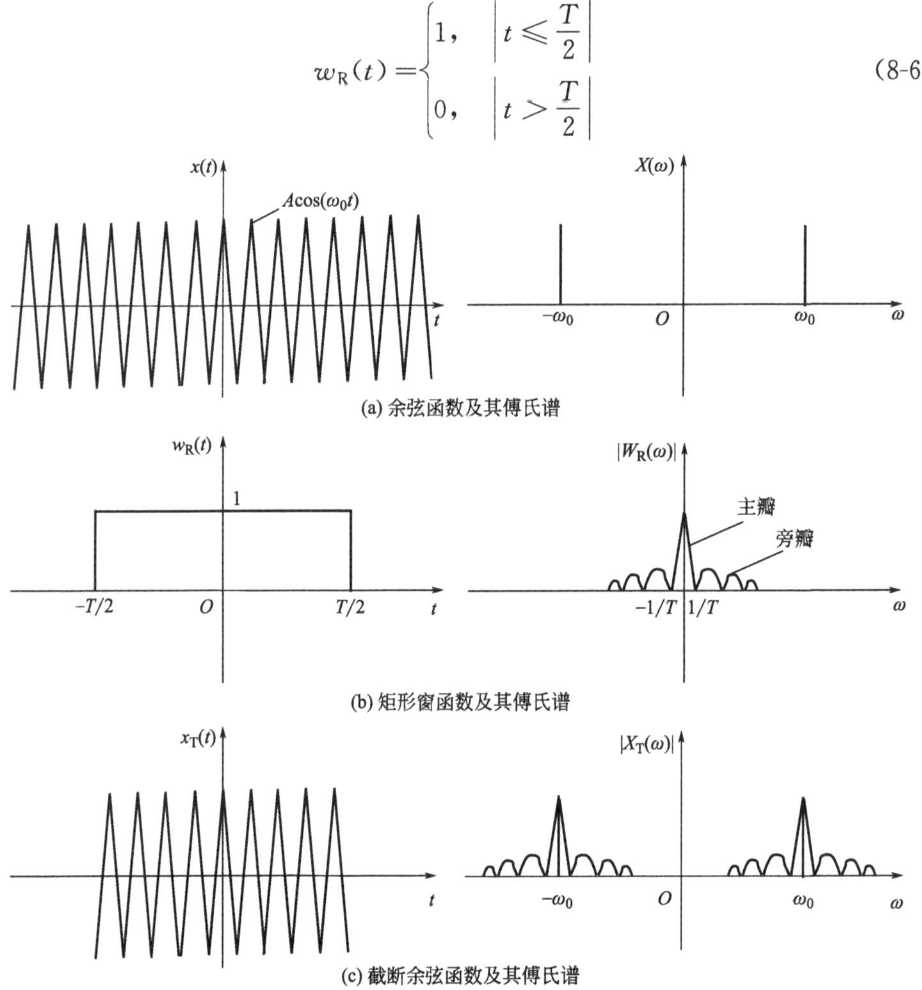

图 8-8　余弦函数的信号泄露和加窗（一）

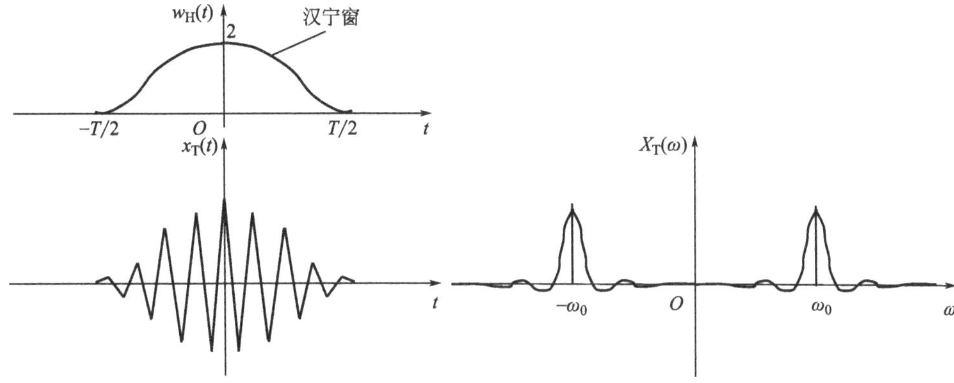

(d) 余弦函数加汉宁窗后的时域函数及其傅氏谱

图 8-8　余弦函数的信号泄露和加窗（二）

由图 8-8b 可知，是矩形窗函数这种截取信号的方式导致了信号泄露。采用汉宁窗函数截取信号，可以有效地减少信号泄露，但加宽了窗函数频谱主瓣的影响范围，降低了频谱频率的分辨率，如图 8-8d 所示。

2. 数字滤波

采用数值运算，可以实现低通、高通、带通和带阻等不同方式的滤波，以便在不同的频率范围内对采集的信号进行分析[5]。

去除振动信号中高频分量最简单的方法就是进行移动平均运算，实现低通滤波。如图 8-9a 所示，取 t_i 时刻的测试值 $x(t_i)$ 和前一时刻的测试值 $x(t_{i-1})$ 的平均值 $y(t_i)$ 作为滤波后的测试值。对比滤波前后的测试值可知：高频分量已被消除。

取 t_i 时刻的测试值 $x(t_i)$ 和前一时刻的测试值 $x(t_{i-1})$ 的差分 $y(t_i)$ 作为滤波后的测试值，即可实现高通滤波，如图 8-9b 所示。

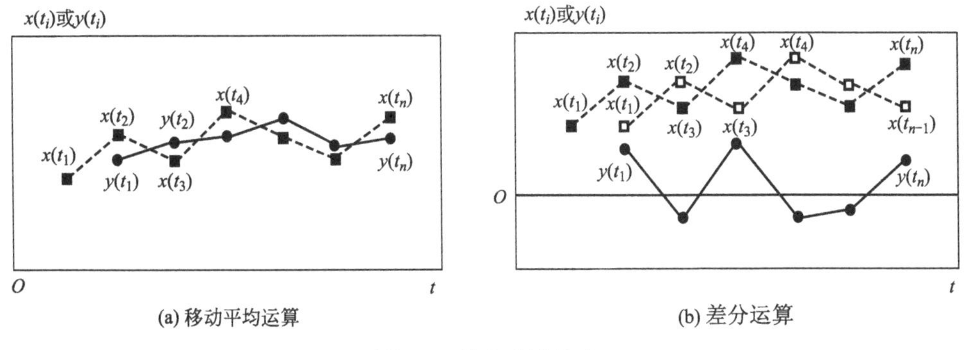

(a) 移动平均运算　　(b) 差分运算

图 8-9　数字滤波技术

3. **降噪处理**

在振动测试中，由于环境干扰、操作误差、电子噪声等原因，在采集的激励和响应信号中掺杂了大量噪声，频响函数也受噪声污染，可能混杂虚假的频率分量。因此，必须进行降噪处理。平均技术是最直接的降噪方法。理论上，零均值的白噪声型随机误差可以通过平均技术被完全消除[5]。可是，对于实际的测试信号，使用简单平均的方法不足以解决问题，需要采用小波变换、贝叶斯方法对其进行多重处理。

8.4.3 基于瞬时突加荷载激振法的结构动力特性测试

采用瞬时突加荷载激振法可使结构产生自由振动，测得结构自由振动时的动力反应曲线如图 8-10 所示，量取振动曲线波形的周期 T，可计算出结构的自振频率 $f=1/T$。通常取多个波形的周期并取其平均值，消除测试产生的误差。

将单自由度结构体系自由振动方程式（8-7）变换成式（8-8）后，可方便地求出方程的解，如式（8-9）所示。

$$m\ddot{x}(t)+c\dot{x}(t)+kx(t)=0 \tag{8-7}$$

$$\ddot{x}(t)+2n\dot{x}(t)+\omega_0^2x(t)=0 \tag{8-8}$$

$$x(t)=A\mathrm{e}^{-\xi\omega_0 t}\sin(\omega'_0t+\alpha) \tag{8-9}$$

式中，n 为衰减系数，$n=c/2m$；ω'_0为有阻尼时的圆频率，$\omega'_0=\omega_0\sqrt{1-\xi^2}$； ω_0 为无阻尼时的圆频率，$\omega_0=\sqrt{k/m}$； ξ 为阻尼比，$\xi=n/\omega_0$。

于是，可用如图 8-11 所示的实测有阻尼自由振动的曲线，确定结构的阻尼比。在图 8-11 中，t_n 时刻的振幅为$x(t_n)$，经过一个周期后的振幅为 $x(t_n+T)$。于是相邻周期的振幅比如式（8-10）所示。

$$\frac{x(t_n)}{x(t_n+T)}=\frac{A\mathrm{e}^{-\xi\omega_0t_n}}{A\mathrm{e}^{-\xi\omega_0t_n-\xi\omega_0T}}=\mathrm{e}^{\xi\omega_0T} \tag{8-10}$$

式中，T 为周期，$T=2\pi/\omega'_0$。

对式（8-10）两边取对数，得到式（8-11）。于是，可得到结构的阻尼比如式（8-12）所示。

$$\ln\frac{x(t_n)}{x(t_n+T)}=\ln\mathrm{e}^{\xi\omega_0T}=\xi\omega_0T=\xi\omega_0\frac{2\pi}{\omega'_0}\approx 2\pi\xi \tag{8-11}$$

$$\xi=\frac{1}{2\pi}\ln\frac{x(t_n)}{x(t_n+T)} \tag{8-12}$$

在一般情况下，测试获得的自由振动曲线没有零线，如图 8-10 所示。此时，可方便地用 x_n 和 x_{n+1} 代替式（8-12）中的 $x(t_n)$ 和 $x(t_n+T)$，即可确定阻尼比 ξ。

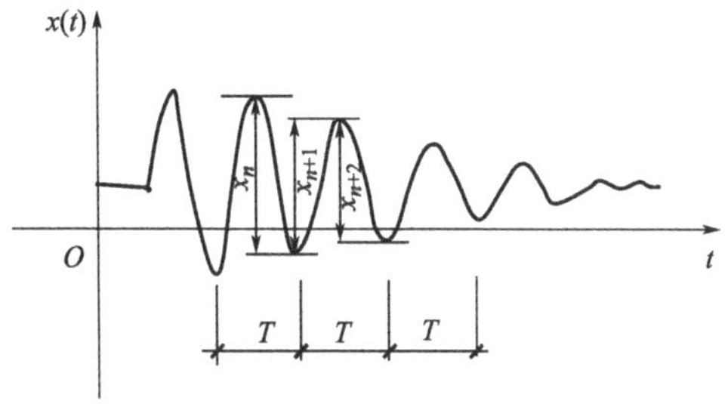

图 8-10　结构自由振动时的动力反应曲线

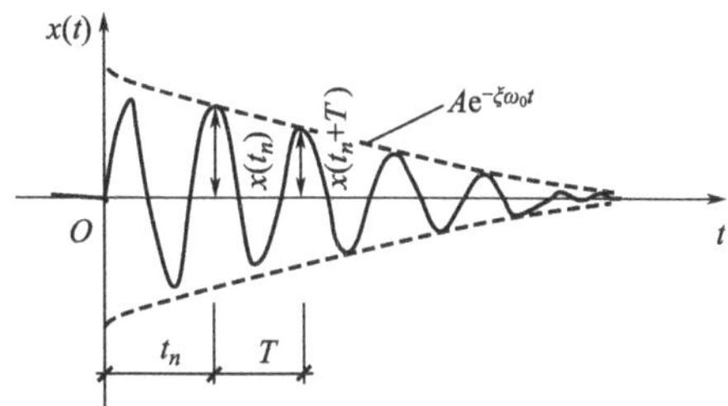

图 8-11　实测有阻尼自由振动曲线

8.4.4　基于正弦稳态激振法的结构动力特性测试

1. 单自由度系统

在正弦稳态激振下结构的稳态反应为同频率正弦振动，结构的频响函数可由输出（结构反应）和输入（正弦激励）的傅氏变换之比确定，如式（8-3）所示。获得频响函数后，可采用幅值法、分量法和导纳圆法等，由频响函数进一步确定系统的固有频率和阻尼比[2,16]。

由式（8-3）可知，频响函数 $H(\omega)$ 为复函数，可用幅值—相位的方程表达，见式（8-13）。

$$H(\omega)=|H(\omega)|e^{j\theta(\omega)} \tag{8-13}$$

式中，$|H(\omega)|$ 与 $\theta(\omega)$ 为频响函数的幅值和相位，如式（8-14）所示。

$$\begin{cases}|H(\omega)|=\dfrac{1}{m\sqrt{(\omega_0^2-\omega^2)^2+(2\xi\omega_0\omega)^2}}\\ \theta(\omega)=\mathrm{tg}^{-1}\dfrac{2\xi\omega_0\omega}{\omega_0^2-\omega^2}\end{cases} \tag{8-14}$$

式（8-14）所表达的幅频特性曲线如图 8-12 所示，为求该曲线峰值所对应的圆频率 ω'_0，由式（8-15），可得式（8-16）。

$$\frac{\mathrm{d}|H(\omega)|}{\mathrm{d}\omega}=0 \tag{8-15}$$

$$-4(\omega_0^2-\omega^2)\omega+8\xi\omega_0^2\omega=0 \tag{8-16}$$

由式（8-16）解，可得式（8-17）。

$$\omega'_0=\omega_0\sqrt{1-2\xi^2} \tag{8-17}$$

将式（8-17）代入式（8-14）中的第一式，可得式（8-18）。

$$|H(\omega)|_{\max}=\frac{1}{2m\xi\omega_0^2\sqrt{1-\xi^2}} \tag{8-18}$$

既有建筑结构阻尼比 ξ 很小（$\xi<<1$），可取 $\omega'_0\approx\omega_0$，即由幅频特性曲线峰值所对应的频率，确定结构的固有圆频率。

在幅频曲线上的半功率点处，可得式（8-19）。

$$\frac{1}{m\sqrt{(\omega_0^2-\omega^2)^2+(2\xi\omega_0\omega)^2}}=\frac{1}{\sqrt{2}}\left|H(\omega)\right|_{\max} \tag{8-19}$$

由式（8-19）可得式（8-20）。

$$\xi=\frac{\omega_2-\omega_1}{2\omega_0} \tag{8-20}$$

式中，ω_1、ω_2 为半功率点所对应的圆频率。

当结构以自振频率振动时，记录同一时刻结构关键部位的位移反应，即可获得结构相应的振型曲线。

2. **多自由度系统**

当多自由度系统阻尼比较小、各阶固有频率之间差异较大时，其相邻模态之间不严重耦合。这时，多自由度体系的频响函数可由一系列单自由度体系的频响函数表示，如图 8-13 所示。在此基础上，直接采用单自由度体系的幅值法和半功率法，可以识别多自由度体系的各阶模态频率和阻尼比[1]。

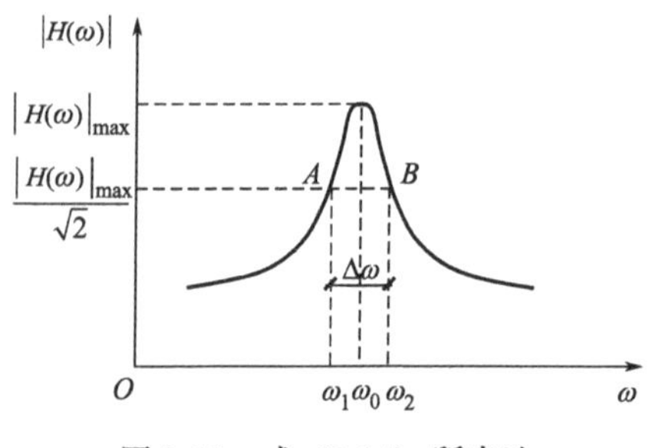

图 8-12　式（8-14）所表达的幅频特性曲线

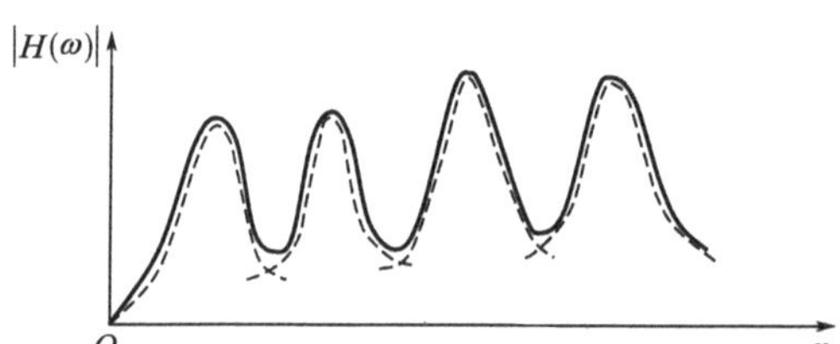

图 8-13　用单自由度体系的频响函数表示多自由度体系的频响函数

由频响函数幅频曲线还可以确定振型：各测点频响函数幅频曲线在同一阶模态频率处幅值之比，等于该阶模态在各测点处的振型坐标之比。振型坐标在各测点处的符号可由各测点间互功率谱的相位关系确定：同相同号，异相异号。

对于模态密集的多自由度体系，用单模态识别的效果不好，可采用多模态识别的方法确定结构的动力特性参数。具体方法有：多模态单输入/单输出识别法、多模态单输入/多输出识别法等不同方法。

8.4.5　基于环境随机激振法的结构动力特性测试

1. **离散傅里叶变换**

傅里叶级数和傅里叶变换是实现动态信号时—频变换的基本方法，是动态信号分析的基础。傅里叶级数复数形式的表达式见式（8-21）。

$$c_k=\frac{1}{T}\int_{-\frac{T}{2}}^{\frac{T}{2}}x(t)e^{-k\omega_0 t}dt=\frac{1}{T}\int_0^T x(t)e^{-k\frac{2\pi}{T}t}dt \tag{8-21}$$

采样得到的 $x(t)$ 为离散数字序列 x_1。设采样时间间隔为 Δt，则式（8-21）的积分可写为式（8-22）。

$$c_k = \frac{1}{N\Delta t}\sum_{l=0}^{N-1} x(l\Delta t)\mathrm{e}^{-k\frac{2l\pi}{N}}\Delta t = \frac{1}{N}\sum_{l=0}^{N-1} x_l \mathrm{e}^{-k\frac{2l\pi}{N}} \tag{8-22}$$

式中，N 为离散数字的总数量。

式（8-22）即为离散数字序列 x_1 的傅里叶正变换。与式（8-23）定义的连续信号 x（t）的傅里叶变换一致，可将式（8-22）写成式（8-24）。

$$x(\omega) = \int_{-\infty}^{\infty} x(t)\mathrm{e}^{-j\omega t}\mathrm{d}t \tag{8-23}$$

$$X_k = \frac{1}{N}\sum_{l=0}^{N-1} x_1 \mathrm{e}^{-jk\frac{2l\pi}{N}} \tag{8-24}$$

2. 动态信号的谱分析

在环境随机激励下，系统的输入和输出均为随机过程。假设结构的随机激励 $f(t)$ 和某一测点的随机响应 $x(t)$ 都是平稳的随机过程，则其相关函数只与延时 τ 有关，而与 t 无关。将响应 $x(t)$ 的自相关函数可定义为 $x(t)x(t+\tau)$ 的集总平均，如式（8-25）所示。

$$R_{ff}(\tau) = E[x(t)x(t+\tau)] = \lim_{\tau\to\infty}\int_{-\frac{T}{2}}^{\frac{T}{2}} x(t)x(t+\tau)\mathrm{d}t \tag{8-25}$$

将激励 $f(t)$ 和响应 $x(t)$ 的相关函数可定义为 $f(t)x(t+\tau)$的集总平均，如式（8-26）所示。

$$R_{fx}(\tau) = E[f(t)x(t+\tau)] \tag{8-26}$$

在电工学中，线路上的功率与电流的平方成正比。借用功率这个概念，任何实函数信号 x（t）的功率谱可定义为如式（8-27）所示。

$$\overline{x}^2 = \lim_{\tau\to\infty}\frac{1}{T}\int_{-\frac{\tau}{2}}^{\frac{\tau}{2}} x^2(t)\,\mathrm{d}t = \int_{-\infty}^{\infty}\lim_{\tau\to\infty}\frac{1}{T}X(\omega)X^*(\omega)\,\mathrm{d}\omega = \int_{-\infty}^{\infty} S_{xx}(\omega)\,\mathrm{d}\omega \tag{8-27}$$

式中，$X^*(\omega)$ 为 $X(\omega)$ 的共轭函数；$S_{xx}(\omega) = \lim_{\tau\to\infty}\frac{1}{T}X(\omega)X^*(\omega)$ 为 $x(t)$ 的功率谱密度函数。

定义了功率谱密度函数后，从数学上可以证明，自相关函数的傅里叶变换就是功率谱密度函数，如式（8-28）和式（8-29）所示。

$$S_{xx}(\omega) = \int_{-\infty}^{\infty} R_{xx}(\tau)\,\mathrm{e}^{-j\omega\tau}\mathrm{d}\tau \tag{8-28}$$

$$R_{xx}(\tau) = \int_{-\infty}^{\infty} S_{xx}(\tau)\,\mathrm{e}^{j\omega\tau}\mathrm{d}\omega \tag{8-29}$$

同理，互功率谱密度函数和相关函数的关系见式（8-30）和式（8-31）。

$$S_{fx}(\omega) = \int_{-\infty}^{\infty} R_{fx}(\tau)\,\mathrm{e}^{-j\omega\tau}\mathrm{d}\tau \tag{8-30}$$

$$R_{fx}(\tau)=\int_{-\infty}^{\infty} S_{fx}(\omega)\,e^{j\omega\tau}\,d\omega \tag{8-31}$$

3. **频响函数的估计**

设某一测点的脉动响应函数为 $h(t)$，由杜哈美尔积分可得，在激励 $f(t)$ 作用下产生的响应 $x(t)$，见式（8-32）。

$$x(t)=\int_{-\infty}^{\infty} h(\tau)f(t-\tau)\,d\tau \tag{8-32}$$

$f(t)$ 和 $x(t)$ 的互相关函数可以表示为 $f(t)$ 的自相关函数和脉冲响应函数的卷积积分，见式（8-33）。

$$\begin{aligned}R_{fx}(\tau)&=E[f(t)x(t+\tau)]=E\left[f(t)\int_{-\infty}^{\infty}h(\xi)f(t-\xi+\tau)\,d\xi\right]\\&=\int_{-\infty}^{\infty}h(\xi)E[f(t)f(t-\xi+\tau)\,d\xi]=\int_{-\infty}^{\infty}h(\xi)R_{ff}(\tau-\xi)\,d\xi\end{aligned} \tag{8-33}$$

对上式两边作傅里叶变换，可得式（8-34）。

$$\begin{aligned}S_{fx}(\omega)&=\int_{-\infty}^{\infty}R_{fx}(\tau)\,e^{-j\omega\tau}\,d\tau=\int_{-\infty}^{\infty}\int_{-\infty}^{\infty}h(\xi)R_{ff}(\tau-\xi)\,d\xi\, e^{-j\omega\tau}\,d\tau\\&=\int_{-\infty}^{\infty}h(\xi)\,e^{-j\omega\tau}\,d\xi\int_{-\infty}^{\infty}R_{ff}(\tau-\xi)\,e^{-j\omega(\tau-\xi)}\,d(\tau-\xi)=H(\omega)S_{ff}(\omega)\end{aligned} \tag{8-34}$$

由此，得到频响函数的表达式见式（8-35）。

$$H(\omega)=\frac{S_{fx}(\omega)}{S_{ff}(\omega)} \tag{8-35}$$

利用离散的傅里叶变换，可对测试样本的自功率谱和互功率谱作出估计，如式（8-36）所示。

$$\begin{cases}S_{ff}(\omega)=\lim\limits_{M\to\infty}\lim\limits_{T_a\to\infty}\dfrac{1}{M}\sum\limits_{i=1}^{M}F_i(\omega,T_a)F_i^*(\omega,T_a)\\S_{xx}(\omega)=\lim\limits_{M\to\infty}\lim\limits_{T_a\to\infty}\dfrac{1}{M}\sum\limits_{i=1}^{M}X_i(\omega,T_a)X_i^*(\omega,T_a)\\S_{xf}(\omega)=\lim\limits_{M\to\infty}\lim\limits_{T_a\to\infty}\dfrac{1}{M}\sum\limits_{i=1}^{M}X_i(\omega,T_a)F_i^*(\omega,T_a)\\S_{fx}(\omega)=\lim\limits_{M\to\infty}\lim\limits_{T_a\to\infty}\dfrac{1}{M}\sum\limits_{i=1}^{M}F_i(\omega,T_a)X_i^*(\omega,T_a)\end{cases} \tag{8-36}$$

式中，T_a 为采样时间的长度；M 为样本数；$F_i(\omega, T_a)$、$X_i(\omega, T_a)$ 表示长度为 T_a 的记录样本 $f_i(t)$、$x_i(t)$ 的傅里叶变换；$F_i^*(\omega, T_a)$、$X_i^*(\omega, T_a)$ 为 $F_i(\omega, T_a)$、$X_i(\omega, T_a)$ 的共轭函数。

当无法测量输入记录时，可假定输入源的频谱平坦，其功率谱为一常数 C，由此，将式（8-5）中的最后一式可写成式（8-37）。

$$|H(\omega)|^2=\frac{S_{xx}(\omega)}{S_{ff}(\omega)}=\frac{S_{xx}(\omega)}{C} \tag{8-37}$$

4. **动力参数的识别**

获得频响函数后，可用第 n 测点的频响函数 $H_n(\omega)$ 幅频曲线的谱峰极大值 $H_n(\omega_i)$ 近似确定结构的第 i 阶频率 ω_i，相应地可用半功率点带宽法求第 i 阶阻尼比 ξ_i，可将位移频响函数 $H_n(\omega_i)$ 看成第 i 阶频率 ω_i 下第 n 测点在某一方向上的位移测量数据来确定结构的第 i 阶振型[17]。

8.5　工程实例

1. **某卷烟厂原烟叶打叶车间楼盖的振动测试**

某卷烟厂原烟叶打叶车间为钢筋混凝土梁板结构体系，原为二层仓库，后来加盖一层，在二层楼面安装了两条从国外引进的烟叶打叶机生产线，原烟叶打叶车间二层楼面的设备布置及动力响应测点的布置如图 8-14 所示。在安装打叶机

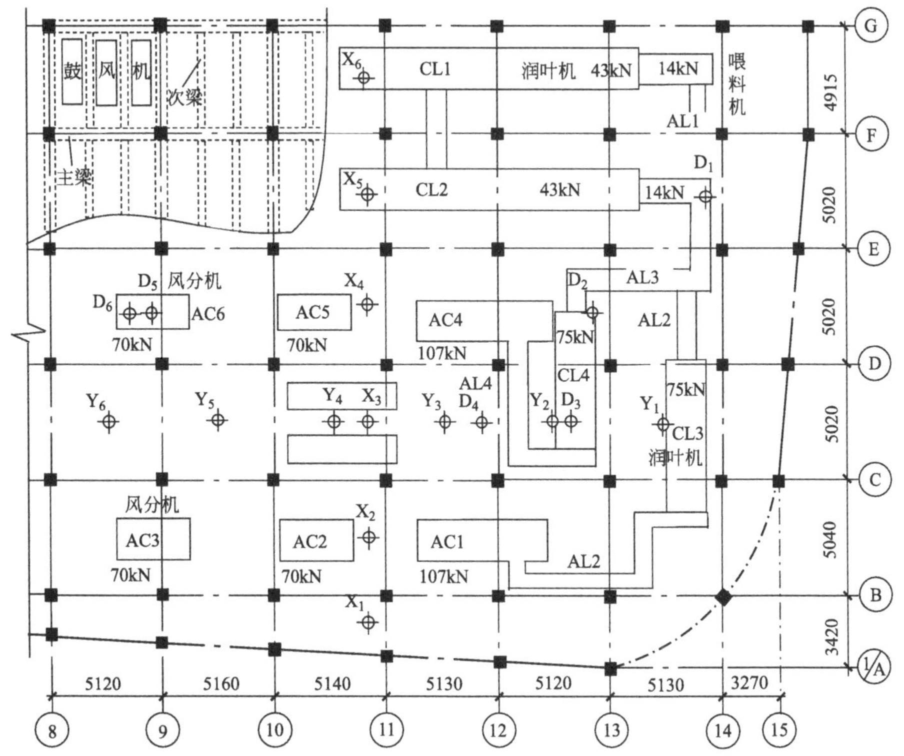

图 8-14　原烟叶打叶车间二层楼面的设备布置及动力响应测点的布置

前，业主未对整个楼面结构进行动力计算的复核，但考虑楼面面层已被严重损坏，加做了平均厚度为50mm的早强细石混凝土面层（内置直径6.5mm、间距200mm的钢筋网片）。当设备运转后，业主发现楼板开裂，受业主方委托，同济大学对该楼层设备运行时的动力响应进行了测试分析，对其结构承载力进行了验算复核，并提出了相应的加固方案[18]。

如图8-15所示，沿楼面南北向（X向）和东西向（Y向）各布置6个测点：X_1～X_6，Y_1～Y_6；在梁板裂缝处也布置6个测点：D_1～D_6。在各测点安装加速度传感器（丹麦BK4383型）量测相应位置的加速度反应，通过二次积分获得相应的位移反应。考虑打叶生产线有时是单线开机，有时是双线开机，按两种工况分别进行动力测试，表8-2给出了楼面各测点最大振动加速度和位移反应。

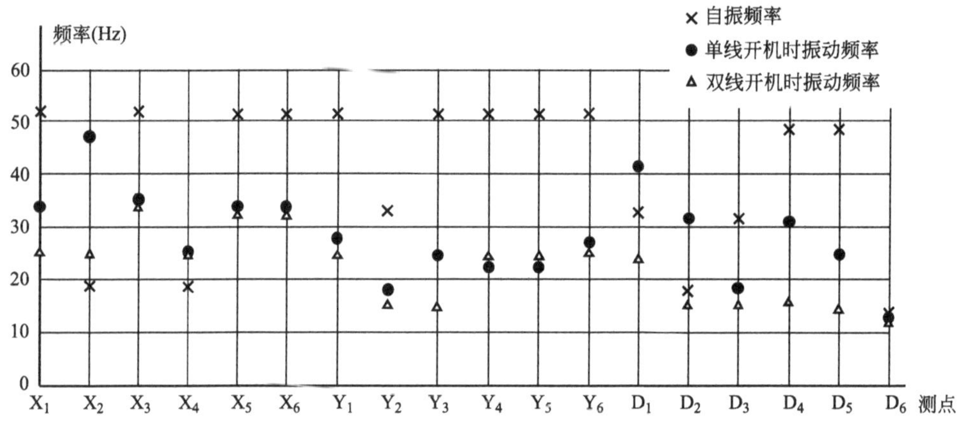

图8-15　打叶车间二层楼面各测点自振频率和振动优势频率

楼面各测点最大振动加速度和位移反应　　**表8-2**

测点	双线开机			单线开机		
	频率(Hz)	加速度(g)	位移(mm)	频率(Hz)	加速度(g)	位移(mm)
X_1	25.5	0.026	0.010	35.0	0.013	0.003
X_2	25.5	0.058	0.022	48.5	0.020	0.002
X_3	35.0	0.039	0.008	35.0	0.029	0.006
X_4	25.5	0.033	0.013	25.5	0.031	0.012
X_5	35.0	0.044	0.009	35.0	0.040	0.008
X_6	35.0	0.083	0.017	35.0	0.080	0.016
Y_1	26.0	0.019	0.007	27.5	0.012	0.004
Y_2	16.0	0.033	0.032	18.0	0.028	0.021
Y_3	16.0	0.069	0.067	25.5	0.024	0.009
Y_4	25.5	0.024	0.009	24.5	0.017	0.007

续表

测点	双线开机			单线开机		
	频率(Hz)	加速度(g)	位移(mm)	频率(Hz)	加速度(g)	位移(mm)
Y_5	25.0	0.029	0.012	24.5	0.022	0.008
Y_6	26.5	0.032	0.011	27.0	0.024	0.008
D_1	24.5	0.018	0.007	42.0	0.037	0.005
D_2	16.0	0.036	0.035	33.0	0.017	0.004
D_3	16.0	0.024	0.023	18.0	0.019	0.015
D_4	16.0	0.037	0.036	33.0	0.027	0.006
D_5	13.5	0.048	0.065	26.5	0.043	0.015
D_6	13.5	0.056	0.076	13.5	0.048	0.065

根据楼面各测点荷载及构件的开裂情况，算出各测点楼板的自振频率。见图 8-15，对比各测点楼板的自振频率和振动优势频率可以发现：大部分测点振动优势频率与自振频率相差甚远，发生共振的可能性不大；但部分开裂处测点的振动优势频率却与自振频率较接近，对这些地方如不处理，会出现局部共振。实测结果表明：双线开机时，D_6 测点处位移最大，为 0.076mm。

根据 18 个测点的最大加速度反应值的分布规律，考虑在最不利情况下，算出机器开动后由振动引起的动力放大系数为 1.1。根据现场检测表明，楼面结构混凝土的立方体抗压强度为 23.5MPa，钢筋的屈服强度为 307.3MPa。根据楼面实际荷载情况、动力放大系数、楼板结构的实际情况分析，需要对结构进行加固处理。为了不影响车间的正常生产，又能保证结构加固措施的安全可靠，在楼面薄弱处梁、板底部和一层柱子粘贴轻型钢骨架。加固后，楼面的振动情况有明显的改善。

2. 上海市四川中路 261 号房屋的动力特性测试

上海市四川中路 261 号房屋原系中南银行、大陆银行、盐业银行、金城银行四行联合办公用址，也叫四行储蓄会联合大楼。1926 年由匈牙利籍著名建筑师设计，1928 年建成。房屋为高八层的钢筋混凝土框架结构，外观为英国新古典主义风格，上海市四川中路 261 号房屋底层平面图和东立面图见图 8-16。

2012 年，业主拟对该建筑重新修缮。根据上海市的有关规定，考虑该建筑已服役近 80 年，为确保房屋结构的安全，并更好地保护该建筑，业主委托同济大学对该建筑进行全面检测，对其修缮方案的技术可行性和结构的安全性给出综合评价，并对可能存在的问题提出处理建议[19]。

为了了解建筑结构动力特性，获取结构的自振特性参数，根据该建筑的结构特点和现场的测试条件，在其地下室至屋面每层选取 1 个测点（共计 10 个测点），布置加速度传感器，分别记录环境随机激振下 X 向（南北向）、Y 向（东

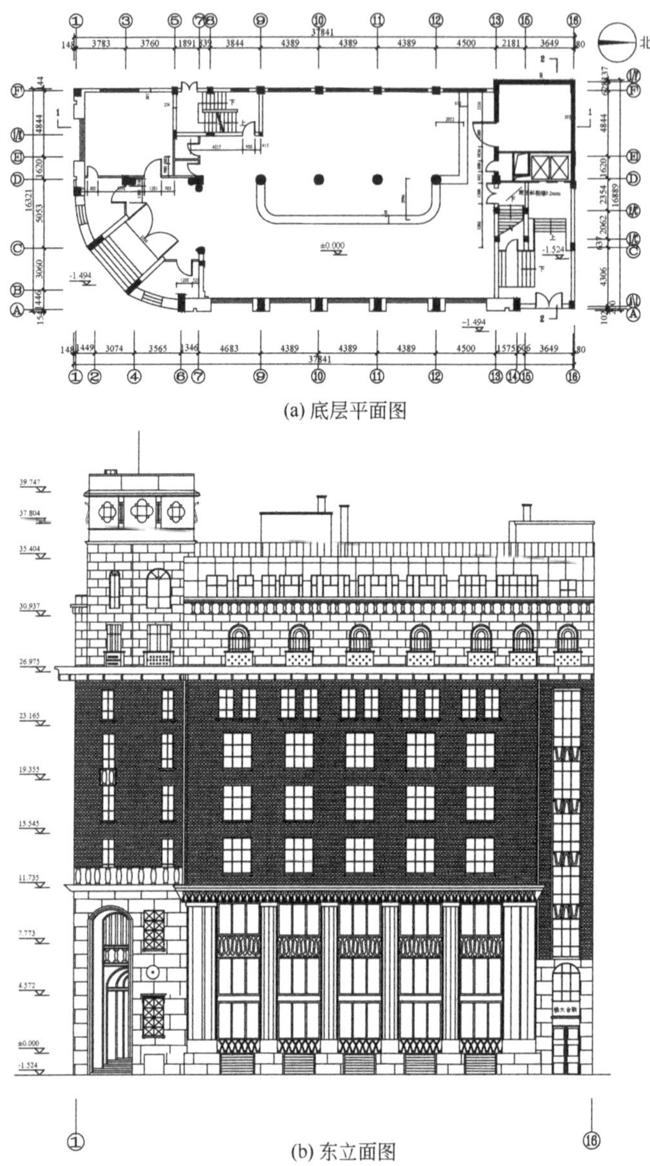

(a) 底层平面图

(b) 东立面图

图 8-16 上海市四川中路 261 号大楼底层平面图和东立面图

西向）的加速度反应，在每个方向的采集时间为 30min。获得各测点的加速度反应后，通过快速傅里叶变换可以得到相应测点的频响函数，进而获得该建筑结构的自振频率和阻尼比。图 8-17 给出了部分测点的幅频曲线。于是，可识别出建筑结构的自振频率和相应的阻尼比，如表 8-3 所示。由表 8-3 可见，不同测点测得的同一方向上的结构频率及相应的阻尼几乎相同。对既有建筑结构的动力性能进行评估时，结构的自振频率和阻尼比是最关键的参数。若仅测结构的自振频率

和阻尼比，结构上的测点数量还可适当减少。

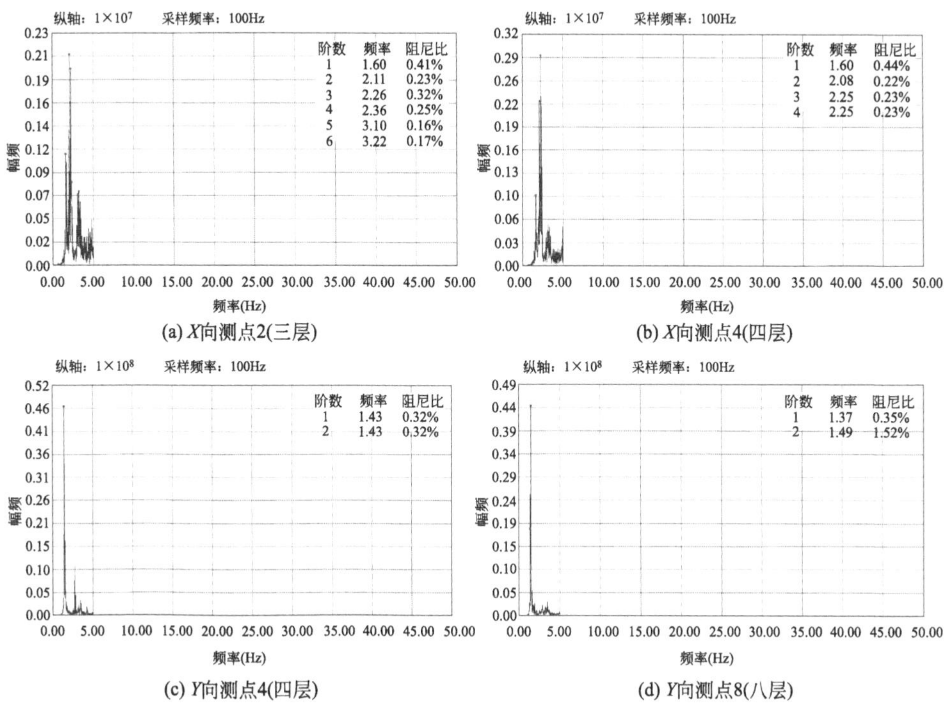

(a) X向测点2(三层)　(b) X向测点4(四层)

(c) Y向测点4(四层)　(d) Y向测点8(八层)

图 8-17　上海市四川中路 261 号房屋不同测点测得的幅频曲线

上海市四川中路 261 号房屋的自振频率及相应的阻尼比　　表 8-3

测点		自振频率(Hz)				阻尼比(%)			
		第一阶	第二阶	第三阶	第四阶	第一阶	第二阶	第三阶	第四阶
X 向	测点 2	1.60	2.11	2.26	2.36	0.41	0.23	0.32	0.25
	测点 4	1.60	2.08	2.25	—	0.44	0.22	0.23	—
	相对误差(%)	0.00	1.42	0.44	—	−7.32	4.35	28.13	—
Y 向	测点 4	1.43	—	—	—	0.32	—	—	—
	测点 8	1.37	—	—	—	0.35	—	—	—
	相对误差(%)	4.20	—	—	—	−9.38	—	—	—

3. 上海市中山东一路 13 号海关大楼的动力特性测试

上海市中山东一路 13 号海关大楼于 1925 年 12 月 15 日开工建设，1927 年 12 月 19 日竣工，其总平面图和东立面图见图 8-18。大楼东临黄浦江，西抵四川路，曾经被称为江海关大楼，1989 年被列入上海市第一批优秀历史保护建筑名单，现为全国重点文物保护单位。在 2015 年，业主委托同济大学对大楼进行全面检测，对其结构安全性给出综合评定，并对可能存在的问题提出处理建议[20]。

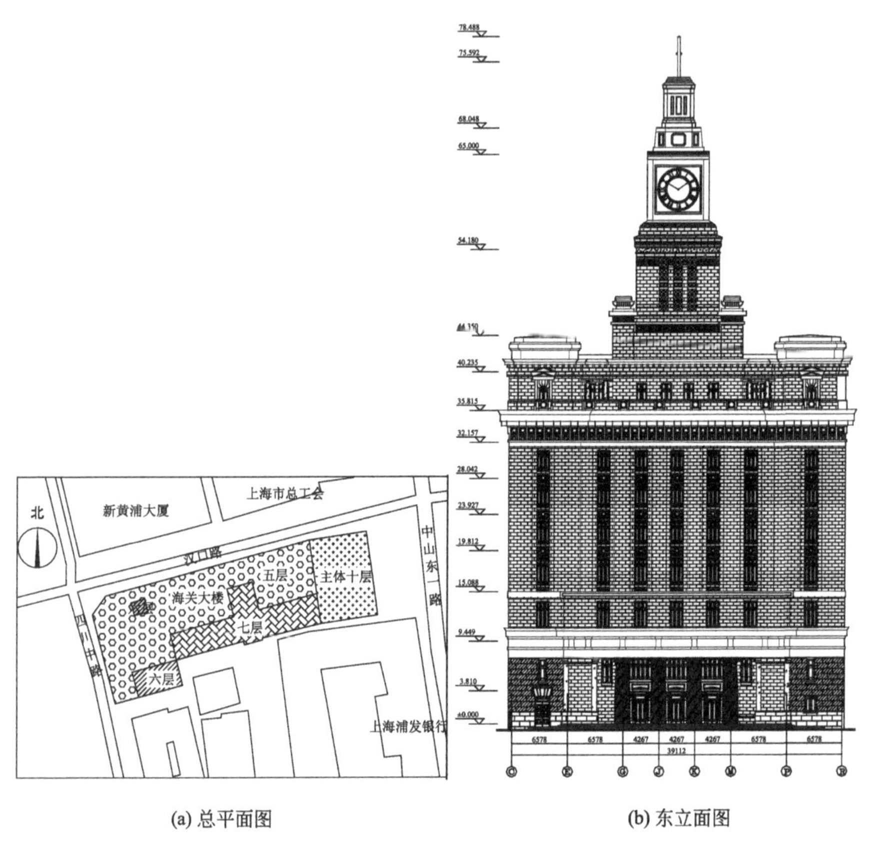

(a) 总平面图　　(b) 东立面图

图 8-18　上海市中山东一路 13 号海关大楼的总平面图和东立面图

为了了解该大楼结构动力特性，获取结构的自振频率和相应的阻尼比，根据该大楼的结构特点和现场的测试条件，分别在该大楼的主楼六层选择一个测点（测点 1），在附楼五层、六层各选择一个测点（测点 2 和测点 3），布置加速度传感器，采用结构振动信号采集仪分别记录环境随机振动下该大楼 X 向（东西向）、Y 向（南北向）的加速度反应，在每个方向的采集时间为 30min。通过快速傅里叶变换可以得到各测点的幅频曲线。图 8-19 给出了其中一个测点测得的大楼结构 X 向、Y 向的幅频曲线以及各阶频率和阻尼比。

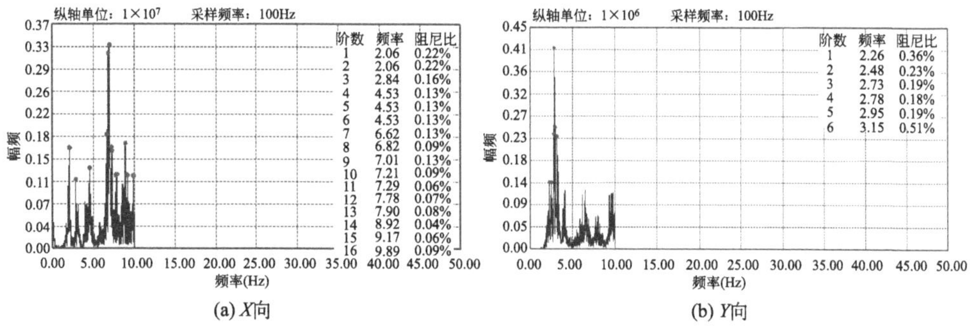

(a) X向　　(b) Y向

图 8-19　上海市中山东一路 13 号海关大楼其中一个测点测得的大楼结构 X 向、Y 向的幅频曲线

参考文献

[1] 李国强，李杰．工程结构动力检测理论与应用［M］．北京：科学出版社，2002.

[2] CLOUGH R，PENZIEN J. Dynamics of structures（second edition）［M］．California：Computer and structures，Inc.，2003.

[3] 朱宏平．结构损伤检测的智能方法［M］．北京：人民交通出版社，2009.

[4] 姚振纲，刘祖华．建筑结构试验［M］．上海：同济大学出版社，1996.

[5] 易伟健，张望喜．建筑结构试验［M］．北京：中国建筑工业出版社，2005.

[6] 方远．模态振动分析技术［M］．北京：科学出版社，1993.

[7] 福建省住房和城乡建设厅．建筑结构动力特性及动力响应检测技术规程：DBJ/T13—85—018［S］．福州：福建省住房和城乡建设厅，2018.

[8] LIU X L，TONG X H，YIN X J，et al. Video grammetric technique for three-dimensional structural progressive collapse measurement［J］．Measurement，2015（63）：87-99.

[9] 顾祥林．混凝土结构破坏过程仿真分析［M］．北京：科学出版社，2019.

[10] 李正农，刘福义，李秋胜，等．高层建筑动力反应实测中测点的优化布置方法研究［J］．地震工程与工程振动，2003，23（5）：149-156.

[11] REYNIER M，ABOU-KANDIL H. Sensors location for updating problems［J］．Mechanical systems and singnal processing，1999，13（2）：296-314.

[12] EWINS D J. Model testing：theory and practice［M］．England：John Wiley & Sons Inc.，1984.

[13] 王芳林，高伟，陈建军．风荷激励下天线结构的随机振动分析［J］．工程力学，2006，23（2）：168-172.

[14] ZHOU L，LI Y，LIU F，et al. Investigation of dynamic characteristics of a monopile wind turbine based on sea test［J］．Ocean engineering，2019，189：106308.

[15] TAN L，JIANG J. Digital signal processing（third edition）［M］．Sandiego：Academic Press，2019.

[16] CHOPRA A K. Dynamics of structures：theory and applications to earthquake engineering [M]. Upper Saddle River，NJ：Pearson Education，2012.
[17] 顾家扬，宗美珍 . 地面环境随机激振下大型建筑物系统识别和参数识别 [J]. 振动与冲击，1989，8 (2)：19-21.
[18] 张誉，顾祥林 . 机器上楼工程的动力实例分析 [J]. 结构工程师，1991，7 (2)：34-38.
[19] 顾祥林，张伟平，商登峰，等 . 四川中路 261 号（四行储蓄会联合大楼）房屋质量检测评定报告 [R]. 同济大学房屋质量检测站，2012.
[20] 顾祥林，张伟平，商登峰，等 . 中山东一路 13 号海关大楼文物建筑勘察报告 [R]. 同济大学房屋质量检测站，2015.

第9章 既有建筑结构损伤的动力识别

既有建筑结构使用过程中，由于荷载和环境等诸多因素的影响，会产生累积损伤[1]。因此，采用有效手段识别既有建筑结构的损伤程度和损伤部位对既有建筑结构的性能评估具有重要意义。第 5 章中详细介绍了不同因素引起的结构损伤的检测方法。从结构尺度来看，这些方法均属于局部损伤识别法。应用这些方法需要预先知道结构损伤的大致区域，要求被检测的部位容易接近。对无法预先定位的结构损伤可用全局损伤识别法来确定。基于结构振动特性的结构损伤识别法是有效的全局损伤识别方法之一，可以解决各种复杂结构的损伤识别问题。其基本思想是：损伤会引起结构中物理参数（刚度、质量等）改变，而结构模态参数是结构物理参数的函数，因此结构模态参数（频率、振型、阻尼等）也会随之发生改变，根据此改变即可确定损伤的位置和程度。近年来，国内外学者对基于结构振动特性的全局损伤识别方法进行了大量的研究工作。本章将主要介绍基于频率的损伤识别法和基于振型的损伤识别法。

9.1 结构损伤动力识别的基本方法

既有建筑结构的性态可用结构模态参数（固有频率和振型）和结构物理参数（刚度和质量）描述，结构模态参数可以反映结构的质量和刚度分布状态。模态参数的变化能够反映结构的物理性态变化，例如发生损伤等[1]。

结构损伤导致结构刚度的降低和质量变化。一般可表示为如式（9-1）、式（9-2）所示。

$$\boldsymbol{K}_{\mathrm{d}}=\boldsymbol{K}_0+\Delta\boldsymbol{K} \tag{9-1}$$

$$\boldsymbol{M}_{\mathrm{d}}=\boldsymbol{M}_0+\Delta\boldsymbol{M} \tag{9-2}$$

式中，$\boldsymbol{K}_{\mathrm{d}}$、$\boldsymbol{M}_{\mathrm{d}}$ 为有损伤结构的刚度矩阵、质量矩阵；$\boldsymbol{K}_0$、$\boldsymbol{M}_0$ 为无损伤结构的刚度矩阵、质量矩阵；$\Delta\boldsymbol{K}$、$\Delta\boldsymbol{M}$ 为由于损伤所引起的结构刚度矩阵、质量矩阵的变化。

显然，结构的损伤识别是相对某一初始状态而言的。因此，对结构要进行两次测试，将其结果进行对比，以识别结构的损伤。但是，既有建筑结构一般都经过长期使用，其原始状态的动力特性测试数据几乎不可能获得，只能通过一次测试对结构损伤给出判断。此时，可以以结构设计时的理论状态作为结构的原始状态，或者根据实测数据修正得到的模型作为结构的初始状态模型，通过计算分析获得结构的初始动力特性。根据结构现状的动力测试结果和原始动力特性进行比较分析，识别出结构的损伤，基本步骤如图 9-1 所示。其核心是利用结构现场动力实测得到的数据，识别结构的动力特性，判断结构损伤的出现及部位，而损伤程度可通过损伤前后识别得到的刚度参数的差异反映。

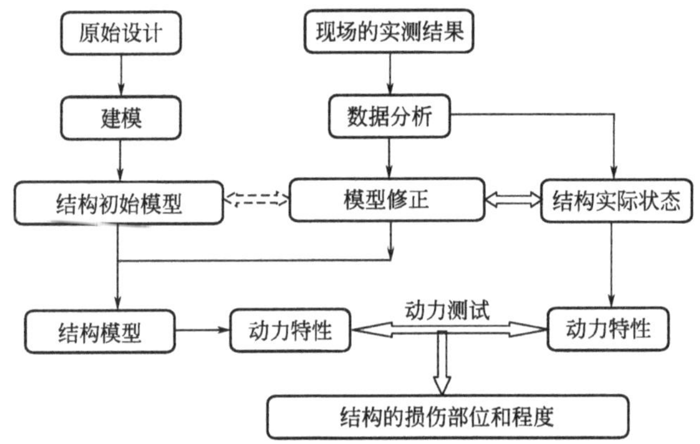

图 9-1　既有建筑结构损伤动力识别的基本步骤

一般可定义结构的损伤因子 D 如式（9-3）所示[2]。

$$D=\left|\frac{K_0^{\mathrm{i}}-K_{\mathrm{d}}^{\mathrm{i}}}{K_0^{\mathrm{i}}}\right| \tag{9-3}$$

式中，K_0^{i}、$K_{\mathrm{d}}^{\mathrm{i}}$ 为结构的某一状态参数损伤前后的识别结果。

由式（9-3）可知，D 的值域为 $[0,1]$，$D=0$ 时，对应无结构损伤的状态，D 越大，表明损伤程度越严重，$D=1$ 表示完全破坏状态。

处理现场测试数据可采用傅里叶变换和小波变换，下面重点介绍小波变换。

9.1.1　小波变换方法的特点

小波变换是继傅里叶变换后出现的数学工具。傅里叶变换采用不同频率的简谐波作为信号成分，变换后去除了所有的时域信息；小波变换用一簇小波函数表示或逼近一个函数（信号），它具有伸缩、平移和放大功能，在时域和频域上同时具有强大的局部性能，能对不同的频率采用逐渐精细的采样步长，聚焦到信号的任意细节，如同分析信号的“显微镜”。小波变换对信号的奇异点十分敏感，可以识别结构响应信号中存在的奇异性或突变信息，而这些信息往往反映了结构的损伤情况。因此，小波变换在奇异信号检测、信噪分离、信号频带分析和损伤识别等领域的应用非常广泛。

对结构响应信号进行小波（包）分解，可将各组分信号的能量、模极大值等特征作为统计数据进行结构的损伤识别。此外，利用小波变化方法强大的局部化性能对输出信号进行变换，在时域信号或结构变形曲线的基础上可识别损伤时刻和损伤位置。考虑很多既有建筑结构并没有原始的或完好状态下的动力学参数，不依赖原始结构动力参数的损伤识别方法显得尤其重要，因此，小波变化方法且具有很高的应用价值[3]。

9.1.2　小波变换方法的实现过程

设 $\psi(t)=L^2(R)$，$L^2(R)$ 表示平方可积的实数空间，其傅里叶变换为 $\hat{\psi}(\omega)$ 。当 $\hat{\psi}(\omega)$ 满足式（9-4）时，称 $\psi(t)$ 为一个基本小波。将基本小波伸缩和平移后，就可以得到一个小波序列[4]。

$$C_\psi=\int_R \frac{|\hat{\psi}(\omega)|^2}{|\omega|}\mathrm{d}\omega<\infty \tag{9-4}$$

1. 连续小波变换

对于连续的情况，小波序列见式（9-5）。

$$\psi_{a,b}(t)=\frac{1}{\sqrt{|a|}}\psi\left(\frac{t-b}{a}\right)\quad a,b\in R;a\neq 0 \tag{9-5}$$

式中，a 为伸缩因子；b 为平移因子。

对于任意函数 $x(t)\in L^2(R)$ 的连续小波变换，见式（9-6）。

$$W_x(a,b)=x\psi_{a,b}=|a|^{-1/2}\int_R x(t)\overline{\psi}\left(\frac{t-b}{a}\right)\mathrm{d}t \tag{9-6}$$

其逆变换见式（9-7）。

$$x(t)=\frac{1}{C_\psi}\int_{-\infty}^{\infty}\int_{-\infty}^{\infty}\frac{1}{a^2}W_x(a,b)\psi\left(\frac{t-b}{a}\right)\mathrm{d}a\,\mathrm{d}b \tag{9-7}$$

2. 离散小波变换

对于离散的情况，小波序列见式（9-8）。

$$\psi_{j,k}(t)=2^{j/2}\psi(2^{-j}t-k)\quad j,k\in Z \tag{9-8}$$

对于任意函数 $x(t)\in L^2(R)$， 其二进小波变换为函数序列 $\{W_{2j}x(k)\}_{k\in Z}$，其中的小波变换见式（9-9）。

$$W_{2j}x(k)=\{x(t),\psi_{2j}(k)\}=\frac{1}{2^j}\int_R x(t)\psi(2^{-j}t-k)\mathrm{d}t \tag{9-9}$$

其逆变换见式（9-10）。

$$x(t)=\sum_{j\in Z}W_{2j}x(k)*\psi_{2j}(t)=\sum_{j\in Z}\int W_{2j}x(k)\psi_{2j}(2^{-j}t-k)\mathrm{d}k \tag{9-10}$$

3. 多分辨分析

任何函数 $x(t) \in L^2(R)$ 都可以根据分辨率为 2^{-N} 的低频部分（“近似部分”）和分辨率为 $2^{-j}(1 \leqslant j \leqslant N)$ 的高频部分（“细节部分”）完全重构。多分辨分析只是对低频部分的进一步分解，而对高频部分不予考虑。

分解关系为：$x(t) = A_n + D_n + D_{n-1} + \cdots + D_2 + D_1$，其中，$x(t)$ 代表信号，A 代表低频近似部分，D 代表高频细节部分，n 代表分解层数。多分辨分析树形结构如图 9-2 所示。

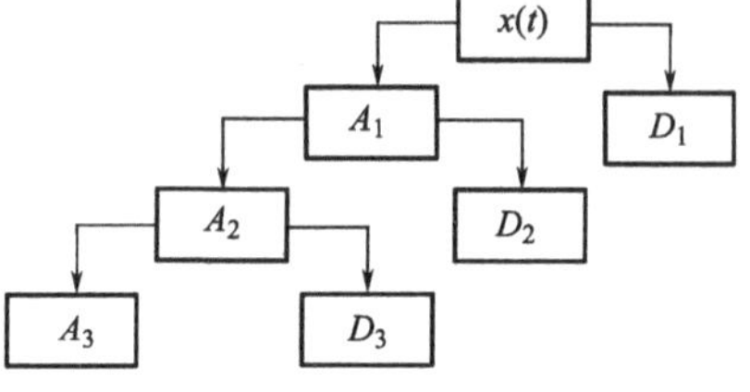

图 9-2　多分辨分析树形结构

4. 小波包分析

小波包分析能够为信号提供一种更加精细的分析方法，它将频带进行多层次划分，对多分辨分析中没有细分的高频部分进一步分解，并能根据被分析信号的特征，自适应地选择相应的频带，使之与信号的频谱匹配，从而提高时频分辨率，因此，小波包分析具有更广泛的应用价值。

以三层分解为例，小波包分析的分解关系为 $x(t) = AAA_3 + DAA_3 + ADA_3 + DDA_3 + AAD_3 + DAD_3 + ADD_3 + DDD_3$。其中，$x(t)$ 代表信号，A 代表低频近似部分，D 代表高频细节部分，下标代表分解层数。小波包分析树形结构如图 9-3 所示。

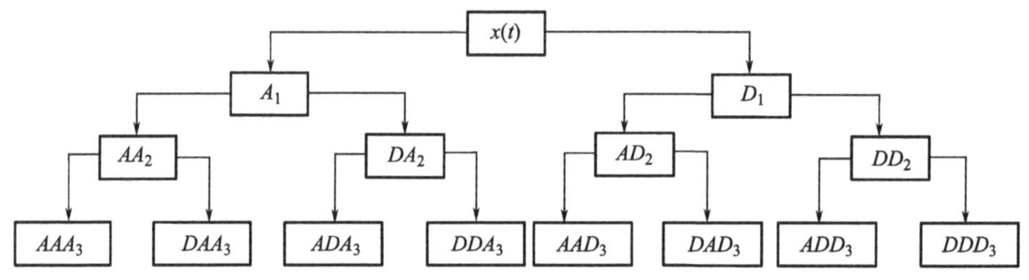

图 9-3　小波包分析树形结构

小波变换的时频窗口特性与短时傅里叶的时频窗口特性不一样。小波变换对不同的频率在时域上的取样步长是调节性的，在低频时，小波变换的时间分辨率较差，而频率分辨率较高；在高频时，小波变换的时间分辨率较高，而频率分辨率较差，符合低频信号变化缓慢，高频信号变化迅速的特点。这也是小波变换优于经典的傅里叶变换与短时傅里叶变换的地方。从总体上讲，小波变换比短时傅里叶变换具有更好的时频窗口特性。

9.2　基于频率变化的既有建筑结构损伤的识别

9.2.1　损伤对结构固有频率的影响

一般体系结构的动力学方程见式（9-11）。

$$[M]\{\ddot{x}\}+[C]\{\dot{x}\}+[K]\{x\}=\{f_{\mathrm{P}}(t)\} \tag{9-11}$$

一个振动系统的固有频率和固有振型是该系统的刚度矩阵和质量矩阵的函数。当结构发生损伤时，这两个矩阵会发生变化。因此，其频率和振型也会发生变化。为了便于分析，以无阻尼自由振动情况为例，其特征方程见式（9-12）。

$$([K]-\omega^2[M])\{\Phi\}=0 \tag{9-12}$$

式中，$\{\Phi\}$ 为位移振型。

任意时刻质点运动的位移和速度见式（9-13）和式（9-14）。

$$\{x\}=\{\Phi\}\sin(\omega t+\varphi) \tag{9-13}$$

$$\{\dot{x}\}=\{\Phi\}\omega\cos(\omega t+\varphi) \tag{9-14}$$

式中，φ 为相位角。

结构的应变能见式（9-15）。

$$\begin{cases} U=\dfrac{1}{2}\{x\}^{\mathrm{T}}[K]\{x\}=\dfrac{1}{2}\{\Phi\}^{\mathrm{T}}[K]\{\Phi\}\sin^2(\omega t+\varphi) \\ U_{\max}=\dfrac{1}{2}\{\Phi\}^{\mathrm{T}}[K]\{\Phi\} \end{cases} \tag{9-15}$$

结构的动能见式（9-16）。

$$\begin{cases} T=\dfrac{1}{2}\{\dot{x}\}^{\mathrm{T}}[M]\{\dot{x}\}=\dfrac{1}{2}\{\Phi\}^{\mathrm{T}}[M]\{\Phi\}\omega^2\cos^2(\omega t+\varphi) \\ T_{\max}=\dfrac{1}{2}\{\Phi\}^{\mathrm{T}}[M]\{\Phi\}\omega^2 \end{cases} \tag{9-16}$$

根据能量守恒定律 $U_{\max}=T_{\max}$，得到式（9-17）。

$$\lambda=\omega^2=\frac{\{\Phi\}^{\mathrm{T}}[K]\{\Phi\}}{\{\Phi\}^{\mathrm{T}}[M]\{\Phi\}} \tag{9-17}$$

由式（9-17）可以看出：某一阶特征值 λ_j 可以看作是 $\boldsymbol{K}$、$\boldsymbol{M}$ 和 $\boldsymbol{\Phi}$ 的函数，而 $\boldsymbol{\Phi}$ 本身也是 $\boldsymbol{K}$、$\boldsymbol{M}$ 的函数。这样当结构刚度 $\boldsymbol{K}$ 和质量 $\boldsymbol{M}$ 在 $\boldsymbol{K}_0$、$\boldsymbol{M}_0$ 上发生微小的变化时，特征值 λ_j 相应地会在 λ_{j0} 上发生一阶小量变化 $\delta\lambda_j$，且可将其分解，见式（9-18）。

$$\delta\lambda_j=\delta_1\lambda_j+\delta_2\lambda_j+\delta_3\lambda_j \tag{9-18}$$

式中，$\delta_1\lambda_j$、$\delta_2\lambda_j$、$\delta_3\lambda_j$ 代表由结构刚度变化 $\delta\boldsymbol{K}$、质量变化 $\delta\boldsymbol{M}$ 和振型变化 $\delta\boldsymbol{\Phi}$

引起的变化。但是$\delta\boldsymbol{\Phi}_{j0}$使式（9-17）取驻值，因此在一阶小量范围内有$\delta_3\lambda_j=0$，这样式（9-18）可以简化成$\delta\lambda_j=\delta_1\lambda_j+\delta_2\lambda_j$。根据式（9-17）得到式（9-19）。

$$\begin{cases}\delta_1\lambda_j=\dfrac{\boldsymbol{\Phi}_{j0}^{\mathrm{T}}\delta\boldsymbol{K}\boldsymbol{\Phi}_{j0}}{\boldsymbol{\Phi}_{j0}^{\mathrm{T}}\boldsymbol{M}\boldsymbol{\Phi}_{j0}}\\ \delta_2\lambda_j=\dfrac{\boldsymbol{\Phi}_{j0}^{\mathrm{T}}\boldsymbol{K}\boldsymbol{\Phi}_{j0}}{\boldsymbol{\Phi}_{j0}^{\mathrm{T}}(\boldsymbol{M}+\delta\boldsymbol{M})\boldsymbol{\Phi}_{j0}}-\dfrac{\boldsymbol{\Phi}_{j0}^{\mathrm{T}}\boldsymbol{K}\boldsymbol{\Phi}_{j0}}{\boldsymbol{\Phi}_{j0}^{\mathrm{T}}(\boldsymbol{M})\boldsymbol{\Phi}_{j0}}=\dfrac{-\boldsymbol{\Phi}_{j0}^{\mathrm{T}}\lambda_{j0}\boldsymbol{K}\boldsymbol{\Phi}_{j0}}{\boldsymbol{\Phi}_{j0}^{\mathrm{T}}(\boldsymbol{M}+\delta\boldsymbol{M})\boldsymbol{\Phi}_{j0}}\approx\dfrac{-\boldsymbol{\Phi}_{j0}^{\mathrm{T}}\lambda_{j0}\boldsymbol{K}\boldsymbol{\Phi}_{j0}}{\boldsymbol{\Phi}_{j0}^{\mathrm{T}}(\boldsymbol{M})\boldsymbol{\Phi}_{j0}}\end{cases}\tag{9-19}$$

于是，得到式（9-20）。

$$\delta\lambda_j=\frac{\boldsymbol{\Phi}_{j0}^{\mathrm{T}}(\delta\boldsymbol{K}-\lambda_{j0}\delta\boldsymbol{M})\boldsymbol{\Phi}_{j0}}{\boldsymbol{\Phi}_{j0}^{\mathrm{T}}\boldsymbol{M}\boldsymbol{\Phi}_{j0}}\tag{9-20}$$

因为$\boldsymbol{\Phi}_{j0}^{\mathrm{T}}\boldsymbol{M}\boldsymbol{\Phi}_{j0}=\boldsymbol{I}$，可见式（9-21）。

$$\delta\lambda_j=\boldsymbol{\Phi}_{j0}^{\mathrm{T}}(\delta\boldsymbol{K}-\lambda_{j0}\delta\boldsymbol{M})\boldsymbol{\Phi}_{j0}\tag{9-21}$$

当忽略质量的变化即$\delta\boldsymbol{M}=0$时，式（9-21）可变成式（9-22）。

$$\delta\lambda_j=\boldsymbol{\Phi}_{j0}^{\mathrm{T}}\delta\boldsymbol{K}\boldsymbol{\Phi}_{j0}\tag{9-22}$$

如果结构刚度矩阵$\delta\boldsymbol{K}$为对称矩阵，则有式（9-23）。

$$\delta\lambda_j=\boldsymbol{\Phi}_{j0}^{\mathrm{T}}\delta\boldsymbol{K}\boldsymbol{\Phi}_{j0}=\boldsymbol{\Phi}_{j0}^{\mathrm{T}}\left[\frac{\delta\boldsymbol{K}+\delta\boldsymbol{K}^{\mathrm{T}}}{2}\right]\boldsymbol{\Phi}_{j0}\tag{9-23}$$

从式（9-21）～式（9-23）我们可以得出以下结论：

（1）从动力学角度讲，增大刚度和减小质量总使得结构固有频率提高，而减小刚度和质量使得结构固有频率降低或不变。

（2）一般情况，损伤不会引起既有建筑结构的质量变化。因此，降低刚度将会使得结构的固有频率降低。

（3）结构频率的改变与结构整体特性有关，是一种典型的加权型累积量，而不是局域量。

（4）频率的改变由结构损伤程度和损伤位置决定，不是由单一的因素引起的，损伤程度越大，频率改变量越大。另外，损伤位置对频率的影响较复杂，一些损伤位置可能对结构高阶频率的影响较大，另一些位置可能对结构的低阶频率影响较大。

（5）对称位置处相同的损伤会造成相同的频率变化。

9.2.2 以频率变化识别结构的损伤

固有频率是结构最基本的模态参数，且其量测方便，识别精度高，能反映结构的整体性能。因此，以固有频率变化来识别损伤的方法被广泛应用[5-7]。

1. 损伤程度的识别

在荷载作用下，既有建筑结构中的损伤主要表现为“开裂”。不同于钢结构和木结构，对混凝土结构和砌体结构，“开裂”一般只降低结构的刚度，而不影响其承载力。结构损伤引起的刚度变化会在结构中产生内力重新分布，还会影响结构的地震反应。对可直接观察到的局部损伤，用相关方法识别后，可直接修正局部刚度进行结构分析；对难以直接观察到的全局损伤，采用动力测试方法识别出损伤程度后，根据损伤程度对结构的整体刚度进行修正，可以更加准确地获得结构反应的计算结果。为此，本书第一作者曾提出一种简便、实用的方法来识别结构的全局损伤程度[8]。

如果忽略结构的强度退化，或者认为损伤对结构强度和刚度的影响相互独立，结构中的损伤可被看成结构刚度的降低。由于结构的自振频率和结构的整体刚度直接相关，因此，可以用频率的变化定义结构的损伤。设 f_0 为结构的初始基本频率，将结构等效成单自由度体系，则有式（9-24）。

$$f_{01}=\frac{1}{2\pi}\sqrt{\frac{K_0}{m}} \tag{9-24}$$

式中，K_0 为结构的等效刚度；m 为结构的等效质量。

结构损伤后 f_{01} 变为 f_{d1}，结构的等效刚度 K_0 变为 K_d，于是有式（9-25）和式（9-26）。

$$f_{d1}=\frac{1}{2\pi}\sqrt{\frac{K_d}{m}} \tag{9-25}$$

$$\eta_d=K_d/K_0=f_{d1}^2/f_{01}^2 \tag{9-26}$$

式中，η_d 为等效刚度的折减系数。

定义结构整体损伤指标见式（9-27）。

$$D=1-\eta_d=1-f_{d1}^2/f_{01}^2 \tag{9-27}$$

式中，$D=0$，表示无损伤；$D=1$，表示结构有破坏。

对于既有建筑结构，采用式（9-21）可方便地识别结构的全局损伤程度。

2. 损伤位置的识别

由于局部损伤引起的结构第 i 阶固有圆频率改变可以用一个函数表示[9,10]。它是损伤的位置矢量 $\boldsymbol{r}$ 和由于损伤引起的刚度减小量的函数，见式（9-28）。

$$\partial\omega_i=f(\partial\boldsymbol{K},\boldsymbol{r}) \tag{9-28}$$

式中，$\partial\omega_i$ 为结构第 i 阶圆频率的变化；$\partial\boldsymbol{K}$ 为因局部损伤而引起的刚度减少；$\boldsymbol{r}$ 为局部损伤的位置矢量。

将式（9-28）的函数在 $\partial\boldsymbol{K}=0$ 处（即无损状态）按泰勒展开，并忽略高阶项，得到式（9-29）。

$$\partial\omega_i=f(0,\boldsymbol{r})+\delta\boldsymbol{K}\frac{\partial f(0,\boldsymbol{r})}{\partial(\delta\boldsymbol{K})} \tag{9-29}$$

因为在损伤之前频率未发生改变，则对所有的 $\boldsymbol{r}$ 有 $f(0,\ \boldsymbol{r})=0$，因此得到式（9-30）。

$$\partial\omega_i=\delta\boldsymbol{K}g_i(\boldsymbol{r}) \tag{9-30}$$

式中，$g_i(\boldsymbol{r})=\partial f(0,\ \boldsymbol{r})/\partial(\delta\boldsymbol{K})$。同理可得结构第 j 阶频率的变化式（9-31）。

$$\partial\omega_j=\delta\boldsymbol{K}g_j(\boldsymbol{r}) \tag{9-31}$$

由式（9-30）、式（9-31）可得式（9-32）。

$$\frac{\partial\omega_i}{\partial\omega_j}=\frac{g_i(\boldsymbol{r})}{g_j(\boldsymbol{r})}=h(\boldsymbol{r}) \tag{9-32}$$

从式（9-32）可以看出，频率改变比 $\partial\omega_i/\partial\omega_j$ 是损伤位置的函数，与损伤程度无关。

从另外一个角度也可以得出同样的结论[11]。

针对如式（9-12）所示的基本特征方程，考虑刚度矩阵发生微小变化 $\delta\boldsymbol{K}$，同样，其他参数也发生微小变化，见式（9-33）。

$$\{([K]+[\delta K])-([M]+[\delta M])(\omega^2+\delta\omega^2)\}(\{\Phi\}+\{\delta\Phi\})=0 \tag{9-33}$$

将式（9-33）展开，并忽略二阶项，得到式（9-34）。

$$\begin{aligned}&[K]\{\Phi\}-\omega^2[M]\{\Phi\}-\omega^2[\delta M]\{\Phi\}+[\delta K]\{\Phi\}-\\&\delta\omega^2[M]\{\Phi\}+[K]\{\delta\Phi\}-\omega^2[M]\{\delta\Phi\}=0\end{aligned} \tag{9-34}$$

不考虑质量变化即 $[\delta M]=0$，则式（9-34）可简化为式（9-35）。

$$[\delta K]\{\Phi\}-\delta\omega^2[M]\{\Phi\}+[K]\{\delta\Phi\}-\omega^2[M]\{\delta\Phi\}=0 \tag{9-35}$$

对式（9-35）左乘 $\{\Phi\}^{\mathrm{T}}$ 则有式（9-36）。

$$\delta\omega^2=\frac{\{\Phi\}^{\mathrm{T}}[\delta K]\{\Phi\}}{\{\Phi\}^{\mathrm{T}}[M]\{\Phi\}} \tag{9-36}$$

对于某一振型 $\{\Phi_i\}$，有式（9-37）。

$$\delta\omega_i^2=\frac{\{\Phi_i\}^{\mathrm{T}}[\delta K]\{\Phi_i\}}{\{\Phi_i\}^{\mathrm{T}}[M]\{\Phi_i\}} \tag{9-37}$$

为了得到单个单元的损伤与整体振动响应之间的关系，将整体刚度矩阵 $[K]$ 分解为单个的单元刚度矩阵 $[K_{\mathrm{N}}]$，并用振型 $\boldsymbol{\Phi}$ 计算单元变形 $\{\varepsilon_{\mathrm{N}}(\Phi)\}$，于是有式（9-38）。

$$\begin{cases}\{\Phi_i\}^{\mathrm{T}}[K]\{\Phi_i\}=\sum\limits_N\{\varepsilon_{\mathrm{N}}(\Phi_i)\}^{\mathrm{T}}[K_{\mathrm{N}}]\{\varepsilon_{\mathrm{N}}(\Phi_i)\}\\\{\Phi_i\}^{\mathrm{T}}[\delta K]\{\Phi_i\}=\sum\limits_N\{\varepsilon_{\mathrm{N}}(\Phi_i)\}^{\mathrm{T}}[\delta K_{\mathrm{N}}]\{\varepsilon_{\mathrm{N}}(\Phi_i)\}\end{cases} \tag{9-38}$$

将式（9-38）带入式（9-37）可得式（9-39）。

$$\delta\omega_i^2=\frac{\sum\limits_N\{\varepsilon_{\mathrm{N}}(\Phi_i)\}^{\mathrm{T}}[\delta K_{\mathrm{N}}]\{\varepsilon_{\mathrm{N}}(\Phi_i)\}}{\{\Phi_i\}^{\mathrm{T}}[M]\{\Phi_i\}} \tag{9-39}$$

对于单个单元 N 发生损伤时，式（9-39）可以简化为式（9-40）。

$$\delta\omega_i^2=\frac{\{\varepsilon_N(\Phi_i)\}^T[\delta K_N]\{\varepsilon_N(\Phi_i)\}}{\{\Phi_i\}^T[M]\{\Phi_i\}} \tag{9-40}$$

结构第 N 个单元损伤后，第 N 个单元刚度矩阵变化为式（9-41）。

$$[\delta K_N]=D_N[K_N] \tag{9-41}$$

式中，D_N 为第 N 单元损伤程度。将式（9-41）带入式（9-40）可得式（9-42）。

$$\delta\omega_i^2=\frac{D_N\{\varepsilon_N(\Phi_i)\}^T[K_N]\{\varepsilon_N(\Phi_i)\}}{\{\Phi_i\}^T[M]\{\Phi_i\}} \tag{9-42}$$

同理可得式（9-43）。

$$\delta\omega_j^2=\frac{D_N\{\varepsilon_N(\Phi_j)\}^T[K_N]\{\varepsilon_N(\Phi_j)\}}{\{\Phi_j\}^T[M]\{\Phi_j\}} \tag{9-43}$$

由式（9-42）、式（9-43）可得式（9-44）。

$$\frac{\delta\omega_i^2}{\delta\omega_j^2}=\frac{\dfrac{D_N\{\varepsilon_N(\Phi_i)\}^T[K_N]\{\varepsilon_N(\Phi_i)\}}{\{\Phi_i\}^T[M]\{\Phi_i\}}}{\dfrac{D_N\{\varepsilon_N(\Phi_j)\}^T[K_N]\{\varepsilon_N(\Phi_j)\}}{\{\Phi_j\}^T[M]\{\Phi_j\}}} \tag{9-44}$$

式（9-44）表明，任意两阶模态对应的频率平方变化比是结构损伤位置的函数，不同位置单元损伤对应一组特定的频率平方变化比集合，根据结构损伤前后各阶模态对应的频率平方变化比，就可以识别出结构损伤的位置。

如果结构损伤后振型没有发生显著的变化，那么对损伤可以只根据频率的变化，再加上未损伤结构的振型来进行定位和定量[12]。还有许多学者对上述方法进行了改进和修正[13-18]，在此不再赘述。

9.3　基于振型变化的既有建筑结构损伤的识别

9.3.1　损伤对结构振型的影响

由 9.2 节的分析可知，对于某些对称结构，在对称位置的损伤会产生相同的频率变化。此时，如需要识别结构损伤的具体位置，宜考虑振型的变化。大量的试验结果表明：振型对结构的损伤比频率对结构的损伤更为敏感。

由前面的公式可知，对于某一阶振动方程有式（9-45）。

$$\delta\lambda_i=\{\Phi_i\}^T[\delta K]\{\Phi_i\}+\{\Phi_i\}^T([\delta K]-\delta\lambda_i[M])\{\delta\Phi_i\} \tag{9-45}$$

由于 $\{\Phi_i\}^d=\{\Phi_i\}+\{\delta\Phi_i\}$，将其代入式（9-45）可得式（9-46）。

$$\delta\lambda_i+\{\Phi_i\}^T\delta\lambda_i[M]\{\Phi_i\}^d-\{\Phi_i\}^T\delta\lambda_i[M]\{\Phi_i\}=\{\Phi_i\}^T[\delta K]\{\Phi_i\}+\{\Phi_i\}^T[\delta K]\{\delta\Phi_i\} \tag{9-46}$$

用 $\{\Phi_i\}^{-1}\{\Phi_i\}^{\mathrm{d}}$ 右乘式 $\{\Phi_i\}^{\mathrm{T}}[K]\{\Phi_i\}=\lambda_i\{\Phi_i\}^{\mathrm{T}}[M]\{\Phi_i\}$，可得式（9-47）。

$$\{\Phi_i\}^{\mathrm{T}}[K]\{\Phi_i\}^{\mathrm{d}}=\lambda_i\{\Phi_i\}^{\mathrm{T}}[M]\{\Phi_i\}^{\mathrm{d}} \tag{9-47}$$

将式（9-47）代入式（9-46）可得式（9-48）。

$$\frac{\delta\lambda_i}{\lambda_i}\{\Phi_i\}^{\mathrm{T}}K\{\Phi_i\}^{\mathrm{d}}=\{\Phi_i\}^{\mathrm{T}}[\delta K]\{\Phi_i\}+\{\Phi_i\}^{\mathrm{T}}[\delta K]\{\delta\Phi\} \tag{9-48}$$

将式（9-47）左乘 $\delta\lambda_i/\lambda_i$，可得式（9-49）。

$$\frac{\delta\lambda_i}{\lambda_i}\{\Phi_i\}^{\mathrm{T}}[K]\{\Phi_i\}^{\mathrm{d}}=\delta\lambda_i\{\Phi_i\}^{\mathrm{T}}[M]\{\Phi_i\}^{\mathrm{d}}\approx\delta\lambda_i \tag{9-49}$$

联合式（9-48）和式（9-49），可得式（9-50）。

$$\delta\lambda_i=\{\Phi_i\}^{\mathrm{T}}[\delta K]\{\Phi_i\}+\{\Phi_i\}^{\mathrm{T}}[\delta K]\{\delta\Phi_i\} \tag{9-50}$$

令频率为 n 阶的对角矩阵，如式（9-51）所示。

$$[\Omega]^2=[\omega_1^2,\omega_2^2,\cdots,\omega_n^2] \tag{9-51}$$

则，得到的式（9-52）。

$$[K]\{\Phi\}-[\Omega]^2[M]\{\Phi\}=0 \tag{9-52}$$

也可以写成式（9-53）。

$$\{\Phi\}[\omega^{-2}]=[K]^{-1}[M]\{\Phi\} \tag{9-53}$$

将 $\{\Phi\}^{-1}=\{\Phi\}^{\mathrm{T}}[M]$ 带入式（9-53）得式（9-54）。

$$[K]^{-1}=\{\Phi\}[\omega^{-2}]\{\Phi\}^{\mathrm{T}} \tag{9-54}$$

则柔度矩阵见式（9-55）。

$$[K]^{-1}=\sum_i^n\frac{1}{\lambda_i}\{\Phi_i\}\{\Phi_i\}^{\mathrm{T}}=\sum_i^n\frac{1}{\omega_i^2}\{\Phi_i\}\{\Phi_i\}^{\mathrm{T}} \tag{9-55}$$

从式（9-49）～式（9-55）可以得出以下结论：

（1）结构发生损伤时，振型和频率两者中总要有一个发生变化。

（2）结构刚度矩阵变化与频率、振型的变化关系复杂，对于结构损伤识别，应尽可能地综合频率和振型的变化来判定。

（3）组合时考虑的模态参数越多，识别结果越精确。

9.3.2 基于振型变化识别结构的损伤

利用振型诊断损伤有两种途径：一是直接利用结构损伤前后的振型变化识别损伤；二是由振型构造出结构损伤标示量，由标示量的取值或变化识别损伤。近年来，很多学者在振型基础上提取出许多损伤标示量参数[17]，这些参数都可以表征结构损伤前后的模态相关性，通过这些参数可以提高损伤识别的精度。

1. 基于振型变化的直接识别法

定义结构损伤前后的振型相对变化量 RD 如式（9-56）所示。

$$RD_i(j)=\frac{\Phi_{\mathrm{u}_i}(j)-\Phi_{\mathrm{d}_i}(j)}{\Phi_{\mathrm{u}_i}(j)}\quad i=1,2,\cdots,n \tag{9-56}$$

式中，$\Phi_{u_i}(j)$、$\Phi_{d_i}(j)$ 代表损伤前、后第 i 阶振型在第 j 阶自由度上的值，n 为振型的阶数。

当发生损伤时，受到影响的自由度上的 RD 值较大，RD 图形将在损伤区域内出现尖峰，尖峰出现的位置即为损伤的位置，尖峰峰值的大小反映损伤的程度。

2. 基于模态因子变化的识别法

利用振型定义的模态置信因子 MAC 可表示为如式（9-57）所示。

$$\mathrm{MAC}(u_i,d_i)=\frac{|\{\Phi_{u_i}\}^{\mathrm{T}}\{\Phi_{d_i}\}|^2}{(\{\Phi_{u_i}\}^{\mathrm{T}}\{\Phi_{u_i}\})(\{\Phi_{d_i}\}^{\mathrm{T}}\{\Phi_{d_i}\})}\quad i=1,2,\cdots,n \tag{9-57}$$

式中，$\{\Phi_{u_i}\}$、$\{\Phi_{d_i}\}$ 为未损伤和损伤后结构的第 i 阶模态向量，n 为振型的阶数。

Lieven 和 Ewins[18] 改进了 MAC 准则，提出了坐标模态置信度判据准则，见式（9-58）。

$$\mathrm{COMAC}(k)=\frac{\left(\sum_{i=1}^{n}|\Phi_{u_i}(k)\Phi_{d_i}(k)|\right)^2}{\sum_{i=1}^{n}\Phi_{u_i}^2(k)\sum_{i=1}^{s}\Phi_{d_i}^2(k)} \tag{9-58}$$

式中，$\Phi_{u_i}(k)$、$\Phi_{d_i}(k)$ 为 $\{\Phi_{u_i}\}$、$\{\Phi_{d_i}\}$ 在第 k 自由度上的分量。

COMAC 反映的是各自由度振型间的关系，与测试的自由度相联系。振型变化较大的自由度的 COMAC 较小。由此可见，COMAC 值可以用来进行损伤定位。

3. 梁式结构的损伤识别

梁式结构是一种最简单的建筑结构。结构的损伤信息包含在结构的振型变化中，反过来，也可以通过振型变化提取结构的损伤信息。一般情况下，靠近损伤部位的位移、应变、速度和加速度等在损伤前后会发生明显的变化。下面以简支梁为例说明基于振型和小波分析的损伤识别方法。

当简支梁发生损伤后，梁中某一段刚度 EI 会下降，损伤识别就是判断是否有刚度减少段，若有，识别出发生的位置和损伤大小。在刚度变化截面处，结构满足变形协调条件和内力平衡条件，见式（9-59）。

$$EI(d^+)\frac{\mathrm{d}^2y(d^+)}{\mathrm{d}x^2}=EI(d^-)\frac{\mathrm{d}^2y(d^-)}{\mathrm{d}x^2} \tag{9-59}$$

由于 $EI(d^+)\neq EI(d^-)$，故 $\frac{\mathrm{d}^2y(d^+)}{\mathrm{d}x^2}\neq\frac{\mathrm{d}^2y(d^-)}{\mathrm{d}x^2}$，即在损伤位置位移函数的二阶导数不连续，存在间断点，所以只要找到间断点的位置，就找到了损伤位置，同时，根据间断点的突变程度可进一步确定损伤程度。

小波多尺度分析就是把一个混频信号分解为若干个互不重叠频带中的子信

号。如果选择小波函数为某光滑函数的一阶或二阶导数，即 $\psi(x)=\mathrm{d}\theta(x)/\mathrm{d}x$ 或 $\psi(x)=\mathrm{d}^2\theta(x)/\mathrm{d}x^2$，其中，$\theta(x)$ 满足 $\int_{-\infty}^{\infty}\theta(x)\mathrm{d}x=1$，且 $\theta(x)$ 为 $1/(1+x^2)$ 的高阶无穷小，同时记 $\theta_a(x)=\frac{1}{a}\theta\left(\frac{x}{a}\right)$ 。这时，小波变换见式（9-60）。

$$W_y(a,x)=y(x)\psi_a(x)=y(x)\left[a\frac{\mathrm{d}\theta_a}{\mathrm{d}x}\right](x)=a\frac{\mathrm{d}}{\mathrm{d}x}[y(x)\theta_a(x)] \tag{9-60}$$

对信号进行多尺度分析，当所用小波函数为某一光滑函数的导数时，在信号突变点处，其小波变换后的系数具有模极大值或过零点，因而可以通过对模极大值或过零点的识别来确定损伤时刻或损伤位置。在通常情况下，模极大值点比过零点更容易辨认。由于损伤梁的变形曲线在刚度变化截面二阶导数不连续，可选用具有三阶消失矩的小波对结构在荷载作用下的变形曲线进行连续小波变换，根据小波系数的模极大值点判断损伤位置。

曲率振型是能够反映结构局部状态变化的模态参数，可以用它识别损伤位置及损伤程度。将结构曲率振型和小波变换有机地结合，在曲率振型的基础上进行小波变换，利用小波变换系数的残差作为损伤指标，可有效地识别结构的损伤状态和确定结构的损伤位置[19]。

对于梁式结构，其中性层的曲率见式（9-61）。

$$y''=\frac{M}{EI} \tag{9-61}$$

式中，y 为挠度；M 为弯矩；EI 为梁的弯曲刚度。

通过实验模态分析所得到的振型一般是位移振型，对位移振型进行适当变换，可以得到曲率振型。设位移响应如式（9-62）所示。

$$y(x,t)=\sum_{r=1}^{n}\frac{\{\Phi_r\}P_r(\omega)}{K_r-\omega^2M_r+j\omega C_r} \tag{9-62}$$

对式（9-62）求二阶导数，得梁的曲率响应如式（9-63）所示。

$$y''(x,t)=\sum_{r=1}^{n}\frac{\{\Phi''_r\}P_r(\omega)}{K'_r-\omega^2M_r+j\omega C_r} \tag{9-63}$$

可见，梁的曲率响应与对应点的刚度成反比，微小的刚度变化将引起明显的曲率变化。如果结构出现了局部损伤，有关局部位置的刚度变化将使该处的曲率发生变化，进而导致曲率振型的局部变化。分析计算显示：相对位移振型、曲率振型在损伤位置出现比较明显的局部突变，对结构损伤更敏感。但是，目前还没有能够直接测量曲率的传感器，无法直接测量结构的曲率振型，不过，在得到位移模态振型后，可通过中心差分法近似计算曲率振型，见式（9-64）。

$$\Phi''_{i,j}=\frac{\Phi_{i-1,j}-2\Phi_{i,j}+\Phi_{i+1,j}}{l_{i-1}l_i}\quad(i=1,2,\cdots,n-1;j=1,2,\cdots,m)\tag{9-64}$$

式中，下标 i 为节点号；下标 j 为模态阶次；m 为截断模态阶数。

在实际结构损伤检测中，当测点数量较少时，为了降低中心差分法的误差，可首先采用多项式或三次样条函数对位移模态进行插值，然后再按式（9-64）计算曲率振型。对于每一阶位移模态，均有与之对应的曲率振型 $\Phi''_j(x)$，将曲率振型 $\Phi''_j(x)$ 看作是对函数或信号进行小波变换，通过小波变换系数的变化情况进行损伤检测。

用 D 表示结构损伤前后曲率振型小波变换系数的残差，按式（9-65）计算。

$$D_{i,j}=C(a,b)^{\mathrm{d}}_{i,j}-C(a,b)^{\mathrm{u}}_{i,j}\tag{9-65}$$

式中，$D_{i,j}$ 为第 j 阶曲率振型下 i 节点处的小波变换系数残差；$C(a,b)^{\mathrm{u}}_{i,j}$、$C(a,b)^{\mathrm{d}}_{i,j}$ 为损伤前后第 j 阶曲率振型下 i 节点处的小波变换系数。

9.4　工程实例

1. 上海市邮政大楼检测与鉴定

20 世纪 90 年代初，在上海市邮政大楼屋顶中部增建了一个高 51m 的通信铁塔，如图 9-4a 所示。经现场检测分析，该大楼主体是钢筋混凝土梁板柱结构体系，属“强梁弱柱”的形式，故对主楼采用层间剪切模型，将各层的质量分别集中于楼板。为分析主楼与铁塔的相互影响，采用整体弯曲模型，将整个塔体的质量分别集中于 5 个质点，最后得到整个大楼的动力计算简图如图 9-4b 所示。上海市邮政大楼以及后加铁塔的结构基本参数见表 9-1[20]。按图 9-4b 中建立的

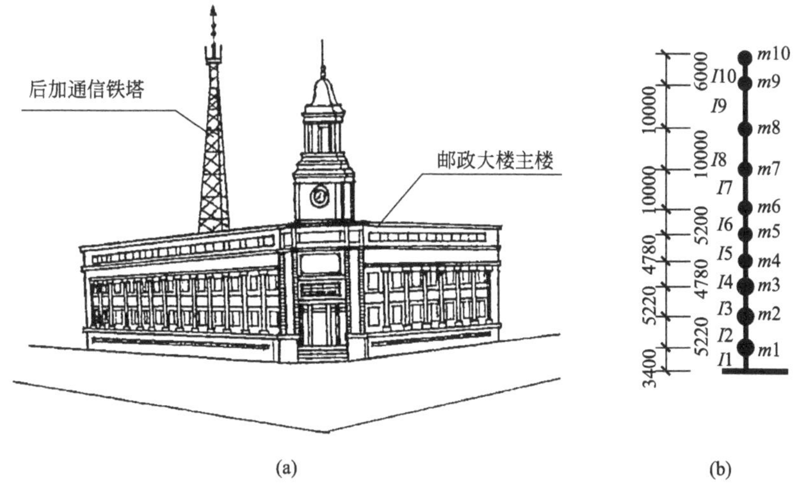

图 9-4　上海市邮政大楼及其动力计算简图

$m1$～$m5$ 节点串联多自由度模型算得主体结构东西向的基本频率为 3.075Hz。现场实测获得结构的基本频率为 2.575Hz。根据式（9-27）算得结构的整体损伤指标 $D=0.299>0$，表明结构有损伤。详细调查表明[21]：上海市邮政大楼楼（屋）面板开裂严重，钢筋混凝土柱、梁和墙体中钢筋锈蚀严重，构件表面出现由于钢筋锈蚀而引起的纵向裂缝。

上海市邮政大楼以及后加铁塔的结构基本参数　　表 9-1

位置	质量 (kg)	惯性矩 (m^4)	弹性模量 (N/m^2)	位置	质量 (kg)	惯性矩 (m^4)	弹性模量 (N/m^2)
大楼第 1 层	6354780	143.35	2.55×10^{10}	铁塔底部	2671	0.0601	2.10×10^{11}
大楼第 2 层	6615380	13.44	2.55×10^{10}	铁塔中部	2594	0.0245	2.10×10^{11}
大楼第 3 层	6830380	8.86	2.55×10^{10}	铁塔中部	2113	0.0099	2.10×10^{11}
大楼第 4 层	7034000	7.92	2.55×10^{10}	铁塔中部	1306	0.0046	2.10×10^{11}
大楼顶层	6808650	3.37	2.55×10^{10}	铁塔顶部	2555	0.0024	2.10×10^{11}

2. 某小型钢桁架梁式结构的损伤识别

某小型钢桁架梁式结构如图 9-5 所示。该结构长 6.4m、宽 1m、高 1.1m，上、下弦杆和斜腹杆的 H 形钢截面尺寸为 100mm×100mm×4.5mm×6mm，竖腹杆的 H 形钢截面尺寸为 100mm×50mm×3.2mm×4.5mm，水平连杆采用 2 根 50mm×4mm 角钢，节点处采用 6mm 厚节点板通过高强度螺栓连接[22]。

图 9-5　某小型钢桁架梁式结构

在现场检测发现：腹杆⑨在测点②节点板的螺栓有脱落。为了验证结构损伤识别方法的有效性，对该梁式结构在损伤状态下进行动力测试。测试前，通过有限元模型计算获得振型，为传感器布置提供依据。在有计算限元时，材料弹性模量为 $2.0\times10^5N/mm^2$，密度为 $7697kg/m^2$，杆件截面面积为 $1.446\times10^{-3}m^2$，截面惯性矩为 $2.431\times10^{-7}m^4$。该梁式结构的测点布置图如图 9-6 所示。

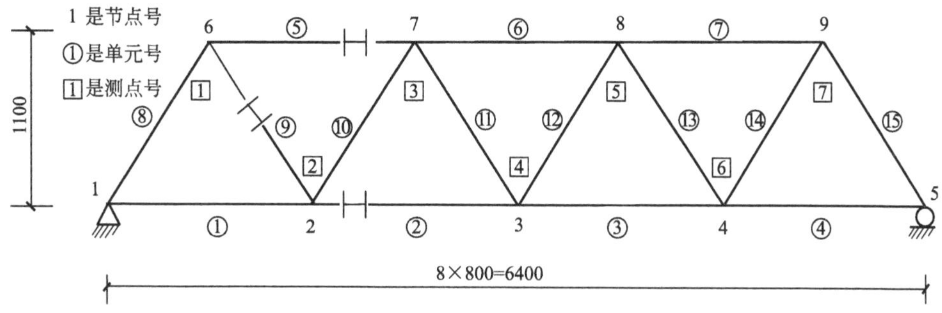

图 9-6　测点布置图

通过动力测试可得到梁式结构前 3 阶的振型，对所得的振型进行二次差分，计算结构的曲率模态。通过小波变换对曲率模态信号进行 5 层分解，计算出小波变换系数。在此基础上，计算结构损伤前后的 $D_{i,j}$，分析奇异节点，初步判定损伤。综合前 3 阶振型的 $D_{i,j}$ 值，计算综合损伤指标 DA，进而判定损伤。$D_{i,j}$ 由式（9-65）得出，综合损伤指标 DA 可按照式（9-66）求得。

$$DA_i = \sum_{j=1}^{m} D_{i,j}\ (i=1,2,\cdots,n;j=1,2,\cdots,m) \tag{9-66}$$

结果如图 9-7 所示：结构前 3 阶损伤识别图和综合损伤识别图中，均能显示出测点 2 处的损伤指标值明显大于其他测点位置。因此可以判定测点 2 发生了损伤，与实际情况相符。

为进一步分析损伤程度的影响，利用钢桁架梁式结构的有限元模型，通过降低节点单元弹性模量的方法模拟不同程度的损伤，得到损伤指标与损伤程度关系图如图 9-8 所示。可见，当损伤程度小于 40%时，损伤指标与损伤程度基本上呈

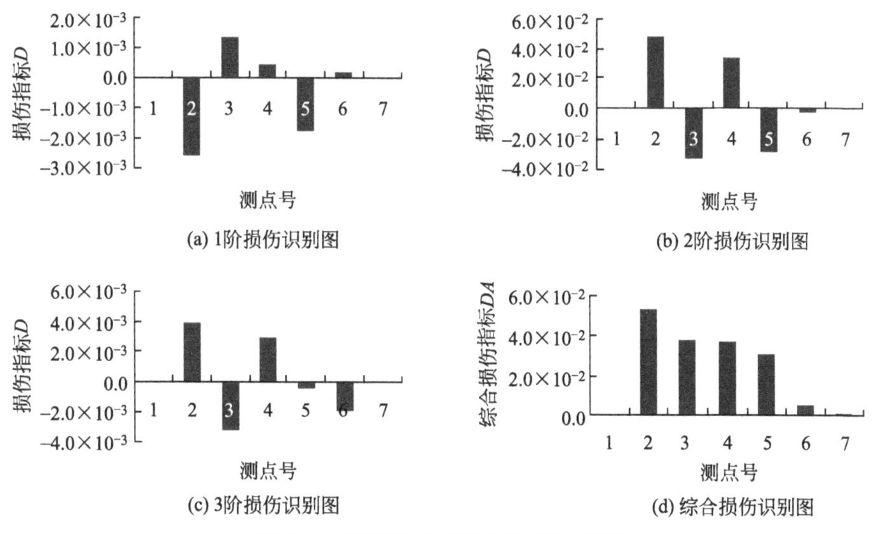

图 9-7　钢桁架梁式结构损伤识别图

线性关系；当损伤程度大于40%后，损伤指标将随着损伤程度的提高迅速增大，不再呈线性关系。

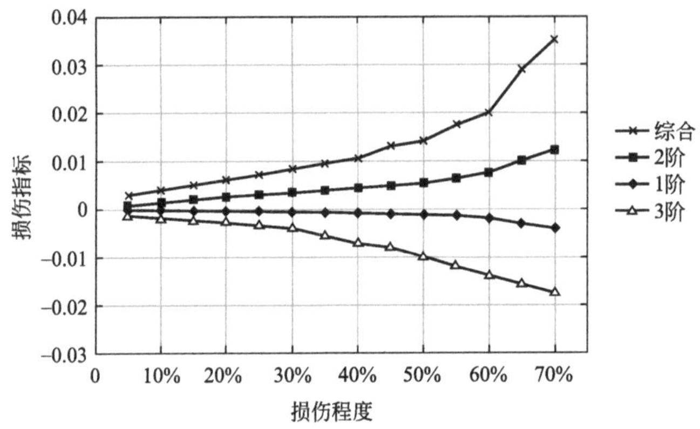

图9-8　损伤指标与损伤程度关系图

3. 某砌体承重墙的损伤识别

某砌体承重墙，经现场检测，高2490mm、宽1990mm、厚240mm，墙洞口宽630mm、高885mm，砌筑方式为一顺一丁。墙体有局部裂缝，砖强度等级推定为MU10，砂浆强度等级推定为M5，灰缝厚度为10mm。[23]。

环境激励前，采集墙体的加速度脉动反应数据，某砌体承重墙的尺寸及测点布置如图9-9所示。环境激励反应易受环境噪声的影响，因此，对采集的数据采用小波阈值降噪法进行处理。基本思想是：当小波系数小于某阈值时，认为该系数主要由噪声引起，将其归零；当小波系数大于某阈值时，认为该系数主要由信号引起，将其保留。在此过程中，需要列出各层小波分解，再对阈值降噪后的识别结果进行对比分析，确定最佳分解层数。采用上述方法后，墙体平面内的基本频率识别结果为3.7Hz。

某砌体承重墙的有限元模型如图9-10所示，输入材料性能的现场检测结果，通过该模型，可得到未损伤条件下的基本频率为4.7Hz。将模型弹性模量下降40%，则其基本频率为3.66Hz，与实测值接近，说明墙体损伤引起的等效弹性模量下降40%。

由上述工程应用实例可以看出：对于“全裸”结构（只有结构构件，无其他填充或分隔构件），无论是基于频率变化，还是基于振型变化，都能很好地识别结构的损伤程度或位置。可是，对于既有建筑结构，很难找到“全裸”的结构。尤其是对框架结构，一般均布置了大量的填充墙或分隔墙。这些非结构墙体的存在会改变结构的整体刚度，因此，对这类结构进行动力损伤识别往往得出“伪损伤”的结论，然而，正如9.2.2节所述，结构整体损伤识别的主要目的是用其来

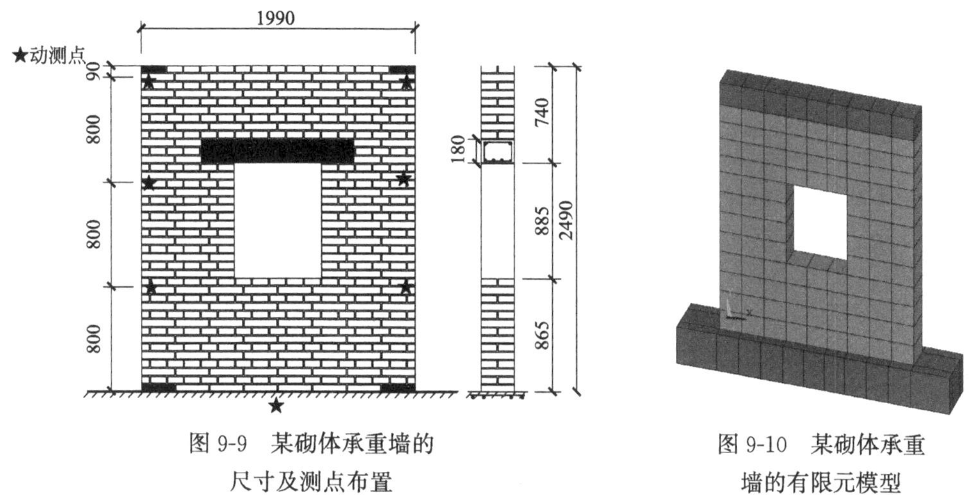

图 9-9　某砌体承重墙的尺寸及测点布置

图 9-10　某砌体承重墙的有限元模型

修正结构的整体刚度，对结构的反应进行更精确的量化分析。因此，即使获得“伪损伤”，以此来修正计算模型，也能得到更为精确的计算结果。从这一点来讲，本章的方法对既有建筑结构的检测与鉴定仍是非常有用的。

参考文献

[1] 李国强，李杰．工程结构动力检测理论与应用 [M]. 北京：科学技术出版社，2002.

[2] 陈隽，李杰．结构损伤检测方法研究 [A]. 国际结构控制与健康诊断研讨会 [C]，深圳，2000.

[3] 任伟新．小波分析在土木工程结构中的应用 [M]. 北京：中国铁道出版社，2006.

[4] 任宜春．小波分析在土木工程结构损伤识别中的应用 [M]. 长沙：湖南师范大学出版社，2010.

[5] ZHANG C，CHENG L，QIU J，et al. Structural damage detections based on a general vibration model identification approach [J]. Mechanical systems and signal processing，2019，123：316-332.

[6] DOEBING S W，FARRAR C R，PRIME M B. A summarry review of vibration-based damage identification methods [J]. The shock and vibration digest，1998 (3)：92-105.

[7] KIM J T，RYU Y S，CHO H M，et al. Damage identification in beam-type structures：frequency-based method vs mode-shape-based method [J]. Enginering structures，2003，25：57-67.

[8] 顾祥林．混凝土结构破坏过程仿真分析 [M]. 北京：科学出版社，2020.

[9] ADAMS R D，CAWLEY P，PYE C J，et al. A vibration technique for nondestructively assessing the integrity of structures [J]. Journal of mechanical mngineering science，1978，

20：93-100.

[10] CAWLEY P，ADAMS R D. The location of defects in structures from measurements of natural frequencies [J]. Journal of strain analysis，1979，14：49-57.

[11] HEARN G，TESTA R B. Modal analysis for damage detection in structures [J]. Journal of structural engineering，ASCE，1991，117：3042-3063.

[12] RICHARDSON M H，MANNAN M A. Determination of modal sensitivity functions for location of structural faults [A] //Proceedings of the 9th international modal analysis conference [C]，Las Vegas，Nevada，1991，670-676.

[13] PENNY J E T，WILSON D A L，FRISWELL M. Damage location in structures using vibration data [A] // Proceedings of the 11th international modal analysis conference [C]，Kissimmee，Florida，1993，11：861-867.

[14] MESSINA A，JONES I A，WILLIAMS E J. Damage detection and localization using natural frequency changes [A] // Identification in engineering systems：proceedings of the international conference [C]，Swansea，U. K.，1996，67-76.

[15] WILLIAMS E J，MESSINA A，PAYNE B S. A frequency-change correlation approach to damage detection [A] // Proceedings of the 15th international modal analysis conference [C]，1997，1-6.

[16] SALAWU O S. Dection of structural damage through changes in frequency：a review [J]. Engineering structures，1997，19：718-723.

[17] 朱红武，王孔藩，唐寿高．模态损伤指标及其在结构损伤评估中的应用 [J]. 同济大学学报（自然科学版），2004，32（12）：1589-1592.

[18] LIEVEN N A，EWINS J D. Spatial correlation of mode shapes the coordinate mode assurance criterion [C] //. Proceedings of IMACVI，1998：690-695.

[19] 孙增寿，韩建刚，任伟新．基于曲率振型和小波变换得结构损伤位置识别 [J]. 地震工程与工程振动，2005，25（4）：44-49.

[20] 顾祥林，蒋利学，张誉．旧房屋屋顶后加铁塔的抗震性能分析 [J]. 工程抗震，1996，（2）：23-25.

[21] 顾祥林，张誉，张伟平，等．上海市邮政大楼房屋质量检测报告 [R]. 上海：同济大学建设工程质量检测站，2001.

[22] 陈刚，郑七振．基于小波变换的钢桁梁桥损伤识别数值分析 [J]. 上海理工大学学报，2015，37（6）：594-599.

[23] 李佳蔓，彭斌，付想平．小波阈值降噪在砌体基本频率识别中的应用 [J]. 武汉大学学报（工学版），2015，48（3）：366-369.

第10章 既有建筑结构荷载作用效应分析

要精准地评价既有建筑结构的受力性能，必须采用合理的方法分析结构的荷载作用效应或结构的地震反应。通过检测获得的结构几何、物理信息是结构分析的基础。但是，对结构分析模型、非结构构件、结构损伤（裂缝）等因素对结构荷载效应或地震反应的影响不容忽视。若从理论上作深入探究，上述任何一个因素的影响都非常复杂。本章先结合两个工程实例，介绍如何根据结构的特点建立合理的结构分析模型，再根据试验和数值的模拟结果，分析外包砖柱、砖填充墙对不同结构受力性能的影响，分析损伤对结构地震反应的影响，分析裂缝对钢筋混凝土结构受力性能的影响，进而给出考虑不同因素影响的结构受力性能的实用分析方法，以便人们能在工程实践中应用。

10.1 结构分析模型

建立合理的结构分析模型是结构反应分析的基础。只要明确结构的传力机制，充分认识结构的构造措施，一般均能建立合理的结构分析模型。但是，在应用商业软件进行结构计算分析时，若对软件自身的假定、约定理解不透彻或理解有误，可能会因结构分析模型的选择不当而带来错误的分析结果。本节以钢筋混凝土板柱结构建筑的抗震性能分析，以砌体结构建筑转角处短墙肢的承载力验算为例，具体说明如何建立合理的结构模型。

10.1.1 钢筋混凝土板柱结构建筑的抗震性能分析

上海某五层板柱结构建筑建于 1976 年，平面呈矩形，长 64.64m、宽 23.64m，总建筑面积约为 8000m^2，除底层层高为 5500mm 外，其余各层层高均为 4500mm（图 10-1）。建筑结构为预制无梁楼盖板柱结构，柱网尺寸为 6.1m×5.2m，纵向 10 柱（柱间距 6100mm），横向 4 跨（跨度 5200mm）。柱截面尺寸为 450mm×450mm。建筑使用单位想改变建筑的用途，故委托同济大学对该建筑结构性能进行检测与鉴定[1]。

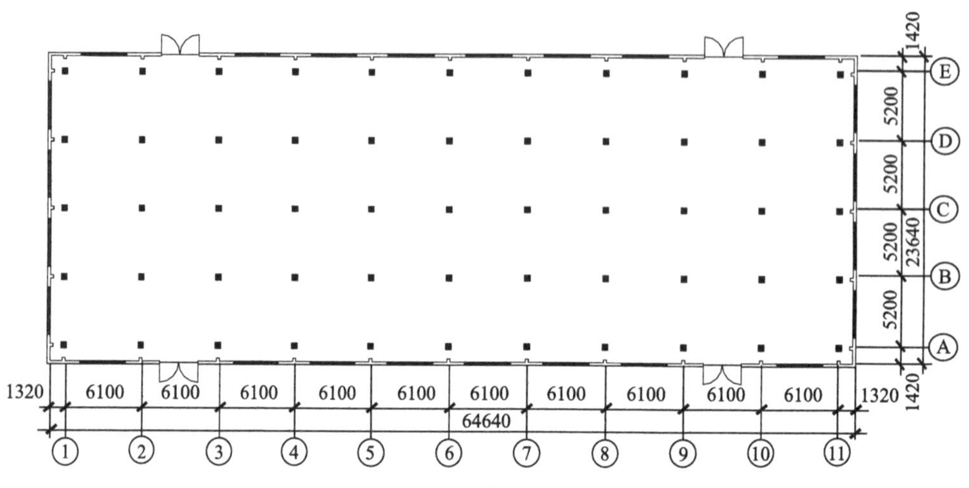

图 10-1　上海某五层板柱结构建筑底层平面图

按照 7 度抗震设防，设计地震分组为第一组，Ⅳ类场地，不考虑地基液化可能性，采用 PKPM 系列计算软件，对结构进行抗震性能分析。计算时，对柱抗震等级按照二级考虑，周期折减系数取 0.9。建筑结构几何尺寸按经过现场复核的设计尺寸取值，混凝土强度等级取 C28，荷载取值按照装修改造方案及实际调查结果取值。结构建模时考虑两种情况：第一种情况按照框架结构建模，并按等效框架梁法考虑楼板的平面外受弯作用；第二种情况也按照框架结构建模，但不考虑楼板的平面外受弯作用，取框架梁截面尺寸为 100mm×100mm 的虚梁。表 10-1 给出了建筑前 7 阶振型对应的自振周期的计算结果的比较。表 10-2 给出了多遇地震作用下建筑层间弹性位移角的计算结果。对比表 10-1、表 10-2 的计算结果可以发现：按第二种情况建模所得的结构自振周期非常长，所得的层间位移角远超按第一种情况建模所得出的结果。该建筑改建前一直作为仓库使用，且使用情况良好，改建后，未大幅度提高荷载。可见，按第二种情况建模不合理，也不科学。

上海某五层板柱结构建筑前 7 阶振型对应的自振周期计算结果的比较　表 10-1

振型阶数		1	2	3	4	5	6	7
按第一种情况建模	周期(s)	1.860	1.815	1.793	0.601	0.589	0.582	0.343
按第二种情况建模	周期(s)	7.771	7.760	7.064	1.420	1.416	1.404	0.531

多遇地震作用下建筑层间弹性位移角的计算结果　表 10-2

楼层	X 方向(纵向)地震作用下		Y 方向(横向)地震作用下	
	层间弹性位移角		层间弹性位移角	
	按第一种情况建模	按第二种情况建模	按第一种情况建模	按第二种情况建模
5	1/1062	1/53	1/1091	1/54

续表

楼层	X 方向(纵向)地震作用下		Y 方向(横向)地震作用下	
	层间弹性位移角		层间弹性位移角	
	按第一种情况建模	按第二种情况建模	按第一种情况建模	按第二种情况建模
4	1/596	1/55	1/625	1/56
3	1/423	1/61	1/449	1/62
2	1/344	1/78	1/365	1/79
1	1/355	1/178	1/361	1/180

10.1.2　砌体结构建筑转角处短墙肢的承载力验算

图 10-2a 为单层砌体结构建筑，层高为 4m、墙厚为 240mm。纵、横轴墙体开洞尺寸为 1000mm×2500mm。墙体采用 M10 烧结普通砖和 M5 水泥砂浆砌筑，砌体重度为 20kN/m^3。楼板为现浇钢筋混凝土楼板，厚度为 100mm，重度为 25kN/m^3。2 轴与 A 轴转角处墙体除承受墙体和屋面板传来的重量外，还承受 2 轴外一纵向大梁传来的 400kN 的集中荷载。

转角墙承受屋面板传递的荷载和墙体的自重均为均布荷载，分别计算纵、横墙承受的荷载。以洞口中心线为分界线划分，将均布荷载按同一轴线上两片墙体长度占总长的比例进行分配。由此算得 A 轴（纵向）洞口底部转角墙肢承受的屋面板和墙体的自重为 12.896kN，2 轴（横向）洞口底部转角墙肢承受的屋面板和墙体的自重为 41.240kN。按《砌体结构设计规范》GB 50003—2011 的规定，转角处墙肢的计算长度不能超过建筑层高的 1/3。于是，算得 2 轴与 A 轴转角墙体的几何参数如图 10-2b 所示。根据图 10-2b 的几何参数，按各墙肢的抗压刚度分配大梁传来的集中荷载，算得纵向墙肢底部承受的总荷载为 86.366kN、横向墙肢底部承受的总荷载为 367.77kN、转角墙肢承受的总荷载为 454.136kN。

考虑转角墙各墙肢间的相互作用，按图 10-2b 的整体考虑，分别计算组合截面在两个主轴方向的承载力，取计算所得承载力的较小值作为转角墙的最终承载力。计算时，墙体折算厚度按截面形心回转半径的 3.5 倍计算，计算结果列于表 10-3 中。不考虑各墙肢间的相互作用，分别按纵、横向墙肢进行承载力验算，计算结果也列于表 10-3 中。由表 10-3 可以看出：不考虑各墙肢间的相互作用算得纵向墙肢的轴向受压承载力不能满足要求，这显然过于保守。而目前已有的商业软件采用的正是这种简化且过于保守的方法。若采用这种方法评定既有建筑砌体结构的性能，则会产生大量的、不必要的既有建筑加固。

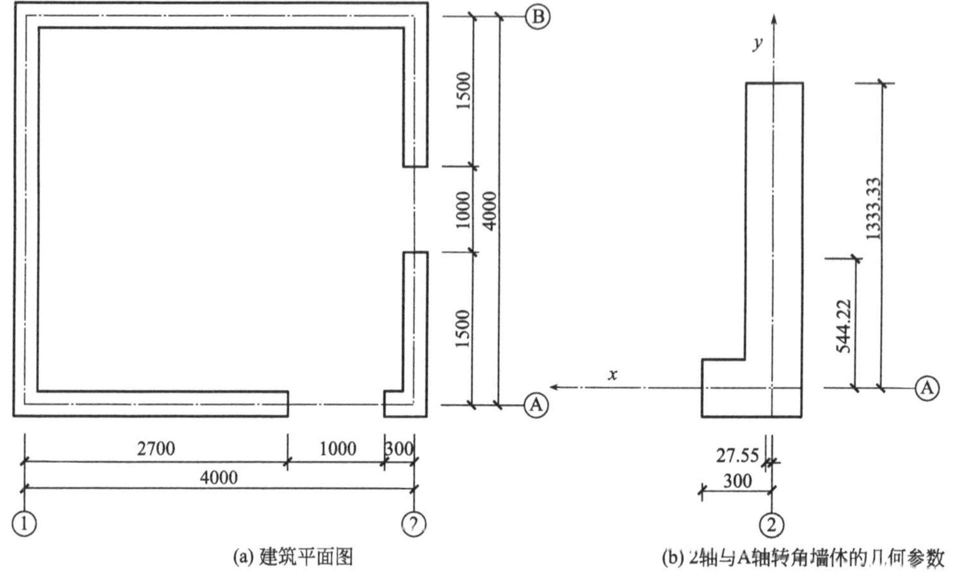

图 10-2 单层砌体结构既有建筑

单层砌体结构既有建筑转角处短墙肢承载力验算结果 **表 10-3**

计算工况	考虑各墙肢协同工作	不考虑各墙肢协同工作	
		纵向墙肢	横向墙肢
轴向受压荷载(kN)	454.136	86.366	367.770
轴向受压承载力(kN)	489.803	72.430	469.080

10.2 非结构构件对结构受力性能的影响

上海外滩早期建筑中的钢结构梁柱均外包混凝土或砖砌体，部分柱间还有砖填充墙。既有钢筋混凝土框架建筑结构中常设置砖填充墙。已有研究表明：砖填充墙会大幅度提高钢框架的水平抗侧刚度和承载力[2-4]。2008 年汶川地震的震害调查结果表明：由于上部砖填充墙的加强作用，使得大量多层钢筋混凝土框架结构建筑的底层形成薄弱层而被破坏（图 10-3）。由此可见，以砖填充墙为代表的非结构构件对结构受力性能的影响不容忽视。本节以砖砌体为主，重点讨论其对钢框架、混凝土框架以及木框架结构受力性能的影响。

10.2.1 外包砌体或素混凝土对钢框架受力性能的影响

以上海市中山东一路 18 号房屋铰接钢框架结构为原型，设计制作 3 榀缩尺

图 10-3　2008 年汶川地震中钢筋混凝土框架结构建筑的破坏情况

1∶2 的单层、单跨钢框架结构试件 S1～S3，如图 10-4 所示。钢梁为Ⅰ形钢（HN200×100×5.5×8），钢柱为Ⅰ形钢（HN150×75×5×7）和 2 块钢板通过锚栓连接组合而成，钢梁、钢柱通过角钢连接。S1 为纯钢结构，S2 在 S1 的基础上在钢梁外包混凝土 T 形梁，S3 在 S2 的基础上在钢柱外侧加砌砖柱且在砖柱中部浇筑素混凝土。实测获得钢材力学性能指标以及混凝土和砌体力学性能指标如表 10-4、表 10-5 所示。采用图 10-5 的试验装置对 3 个试件进行受力性能试验。

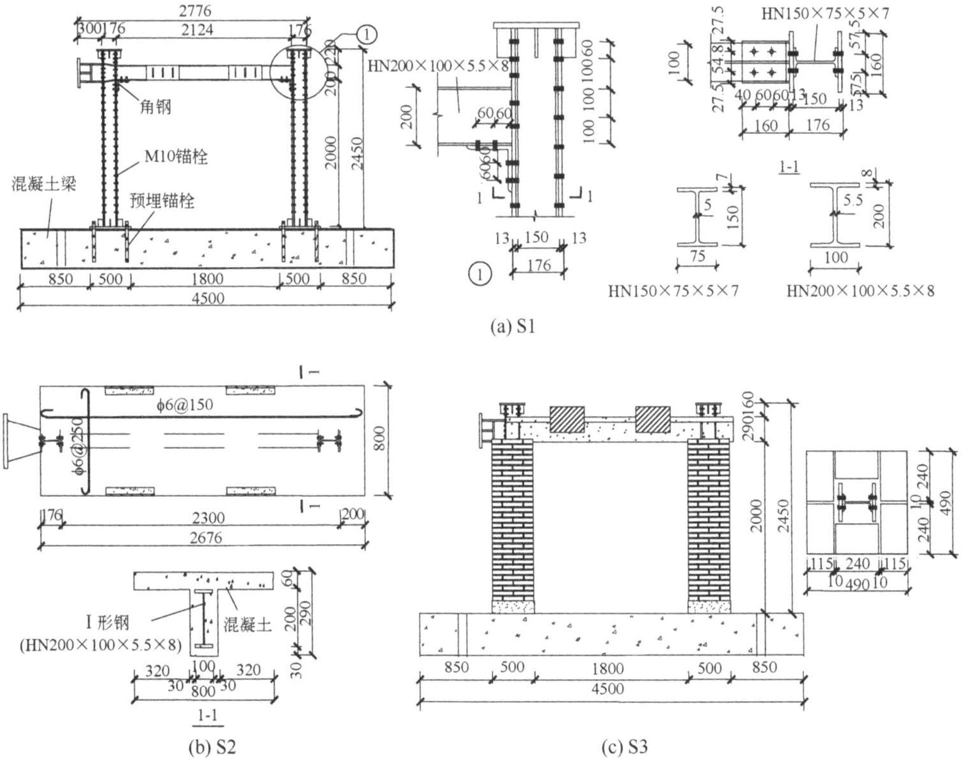

(a) S1

(b) S2

(c) S3

图 10-4　3 榀缩尺 1∶2 的单层、单跨钢框架结构试件 S1～S3

先在试件上施加 $N=620\text{kN}$ 的竖向荷载，再在水平方向分级施加低周反复荷载。图 10-6、图 10-7 分别给出了 3 个试件最终的破坏形态以及试验中测得的试件荷载—位移曲线。对比试件 S1 和试件 S2 的试验结果可见：T 形钢梁外包混凝土对结构的破坏形态和受力性能影响很小。对比 S2 和 S3 的试验结果可以发现：钢柱外包砖柱可以改变钢框架的破坏模式，提高钢框架的抗侧刚度和水平承载力[5]。

钢材力学性能指标　　表 10-4

材料	屈服强度 f_y(MPa)	极限强度 f_u(MPa)	弹性模量($\times10^5$ MPa)
柱用钢板	278/347	442/495	2.1/2.2
柱用 I 形钢	261/319	374/460	1.7/2.0
梁用 I 形钢	274/326	385/482	1.8/2.2
钢筋	281/442	476/636	1.6/2.0

混凝土和砌体力学性能指标　　表 10-5

材料	抗压强度 f_c(MPa)	通缝抗剪强度 f_{vo}(MPa)	弹性模量($\times10^4$ MPa)
混凝土	18.6/26.7	—	2.5/3.1
砂浆	3.4/4.8	—	—
砖	15.8/15.0	—	—
砌体	2.95/4.04	0.27/0.39	0.34/0.30

注：表中“/”前的数据为 10.2.1 节试件 S1～S3 的数据，“/”后的数据为 10.2.2 节试件 SW1～SW5 的数据。

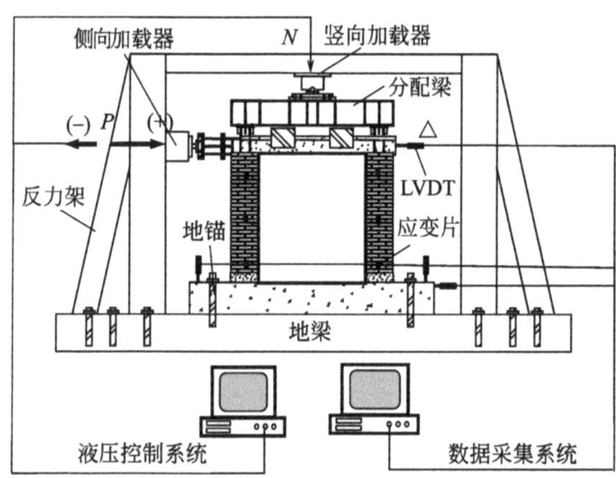

图 10-5　铰接钢框架试件水平低周反复荷载试验装置

由图 10-6c 可知，型钢—砌体/混凝土组合柱的破坏形态有两种：一种是由压弯引起的柱底部砌体/混凝土的压碎，另一种是由钢柱拉扯作用引起由柱顶开始的竖向开裂。为模拟钢柱的拉扯作用，将外包砌体/混凝土柱看作是由水平虚拟连杆连接的两个柱，如图 10-8 所示。虚拟连杆的内力 N_i，可由式（10-1）计算。

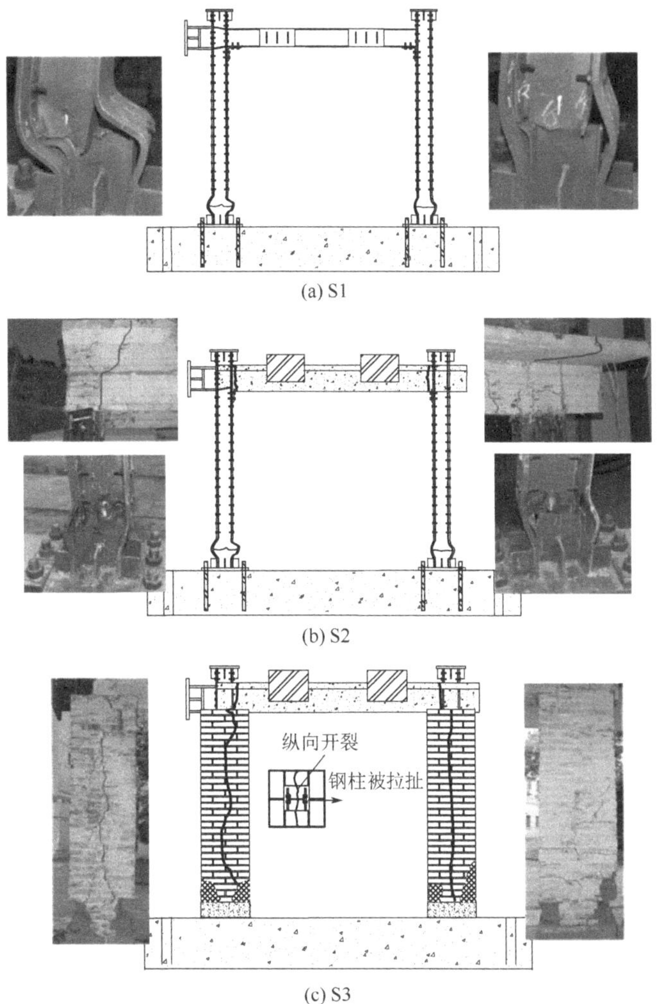

(a) S1

(b) S2

(c) S3

图 10-6 试件 S1～S3 最终的破坏形态

$$N_i=\begin{cases}\dfrac{P}{4} & i=1\\ 0 & i\neq 1\end{cases} \tag{10-1}$$

式中，P 为框架所受的水平荷载。

在竖向裂缝出现前，可将型钢—砌体/混凝土组合柱看作一个整体。于是组合柱截面的抗弯刚度可按式（10-2）计算。

$$EI=E_cI_c+E_mI_m+E_sI_s \tag{10-2}$$

式中，E、E_c、E_m 和 E_s 是组合材料、混凝土、砌体和钢材的弹性模量；I、I_c、

I_m 和 I_s 是组合截面、混凝土截面、砌体截面和钢柱截面的惯性矩。

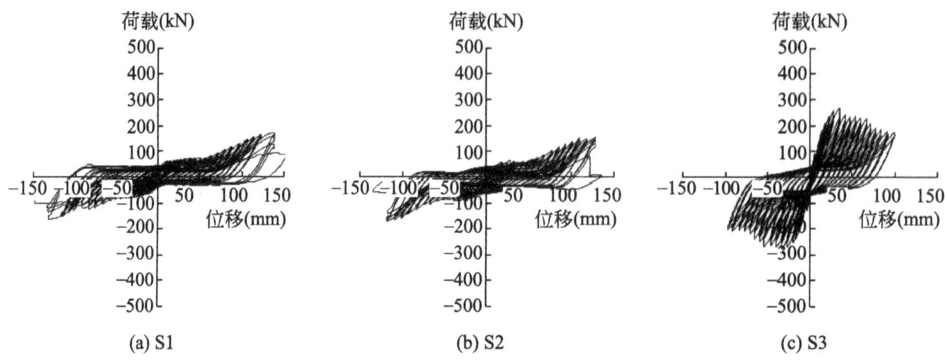

图 10-7 试验中测得 S1～S3 的荷载—位移曲线

型钢—砌体/混凝土组合柱框架的抗剪承载力 V_f 取决于组合柱的破坏模式，即柱底截面是受弯破坏，还是由钢柱拉扯引起的竖向开裂破坏，具体见式（10-3）。

$$V_f = \min\begin{cases} V_f^b = \dfrac{2M_u}{H} \\ V_f^t = 4N_t \end{cases} \tag{10-3}$$

式中，V_f^b 为由柱底抗弯破坏确定的框架抗剪承载力；M_u 为柱截面的抗弯承载力；V_f^t 为由柱竖向开裂破坏确定的框架抗剪承载力；N_t 为虚拟连杆的抗拉承载力；H 为柱高。

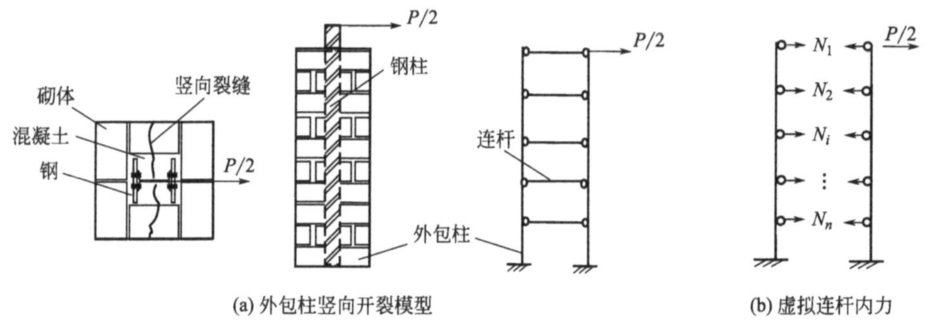

图 10-8 型钢—砌体/混凝土组合柱抗竖向开裂模型

当组合柱截面出现弯曲破坏时，截面的应力分布如图 10-9 所示。于是，可由如式（10-4）、式（10-5）所示的平衡方程确定截面的抗弯承载力 M_u。

$$N_c = \alpha f_m A_m + \alpha f_c A_c + f'_y A'_s - f_y A_s \tag{10-4}$$

$$M_u = \alpha f_m A_m x_m + \alpha f_c A_c x_c + f'_y A'_s x'_s + f_y A_s x_s \tag{10-5}$$

式中，N_c 为由框架柱承受的轴向压力；α 为受压应力等效系数，可取 0.8；f_m 和 f_c 为砌体和混凝土的抗压强度；f_y 和 f'_y 为型钢受拉和受压时的屈服强度；

A_m、A_c 和 A_s'为压区砌体、混凝土和型钢的截面面积；A_s 为拉区型钢的截面面积；x_m、x_c、x_s'和 x_s 为砌体压力作用点、混凝土压力作用点、型钢压力作用点和型钢拉力作用点到截面中和轴的距离。

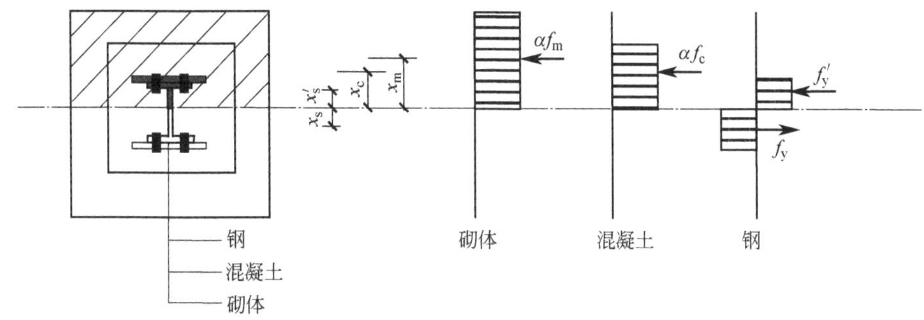

图 10-9　型钢—砌体/混凝土组合柱截面的应力分布

若组合柱发生竖向开裂破坏，则外包柱被视作由虚拟连杆连接的两个柱。为方便计算，将两皮砖视作一个虚拟连杆，则虚拟连杆的抗拉承载力可以按式（10-6）～式（10-8）计算。

$$N_t = f_{mt}A_{mt}^1 + f_{ct}A_{ct}^1 \tag{10-6}$$

$$f_{mt} = 0.141\sqrt{f_{mo}} \tag{10-7}$$

$$f_{ct} = 0.395 f_c^{0.55} \tag{10-8}$$

式中，f_{mt}、f_{ct} 为砌体和混凝土的抗拉强度；f_{mo}、f_c为砂浆和混凝土的抗压强度；A_{mt}^1 和 A_{ct}^1 为钢柱外侧两皮砖范围内受拉砖和混凝土的截面面积。

砖柱竖向开裂前，根据组合柱截面的抗弯刚度，可由式（10-9）计算外包砌体或混凝土铰接钢框架的抗侧刚度 K_f。

$$K_f = \frac{6EI}{H^3} \tag{10-9}$$

表 10-6 给出了 3 个单层铰接钢框架试件抗剪承载力和抗侧刚度结果的比较。说明本节提出的考虑外包砌体或素混凝土柱影响的铰接钢框架抗剪承载力和抗侧刚度的计算方法合适。

3 个单层铰接钢框架试件抗剪承载力和抗侧刚度结果的比较　　表 10-6

试件	框架抗剪承载力 V_f(kN)			试件	框架抗侧刚度 K_f(N/mm)		
	计算结果	试验结果	相对误差(%)		计算结果	试验结果	相对误差(%)
S1	153.2	166.1	−7.8	S1	7518	7695	−2.3
S2	153.2	160.6	−4.6	S2	7518	7429	1.2
S3	247.4	267.1	−7.4	S3	24299	23940	1.5

10.2.2 砖填充墙对钢框架受力性能的影响

采用与10.2.1节相同的钢框架，除在钢柱外包砖柱外，在框架内砌半砖厚砖填充墙，设计制作5个钢框架砖填充墙试件SW1～SW5，并对试件进行反复加载试验。试验中，先在试件上施加 $N=620\text{kN}$ 的竖向荷载，再在水平方向分级施加低周反复荷载。各试件的构造特征和加载方式见表10-7。

图10-10给出了各试件的破坏形态和试验测得的荷载—位移曲线[6,7]。与图10-7和图10-7相比可以看出：带砖填充墙的钢框架试件表现出明显的剪切破坏特征，砖填充墙可以大幅度提高钢框架的水平抗剪承载力和抗侧刚度。通过图10-10可以发现：砖填充墙中的洞口尺寸和形式对试件的受力性能有明显的影响。

试件SW1～SW5的构造特征及加载方式　　表10-7

试件编号	构造特征	洞口尺寸(mm)	竖向荷载(kN)	水平加载方式
SW1	完整的砖填充墙	—	620	低周反复
SW2	窗洞	600×600	620	低周反复
SW3	窗洞	1200×600	620	低周反复
SW4	窗洞	600×1000	620	低周反复
SW5	门洞	600×1500	620	低周反复

在水平荷载的作用下，钢框架和砖填充墙共同变形，砖填充墙的作用相当于斜向受压杆，如图10-11a所示。于是可以建立如图10-11b所示的计算简图来分析铰接钢框架砖填充墙结构的水平受力性能。

采用三维实体有限元软件建模对如图10-10所示结构试件在水平荷载作用下的受力性能进行数值模拟分析，通过与试验骨架曲线对比，验证数值模型的准确性。采用经试验验证的有限元模型进行数值分析，分别考虑砖填充墙宽高比、框架柱的轴向荷载、门窗洞口尺寸和位置等对砖填充墙抗侧刚度和承载力的影响，经统计回归建立砖填充墙侧向荷载—位移（P_w—Δ）关系曲线如图10-12所示[6,7]。

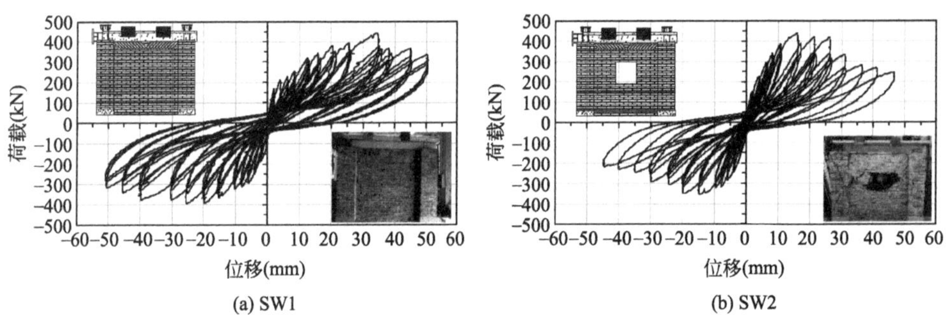

(a) SW1　　(b) SW2

图10-10　试件SW1～SW5的破坏形态和试验测得的荷载—位移曲线（一）

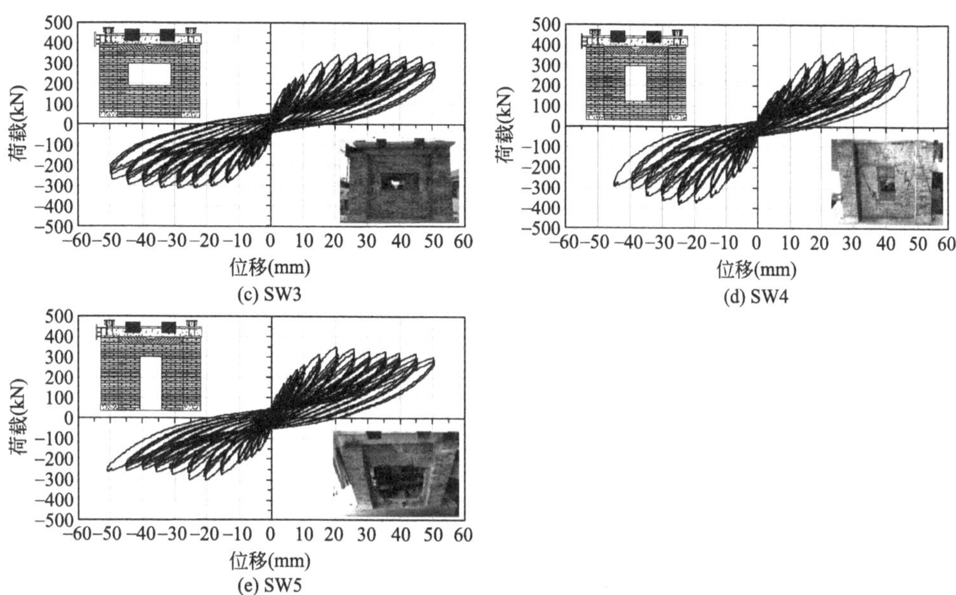

图 10-10　试件 SW1～SW2 的破坏形态和试验测得的荷载—位移曲线（二）

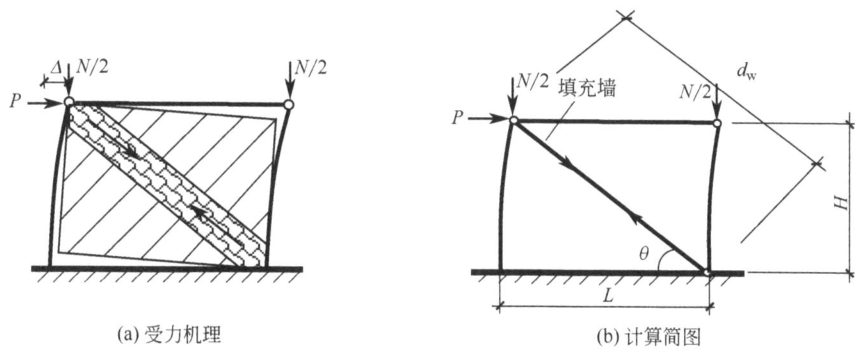

图 10-11　铰接钢框架砖填充墙结构水平受力机理及计算简图

在图 10-12 中，砖填充墙的侧向开裂荷载和对应的位移按式（10-10）、式（10-11）计算，侧向最大荷载及相应的位移按式（10-20）、式（10-21）计算，侧向净荷载及相应的位移按式（10-22）、式（10-23）计算。

$$P_{wcr}=f_v L_w t_w \qquad (10\text{-}10)$$

$$\Delta_{cr}=\frac{P_{wcr}}{K_1} \qquad (10\text{-}11)$$

式中，f_v 为砌体沿齿缝的抗剪强度；L_w 为

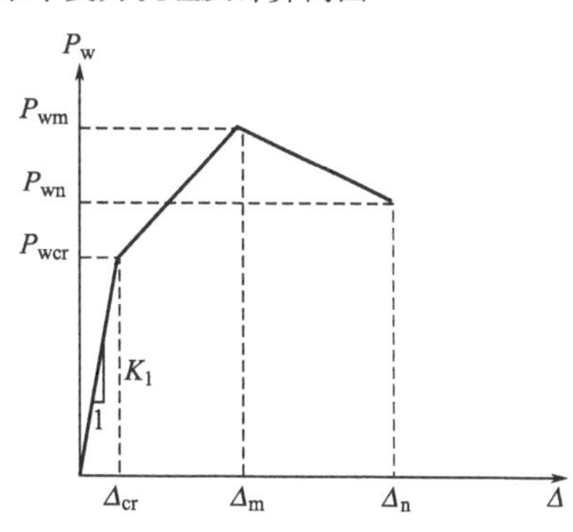

图 10-12　砖填充墙侧向荷载—位移（P_w—Δ）关系曲线

砖填充墙的宽；t_w 为砖填充墙的厚度；K_1 为填充墙的侧向初始刚度，按式（10-12）计算。与之相关的系数计算见式（10-13）～式（10-19）。

$$K_1=\frac{w_1 t_w E_m}{d_w}\cos^2\theta \tag{10-12}$$

$$w_1=k\frac{C}{z_1}\frac{1}{(\lambda^*)^\beta}d_w \tag{10-13}$$

$$\lambda^*=\frac{E_m t_w H}{EA_c}\left(\frac{H^2}{L^2}+\frac{1}{4}\frac{A_c}{A_b}\frac{L}{H}\right) \tag{10-14}$$

$$k=1+(18\lambda^*+200)\varepsilon_v \tag{10-15}$$

$$\varepsilon_v=\frac{N}{2EA_c} \tag{10-16}$$

$$C=0.249-0.0116v+0.567v^2 \tag{10-17}$$

$$\beta=0.146+0.0073v+0.126v^2 \tag{10-18}$$

$$z_1=\begin{cases}1 & 0.5\leqslant\dfrac{L_w}{H_w}\leqslant 1.0\\ 1+0.35\left(\dfrac{L_w}{H_w}-1\right) & 1.0<\dfrac{L_w}{H_w}\leqslant 2.2\end{cases} \tag{10-19}$$

式中，θ 为砖填充墙对角线的水平夹角；E_m 为砌体的弹性模量；t_w 为砖填充墙的厚度；H_w、L_w、d_w 为砖填充墙的高度、宽度、对角线的长度；w_1 为计算砖填充墙初始刚度的斜撑宽度；λ^* 为砖填充墙与框架相对刚度的系数；L、H 为框架结构的跨度、层高；EA_c 为框架柱的轴向刚度；A_c、A_b 为框架柱、梁的横截面面积；ε_v 为组合柱的竖向应变；N 为竖向荷载；k 为竖向荷载的影响系数；C、β 为与砌体泊松比有关的参数；v 为砌体的泊松比，可近似取为 0.15；z_1 为砖填充墙宽高比的修正系数。

$$P_{wm}=P_{wcr}\left(2.45-0.36\frac{L_w}{H_w}\right)(1+0.21\mu_w) \tag{10-20}$$

$$\Delta_m=\frac{\varepsilon_m\mu_w}{\cos\theta} \tag{10-21}$$

式中，P_{wm}、Δ_m 为砖填充墙的抗侧承载力和对应的水平位移；μ_w 为砖填充墙的轴压比；ε_m 为砖填充墙受压本构关系中的峰值压应变，按经验取值为 0.0025。

$$P_{wn}=z_2 f_{m\theta} t_w w_m\cos\theta \tag{10-22}$$

$$\Delta_n=0.01H \tag{10-23}$$

式中，P_{wn}、Δ_n 为砖填充墙的净荷载和对应的位移。需要指出的是：由于带砖填充墙的框架结构和砖填充墙分别达到各自的承载力所对应的水平位移不同，此处的净荷载是带砖填充墙框架结构抗侧承载力与相应框架水平荷载的差值；$f_{m\theta}$ 为砖填充墙沿对角线方向的抗压强度，按式（10-24）计算[4,7]；z_2 为考虑砖填充墙宽高比的影响参数，按式（10-25）计算；w_m 为带砖填充墙框架结构达到抗侧承载力时砖填充墙的等效宽度，按式（10-26）计算[4,8]。

$$f_{m\theta}=\frac{1}{\dfrac{2\cos^4\theta}{f_m}+\left[\dfrac{2(1+v)}{f_m}-\dfrac{4v}{f_m}\right]\cos^2\theta\sin^2\theta+\dfrac{\sin^4\theta}{f_m}} \tag{10-24}$$

$$z_2=\begin{cases}1 & 0.5\leqslant\dfrac{L_w}{H_w}\leqslant 1.5\\ 1-\dfrac{4}{7}\left(\dfrac{L_w}{H_w}-1.5\right) & 1.5<\dfrac{L_w}{L_w}\leqslant 2.2\end{cases} \tag{10-25}$$

$$w_m=0.175\lambda_H^{-0.4}d_w,\lambda_H=H\sqrt[4]{\frac{E_m t_w\sin 2\theta}{4EIH_w}} \tag{10-26}$$

式中，EI 为框架柱的抗弯刚度，按式（10-2）计算。

若砖填充墙中有洞口，则墙体的抗侧刚度和抗侧承载力分别为相应的无洞墙体的抗侧刚度和抗侧承载力乘以如式（10-27）所示的折减系数 R_w。

$$R_w=1-f\left(\frac{l_o}{L_w},\frac{h_o}{H_w}\right)g\left(\frac{e_c}{L_w}\right) \tag{10-27}$$

式中，R_w 为刚度和承载力的折减系数；l_o、h_o 为洞口的宽度和高度；e_c 为洞口偏离砖填充墙中心线的距离；f、g 表示与洞口尺寸、位置有关的函数。

含有窗洞的填充墙初始刚度与洞口的尺寸和位置均有关，通过回归分析可得 f、g 的表达式如式（10-28）和式（10-29）所示。

$$f\left(\frac{l_o}{L_w},\frac{h_o}{H_w}\right)=0.248\frac{l_o}{L_w}+0.266\frac{h_o}{H_w}+1.202\frac{l_o}{L_w}\frac{h_o}{L_w} \tag{10-28}$$

$$g\left(\frac{e_c}{L_w}\right)=1+0.664\frac{e_c}{L_w} \tag{10-29}$$

含有窗洞填充墙开裂荷载的计算公式如式（10-30）所示。最大荷载和净荷载仅与洞口尺寸有关，与洞口的位置无关。相应的折减系数中与洞口尺寸有关的函数 f 的表达式分别如式（10-31）和式（10-32）所示。

$$P_{wcr}=f_v(L_w-l_o)t_w \tag{10-30}$$

$$f\left(\frac{l_o}{L_w},\frac{h_o}{H_w}\right)=-1.180\frac{l_o}{L_w}+0.757\frac{h_o}{H_w}+1.588\frac{l_o}{L_w}\frac{h_o}{H_w} \tag{10-31}$$

$$f\left(\frac{l_o}{L_w},\frac{h_o}{H_w}\right)=0.222\frac{l_o}{L_w}+0.290\frac{h_o}{H_w}+0.915\frac{l_o}{L_w}\frac{h_o}{H_w} \tag{10-32}$$

含有门洞填充墙初始刚度折减系数与洞口尺寸、位置有关的函数如式（10-33）和式（10-34）所示。

$$f\left(\frac{l_o}{L_w},\frac{h_o}{H_w}\right)=-2.207\frac{l_o}{L_w}+0.346\frac{h_o}{H_w}+3.546\frac{l_o}{L_w}\frac{h_o}{H_w} \tag{10-33}$$

$$g\left(\frac{e_c}{L_w}\right)=1+0.850\frac{e_c}{L_w} \tag{10-34}$$

含有门洞填充墙开裂荷载的计算公式如式（10-30）所示。最大荷载和净荷载仅与洞口的尺寸有关，与洞口的位置无关。折减系数中与洞口的尺寸有关的函数 f 的表达式如式（10-35）和式（10-36）所示。

$$f\left(\frac{l_o}{L_w},\frac{h_o}{H_w}\right)=-2.123\frac{l_o}{L_w}+0.564\frac{h_o}{H_w}+2.374\frac{l_o}{L_w}\frac{h_o}{H_w} \tag{10-35}$$

$$f\left(\frac{l_o}{L_w},\frac{h_o}{H_w}\right)=-0.180\frac{l_o}{L_w}+0.672\frac{h_o}{H_w}+0.556\frac{l_o}{L_w}\frac{h_o}{H_w} \tag{10-36}$$

采用上述方法对作者研究团队试验所用的试件[5-7] 以及相关文献中的试件进行计算分析，相关的计算结果和试验结果见表 10-8。由表 10-8 可以看出：大部分的理论计算结果和试验结果吻合较好，且荷载的吻合程度更高。

10.2.3 砖填充墙对钢筋混凝土框架受力性能的影响

在水平荷载的作用下，钢筋混凝土框架中砖填充墙的作用也相当于斜向受压杆，其作用机理与如图 10-11a 所示的机理类似。给定结构的侧向位移 Δ，可以将相应的钢筋混凝土框架砖填充墙所受的水平荷载 P 看作钢筋混凝土框架所受的水平荷载 P_f 和砖填充墙所受的水平荷载 P_w 之和。混凝土框架与钢框架对砖填充墙的约束效应不同，因此，钢筋混凝土框架中砖填充墙的 P_w—Δ 关系和钢框架中砖填充墙的 P_w—Δ 的关系不同。

同样采用三维实体有限元建模对钢筋混凝土框架中砖填充墙结构在水平荷载作用下的受力性能进行数值模拟分析，分别考虑砖填充墙的宽高比、框架柱的轴向荷载、门窗的洞口尺寸和位置等对砖填充墙抗侧刚度和承载力的影响，经统计回归建立钢筋混凝土框架中砖填充墙侧向荷载—位移（P_w—Δ）曲线，如图 10-13 所示。

钢框架中砖填充墙荷载—位移（P_w—Δ）关系模型中关键点计算结果和试验结果的比较 **表 10-8**

试件	P_{wm}(kN)		Δ_m(mm)		P_{wn}(kN)		Δ_n(mm)	
	计算值	试验值	计算值	试验值	计算值	试验值	计算值	试验值
SW1[6]	169.5	166.0	9.89	5.91	105.8	116.7	22.60	25.44
S4[5]	111.4	131.8	9.89	8.80	71.4	58.9	22.60	20.41
SW[8]	166.6	151.7	9.81	14.86	136.6	141.9	19.40	30.11
C-1[10]	98.7	99.3	8.09	11.06	69.5	69.2	16.18	15.16
C-2[10]	98.7	99.2	8.09	7.82	69.5	68.6	16.18	16.75

续表

试件	P_{wm}(kN)		Δ_m(mm)		P_{wn}(kN)		Δ_n(mm)	
	计算值	试验值	计算值	试验值	计算值	试验值	计算值	试验值
C-3[10]	98.7	96.2	8.09	7.92	69.5	57.9	16.18	9.66
SW2[6]	129.5	165.6	9.89	7.38	82.8	75.7	22.60	14.48
SW3[6]	80.4	87.3	9.89	13.55	62.8	49.2	22.60	26.56
SW4[6]	94.6	91.1	9.89	15.56	71.6	64.3	22.60	26.11
SW5[6]	69.8	93.2	9.89	20.19	47.3	49.5	22.60	20.19
PW1[9]	137.9	130.6	9.81	15.29	112.6	109.5	19.40	25.44
PW1[9]	106.6	109.3	9.81	10.12	94.9	82.1	19.40	24.77
PW1[9]	96.4	95.0	9.81	10.06	87.73	65.12	19.40	24.11
PW1 [9]	87.7	85.5	9.81	9.62	58.0	59.3	19.40	24.48

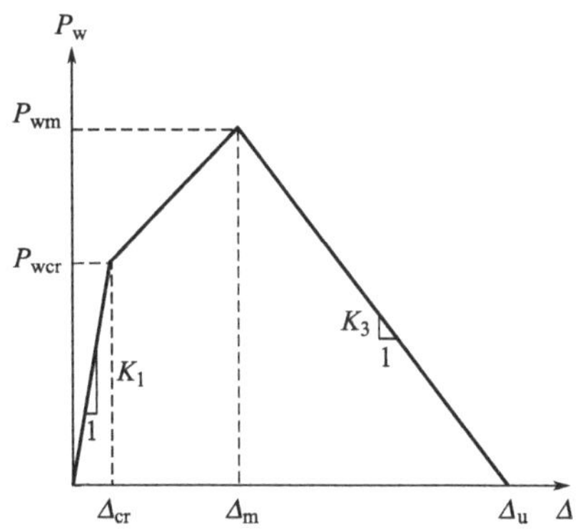

图 10-13　钢筋混凝土框架中砖填充墙侧向荷载—位移（P_w—Δ）曲线

在图 10-13 中，砖填充墙的开裂荷载 P_{wcr} 和相应的位移 Δ_{cr} 按式（10-10）、式（10-11）计算，初始刚度 K_1 按式（10-12）计算，只是式（10-13）中的 z_1 应按式（10-37）计算。最大荷载 P_{wm} 及相应的位移 Δ_m 按式（10-38）、式（10-21）计算，卸载刚度 K_3 按式（10-39）计算。

$$z_1=\begin{cases}1.1+0.6\left(\dfrac{L_w}{H_w}-1\right) & 0.5\leqslant\dfrac{L_w}{H_w}\leqslant 1.0\\ 1.1+0.3\left(\dfrac{L_w}{H_w}-1\right) & 1.0<\dfrac{L_w}{H_w}\leqslant 2.0\end{cases}\tag{10-37}$$

$$P_{wm}=1.3(0.9\mu_w)f_{m\theta}t_wL_w\tag{10-38}$$

$$K_3=-0.03K_1\tag{10-39}$$

10.2.4 砖填充墙对木框架受力性能的影响

传统木结构中的木框架柱是直接搁置在基础上的。试验研究表明：可将水平荷载作用下的砖填充墙与框架的荷载—位移曲线近似分为 3 个阶段：初始弹性阶段、裂缝发展阶段和破坏阶段。各阶段分界点分别为墙体开裂点和最大水平荷载点，如图 10-14 所示。为合理表征该曲线，需要确定弹性极限荷载 P_e、最大荷载 P_m 以及相应的 3 个位移 Δ_e、Δ_m 和 Δ_u。此外，由梁柱木框架和砖填充墙的受力平衡和变形协调可知：墙体抗侧能力由两侧木柱摇摆—剪切（榫卯节点抗弯）和砖填充墙的斜向受压提供，砖填充墙与木框架的受力分析模型如图 10-15 所示。

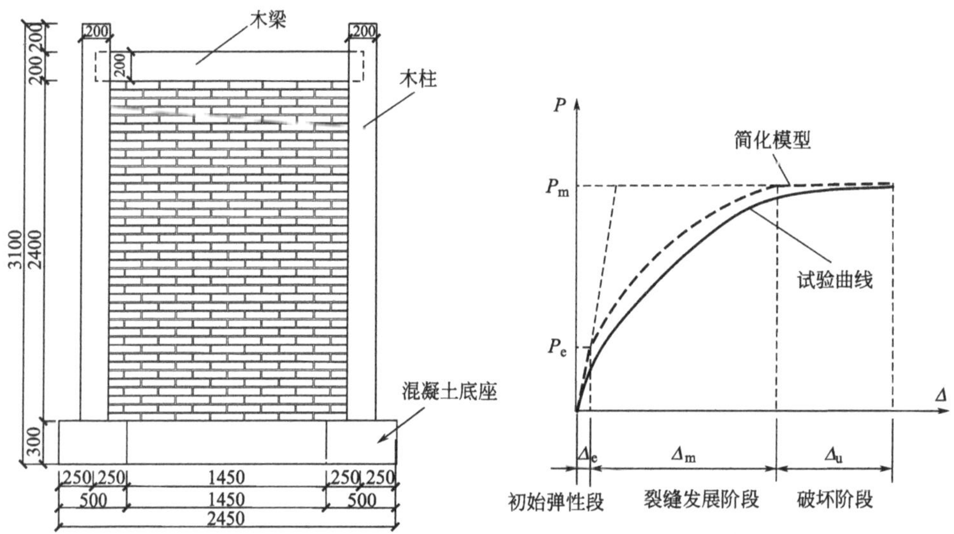

图 10-14　砖填充木框架墙体试件及其荷载—位移曲线

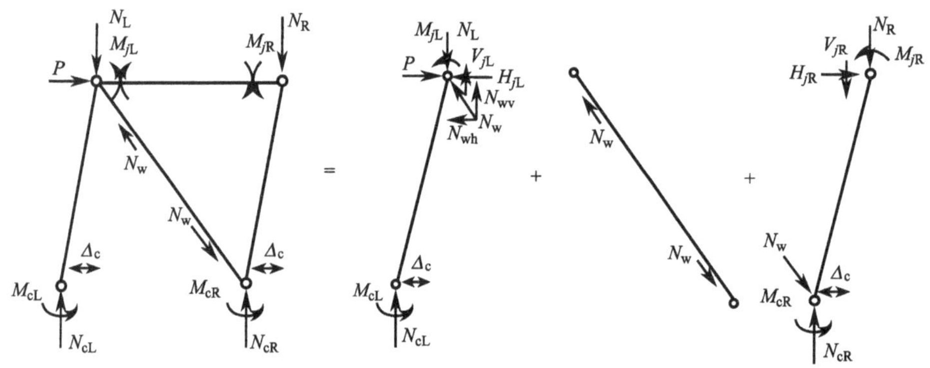

图 10-15　砖填充墙与木框架的受力分析模型

假定木柱受压侧边缘的最大压应力达到木材抗压强度 f_{c0} 的 40%时，墙体达到弹性极限，此时，木柱边缘最大压应变为 ε_e。根据数值模拟研究结果可知：木柱在距离底部约 1/25 柱高范围内的木材应变较显著[11]，因此，弹性极限状态的木柱转角 θ_e 可由式（10-40）近似计算。

$$\theta_e = \frac{\varepsilon_e H_c}{25 l_c} \tag{10-40}$$

式中，H_c 为木柱的高度；l_c 为木柱的底部截面有效受压区的高度。

相应地，水平荷载作用处的侧移 $\Delta_e = \theta_e H_F$，H_F 为木框架的高度。若已知柱顶压力 N，且忽略砖填充墙斜向压力的竖向分量 N_{wv}，假定柱底压应力 $\sigma(x)$ 为线性分布，则半径为 R 的木柱柱脚的有效受压区高度 l_c 可根据竖向力平衡条件式（10-41）确定[12]。

$$\int_{R-l_c}^{R} \sigma(x) \mathrm{d}A(x) = N \tag{10-41}$$

柱底弯矩见式（10-42）。

$$M_c = \int_{R-l_c}^{R} \frac{0.4 f_{c0}}{l_c} (l_c - R + x) x \mathrm{d}A(x) \tag{10-42}$$

当木柱产生转角 θ_e 时，梁柱榫卯节点产生相同的转角（假定木梁保持水平），节点抵抗力矩 M_j 可由式（10-43）计算[13]。

$$M_j = b_s E_{cR} \theta_e \left(\mu + 0.25\theta_e + \frac{2l_s}{3h_s}\right) (l_s - 0.75 h_s \theta_e)^2 \tag{10-43}$$

式中，E_{cR} 为榫头木材横纹的弹性模量；l_s、h_s 和 b_s 为榫头的长、高、宽；μ 为榫头和卯口之间的摩擦系数，可取 0.4。

相应地，木框架弹性极限荷载 P_{eF} 和初始刚度 k_{eF} 可由式（10-44）计算。

$$\begin{cases} P_{eF} = \dfrac{2(M_j + M_c - N\theta_e H_c)}{H_F} \\ k_{eF} = \dfrac{P_{eF}}{\Delta_e} = \dfrac{2(M_j + M_c - N\theta_e H_c)}{\theta_e H_F^2} \end{cases} \tag{10-44}$$

高度为 H_w、截面面积为 A_w、截面惯性矩为 I_w、弹性模量为 E_w、剪切模量为 G_w 的砖填充墙的初始抗侧刚度 k_{ew} 可由式（10-45）计算[14]。

$$k_{ew} = \frac{1}{\dfrac{H_w^3}{3E_w I_w} + \dfrac{1.2H_w}{\alpha_w G_w A_w}} \tag{10-45}$$

式中，α_w 是砖填充墙的剪切刚度折减系数，可取 1/16。

因此，木框架墙体的初始刚度 k_e 可为木框架和砖填充墙的刚度之和，见式（10-46）。

$$k_{e}=k_{eF}+k_{ew}=\frac{2(M_{j}+M_{c}-N\theta_{e}H_{F})}{\theta_{e}H_{F}^{2}}+\frac{\eta_{k0}}{\dfrac{H_{w}^{3}}{3E_{w}I_{w}}+\dfrac{1.2H_{w}}{\alpha_{w}G_{w}A_{w}}} \tag{10-46}$$

式中，η_{k0} 为木框架约束对砖填充墙刚度的提升效应，可取 $\eta_{k0}=1.25$[11]。

定义砖填充墙的弹性极限荷载 P_{ew} 为浮搁柱脚滑移过大、砖填充墙底部剪切裂缝贯通时（此时砖填充墙的斜向阶梯形裂缝一般尚未出现）的荷载值，则可由砖填充墙的平均抗剪强度乘以砖填充墙的截面面积得到，见式（10-47）。

$$P_{ew}=f_{v}L_{w}t_{w} \tag{10-47}$$

式中，f_{v} 为无筋砌体墙的抗剪强度，需考虑墙体高宽比和竖向力的作用；L_{w} 和 t_{w} 为砖填充墙的截面宽度和厚度。

假定弹性阶段木框架和砖填充墙协同工作，基于两者的刚度比值，分别根据木框架和砖填充墙的弹性极限荷载计算砖填充木框架墙体的弹性极限荷载，并取较小值，如式（10-48）所示。

$$P_{e}=\min\begin{cases}P_{eF}\dfrac{k_{eF}+k_{ew}}{k_{eF}}\\[2ex]P_{ew}\dfrac{k_{eF}+k_{ew}}{k_{ew}}\end{cases} \tag{10-48}$$

试验结果表明：砖填充墙在水平荷载作用下的裂缝不断发展，但由于木框架对砖填充墙的约束效应，其抗力得以继续上升，直到墙体角部区域被压溃[11]。砖填充木框架墙体的最大荷载为砖墙斜向被压碎时，砖墙承受的荷载和木框架承受的荷载之和，见式（10-49）。

$$P_{m}=P_{Fm}+P_{wm} \tag{10-49}$$

式中，P_{Fm} 为木框架承受的荷载，P_{wm} 为砖填充墙被压碎时的荷载。

由木柱隔离体的弯矩平衡条件，可得木框架承受的荷载 P_{Fm}，见式（10-50）。

$$P_{Fm}=\frac{M_{cmR}+M_{cmL}+2(M_{jm}-N\theta_{m}H_{c})}{H_{F}} \tag{10-50}$$

式中，M_{jm}、M_{cmL}、M_{cmR} 为榫卯节点和左、右侧柱脚底面的抵抗力矩；θ_{m} 为木框架达到最大荷载时的木柱转角。榫卯节点抵抗力矩 M_{jm} 可由式（10-51）计算得到[13]。

$$M_{jm}=\frac{f_{cR}}{\theta_{m}}(0.5l_{s}+0.375h_{s}\theta_{m}) \tag{10-51}$$

式中，f_{cR} 为木材横纹的抗压强度。

柱脚底面的抵抗力矩 M_{cm} 和木柱底面的受压区高度 l_{cm} 可根据木柱力矩平衡得到[12]（此时应考虑砖填充墙斜向压力的竖向分量 N_{wv} 对左侧木柱的影响），如式（10-52）、式（5-53）所示。

$$M_{cm}=\int_{R-l_{cm}}^{R} f_{c0}x\,\mathrm{d}A(x) \tag{10-52}$$

$$\int_{R-l_{cm}}^{R} \sigma(x)\,\mathrm{d}A(x)=N \tag{10-53}$$

此时，假定木柱底面受压区高度 l_{cm} 范围内的木材均已达到顺纹的抗压强度 f_{c0}（等效矩形应力块假定），受压区边缘应变 ε_u 取木材顺纹应力应变曲线下降段应力约为 $0.8f_{c0}$ 时对应的应变值（或可基于经验取 0.006）。此外，木柱仅在距离 1/25 底面范围发生较大的应变。木柱的转角 θ_m 可由式（10-54）计算[11]。

$$\theta_m=\frac{H_c}{25l_{cm}}\varepsilon_u \tag{10-54}$$

参考等效斜压杆理论计算砖填充墙的最大荷载 P_{wm}，见式（10-55）。

$$P_{wm}=f_m w t_w \cos\theta \tag{10-55}$$

式中，f_m 为砖抗压强度；w 为等效斜压杆宽度，由式（10-56）计算[18]；t_w 为砖填充墙的厚度；θ 为砖填充墙的对角线斜率。

$$w=\frac{0.3}{\lambda\cos\theta} \tag{10-56}$$

式中，λ 为刚度的特征参数，由式（10-57）计算。

$$\lambda=\left(\frac{E_w t_w \sin(2\theta)}{4E_c I_c H_w}\right)^{0.25} \tag{10-57}$$

式中，E_c 和 I_c 为柱的弹性模量和截面惯性矩；E_w 为砖填充墙的弹性模量；H_w 为砖填充墙的高度。

值得说明的是：对等效斜压杆的宽度 w 采用 MSJC 规范的计算方法是因为与目前对于混凝土框架砖填充墙的等效斜压杆的计算方法相比，现有的对于木框架节点、梁柱刚度比、竖向荷载等因素的研究还不成熟，因此，采用形式相对简单、考虑因素相对较少的 MSJC 规范的计算方法。

将式（10-50）和式（10-55）代入式（10-49）即可得到砖填充木框架墙体的最大荷载。

屈服阶段砖填充木框架墙体的受力复杂，木框架和砖填充墙的变形能力不同，两者达到最大荷载的时间也不相同。为此，分别计算木框架和砖填充墙最大荷载对应的位移，并取较大值作为砖填充木框架墙体最大荷载对应的位移。

木框架的位移 Δ_{Fm} 可由荷载作用下的 θ_m 值计算，见式（10-58）。

$$\Delta_{Fm}=\theta_m H_F \tag{10-58}$$

砖填充墙屈服位移 Δ_{wm} 可由砖填充墙等效斜压杆的斜向压力的水平分力与砖填充墙抗侧刚度之比求得，见式（10-59）。

$$\Delta_{wm}=\frac{P_{wm}}{\cos\theta\cdot k_{ew}} \tag{10-59}$$

由此可得砖填充木框架墙体的最大荷载对应的位移，见式（10-60）[10]。

$$\Delta_{m}=\max(\Delta_{Fm},\Delta_{wm}) \tag{10-60}$$

砖填充木框架墙体的破坏阶段不明显，相应极限位移的试验数据较少。考虑在砖填充木框架墙体试验中，加载至约等于其2倍的最大荷载所对应的位移时，往往因砖填充墙发生较大平面内变形或角部被压碎而停止加载[11]，墙体的极限位移可近似取 $\Delta_{u}=2\Delta_{m}$。

砖填充木框架墙体力学性能指标理论计算结果与试验结果的比较如表10-9所示。由表10-9可以看出：理论指标计算结果与试验结果较为接近，说明该模型可以应用于砖填充木框架墙的理论分析。

砖填充木框架墙体力学性能指标理论计算结果与试验结果的比较　　表10-9

试验结果来源	k_e(kN/mm)		P_e(kN)		P_m(kN)		Δ_m(mm)		
	试验值	理论值	试验值	理论值	试验值	理论值	试验值	理论值	
								木框架 Δ_{Fm}	砖填充墙 Δ_{wm}
陈邢杰[11]	4.43	4.39	8.91	9.41	63.95	58.70	58.71	63.80	27.77
	4.65	5.07	9.33	9.32	69.45	64.62	60.02	63.80	26.44
Qu et al.[15]	4.33	3.99	—	—	—	—	—	—	—
	7.07	8.28	—	—	29.40	48.29	—	—	—
敬登虎等[14]	3.87	3.87	33.90	22.55	47.80	47.73	30.08	184.21	11.70
童颜泱[16]	0.92	0.94	2.90	2.26	34.80	51.14	120.00	171.50	120.85
许清风等[17]	—	—	—	—	69.30	61.23	24.00	150.22	11.81

10.2.5 砖填充墙对结构抗震性能的影响

为进一步研究砖填充墙对铰接钢框架结构抗震性能的影响，按1∶4的缩尺比例设计制作两个三层两跨铰接钢框架结构模型M1和M2。模型的柱网尺寸为1200mm×1200mm，沿主梁方向有两跨，沿次梁方向有一跨。底层层高为1800mm，二层层高为1200mm，三层层高为900mm。主梁、次梁和柱型钢截面尺寸为80mm×35mm×5mm×5mm、65mm×25mm×5mm×5mm和61mm×72mm×6mm×8mm。梁、柱外包素混凝土。模型M2沿主梁方向分别用MU15烧结普通砖和M5砂浆砌筑两道厚60mm的砖填充墙。按1∶4比例缩尺后的烧结普通砖（60mm×30mm×15mm）由标准砖切割而成。振动台试验模型结构平面图和梁柱节点图如图10-16所示[19]。

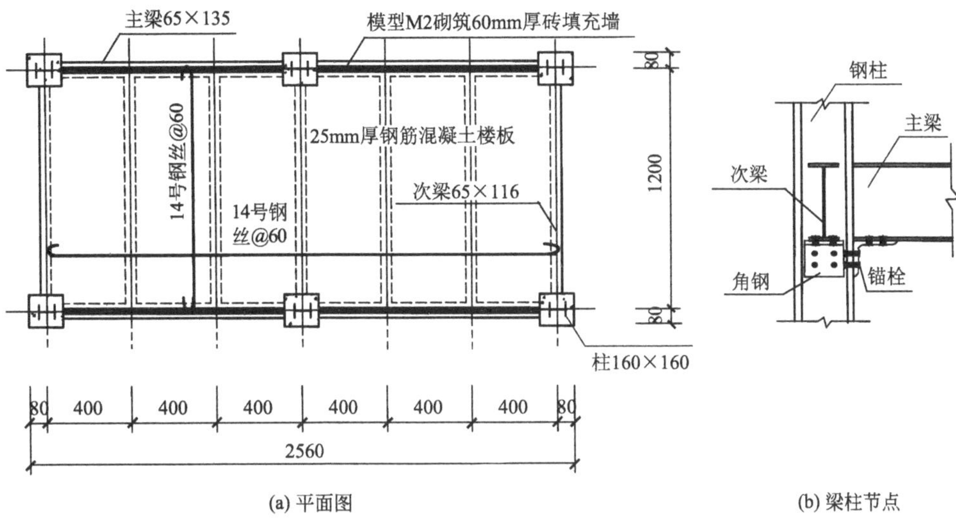

(a) 平面图　　(b) 梁柱节点

图 10-16　振动台试验模型结构平面图和梁柱节点图

根据振动台的试验能力选择模型的几何相似常数 $S_l=1/4$。加速度和材料相似常数设为 $S_a=2$ 和 $S_E=1$，由此可算出其他常数如表 10-10 所示。由密度相似常数 $S_\rho=2$ 算出 M1 和 M2 的总重量为 9316kg 和 12408kg。模型自重不足的重量由分布于各层的附加质量块补充。由房屋结构检测与鉴定报告可知：型钢的屈服和极限强度为 201MPa 和 287MPa，钢筋的屈服和极限强度为 244MPa 和 361MPa，混凝土的立方体抗压强度为 15.3～35.1N/mm^2[20]。因此，选用 Q235 型钢制作梁、柱，选用 14 号钢丝作为楼板的配筋，模型结构混凝土的强度等级为 C20。实测模型结构材料强度和弹性模量如表 10-11 所示。

其他常数　　表 10-10

参数	相似常数	参数	相似常数
几何尺寸 l	$S_l=1/4$	面荷载 q	$S_q=1$
位移 x	$S_x=1/4$	质量 m	$S_m=1/64$
面积 A	$S_A=1/16$	刚度 K	$S_K=1/4$
应力 σ	$S_\sigma=1$	阻尼 C	$S_C=0.088$
应变 ε	$S_\varepsilon=1$	圆频率 ω	$S_\omega=2.282$
弹性模量 E	$S_E=1$	加速度 a	$S_a=2$
泊松比 ν	$S_\nu=1$	时间 t	$S_t=0.353$
密度 ρ	$S_\rho=2$	速度 v	$S_v=0.707$

实测模型结构材料强度和弹性模量 **表 10-11**

材料	屈服强度(MPa)	极限强度(MPa)	弹性模量($\times10^5$ MPa)	立方体抗压强度(MPa)	轴心抗压强度(MPa)	抗剪强度(MPa)
14 号钢丝	343.5	527.6	1.93	—	—	—
柱型钢翼缘(8mm)	316.9	488.4	1.80	—	—	—
柱型钢腹板(6mm)	328.0	455.4	1.80	—	—	—
梁型钢(5mm)	304.4	439.8	1.60	—	—	—
底层混凝土	—	—	0.32	29.2	23.7	—
二层混凝土	—	—	0.29	26.1	21.4	—
三层混凝土	—	—	0.33	22.3	19.2	—
烧结普通砖	—	—	—	—	13.5	—
砂浆	—	—	—	—	7.6	—
砖砌体	—	—	—	—	7.5	0.7

在模型结构的基础和每层楼板布置位移传感器（LVDT）和加速度传感器，测量结构的地震反应。分别沿模型填充墙的方向（X 向）输入软土场地的上海人工地震波 SHW-Ⅱ、El Centro 波和 Pasadena 波。用表 10-9 中的其他常数对地震波的峰值加速度和持时进行相应的调整，将每一个量值的峰值加速度输入后，用白噪声扫描测量模型结构的自振特性。当模型结构的自振周期降至初始自振周期的 50%时，停止试验。图 10-17 是铰接钢框架结构模型 M1 和 M2 的振动台试验装置，表 10-12 是对应的各试验工况输入地震波的峰值加速度。

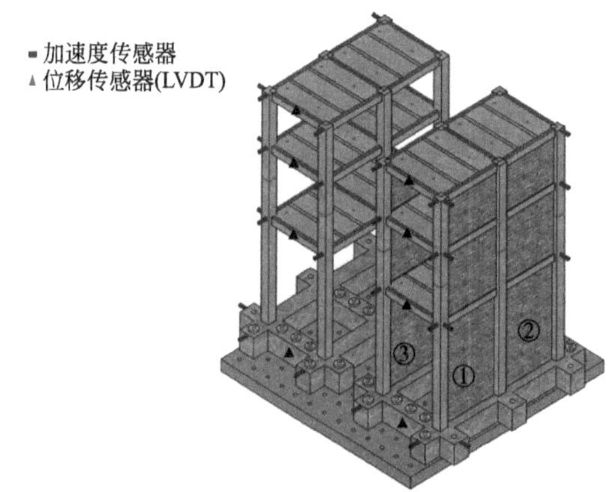

(a) 结构模型M1和M2

(b) 将M1和M2安装在振动台上

图 10-17　铰接钢框架结构模型 M1 和 M2 的振动台试验装置

对应的各试验工况输入地震波的峰值加速度　　**表 10-12**

工况	地震波	峰值加速度(g)	工况	地震波	峰值加速度(g)
S1	白噪声(X,Y,Z)	0.07	S11	白噪声(X,Y,Z)	0.07
S2	SHW-Ⅱ	0.07	S12	SHW-Ⅱ	0.28
S3	El-Centro	0.07	S13	白噪声(X,Y,Z)	0.07
S4	Pasadena	0.07	S14	SHW-Ⅱ	0.44
S5	白噪声(X,Y,Z)	0.07	S15	白噪声(X,Y,Z)	0.07
S6	SHW-Ⅱ	0.14	S16	SHW-Ⅱ	0.80
S7	El-Centro	0.14	S17	白噪声(X,Y,Z)	0.07
S8	Pasadena	0.14	S18	SHW-Ⅱ	1.15
S9	白噪声(X,Y,Z)	0.07	S19	白噪声(X,Y,Z)	0.07
S10	SHW-Ⅱ	0.20	S20	SHW-Ⅱ	1.30

振动台的试验结果表明：砖填充墙可以大幅度提高铰接钢框架结构的抗侧刚度（图 10-18），改变结构的破坏形态（图 10-19），减小结构的地震反应（图 10-20、图 10-21）。

梁柱采用杆单元，楼板采用壳单元，砖填充墙采用 10.2.2 节提出的斜压杆单元。分别应用钢材、混凝土、砖的本构关系，利用相关软件对铰接钢框架结构模型 M1 和 M2 进行动力数值模拟分析。计算结果表明：合理地考虑砖填充墙的作用，可更加准确地描述铰接钢框架结构的地震反应（表 10-13、表 10-14）。

用只能受压的斜杆模拟梁、柱间的砖砌体填充墙，对钢筋混凝土框架填充墙结构地震反应进行数值模拟分析。结果表明，考虑填充墙的作用，可以提高结构的抗侧刚度，明显降低结构的位移反应[21]。

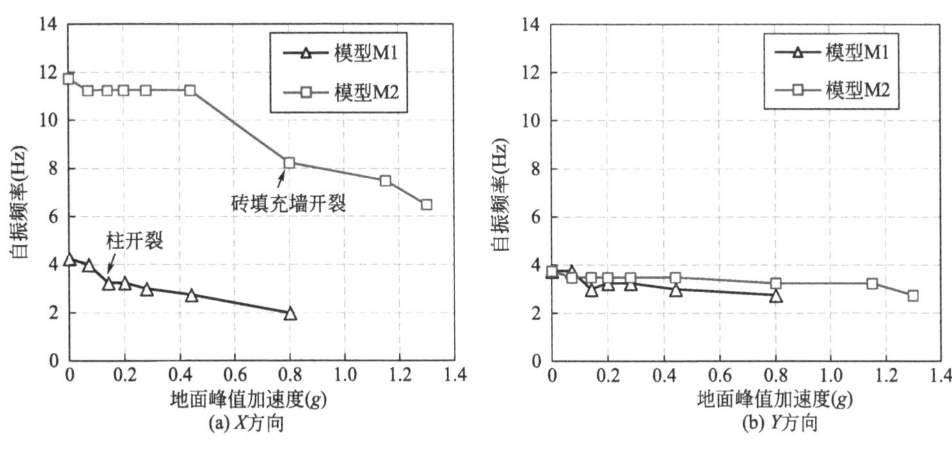

图 10-18　铰接钢框架结构模型 M1 和 M2 自振频率的变化情况

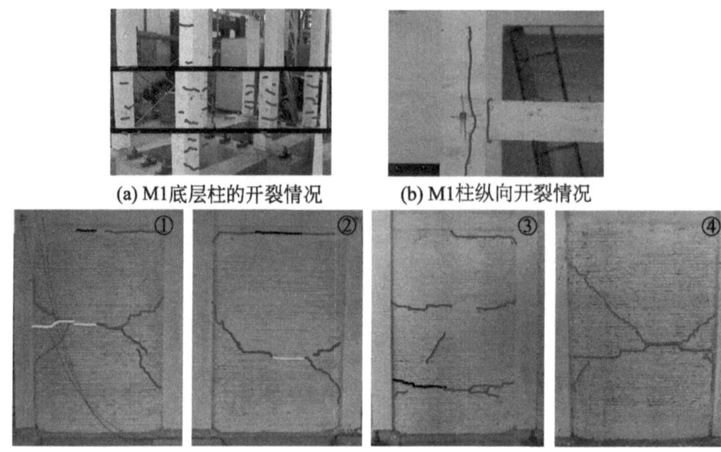

(a) M1底层柱的开裂情况　(b) M1柱纵向开裂情况

(c) M2底层砖填充墙的开裂情况

图 10-19　铰接钢框架结构模型 M1 和 M2 的破坏情况（填充墙的编号如图 10-17a 所示）

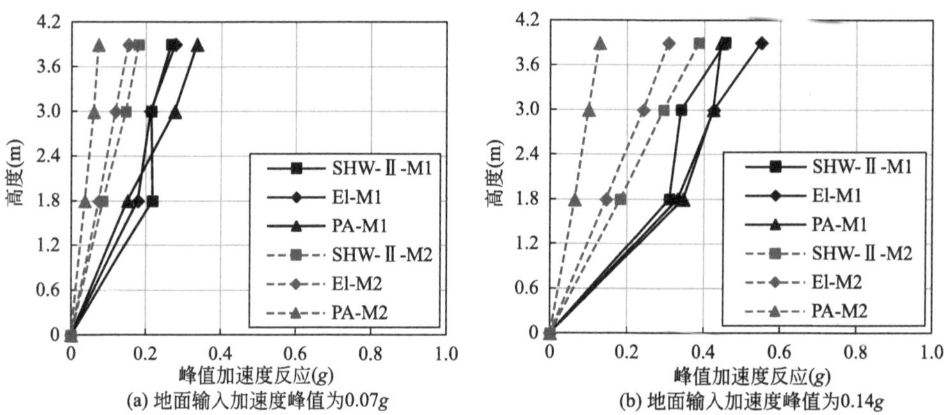

(a) 地面输入加速度峰值为0.07g　(b) 地面输入加速度峰值为0.14g

图 10-20　不同地震输入时铰接钢框架结构模型 M1 和 M2 的峰值加速度反应

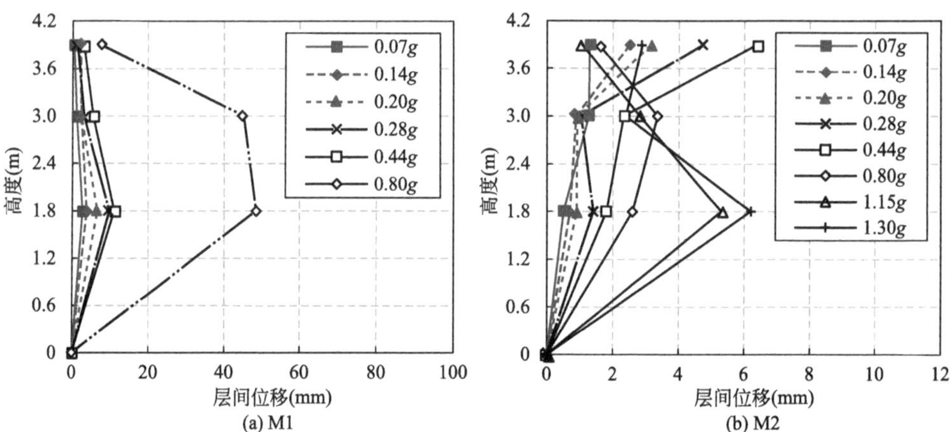

(a) M1　(b) M2

图 10-21　输入上海人工地震波 SHW-Ⅱ时铰接钢框架结构模型 M1 和 M2 的层间位移

铰接钢框架结构模型 M1 和 M2 的前三阶自振频率　　表 10-13

频率(Hz)	第一阶		第二阶		第三阶	
	M1	M2	M1	M2	M1	M2
试验	3.75	3.75	4.25	9.75	6.75	11.75
数值模拟	3.50	3.50	4.11	9.25	6.16	11.45
相对误差(%)	−6.7	−6.7	−3.3	−5.1	−8.7	−2.6

输入上海人工地震波时铰接钢框架结构模型 M1 和 M2 的峰值位移反应　　表 10-14

工况		M1			M2		
		第一层	第二层	第三层	第一层	第二层	第三层
S2 (0.07g)	试验(mm)	2.8	3.9	4.3	0.5	1.4	2.5
	数值模拟(mm)	1.8	3.5	4.8	0.5	0.9	1.2
	相对误差(%)	−35.7	−10.3	11.6	0.0	−35.7	−52.0
S14 (0.44g)	试验(mm)	11.2	16.2	18.5	1.7	3.5	3.6
	数值模拟(mm)	11.7	18.3	20.5	1.4	2.5	3.2
	相对误差(%)	4.5	13.0	10.8	−17.6	−28.6	−11.1

用只能受压的斜杆模拟梁、柱间的砖砌体填充墙，对钢筋混凝土框架砖填充墙结构地震反应进行数值模拟分析。结果表明：考虑砖填充墙的作用，可以提高结构的抗侧刚度，明显降低结构的位移反应[21]。

10.3　屋顶附属物对结构反应的影响

20 世纪 90 年代初，随着通信业的发展，需要增建大量的通信铁塔。在房屋密集的城市，有很多铁塔是建在既有房屋的屋顶上，这与直接建在地面上的铁塔的受力性能、抗震性能不同。如何考虑既有建筑增建铁塔后对铁塔和主体结构的影响，是一个值得研究的问题。下面以如图 9-4、表 9-1 所示的上海市邮政大楼及其后加通信铁塔为背景，就不同主体结构增建铁塔后铁塔和主体结构的地震内力放大系数进行分析，研究在既有建筑屋顶增加柔性附属物对结构反应的影响[22]。

采用如图 9-4b 所示的计算简图和如表 9-1 所示的参数，按 7 度近震、Ⅳ类场地土计算地震作用。考虑混凝土的弹塑性性能，将主楼的刚度乘以 0.85 的折减系数；考虑铁塔的剪切变形，将其刚度乘以 0.85 的折减系数。为寻找内力放大规律，假想对原楼增层，增加楼层的刚度、质量都与原结构第四层相同（$m_i=7034000\text{kg}$，$I_i=7.92\text{m}^4$）。假想对原主楼增加 2 层、6 层、9 层，即主楼变为 7

层、11 层、14 层，再分别计算铁塔（直接置于地面上）、主楼（不考虑增建铁塔）及铁塔与主楼共同作用三种工况下的结构自振特性；用振型分解法分别计算上述三种工况下考虑地震作用时各层的剪力和弯矩；求出地震作用下铁塔及主楼共同工作时的内力放大系数。

图 10-22、图 10-23 给出了前五阶振型。在进行上海市邮政大楼结构检测与评定时，曾对大楼和铁塔做过振动检测及模态分析。实测获得的自振周期（图 10-

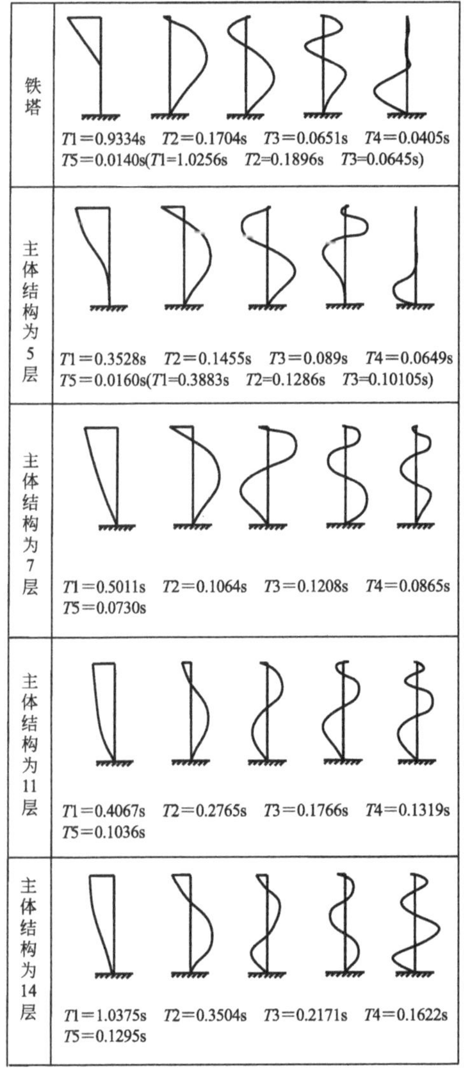

图 10-22 铁塔与不同主体结构的自振特性

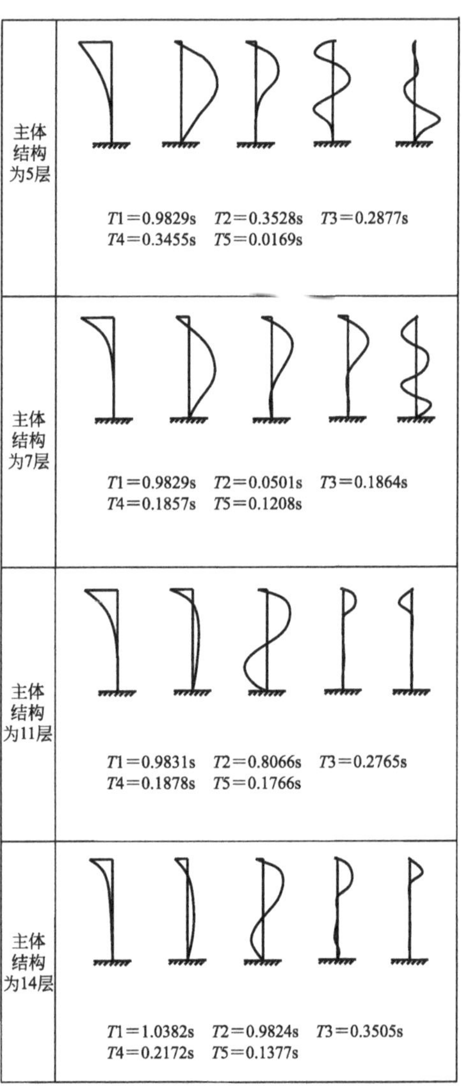

图 10-23 铁塔与不同主体结构共同工作时的自振特性

22 括弧中得数值）及振型与原结构计算结果很接近。图 10-22 中 5 层主体结构的实测自振周期仍大于计算值，表明采用 0.85 的折减系数不能完全反映上海市邮政大楼主体结构的整体损伤。但是本节的主要目的是比较不同结构的动力反应，损伤识别不是重点，故可以认为如图 9-4b 所示的计算模型简单可行。

由图 10-22、图 10-23 可知：主体结构和铁塔各自的振型按其相应周期的大小交替出现。凡原属主体结构的振型，共同作用后，周期几乎没有变化，主体结构部分的振型图亦几乎没有变化；铁塔部分的振型图有变化，但与此时已经出现或即将出现的铁塔自身的振型图有相似之处。凡原属铁塔的振型，共同作用后其周期略有变化，铁塔部分的振型图几乎没有变化，主体结构的振型各曲线接近于直线。由此可见，主体结构和铁塔共同工作时的振型由它们各自的振型组合变化而成，铁塔对主体结构的影响较小，而主体结构对铁塔的影响较大。

在主体结构为 5 层、7 层、11 层、14 层情况下，用振型分解法求铁塔（置于地面上）、主体结构及铁塔加在主体结构上两者共同工作时各层的剪力和弯矩。由计算结果可知：将铁塔加在主体结构后，除主体结构为 5 层时内力略有增加外，在其余 3 种情况下，主体结构各层的内力均有不同程度的减小，加铁塔后，主体结构的内力与相同烈度地震作用下主体结构单独工作时的内力反应的比值（也叫内力放大系数）为 0.9780～1.0004。但是，在相同烈度地震作用下，在不同主体结构上的铁塔的内力反应较大，图 10-24、图 10-25 给出了不同主体结构上铁塔不同断面处的内力、弯矩放大系数（将铁塔加于主体结构上共同工作时的内力反应与相同烈度地震作用下，将铁塔置于地面上时的内力反应的比值）。

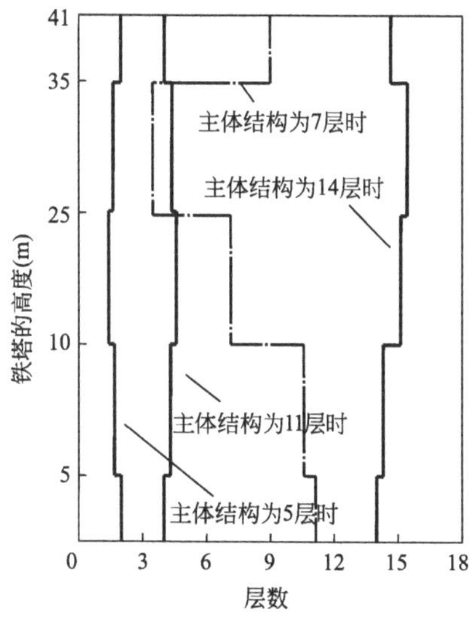

图 10-24　不同主体结构上铁塔不同断面处的内力放大系数

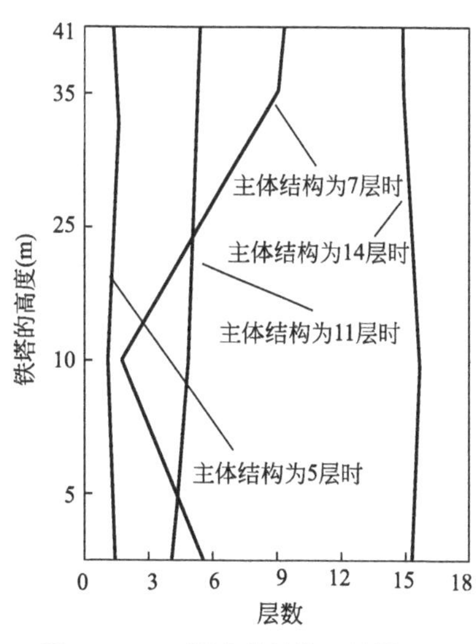

图 10-25　不同主体结构上铁塔不同断面处的弯矩放大系数

由图 10-24、图 10-25 可以看出：4 种情况下主体结构对铁塔的动力放大作用总是存在的，但放大作用的波动很大，主体结构为 14 层时的放大作用最大，主体结构为 7 层时的放大作用次之，主体结构为 11 层时的放大作用再次之，主体结构为 5 层时的放大作用最小。放大作用并不随主体结构高度的增加而增大，而与主体结构和铁塔有无相近的自振周期有关：14 层主体结构的基本周期与铁塔的基本周期相近，7 层主体结构的第二阶自振周期与铁塔的第二阶自振周期相近，共同作用后有两个周期和振型很接近，故放大作用很大；11 层主体结构的第三阶自振周期与铁塔的第二阶自振周期接近，共同作用后有两个周期和振型差别不大，故其放大作用较大，但它小于主体结构为 7 层及 14 层时的放大作用；而 5 层主体结构的第四阶自振周期与铁塔的第三阶自振周期相近，故其放大作用最小。

铁塔对主体结构整体地震反应的影响相当于在主体结构屋顶上安装一个 TMD 系统产生的影响，由于铁塔的质量和刚度相差悬殊，这种影响较小。但是，将铁塔增建在主体结构屋顶的局部，铁塔对主体结构局部竖向承重构件地震内力的影响不容忽视，如图 10-26 所示。上海市邮政大楼屋顶铁塔的 4 个支座正好放在主体结构的 4 根柱上，由于地震作用产生的铁塔底部的弯矩 M_r 将由这 4 根柱承受，每根柱承受的塔底弯矩引起的轴向力见式（10-61）。

$$N_m = M_r / 2L_t \tag{10-61}$$

以此为背景，在 7 度地震作用下，主体结构为 14 层时铁塔下的主体结构顶层柱中将增加 204.36kN 的轴向压力，比不考虑铁塔影响时柱的内力增加了 25%，这是值得注意的。

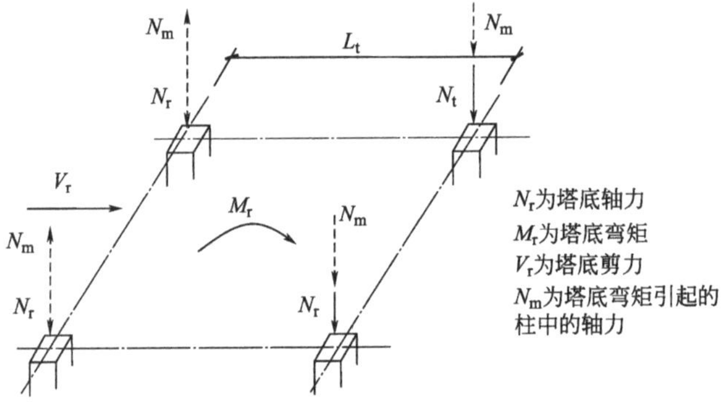

图 10-26 屋顶增建铁塔基底与主体结构连接处的受力情况

10.4 初始损伤对结构动力反应的影响

正如 9.2.2 节所述，对难以直接观察的全局或局部损伤，可以采用动力测试方法用式（9-27）识别出结构整体损伤指标。根据识别出的整体损伤指标，用式（9-26）对结构的整体刚度进行修正，可较精确地计算出结构的动力反应。

根据大量钢筋混凝土结构模型的振动台试验结果可知：随着结构刚度的降低，结构的阻尼比不断增大。本书第一作者曾研究过结构的阻尼比随刚度的变化规律，并提出如式（10-62）所示的计算公式[23]。

$$\frac{\xi_{d1}}{\xi_{01}}=\frac{2-D}{2(1-D)} \tag{10-62}$$

式中，ξ_{d1} 为损伤结构的第一阶阻尼比；ξ_{01} 为未损伤结构的第一阶阻尼比；D 为按式（9-27）计算的结构整体损伤指标。

在既有建筑结构的评定中，若构件有原始测试记录，由式（9-27）识别出结构整体损伤，再用式（9-26）和式（10-62）对结构的初始刚度和阻尼比进行修正后，可进行具有初始损伤结构的动力反应分析。若式（9-26）中的 f_{01} 是通过理论计算获得的，则由式（9-27）识别出结构整体损伤后，应用式（9-26）和式（10-62）对结构的理论分析模型进行修正，使其更加符合实际的情况。

图 10-27 为某 6 层横墙纵框钢筋混凝土结构模型示意图。模型墙体的厚度为 40mm，其他参数见表 10-15、表 10-16。该结构模型模拟地震振动的试验装置如图 10-28 所示。试验时，输入Ⅳ类场地的人工地震波，时间相似常数为 $C_t=4.243$。

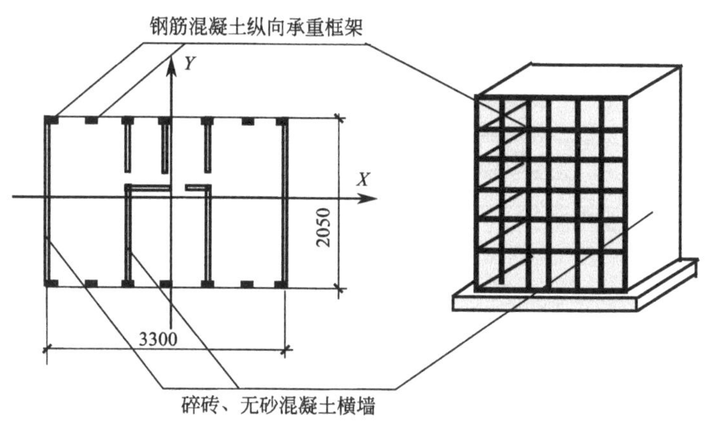

图 10-27　某 6 层横墙纵框钢筋混凝土结构模型示意图

结构模型的参数　　**表 10-15**

层数	层高(mm)	质量(kg)	墙体混凝土抗压强度(MPa)	框架混凝土抗压强度(MPa)
6	467	3066	7.2	16.3
5	467	2386	9.5	14.9
4	467	2386	10.0	15.3
3	467	2386	12.4	14.5

续表

层数	层高(mm)	质量(kg)	墙体混凝土抗压强度(MPa)	框架混凝土抗压强度(MPa)
2	467	2386	11.2	20.5
1	717	2924	10.5	25.0

结构模型框架的配筋 **表 10-16**

构件	截面(mm)	纵筋	箍筋
边柱	40×67	2 根 10 号钢丝	20 号钢丝,间距 80
中柱	40×67	2 根 12 号钢丝	20 号钢丝,间距 80
二层梁	40×67	2 根 10 号钢丝(3 根 10 号钢丝)	20 号钢丝,间距 80
三层、四层梁	40×67	2 根 12 号钢丝(3 根 10 号钢丝)	20 号钢丝,间距 80
五层、六层梁	40×67	2 根 14 号钢丝	20 号钢丝,间距 80
屋面梁	40×67	2 根 14 号钢丝	20 号钢丝,间距 80

注：纵筋和箍筋均采用镀锌钢丝，其抗拉强度为 268～363MPa。10 号钢丝直径为 3.25mm，12 号钢丝直径为 2.64mm，14 号钢丝直径为 2.03mm，20 号钢丝直径为 0.91mm。

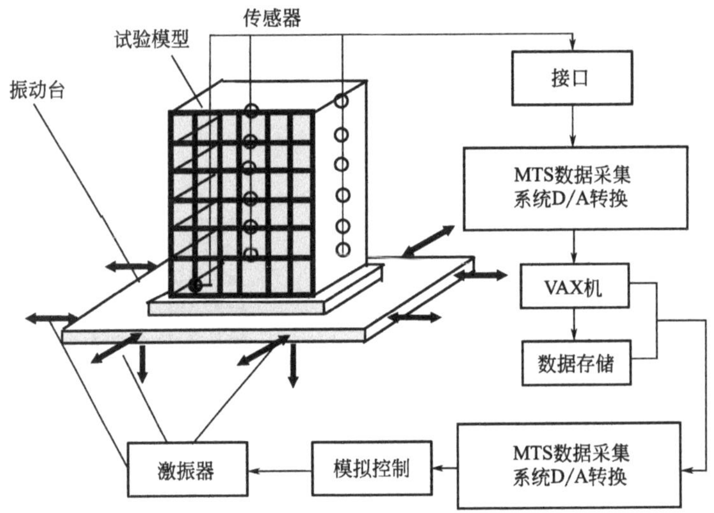

图 10-28 某 6 层横墙纵框钢筋混凝土结构模型模拟地震振动的试验装置

在地震波作用下，模型结构的破坏程度以及应用相应公式计算出的结构整体损伤指标见表 10-17[23,24]。由表 10-16 结果可知：结构的损伤指标能反映结构的损伤情况。采用以剪切变形为主的剪力墙单元和以弯曲变形为主的分段变刚度杆单元，对模型结构进行动力反应数值的模拟分析。图 10-29、图 10-30 分别给出了第 9 次地震输入时（模型已有较严重的损伤）模型结构位移反应的时程曲线和最大位移反应。由图 10-29、图 10-30 可以看出：考虑结构初始损伤的影响后，数值模拟分析结果和振动台试验结果吻合较好。

模型结构的破坏程度以及应用相应公式计算出的结构整体损伤指标　　表 10-17

次序	输入方向	加速度峰值	损伤程度	损伤指标
1	X	$0.12g$	弹性阶段	0.000
2	Y	$0.12g$	弹性阶段	0.000
3	X/Y	$0.10g/0.06g$	弹性阶段	0.000
4	X/Y	$0.21g/0.12g$	底层角柱开裂	0.082
5	X/Y	$0.21g/0.12g$	底层角柱开裂	0.082
6	X/Y	$0.42g/0.24g$	梁开裂	0.306
7	X/Y	$0.57g/0.33g$	底层大部分柱三层部分梁开裂	0.496
8	X/Y	$0.57g/0.33g$	底层纵墙开裂底层柱内钢筋屈服	0.790
9	X/Y	$1.04g/0.60g$	底层的残余变形角达 1/8	0.915

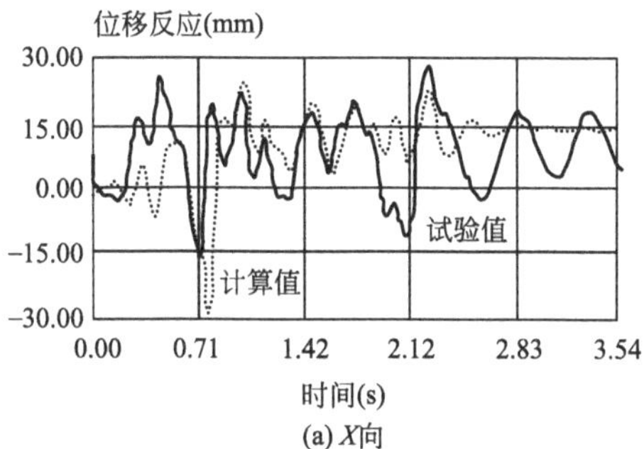

(a) X向

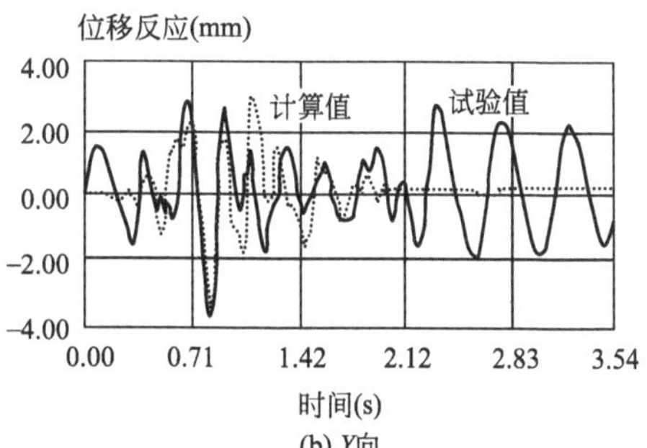

(b) Y向

图 10-29　第 9 次地震输入时（模型已有较严重的损伤）模型结构位移反应的时程曲线

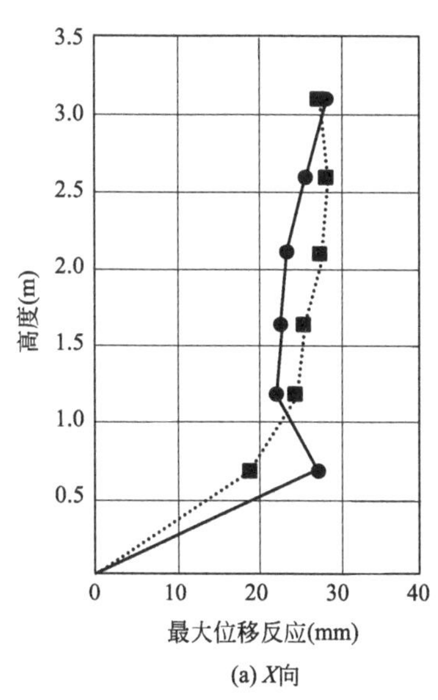

(a) X向

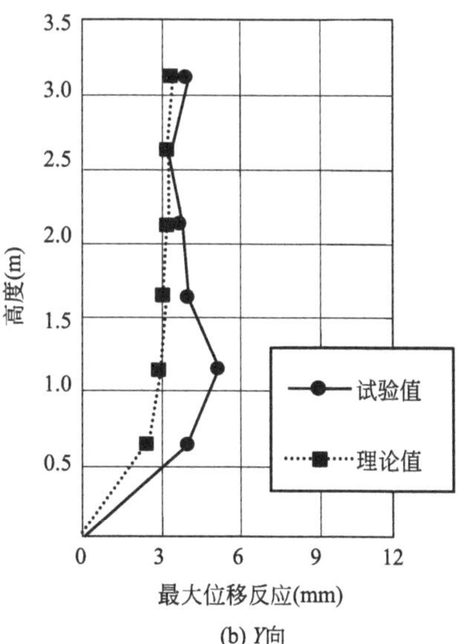

(b) Y向

图 10-30　第 9 次地震输入时（模型已有较严重的损伤）模型结构各楼层的最大位移反应

10.5 裂缝对混凝土结构反应分析的影响

在荷载或环境作用下，既有钢筋混凝土构件受拉区有可能出现裂缝，进而影响截面的抗弯刚度。对钢筋混凝土超静定结构，截面抗弯刚度的变化不仅影响结构的变形性能，还会影响构件之间的内力分配。因此，考虑构件开裂后截面刚度变化的影响，能更准确地评价既有建筑结构或构件的性能。对既有建筑结构检测时，应检查构件的开裂情况，并记录裂缝的形式、走向和发展程度。如何根据检测中获得的构件开裂信息，计算构件截面的抗弯刚度，使计算结果更加符合实际情况是既有建筑结构检测与鉴定工作中的一项重要内容。本节以同济大学在混凝土结构计算机仿真方面的成果为基础[21]，对不同混凝土强度等级、不同配筋、不同截面尺寸的钢筋混凝土构件正截面的弯矩一曲率关系进行数值模拟。根据数值模拟结果分析截面尺寸、混凝土强度等级、纵向受力钢筋的配筋数量对混凝土开裂后截面抗弯刚度的影响，提出根据现场检测结果估算截面抗弯刚度的实用方法。

以单筋矩形截面作为研究对象进行了 96 种纯弯情况下梁正截面弯矩一曲率（M—ϕ）关系的计算机仿真分析。梁的具体情况是：混凝土强度等级为 C20、C25、C30 和 C50；截面尺寸为 250mm×500mm、250mm×600mm 和 250mm×700mm；而每种截面又选取了 8 种 0.2%～1.3%的配筋率（钢筋型号相同，均为 HRB335）的梁[25]。表 10-18 列出了梁截面的种类。

梁截面的种类 **表 10-18**

<table>
<tr><th>组号</th><th>混凝土抗压强度 f_c(MPa)</th><th>截面尺寸(mm)</th><th>纵向受力钢筋</th></tr>
<tr><td rowspan="3">1</td><td rowspan="3">13.4</td><td>250×500</td><td rowspan="12">f_y=335MPa
配筋率 ρ0.2%～1.3%</td></tr>
<tr><td>250×600</td></tr>
<tr><td>250×700</td></tr>
<tr><td rowspan="3">2</td><td rowspan="3">16.7</td><td>250×500</td></tr>
<tr><td>250×600</td></tr>
<tr><td>250×700</td></tr>
<tr><td rowspan="3">3</td><td rowspan="3">20.1</td><td>250×500</td></tr>
<tr><td>250×600</td></tr>
<tr><td>250×700</td></tr>
<tr><td rowspan="3">4</td><td rowspan="3">35.5</td><td>250×500</td></tr>
<tr><td>250×600</td></tr>
<tr><td>250×700</td></tr>
</table>

图 10-31 给出了截面尺寸为 250mm×500mm 的梁正截面 M—ϕ 数值计算结果。从图 10-31 可以看出：混凝土开裂后，梁截面的抗弯割线刚度发生突变；混凝土强度越高，配筋率越小，拉区混凝土开裂后，截面割线刚度发生突变的现象越明显。梁开裂后，由原来的连续体变为非连续体，力学性能必然发生突变。开裂前后刚度突变反映了这一力学特征。定义混凝土开裂前的截面刚度为初始刚度 B_0，开裂后至割线刚度突变结束时的割线刚度为 B_1，钢筋屈服时的割线刚度为 B_2，如图 10-31a 所示。

根据表 10-17 所列的数据，图 10-32～图 10-35 分别给出了不同混凝土强度梁截面刚度比值（B_1/B_0 及 B_2/B_0）与纵筋配筋率的关系。由图中的计算结果可以看出：混凝土开裂后至钢筋屈服时，钢筋混凝土梁截面的割线抗弯刚度明显降低，且纵向受力钢筋的配筋率越低，截面割线抗弯刚度的降低越大。图 10-32～图 10-35 的刚度比值与配筋率的关系曲线中，各条计算曲线代表梁的不同截面尺寸。由图中的计算结果可知：对于一般梁，截面尺寸对刚度退化程度的影响不显著。

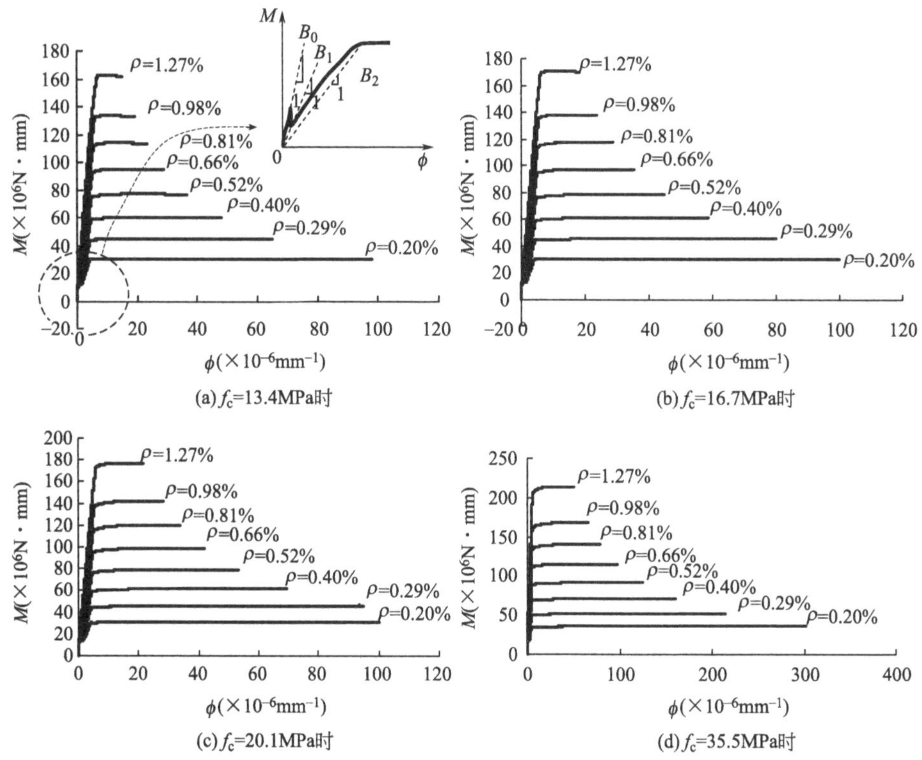

图 10-31　截面尺寸为 250mm×500mm 的梁正截面 M—ϕ 数值计算结果

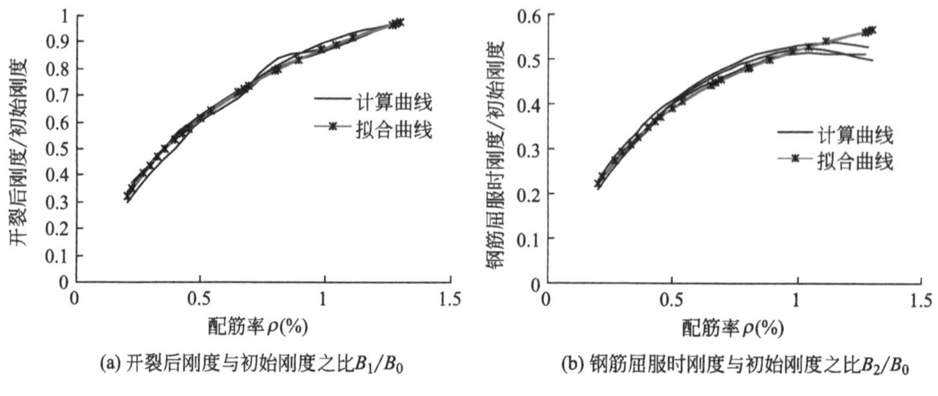

图 10-32　f_c=13.4MPa 时，截面割线刚度比值与配筋率的关系

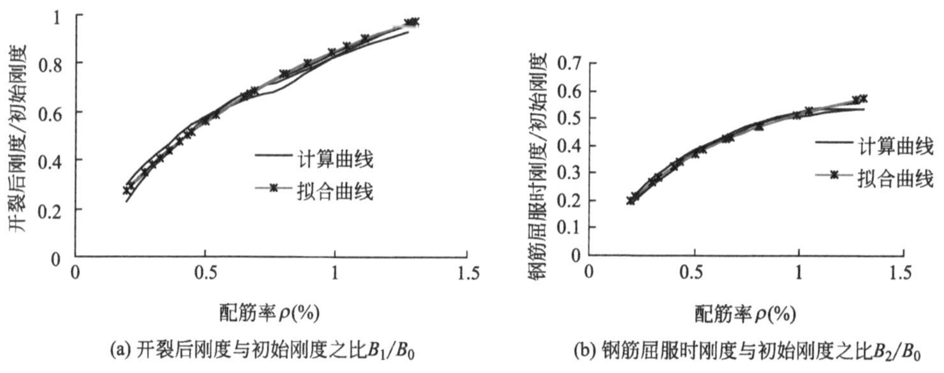

图 10-33　f_c=16.7MPa 时，截面割线刚度比值与配筋率的关系

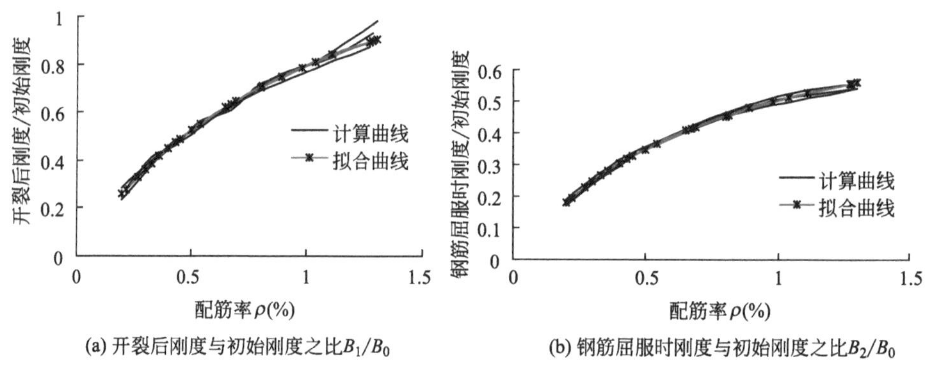

图 10-34　f_c=20.1MPa 时，截面割线刚度比值与配筋率的关系

对图 10-32～图 10-35 中的结果进行拟合，可得钢筋混凝土单筋矩形截面梁抗弯刚度比值与纵向受力钢筋配筋率之间的关系式，如表 10-18 所示。

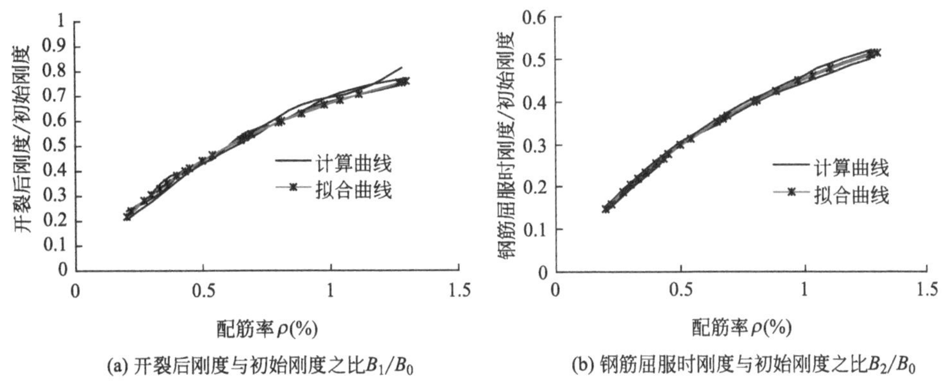

(a) 开裂后刚度与初始刚度之比B_1/B_0　　(b) 钢筋屈服时刚度与初始刚度之比B_2/B_0

图 10-35　f_c=35.5MPa 时，截面割线刚度比值与配筋率的关系

已知梁截面的几何物理特征，应用材料力学的方法可算出 $B_0=EI_0$（I_0 为换算截面的惯性矩），使用表 10-19 中的公式可算出 B_1 和 B_2。于是，可以得出梁截面抗弯刚度 B 随弯矩的变化情况：开裂后由 B_0 变为 B_1，钢筋屈服前在 B_1 和 B_2 之间按线性变化，如图 10-36 所示。上述梁正截面抗弯刚度的计算方法和美国相关规范建议的方法很接近，但在开裂后有刚度突变这一点上比美国相关规范更能反映实际情况[26]。

钢筋混凝土单筋矩形截面梁抗弯刚度比值与纵向受力钢筋配筋率之间的关系式

表 10-19

混凝土抗压强度（MPa）	函数关系式			
	$\frac{B_1}{B_0}=\frac{1}{a_1+\frac{b_1}{\rho}}$（上限）		$\frac{B_2}{B_0}=\frac{1}{a_2+\frac{b_2}{\rho}}$（下限）	
	a_1	b_1	a_2	a_2
13.7	0.65	0.49	1.27	0.65
16.7	0.63	0.56	1.15	0.77
20.1	0.61	0.65	1.10	0.88
35.5	0.59	0.84	1.06	1.15

注：$\frac{B_1}{B_0}$为开裂后刚度与初始刚度之比；$\frac{B_2}{B_0}$为钢筋屈服时刚度与初始刚度之比；ρ 为截面受拉钢筋的配筋率（%）。

在进行既有建筑结构性能评定时，可根据裂缝的开展情况按下列原则确定合适的刚度比，进而确定开裂构件的刚度：当裂缝宽度为 0.05mm 时，取 B_1/B_0；当裂缝宽度为 0.3mm 时，取 B_2/B_0；裂缝宽度在 0.05～0.3mm 时，按线性插值确定。

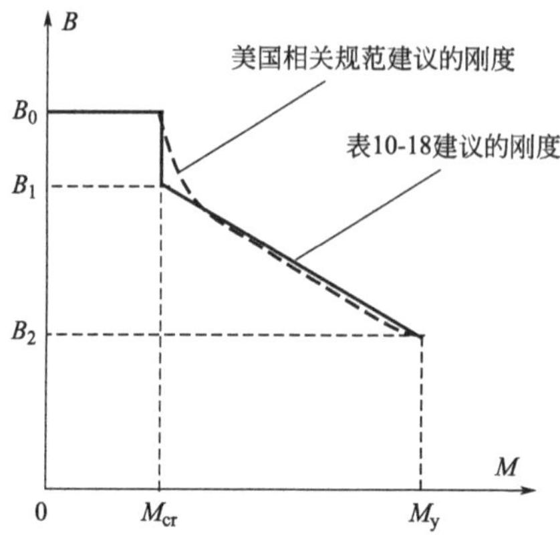

图 10-36 钢筋混凝土梁的抗弯刚度

应用表 10-18 时应注意：(1) 当$\frac{B_1}{B_0}>1$时，取$\frac{B_1}{B_0}=1$；(2) 当$\frac{B_2}{B_0}>0.6$时，取$\frac{B_2}{B_0}=0.6$。

在实际工程中，钢筋混凝土柱一般不会出现弯曲裂缝，如检测中发现柱上确有水平裂缝，可参照梁的方法对其进行处理。

参考文献

[1] 顾祥林，张伟平，商登峰，等．国顺东路 800 号大楼结构抗震鉴定［R］. 同济大学房屋质量检测站，2006.

[2] POLYAKOV S V. Masonry in framed buildings［M］Translation into English by CAIRNS G L. Moscow，Russia gosudarstevennoe izdatel stvo literatury po stroitel stvui arkhitektuze，1952.

[3] HOLMES M. Steel frames with brickwork and concrete infilling［J］. Proceedings of the institutions of civil engineers，1961（19）：473-478.

[4] ASTERIS P G，CAVALERI L，TRAPANI F D，et al. A macro-modelling approach for the analysis of infilled frame structures considering the effects of openings and vertical loads［J］. Structure and infrastructure engineering，2016，12（5）：551-566.

[5] GU X L，WANG L，ZHANG W P，et al. Cyclic behaviour of hinged steel frames enhanced by masonry columns and/or infill walls with/without CFRP［J］. Structure and infrastructure engineering，2018，14（11）：1470-1485.

[6] ZUO H R，ZHANG W P，WANG B T，et al. Seismic behaviour of masonry infilled hinged steel frames with openings：experimental and numerical studies［J］. Bulletin of earthquake

engineering，2021，19 (3)：1311-1335.

[7] ZUO H R，ZHANG W P，WANG B T，et al. Force-displacement relationship modelling of masonry infill walls with openings in hinged steel frames. Bulletin of earthquake engineering，2021，20：349-382.

[8] TASNIMI A A，MOHEBKHAH A. Investigation on the behavior of brick-infilled steel frames with openings，experimental and analytical approaches. Engineering structures，2011，33：968-980.

[9] Federal emergency management agency (FEMA). FEMA 356：prestandard and commentary for the seismic rehabilitation of building [S]. Washington，DC，USA. 2000.

[10] MARKULAK D，RADIĆ I，SIGMUND V. Cyclic testing of single bay steel frames with various types of masonry infill [J]. Engineering structures. 2013；51：267-277.

[11] 陈邢杰．带损伤的立帖式砖木结构抗震性能研究 [D]. 同济大学，2022.

[12] 吴亚杰，宋晓滨，顾祥林．基于摇摆与剪切协同的柱脚叉接木框架抗侧荷载—位移曲线模型 [J]. 土木工程学报，2021，54 (12)：32-40.

[13] 陈春超，邱洪兴．直榫节点受弯性能研究 [J]. 建筑结构学报，2016，37 (S1)：292-298.

[14] 敬登虎，颜江华，曹双寅．嵌筋与外贴钢板加固木框架填充墙抗震性能试验研究 [J]. 湖南大学学报，2016，43 (7)：43-49.

[15] QU Z，FU X，KISHIKI S，et al. Behavior of masonry infilled chuandou timber frames subjected to in-plane cyclic loading [J]. Engineering structures，2020，211：110449.

[16] 童颜泱．砌体填充墙木框架抗震性能研究 [D]. 西安建筑科技大学，2019.

[17] 许清风，刘琼，张富文，等．砖填充墙榫卯节点木框架抗震性能试验研究 [J]. 建筑结构，2015，45 (06)：50-53.

[18] MSJC. Building code requirements and Specification for masonry structures (TMS402-2008) [S]. Colorado：the masonry society，2008.

[19] YU Q Q，WU J Y，WANG L，et al. Seismic behavior of hinged steel frames with masonry infill walls：experimental and numerical studies [J]. Submitted to Journal of Building Engineering.

[20] 顾祥林，张伟平，管小军，等．中山东一路 18 号 (春江大楼) 房屋质量检测报告 [R]. 同济大学房屋质量检测站，2003.

[21] 顾祥林．混凝土结构破坏过程仿真分析 [M]. 北京：科学出版社，2020.

[22] 顾祥林，蒋利学，张誉．旧房屋屋顶后加铁塔的抗震性能分析 [J]. 工程抗震，1996，(2)：23-25.

[23] 顾祥林，张誉．横墙纵框多层大开间住宅结构模型的振动台试验研究 [J]. 工程力学，1996，(a1)：326-321.

[24] 顾祥林，张誉．多层大开间结构体系及其抗震性能研究 [J]. 土木工程学报，1998，31 (5)：15-23.

[25] 顾祥林，许勇，张伟平．钢筋混凝土梁开裂后刚度退化研究 [J]. 结构工程师，2005，

21 (5)：20-23.

[26] American concrete institute committee 318. Building code requirements for structural concrete (ACI318-2014) and commentary (ACI318R-2014) [S]. Detroit：American Concrete Institute，2014.

第11章 既有建筑结构损伤原因分析

既有建筑结构损伤会影响其安全性能、使用性能和耐久性能。要合理评判既有建筑结构损伤对结构性能的影响，并采取相应的维修或加固措施，必须能准确地分析建筑结构的损伤原因。和已知外部作用下既有建筑结构的损伤分析相比，分析已有损伤产生的原因要复杂得多。给定外部作用，既有建筑结构的损伤形态一般是固定的；但在既有建筑结构中产生同一形态损伤的原因却是多样的。在工程实践中，成熟的工程师除了能理解不同结构在不同外部作用下的损伤发生和累积机理外，还应会综合利用各种辅助信息作出合理的分析和判断，找出损伤发生的原因。

从广义和宏观的角度讲，既有建筑结构的损伤主要表现为：地基不均匀沉降和构件变形。从狭义和细观的角度讲，既有建筑结构的损伤主要表现为：不同结构的局部损伤，如构件的开裂、连接的松动、钢材的锈蚀等。本章按先宏观、再细观的次序，结合工程实例分析既有建筑结构不均匀沉降、构件变形以及不同结构局部损伤的产生机理，为进一步分析损伤原因提供思路。

11.1 地基不均匀沉降和构件变形原因分析

11.1.1 地基不均匀沉降

引起既有建筑结构地基不均匀沉降主要有地基基础自身的不足和外部因素的干扰两个原因。前者主要有地基不均匀（如有暗浜）、基础的整体性差（如采用独立的浅基础）、建筑结构的荷载增加（如随意加层）、改变结构的使用功能等。后者主要有邻近基坑开挖、抽取地下水、地铁隧道掘进、附近增加建筑、地面有较大的堆载等。相对来讲，后者往往被忽视，进而引起过大的不均匀沉降。地基不均匀沉降除了影响建筑物的正常使用外，上部结构还会因此产生附加内力，导致上部结构损坏甚至失效。

基坑开挖引起的软土地基变形包括：围护墙变形、基坑底部隆起和围护墙后地表沉降。其中，围护墙后地表沉降对相邻建筑的影响最大。基坑开挖过程其实就是基坑开挖面卸荷载的过程。基坑开挖解除了土体的自重应力，导致应力的重新分布，使坑底土体产生向上的位移，同时，也使围护墙体在两侧压力差作用下产生向基坑方向的侧向变形，导致墙后地表的沉降。围护墙变形包括：围护墙的水平变形、围护墙的竖向变形。基坑开挖后，基坑内侧卸去原有的土压力，围护墙外侧受到主动土压力，坑底的墙内侧受到全部或部分的被动土压力。当基坑开挖较浅，且未设支撑时，无论是刚性围护墙，还是柔性围护墙，均表现为向基坑方向的水平位移，且呈三角形分布，围护墙顶位移最大。由于开挖在前、支撑在后，安装每道支撑前，围护墙已发生一定的变形。挖到坑底设计标高时，墙体的最大位移往往发生在坑底面下 1～2m 处，围护墙的竖向变形在实际工程中易被忽视。事实上，由于基坑开挖后土体自重应力的释放，使围护墙上升。围护墙的上升会给基坑的稳定性、地表沉降、围护墙自身的稳定性带来极大的危害，在饱和软弱地层中的基坑工程，这种危害更大。围护墙的位移使墙体的主动压力区和被动压力区的土体发生位移。工程实测资料和有限元分析结果表明：基坑周围地表沉降曲线（图 11-1）主要表现为两种形式：一种为最大沉降点在距离基坑边缘的一定距离处；另一种为最大沉降点发生在基坑边缘处。另外，基坑开挖中的井点降水会增大土中的孔隙率而引起地面沉降。

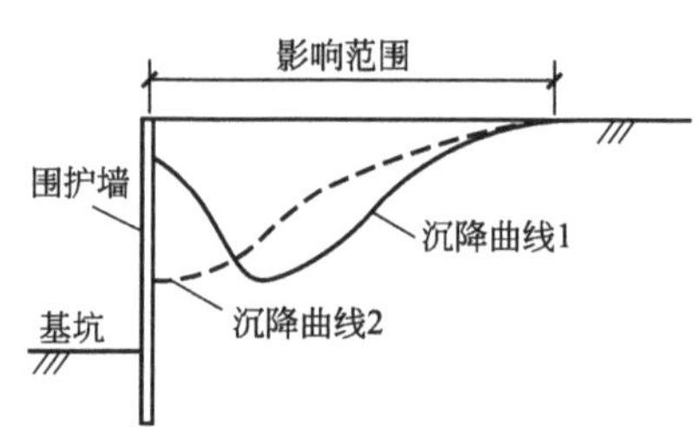

图 11-1　基坑周围地表沉降曲线

地铁隧道施工会引起软土地表沉降，在隧道经过的上部地表形成一个凹槽，造成地表下陷，如图 11-2 所示[1]。位于该凹槽范围内的地表建筑物将不同程度地受到隧道施工引起的地基变形的影响。在盾构掘进时，开挖面土体受到的水平支护应力小于或大于原始侧向应力，引起开挖面前上方土体下沉或隆起；盾构后

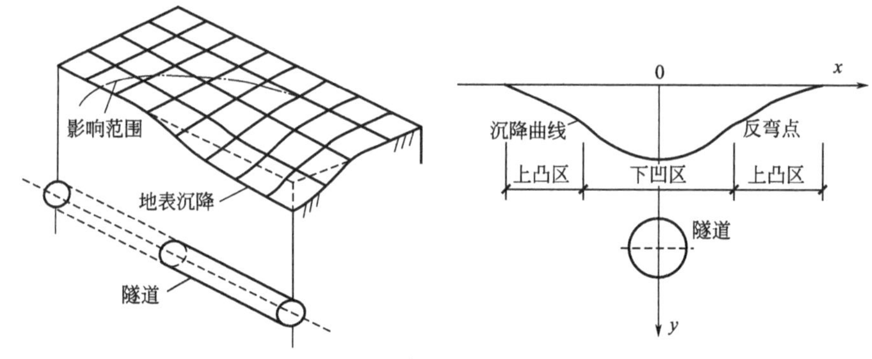

图 11-2　地铁隧道施工引起的地表沉降示意图[1]

建筑间隙未能被及时有效地填充，周边土体失去原始的三维平衡状态，向盾尾空间移动，形成地层损失；盾构掘进沿曲线推进、纠偏时，超挖也会引起地层损失；衬砌背后若存在孔洞，壁后注浆时，浆液流动也会引起地层损失。

软土地基上相邻施工的影响范围一般为两倍基坑深度或 50m 以内。同样，在既有建筑附近新建建筑或直接在既有建筑的地坪上不均匀堆载，都会增加地基的附加应力，产生不均匀沉降，这在软土地基上表现更明显。

工程实例

1. 常州新区安置房检测与鉴定

常州新区安置房系四单元六层砖混结构住宅（图 11-3），在使用过程中，业主发现墙体开裂严重（图 11-4），为确保安全，委托同济大学对房屋的安全性进行检测与鉴定。现场检测发现房屋纵墙开裂严重，尤其集中于 17～18 轴。查阅原始设计资料发现：该房屋 17～36 轴间的地下有暗浜，该部位采用桩基础，其他部位采用素混凝土刚性基础。桩基础和素混凝土刚性基础之间断开，但上部结构却是一整体。由于同一建筑采用不同的基础，地基又不均匀，导致房屋沿纵向产生不均匀沉降，引起上部结构开裂。

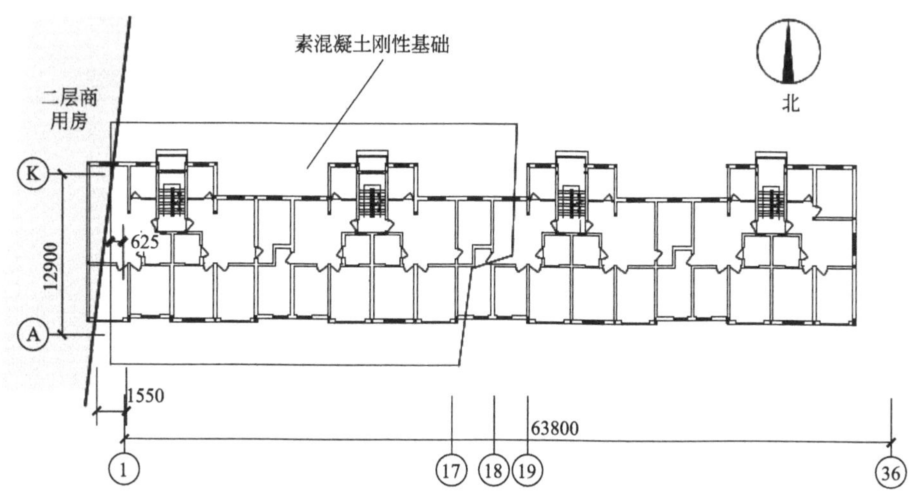

图 11-3　常州新区安置房建筑平面示意图[2]

2. 亚细亚大楼房屋检测与鉴定

亚细亚大楼地处上海市黄浦区中山东一路、延安东路转角处，是全国重点文物保护单位。

大楼原设计为 7 层，屋面四角设塔楼，中间为阁楼，实际为 8 层，占地面积约 1739m^2，建筑面积约 11984m^2。亚细亚大楼东立面图、平面及沉降测点布置图见图 11-5、图 11-6。

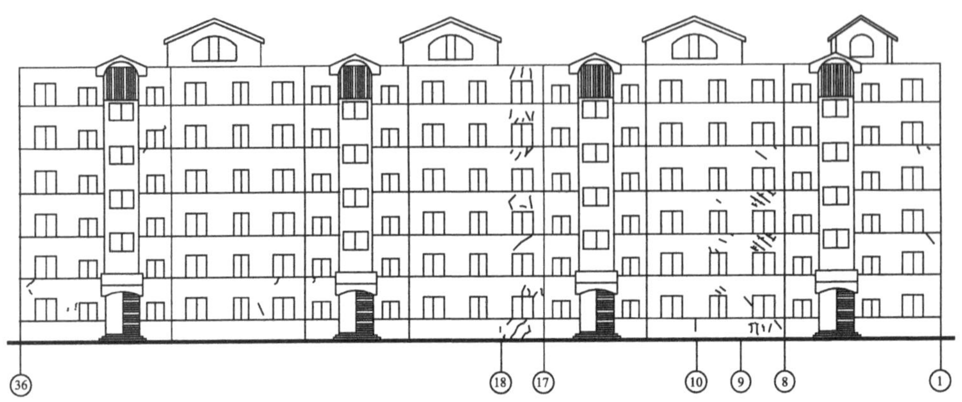

图 11-4　常州新区安置房北立面墙体开裂情况示意图[2]

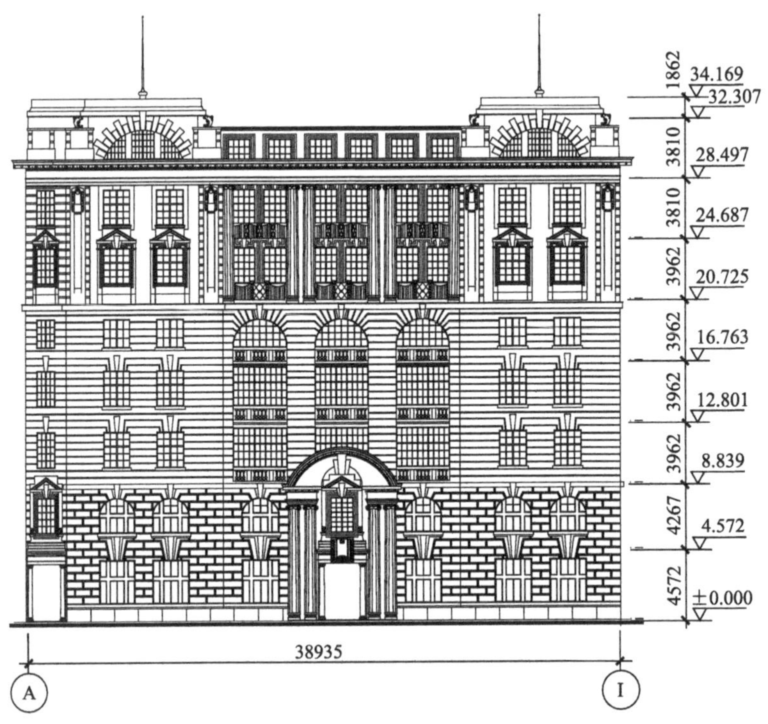

图 11-5　亚细亚大楼东立面图

亚细亚大楼采用钢筋混凝土框架结构，局部有混凝土墙承重，筏形基础；中央部位主要为框架结构，外墙及天井部分墙体均采用混凝土墙，实测上部混凝土强度为 21.5MPa[3]。

2007～2009 年，外滩通道（隧道）施工。亚细亚大楼所在地属于外滩通道

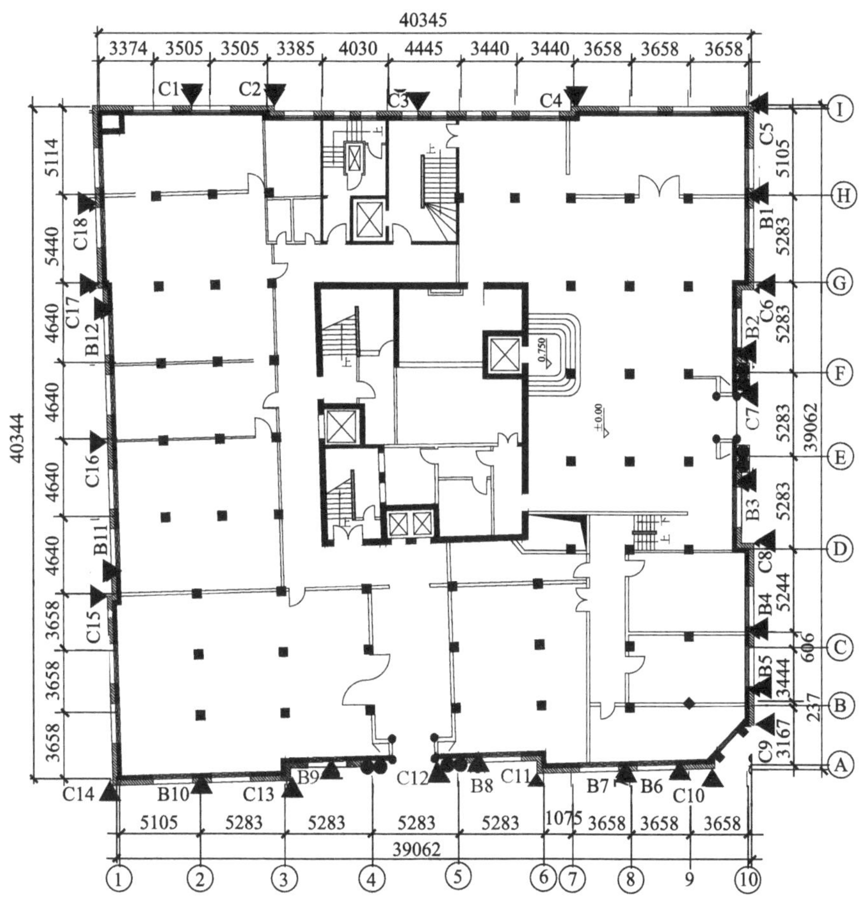

图 11-6　亚细亚大楼平面及沉降测点布置图

南段，外滩通道采用开挖（结合盖挖）工艺施工。图 11-7 给出了亚细亚大楼与外滩通道结构东西向剖面示意图。为确保外滩通道施工期间亚细亚大楼的安全，同济大学于 2007 年 4 月 4 日在亚细亚大楼四周设置了 18 个沉降观测点（图 11-6 中测点 C1～C18），对亚细亚大楼的沉降进行了监测。2009 年 3 月 7 日，由于部分沉降观测点被挡，在亚细亚大楼四周又新增了 10 个沉降观测点（图 11-6 中测点 B1～B10）。图 11-8 给出了亚细亚大楼部分沉降观测点的发展趋势[3]。可见，尽管亚细亚大楼采用整体性很好的筏形基础，相邻基坑开挖引起的不均匀沉降还是非常明显的。

3. 长海医院第二医技楼检测与鉴定

1979 年，长海医院在其第二医技楼的南侧增建了两层房屋作为书库和设备用房，其原有的底层建筑平面图及增建建筑平面示意图如图 11-9 所示。新建的

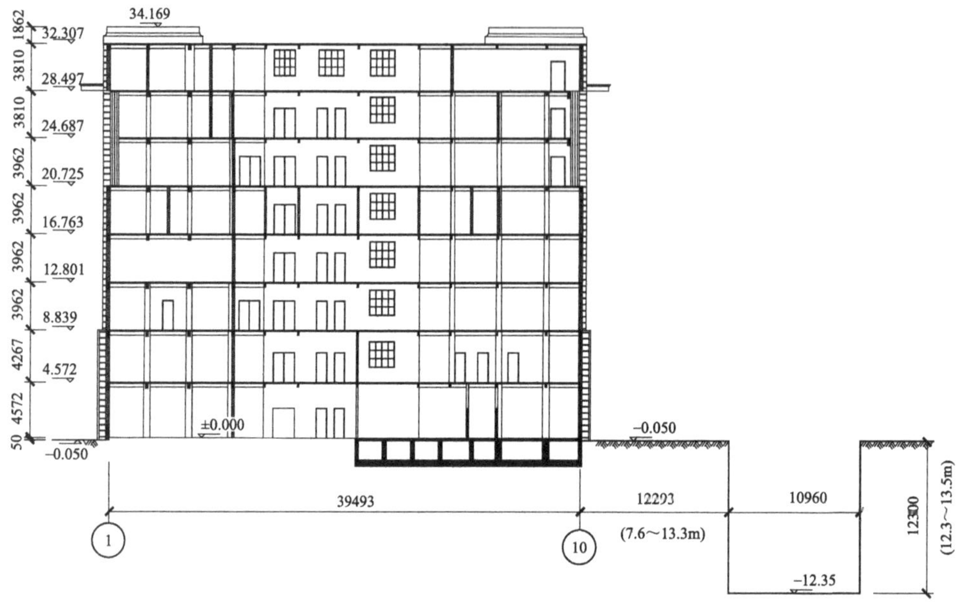

图 11-7　亚细亚大楼与外滩通道结构东西向剖面示意图

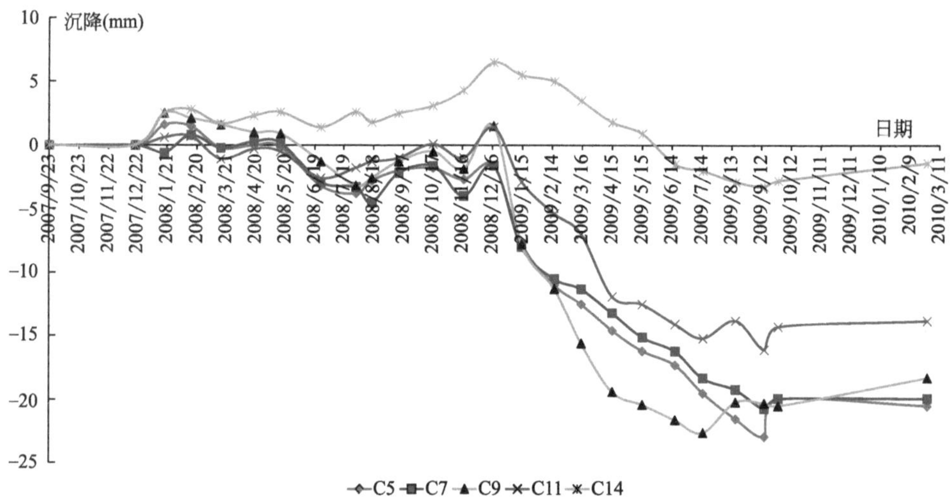

图 11-8　亚细亚大楼部分沉降观测点的发展趋势

建筑一部分为长条形的建筑，一部分为矩形建筑。根据文献［4］确定的模型化原则，将长条形建筑的北外纵墙和内纵墙条形基础（宽 1.4m、中心相距 2.0m）简化为宽 3.4m 的条形基础。矩形建筑长 9.45m、宽 7.65m，除外墙基础，还有两道内墙基础，将其简化为长 10.34m、宽 8.45m 的矩形独立基础。根据新建建

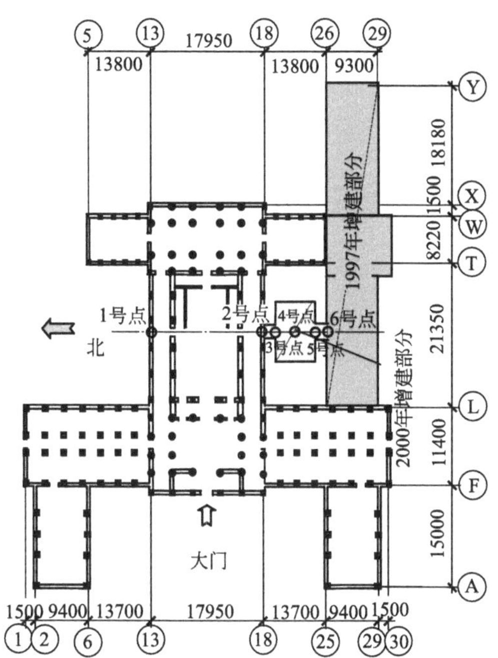

图 11-9　长海医院第二医技楼原有的底层建筑平面图及增建建筑平面示意图

筑的工程地质报告，该处地层分布较为均匀，地表以下 60m 内主要分布河口、滨海和软谷相软土层。新建房屋基底下地层特性见表 11-1。

新建房屋基底下地层特性　　　　**表 11-1**

土层序号	土层名称	色泽	厚度(m)	孔隙比 e	压缩系数 $\alpha_{1\text{-}2}$(MPa^{-1})
1	粉质黏土	褐黄色	1.6	0.82	0.26
2	黏质粉土	灰色	2.1	1.02	0.35
3	砂质黏土	灰色	1.6	1.02	0.35
4	砂质粉土	灰色	12.1	0.97	0.31
5	淤泥质黏土	灰色	3.1	1.31	0.89
6	粉质黏土	褐黄色	4.0	1.06	0.47
7	粉质黏土	暗绿色	3.0	0.7	0.27

根据现场的调查和实测结果，计算出条形基础底部的静力荷载与活荷载引起的附加应力为 53kN/m^2 和 6.8kN/m^2，矩形基础底部的静力荷载与活荷载引起的附加应力为 63kN/m^2 和 5.34kN/m^2。应用文献［4］中推荐的方法计算图 11-9 中的 1～6 号点的地基附加相对不均匀沉降，计算结果如图 11-10 所示，经过对比发现：理论计算结果和实测结果吻合较好。比较图 11-10 中 1 号和 2 号

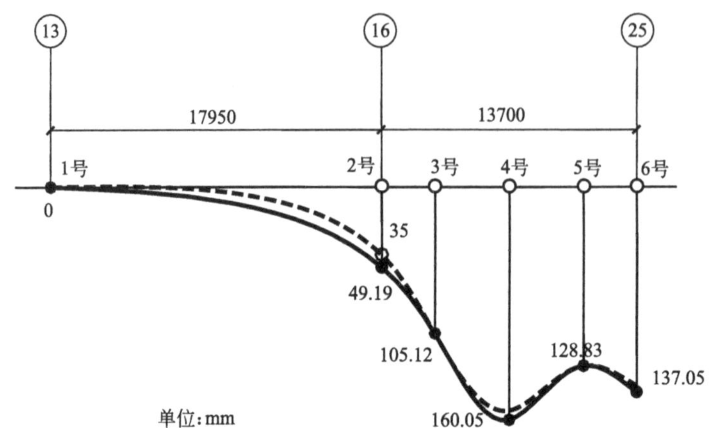

图 11-10　长海医院第二医技楼 1～6 号点的地基附加相对不均匀沉降的计算结果（虚线为实测结果）

点的相对沉降值可以看出：后建的相邻建筑，在原有建筑的影响下产生了明显的不均匀沉降。

11.1.2　构件的变形

引起构件变形的直接原因是外部荷载作用，对于给定的构件，最容易发生的变形是弯曲变形。根据构件的受力形式及外部荷载作用可以较清晰地确定引起构件变形的直接原因。而引起构件变形的间接原因是外部的温度变化、材料的收缩、材料的徐变和地基的不均匀沉降。其中，以地基的不均匀沉降影响最为明显，尤其是对钢构件这种相对较柔性的构件影响更大。

工程实例

上海市宝山区某钢结构厂房的检测与鉴定

该厂房原是一般性仓库，后改作物流仓库，用于堆放彩色涂层钢带、热浸镀锌钢卷/板、冷轧钢带/板钢材。检测人员现场对地坪堆载范围进行定位，然后，根据现场堆放的钢材品种、单位重量、堆放层数，以及占地面积对地坪的堆载情况进行统计，调查结果见图 3-40。除厂房东侧各跨入口处的装卸区外，库房各跨基本满布钢材，堆载区域离 1 轴、5 轴、18 轴横墙约 3m，离各纵向轴线约 1.5m。AB 跨地坪平均堆载为 75kN/m^2，堆载范围约 72m×14m；BC 跨地坪堆载为 40～120kN/m^2，堆载范围约 96m×22m；CD 跨地坪平均堆载为 73kN/m^2，堆载范围约 96m×22m；DE 跨地坪堆载为 9～97kN/m^2，堆载范围约 96m×14m。钢结构厂房所在场地属Ⅳ类场地，地基土自地表往下各土层的厚度及主要物理力学性能见表 11-2。厂房基础持力层为②$_1$ 层即褐黄色粉质黏土土层[5]。

上海市宝山区某钢结构厂房地基土自地表往下各土层的厚度及主要物理力学性能

表 11-2

层号	土层名称	层厚 (m)	重度 (kN/m³)	压缩系数 $\alpha_{s1\text{-}2}$ (MPa^{-1})	压缩模量 $E_{s1\text{-}2}$ (MPa)	地基承载力 (kPa)
①$_1$	填土	0.9～2.5	—	—	—	—
①$_2$	灰黑色浜填土	0.2～1.2	—	—	—	—
②$_1$	褐黄色粉质黏土	1.0～1.8	19.1	0.32	5.75	110
②$_2$	灰黄色淤泥质粉质黏土	0.3～1.0	17.7	0.42	6.08	95
②$_3$	灰色砂质粉土夹薄层淤泥质粉质黏土	2.6～3.6	18.2	0.37	8.79	90
③	灰色淤泥质粉质黏土	2.0～3.2	17.3	1.07	2.20	80
④	灰色淤泥质黏土	7.5～8.9	17.0	1.13	2.15	75
⑥	暗绿和草黄色粉质黏土	1.0～4.7	19.2	0.29	6.30	—
⑦$_1$	草黄色砂质粉土	5.5～6.6	18.3	0.25	8.03	—
⑦$_2$	灰色砂质粉土	2.0～4.9	18.4	0.24	8.22	—
⑧	灰色粉质黏土	未揭穿	18.0	0.61	3.36	—

采用 SOKKIA C40 型水准仪对柱脚基础相对不均匀沉降进行了检测，图 11-11、图 11-12 给出了厂房部分轴线钢柱柱脚的相对不均匀沉降的实测结果。按照如表 11-2 所示各土层厚度及其物理力学参数，考虑相邻地面堆载的附加作用，采用分层叠加法和角点法计算各轴钢柱基础的最终沉降量。计算时，BC 跨、

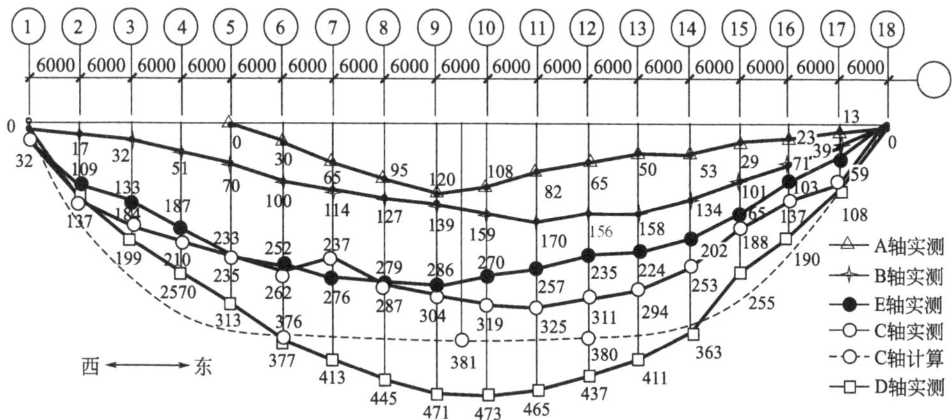

图 11-11　上海市宝山区某钢结构厂房 A～E 轴钢柱柱脚相对不均匀沉降的实测结果
（虚线表示计算值，单位：mm）

CE跨地面堆载大小不一，近似取其平均堆载值；考虑装卸区载重车辆进出频繁，将堆载区域按照完整的矩形考虑。根据12轴、C轴钢柱最终沉降量的计算结果，经过整理获得其相对不均匀沉降的结果，如图11-11和图11-12的虚线所示。比较图11-11和图11-12中的结果可以看出：不均匀沉降的变化规律计算值和实测结果基本相同，但实测结果小于计算值，说明在地面堆载作用下钢柱基础的沉降会继续发展。图3-40中钢柱的倾斜检测结果表明：厂房纵横向的钢柱均表现为两端钢柱向中间倾斜的规律，与厂房纵横向“中间低、两端高”的相对不均匀沉降规律相符，说明柱的倾斜是由地基不均匀沉降引起的。

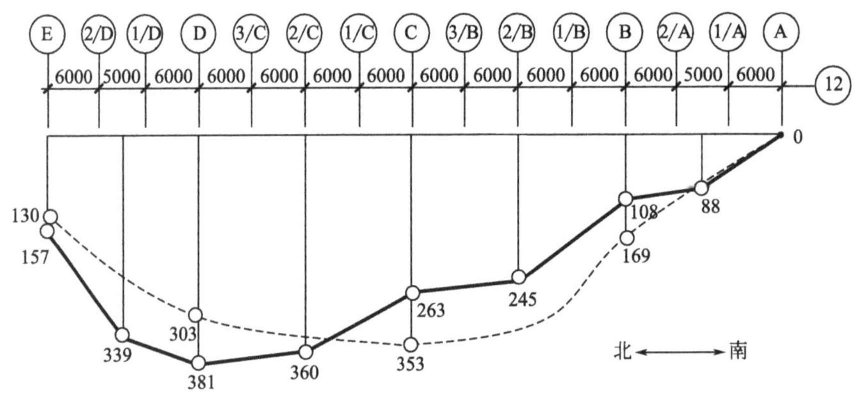

图11-12 上海市宝山区某钢结构厂房12轴钢柱柱脚相对不均匀沉降的实测结果（虚线表示计算值，单位：mm）

按照三级平面刚架、7度抗震设防、Ⅳ类场地、近震情况，不考虑地基液化的可能性，对厂房主要构件进行承载力验算。计算分两种工况：工况一，考虑竖向荷载（恒荷载、活荷载），风荷载，地震作用的组合作用；工况二，同时考虑地基相对不均匀沉降和支座转角的作用，地基相对不均匀沉降取实测值，支座转角取钢柱的实测竖向倾斜率。计算时，屋面活荷载取0.3kN/m²，基本风压取0.55kN/m²，并考虑各跨30t吊车荷载的组合作用。表11-3、表11-4给出了其中12轴平面刚架的计算结果。表中，k为钢梁、钢柱上下翼缘、腹板的最大应力与屈服强度之比，σ为平面内稳定应力。计算结果表明：基础附加不均匀沉降和转角位移对结构内力的影响不容忽视，不考虑支座位移的作用，钢梁、钢柱的应力比均小于1，即翼缘、腹板的最大应力均小于其屈服强度，平面内稳定应力均小于345MPa；考虑支座位移的作用，钢梁、钢柱应力比有所增大，中跨左段、右段的应力比超过0.9，但仍小于1；钢梁、钢柱平面内稳定应力有所增大，但仍小于345MPa；若地基沉降进一步发展，或地面堆载进一步增大，钢梁、钢柱将不能满足安全使用的要求。

上海市宝山区某钢结构厂房 12 轴屋面钢梁内力的计算结果　　表 11-3

位置和参数	边跨框架梁左段		边跨框架梁右段		中跨框架梁左段		中跨框架梁中段		中跨框架梁右段	
	k	σ	k	σ	k	σ	k	σ	k	σ
工况一	0.33	90	0.69	285	0.88	229	0.50	147	0.93	254
工况二	0.41	116	0.77	303	0.91	237	0.52	155	0.95	265

上海市宝山区某钢结构厂房 12 轴钢柱内力的计算结果　　表 11-4

位置和参数	12 轴与 A 轴柱或 12 轴与 E 轴柱				12 轴与 B 轴柱或 12 轴与 D 轴柱				12 轴与 C 轴柱			
	上柱		下柱		上柱		下柱		上柱		下柱	
	k	σ	k	σ	k	σ	k	σ	k	σ	k	σ
工况一	0.36	110	0.59	246	0.44	131	0.63	218	0.43	128	0.58	218
工况二	0.44	154	0.63	260	0.48	145	0.65	224	0.47	142	0.60	224

11.2　混凝土结构损伤原因分析

11.2.1　开裂

混凝土结构的开裂是其主要损伤形式之一。混凝土是由水泥、砂、石等加水拌和硬化而成。即使不受外部约束或荷载作用，混凝土在硬化过程中，也会产生气穴，且在砂浆内部以及砂浆和骨料的界面间产生微裂缝。使用过程中若受到外部约束或荷载作用或环境因素作用，混凝土中的微裂缝就会发展为宏观裂缝，即“开裂”。一般情况下，人肉眼可见的裂缝宽度为 0.05mm。可以说混凝土中的裂缝是与生俱来的[6,7]。然而，在配筋适度的混凝土结构中，裂缝一般只会影响结构的使用性和耐久性，对结构的安全性影响不大。

根据裂缝产生的时间，可将裂缝分为在施工期间产生的裂缝和在使用期间产生的裂缝。根据裂缝产生的原因，可将裂缝分为因材料选用不当、施工不当、混凝土塑性作用、温度变化、混凝土收缩徐变、外部荷载作用、地基不均匀沉降、钢筋锈蚀、火灾等引起的裂缝。根据裂缝的形态、分布情况和规律性等，可将裂缝分为龟裂、横向（正截面）裂缝、纵向裂缝、斜裂缝、X 形交叉裂缝等。

1. 施工阶段混凝土结构开裂的原因

在混凝土浇筑后 24h 内，由于重力作用下混凝土中固体的下沉受到模板、钢筋的阻挡，混凝土表面出现大量泌水现象而引起开裂，通常裂缝比较宽、深。沿钢筋纵向出现的这类裂缝是引起钢筋锈蚀的主要原因之一（图 11-13），对结构的耐久性危害极大。另外，由于大风、高温等原因，水分从混凝土表面（例如大面积的楼板）以极快的速度蒸发而引起混凝土的开裂，如图 11-14 所示，当混凝土结构保护层厚度过小时，更会出现这种裂缝。

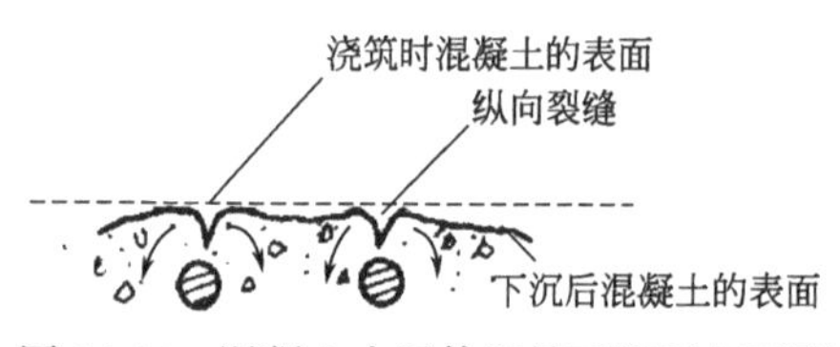

图 11-13　混凝土中固体塑性下沉引起开裂

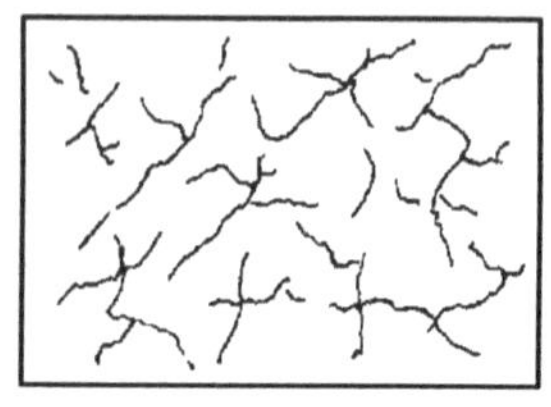
图 11-14　水分从混凝土表面以极快的速度蒸发而引起混凝土的开裂

浇筑大体积混凝土时，混凝土硬化会产生大量的水化热而使内部温度升高。当与外部环境温度相差很大、温度应变超过当时混凝土的极限拉应变时，混凝土会开裂。对一般尺寸的混凝土构件，这类裂缝通常垂直于构件轴向，有时仅位于构件的表面，有时贯穿于整个截面。

在普通混凝土的硬化过程中，由于收缩引起的体积变化受到约束，或混凝土养护不足时，导致混凝土开裂。形成的裂缝一般与轴向垂直，宽度有时很大，甚至会贯穿整个混凝土构件。

因配筋不足、构件上部钢筋被踩踏下移、过早拆除支撑、预应力筋张拉错误等，也会引起混凝土的开裂。另外，浇筑混凝土时，若无合理的整修和养护方法，混凝土在初凝时发生龟裂，但裂缝很浅。

2. 使用阶段混凝土结构开裂的原因

混凝土结构构件在静荷载作用下都可能开裂，在不同受力状态下（拉、压、弯、剪、扭等）裂缝的形式不同，如图 11-15 所示。在拉、弯状态下，混凝土结构构件会因正截面受拉而开裂；在剪、扭状态下，混凝土结构构件会因斜截面受拉而开裂；在局部受压时，混凝土结构构件会在与纵轴平行方向劈裂；在板受冲切作用时，混凝土结构构件既会产生受剪裂缝，也会产生受弯裂缝；在纵向变形受力钢筋的锚固区，钢筋会在其外包的混凝土中产生径向内压力，进而在混凝土中产生环向拉应力，使其在薄弱部位开裂，产生和钢筋平行的纵向裂缝[6]。在动力荷载作用下，受力方向会变化（如地震作用），混凝土和钢筋也可能有应变率效应（如冲击、爆炸作用），但是结构开裂的机理是一致的。

在超静定结构下部的地基沉降不均匀时，会引起结构构件的约束变形而导致结构开裂，在房屋建筑结构中这种情况较为常见。随着不均匀沉降的发展，裂缝将进一步扩大。

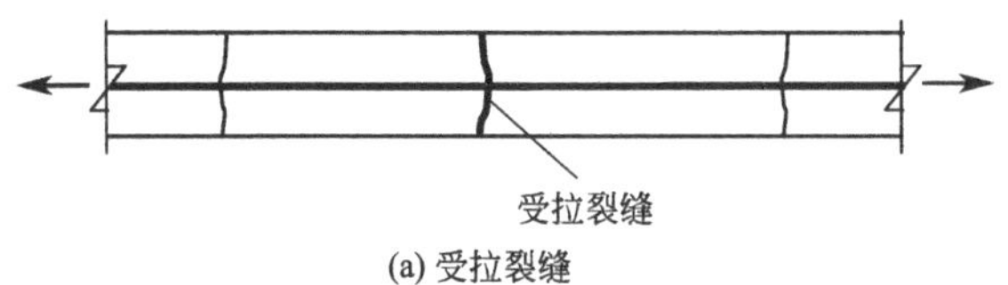

(a) 受拉裂缝

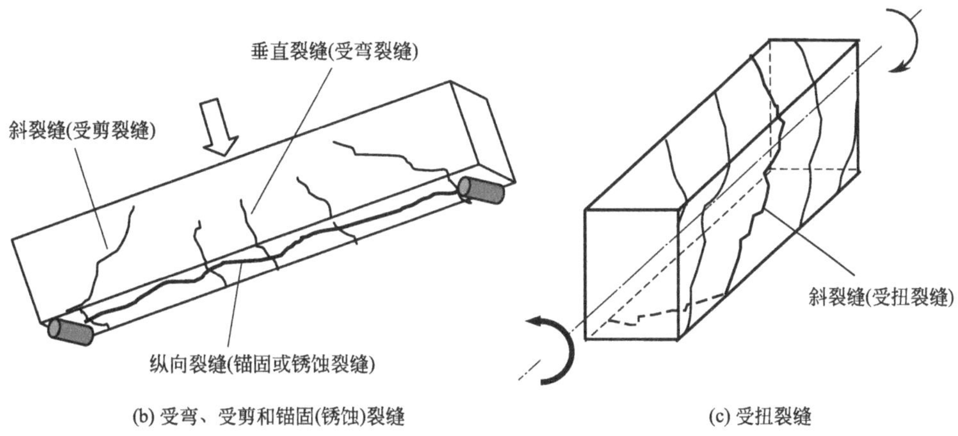

(b) 受弯、受剪和锚固(锈蚀)裂缝　　(c) 受扭裂缝

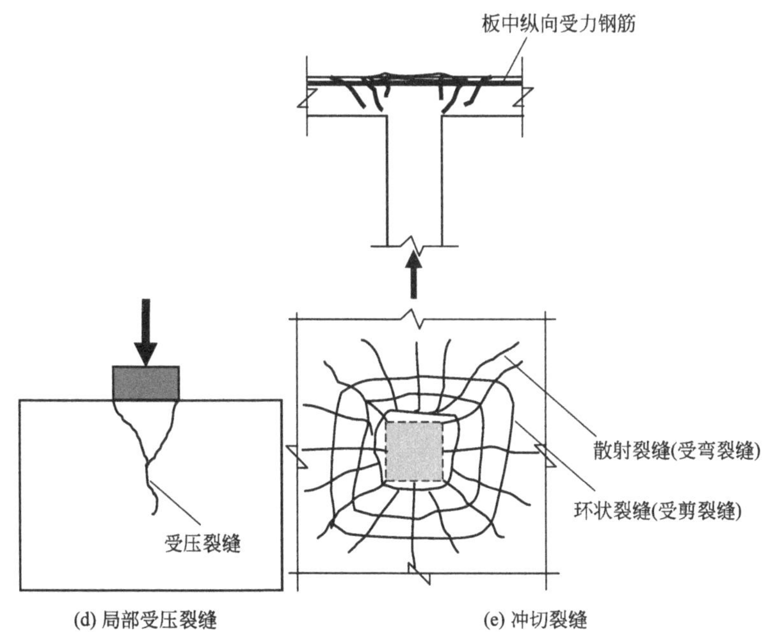

(d) 局部受压裂缝　　(e) 冲切裂缝

图 11-15　混凝土结构构件在不同受力状态下的开裂情况[6]

温度（气温）变化时，上部混凝土结构将发生变形，且受到基础的约束。于是，在混凝土结构中产生温度应力，当温度应力超过混凝土的抗拉强度时，混凝

土会开裂（图 11-16）。房屋越长，温度变化越大，房屋中的温度应力就越大，混凝土结构越容易开裂。

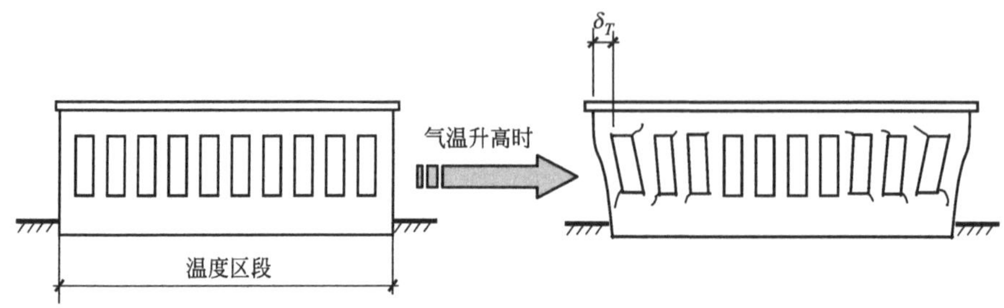

图 11-16 气温升高导致混凝土结构的开裂[6]

火灾可导致混凝土结构开裂。在火灾升温阶段，约束混凝土构件的表层混凝土失水干燥，可形成垂直于混凝土表面的干缩裂缝。然而，在火灾升温阶段，表层混凝土的温度通常高于内部混凝土的温度，端部约束混凝土构件的表层混凝土往往承受压应力，可补偿其干缩拉应力，降低干缩开裂的风险。同时，由于荷载应力、温度应力、高温蒸汽压力的共同作用，端部约束混凝土构件的内部可在火灾升温阶段形成平行于混凝土表面的（微）裂缝，严重时，可引发表层混凝土爆裂、剥落破坏。在火灾降温阶段，表层混凝土的温度通常低于内部混凝土的温度，约束混凝土构件表层的混凝土可产生拉应力，从而产生由内外温度差导致的垂直于混凝土表面的裂缝。

徐变会导致受压钢筋混凝土柱沿轴向受拉开裂，见图 11-17a 和图 11-17b，轴向压力 N_c 施加在钢筋混凝土短柱后的瞬时，构件的应变为 ε_i，可求得此时混凝土和钢筋的应力见式（11-1）和式（11-2）。

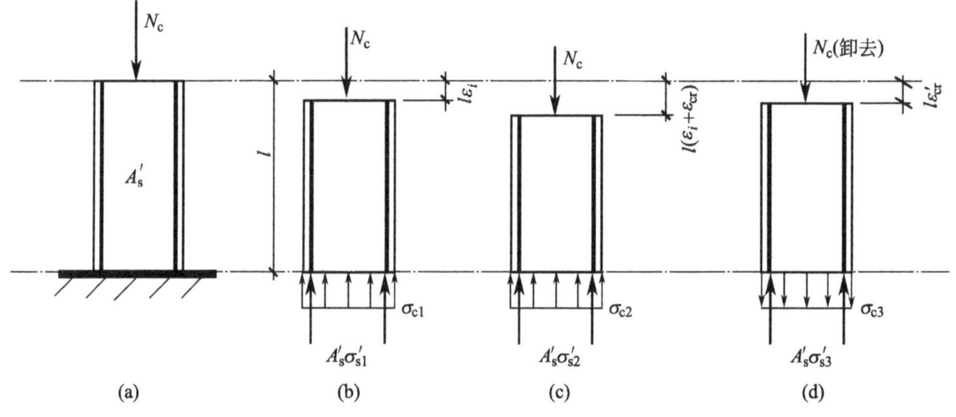

图 11-17 徐变引起钢筋混凝土柱开裂[6]

$$\sigma_{c1}=\frac{N_c}{A\left(1+\frac{\alpha_E}{\nu}\rho'\right)} \tag{11-1}$$

$$\sigma'_{s1}=\frac{N_c}{\left(1+\frac{\nu}{\alpha_E\rho'}\right)A'_s} \tag{11-2}$$

式中，N_c 为作用于构件的轴向压力；σ_{c1}、σ'_{s1}为混凝土压应力和钢筋的压应力；A、A'_s为构件的截面面积和受压纵筋的截面面积；$\rho'=A'_s/A$，为纵向受压钢筋的配筋率；$\alpha_E=E_s/E_c$，为钢筋和混凝土弹性模量的比值；ν 为混凝土受压过程中，考虑混凝土变形模量数值降低的系数，称为弹性系数。

随着荷载时间加长，混凝土发生徐变。徐变应变可用式（11-3）计算。

$$\varepsilon_{cr}=C_t\varepsilon_i \tag{11-3}$$

式中，C_t 为徐变系数。

若忽略钢筋对混凝土徐变的影响，经历徐变 ε_{cr} 后（图 11-17c），构件的总应变见式（11-4）。

$$\varepsilon=\varepsilon_i+\varepsilon_{cr}=(1+C_t)\varepsilon_i \tag{11-4}$$

钢筋的应力见式（11-5）。

$$\sigma'_{s2}=E_s(1+C_t)\varepsilon_i=(1+C_t)\sigma'_{s1}=\frac{N_c(1+C_t)}{\left(1+\frac{\nu}{\alpha_E\rho'}\right)A'_s} \tag{11-5}$$

由平衡条件 $N_c=A\sigma_{c2}+A'_s\sigma'_{s2}$，得混凝土的应力见式（11-6）。

$$\sigma_{c2}=\left(1-\frac{\alpha_E(1+C_t)A'_s}{\nu A\left(1+\frac{\alpha_E}{\nu}\rho'\right)}\right)\frac{N_c}{A}=\left(1-\frac{\alpha_E}{\nu}\rho'C_t\right)\sigma_{c1} \tag{11-6}$$

将式（11-6）、式（11-5）分别和式（11-1）、式（11-2）进行比较发现：$\sigma_{c2}<\sigma_{c1}$，$\sigma'_{s2}>\sigma'_{s1}$，即由于混凝土徐变的影响，钢筋的压应力不断增大，混凝土的压应力不断减小，钢筋与混凝土之间产生应力的重新分布。

若 N_c 作用一段时间后，卸去 N_c，混凝土中仍有残余的应变 ε_{cr}'，构件不能恢复到原来的状态（图 11-17d）。此时，钢筋的压应力见式（11-7）。

$$\sigma'_{s3}=E_s\varepsilon'_{cr} \tag{11-7}$$

由平衡条件知，此时混凝土受拉，且拉应力见式（11-8）。

$$\sigma_{c3}=\sigma_{s3}'\frac{A'_s}{A}=E_s\varepsilon'_{cr}\rho' \tag{11-8}$$

由此可知：将短柱上长期作用的轴向压力 N_c 卸去，会在混凝土中产生拉应力，且纵向受力钢筋越多，拉应力越大，严重时，会在柱上出现水平裂缝。

钢筋锈蚀后，锈蚀产物的体积是原钢筋体积的 3～4 倍。由于混凝土的包裹作用，锈蚀产物的体积不可自由增大。于是，在外包混凝土中产生径向内压力，进而导致混凝土环向受拉开裂，产生沿钢筋方向的裂缝，如图 11-15b 所示。沿钢筋方向产生裂缝后，更加速了钢筋的锈蚀过程，最后可导致混凝土保护层成片剥落。

综上所述，混凝土结构开裂的原因有多种。工程实践表明：在合理设计、合理施工和正常使用的条件下，荷载的直接作用往往不是使混凝土结构产生过大宽度裂缝的主要原因。很多裂缝是几种原因组合作用的结果，其中，温度变化和收缩起着相当重要的作用。由地基不均匀沉降、温度变化和收缩等外加变形和约束变形引起的裂缝，往往发生在混凝土结构中的某些部位，而不是个别构件受拉区的开裂。

本书第一作者在文献［7］中给出了大量混凝土结构开裂原因分析和混凝土结构中裂缝处理的工程实例。这里选取部分实例，作为补充说明。

3. 工程实例

(1) 上海市邮政大楼检测与鉴定

历经 80 余年的使用，上海市邮政大楼底层楼面在某范围内出现裂缝（二层楼面的板底和板顶出现大量裂缝）。其中，以北翼房屋最为严重，板面的最大裂缝宽度达到 1.50mm，楼板上裂缝均沿大楼的横向发展，一些裂缝处还有渗水的痕迹，上海市邮政大楼二层楼板的开裂情况见图 11-18。为了分析楼板的开裂原因，对大楼的相对不均匀沉降进行了检测，结果如图 11-19 所示。将图 11-18 及图 11-19 对比可知：上海市邮政大楼楼板出现的裂缝主要是由于地基的不均匀沉降引起的[8]。

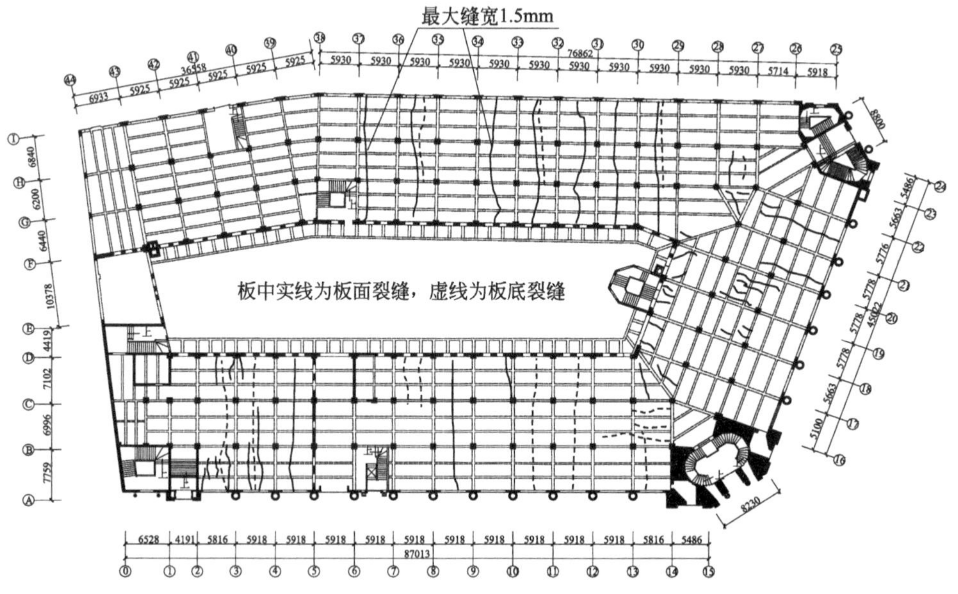

图 11-18　上海市邮政大楼二层楼板的开裂情况

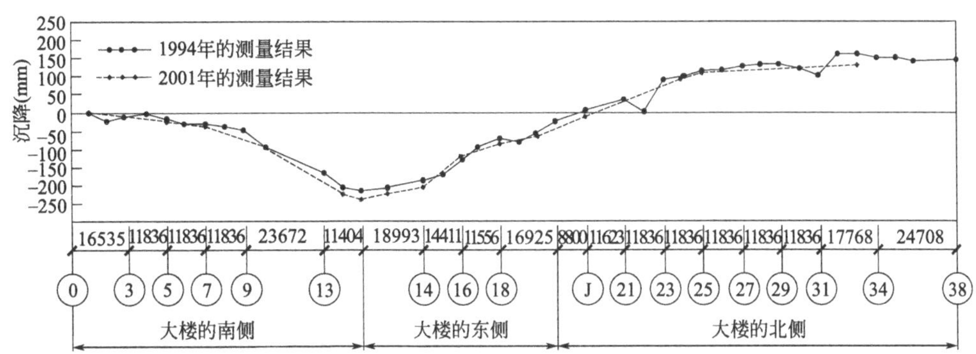

图 11-19　上海市邮政大楼相对不均匀沉降的检测结果

(2) 什邡地区混凝土结构的房屋开裂原因分析

2008 年 5 月 12 日，发生了汶川地震，什邡地区也遭遇了地震烈度为 7～10 度的地震。震后，本书的第一作者带领同济大学的专家组人员赴四川省什邡地区进行房屋震后的快速评估，并在当地发现混凝土结构的房屋在震后出现了三类典型开裂破坏：第一类是未按“强柱弱梁”原则设计而引起的混凝土柱端弯—剪破坏，破坏集中于柱端，如图 11-20 和图 11-21 所示，会引起结构整体倒塌；第二类是未按“强剪弱弯”原则设计引起的混凝土结构受剪破坏，混凝土柱底出现斜裂缝，破坏具有突然性，如图 11-22 所示；第三类是短柱受剪破坏，在混凝土柱中出现明显的交叉裂缝，如图 11-23 所示。此外还有未考虑地震产生附加作用而引起的楼梯板端底部和中部的拉—压和受弯破坏，楼梯板端底部和中部开裂明显，如图 11-24 所示[9]。

图 11-20　混凝土柱端弯—剪破坏

图 11-21　混凝土柱端受弯破坏

图 11-22　混凝土柱底受剪破坏

图 11-23　混凝土短柱受剪破坏

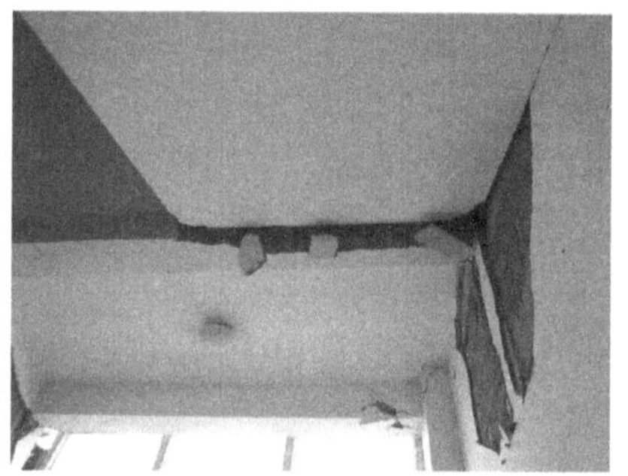

图 11-24　洛水镇金路集团公司生产车间楼梯板的开裂情况

（3）上海市南京西路某高层建筑楼面结构开裂原因分析

位于上海市南京西路的某高层建筑在进行设备安装时，一台 6t 重的变压器因缆绳断裂从 88.5m 的高空落下，撞击到下部裙房的楼板上，从上至下击穿了 6 楼到 4 楼的楼板，最后停落在 3 层楼板，如图 11-25a 所示。裙房层高 4.65m。4 层楼板被击穿的照片如图 11-25b 所示。4～6 层楼板被击穿和 3 层楼板开裂示意图如图 11-26 所示。现场调查表明：楼板及周边梁出现多条裂缝，裂缝宽度在 0.05～0.10mm。由于冲击荷载的作用时间短暂，楼板未产生变形，故 4～6 层楼板被击穿而发生冲切破坏，梁、板的裂缝宽度均较小。变压器自高空落下，最终落在 3 层楼板，3 层楼板除承受逐层减弱的变压器冲击荷载外，还承受变压器的静压力作用。故 3 层楼板相关梁板中的裂缝较明显，如图 11-26d 所示[10]。

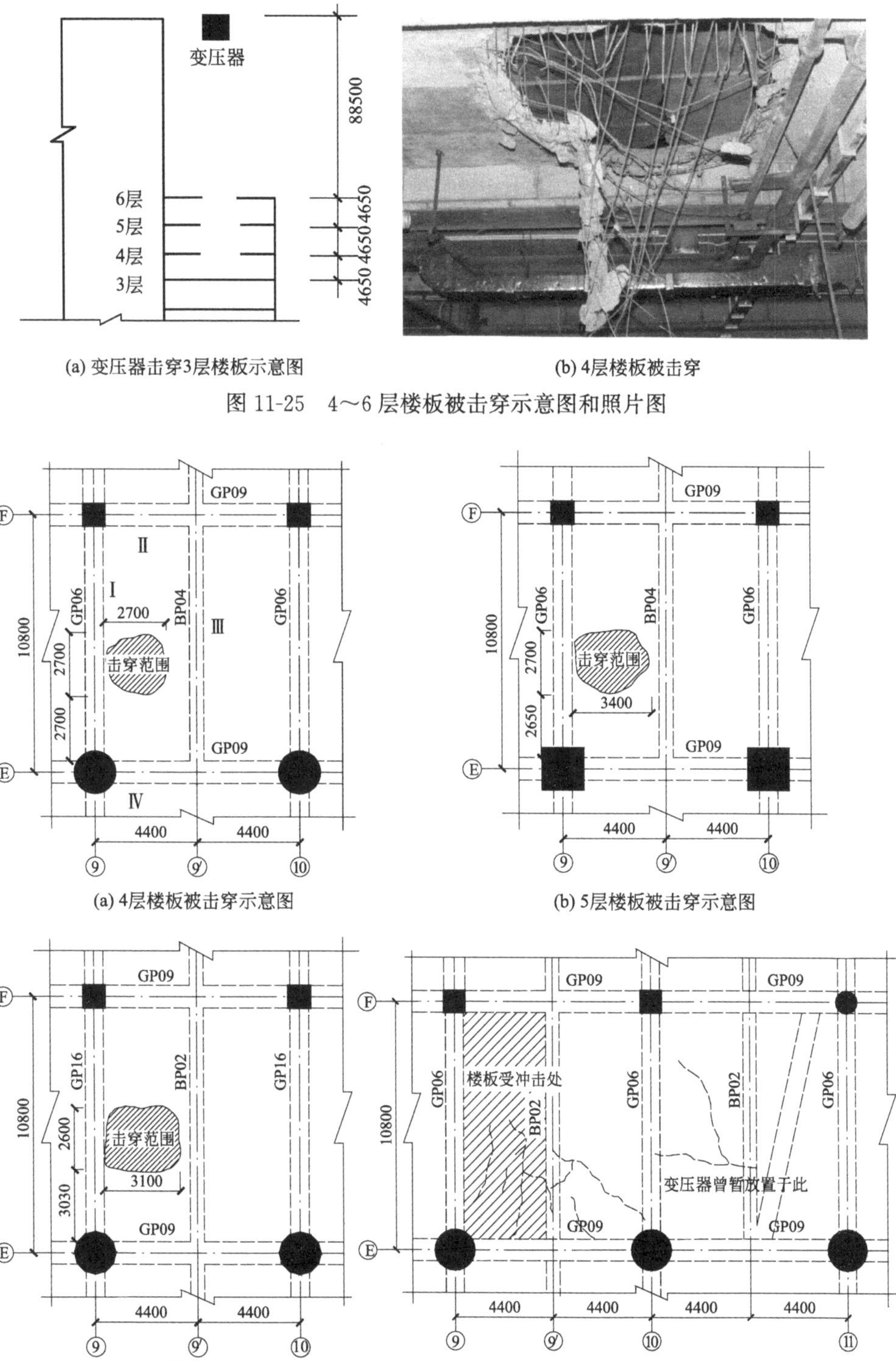

(a) 变压器击穿3层楼板示意图　(b) 4层楼板被击穿

图 11-25　4～6 层楼板被击穿示意图和照片图

(a) 4层楼板被击穿示意图　(b) 5层楼板被击穿示意图

(c) 6层楼板被击穿示意图　(d) 3层楼板开裂示意图

图 11-26　4～6 层楼板被击穿和 3 层楼板开裂示意图

根据弹塑性靶板理论以及动能守恒定律，在文献［10］中提出了一种计算板周边梁内力的简化计算方法。根据检测资料，计算各层梁的等效荷载，假设各层梁的两端全是固定支撑，根据计算获得的碰撞持续时间，取混凝土抗压强度增大系数为0.25、抗拉强度增大系数为0.7、弹性模量增大系数为0.15、钢筋屈服强度为410MPa。假设钢筋及混凝土的泊松比不变，则剪切模量可由泊松比和弹性模量确定。各层梁的最大弯矩计算结果和损伤分析如表11-5所示，计算结果和在现场实测梁的开裂情况较吻合。最终说明，梁受到了较严重的损伤，应做处理。

各层梁的最大弯矩计算结果和损伤分析[10]　　**表11-5**

楼层	梁编号	开裂弯矩(kN·m)	极限弯矩(kN·m)	计算的最大弯矩(kN·m)	损伤分析
6层	Ⅰ	393	2010	993	开裂
	Ⅱ	389	1815	777	开裂
	Ⅲ	239	1109	1000	开裂
	Ⅳ	389	1815	922	开裂
5层	Ⅰ	316	1336	1234	开裂
	Ⅱ	389	1815	631	开裂
	Ⅲ	239	1309	1234	开裂
	Ⅳ	389	1815	959	开裂
4层	Ⅰ	316	1336	1234	开裂
	Ⅱ	389	1815	631	开裂
	Ⅲ	239	1309	1234	开裂
	Ⅳ	389	1815	893	开裂
3层	Ⅰ	316	1336	804	开裂
	Ⅱ	389	1815	563	开裂
	Ⅲ	239	1309	820	开裂
	Ⅳ	389	1815	860	开裂

注：表中梁的编号所对应的位置见图11-26a。

11.2.2 剥离

引起混凝土剥离的原因主要是外部环境的作用[11]。工业厂房中的酸和盐类化学物质，如酸洗车间中的盐酸，对混凝土结构有较强的腐蚀作用，会使混凝土粉化剥离。自然环境中引起混凝土剥离的主要侵蚀介质是硫酸盐，它通常存在于地下水、海水和工业废水中。既有混凝土结构硫酸盐侵蚀是常见的化学侵蚀形式之一。

硫酸盐侵蚀过程中的钙矾石、石膏和钙硅石的产生是引起混凝土腐蚀、剥离的主要原因。硫酸盐侵蚀破坏有以下几种方式：①当硫酸盐溶液中的阳离子为可溶性的离子（如 Na^{+}、K^{+}）时，硫酸盐与铝酸三钙反应生成钙矾石，由于钙矾石的膨胀，混凝土很容易在膨胀压力下开裂、剥离；②当溶液中存在镁离子时，硫酸盐与氢氧化钙反应生成石膏，并且能将 C-S-H 置换成 M-S-H，此时，混凝土只产生微小的膨胀，混凝土的弹性模量和粘结力大幅度降低；③低温潮湿或有碳酸盐存在的条件下生成碳硫硅钙石，引起混凝土膨胀开裂、剥离；④干湿循环条件下进入混凝土中的硫酸盐吸水结晶，使混凝土产生结晶压力，引起混凝土开裂、剥离。影响硫酸盐侵蚀的因素中，除混凝土水灰比、材料渗透性等内部因素外，还有硫酸根离子浓度、温度和相对湿度等外部因素。硫酸盐侵蚀速度随着硫酸盐溶液浓度的增大而增大。温度升高会将加速离子的扩散速度，从而加速离子迁移速率和化学反应速率。硫酸盐对混凝土的侵蚀作用是液相反应，反应时，需要水的参与，所以，孔隙水饱和度对硫酸盐侵蚀速度有影响。因此，相对湿度会通过影响混凝土的孔隙水饱和度而影响硫酸盐侵蚀速度和侵蚀程度[11]。

冻融也是引起既有混凝土结构发生剥离破坏的主要因素之一[11]。冻融是指混凝土内部的游离水在正温和负温交替作用下，形成膨胀压力和渗透压力，它们联合作用在混凝土结构产生疲劳应力，使混凝土出现由表及里的剥蚀，使得混凝土力学性能降低的现象。吸水饱和的混凝土在冻融中遭受的破坏应力主要由两部分组成：一是当混凝土毛细孔水在负温下发生物态变化，由水转变成冰，体积膨胀 9%左右，受毛细孔壁约束形成膨胀压力，从而在孔结构周围的微观结构中产生拉应力；二是当毛细孔水结成冰时，凝胶孔中的过冷水在混凝土微观结构中的迁移和重新分布引起的渗透压。加上受冻时凝胶不断增大，引起更大的膨胀压力，经多次冻融循环，损伤逐渐累积、扩大，发展成相互连通的裂缝，使混凝土层层剥蚀。影响混凝土抗冻性因素有混凝土内部自身因素和外部环境作用。前者有：水灰比、含气量、混凝土的饱水状态、混凝土的受冻龄期、水泥品种、骨料、外加剂及掺合料等；后者有：冻结温度、降温速率、相对湿度与降水量、冻融次数等。由于混凝土毛细孔中的溶液一般在－1.5～－1℃时开始结冰，在－12℃时全部结冰，所以，冻结温度影响混凝土毛细孔内的结冰量。混凝土的抗冻性受降温速率的影响较大：降温速率越快，混凝土性能退化越快。环境相对湿度和降水量影响混凝土的饱水度。在潮湿或水环境下，混凝土的饱水度增加，抗冻能力降低。相比较而言，混凝土桥梁结构的冻融破坏程度远大于既有建筑混凝土结构的冻融破坏程度，图 11-27 显示的是天津市某桥梁墩柱混凝土剥落情况[11]。

同时，在高温下，混凝土会发生爆裂剥落。混凝土强度越高，在高温下爆裂剥落的可能性就越大。

图 11-27　天津市某桥梁墩柱混凝土剥落情况[11]

11.2.3　钢筋的锈蚀

通常情况下，混凝土中的水泥水化后会在钢筋表面形成一层致密的钝化膜，对钢筋起到保护作用，钢筋不会有锈蚀。但是，当混凝土碳化，钢筋表面 pH 值降低或钢筋表面氯离子含量达到临界值时，钝化膜会被破坏，在有足够水和氧气的条件下会钢筋会产生锈蚀。钢筋锈蚀一方面使钢筋的有效截面面积减小，另一方面，生成的锈蚀产物体积膨胀使得混凝土保护层胀裂、脱落，使钢筋与混凝上之间的粘结作用减弱，影响混凝土结构的安全性和使用性。在钝化膜的破坏处，混凝土中钢筋锈蚀本质上是电化学腐蚀过程，混凝土中钢筋锈蚀过程示意图如图 11-28 所示。当钢筋表面钝化膜遭到破坏后，钢筋处于活化状态。由于混凝土材料以及钢筋金相组织（如碳素体、铁素体、杂质等）分布的不均匀性，导致钢筋表面各点的微环境不同，因此，造成钢筋表面电极电位分布不均匀，在自身电位差的作用下，钢筋发生锈蚀[11]。

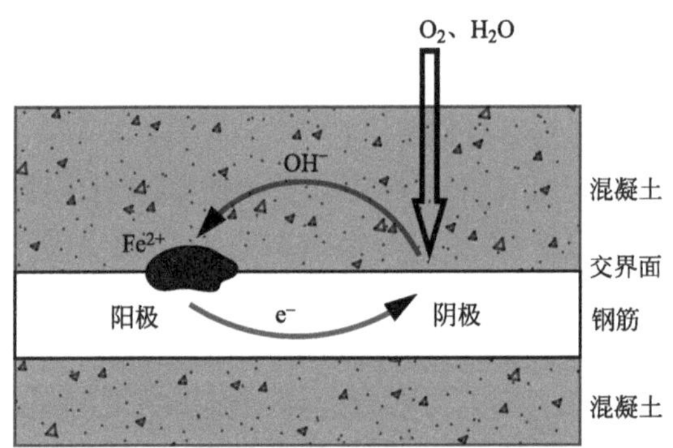

图 11-28　混凝土中钢筋锈蚀过程示意图

在阳极区域（电位较负区域），Fe 失去电子变成 Fe^{2+} 溶入混凝土的微孔水，发生阳极反应，见式（11-9）。

$$Fe \longrightarrow Fe^{2+} + 2e^{-} \tag{11-9}$$

阳极反应生成的电子通过钢筋本身定向移动到钢筋表面的阴极区域（电位较正区域），并在那里与 H_2O 和 O_2 发生反应，生成 OH^-，继续发生阴极反应，见式（11-10）。

$$O_2+2H_2O+4e^- \longrightarrow 4OH^- \tag{11-10}$$

Fe^{2+} 和 OH^- 在混凝土传输中相遇、结合，生成 $Fe(OH)_2$。电子在反应中的消耗，保持了钢筋的电中性，见式（11-11）。

$$Fe^{2+}+2OH^- \longrightarrow Fe(OH)_2 \tag{11-11}$$

根据钢筋表面供氧情况，$Fe(OH)_2$ 可被进一步氧化，成为 $Fe(OH)_3$、Fe_2O_3、Fe_3O_4 等多种锈蚀产物，该过程为化学反应过程，无电流产生，见式（11-12）～式（11-14）。

$$4Fe(OH)_2+2H_2O+O_2 \longrightarrow 4Fe(OH)_3 \tag{11-12}$$

$$2Fe(OH)_3 \longrightarrow Fe_2O_3+3H_2O \tag{11-13}$$

$$6Fe(OH)_2+O_2 \longrightarrow 2Fe_3O_4+6H_2O \tag{11-14}$$

混凝土中钢筋的锈蚀形态主要为微观锈蚀和宏观锈蚀，见图 11-29。在大多数情况下，两者同时发生在钢筋表面。前者指在同一根钢筋上产生由无数紧密相连的微小阳极区与阴极区组成的微观电池，形成均匀锈蚀；后者表现为在分散的阳极区和阴极区形成不均匀锈蚀，例如，坑蚀以及靠近混凝土表面的锈蚀钢筋与内部钝化钢筋形成宏电池。宏观锈蚀导致箍筋的锈蚀比纵筋的锈蚀严重[12,13]。

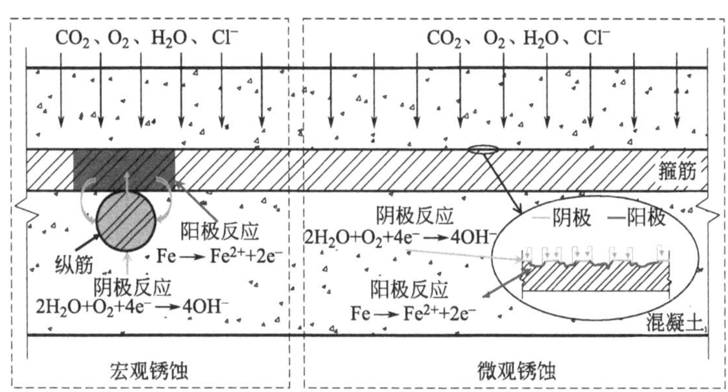

图 11-29 混凝土中钢筋微观锈蚀和宏观锈蚀示意图

影响混凝土中钢筋锈蚀的因素有很多，其中，内部因素通常有混凝土的种类、保护层厚度、混凝土强度等级、材料渗透性等；外部因素有温度、相对湿度、CO_2 浓度、Cl^- 含量（浓度）等[11]。温度影响氧气在混凝土中的扩散速率，进而影响钢筋的锈蚀速率。研究表明：温度与钢筋的锈蚀速率呈线性变化，当温度从 10℃升到 20℃时，锈蚀速率增大 7 倍。孔隙水饱和度是影响混凝土电阻抗的主要因素，相对湿度越高，孔隙水饱和度越大，钢筋所在位置水分越充足，混凝土的电阻抗越小，OH^- 越容易扩散。另一方面，孔隙水饱和度又影响 O_2 的扩散速率，孔隙水饱和度越大，O_2 扩散越缓慢，阴极反应也越缓慢。因此，通常有一个孔隙水饱和度临界值，当饱和度小于该临界值时，锈蚀速率由电阻抗和OH^-的扩散速率控制；当饱和度大于该临界值时，锈蚀速率由O_2的扩散速率和阴极反应控制；当饱和度等于该临界值时，锈蚀速率最大。CO_2浓度越高，混凝土内外CO_2浓度差越大，CO_2侵入越快，化学反应速度越快，碳化速率越大。进入混凝土内部的氯离子主要通过局部酸化作用，引起钢筋锈蚀。混凝土表面氯离子含量越高，氯离子向混凝土内部的侵蚀速率越大，钢筋表面氯离子含量越高。因此，混凝土表面氯离子含量越高，混凝土中钢筋锈蚀的速率越大。

钢筋的锈蚀程度可用截面的损失率定量表征，且定义钢筋的锈蚀率即为钢筋的截面损失率。由于混凝土中粗骨料分布不均匀，水泥砂浆中孔隙分布不均匀，环境作用的随机性，混凝土构件中的钢筋沿其长度方向的锈蚀率是不同的（不均匀锈蚀），且起决定作用的是钢筋的最大锈蚀率。钢筋不均匀锈蚀反映锈蚀的随机性。在实际工程中，钢筋最大锈蚀率的具体值和出现位置往往难以确定，而平均锈蚀率则容易被测得。认为钢筋为匀质材料，则钢筋的平均截面损失率和其质量损失率相等。于是，锈蚀钢筋的平均锈蚀率η_s可用式（11-15）计算。

$$\eta_s=\frac{\overline{m}\cdot l_c-m_c}{\overline{m}\cdot l_c} \tag{11-15}$$

式中，l_c为锈蚀钢筋试样的长度；m_c为锈蚀钢筋的质量；$\overline{m}$为未锈蚀钢筋的单位长度质量。

工程实例

长海医院第二医技楼房屋检测与鉴定

2000年，同济大学在对该房屋进行检测与鉴定时，对混凝土的碳化深度和混凝土构件中钢筋的锈蚀程度进行了检测，具体结果见5.2节中的相关内容[14]。

11.3 砌体结构损伤原因分析

11.3.1 开裂

砌体结构的裂缝主要出现在使用阶段，裂缝不仅影响结构的使用，还影响结构的安全性。若受压的砌体墙、柱出现平行于荷载方向的裂缝时（图11-30），说明荷载已接近构件的受压承载力。墙体受压承载面积不足（例如窗间墙太小）、块体强度太低、在集中荷载下没有垫块等，都可能引起承载力不足，而导致砌体受压开裂[7]。

在平面外弯矩的作用下，砌体墙一侧由于平面外弯曲而产生水平受拉裂缝，

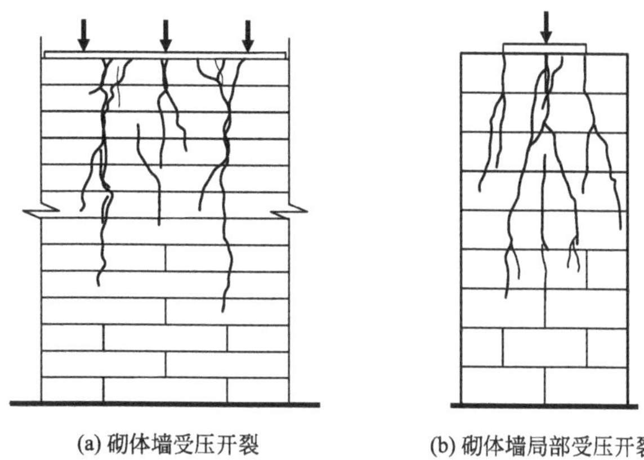
(a) 砌体墙受压开裂　(b) 砌体墙局部受压开裂

图 11-30　砌体受压开裂

而另一侧则由于平面外弯曲可能产生竖向受压裂缝，砌体墙平面外的弯曲裂缝如图 11-31 所示。砌体墙抵抗平面外弯矩的能力很差，而且墙体材料又是脆性材料，极易在裂缝出现的同时，砌体墙出现无警告的突然倒塌。在地震中，砌体墙的出平面受弯破坏是引起结构倒塌的主要原因，见图 11-32[7]。

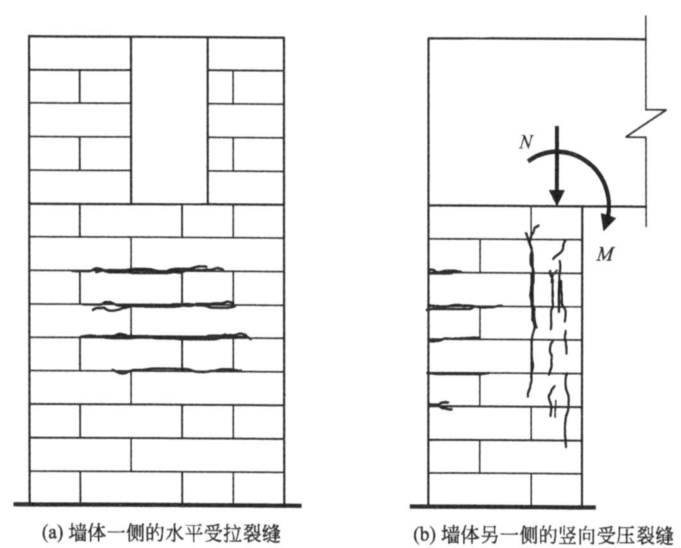

(a) 墙体一侧的水平受拉裂缝　(b) 墙体另一侧的竖向受压裂缝

图 11-31　砌体墙平面外的弯曲裂缝

砌体墙受平面内的水平作用会产生剪力，并形成剪切裂缝。剪切裂缝有两种形态：如果砂浆强度较高，底部与支撑结构的连接相对比较弱，则可能沿墙底水平开裂，见图 11-33a。如果墙底与支撑结构连接可靠，则墙体可能斜向开裂，

图 11-32　某厂房砌体山墙的出平面破坏

见图 11-33b[7]。地震作用下墙体平面内受剪时一般出现斜向开裂，如图 11-34 所示。

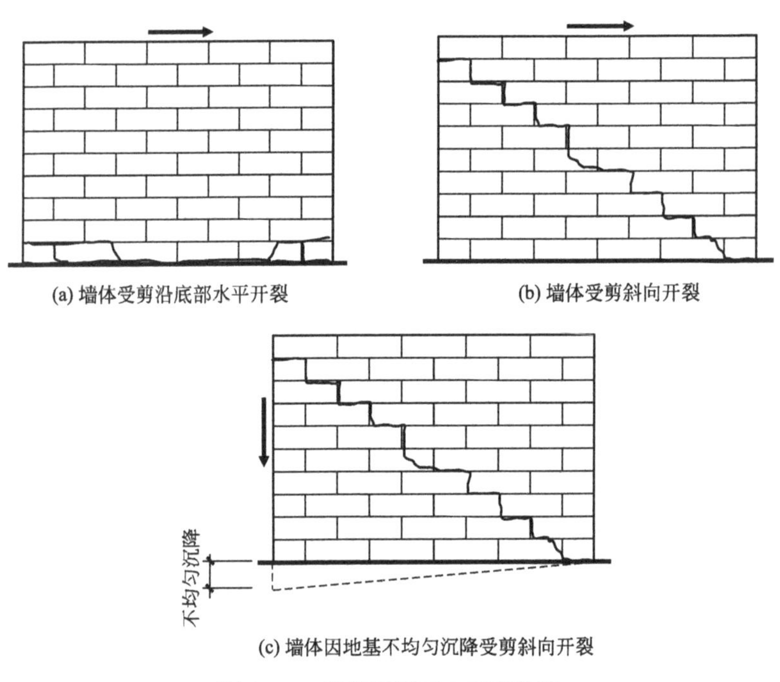

图 11-33　砌体墙平面内受剪开裂

砌体结构下部的地基沉降不均匀时，会在墙体中产生剪力而使其斜向开裂，见图 11-33c。随着不均匀沉降的发展，裂缝将进一步扩大。与如图 11-14 所示的混凝土结构类似，当温度（气温）变化时，在砌体结构中也会产生温度应力，温度应力超过砌体的抗拉强度时，砌体就会开裂。房屋越长，温度变化越大，房屋中的温度应力越大，结构越容易开裂。

图 11-34　地震作用下墙体平面内斜向开裂

工程实例

上海市某厂房结构检测与鉴定

上海市某厂房建筑平面图如图 11-35 所示。厂房占地面积为 $2600\mathrm{m}^2$，层高为 7000mm、5000mm。1996 年建成并投入使用，不久后，厂房纵向外墙（砖填充墙）和部分窗洞口钢筋混凝土柱有斜向开裂，建筑开裂示意图如图 11-36 所示。厂房基础设计采用柱下横向条形基础。现场检测评定混凝土立方体抗压强度为 26MPa，墙体材料是 MU10 烧结普通砖、M7.5 砂浆。厂房地基土的分层及其主要物理力学指标如表 11-6 所示。对该厂房的荷载调查表明：房屋荷载分布不均匀，1～6 轴为生产车间，放置生产机械。6～10 轴为仓库，承受较大荷载。底层地面的最大荷载约为 $17.9\mathrm{kN/m}^2$，二层楼面的荷载一般为 $11.9\mathrm{kN/m}^2$，局部荷载达到 $18.7\mathrm{kN/m}^2$。实测框架结构纵向相对不均匀沉降值如图 11-37 所示[15]。

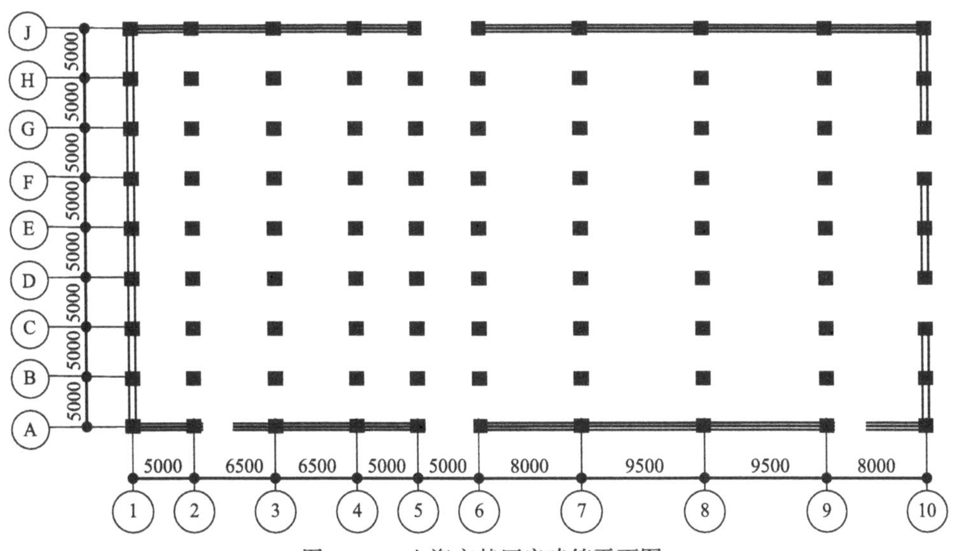

图 11-35　上海市某厂房建筑平面图

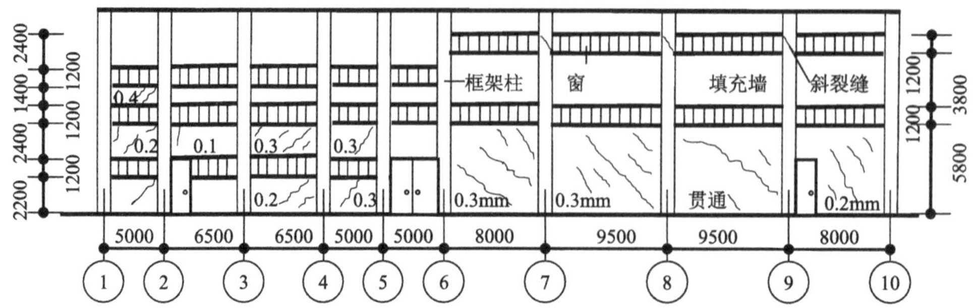

图 11-36 上海市某厂房建筑开裂示意图

厂房地基土的分层及其主要物理力学指标 **表 11-6**

层次	土层名称	厚度（m）	层底深度（m）	重度（kN/m³）	压缩模量（MPa）	容许承载力（kPa）
1	填土	1.2	1.2	18.4	—	—
2	粉质黏土	2.3	3.5	19.6	49.2	110
3	淤泥质粉质黏土	6.4	9.9	18.1	37.6	75
4	淤泥质黏土	未揭穿	—	17.5	24.0	60

取 A 轴纵向框架进行计算分析，荷载按实际调查结果取值。考虑房屋上部结构、地基基础的共同作用，将框架内的砖填充墙等效为斜压杆。条形基础和上部结构共同作用，用均布的变弹模轴压杆模拟地基。轴压杆截面宽度取轴压杆间距，截面高度取条形基础宽度，轴压杆弹性模量取各土层压缩模量，轴压杆分段长度取土层厚度。纵向框架计算简图如图 11-38 所示。根据 A 轴底层框架柱位移大小可以算得相对不均匀沉降值，比较图 11-37 中相对不均匀沉降的计算结果和实测结果还可以看出：4～5 轴附近计算值与实测值的差异较大是由于现场荷载调查时该位置堆载较小，而正常运营时作为生产车间和仓储车间的过渡端往往堆载较大所致；除此之外，A 轴相对不均匀沉降计算值同现场实测的规律基本相同，且位于 A 轴、J 轴实测值之间[15]。

表 11-7 给出了考虑不均匀沉降作用下 6～10 轴二层框架柱顶部内力（轴力、剪力）杆系有限元计算结果和抗剪承载力计算结果的比较，其中，框架柱抗剪承载力按照相应计算轴力的大小和实测混凝土强度、配筋情况计算而得。由图 11-38 和表 11-7 可知，由于填充墙参与纵向框架的工作，6～10 轴二层柱顶部形成短柱，在现有荷载和各柱底基础相对不均匀沉降的共同作用下，7～9 轴柱顶部的抗剪承载力不能满足要求，从而产生斜裂缝，与实际损伤规律相符[15]。

按如图 11-39 所示的计算简图，对 A 轴、J 轴实测相对不均匀沉降和相对沉降理论计算值作用下，各跨填充墙承受的剪力进行计算，计算结果如表 11-8 所示。由表 11-8 可以看出：由于各轴框架柱间的相对不均匀沉降，在砖填充墙中产生的剪应力大大超过墙体本身的抗剪强度，因此引起墙体开裂[15]。

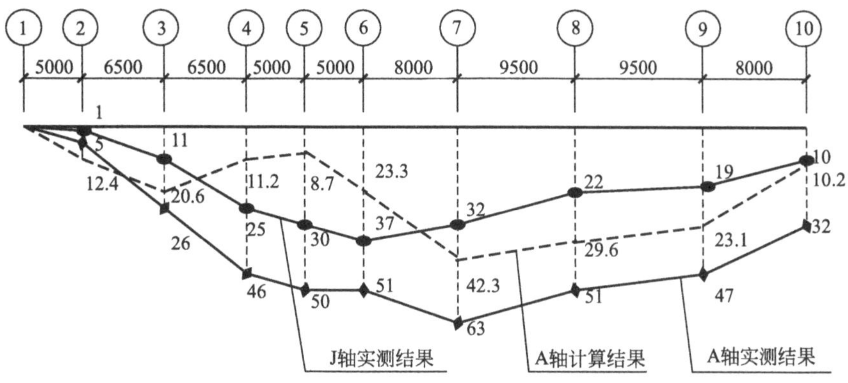

图 11-37　上海市某厂房实测框架结构纵向相对不均匀沉降值

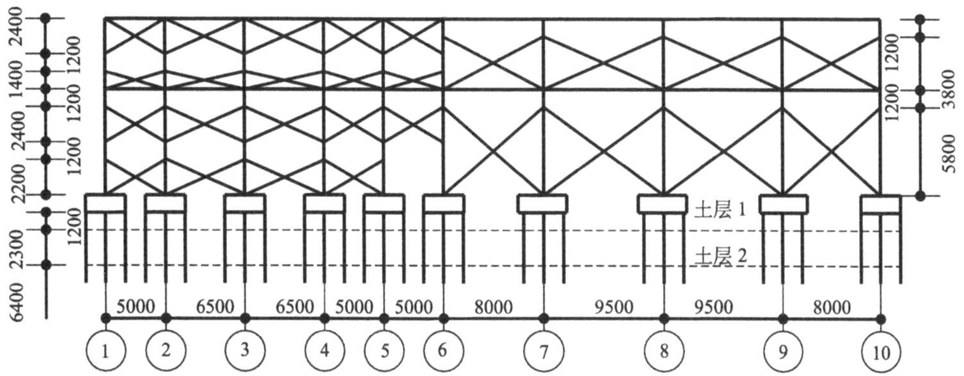

图 11-38　上海市某厂房纵向框架计算简图

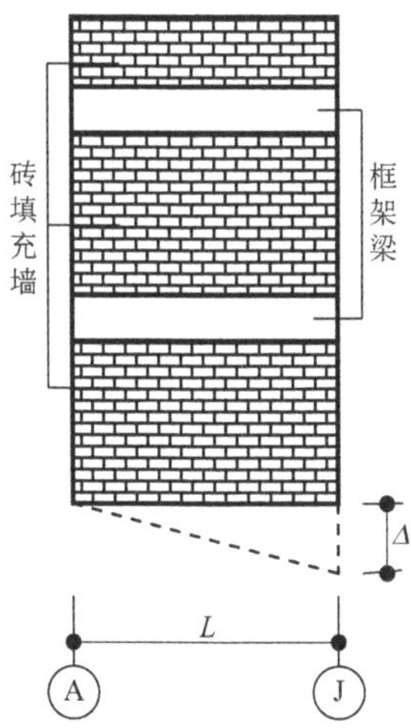

图 11-39　上海市某厂房砖填充墙剪力计算简图

上海市某厂房 A 轴纵向框架柱的抗剪承载力验算　　表 11-7

柱顶	轴力(kN)		剪力(kN)		抗剪承载力(kN)	
	实测沉降下	理论沉降下	实测沉降下	理论沉降下	实测沉降下	理论沉降下
6 轴	188.3	174.4	140.6	126.2	197.1	176.2
7 轴	124.2	129.0	330.3	418.7	172.7	173.1
8 轴	225.3	155.7	318.9	272.3	179.8	174.9
9 轴	119.5	103.9	665.3	358.0	172.4	171.3
10 轴	162.8	195.6	34.2	86.0	175.4	177.7

上海市某厂房 A 轴框架柱间填充墙的抗剪承载力验算 (MPa)　　表 11-8

位置	1～2 轴	2～3 轴	3～4 轴	4～5 轴	5～6 轴	6～7 轴	7～8 轴	8～9 轴	9～10 轴
剪应力 1	1.03	3.21	3.49	0.82	0.20	1.46	1.21	0.41	1.82
剪应力 2	0.20	1.53	2.44	1.03	1.44	0.61	1.01	0.31	1.10
剪应力 3	2.55	1.26	1.64	1.13	2.38	2.39	0.53	0.82	2.90
抗剪强度	0.15	0.15	0.15	0.15	0.15	0.15	0.15	0.15	0.15

注：“剪应力 1”“剪应力 2”为按 A 轴、J 轴实测相对不均匀沉降值计算的结果；
“剪应力 3”为按相对不均匀沉降理论值计算的结果。

11.3.2 剥落

与混凝土结构类似，在酸、盐等化学介质作用下，或者在冻融等物理作用下，或者由于植物、微生物的影响，砌体也会出现剥落和风化，在既有建筑的清水墙中剥落和风化很常见，如图 11-40 所示。无论是物理作用、化学作用，还是生物作用，温度和湿度都是非常关键的影响因素。在高温、高湿下，会加快化学介质对砌体的侵蚀作用；季节温差大、环境湿度高，会加大冻融对砌体的物理作用。相关调查结果表明[16]：寒冷地区的冻融是砖墙风化剥落的主要原因，干湿交替的墙脚成为受损集中的区域。

图 11-40　环境作用下砖墙的剥落和风化

11.4　钢结构损伤原因分析

11.4.1　开裂

钢结构在加工过程中可能产生缺陷，也可能产生应力集中。以常见的钢结构焊接为例，在施焊过程中会产生缺陷，如气孔、夹渣、未焊透、未熔合、裂纹、凹坑、咬边、焊瘤等焊接缺陷。在外部作用下钢结构会产生裂缝，既有缓慢发展的疲劳裂缝，也有脆性断裂裂缝[17]。图 11-41 为钢梁的典型裂缝。

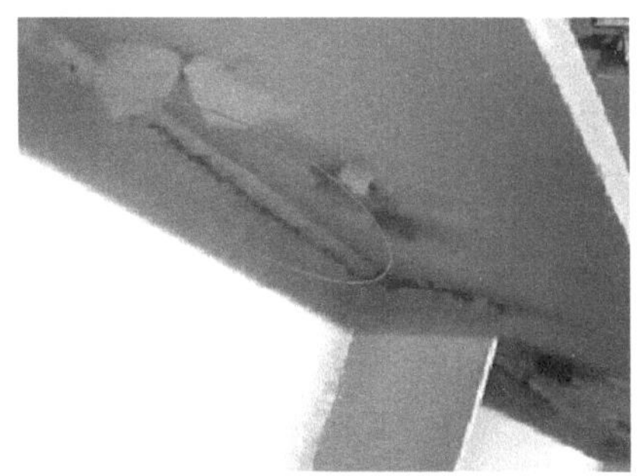

图 11-41　钢梁的典型裂缝[18]

既有钢结构建筑在地震作用下会出现断裂、压屈等破坏。如 1994 年在美国北岭地震中观察到钢框架支撑断裂，见图 11-42。1995 年，在日本阪神地震中观察到钢柱断裂、压屈，见图 11-43。

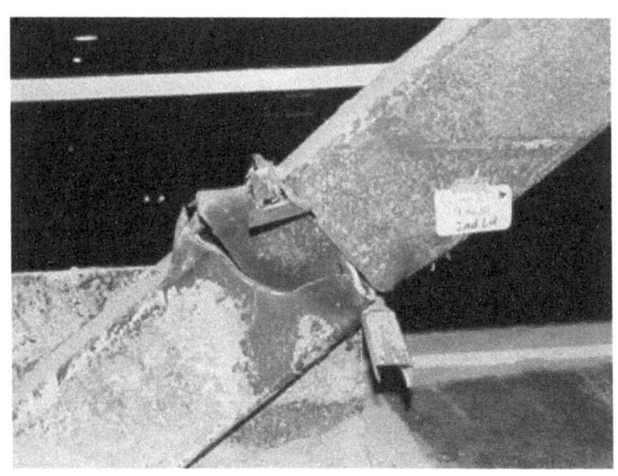

图 11-42　钢框架支撑断裂[19]

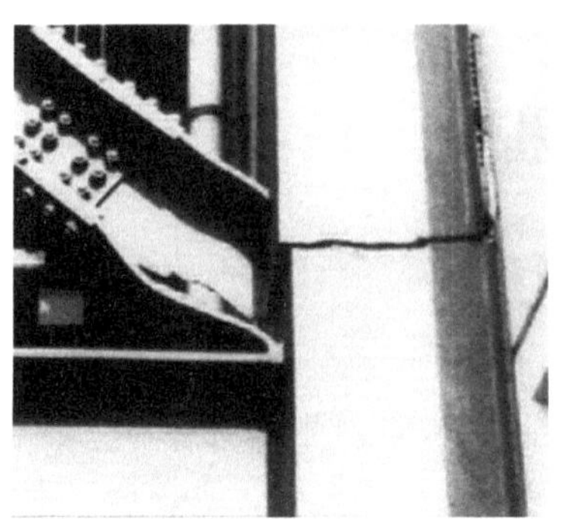

图 11-43　钢柱断裂、压屈[20,21]

11.4.2　连接的失效

钢构件通过螺栓、焊接和锚索等连接组成整体结构，连接部位的可靠性对于结构的完整性至关重要。钢结构倒塌的主要原因是连接部位的失效。螺栓连接的缺陷通常有：开孔引起的截面面积减小、钢梁与钢柱连接节点部分螺栓缺失、螺栓数量不满足设计要求、部分螺栓未被拧紧或无螺母、螺栓有明显的松动、高强度螺栓连接预应力松弛引起的滑移变形。这些缺陷会造成连接部位开裂，甚至断裂失效。焊接节点在外部作用下，也可能断裂失效。钢结构螺栓连接缺陷、开裂及断裂见图 11-44，钢结构焊接节点断裂失效见图 11-45。

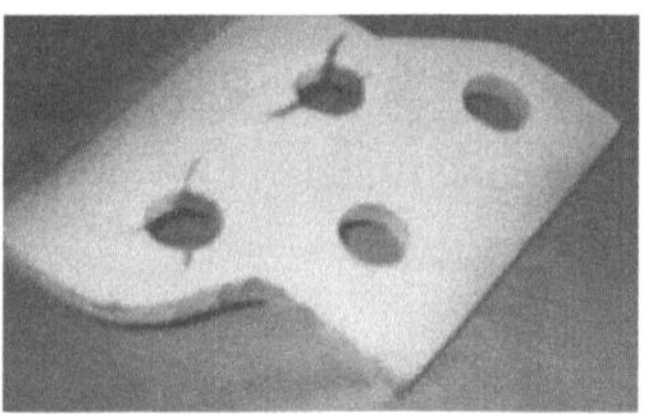
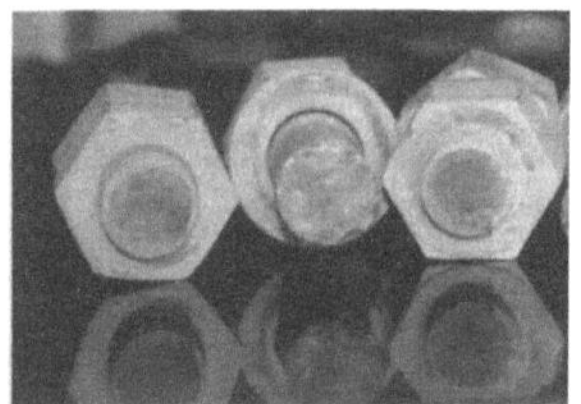

图 11-44　钢结构螺栓连接缺陷、开裂及断裂[22]

图 11-45　钢结构焊接节点断裂失效[23]

11.4.3　锈蚀

钢结构暴露在大气环境中，钢材表面会形成一种薄液膜，铁元素与氧气、水接触后发生化学反应，产生锈蚀。钢材锈蚀每年造成的经济损失巨大，相关调查结果显示[24]：在我国，每年由锈蚀造成的直接经济损失、间接经济损失约上千亿元，其中，碳钢及普通低合金钢的锈蚀经济损失占总锈蚀经济损失的 25%以上。钢结构的锈蚀会减小钢构件的有效承载面积，降低钢构件的极限承载力，同时，也会导致钢构件延性降低，影响钢结构的安全性。

钢材在大气中的锈蚀机理很复杂，影响因素众多。除温度、湿度外，酸性大气中的 SO_2 与近海大气中的 Cl^- 为主要影响因素。与混凝土中钢筋的锈蚀情况类似，钢材依照锈蚀形态而言可分为均匀腐蚀、局部腐蚀。

均匀锈蚀虽然会造成钢材的损失，但只是钢材整体截面面积的损失，对均匀锈蚀容易预测、容易防护，也不会发生突然的锈蚀事故。

局部锈蚀指仅在钢材局部微小区域发生锈蚀，且相较别处锈蚀速度明显增加，并留下明显锈坑。局部锈蚀有点蚀、缝隙锈蚀、电偶锈蚀、晶间锈蚀、应力锈蚀[25-27]。对局部锈蚀难以检测，局部锈蚀容易形成应力集中，造成钢材的延性下降，易发生脆性破坏。较深的锈坑也会导致裂纹产生，降低钢材的疲劳寿命。点蚀为局部锈蚀中最为常见的一类，在近海环境中 Cl^- 容易导致点蚀的发生。

钢结构的涂层受损后，钢材表面的锈蚀程度会不断增加，减小构件有效的受力面积，影响构件的承载力。2020 年某煤矿钢桁架在使用过程中发生局部倒塌，见图 11-46。经调查发现：倒塌桁架区域的 12 根杆中，有 3 根杆的锈蚀率在 40%以上，有 6 根杆的锈蚀率在 10%～40%，有 3 根杆的锈蚀率在 10%以下。锈蚀引起截面损失而使构件承载力大幅度削弱是倒塌的主要原因[28]。内置在砌体结构中的钢框架还会出现如图 11-47 所示的典型锈蚀现象。该现象最初发现于英国伦敦的摄政街，因此，也被称为“摄政街病”[29]。锈蚀导致钢材屈服强度、抗拉

图 11-46　构件锈蚀引起钢桁架局部倒塌

强度、强屈比、断后伸长率有不同程度的下降。不同类型的钢构件在锈蚀作用下的承载力均出现明显降低。锈蚀钢构件的弹塑性滞回耗能特性普遍降低，对抗震性能不利。部分锈蚀钢构件在使用过程中还承受循环动力荷载作用，需考虑锈蚀与疲劳共同作用下的失效机理，以及锈蚀对钢构件疲劳承载力的不利影响。

图 11-47　砌体结构中的钢框架出现典型锈蚀

11.5　木结构损伤原因分析

11.5.1　木材开裂

按类型和特点，木材开裂可以分为径裂、轮裂、冻裂和干裂。前三种开裂是木材生长时期由生长环境或生长应力等因素造成的，干裂则是在木材使用过程中形成的。既有建筑结构中常见的木材开裂大多属于干裂，如图 11-48 所示。木材干裂在我国传统木结构建筑中最为常见，且多出现在木梁、木柱、木枋、檩条等木构件。木材干裂主要与其自身生物特性以及含水率有关。木材作为一种多层纤维材料，其内部含有较多水分，若在加工使用过程中水分蒸发不完全，其表面与内部会存在含水率梯度，导致木纤维内外收缩不一致，木材会沿纵向产生干裂。过大的干裂会影响木构件的承载力，且在外荷载作用时，裂纹会进一步拓展。

11.5.2　木材腐蚀

木材腐蚀是木材老化损伤的重要表现之一，在纯木结构和砖木结构中较为常见。当木结构构件长期暴露在潮湿、阴暗、不通风的环境时，木材内部的纤维素、木质素等成分会滋生真菌，导致木材的腐烂、糟朽。常见的腐朽部位有柱脚、屋架檩条、节点等，其中，以木柱柱脚部位最为多见。如果柱脚直接与地面接触，则容易吸水受潮滋生真菌。而搁置在础石之上的木柱，或与砖墙接触，或

(a) 屋架中腹杆纵裂

(b) 木梁纵裂

(c) 木梁纵裂

(d) 木柱纵裂

图 11-48　木结构构件纵向开裂

裸露在外，没有任何保护措施，在自然因素（包括风、雨、地震、虫蛀、霉变等）及人为因素（如冲击、磨损等）作用下，木柱柱脚极易发生腐蚀、腐变，导致柱的有效截面面积显著减小，典型木柱柱脚的腐蚀如图 11-49 所示。支撑于外砖墙上的屋架或楼面木梁也非常容易被腐蚀，且有隐蔽性[30]，如图 11-50 所示。

木材虫蛀病害亦是传统木结构建筑的一大安全隐患，常见的危害木结构建筑的昆虫有：白蚁、木蜂、甲虫（天牛等）。虫蛀会对构件产生肉眼可见的危害，在木构件表面留下孔洞或孔道，会残留许多木屑。一般而言，虫蛀往往会加剧真菌的滋生和繁殖，导致木材被腐蚀，因此，木构件的腐蚀和虫蛀多是伴生的。

11.5.3　连接的失效

我国现存的古建筑木结构大多建造年代较为久远。在多年的服役过程中，由于木材性能的退化、生物或外界环境的侵蚀、地震等灾害作用，木结构节点大多

图 11-49　典型木柱柱脚的腐蚀

图 11-50　支撑于外砖墙上的屋架或楼面木梁腐蚀

会出现各类损伤，其中，尤以榫卯节点的拔榫、松动、糟朽、虫蛀、开裂等损伤最为常见。

我国传统木结构的梁柱节点大多通过榫卯连接，榫卯节点在外荷载作用下易出现挤压变形。在反复荷载作用下，榫卯节点会出现榫头拔出和松脱的情况，导致结构的失稳和倒塌。榫头拔出是木结构主要的损伤表现之一。在长期的使用过程中，含水率变化会引起木材干缩，在长期荷载作用下，木材发生徐变，此外，在地震作用下，卯口与榫头被反复挤压也会造成榫头与卯口之间的间隙增大。根据松动方向的不同，直榫节点的松动残损一般可以分为竖向松动和侧向松动，而半榫和燕尾榫节点除上述两种松动外，还存在长度方向的松动，三种松动如图 11-51 所示。对于榫头与卯口的尺寸保持一致的直榫节点，在长时间的荷载作用下，榫头和卯口部位容易出现挤压残余变形，导致节点连接松动。另外，由于木材自身的材料特性，榫头部位干缩、虫蛀与真菌腐蚀等非荷载因素进一步加剧了榫卯节点的松动，对木构架乃至整个墙体的抗震性能产生不利的影响。木构件刚制作完成时含水率较高，在存放或使用过程中，构件表层与外界环境接触面积大，水分蒸发速度快，较内层木材先发生干缩。同理，节点外部的木材，水分蒸发速度快，榫卯节点处的木材水分蒸发速度慢，使得裂缝在沿榫头变截面处或卯口四角处产生和扩展。研究表明：卯口裂缝和榫头裂缝均会对节点的抗震性能产生不利的影响。一些发生松动破坏的残损节点见图 11-52。

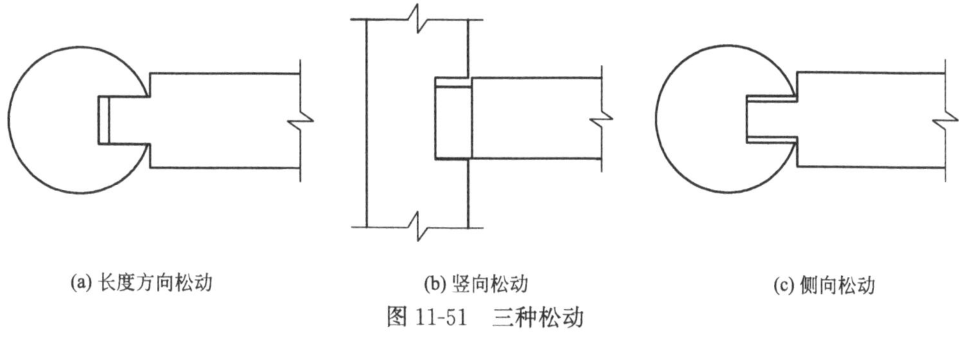

(a) 长度方向松动　(b) 竖向松动　(c) 侧向松动

图 11-51　三种松动

图 11-52　一些发生松动破坏的残损节点

工程实例

上海市陕西北路186号房屋检测与鉴定

上海市陕西北路186号房屋原为英式风格的私人别墅，建于1926年（图11-53）。2002年，在改造装修过程中，施工单位和业主发现该房屋木搁栅的白蚁蛀蚀现象严重，主楼3层楼面部分木梁端部严重破损甚至有开裂，导致楼面下沉。从保护和利用有历史价值老建筑的角度出发，为确保装修后房屋的正常使用，业主委托同济大学对该房屋主楼3层楼面的结构情况进行检测，并提出相应的加固处理方案。现场检测结果表明：该房屋为砖木结构，楼盖为木梁板；3层楼面结构的损伤主要表现为木大梁在外墙支座处的腐蚀（图11-50），造成楼面梁外墙支座处严重腐蚀的主要原因是砖墙的防水性能较差，同时有白蚁蛀蚀[30]。

图11-53　上海市陕西北路186号房屋

参考文献

[1] 张晏齐，张伟平，顾祥林，等．相邻施工影响下砌体结构基础变形控制参数的比较分析[J]．结构工程师，2012，28（6）：108-112.

[2] 顾祥林，管小军．张伟平．常州新区富都北区11＃安置房屋质量检测报告［R］．同济大学房屋质量检测站，2004.7.

[3] 顾祥林，张伟平，李翔，等．中山东一路1号（亚细亚大楼）房屋质量检测监测报告［R］．同济大学房屋质量检测站，2009.10.

[4] 赵挺生，顾祥林，张誉，等．新建建筑物对旧有建筑物附加沉降的影响分析［J］．结构工程师，2001，17（1）：20-24.

[5] 张伟平，顾祥林，陈涛．大面积地面堆载作用下厂房结构安全性的评估［J］．四川建筑科学研究，2007，33（3）：74-78.

[6] 顾祥林．混凝土结构基本原理（第三版）［M］．上海：同济大学出版社，2015.

[7] 徐有邻，顾祥林，刘刚，等．混凝土结构工程裂缝的判断与处理（第二版）［M］．北京：中国建筑工业出版社，2016.

[8] 顾祥林，张誉，张伟平，等．上海市邮政大楼房屋质量检测报告 [R]. 上海：同济大学建设工程质量检测站，2001.

[9] 同济大学土木工程防灾国家重点实验室．汶川地震震害 [M]. 上海：同济大学出版社，2008.

[10] 宋晓滨，张伟平，顾祥林．重物高空坠落撞击多层钢筋混凝土楼板的仿真计算分析 [J]. 结构工程师，2002，18 (4)：23-28.

[11] 顾祥林，张伟平，姜超，等．混凝土结构的环境作用 [M]. 北京：科学出版社，2021.

[12] 缪昌文，顾祥林，张伟平，等．环境作用下混凝土结构性能演化与控制研究进展 [J]. 建筑结构学报，2019，40 (1)：1-10.

[13] 董征，顾祥林，张伟平，等．交叉钢筋的宏观锈蚀及其对钢筋混凝土构件抗力的影响 [J]. 建筑结构学报，2019，40 (1)：105-112.

[14] 顾祥林，张誉，张伟平，等．长海医院第二医技楼（原上海市博物馆）房屋检测与鉴定 [R]. 同济大学房屋质量检测站，2000.

[15] 张伟平，顾祥林，张誉．砖墙填充框架在地基不均匀沉降作用下附加内力的计算分析 [J]. 四川建筑科学研究，2002，28 (2)：23-25.

[16] 刘西光．砖砌体结构耐久性评定指标与评定方法研究 [D]. 西安建筑科技大学，2011.

[17] MANN A. Cracks in steel structures [J]. Proceedings of the institution of civil engineers：forensic engineering，2011，164 (1)：15-19.

[18] 郭华泾，崔鹏飞，吴佰建，等．既有工业厂房钢吊车梁疲劳性能预后分析 [J]. 哈尔滨工业大学学报，2019，51 (6)：109-115.

[19] KELLY D J，BONNEVILLE D R，BARTOLETTI. 1994 Northridge earthquake：damage to a four-story steel braced frame building and its subsequent upgrade [A]. 12WCEE 2000 [C]，2000：1-7.

[20] NIST. The January 17，1995 Hyogoken-Nanbu (Kobe) earthquake [R]. 1996.

[21] HORIKAWA K，SAKINO Y. Damages to steel structures caused by the 1995 Kobe earthquake [J]. Structural engineering international：journal of the international association for bridge and structural engineering (IABSE)，1996，6 (3)：181-182.

[22] 郭溪龙．某既有钢结构厂房质量缺陷及加固方法探讨 [J]. 大众标准化，2021 (23)：14-17，20.

[23] ALPSTEN G. Causes of structural failures with steel structures [A]. IABSE Workshop 2017：ignorance，uncertainty and human errors in structural engineering [C]，2017：100-108.

[24] 柯伟．中国工业与自然环境腐蚀调查的进展 [J]. 腐蚀与防护，2004 (1)：1-8.

[25] 卫星，揭志羽，廖晓璇，等．钢结构桥梁焊接节点腐蚀疲劳研究进展 [J]. 钢结构，2019，34 (1)：108-112.

[26] 王煜成，张逢伯，许清风．锈蚀对既有钢结构性能影响研究进展 [J]. 施工技术，2020，49 (9)：34-40.

[27] SARNO L DI，MAJIDIAN A，KARAGLANNAKIS G. The effect of atmospheric corro-

sion on steel structures: a state-of-the-art and case-study [J]. Buildings, 2021, 11 (12): 571.

[28] 张俊傥，韩腾飞，陈动．钢桁架栈桥事故分析及处理 [J]. 工业建筑，2021，51 (12)：107-112.

[29] TURNPENNY K M, TAPPIN S. Cathodic protection of masonry-clad, steel-framed buildings [J]. Journal of architectural conservation, 2003, 9 (3): 7-20.

[30] 陈涛，孟益，张伟平，等．某木结构楼盖的检测和加固实例分析 [J]. 四川建筑科学研究，2004，30 (3)：39-41.

第12章 既有建筑结构的性能演化

火灾作用下既有建筑结构的性能会在数小时内发生变化，严重的会导致结构破坏甚至倒塌。即使结构在火灾中未发生严重破坏，火灾后，既有建筑结构的性能也有别于火灾前的性能。在环境作用下，混凝土和砌体会出现胀裂或剥离（如硫酸盐侵蚀或冻融作用），钢筋或钢材会有锈蚀，木材会有干裂、腐蚀，进而导致既有建筑结构性能退化。只有明确了解既有建筑结构在火灾下的性能，才能准确地分析火灾下既有建筑结构破坏的原因；只有充分认识火灾后既有建筑结构的性能，才能对既有建筑结构的后续使用作出正确的规划；只有定量描述环境作用下既有建筑结构的性能演化规律，才能精准地分析既有建筑结构的耐久性，合理地预测既有建筑结构的剩余使用寿命。本章先基于已有文献的成果，介绍火灾下及火灾后既有建筑结构的受力性能；再基于作者在混凝土结构性能演化方面的研究成果，详细介绍环境作用下既有建筑结构的性能演化规律，为既有建筑结构的可靠性分析作准备。

12.1 火灾下既有建筑结构的性能

12.1.1 火灾下既有建筑混凝土结构的性能

1. 混凝土材料力学性能

随着温度升高，混凝土的强度和弹性模量均有不断下降的趋势。因为骨料类型的差异，混凝土强度降低值也不相同，轻骨料和钙质骨料（如石灰石）混凝土的高温强度高于硅质骨料（如花岗石）混凝土的高温强度。混凝土的强度越高，高温下强度损失越大。随着水灰比的增大，混凝土高温抗压强度将降低，但温度较高时，降低幅度较小。混凝土抗压强度随着暴露在高温下时间的增加而下降，下降幅度随温度提高而增大；升温速度较慢的混凝土比升温速度较快混凝土抗压强度稍低。经过多次升降温循环，混凝土强度逐渐降低，但大部分强度损失在第一次升降温循环就已出现[1]。混凝土水灰比越高，温度升高，其弹性模量降低得越多[2]；湿养护混凝土比空气养护混凝土弹性模量降低更多[3]；低强度混凝土弹性模量比高强度混凝土强性模量受温度影响更大[4]；混凝土弹性模量与升降温循环次数的关系很小，主要取决于曾达到的最高温度[5]。文献［6］给出了高温下混凝土抗压强度和弹性模量的降低系数，如表 12-1 所示。

高温下混凝土抗压强度和弹性模量的降低系数　　表 12-1

温度(℃)	100	200	300	400	500	600	700
抗压强度降低系数	1.0	1.0	0.85	0.70	0.53	0.36	0.20
弹性模量降低系数	1.0	0.80	0.70	0.60	0.50	0.40	0.30

注：表中给出的是下限值。

试验表明：随着试验温度的升高，混凝土棱柱体抗压强度，即应力—应变曲线的峰值逐渐下降，而相应的峰值应变有很大增长，因而，应力—应变曲线趋于扁平。朱伯龙等通过试验得出：高温下混凝土的应力—应变关系的计算公式见式（12-1）和式（12-2）。[6,7]：

当 0℃＜T≤400℃时，

$$\begin{cases}\sigma=f_c(T)\left[2\dfrac{\varepsilon}{\varepsilon_0(T)}-\left(\dfrac{\varepsilon}{\varepsilon_0(T)}\right)^2\right] & 0<\varepsilon\leqslant\varepsilon_0(T)\\ \sigma=f_c(T)\{1-100[\varepsilon-(1+0.002T)\varepsilon_0]\} & \varepsilon>\varepsilon_0(T)\end{cases}\tag{12-1}$$

当 400℃＜T≤800℃时，

$$\begin{cases}\sigma=f_c(T)(1.6-0.0015T)\left[2\dfrac{\varepsilon}{\varepsilon_0(T)}-\left(\dfrac{\varepsilon}{\varepsilon_0(T)}\right)^2\right] & 0<\varepsilon\leqslant\varepsilon_0(T)\\ \sigma=f_c(T) & \varepsilon>\varepsilon_0(T)\end{cases}\tag{12-2}$$

式中，$f_c(T)$ 为温度 T 作用下混凝土的抗压强度，按式（12-3）计算；ε_0 和 $\varepsilon_0(T)$ 为常温时和温度 T 作用下混凝土峰值应力所对应的峰值应变，$\varepsilon_0(T)$ 按式（12-4）计算。

$$\begin{cases}f_c(T)=f_c & 0<T\leqslant 400℃\\ f_c(T)=(1.6-0.0015T)f_c & 400℃<T\leqslant 800℃\end{cases}\tag{12-3}$$

式中，f_c 为常温下混凝土的抗压强度。

$$\varepsilon_0(T)=(1+0.002T)\varepsilon_0\tag{12-4}$$

高温下混凝土受拉应力—应变关系可采用线性关系，混凝土抗拉强度按式（12-5）计算[8]。

$$f_t(T)=(1-0.001T)f_t\qquad 20℃<T\leqslant 1000℃\tag{12-5}$$

式中，f_t 和 $f_t(T)$ 为常温下和温度 T 作用下混凝土的抗拉强度。

与普通混凝土相比，高性能混凝土结构更容易发生爆裂。对有关高性能混凝土材料的受力性能尚需进行深入研究。

2. 钢筋的力学性能

冷加工钢筋在温度较高时，有不同程度的强度降低。随着温度的升高，屈服台阶逐渐缩短，到 300℃时，屈服台阶基本消失；在 400℃以下时，钢筋的强度不但不降低，反而比常温时略微增加，但塑性降低，这是由于钢筋在 200～350℃时的“蓝脆”现象所致；超过 400℃后，钢筋强度随温度的升高而逐渐降低；到 700℃时，钢筋强度降低 80%以上。

热轧钢筋（Ⅰ～Ⅳ级）在温度小于 300℃时，强度损失较小，个别试件的强度甚至可能超过常温强度；温度在 400～800℃，强度急剧下降；当温度为 800℃时，强度已经很低，一般不足常温下强度的 10%。高强钢丝（Ⅴ级）的强度在高温下损失更严重，在温度为 200℃时强度已明显下降，温度在 200～600℃，强度急剧降低；当温度在 800℃时，强度只有常温下强度的 5%左右。钢筋弹性模量随温度升高的变化趋势与强度的变化趋势相似。当温度不超过 200℃时，弹性模量下降有限；温度在 300～700℃时，弹性模量迅速下降；当温度为 800℃时，弹性模量很低，一般不超过常温下弹性模量的 10%。

朱伯龙等通过试验，得出高温下Ⅱ级热轧钢筋屈服强度和弹性模量的计算公式如式（12-6）和式（12-7）所示[6,7]。

$$\begin{cases} f_y(T)=f_y & 0℃<T\leqslant 200℃ \\ f_y(T)=(1.33-1.64\times 10^{-3}T)f_y & 200℃<T\leqslant 700℃ \end{cases} \tag{12-6}$$

$$\begin{cases} E_s(T)=(1-0.486\times 10^{-3}T)E_s & 0℃<T\leqslant 600℃ \\ E_s(T)=(1.515-1.879\times 10^{-3}T)E_s & 600℃<T\leqslant 1000℃ \end{cases} \tag{12-7}$$

高温下钢筋的应力—应变关系常采用二折线方程。对于预应力钢筋，在高温作用下受热膨胀，使预应力值很快大幅度降低，且预应力混凝土比普通混凝土更易开裂、剥落。根据美国的试验资料介绍，当温度达到 316℃左右时，钢筋蠕变增大，弹性模量比正常工作时降低 20%，构件的承载力降低；当温度升到 427℃，预应力钢筋的强度则完全丧失[9]。

3. 钢筋与混凝土间的粘结性能

钢筋与混凝土间的粘结强度主要由混凝土与钢筋间的摩擦力、钢筋表面与水泥胶体间的粘结力、混凝土与钢筋接触面上的机械咬合力组成。在高温下，由于混凝土的膨胀系数比钢筋的膨胀系数小，混凝土环向挤压钢筋，使混凝土与钢筋之间的摩擦力增大；另一方面，高温下混凝土的抗拉强度随温度升高而显著降低，因此，降低了混凝土与钢筋间的粘结力。

火灾后钢筋与混凝土的粘结力变化取决于温度、钢筋种类等。螺纹钢筋在 350℃时，与混凝土的粘结力几乎没有降低，在 700℃时，与混凝土的粘结力降低 80%。光圆钢筋与混凝土的粘结力在高温下比螺纹钢筋要降低得更多，在 100℃时，光圆钢筋与混凝土的粘结力降低约 25%；到 450℃时，与混凝土的粘结力则完全丧失[10]。

4. 混凝土结构的受力性能

以混凝土受弯构件为例，对于恒荷载升温构件，随着预加荷载的增加，极限温度值逐渐减小。对于恒温加载构件，恒定温度 $T_0<300$℃，极限弯矩降低不明显；$T_0=200$℃，极限弯矩反而有所提高；$T_0>400$℃，极限弯矩急剧减小；$T_0=800$℃，极限弯矩下降到常温下弯矩的 6.17%，总体上同高温下钢筋强度的变化规律一致。构件在恒荷载升温情况下的极限承载力总是大于恒温加载情况下的极限承载力。

在四面均匀受火条件下，轴压柱因混凝土压碎而被破坏，偏压柱因侧向挠度过大而失效，骨料种类对轴压柱的影响比偏压柱要大，但端点约束对偏压柱的影响比轴压柱更为显著。常温下的轴压柱不均匀受火（如三面受火），处于偏压状态，最后呈现出与常温不同的小偏心受压破坏形式，且侧向极限变形较大，恒荷载升温柱比恒温加载柱的抗火性能要好。单面受火时，钢筋混凝土墙的面内承载力明显降低，但混凝土强度对面内承载力影响不大；钢筋保护层厚度对墙的承载力具有显著影响。

超静定结构受火作用会产生较大的内力重新分布。高温下框架结构容易发生剪切破坏和节点区受拉破坏；由于构件的高温变形受到梁柱相互约束，框架内部将产生剧烈的内力重新分布，对结构的变形和强度具有重要影响。对于预应力混凝土结构，同济大学的试验结果表明：火灾升温速率和温度越高，抗火性能越差；在同一升温条件下，预应力混凝土结构承受的荷载越大，抗火性能越不利；对于预应力框架结构，荷载大小对抗火性能的影响可能要比温度的影响更明显。预应力大的结构受温度影响大，抗火性能差。有效预应力大的结构的抗火性能比有效预应力小的结构的抗火性能差。无粘结预应力混凝土结构的抗火性能比有粘结预应力混凝土结构的抗火性能差[9]。

12.1.2 火灾下既有建筑钢结构的性能

在高温作用下，普通结构钢的力学性能会发生明显的变化，其原因可能有两方面[11]：一是钢材的导温系数较大，当火灾发生后，由于热交换作用，热量在钢材内迅速传递，由被火焰直接灼烧之处的高温处迅速传向邻近的低温处。二是钢材内部存在着缺陷，从微观分析得知，钢中的原子以结点方式整齐地排列。在常温下，以结点为中心，在一定振幅范围内原子有热振动。高温时，原子因获得能量，离开平衡结点而易于形成空位，温度越高，空位越多。空位削弱了原子间的结合力，破坏首先从空位开始，渐渐向周围扩展。

普通结构钢的屈服强度和弹性模量随温度升高而降低。超过 300℃后，已无明显的屈服极限和屈服平台。极限强度基本随温度升高而降低，但在 180～370℃内出现蓝脆现象，极限强度有所提高；超过 400℃后，强度与弹性模量急剧下降。

目前高强度螺栓已在工程中有广泛应用，所用钢在高温下的力学行为是：在各温度下，钢没有屈服平台；低于 300℃时，钢极限强度略有降低，但降低的幅度很小；很少出现钢的蓝脆现象；300～400℃时，钢强度降低，塑性明显增大，但仍有较高强度；400～600℃时，钢强度降低非常大，极限强度约为常温下的 35%，塑性变形能力已与普通结构钢相近；700～800℃，钢极限强度约为常温下的10%。

耐火钢的高温屈服强度比普通结构钢的高温屈服强度高出很多。600℃时，耐火钢高温屈服强度高于室温下屈服强度的 2/3；600℃时，耐火钢弹性模量仍保持室温时的 75%以上。

火灾作用下钢结构的性能涉及材料的特性随温度变化、热膨胀效应、构件截面温度不均匀分布、材料非线性和几何非线性等关键问题。对于钢构件而言，热膨胀实际上是影响其抗火性能的一个重要因素，其影响的大小与构件两端的约束条件有关。研究表明：对于不同支座条件下的钢梁或组合梁而言，梁端铰接的梁耐火时间最长；高温下，两端不能平动的钢梁即使产生很大的挠度也不会被破坏。在正常荷载下，梁所能达到的最大位移与其所受的荷载大小没有明显关系，主要是因为应力中起控制作用的是由热膨胀产生的温度应力。英国对足尺钢结构模型的抗火试验表明[12]：对于结构体系中的钢梁，只要梁端连接可靠，火灾中梁可产生很大的挠曲变形，使梁从抗弯承载机制转变为悬链线承载机制，提高梁的抗火承载力。对于大型结构中的楼板，只要板下四边支撑梁有可靠的防火保护，在火灾中不发生破坏，楼板可产生很大的挠曲变形，通过板中钢筋网的薄膜效应承受荷载。

12.1.3　火灾下既有建筑砌体结构的性能

在烧结普通砖（本节简称砖）内有较多孔隙，孔隙的存在使砖具有较小的导热性能，即导热系数值小（约为 0.55w/m・k)，因而在火灾作用下，热在砖内的传递较慢，故砖本身不因受火作用而丧失强度。但是，砖若长时间受到火灾作用，黏土中的铁质矿物则会出现熔化。对于砖墙砌体，除了砖外，尚有砂浆灰缝。火灾时，砂浆会因火烧开裂而失去粘结力，导致砖墙的整体性能下降，墙体有破坏。公安部四川消防科学研究所的试验表明：240mm 厚砖墙在单面受火条件下，试验炉内温度达 1206℃时（加热 11.5h)，砖墙背火面的温度为 220℃。可见，砖墙的耐火性能是比较好的，但在实际情况中还有许多不利因素需要考虑：比如在火场中，火灾发生在室内，砖外墙的内侧面因受热膨胀，而外侧面由于无任何约束，使砖墙向外倾斜；灭火时，消防人员须用水枪喷射水冷却砖墙面，造成砖墙的外侧面因温度突然降低而收缩，但内侧面因火灾继续进行而保持很高温度，会使墙体出现面外弯曲。当砖墙的灰缝砂浆不能承受墙体弯曲产生的拉应力时，会崩裂、坍落，一般坍落发生在墙高的 1/3～1/2 处。

同济大学谭巍等的试验得出高温下砌体受压时的应力—应变关系为[13]：

$$\begin{cases}\sigma=f(T)\left[1.437\left(\dfrac{\varepsilon}{\varepsilon_0(T)}\right)-0.437\left(\dfrac{\varepsilon}{\varepsilon_0(T)}\right)^2\right] & \varepsilon\leqslant\varepsilon_0(T)\\ \sigma=f(T)\left[3.255-2.255\dfrac{\varepsilon}{\varepsilon_0(T)}\right] & \varepsilon>\varepsilon_0(T)\end{cases} \tag{12-8}$$

式中，$f(T)$、$\varepsilon_0(T)$ 为高温下（$T\leqslant800$℃）砌体的抗压强度及其相应的应变，按式（12-9）、式（12-10）计算。

$$f(T)=10.175-3.875T \qquad T\leqslant800℃ \tag{12-9}$$

$$\varepsilon_0(T)=5.283\times10^{-3}+8.2\times10^{-6}T \qquad T\leqslant800℃ \tag{12-10}$$

试验表明：砌体在高温中弹性模量有较大幅度的降低，可按式（12-11）计算。

$$E(T)=1.973\times10^{-3}-1.56T \qquad T\leqslant800℃ \tag{12-11}$$

12.1.4 火灾下既有建筑木结构的性能

忽略木材炭化区对木材力学性能的贡献，且认为高温分解区的木材力学性能不发生变化，则只要能确定木材炭化区的深度就能定量评价火灾下木结构的受力性能。给定火灾作用时间，木材的炭化深度由炭化速度决定。Frangi 等[14] 根据试验和有限元分析指出：由于二维传热的影响，矩形截面木构件高度方向的炭化速率要大于其宽度方向的炭化速率，且炭化速率与时间呈非线性关系，并提出采用截面系数 k_s 考虑矩形截面构件高度方向炭化速率的增加。炭化层厚度的表达式见式（12-12）。

$$d_{\text{char},2}=k_s\beta_0 t \tag{12-12}$$

式中，$d_{\text{char},2}$ 为构件高度方向上的炭化层厚度；k_s 为截面系数，当截面宽度大于 40mm、小于 60mm 时，取 1.2，当截面宽度大于 180mm 时，取 1.0，当截面宽度大于 60mm 小于 180mm 时，根据线性插值计算；t 为受火时间；β_0 为炭化速率。

高温分解区的木材虽未发生炭化，但受高温影响，强度也会发生不同程度的降低，导致构件承载力下降。此外，矩形截面拐角处的炭化速率增大也会降低木构件的承载力。为方便应用，将试验中测量得到的木材炭化速率称为一维炭化速率，在此基础上，考虑上述因素的影响，将炭化速率适当增大，采用名义炭化速率或有效炭化层深度进行火灾下构件的受力性能分析。

文献［15］在考虑密度对木材炭化速率影响的基础上，考虑了树种对炭化速率的影响，将一维炭化速率和名义炭化速率都简化为一个常数，不考虑炭化速率随受火时间的变化，木材炭化速率如表 12-2 所示。在表 12-2 中，β_0 为标准火灾下的木材一维炭化速率，β_n 为标准火灾下的名义炭化速率。

木材炭化速率　　**表 12-2**

树种	密度 ρ (kg/m^3)	一维炭化速率 β_0(mm/min)	名义炭化速率 β_n(mm/min)
针叶林	胶合木≥290	0.65	0.70
	实木≥290	0.65	0.80
阔叶林	290	0.65	0.70
	≥450	0.5	0.55

《胶合木结构技术规范》GB/T 50708—2012 和《木结构设计标准》GB 50005—2017 将针叶林木材一维炭化速率取为 38mm/h，与文献［16］中规定的炭化速率相近。有效炭化层深度按式（12-13）计算。

$$d_{ef}=1.2\beta_0 t^{0.813} \tag{12-13}$$

式中，d_{ef} 为有效炭化层厚度；β_0 为一维炭化速率；t 为受火时间。

《工程结构木结构设计规范》DG/TJ 08—2192—2016 规定有效炭化层深度计算公式见式（12-14）。

$$d_{ef}=\beta_n t+7 \tag{12-14}$$

式中，d_{ef} 为有效炭化层深度；β_n 为名义炭化速率；t 为受火时间；7mm 为考虑矩形截面拐角处炭化速率的加快和炭化层附近高温区域的影响所增加的炭化深度。

12.2　火灾后既有建筑结构的性能

12.2.1　火灾后既有建筑混凝土结构的性能

1. 混凝土结构的损伤特点

混凝土中的砂浆和骨料在一定温度下会产生不同的物理化学变化。100℃时，混凝土内的自由水会以水蒸气形式溢出；200～300℃时，CSH 凝胶（水化硅酸钙）的层间水和硫铝酸钙的结合水散失；500℃时，$Ca(OH)_2$ 受热分解，结合水散失；而 800～900℃时，CSH 凝胶（水化硅酸钙）已完全分解，原来意义上的砂浆已不复存在。骨料的变化主要是物理变化，573℃时，硅质骨料体积膨胀 0.85；700℃时，碳酸盐骨料和多孔骨料也有类似损坏，甚至突然爆裂。在火灾过程中，混凝土结构表面遭受高温灼烧，温度从外向内递减，产生温度差。在降温过程中，同样也会产生温度差。在升（降）温过程中的温度差会引起混凝土不均匀的膨胀和收缩，进而导致混凝土开裂。一般在 400～500℃时，混凝土表面有裂缝，纵向裂缝少；在 600～700℃时，混凝土表面裂缝多且纵横向均有裂缝，并有斜裂缝产生；大于700℃时，混凝土表面纵横向裂缝及斜裂缝多、密，受弯构件混凝土裂缝深度可达1～5mm。

2. 混凝土材料的力学性能

火灾高温后混凝土的抗压强度随时间的推移逐渐稳定，在常温下抗压强度的比值，100℃时为0.79～0.88，300℃时为0.54～0.77，500℃时为0.37～0.44，700℃时为0.20～0.27。吴波等通过试验回归，建立了高温后混凝土抗压强度f_c、弹性模量E_c与温度T之间的关系，如式（12-15）和式（12-16）所示[10]。

$$\begin{cases} f_c(T)=\left[1.0-0.589\left(\frac{T-20}{1000}\right)\right]f_c & T\leqslant 200℃ \\ f_c(T)=\left[1.146-1.393\left(\frac{T-20}{1000}\right)\right]f_c & T>200℃ \end{cases} \tag{12-15}$$

$$\begin{cases} E_c(T)=\left[1.027-1.335\left(\frac{T}{1000}\right)\right]E_c & T\leqslant 200℃ \\ E_c(T)=\left[1.335-3.371\left(\frac{T}{1000}\right)+2.382\left(\frac{T}{1000}\right)^2\right]E_c & 200℃<T\leqslant 600℃ \end{cases} \tag{12-16}$$

高温作用后，混凝土抗拉强度的降低幅度远大于抗压强度的降低幅度。随着温度的升高，混凝土拉压强度比减小，在400～700℃时最小，常温的拉压强度关系不再适用。冷却方式对混凝土强度有一定影响，喷水冷却后混凝土的抗压强度、抗拉强度都比自然冷却后的混凝土抗压强度、抗拉强度低。混凝土因骨料种类不同，所以受火后混凝土的强度损失也不同。一般情况下，石灰石骨料的混凝土强度损失要比花岗石骨料的混凝土强度损失小。水泥品种对混凝土强度的火灾损伤程度的影响不显著。

高强混凝土受热时易发生爆裂现象，且受热温度越高，混凝土强度等级越高，爆裂发生的概率和剧烈程度越大。随着温度的升高，高强混凝土强度下降，温度较低时，强度下降不明显；当温度高于600℃时，强度大幅度下降。高强混凝土与普通混凝土强度随温度变化的规律相似，但高强混凝土的强度损失比普通混凝土强度损失大。经火灾高温后，大截面混凝土的强度损失比小截面混凝土的强度损失小。火灾后混凝土抗压强度和弹性模量降低系数如表12-3所示[16]。

火灾后混凝土抗压强度和弹性模量降低系数　　表12-3

构件表面最高温度(℃)	混凝土抗压强度		混凝土弹性模量	
	普通混凝土(浇水冷却后)	高强混凝土	普通混凝土	高强混凝土
常温	1.00(1.00)	1.00	1.00	1.00
100	1.00(0.90)	0.90	0.92	0.93

续表

构件表面最高温度(℃)	混凝土抗压强度		混凝土弹性模量	
	普通混凝土(浇水冷却后)	高强混凝土	普通混凝土	高强混凝土
200	0.90(0.80)	0.80	0.83	0.86
300	0.75(0.65)	0.65	0.75	0.79
400	0.60(0.55)	0.55	0.46	0.61
500	0.50(0.45)	0.45	0.39	0.37
600	0.35(0.35)	0.30	0.11	0.18
700	0.20(0.20)	0.20	0.05	0.03
800	0.10(0.10)	0.10	0.03	0.01

注：当温度在两者之间时，采用线性插值法进行内插。

3. 钢筋和预应力钢筋的力学性能

钢筋高温冷却后强度有一定程度的降低。吴波等通过试验回归，建立了高温后 HPB235 热轧钢筋屈服强度 f_y、极限抗拉强度 f_u 和曾受火温度 T 之间的关系[10]，如式（12-17）和式（12-18）所示。

$$\begin{cases} f_y(T)=(100.190-0.016T)\times 10^{-2}f_y & 20℃<T\leqslant 600℃ \\ f_y(T)=(121.359-0.051T)\times 10^{-2}f_y & 600℃<T\leqslant 900℃ \end{cases} \tag{12-17}$$

$$\begin{cases} f_u(T)=(99.021-0.007T)\times 10^{-2}f_u & 20℃<T\leqslant 600℃ \\ f_u(T)=(107.280-0.020T)\times 10^{-2}f_u & 600℃<T\leqslant 900℃ \end{cases} \tag{12-18}$$

预应力钢筋在火灾后的性能比一般钢筋复杂。图 12-1 给出了火灾后一般钢筋和预应力钢筋的剩余强度。由图 12-1 可以看出：火灾对预应力钢筋的有害影

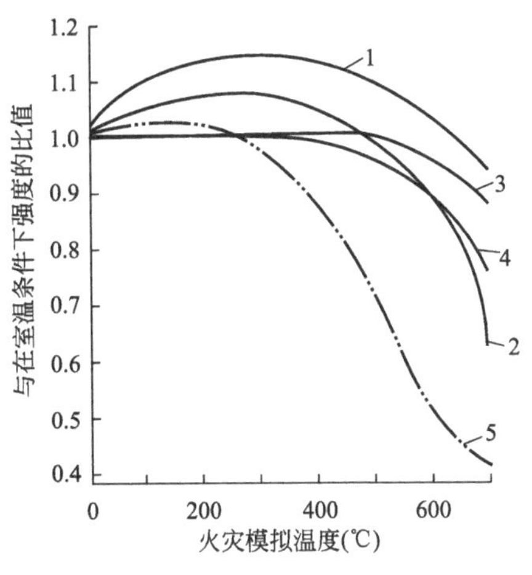

图 12-1　火灾后一般钢筋和预应力钢筋的剩余强度

响远大于火灾对热轧或冷轧钢筋的有害影响，预应力钢筋从250℃开始便出现永久的强度损失。如果预应力钢筋的工作应力是其抗拉强度的70%，并保证冷却后仍能达到这个水平，则要求火灾温度不能超过500℃。而低碳钢只要在火灾时不达到屈服，火灾后仍可以被重新使用。火灾后钢筋屈服强度以及预应力钢丝、钢绞线强度折减系数如表12-4所示[16]。

火灾后钢筋屈服强度以及预应力钢丝、钢绞线强度折减系数　　表12-4

表面最高温度(℃)	HPB235、HRB335	HRB400钢筋	预应力钢丝、钢绞线
常温	1.00	1.00	1.00
100	1.00	1.00	0.98
200	0.95	1.00	0.98
300	0.93	0.96	0.98
400	0.92	0.93	0.89
500	0.90	0.90	0.72
600	0.88	0.87	0.55
700	0.87	0.83	0.38
800	0.85	0.80	—

注：当温度在两者之间时，采用线性插值法进行内插。

4. 钢筋与混凝土间的粘结性能

火灾后钢筋与混凝土之间的剩余粘结强度与受热时它们的温度值有关：受热时，如果钢筋温度达到300℃，剩余粘结强度不高于初始强度的85%；温度达到500℃，剩余粘结强度不足原来的50%。剩余粘结强度还与钢筋形状有关，变形钢筋在温度为常数时的粘结强度降低与混凝土受压强度的降低总在一个数量级上；而在同样的温度下，圆钢的粘结强度下降很快，一般情况下，混凝土受压破坏的极限温度高于粘结破坏时的极限温度。火灾后高温自然冷却后钢筋与混凝土间的粘结强度折减系数如表12-5所示[16]。

5. 钢筋混凝土构件的受力性能

高温后钢筋混凝土简支梁的承载力会有不同程度的降低，梁的配筋率越大，其承载力的降低幅度也越大，连续梁的抗火性能比简支梁好。楼板是火灾过程中结构最薄弱的部位，原因是：楼板厚度较小、钢筋保护层厚度较薄。火灾不仅降低构件和结构的承载力、刚度等静力性能，也使构件和结构的动力性能发生变化，结构的薄弱位置也可能发生转移。对超静定结构，尤其要关注火灾后结构中的内力重新分布。

火灾后高温自然冷却后钢筋与混凝土间的粘结强度折减系数　　表 12-5

构件表面最高温度(℃)	光圆钢筋	HRB335 钢筋	HRB400、HRB500 钢筋
常温	1.00	1.00	1.00
300	0.90	0.90	0.91
400	0.70	0.90	0.72
500	0.40	0.80	0.51
600	0.20	0.60	0.31
700	0.10	0.50	0.18
800	0.00	0.40	0.14

注：当温度在两者之间时，采用线性插值法进行内插。

12.2.2　火灾后既有建筑钢结构的性能

火灾高温冷却后结构钢、高强度螺栓和焊缝的折减系数如表 12-6 所示[16]。由于，钢材有较好的热传导性，火灾后钢结构会有扭曲、弯曲等残余变形，在超静定结构中还会有内力重新分布。

12.2.3　火灾后既有建筑砌体结构的性能

火灾后砂浆和烧结普通砖抗压强度折减系数如表 12-7 所示[16]。

火灾高温冷却后结构钢、高强度螺栓和焊缝的折减系数　　表 12-6

构件表面最高温度(℃)	Q235 钢、Q345 钢屈服强度	8.8s 级螺栓屈服强度	10.9s 级螺栓屈服强度	对接焊缝抗拉强度	正面角焊缝抗剪强度	侧面角焊缝抗剪强度	高强度螺栓预拉力
常温	1.00	1.00	1.00	1.00	1.00	1.00	1.00
100	1.00	1.00	1.00	1.00	1.00	1.00	1.00
200	1.00	1.00	1.00	1.00	1.00	1.00	1.00
300	1.00	1.00	1.00	1.00	1.00	1.00	1.00
400	0.96	1.00	1.00	1.00	1.00	1.00	0.60
500	0.94	0.98	0.85	0.93	0.90	0.92	0.20
600	0.93	0.87	0.72	0.87	0.80	0.83	0.15
700	0.90	0.63	0.58	0.80	0.70	0.75	0.10
800	0.85	0.31	0.50	0.80	0.70	0.75	—
900	0.82	—	—	0.80	0.70	0.75	—

火灾后砂浆和烧结普通砖抗压强度折减系数　　表 12-7

构件表面最高温度(℃)	砂浆折减系数		烧结普通砖折减系数	
	一面受火	两面受火	一面受火	两面受火
<700	1.00	1.00	1.00	1.00
700～850	1.00	0.95	1.00	1.00
850～900	0.94	0.88	0.97	0.94
900～1000	0.93	0.86	0.92	0.84

12.2.4 火灾后既有建筑木结构的性能

火灾时木构件的截面可分为炭化区和非炭化区。火灾后，炭化区的材料失去强度，而非炭化区基本不受高温的影响。因此，只要去除炭化区就能按剩余的非炭化区确定火灾后木构件的受力性能。但应充分关注木构件节点处的小构件。虽然连接件的炭化深度和所连接构件的炭化深度相同，但小构件的截面损失率却远大于大构件的截面损失率，火灾时木节点的炭化如图 12-2 所示。

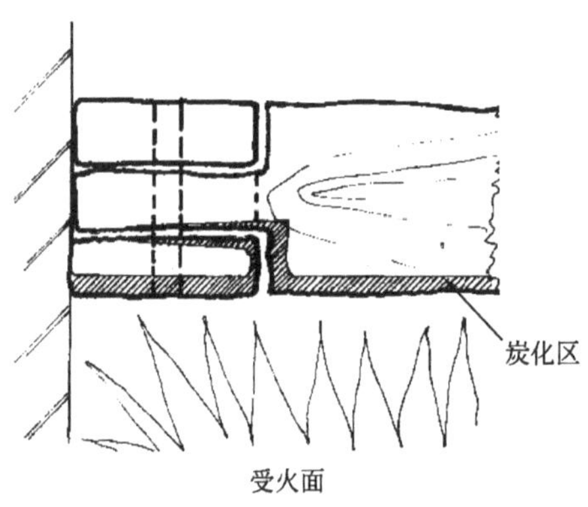

图 12-2　火灾时木节点的炭化[17]

12.3 环境作用下既有建筑混凝土结构的性能演化

12.3.1 混凝土力学性能

碳化混凝土的强度提高，变形能力降低（变脆）[18,19]，内掺氯盐或用氯盐溶液浸泡可大幅度提高混凝土的早期强度[20-22]。镁盐（$MgCl_2$）对混凝土性能的影响机理主要是化学作用；钠盐（NaCl）对混凝土性能的影响机理主要是物理作用[23]。冻融引起混凝土表面剥落、构件截面面积减小，但不影响混凝土的内部性能。硫酸盐侵入混凝土并与混凝土内部的水化产物发生化学反应，生成钙矾石和石膏，生成物体积膨胀使混凝土由于内压而受拉开裂，受力性能退化[24-26]。试验研究表明：混凝土受硫酸盐侵蚀大致分为两个阶段：第一阶段，生成的钙矾石和石膏以及析出的盐填充了混凝土的内部空隙，使得混凝土的密实度提高，混凝土强度有明显提高；第二阶段，混凝土中没有更多的孔隙容纳这些生成物，持续生成的钙矾石和石膏会在混凝土内部形成很大的内应力，加速混凝土中裂缝的形成与扩展，而裂缝又使外部的硫酸根离子更容易渗入混凝土内部。这种过程交替进行，相互促进，形成恶性循环，导致混凝土胀裂、受力性能退化。不同硫酸根离子含量混凝土单轴受压时的应力—应变（$\sigma_c-\varepsilon_c$）关系曲线如图 12-3 所示。硫酸盐侵蚀混凝土单轴受压时的应力—应变关系可用式（12-19）计算[26]。

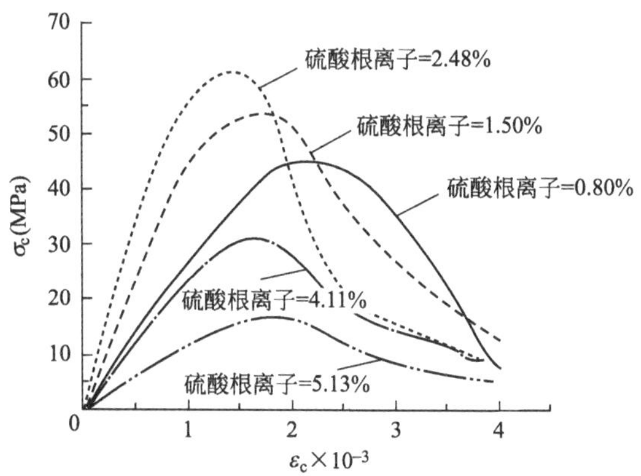

图 12-3 不同硫酸根离子含量混凝土单轴受压时的应力—应变（$\sigma_c-\varepsilon_c$）关系曲线

$$\begin{cases}\sigma_c = f_c^s\left[a\times\dfrac{\varepsilon_c}{\varepsilon_{c0}^s}+(3\text{-}2a)\left(\dfrac{\varepsilon_c}{\varepsilon_{c0}^s}\right)^2+(a-2)\left(\dfrac{\varepsilon_c}{\varepsilon_{c0}^s}\right)^3\right], & \varepsilon_c\leqslant\varepsilon_{c0}^s\\ \sigma_c = f_c^s\times\dfrac{\varepsilon_c/\varepsilon_{c0}^s}{b(\varepsilon_c/\varepsilon_{c0}^s-1)^2+\varepsilon_c/\varepsilon_{c0}^s}, & \varepsilon_c>\varepsilon_{c0}^s\end{cases} \tag{12-19}$$

式中，f_c^s、ε_{c0}^s 为受硫酸盐侵蚀混凝土的单轴抗压强度及其对应的应变，分别按式（12-20）和式（12-21）计算；a、b 为应力—应变关系曲线上升段和下降段的相关参数，分别按式（12-22）和式（12-23）计算。

$$f_c^s=\frac{8.264}{(100c)^2-434.5c+9.101}f_c \tag{12-20}$$

$$\varepsilon_{c0}^s=\left[0.607\mathrm{e}^{-[(100c+0.114)/1.572]^2}+\ln(100c+10.27)-1.845\right]\varepsilon_{c0} \tag{12-21}$$

$$a=(2.4-0.0125f_c)\times\{0.504\mathrm{e}^{-[(100c+2.313)/1.191]^2}+0.465\ln(100c+17.56)-0.953\}\tag{12-22}$$

$$b=(0.157f_c^{0.795}-0.905)\times\{4.69\mathrm{e}^{-[(100c+2.849)/1.02]^2}+1.249\ln(100c+47.89)\}\tag{12-23}$$

式中，f_c、ε_{c0} 为混凝土的单轴抗压强度及其对应的应变；c 为混凝土中的硫酸根离子含量。

12.3.2 钢筋的锈蚀及锈蚀钢筋的力学性能

混凝土钢筋锈蚀速率和钢筋中的电流密度相关。钢筋中的电流密度为 $i_{corr}^{m}(t)$，则钢筋时变锈蚀率如式（12-24）所示[27]。

$$\eta_s(t)=\frac{d_0^2-\int_0^t[d_0-2\times0.0116i_{corr}^{m}(t)]^2\mathrm{d}t}{d_0^2}\tag{12-24}$$

式中，$\eta_s(t)$ 为钢筋时变锈蚀率；d_0 为未锈蚀钢筋名义直径；t 为锈蚀持续时间；$i_{corr}^{m}(t)$ 为钢筋中的电流密度，在海洋大气环境下可按式（12-25）计算[28]。

$$i_{corr}^{m}(t)=10.39\cdot\zeta\cdot k_{RH}\cdot k_{d0}\cdot k_{w/c}\cdot\rho_{con}(t)^{-1.175}\tag{12-25}$$

式中，ζ 为钢筋质量调整系数，当且仅当水灰比 $w/c=0.65$ 时，$\zeta=3$，其他情况下，$\zeta=5.5$；k_{RH}、k_{d0}、$k_{w/c}$ 为标准化后的湿度、直径、水灰比修正系数，考虑海洋大气环境下的混凝土构件内部湿度一般是 80%～100%[29-31]，且常用混凝土水灰比取值为 0.4～0.65，采用内插法得到不同湿度（RH）、水灰比工况下的 k_{RH}、$k_{w/c}$ 值如式（12-26）和式（12-27）所示，不同钢筋直径 d_0 所对应的 k_{d0} 值按式（12-28）计算；$\rho_{con}(t)$ 为混凝土电阻率，在无实测值的情况下，$\rho_{con}(t)$ 可按式（12-29）和式（12-30）估算[31,32]。

$$k_{RH}=\begin{cases}1+6.27\times(85\%-RH) & (75\%\leqslant RH\leqslant85\%)\\1-3.11\times(RH-85\%) & (85\%<RH\leqslant100\%)\end{cases}\tag{12-26}$$

$$k_{w/c}=\begin{cases}1-4.869\times(0.53-w/c) & (0.4\leqslant w/c\leqslant0.53)\\1+1.175\times(w/c-0.53) & (0.53<w/c\leqslant0.65)\end{cases}\tag{12-27}$$

$$k_{d0}=1-0.402\times\left(\frac{d_0}{10}-1\right)\tag{12-28}$$

$$\rho_{con}(t)=\rho_0\times\left(\frac{t_1+t}{t_0}\right)^{n_{res}^{c}}\times k_{c,res}^{c}\times k_{T,res}^{c}\times k_{RH,res}^{c}\times k_{Cl,res}^{c}\tag{12-29}$$

式中，t_0 为进行电阻率测试试验时混凝土龄期；ρ_0 为 t_0 时刻测得的混凝土电阻率；t_1 为钢筋锈蚀起始时刻；n_{res}^{c} 为电阻率龄期系数，对于普通硅酸盐水泥、矿渣硅酸盐水泥、粉煤灰硅酸盐水泥，取 0.23、0.54 和 0.62；$k_{c,res}^{c}$ 为电阻率养护系数特征值，可取 1.0；$k_{T,res}^{c}$ 为电阻率温度系数特征值，$k_{T,res}^{c}=1/[1+K^c(T-$

20)]，当温度 $T<20℃$ 时，$K^{c}=0.025℃$，当温度 $T>20℃$ 时，$K^{c}=0.073℃$；$k_{\mathrm{RH,\ res}}^{c}$ 为电阻率湿度系数特征值，对普通硅酸盐水泥，当 RH＝50％、65％、80％和 90％时，$k_{\mathrm{RH,\ res}}^{c}$ 为 7.58、6.45、3.18 和 1.08；$k_{\mathrm{Cl,\ res}}^{c}$ 为氯离子存在系数特征值，当混凝土中含有氯离子时，$k_{\mathrm{Cl,\ res}}^{c}=0.72$，不含氯离子时，$k_{\mathrm{Cl,\ res}}^{c}=1.0$。

如不方便测试 ρ_0，亦可按式（12-30）估算 ρ_0[32]。

$$\rho_0=(750605w/c-106228)\cdot\exp\left(-0.4417\mathrm{Cl}\text{-}7.7213S+2889\left(\frac{1}{T}-\frac{1}{303}\right)\right) \tag{12-30}$$

式中，w/c 为混凝土水灰比；Cl 为混凝土中总氯离子含量（占水泥质量百分比）；S 为混凝土孔隙水饱和度；T 为温度。

若混凝土构件中的箍筋和纵筋连接（或交叉纵筋连接），箍筋或交叉的外部纵筋作为宏观的阳极将因钢筋的偶接作用发生更严重的锈蚀。本书作者通过试验研究，引入加速系数 γ 描述箍筋或外部纵筋的加速锈蚀效应，如式（12-31）所示[33]。

$$\gamma=i_{\mathrm{a}}/i_{\mathrm{corr}}=1+0.4706\cdot i_{\mathrm{corr}}^{-0.7594} \tag{12-31}$$

式中，i_{a} 为箍筋或外部纵筋的锈蚀电流密度；i_{corr} 为内部纵筋的锈蚀电流密度

试验研究表明：随着锈蚀率增大，钢筋的强度降低，极限变形能力下降，屈服平台缩短、消失。基于这一特征，本书作者提出了如图 12-4a 所示的锈蚀钢筋单轴受拉时的应力—应变（$\sigma_{\mathrm{sc}}-\varepsilon_{\mathrm{sc}}$）关系，其数学表达式如式（12-32）所示[34,35]。

$$\sigma_{\mathrm{sc}}=\begin{cases}E_{\mathrm{s0}}\varepsilon_{\mathrm{sc}} & \left(\varepsilon_{\mathrm{sc}}\leqslant\varepsilon_{\mathrm{syc}}=\dfrac{f_{\mathrm{yc}}}{E_{\mathrm{s0}}}\right)\\ f_{\mathrm{yc}} & \left(\varepsilon_{\mathrm{syc}}=\dfrac{f_{\mathrm{yc}}}{E_{\mathrm{s0}}}\leqslant\varepsilon_{\mathrm{sc}}\leqslant\varepsilon_{\mathrm{shc}}\right)\\ f_{\mathrm{yc}}+\dfrac{\varepsilon_{\mathrm{sc}}-\varepsilon_{\mathrm{shc}}}{\varepsilon_{\mathrm{suc}}-\varepsilon_{\mathrm{shc}}}(f_{\mathrm{uc}}-f_{\mathrm{yc}}) & (\varepsilon_{\mathrm{sc}}>\varepsilon_{\mathrm{shc}})\end{cases} \tag{12-32}$$

式中，E_{s0} 为未锈蚀钢筋的弹性模量；f_{yc}、f_{uc} 为锈蚀钢筋屈服强度和极限强度，分别按式（12-33）和式（12-34）计算；$\varepsilon_{\mathrm{syc}}$ 为锈蚀钢筋屈服应变；$\varepsilon_{\mathrm{shc}}$ 为锈蚀钢筋强化应变，按式（12-35）计算；$\varepsilon_{\mathrm{suc}}$ 为锈蚀钢筋极限应变，按式（12-36）计算。

$$f_{\mathrm{yc}}=\frac{1-1.049\eta_{\mathrm{s}}}{1-\eta_{\mathrm{s}}}f_{\mathrm{y0}} \tag{12-33}$$

$$f_{\mathrm{uc}}=\frac{1-1.119\eta_{\mathrm{s}}}{1-\eta_{\mathrm{s}}}f_{\mathrm{u0}} \tag{12-34}$$

式中，f_{y0}、f_{u0} 为未锈蚀钢筋屈服强度和极限强度，η_{s} 为钢筋锈蚀率。

$$\varepsilon_{shc}=\begin{cases}\dfrac{f_{yc}}{E_{s0}}+\left(\varepsilon_{sh0}-\dfrac{f_{y0}}{E_{s0}}\right)\cdot\left(1-\dfrac{\eta_s}{\eta_{s,cr}}\right), & \eta_s\leqslant\eta_{s,cr}\\ \dfrac{f_{yc}}{E_{s0}}, & \eta_s>\eta_{s,cr}\end{cases}\tag{12-35}$$

式中，ε_{sh0} 为未锈蚀钢筋强化应变；$\eta_{s,cr}$ 为屈服平台消失时的钢筋截面临界锈蚀率，对变形钢筋取 0.2，对光圆钢筋取 0.1。

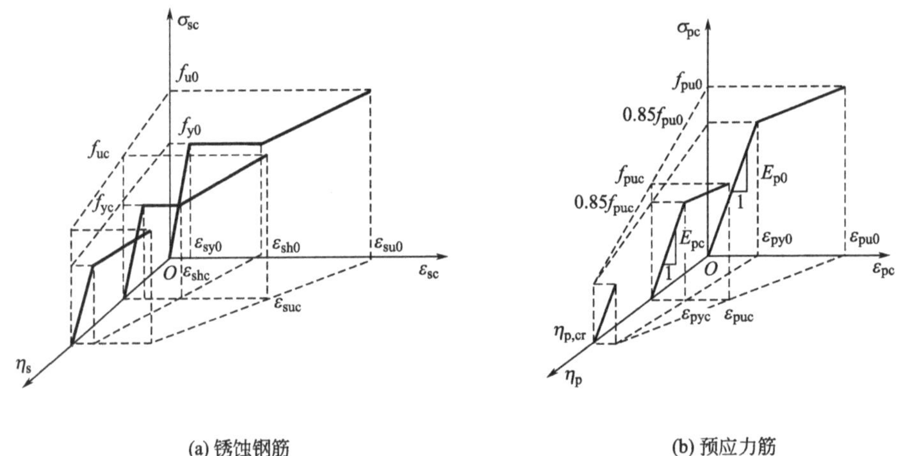

(a) 锈蚀钢筋　　　　(b) 预应力筋

图 12-4　锈蚀钢筋和锈蚀预应力筋单轴受拉时的应力—应变（σ_{sc}—ε_{sc}）关系

$$\varepsilon_{suc}=e^{-2.501\eta_s}\varepsilon_{su0}\tag{12-36}$$

式中，ε_{su0} 为未锈蚀钢筋极限应变。

与普通钢筋相比，锈蚀预应力筋也有类似的性能。随着锈蚀率增大，预应力筋的强度降低，极限变形能力下降，强化段缩短、消失。基于这一特征，本书作者提出了如图 12-4b 所示的锈蚀预应力筋单轴受拉时的应力—应变（σ_{pc}—ε_{pc}）关系，其数学表达式如式（12-37）和式（12-38）所示[36]。

当 $\eta_s<\eta_{s,cr}$ 时，

$$\sigma_{pc}=\begin{cases}\varepsilon_{pc}E_{pc}, & \varepsilon_{pc}\leqslant\varepsilon_{pyc}\\ 0.85f_{puc}+(\varepsilon_{pc}-\varepsilon_{pyc})\left(\dfrac{0.15f_{puc}}{\varepsilon_{puc}-\varepsilon_{pyc}}\right), & \varepsilon_{pc}>\varepsilon_{pyc}\end{cases}\tag{12-37}$$

当 $\eta_s\geqslant\eta_{s,cr}$ 时，

$$\sigma_{pc}=\varepsilon_{pc}E_{pc}\tag{12-38}$$

式中，f_{puc}、ε_{puc} 为锈蚀预应力筋极限强度及其所对应的应变；ε_{pyc} 为锈蚀预应力筋的屈服应变，取 $\varepsilon_{pyc}=0.85f_{puc}/E_{pc}$；$E_{pc}$ 为锈蚀预应力筋的弹性模量；$\eta_{s,cr}$ 为锈蚀预应力筋强化段消失的临界锈蚀率，取 $\eta_{s,cr}=0.08$。设 E_{p0}、f_{pu0}、ε_{pu0} 为

未锈蚀预应力筋的弹性模量、极限强度、极限应变，则 E_{pc} 、f_{puc} 和 ε_{puc} 的取值如表 12-8 所示。

E_{pc}、f_{puc} 和 ε_{puc} 的取值　　**表 12-8**

预应力筋	E_{pc}	f_{puc}	ε_{puc}
钢绞线	$(1-0.848\eta_s)E_{p0}$	$\dfrac{(1-2.683\eta_s)f_{pu0}}{1-\eta_s}$	$(1-9.387\eta_s)\varepsilon_{pu0}$
钢筋、钢丝	E_{p0}	$\dfrac{(1-1.935\eta_s)f_{pu0}}{1-\eta_s}$	

对于受压锈蚀钢筋应力—应变关系，为了简化计算，忽略受压锈蚀钢筋的强化段，并按受拉锈蚀钢筋屈服应力公式计算受压锈蚀钢筋的屈服应力。箍筋锈蚀与混凝土保护层锈胀剥落，使受压纵筋受到的约束降低。同时，锈蚀使受压纵筋有效截面面积减小，增大了受压纵筋的实际长细比。纵筋可能尚未达到受压屈服强度，即已受压屈曲。基于试验结果，国外学者[37] 提出了受压锈蚀钢筋的修正 Euler 临界荷载统一模型，进而得到受压锈蚀钢筋屈曲临界应力计算公式，如式 (12-39) 所示。

$$f'_{bcc}=\pi^2E'_{s0}d'^2_0(1-\eta'_s)/[16(\mu s)^2] \tag{12-39}$$

式中，E'_{s0} 为受压锈蚀钢筋初始弹性模量；s 为受压锈蚀钢筋的有效长度，如果箍筋没有锈蚀断裂，并能够为受压纵筋提供有效的横向约束，s 则为受压区内相邻两箍筋之间的最大间距；μ 为有效长度因子，可取 1.0。

在既有建筑混凝土结构中，两相邻的有效箍筋之间的间距可能很小，由式 (12-39) 计算得到的屈曲应力可能高于屈服应力，这是不合理的，为此，对受压锈蚀钢筋的实际极限应力 f'_{bc} 取屈服应力与屈曲应力两者中的较小值，如式 (12-40) 所示，相应的应变 ε'_{bc} 如式 (12-41) 所示。

$$f'_{bc}=\min\{f'_{bcc},f'_{yc}\} \tag{12-40}$$

$$\varepsilon'_{bc}=f'_{bc}/E'_{s0} \tag{12-41}$$

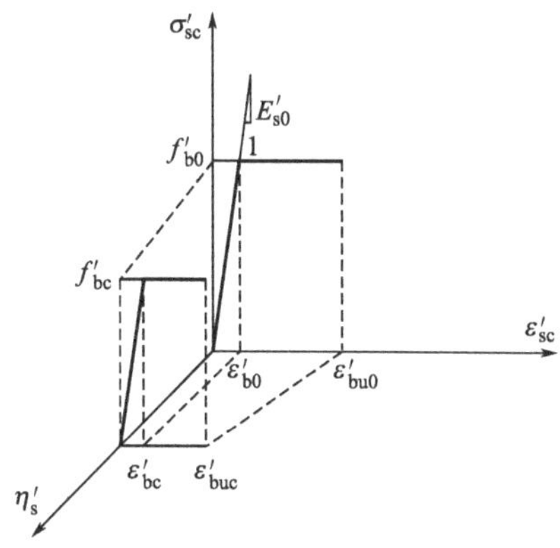

图 12-5　锈蚀钢筋受压应力—应变关系

图 12-5 给出了锈蚀钢筋受压应力—应变关系。在图 12-5 中，σ'_{sc} 和 ε'_{sc} 为受压锈蚀钢筋的应力和应变；f'_{b0} 为未锈蚀钢筋受压时的极限应力；ε'_{b0} 为未锈蚀钢筋达到极限受压应力时的应变；ε'_{bu0} 为未锈蚀钢筋受压时的极限应变，ε'_{buc} 为锈蚀钢筋受压时的极限应变。

12.3.3 锈蚀钢筋与混凝土间的粘结性能

有学者通过试验发现：钢筋在锈蚀初期，锈蚀产物的膨胀使混凝土对钢筋的约束作用增强，钢筋与混凝土间的粘结强度提高。但是，随着锈蚀的进一步发展，在钢筋与混凝土的界面上生成的疏松锈蚀层会破坏钢筋表面与水泥胶体之间的化学胶着力，降低钢筋和混凝土之间的摩擦系数，变形钢筋横肋的锈蚀会降低钢筋和混凝土之间的机械咬合力。锈蚀产物的体积膨胀导致混凝土保护层开裂、剥落，降低外围混凝土对钢筋的约束，削弱、破坏钢筋与混凝土之间的粘结锚固作用，最终降低钢筋混凝土构件或结构的承载力。钢筋截面锈蚀率—平均粘结强度之间的关系见图 12-6[37,38]。

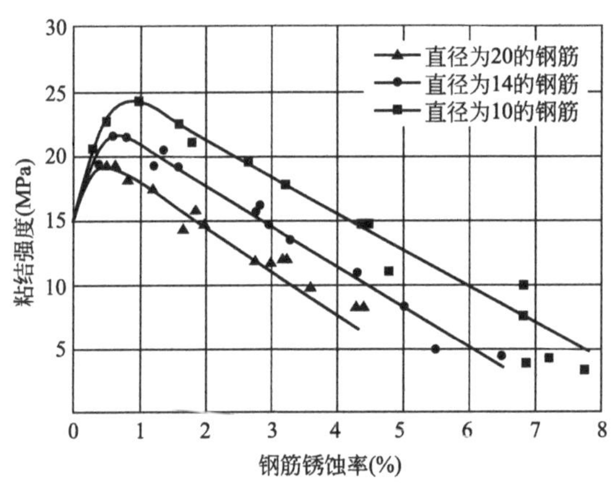

图 12-6 钢筋截面锈蚀率—平均粘结强度之间的关系

本书的第二作者通过试验研究建立不同锈蚀程度的钢筋混凝土构件（纵向裂缝宽度不同）平均粘结应力—滑移曲线，如图 12-7 所示[38]。胀裂后钢筋混凝土构件极限平均粘结强度可按式（12-42）计算。

$$\bar{\tau}_{u,w}=k_u \cdot \bar{\tau}_u \tag{12-42}$$

式中，$\bar{\tau}_u$，$\bar{\tau}_{u,w}$ 为锈蚀前和锈胀开裂后的钢筋混凝土构件平均极限粘结强度；k_u 为考虑胀裂影响的钢筋混凝土构件极限粘结强度降低系数，可按式（12-43）计算。

$$k_u=e^{-1.093w} \tag{12-43}$$

式中，w 为锈胀裂缝的宽度。

由图 12-7 可以看出：曲线可以分为微滑移段、滑移段、劈裂段、下降段和残余段。微滑移段和滑移段基本呈线性，劈裂段、下降段近似呈二次抛物线，残余段为水平直线。据此获得不同胀裂宽度下的 $\bar{\tau}_w$ — $\bar{s}_w$ 关系，如式（12-44）所示[38]。

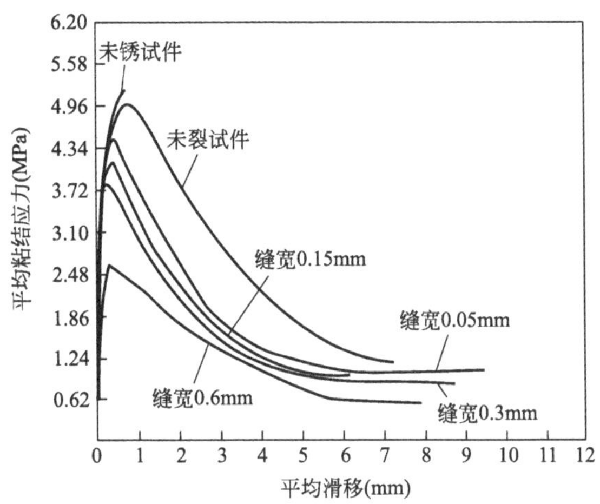

图 12-7　不同锈蚀程度的钢筋混凝土构件（纵向裂缝宽度不同）平均粘结应力—滑移曲线

$$\begin{cases}\bar{\tau}_{w}=k_1\bar{s}_{w} & 0\leqslant\bar{s}_{w}\leqslant\bar{s}_{cr,w}\\ \bar{\tau}_{w}=k_2\bar{s}_{w}^2+k_3\bar{s}_{w}+k_4 & \bar{s}_{cr,w}<\bar{s}_{w}\leqslant\bar{s}_{u,w}\\ \bar{\tau}_{w}=k_5\bar{s}_{w}^2+k_6\bar{s}_{w}+k_7 & \bar{s}_{u,w}<\bar{s}_{w}\leqslant\bar{s}_{r,w}\\ \bar{\tau}_{w}=\bar{\tau}_{r,w} & \bar{s}_{w}>\bar{s}_{r,w}\end{cases} \tag{12-44}$$

式中，$\bar{\tau}_{w}$、$\bar{s}_{w}$ 为锈胀裂缝宽为 w 时的粘结应力、相对滑移量；$\bar{\tau}_{cr,w}$、$\bar{s}_{cr,w}$ 为滑移段结束时的粘结应力及相应的滑移，对试验结果统计分析得 $\bar{\tau}_{cr,w}=0.58\bar{\tau}_{u,w}$；$\bar{\tau}_{u,w}$、$\bar{s}_{u,w}$ 为达到极限荷载时的粘结应力及相应的滑移；$\bar{\tau}_{r,w}$、$\bar{s}_{r,w}$ 为出现水平段时的粘结应力及相应得滑移，经对试验结果统计分析得 $\bar{\tau}_{r,w}=0.2\bar{\tau}_{u,w}$；$k_1\sim k_7$ 为与胀裂宽度有关的常数，假设 $\bar{\tau}_{u,w}=k_1(\bar{s}_{cr,w}+\bar{s}_{u,w})/2$，由临界点的连续性和极限荷载处的峰值条件可以求得，$k_1=35.372\mathrm{e}^{-1.683w}$，$k_2=\dfrac{k_1^{\ 2}}{-1.68\bar{\tau}_{u,w}}$，$k_3=1.69k_1$，$k_4=1.2\bar{\tau}_{u,w}$，$k_5=\dfrac{0.8\bar{\tau}_{u,w}}{81\bar{s}_{u,w}}$，$k_6=-\dfrac{16\bar{\tau}_{u,w}}{81\bar{s}_{u,w}}$，$k_7=\dfrac{96.2}{81}\bar{\tau}_{u,w}$。

根据实测钢筋应力的变化率推算锚固长度 l_a 内的粘结应力，由加载端、自由端滑移推算锚固长度 l_a 内钢筋混凝土相对滑移的分布，获得不同胀裂宽度下锈蚀钢筋与混凝土粘结滑移（τ_w-s_w）本构关系沿锚固长度变化的规律。定义一个位置函数 ψ_w（x）反映这种变化，实现对 τ_w-s_w 本构关系更精确的描述，如式（12-45）和式（12-46）所示[38]。

$$\tau_w(s,x)=\psi_w(x)\cdot\bar{\tau}_w(\bar{s}_w) \tag{12-45}$$

$$\psi_w(x)=\begin{cases}A_1\sqrt{1-\left(\dfrac{20x}{3l_a}-1\right)^2}, & (0\leqslant x<0.15l_a)\\ \dfrac{10(A_2-A_1)}{7l_a}x+\dfrac{17A_1-3A_2}{14}, & (0.15l_a\leqslant x<0.85l_a)\\ A_2\sqrt{1-\left(\dfrac{20x}{3l_a}-\dfrac{17}{3}\right)^2}, & (0.85l_a\leqslant x\leqslant l_a)\end{cases} \tag{12-46}$$

式中，系数 A_1、A_2 为与锈胀开裂情况有关的系数。未锈蚀构件 $A_1=1.50$，$A_2=0.64$；刚胀裂（宽 0.05mm）时，$A_1=1.32$，$A_2=0.82$；锈胀裂缝宽度为 0.15mm 时，$A_1=1.21$，$A_2=0.93$；锈胀裂缝宽度为 0.3mm 时，$A_1=1.16$，$A_2=0.98$；锈胀裂缝宽度大于 0.6mm 时，$A_1=A_2=1.07$；锈胀裂缝宽度介于上述数值之间时采用插值法确定 A_1、A_2 的值。

《既有混凝土结构耐久性评定标准》GB/T 51355—2019 在收集国内外锈胀试验以及工程调查结果，并进行统计分析的基础上，给出了基于锈胀裂缝宽度 w 计算光圆钢筋和变形钢筋锈蚀厚度 δ_w 的计算建议式，如式（12-47）、式（12-48）所示。

$$\delta_w=0.07w+0.012c/d+0.00084f_{cu}+0.08 \tag{12-47}$$

$$\delta_w=0.086w+0.008c/d+0.00055f_{cu}+0.015 \tag{12-48}$$

式中，c 为混凝土保护层厚度；d 为钢筋直径；f_{cu} 为混凝土立方体抗压强度。

已知 δ_w，可方便地给出钢筋的锈蚀率 η_s，如式（12-49）所示。做相关换算，可获得不同锈蚀率时钢筋的粘结—滑移关系。

$$\eta_s=\frac{4\delta_w}{d}\left(1-\frac{\delta_w}{d}\right) \tag{12-49}$$

12.3.4 锈蚀混凝土结构构件的受力性能

试验研究表明：随着钢筋锈蚀的发展，钢筋与混凝土间的共同作用力会不断减弱，混凝土结构构件的承载力会不断降低。当锈蚀发展到一定的程度，构件的破坏模式会发生变化，构件的变形能力会受到削弱[39]。已知混凝土、锈蚀钢筋（预应力筋）的应力—应变关系、锈蚀钢筋与混凝土间的粘结—滑移本构关系，建立合适的数值分析模型，可以计算出不同锈蚀混凝土结构构件的力和变形关系，对锈蚀混凝土结构构件的受力性能给出定量的描述[40]。在既有建筑结构检测与鉴定工作实践中，结构工程师往往更加关注锈蚀混凝土结构构件承载力和抗弯刚度的实用计算方法，该方法会在第 13 章中专门讨论。

12.4　环境作用下其他既有建筑结构的性能演化

12.4.1　既有建筑砌体结构的性能演化

在环境作用下，既有建筑砌体结构外墙会出现风化剥落，引起墙体厚度减少、高厚比增大。确定风化深度后便可方便地计算结构的性能。

12.4.2　既有建筑钢结构的性能演化

美国 ASTM 于 1916 年开始进行碳钢、低合金钢的大气锈蚀研究，并积累了大量的数据。我国学者于 20 世纪 80 年代开始进行钢材场地暴露试验，为后续研究提供了数据支撑[41]。

在长周期下，钢材锈蚀率与时间是幂函数关系，如式（12-50）所示。

$$\eta_s(t)=At^n \tag{12-50}$$

式中，t 为暴露时间；A 和 n 为参数，随不同环境作用而改变。

试验研究发现：钢材屈服强度、极限强度、弹性模量、断后伸长率均与锈蚀率有负相关关系[42-46]。在现场检测中，可通过构件锈蚀面积、锈蚀形态及平均锈蚀深度综合评定构件的性能。平均锈蚀深度一般由构件长度方向取样得到，对于均匀锈蚀构件，可通过剩余截面面积，依照锈蚀速率不变推定其剩余的使用年限。而对于整体结构的锈后性能预测，也可通过减小构件截面面积的方法，利用数值模拟探究整体结构在锈蚀率增大后的结构受力状态，或是使用随机缺陷理论，建立结构构件锈蚀分布模型，探究整体结构的受荷载响应，从而对锈蚀结构的破坏特征进行研判。

12.4.3　既有建筑木结构的性能演化

环境作用下木结构的损伤主要表现为木材的纵向开裂和腐蚀。受压构件纵向开裂后，构件的承载力会因其长细比的增加而下降；受弯构件纵向开裂后，构件的承载力会因抗弯抵抗矩的减小而降低。木材腐蚀后几乎失去强度，故将腐蚀最严重部位已腐蚀的木材去除，按剩余截面面积计算构件的承载力，同时，也可定期检测木材的腐蚀程度，以确定木材的腐蚀速度，进而预测木结构的使用寿命。

参考文献

[1] 过镇海．钢筋混凝土原理［M］．北京：清华大学出版社，1999.

[2] MARECHAL J C. Variations in the modulus of elasticity and poisson's ration with temperature [R]. Concrete for nuclear reactors, ACI SP-34, Detroit, 1972, 405-433.

[3] BARDHAN Boy B K. Fire resistance—design and detailing [M]. Handbook of strutural concrete, Pitman Publishing, 1983.

[4] CRISPINO E. Studies on the technology of concrete under thermal condition. Concrete for nuclear reactors. ACI SP—34 [R]. Detroit, 1972, 443-479.

[5] 董毓利，王清安，范维澄．火灾中均布荷载作用下钢筋混凝土方板的极限分析 [J]. 自然灾害学报，1997（11）：18-22.

[6] 朱伯龙，陆洲导，胡克旭．高温（火灾）下混凝土与钢筋的本构关系 [J]. 四川建筑科学研究，1990（1）：37-43.

[7] 钮宏，陆洲导，陈磊．高温下钢筋与混凝土本构关系的试验研究 [J]. 同济大学学报，1990，18：287-297.

[8] 过镇海，李卫．混凝土在不同应力—温度途径下的变形性能和本构关系 [J]. 土木工程学报，1997，37（6）：58-69.

[9] 陆洲导，李刚，许立新．无黏结预应力混凝土框架火灾下结构反应分析 [J]. 土木工程学报，2003，36（10）：30-35.

[10] 吴波．火灾后钢筋混凝土结构的力学性能 [M]. 北京：科学出版社，2003.

[11] 谯京旭．建筑物主体结构材料耐火性能探讨 [J]. 武汉城市建设学院学报，1992，12：3-4.

[12] 曹文衔．损伤累计条件下钢框架结构火灾反应的分析研究 [D]. 上海：同济大学，1998.

[13] 谭薇，胡克旭．高温及冷却后砖砌体的力学性能 [J]. 住宅科技，1998，19（10）：38-40.

[14] FRANGI A, KÖNIG J. Effect of increased charring on the narrow side of rectangular timber cross - sections exposed to fire on three or four sides [J]. Fire and materials, 2011, 35（8）：593-605.

[15] EN 1995-1-2：2004 Eurocode 5：Design of timber structures-part 1-2：General-structural fire design. European committee for standardization (CEN), Brussels, Belgium, 2004.

[16] 中国工程建设标准化协会标准．火灾后工程结构鉴定标准：T/CECS 252—2019 [S]. 北京：中国建筑工业出版社，2019.

[17] ROBSON P. Structural appraisal of traditional buildings [M]. United Kingdom：Donhead Publishing, 2005.

[18] XIAO J Z, LI J, ZHU B L, et al. Experimental study on strength and ductility of carbonated concrete elements [J]. Construction and building materials, 2002, 16：187-192.

[19] JERGA J. Physico-michanical properties of carbonated concrete [J]. Construction and building materials, 2004, 18：645-652.

[20] RAPP P. Effect of calcium chloride on portland cement and concretes [J]. Journal of research of the national bureau of standards, 1935, 14：499-517.

[21] ABALAKA A E，BABALAGA A D. Effect of sodium chloride solutions on compressive strength development oncrete containing rice hush ash [J]. ATBU journal of envirenmental technology，2011，4 (1)：33-40.

[22] OLADAPO S A，EKANEM E B. Effect of sodium chloride (NaCl) on concrete compressive strength [J]. International journal of engineering research and technology，2014，3 (3)：2395-2397.

[23] SHI X M，XIE N，DANG Y D，et al. Understanding and mitigating effects of chloride deicer exposure on concrete (SPR 742) [R]. Oregon department or transportation research section，555 13th Street NE，Suit 1，Salem Or 97301，USA，2014.

[24] MONTEIRO P J M，KURTIS K E. Time to failure for concrete exposed to severe sulfate attack [J]. Cement and concrete research，2003，33：987-993.

[25] MÜLLAUER W，BEDDOE R E，HEINZ D. Sulfate attack expansion mechnisms [J]. Cement and concrete research，2013，52：208-215.

[26] LIAO K X，ZHANG Y P，ZHANG W P，et al. Modeling constitutive relationship of sulfate-attacked concrete [J]. Construction and building materials，2020，260：119902.

[27] STEWART M G，AL-HARTHY A. Pitting corrosion and structural reliability of corroding RC structures：Experimental data and probabilistic analysis [J]. Reliability engineering & system safety，2008. 93 (3)：373-382.

[28] ZHOU B B，GU X L，GUO H Y，et al. Polarization behavior of activated reinforcing steel bars in concrete under chloride environments [J]. Construction and building materials，2018 (164)：877-887.

[29] LIU Y P. Modeling the time-to-corrosion cracking of the cover concrete in chloride contaminated reinforced concrete structures [D]. Blacksburg：virginia polytechnic institute and state university，1996.

[30] YUAN Y S，JIANG J H. Climate load model-Climate action spectrum for predicting durability of concrete structure [J]. Construction and Building Materials，2012，29：291-298.

[31] MILLARD S G，LAW D，BUNGEY J H，et al. Environmental influences on linear polarisation corrosion rate measurement in reinforced concrete [J]. NDT&E International，2001，34 (6)：409-417.

[32] 蒋建华，王强强．基于微环境影响的混凝土电阻率计算模型 [J]. 混凝与水泥制品，2014 (12)：19-22.

[33] GU X L，DONG Z，YUAN Q，et al. Corrosion of stirrups under different relative humidity conditions in concrete exposed to chloride environment [J]. Journal of materials in civil engineering，ASCE，2020，32 (1)：4019329.

[34] ZHANG W P，SONG X B，GU X L，et al. Tensile and fatigue behavior of corroded rebars [J]. Construction and building materials，2012 (34)：409-417.

[35] 张伟平，商登峰，顾祥林．锈蚀钢筋应力—应变关系研究 [J]. 同济大学学报（自然科学版），2006，34 (5)：586-592.

[36] 曾严红，顾祥林，张伟平，等．锈蚀预应力筋力学性能研究 [J]. 建筑材料学报，2010，13 (2)：169-174.

[37] IMPERATORE S，RINALDI Z. Experimental behavior and analytical modeling of corroded steel rebars under compression [J]. Construction and Building Materials，2019，226：126-138.

[38] 张誉，蒋利学，张伟平，等．混凝土结构耐久性概论 [M]. 上海：上海科学技术出版社，2003.

[39] GU X L，ZHANG W P，SHANG D F，et al. Flexural Behavior of Corroded Reinforced Concrete Beams [C] // Proceedings of the 12th ASCE Aerospace Devision International Conference on Engineering，Science，Construction，and Operations in Challenge Environments and the 4th NASA/ASCE Workshop on Granular Materials in Lunar Martin Exploration，Honolulu，Hawaii，2010：3545-3552.

[40] 顾祥林．混凝土结构破坏过程仿真分析 [M]. 北京：科学出版社，2020.

[41] 曹琛，郑山锁，胡卫兵，等．大气环境腐蚀下钢结构力学性能研究综述 [J]. 材料导报，2020，34 (11)：11162-11170.

[42] 史炜洲，童乐为，陈以一，等．腐蚀对钢材和钢梁受力性能影响的试验研究 [J]. 建筑结构学报，2012，33 (7)：53-60.

[43] 徐善华，任松波．锈蚀后钢材弹性模量与屈服强度的计算模型 [J]. 机械工程材料，2015，39 (10)：74-78.

[44] 徐善华，张宗星，何羽玲，等．考虑蚀坑影响的腐蚀钢板力学性能退化试验研究 [J]. 西安建筑科技大学学报（自然科学版），2017，49 (2)：164-171.

[45] OSZVALD K，TOMKA P，DUNAI L. The remaining load-bearing capacity of corroded steel angle compression members [J]. Journal of Constructional Steel Research，2016，120：188-198.

[46] BEAULIEU L V，LEGERON F，LANGLOIS S. Compression strength of corroded steel angle members [J]. Journal of Constructional Steel Research，2010，66 (11)：1366-1373.

第13章 锈蚀混凝土结构构件承载力及抗弯刚度

锈蚀混凝土结构构件承载力及抗弯刚度计算是既有建筑混凝土结构可靠性分析和剩余寿命预测的重要内容之一。本章重点关注锈蚀导致的钢筋横截面面积减小、力学性能退化、混凝土有效截面面积减小，以及不同位置、不同步的钢筋锈蚀对锈蚀钢筋混凝土构件轴心受压、正截面受弯、偏心受压和斜截面受剪等破坏模式及其相应承载力的影响，给出不同破坏模式下锈蚀混凝土结构构件正截面和斜截面承载力的实用计算方法。另外，考虑锈蚀对钢筋与混凝土间粘结性能以及混凝土保护层的影响，提出锈蚀钢筋混凝土构件抗弯刚度的计算方法。

13.1 锈蚀钢筋混凝土构件轴心抗压承载力

13.1.1 普通锈蚀钢筋混凝土构件

1. **基本方程及参数**

矩形截面轴心受压混凝土短构件出现混凝土压碎时正截面破坏。此时，混凝土压应变达到峰值压应力时的应变，即 $\varepsilon_c=\varepsilon_0$；混凝土压应力 σ_c 等于其抗压强度 f_c。锈蚀钢筋混凝土构件的轴心抗压承载力见式（13-1）。

$$N_{cu}=f_cA_{0c}+\sigma'_{sc}A'_{s0}(1-\eta'_s) \tag{13-1}$$

式中，N_{cu} 为轴心受压短构件承载力；A_{0c} 为锈蚀后混凝土截面的净面积；A'_{s0} 为受压纵筋初始截面面积；σ'_{sc} 为受压锈蚀纵筋的应力；η'_s 为受压纵筋锈蚀率。

锈蚀钢筋受压时应力—应变关系如图 12-5 所示，混凝土受压时的应力—应变关系按《混凝土结构设计规范》GB 50010—2010（2015 年版）的相关规定确定。

2. **锈蚀使混凝土截面损伤**

轴心受压混凝土构件内纵筋、箍筋往往也有锈蚀，随着锈蚀的发展，锈蚀会引起混凝土保护层锈胀开裂甚至剥落。纵筋、箍筋锈蚀引起混凝土保护层剥落的最大面积如图 13-1 所示。在图 13-1 中，b、h 为截面初始宽度和截面初始高度，

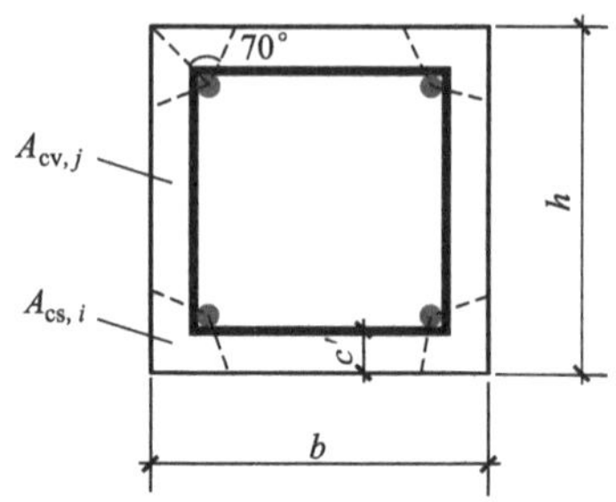

图 13-1　纵筋、箍筋锈蚀引起混凝土保护层剥落的最大面积

c'为箍筋保护层厚度；i、j 为纵筋、单侧箍筋的编号；$A_{cs,i}$、$A_{cv,j}$ 为第 i 根纵筋、第 j 个单侧箍筋锈蚀可能引起混凝土保护层剥落的最大面积。$A_{cs,i}$ 两侧锈胀裂缝与相应纵筋—混凝土对角线的夹角为 70°[1]。轴心受压构件锈蚀损伤后混凝土截面的净面积见式（13-2）。

$$A_{0c}=bh-A'_{s0}-\sum_{i=1}^{n}\phi_i A_{cs,i}-\sum_{j=1}^{m}\theta_j A_{cv,j} \tag{13-2}$$

式中，m、n 为纵筋、单侧箍筋的数量；$A_{cs,i}$、$A_{cv,j}$ 按式（13-3）、式（13-4）计算；ϕ_i、θ_j 为第 i 根纵筋、第 j 个单侧箍筋锈蚀可能引起混凝土保护层剥落的最大面积的折减系数，按式（13-5）、式（13-6）计算。

$$A_{cs,i}=1.45(c'+d_{v0}+0.5d'_0)^2 \tag{13-3}$$

$$A_{cv,j}=[l-2.5(c'+d_{v0})-1.5d'_0](c'+d_{v0}) \tag{13-4}$$

式中，d_{v0}、d'_0为箍筋、纵筋的初始直径；l 为与单侧箍筋同侧的混凝土保护层截面长度，即 $l=b$ 或 h。

$$\phi=\eta'_s/\eta'_{s,0} \tag{13-5}$$

$$\theta=\eta_v/\eta_{v,0} \tag{13-6}$$

式中，η_v 为箍筋锈蚀率；$\eta'_{s,0}$、$\eta_{v,0}$ 为纵筋、箍筋锈蚀引发混凝土表面锈胀开裂的临界锈蚀率，按式（13-7）、式（13-8）计算[2]。

$$\eta'_{s,0}=1-\{1-[15.06+18.64(c'+d_{v0})/d'_0]/d'_0\times10^{-3}\}^2 \tag{13-7}$$

$$\eta_{v,0}=1-[1-(15.06+18.64c'/d_{v0})/d_{v0}\times10^{-3}]^2 \tag{13-8}$$

当纵筋（箍筋）锈蚀引起混凝土表面锈胀开裂时，混凝土表面沿纵筋锈胀裂缝宽度 $w>0$（沿箍筋锈胀裂缝宽度 $w_v>0$），或 $\eta'_s\geqslant\eta'_{s,0}$（$\eta'_v\geqslant\eta'_{v,0}$）时，在轴心受压混凝土构件加载过程中，$A_{cs}$（$A_{cv}$）受压剥落。此时，取 $\phi=1$（$\theta=1$）。

值得注意的是，图 13-1 和上述相应公式是针对仅配 4 根角部钢筋的混凝土构件所言，对于配置有非角部钢筋的情况，经过简单的数学计算即可求得各配筋下的 A_{cs} 及 A_{cv}。对于配置多根较密纵筋的混凝土柱，各纵筋所能引起混凝土保护层剥落的区域存在较多重叠，此时，混凝土保护层容易因钢筋锈蚀发生整层剥落，可按整块混凝土保护层面积计算纵筋、箍筋锈蚀所引起的混凝土保护层剥落的最大面积。

3. 破坏模式及其承载力计算方法

矩形截面混凝土轴心受压构件被破坏时，混凝土被压碎，混凝土压应变 ε_c 与纵筋压应变 ε'_{sc} 相等，均等于 ε_0（$\varepsilon_0=0.002$）。由受压锈蚀纵筋达到实际极限压应力 f'_{bc} 时的应变 ε'_{bc} 与 ε_0 的大小关系，可判断矩形截面混凝土轴心受压构件被破坏时，受压纵筋所处的应力状态。若 $\varepsilon'_{bc}>\varepsilon_0$，柱被破坏时，混凝土被压碎，但受压锈蚀纵筋仍处于弹性阶段，此为破坏模式①；若 $\varepsilon'_{bc}\leqslant\varepsilon_0$，柱被破坏时，混凝土被压碎，且受压锈蚀纵筋已受压屈服/屈曲，此为破坏模式②。

对于破坏模式①，受压锈蚀纵筋处于弹性阶段，纵筋应力 $\sigma'_{sc}=E'_{s0}\varepsilon'_{sc}=E'_{s0}\varepsilon_0$。此处，$E'_{s0}$ 为受压纵筋初始弹性模量。对于破坏模式②，受压锈蚀纵筋已受压屈服/屈曲，纵筋应力 $\sigma'_{sc}=f'_{bc}$。将 $\sigma'_{sc}=E'_{s0}\varepsilon_0$ 或 f'_{bc} 代入式（13-1）即可计算得到模式①或模式②下矩形截面混凝土构件轴心抗压承载力。

4. 计算结果与试验结果的对比

为验证简化计算方法的准确性，计算了从文献中收集的受压纵筋锈蚀率为 0.0233～0.3238、箍筋锈蚀率为 0.0828～0.4322 的 33 根锈蚀及 12 根未锈蚀的钢筋混凝土构件轴心抗压承载力[3]。钢筋混凝土构件轴心抗压承载力计算值与试验值对比如图 13-2 所示。在图 13-2 中，$N_{cu,cal}$ 为承载力计算值，$N_{cu,exp}$ 为承载力试验值。R 为各破坏模式下承载力计算值与试验值的相关系数；γ_{mean} 为各破坏模式下试件承载力计算值与试验值比值的均值。

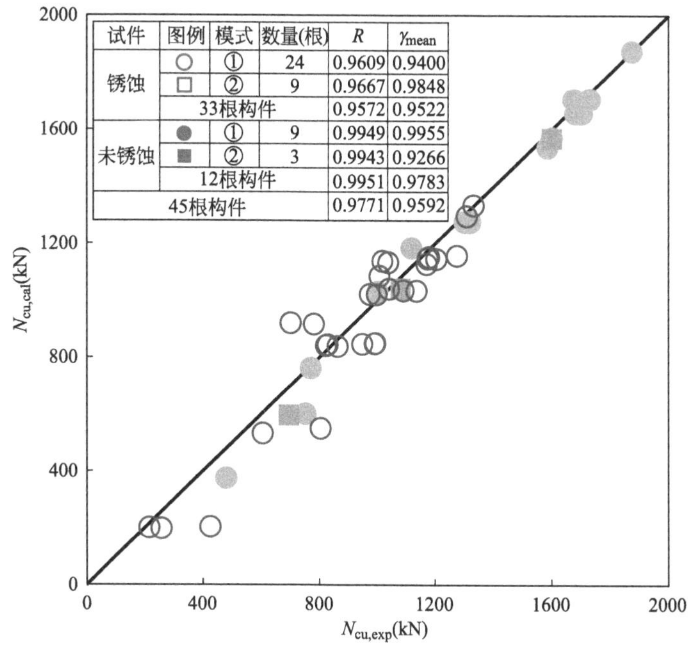

图 13-2　钢筋混凝土构件轴心抗压承载力计算值与试验值对比

从图 13-2 可知，总体上，45 个点均匀分布在等值线两侧，R 及 γ_{mean} 为 0.9592、0.9771，说明所提出的基于破坏模式的轴心受压锈蚀的钢筋混凝土构件承载力简化计算方法的准确性高。与未锈蚀构件相比，锈蚀构件承载力计算值与试验值的相关性稍差，这可能是因为所提到的计算方法偏安全地忽略了表面锈胀开裂的混凝土保护层的贡献，从而低估了混凝土的有效受压面积。

13.1.2 箍筋加密锈蚀钢筋混凝土构件

1. 基本方程及参数

当混凝土保护层加载剥落后，加密箍筋对箍筋包络范围内的核心混凝土的约束作用逐步增强。当构件加载至破坏时，核心约束区混凝土达到峰值压应力与峰值压应变，加密箍筋约束锈蚀钢筋混凝土构件轴心抗压承载力达到最大值，如式（13-9）所示。

$$N_{cu}=f_{cc}A_{cc,m}+f_{c}A_{c,m}+\sigma'_{sc}A'_{s0}(1-\eta'_{s}) \tag{13-9}$$

式中，N_{cu} 为轴心受压加密箍筋约束混凝土构件的承载力；f_{cc} 为箍筋约束混凝土峰值压应力；$A_{cc,m}$ 为箍筋有效约束混凝土区域面积；$A_{c,m}$ 为箍筋弱约束混凝土区域面积；σ'_{sc}为受压锈蚀纵筋应力；A'_{s0}为受压锈蚀纵筋的初始面积；η'_{s}为受压纵筋锈蚀率。对矩形截面，$A_{cc,m}$ 及 $A_{c,m}$ 示意图如图 13-3c 所示。

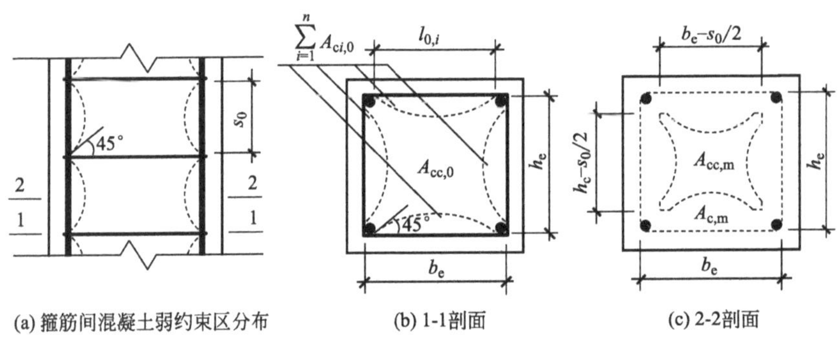

图 13-3 矩形截面钢筋混凝土轴心受压构件箍筋约束混凝土有效约束区分布

在图 13-3 中，b_e、h_e 为箍筋围住的核心混凝土的截面宽度和截面高度，s_0 为相邻有效箍筋的净距，i 为纵筋、弱约束区的编号，n 为纵筋根数，$l_{0,i}$ 为编号为 i 的弱约束混凝土区域两侧纵筋的净距，$A_{ci,0}$ 为箍筋所处截面内编号为 i 的弱约束混凝土区域面积，$A_{cc,0}$ 为箍筋所在截面内有效约束混凝土区域面积。

引入箍筋约束指标 λ_{svc} 表征箍筋对混凝土约束作用的强弱，见式（13-10）。ρ_{svc} 见式（13-11）。

$$\lambda_{svc}=\rho_{svc}\sigma_{svc}/f_{c} \tag{13-10}$$

$$\rho_{svc}=2(b_e+h_e+2d_{sv0})A_{sv10}(1-\eta_v)/(b_e h_e s)=\rho_{sv0}(1-\eta_v) \tag{13-11}$$

式中，λ_{svc} 为锈蚀箍筋约束指标；ρ_{svc} 及 ρ_{sv0} 为锈蚀及未锈蚀箍筋体积配箍率；σ_{svc} 为锈蚀箍筋在约束混凝土达到峰值压应力时的拉应力；d_{sv0} 为箍筋的初始直径；A_{sv10} 为单根箍筋的初始面积；η_v 为箍筋的锈蚀率；b_e、h_e 按式（13-12）、式（13-13）计算。

$$b_e = b - 2c_b - 2d_{v0} \tag{13-12}$$

$$h_e = h - 2c_h - 2d_{v0} \tag{13-13}$$

式中，c_b、c_h 为垂直于宽度方向和高度方向的箍筋的混凝土保护层厚度。

考虑箍筋的有效约束作用，箍筋对混凝土提供的有效侧向压应力按式（13-14）计算。

$$\sigma_r/f_c = k_e\rho_{svc}\sigma_{svc}/(2f_c) = k_e\lambda_{svc}/2 \tag{13-14}$$

式中，k_e 为约束有效系数，按式（13-15）计算。

$$k_e = A_{cc,m}/(b_e h_e - A'_{s0}) \tag{13-15}$$

式中，$A_{cc,m}$ 为箍筋有效约束混凝土区域面积，按式（13-16）计算。

$$A_{cc,m} = \left(b_e h_e - \sum_{i=1}^{n}\frac{l_{0,i}^2}{6}\right)\left(1-\frac{s_0}{2b_e}\right)\left(1-\frac{s_0}{2h_e}\right) \tag{13-16}$$

相应地，弱约束混凝土区域面积见式（13-17）。

$$A_{c,m} = b_e h_e - A_{cc,m} \tag{13-17}$$

将锈蚀箍筋约束指标带入 Mander 等[4] 建立的约束混凝土峰值压应变表达式，并进行近似线性简化，可得锈蚀箍筋约束混凝土的峰值压应力、峰值压应变，如式（13-18）和式（13-19）所示。

$$f_{cc} = f_c(1 + 2k_e\lambda_{svc}) \tag{13-18}$$

$$\varepsilon_{cc} = \varepsilon_0(1 + 10k_e\lambda_{svc}) \tag{13-19}$$

令轴向应变为约束混凝土峰值压应变，即可得到约束混凝土泊松比最大值，如式（13-20）所示。

$$\nu_{cc} = \nu_0\left[1.0 + 1.3763(\varepsilon_{cc}/\varepsilon_{cu}) - 5.36(\varepsilon_{cc}/\varepsilon_{cu})^2 + 8.586(\varepsilon_{cc}/\varepsilon_{cu})^3\right] \tag{13-20}$$

式中，ν_{cc} 为约束混凝土泊松比最大值，其值不超过 0.5；ν_0 为单轴受压混凝土泊松比，取为 0.2；ε_{cc} 为约束混凝土峰值压应变；ε_{cu} 为混凝土极限压应变。

2. 破坏模式与破坏界限

箍筋约束轴心受压锈蚀钢筋混凝土构件被破坏时，受压纵筋可能存在受压弹性、受压屈服/屈曲 2 种应力状态，受拉箍筋可能存在受拉弹性、受拉屈服、受拉强化、受拉断裂/锈蚀断裂 4 种应力状态。

对于配置间距较密的足量箍筋的约束混凝土柱，当约束混凝土柱轴心受压失效时，初始未锈蚀箍筋可为核心混凝土提供很强的约束，可大幅度提高混凝土的峰值压应变与压应力。此时，混凝土的横向变形可使箍筋受拉屈服。当箍筋锈蚀率较小时，箍筋锈蚀后屈服强度较初始屈服强度下降幅度小，且屈服平台仍留有较大的宽度。此时，锈蚀箍筋约束钢筋混凝土构件发生轴心受压破坏时，核心混凝土被压碎，箍筋仍处于受拉屈服状态，将此破坏模式定义为模式①。当箍筋锈蚀率稍大时，箍筋锈蚀后屈服强度下降幅度增大，屈服平台进一步缩短甚至消失。此时，锈蚀箍筋约束钢筋混凝土构件发生轴心受压破坏时，核心混凝土被压碎，箍筋处于受拉强化状态，将此破坏模式定义为模式②。当箍筋锈蚀率进一步增大时，箍筋已不能向核心混凝土提供有效约束，此时，核心混凝土的受力特性与单轴受压混凝土的受力特性类似，混凝土的峰值应变与横向应变较小。此时，锈蚀箍筋约束钢筋混凝土构件发生轴心受压破坏时，核心混凝土被压碎，箍筋处于受拉弹性状态，将此破坏模式定义为模式③。当箍筋锈蚀率继续增大，锈蚀箍筋屈服平台消失，箍筋锈蚀后极限强度较初始极限强度下降幅度很大。锈蚀箍筋约束钢筋混凝土构件轴心受压时，箍筋先受拉断裂，但此时核心混凝土未被压碎，然后，再加载时核心混凝土被压碎，将此破坏模式定义为模式④。两相邻破坏模式之间存在界限。即，对于锈蚀箍筋约束钢筋混凝土构件，其轴心受压破坏存在 3 个界限：

（1）箍筋刚开始受拉强化，核心混凝土被压碎（界限 I_{v}）。

（2）箍筋刚开始受拉屈服，核心混凝土即压碎（界限 II_{v}）。

（3）受拉锈蚀箍筋拉断的同时，受压区混凝土压碎（界限 III_{v}）。

各界限箍筋锈蚀率为：界限 I_{v}，箍筋锈蚀率为 η_{vhb}；界限 II_{v}，箍筋锈蚀率为 η_{vyb}；界限 III_{v}，箍筋锈蚀率为 η_{vub}。

3. 界限锈蚀率

由泊松比的定义可得约束混凝土受压最大横向膨胀应变 $\varepsilon_{l,max}$ 与峰值压应变 ε_{cc} 的关系，见式（13-21）。

$$\varepsilon_{l,max}=\nu_{cc}\varepsilon_{cc} \tag{13-21}$$

假定箍筋与混凝土应变协调，则箍筋拉应变 $\varepsilon_{svc}=\varepsilon_{l,max}$，于是，得到式（13-22）。

$$\varepsilon_{svc}=\nu_{cc}\varepsilon_{cc} \tag{13-22}$$

将式（13-20）代入式（13-22）并进行简单的数学变换，得到式（13-23）。

$$\varepsilon_{svc}=\nu_{0}\varepsilon_{cu}\left[\varepsilon_{cc}/\varepsilon_{cu}+1.3763(\varepsilon_{cc}/\varepsilon_{cu})^{2}-5.36(\varepsilon_{cc}/\varepsilon_{cu})^{3}+8.586(\varepsilon_{cc}/\varepsilon_{cu})^{4}\right] \tag{13-23}$$

式中，ν_0 为单轴受压混凝土的泊松比。

约束混凝土峰值压应变 ε_{cc} 的最小值取为 $\varepsilon_0=0.002$，则 $\varepsilon_{cc}/\varepsilon_{cu}>0.60$。为了便于后续计算求解，将式（13-23）中关于 $\varepsilon_{cc}/\varepsilon_{cu}$ 的多项式 g（$\varepsilon_{cc}/\varepsilon_{cu}$）在 $\varepsilon_{cc}/\varepsilon_{cu}>0.60$ 范围内近似简化成关于 $\varepsilon_{cc}/\varepsilon_{cu}$ 的一元一次函数。此时，可将式（13-23）简化为式（13-24）。需要注意的是，ν_{cc} 的最大值取 0.5。

$$\varepsilon_{svc}=\nu_0\varepsilon_{cu}(j_2\varepsilon_{cc}/\varepsilon_{cu}+k_2)=\begin{cases}\nu_0\varepsilon_{cu}(6\varepsilon_{cc}/\varepsilon_{cu}-2.5725) & (0.6<\varepsilon_{cc}/\varepsilon_{cu}\leqslant 0.735)\\ \nu_0\varepsilon_{cu}(2.5\varepsilon_{cc}/\varepsilon_{cu}) & (\varepsilon_{cc}/\varepsilon_{cu}>0.735)\end{cases} \tag{13-24}$$

式中，j_2、k_2 为近似系数。

将式（13-19）代入式（13-24），可得到箍筋应力 σ_{svc} 与应变 ε_{svc} 的关系式，见式（13-25）。

$$\nu_0\varepsilon_{cu}\{j_2[1+10k_e\mu_{t0}\sigma_{svc}(1-\eta_v)/f_c]\varepsilon_0/\varepsilon_{cu}+k_2\}=\varepsilon_{svc} \tag{13-25}$$

式中，μ_{t0} 为初始体积配箍率，η_v 为箍筋锈蚀率。

发生界限 I_v、II_v 或 III_v 破坏时，σ_{svc} 分别等于 f_{vyc}、f_{vyc} 或 f_{vuc}，ε_{svc} 分别等于 ε_{svhc}、ε_{svyc} 或 ε_{svuc}，其中，f_{vyc}、f_{vuc} 为锈蚀箍筋屈服应力与极限应力，ε_{svyc}、ε_{svhc}、ε_{svuc} 为锈蚀箍筋屈服应变、强化应变、极限应变。将 σ_{svc}、ε_{svc} 代入式（13-25）可得关于 η_v 的一元二次或一元一次方程。求解方程，取 η_v 在 $0\sim\eta_{vcr}$ 内的较小解作为界限 I_v 的锈蚀率 η_{vhb}，若在此范围内无解，此时界限 I_v 不存在，取 $\eta_{vhb}=\eta_{vyb}$；取 η_v 在 $0\sim0.8$ 内的较小解作为界限 II_v 的锈蚀率 η_{vyb}，若在此范围内无解，此时界限 II_v 不存在，取 $\eta_{vyb}=0$。求解界限 III_v 的锈蚀率时，对于符合规范要求配筋的约束混凝土柱，η_v 在 $0\sim0.8$ 内无解，且 $\varepsilon_{svuc}>\nu_{cc}\varepsilon_{cc}$ 恒成立，即箍筋不会因混凝土横向膨胀应变而被拉断，故界限 III_v 不存在，取 $\eta_{vub}=0.8$。

4. 与破坏模式相应的承载力计算方法

对于模式①（$0\leqslant\eta_v<\eta_{vhb}$），$\sigma_{svc}=f_{vyc}$。对于模式②（$\eta_{vhb}\leqslant\eta_v<\eta_{vyb}$），$\sigma_{svc}=f_{vyc}+E_{svhc}$（$\varepsilon_{svc}-\varepsilon_{svhc}$），式中，$E_{svhc}$ 为锈蚀箍筋强化模量，将 σ_{svc} 代入式（13-25），可得关于 ε_{svc} 的一元一次方程，取 ε_{svc} 在 $\varepsilon_{svhc}\sim\varepsilon_{svuc}$ 内的解，可得 σ_{svc}。对于模式③（$\eta_{vyb}\leqslant\eta_v<0.8$），$\sigma_{svc}=E_{sv0}\varepsilon_{svc}$，式中，$E_{sv0}$ 为锈蚀箍筋弹性模量。将 σ_{svc} 代入式（13-25）可得关于 ε_{svc} 的一元一次方程，取 ε_{svc} 在 $0\sim\varepsilon_{svyc}$ 内的解，可得 σ_{svc}。求得 σ_{svc} 后，代入式（13-18）和式（13-19），可直接求得约束混凝土的峰值压应力 f_{cc} 与峰值压应变 ε_{cc}。

假定受压纵筋与混凝土应变协调，有 $\varepsilon'_{sc}=\varepsilon_{cc}$，式中，$\varepsilon'_{sc}$ 为受压纵筋的压应变。比较 ε'_{sc} 与受压纵筋达到实际极限压应力 f'_{bc} 时的压应变 ε'_{bc} 的大小，即可确定轴心受压约束混凝土柱破坏时，受压纵筋的应力状态。若 $\varepsilon'_{sc}\leqslant\varepsilon'_{bc}$，受压纵筋处于受压弹性阶段，受压纵筋应力 $\sigma'_{sc}=E'_{s0}\varepsilon'_{sc}=E'_{s0}\varepsilon_{cc}$，式中，$E'_{s0}$ 为受压纵筋初始弹性模量；若 $\varepsilon'_{sc}>\varepsilon'_{bc}$，受压纵筋已受压屈服/屈曲，受压纵筋应力 $\sigma'_{sc}=f'_{bc}$。

将 f_{cc}、σ'_{sc} 代入式（13-9）即可得到模式①、模式②或模式③下轴心受压约束混凝土柱承载力。对于模式④（$\eta_v\geqslant0.8$），因锈蚀率过大，偏安全地不考虑箍筋的作用，取 $\sigma_{svc}=0$。此时重新计算有效箍筋间距 s，按轴心受压普通混凝土柱计算承载力。

若构件的截面面积较小，混凝土保护层面积占比较大，箍筋约束作用带来核心区混凝土抗压承载力的提高可能小于混凝土保护层剥落带来的承载力损失。此时，应取 13.1.1 节中计算得到的承载力作为轴心受压箍筋约束混凝土构件的承载力。

5. 计算结果与试验结果的对比

为验证所提简化计算方法的准确性，计算从文献中收集到的受压纵筋锈蚀率为 0.002～0.093、箍筋锈蚀率为 0.051～0.222 的 24 根锈蚀及 5 根未锈蚀钢筋混凝土构件轴心抗压承载力[5]。箍筋加密的钢筋混凝土构件轴心抗压承载力计算值与试验值对比如图 13-4 所示。在图 13-4 中，$N_{cu,cal}$ 为承载力计算值，$N_{cu,exp}$ 为承载力试验值，R 为承载力计算值与试验值的相关系数；γ_{mean} 为试件承载力计算值与试验值比值的均值。

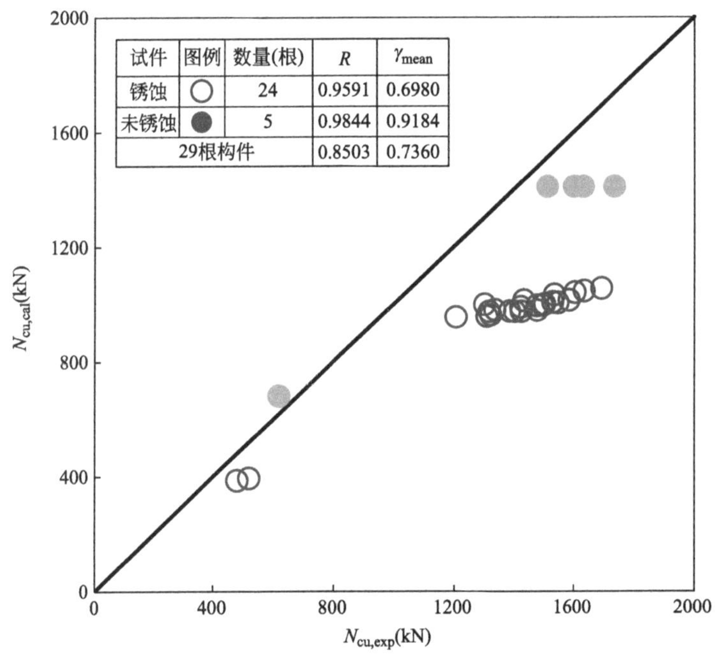

图 13-4 箍筋加密的钢筋混凝土构件轴心抗压承载力计算值与试验值对比

从图 13-4 可知，总体上，29 个点基本分布于等值线下方，R 及 γ_{mean} 为 0.8503、0.7360，表明所提出的轴心受压箍筋加密锈蚀钢筋混凝土构件承载力简化计算方法偏于安全。这可能是因为本计算方法中考虑箍筋约束作用时完全忽略混凝土保护层的贡献，而在实际试验中仍有部分混凝土保护层参与受压。同时注意到，文献［5］中未锈蚀构件的承载力计算值整体上也低于其试验值，可能是因为锈蚀构件中混凝土的实际抗压强度高于其试验值。采用所提出的简化计算方法可以偏安全地评估轴心受压锈蚀加密箍筋钢筋混凝土构件的承载力。

13.2　锈蚀钢筋混凝土构件正截面抗弯承载力

13.2.1　基本方程及参数

锈蚀钢筋混凝土构件发生正截面受弯破坏时的应力与应变分布图如图 13-5 所示。在图 13-5 中，h_c、h_{0c} 为构件锈蚀损伤后的截面高度和截面有效高度；a_{sc}、a'_{sc} 为锈蚀损伤后截面边缘至受拉、受压纵筋合力点的距离；A_{s0} 为受拉纵筋初始面积；σ_{sc}、ε_{sc} 为受拉纵筋应力与应变；η_s 为受拉纵筋锈蚀率；A'_{s0} 为受压纵筋初始面积；σ'_{sc}、ε'_{sc} 为受压纵筋应力与应变；η'_s 为受压纵筋锈蚀率；α_1、β_1 为等效矩形应力图相关系数；σ_{ct} 为混凝土边缘压应力。截面力和弯矩平衡方程见式（13-26）、式（13-27）。

$$\alpha_1 f_c b_c \xi h_{0c} + \sigma'_{sc} A'_{s0}(1-\eta'_s) = \sigma_{sc} A_{s0}(1-\eta_s) \tag{13-26}$$

$$M_u = \alpha_1 f_c b_c h_{0c}^2(\xi - 0.5\xi^2) + \sigma'_{sc} A'_{s0}(1-\eta'_s)(h_{0c} - a'_{sc}) \tag{13-27}$$

式中，b_c 为构件锈蚀损伤后的截面宽度；ξ 为与等效矩形应力图相应的相对受压区高度。

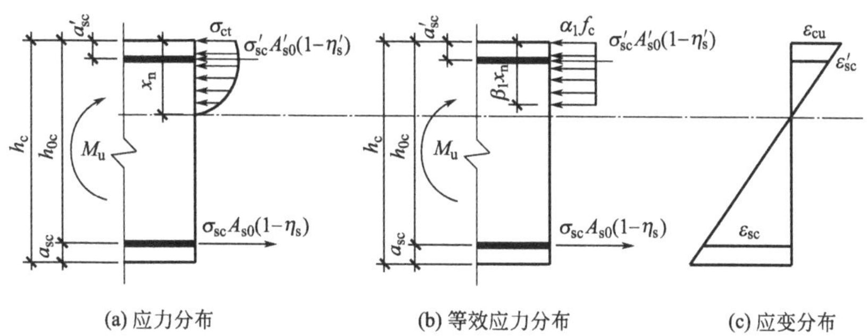

(a) 应力分布　(b) 等效应力分布　(c) 应变分布

图 13-5　锈蚀钢筋混凝土构件发生正截面受弯破坏时的应力与应变分布图

研究表明：当受拉纵筋两端锚固良好时，钢筋锈蚀引起的粘结性能退化对受弯构件正截面承载力影响较小，可认为仍满足平截面假定[6,7]。于是，有如式（13-28）所示的变形协调方程。

$$\xi = \frac{\beta_1 x_n}{h_0} = \frac{\beta_1 \varepsilon_{ct}}{\varepsilon_{sc} + \varepsilon_{ct}} \tag{13-28}$$

式中，ε_{ct} 为混凝土边缘压应变，$\varepsilon_{ct} = \varepsilon_{cu}$ 时混凝土被压碎；ε_{sc} 为远侧混凝土锈蚀纵筋应变。

在双筋矩形截面受弯构件正截面承载力计算方法中，受压锈蚀纵筋及顶部锈蚀箍筋可能使受弯构件顶部混凝土保护层剥落，两侧锈蚀箍筋可能使其各自外侧混凝土保护层剥落，从而分别导致混凝土截面高度、宽度减小。

在实际工程中，许多受弯构件顶部通常与楼板整体浇筑，难以观测顶部混凝土保护层是否剥落。由于楼板的存在，顶部混凝土保护层不易因纵筋、箍筋锈蚀而剥落。经过综合考虑，同时为了简化计算，引入参数 $\eta'_{s,sp}$、$\eta'_{v,sp}$、w'_{cr}、w'_{vcr}，判断受弯构件顶部混凝土保护层是否剥落。$\eta'_{s,sp}$、$\eta'_{v,sp}$按式（13-29）、式（13-30）计算[2]。

$$\eta'_{s,sp}=4w'_{cr}/(0.0575\pi d'^{2}_{0})+1-\{1-[15.06+18.64(c'+d_{v0})/d'_{0}]/d'_{0}\times10^{-3}\}^{2} \tag{13-29}$$

$$\eta'_{v,sp}=4w'_{vcr}/(0.0575\pi d^{2}_{v0})+1-[1-(15.06+18.64c'/d_{v0})/d_{v0}\times10^{-3}]^{2} \tag{13-30}$$

式中，$\eta'_{s,sp}$、$\eta'_{v,sp}$为受压纵筋和顶部箍筋锈蚀使混凝土保护层锈胀剥落的临界锈蚀率；w'_{cr}、w'_{vcr}为受压纵筋和顶部箍筋锈蚀使混凝土保护层锈胀剥落的临界裂缝宽度；d'_{0}、d_{v0}为受压纵筋和单肢箍筋的原始直径。对于变形钢筋，w'_{cr}、w'_{vcr}为3.5mm；对于光圆钢筋，w'_{cr}、w'_{vcr}为2.5mm[8]。

若满足以下条件之一：$\eta'_{s}\geqslant\eta'_{s,sp}$、$\eta'_{v}\geqslant\eta'_{v,sp}$、$w'\geqslant w'_{cr}$、$w'_{v}\geqslant w'_{vcr}$，则顶部混凝土保护层剥落，取 $a'_{sc}=0$，$h_{0c}=h-a_{s}-a'_{s}$；否则，近似取 $a'_{sc}=a'_{s}$，$h_{0c}=h-a_{s}$，忽略纵筋、箍筋锈蚀对受弯构件顶部混凝土保护层的折减。

对于宽度方向两侧混凝土的保护层，若实际观测到沿高度方向箍筋锈蚀已经导致其混凝土保护层剥落，锈蚀损伤后截面宽度为 $b_{c}=b-c_{b}-c'_{b}$，其中，b 为构件初始截面宽度，c_{b}、c'_{b}为宽度方向两侧箍筋的初始混凝土保护层厚度。若没有观测到沿高度方向箍筋保护层剥落，可近似地取 $b_{c}=b$，不考虑箍筋锈蚀对截面宽度方向的削弱。

受弯锈蚀混凝土构件发生正截面失效时，受压纵筋可能处于弹性或屈服/屈曲状态。引入一个参数，即受压纵筋恰好屈服/屈曲临界相对受压区高度，用以准确判别受压纵筋应力状态。

由图13-5可以得到式（13-31）和式（13-32）。

$$\varepsilon_{cu}/x_{n}=\varepsilon'_{sc}/(x_{n}-a'_{sc}) \tag{13-31}$$

$$x_{n}=\varepsilon_{cu}a'_{sc}/(\varepsilon_{cu}-\varepsilon'_{sc}) \tag{13-32}$$

当受压纵筋恰好屈服/屈曲时，受压纵筋应变 $\varepsilon'_{sc}=\varepsilon'_{bc}$，$\varepsilon'_{bc}$由式（12-41）计算。由等效矩形应力图的受压区高度 $x=\beta_{1}x_{n}$ 和式（13-32）可得顶部混凝土被压碎时，受压纵筋恰好屈服/屈曲，临界受压区高度 x_{bb} 及相对受压区高度 ξ'_{bb}，如式（13-33）和式（13-34）所示。

$$x_{bb}=\beta_{1}\varepsilon_{cu}a'_{sc}/(\varepsilon_{cu}-\varepsilon'_{bc}) \tag{13-33}$$

$$\xi'_{bb}=\beta_1\varepsilon_{cu}a'_{sc}/[(\varepsilon_{cu}-\varepsilon'_{bc})h_{0c}] \tag{13-34}$$

式中，ε'_{bc}为受压锈蚀纵筋达到实际极限应力 f'_{bc}时的应变。若 $x\geqslant x_{bb}$ 或 $\xi\geqslant\xi'_{bb}$，受压锈蚀纵筋已屈服/屈曲；若 $x<x_{bb}$ 或 $\xi<\xi'_{bb}$，受压锈蚀纵筋仍处于弹性状态。

13.2.2 破坏模式与破坏界限

当锈蚀受弯构件发生正截面破坏时，受拉纵筋可能处于弹性、屈服、强化、受拉断裂/锈蚀断裂的应力状态。同时，受压纵筋可能处于弹性、屈服/屈曲的应力状态。

如图 13-6 所示，对于一根初始超筋的钢筋混凝土受弯构件，当受拉纵筋锈蚀率较小时，纵筋锈蚀后屈服强度较初始屈服强度下降幅度较小。构件发生正截面受弯破坏时，受压区边缘混凝土压碎，受拉纵筋仍处于弹性状态，将此破坏模式定义为“类似超筋”破坏（模式①）。当受拉纵筋锈蚀率稍大时，纵筋锈蚀后屈服强度下降幅度增大，但仍有较明显的屈服平台。构件发生正截面受弯破坏时，受压区边缘混凝土压碎，受拉纵筋处于屈服状态，将此破坏模式定义为“类似适筋”破坏（模式②）。当受拉纵筋锈蚀率进一步增大时，纵筋锈蚀后屈服强度下降幅度继续增大，并且屈服平台大幅度缩减，甚至消失。构件发生正截面受弯破坏时，受压区边缘混凝土压碎，受拉纵筋处于强化状态，将此破坏模式定义为“类似超筋”破坏（模式③）。当受拉纵筋锈蚀率继续增大时，锈蚀纵筋屈服平台消失，纵筋锈蚀后极限强度较初始极限强度下降幅度较大。构件发生正截面

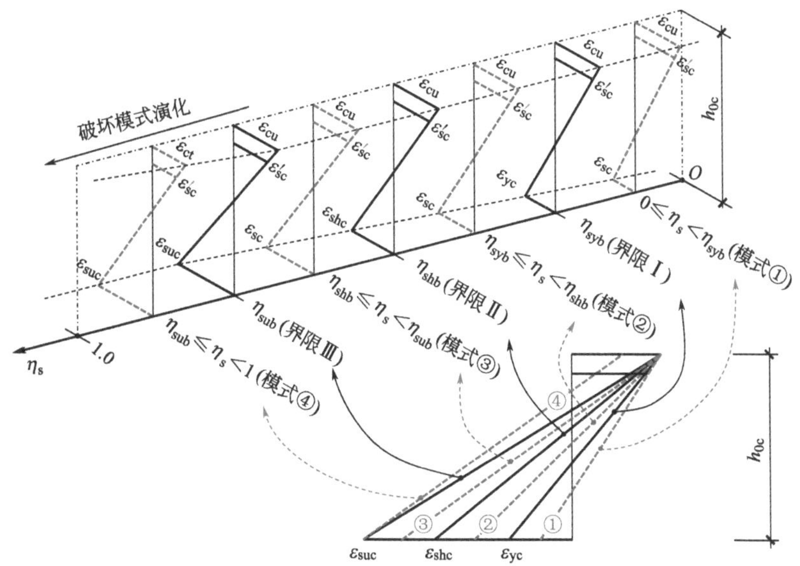

图 13-6　锈蚀双筋钢筋混凝土构件正截面受弯破坏模式与破坏界限

受弯破坏时，受压区边缘混凝土未压碎，但受拉纵筋已受拉断裂。将此破坏模式定义为“类似少筋”破坏（模式④）。两相邻破坏模式之间存在破坏界限，即，对于锈蚀钢筋混凝土受弯构件，其正截面破坏存在3个界限：

（1）受压区边缘混凝土压碎，受拉纵筋恰好屈服（界限Ⅰ）。

（2）受压区边缘混凝土压碎，受拉纵筋恰好强化（界限Ⅱ）。

（3）受压区边缘混凝土压碎，受拉纵筋恰好断裂（界限Ⅲ）。

各界限受拉纵筋锈蚀率为：界限Ⅰ，受拉纵筋锈蚀率为 η_{syb}；界限Ⅱ，受拉纵筋锈蚀率为 η_{shb}；界限Ⅲ，受拉纵筋锈蚀率为 η_{sub}。相对受压区高度为 ξ_{yb}、ξ_{hb} 和 ξ_{ub}。

13.2.3 界限锈蚀率与界限相对受压区高度

求解锈蚀钢筋混凝土受弯构件界限锈蚀率与界限相对受压区高度时，受压区边缘混凝土及受拉钢筋的应力/应变状态均已知，但受压钢筋的应力状态是未知的。为准确地判断各界限状态下受压纵筋的真实应力状态，本节采用先假设受压纵筋屈服/屈曲，后求解验证的思路进行界限锈蚀率与界限相对受压区高度的计算。

根据界限Ⅰ定义，将 $\varepsilon_{sc}=\varepsilon_{yc}$（$\eta_s$）、$\varepsilon_{ct}=\varepsilon_{cu}$ 代入式（13-28），可得界限Ⅰ的相对受压区高度 $\xi=\xi_{yb}$。令 $\sigma_{sc}=f_{yc}$（η_s）、$\xi=\xi_{yb}$，并假设 $\sigma'_{sc}=f'_{bc}(\eta'_s)$，其中，$f'_{bc}$为受压纵筋实际极限应力，将其代入式（13-26），得到关于 η_s 的一元二次方程。求解方程，取 η_s 为0～0.8的较小解作为界限Ⅰ锈蚀率的待定解 $\eta_{syb}{}^*$。若 η_s 的计算值小于0，取 $\eta_{syb}{}^*=0$；若 η_s 的计算值大于0.8，取 $\eta_{syb}{}^*=0.8$。将 $\eta_{syb}{}^*$ 代入式（12-35）算出 f_{yc}，进而求出 ε_{yc}，令 $\varepsilon_{ct}=\varepsilon_{cu}$，将其代入式（13-28）即可得到界限Ⅰ的相对受压区高度待定值 $\xi_{yb}{}^*$。若 $\xi_{yb}{}^*\geqslant\xi'_{bb}$，则受锈蚀纵筋已屈服/屈曲的假设成立，界限Ⅰ的锈蚀率 $\eta_{syb}=\eta_{syb}{}^*$，相对受压区高度 $\xi_{yb}=\xi_{yb}{}^*$。若 $\xi_{yb}{}^*<\xi'_{bb}$，则受压锈蚀纵筋未屈服/屈曲，$\sigma'_{sc}=E'_{s0}\varepsilon'_{sc}$，需要先确定受压锈蚀纵筋的应变值。由图13-6中应变分布图得到式（13-35）。

$$\varepsilon'_{sc}=\varepsilon_{cu}(1-\beta_1 a'_{sc}/\xi h_{0c}) \tag{13-35}$$

将 $\sigma'_{sc}=E'_{s0}\varepsilon'_{sc}$代入式（13-26），可得 η_s 的一元三次方程。近似取（$1-1.092\eta_s$)/($1-\eta_s$）=1，即将 η_s 的一元三次方程简化为一元二次方程。求解方程并取 η_s 在0～0.8的较小解作为界限Ⅰ锈蚀率 η_{syb}。若 η_s 的计算值小于0，取 $\eta_{syb}=0$；若 η_s 的计算值大于0.8，取 $\eta_{syb}=0.8$。将 η_{syb} 代入式（12-35）算出 f_{yc} 进而求出 ε_{yc}，令 $\varepsilon_{ct}=\varepsilon_{cu}$，一起代入式（13-28），可得到界限Ⅰ的相对受压区高度 ξ_{yb}。

求解界限Ⅱ/Ⅲ的思路与求解界限Ⅰ的思路一致，将界限Ⅱ在 η_{syb}～$\eta_{s,cr}$ 内求解，若 η_s 在此范围内无解，取 $\eta_{shb}=\eta_{syb}$。将界限Ⅲ在 η_{shb}～0.8内求解，若 η_s

在此范围内无解，取 $\eta_{sub}=0.8$。求得界限锈蚀率后，将其代入式（13-28）即可得界限Ⅱ/Ⅲ相对受压区高度 ξ_{hb}/ξ_{ub}。

若受压区混凝土保护层已锈胀剥落，将 $a'_{sc}=0$ 代入式（13-35）可得 $\varepsilon'_{sc}=\varepsilon_{cu}$，受压锈蚀纵筋一般已受压屈服/屈曲，此时，可直接将 $\sigma'_{sc}=f'_{bc}(\eta'_s)$ 代入式（13-26）求解界限Ⅰ～界限Ⅲ的锈蚀率 η_{syb}、η_{shb}、η_{sub}。

13.2.4　与破坏模式相应的承载力计算方法

确定了 3 个界限锈蚀率（η_{syb}、η_{shb} 及 η_{sub}），即可判断锈蚀钢筋混凝土受弯构件的正截面破坏模式（①、②、③及④，见图 13-6）。针对不同的破坏模式，采用不同的构件正截面承载力简化计算方法。

对于模式①（$0\leqslant\eta_s<\eta_{syb}$ 或 $\beta_1\geqslant\xi>\xi_{yb}$），令 $\varepsilon_{ct}=\varepsilon_{cu}$，取 $\sigma_{sc}=E_{s0}\varepsilon_{sc}=E_{s0}\varepsilon_{cu}(\beta_1/\xi\text{-}1)$，假设 $\sigma'_{sc}=f'_{bc}(\eta'_s)$，代入式（13-26），可得关于 ξ 的一元二次方程。求解方程并取 ξ 在 $\xi_{yb}\sim\beta_1$ 的较大解作为待定解 ξ^*。若 $\xi^*\geqslant\xi'_{bb}$，说明假设受压锈蚀纵筋已屈服/屈曲正确，令 $\xi=\xi^*$，将 $\sigma'_{sc}=f'_{bc}$及 ξ 代入式（13-27）可得模式①的正截面抗弯承载力 M_u；若 $\xi^*<\xi'_{bb}$，则假设错误，令 $\sigma'_{sc}=E'_{s0}\varepsilon'_{sc}$，代入式（13-26），可得关于 ξ 的一元二次方程。求解方程并取 ξ 在 $\xi_{yb}\sim\beta_1$ 的较大解作为相对受压区高度 ξ。将 $\sigma'_{sc}=E'_{s0}\varepsilon'_{sc}$及 ξ 代入式（13-27）可得模式①的正截面抗弯承载力 M_u。

模式②（$\eta_{syb}\leqslant\eta_s<\eta_{shb}$ 或 $\xi_{yb}\geqslant\xi>\xi_{hb}$）、模式③（$\eta_{shb}\leqslant\eta_s<\eta_{sub}$ 或 $\xi_{hb}\geqslant\xi>\xi_{ub}$）的正截面抗弯承载力 M_u 的求解思路与模式①的正截面抗弯承载力 M_u 一致。

理论上，可将模式④（$\eta_{sub}\leqslant\eta_s\leqslant1$ 或 $\xi_{ub}\geqslant\xi\geqslant0$）细分为两类：

（1）受拉区混凝土开裂后，锈蚀纵筋未被拉断，再加载时，锈蚀纵筋被拉断，但受压区混凝土未被压碎。

（2）受拉区混凝土开裂，锈蚀纵筋被拉断，受压区混凝土未被压碎，此时，锈蚀钢筋混凝土梁与素混凝土梁类似。

在模式④下，$\sigma_{sc}=f_{uc}$（当 $0.8\leqslant\eta_s\leqslant1.0$ 时，纵筋的锈蚀程度过高，可偏安全地取 $f_{uc}=0$），$\varepsilon_{sc}=\varepsilon_{suc}$，但 $\varepsilon_{ct}\neq\varepsilon_{cu}$。同时，受压锈蚀纵筋的应力未知。为精确地计算模式④的正截面抗弯承载力，需要先确定受压区边缘混凝土压应变与受压锈蚀纵筋的应力，这涉及十分复杂的计算。为方便计算，按下列步骤确定模式④下锈蚀钢筋混凝土抗弯构件正截面承载力：首先，通过受压纵筋的极限应力或受拉纵筋的极限应力计算其抗弯承载力 M_{u1}，如式（13-36）所示；计算宽度为 b_c、高度为 h_{0c} 的素混凝土梁开裂弯矩 M_{u2}，如式（13-37）所示[9]；再由式（13-38）得到模式④的正截面抗弯承载力 M_u。

$$M_{u1}=\min\{f'_{bc}(\eta'_s)A'_{s0}(1-\eta'_s)(h_{0c}-a'_{sc}),f_{uc}(\eta_s)A_{s0}(1-\eta_s)(h_{0c}-a'_{sc})\}\tag{13-36}$$

$$M_{u2}=0.292f_t b_c h_{0c}^2\tag{13-37}$$

$$M_u=\max\{M_{u1},M_{u2}\}\tag{13-38}$$

13.2.5 计算结果与试验结果的对比

为验证所提计算方法的准确性，计算了从文献中收集到的受拉纵筋锈蚀率为0.0012～0.5684、受压纵筋锈蚀率为0.015～0.2604的417根锈蚀及95根未锈蚀的钢筋混凝土构件正截面抗弯承载力的试验数据[10,11]。采用所提的简化计算方法，计算试验数据库中构件的抗弯承载力，并对比了相应的试验值，如图13-7所示。在图13-7中，$M_{u,cal}$为承载力计算值，$M_{u,exp}$为承载力试验值，D为双筋受弯钢筋混凝土试件，S为单筋受弯钢筋混凝土试件，R为各破坏模式下承载力计算值与试验值的相关系数，γ_{mean}为各破坏模式下试件承载力计算值与试验值比值的均值。

由图13-7可知，这512根受弯锈蚀及未锈蚀钢筋混凝土构件的正截面破坏模式以模式②（334根受弯锈蚀及未锈蚀钢筋混凝土构件，在512根受弯锈蚀及未锈蚀钢筋混凝土构件中的比例为65.23%）和模式③（共167根受弯锈蚀及未锈蚀钢筋混凝土构件，在512根受弯锈蚀及未锈蚀钢筋混凝土构件中的比例为32.62%）为主。总体上，512个点基本均匀分布于等值线上下，且R为0.9877，γ_{mean}为0.9650，表明所提出的基于破坏模式的受弯锈蚀钢筋混凝土构件正截面承载力简化计算方法的准确性高。此外，少数计算值与试验值相差较大，可能是因为锈蚀钢筋力学性能的随机性较大，且计算时未考虑锈蚀钢筋与混凝土之间应变不协调的影响。同时，采用混凝土保护层锈胀剥落临界锈蚀率判断受压区保护层是否剥落，可能过高或过低估计混凝土有效截面损失，从而对计算结果的准确性造成影响。

值得说明的是：所提出的锈蚀钢筋混凝土构件正截面抗弯承载力简化计算方法仍然采用平截面假定，并未考虑锈蚀钢筋与混凝土之间应变不协调的影响。但从图13-7看，采用所提出的计算方法得到的计算结果与大量试验数据总体吻合程度较好。这说明对于受拉纵筋锈蚀率为0.0012～0.5684、受压纵筋锈蚀率为0.015～0.2604的锈蚀钢筋混凝土受弯构件，当锈蚀钢筋两端锚固充足、破坏模式以模式②和模式③为主时，应变不协调对其正截面抗弯承载力的影响不十分显著。当锈蚀率进一步增大时，尤其在破坏模式以模式④为主的情况下，应变不协调的影响可能会逐步凸显，但此时的正截面抗弯承载力主要取决于混凝土的贡献。

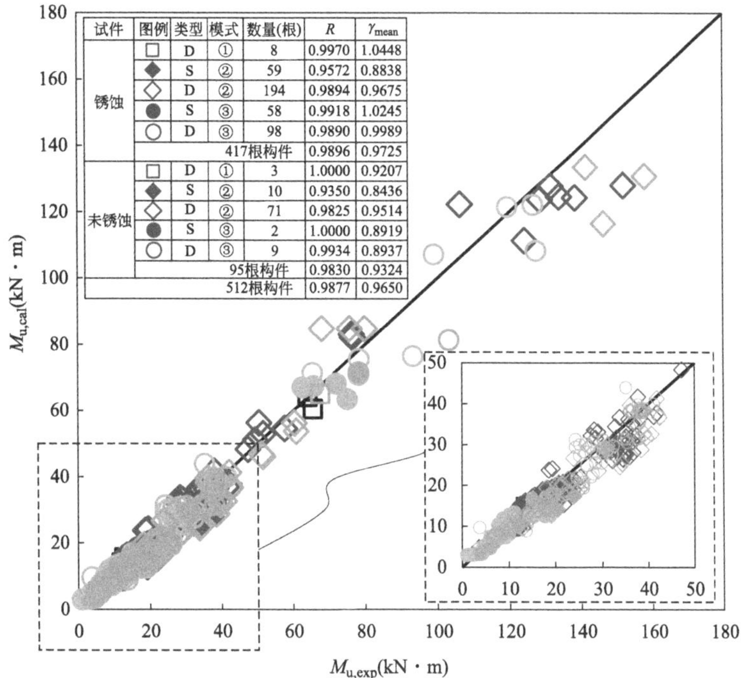

图 13-7　锈蚀钢筋混凝土构件正截面抗弯承载力计算值与试验值对比

13.3　锈蚀钢筋混凝土构件偏心抗压承载力

13.3.1　基本方程及参数

锈蚀钢筋混凝土构件偏心受压构件破坏时正截面应力与应变分布图如图 13-8 所示。在图 13-8 中，h_c、h_{0c} 为锈蚀损伤后的截面高度和截面有效高度，a_{sc}、a'_{sc}为锈蚀损伤后截面边缘至轴向力远侧、近侧纵筋合力点的距离；N_{cu} 为轴向最大压力即偏心抗压承载力；e 为轴向力至远侧纵筋合力点的距离；x_n 为混凝土实际受压区高度；A_{s0}、A'_{s0}为远侧、近侧纵筋初始面积；σ_{sc}、σ'_{sc}为远侧、近侧锈蚀纵筋应力；ε_{sc}、ε'_{sc}为远侧、近侧锈蚀纵筋应变；η_s、η'_s为远侧、近侧锈蚀纵筋锈蚀率；σ_{ct} 为混凝土边缘压应力；f_c 为混凝土单轴抗压强度；ε_{cu} 为混凝土极限压应变；α_1、β_1 为等效矩形应力图相关系数。截面力和弯矩平衡方程见式（13-39）和式（13-40）。

$$N_{cu}=\alpha_1 f_c b_c \xi h_{0c}+\sigma'_{sc}A'_{s0}(1-\eta'_s)-\sigma_{sc}A_{s0}(1-\eta_s) \tag{13-39}$$

$$N_{cu}e=\alpha_1 f_c b_c h_{0c}^2\xi(1-\xi/2)+\sigma'_{sc}A'_{s0}(1-\eta'_s)(h_{0c}-a'_{sc}) \tag{13-40}$$

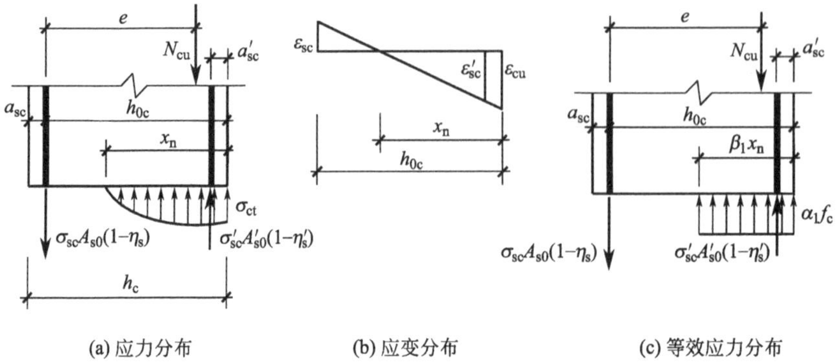

(a) 应力分布　　(b) 应变分布　　(c) 等效应力分布

图 13-8　锈蚀钢筋混凝土偏心受压构件破坏时正截面应力与应变分布图

锈蚀损伤后截面宽度的计算方法与 13.2.1 节内容一致，钢筋锈蚀导致的混凝土截面损伤示意图如图 13-9 所示。在图 13-9 中，h 为初始截面高度，a_s、a'_s 为初始截面边缘至远侧、近侧纵筋合力点的距离；ϕ 和 ϕ' 为轴向力远侧和近侧钢筋锈蚀发生的截面损伤折减系数。

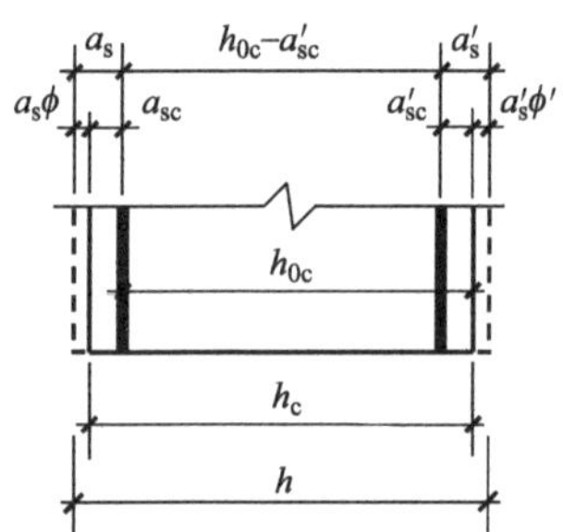

图 13-9　钢筋锈蚀导致的混凝土构件截面损伤示意图

锈蚀损伤后截面高度如式（13-41）所示。

$$h_c=h-a_s\phi-a'_s\phi' \tag{13-41}$$

锈蚀损伤后截面有效高度如式（13-42）所示。

$$h_{0c}=h-a_s-a'_s\phi' \tag{13-42}$$

锈蚀损伤后截面边缘至轴向力远侧、近侧纵筋合力点的距离如式（13-43）所示。

$$a_{sc}=a_s(1-\phi)、a'_{sc}=a'_s(1-\phi') \tag{13-43}$$

轴向力远侧和近侧钢筋锈蚀致截面损伤折减系数如式（13-44）所示。

$$\phi=\max\{\phi_s,\ \phi_v\}、\phi'=\max\{\phi'_s,\ \phi'_v\} \tag{13-44}$$

式中，ϕ_s、ϕ'_s和 ϕ_v、ϕ'_v为轴向力远侧、近侧纵筋和远侧、近侧箍筋锈蚀产生的截面损伤折减系数，可按式（13-45）和式（13-46）计算。

$$\begin{cases}\phi_{\mathrm{s}}=\min\{\max\{\eta_{\mathrm{s}}/\eta_{\mathrm{s,sp}},\ w/w_{\mathrm{cr}}\},\ 1\}\\ \phi'_{\mathrm{s}}=\min\{\max\{\eta'_{\mathrm{s}}/\eta'_{\mathrm{s,sp}},\ w'/w'_{\mathrm{cr}}\},\ 1\}\end{cases} \tag{13-45}$$

$$\begin{cases}\phi_{\mathrm{v}}=\min\{\max\{\eta_{\mathrm{v}}/\eta_{\mathrm{v,sp}},\ w_{\mathrm{v}}/w_{\mathrm{vcr}}\},\ 1\}\\ \phi'_{\mathrm{v}}=\min\{\max\{\eta'_{\mathrm{v}}/\eta'_{\mathrm{v,sp}},\ w'_{\mathrm{v}}/w'_{\mathrm{vcr}}\},\ 1\}\end{cases} \tag{13-46}$$

式中，η_{s}、η'_{s}和 η_{v}、η'_{v}为轴向力远侧、近侧纵筋和远侧、近侧箍筋锈蚀率，$\eta_{\mathrm{s,sp}}$、$\eta'_{\mathrm{s,sp}}$和 $\eta_{\mathrm{v,sp}}$、$\eta'_{\mathrm{v,sp}}$为轴向力远侧、近侧纵筋和远侧、近侧箍筋锈蚀致混凝土保护层锈胀剥落的临界锈蚀率，计算公式同式（13-29）、式（13-30）；w、w'和 w_{v}、w'_{v}为轴向力远侧、近侧纵筋和远侧、近侧箍筋锈胀裂缝宽度，w_{cr}、w'_{cr}和 w_{vcr}、w'_{vcr}为轴向力远侧、近侧纵筋和远侧、近侧箍筋锈蚀致混凝土保护层剥落临界锈胀的裂缝宽度。

值得注意的是，式（13-39）中轴向力远侧纵筋应力 σ_{sc} 的值可能为正，可能为负。为此，引入一个参数，即轴向力远侧纵筋零应力临界轴向力力臂 e_{tc}，用以预判远侧纵筋应力值 σ_{sc} 的正负。当 $e=e_{\mathrm{tc}}$ 时，远侧纵筋应力恰好为 0。混凝土实际受压区高度 $x_{\mathrm{n}}=h_{0\mathrm{c}}=h-a_{\mathrm{s}}-a'_{\mathrm{s}}\phi'$ 远大于 $2a'_{\mathrm{sc}}$，近侧纵筋一般可以受压屈服/屈曲[9]，取 $\sigma'_{\mathrm{sc}}=f'_{\mathrm{bc}}$，代入式（13-39）和式（13-40），可得轴向力远侧纵筋零应力临界轴向力力臂 e_{tc}，如式（13-47）所示。

$$e_{\mathrm{tc}}=\frac{\alpha_1 f_{\mathrm{c}} b_{\mathrm{c}} h_{0\mathrm{c}}^2 \beta_1(1-\beta_1/2)+f'_{\mathrm{bc}}A'_{\mathrm{s0}}(1-\eta'_{\mathrm{s}})(h_{0\mathrm{c}}-a'_{\mathrm{sc}})}{\alpha_1 f_{\mathrm{c}} b_{\mathrm{c}} \beta_1 h_{0\mathrm{c}}+f'_{\mathrm{bc}}A'_{\mathrm{s0}}(1-\eta'_{\mathrm{s}})} \tag{13-47}$$

式中，f'_{bc}为轴向力近侧锈蚀纵筋实际受压极限应力。

轴向力作用点至远侧纵筋合力点的距离如式（13-48）所示。

$$e=\eta_{\mathrm{nsc}}e_i+h/2-a_{\mathrm{s}} \tag{13-48}$$

式中，η_{nsc} 为锈蚀损伤后钢筋混凝土柱考虑 $P—\Delta$ 效应的弯矩增大系数；e_i 为实际的初始偏心距；参数 η_{nsc}、e_i 可参考《混凝土结构设计规范》GB 50010—2010（2015 年版）或文献［9］取值或计算。

若 $e<e_{\mathrm{tc}}$，轴向力远侧纵筋受压；若 $e\geqslant e_{\mathrm{tc}}$，轴向力远侧纵筋受拉。据此，可对轴向力远侧纵筋应力 σ_{sc} 的符号提前判定，以便判定破坏模式，求解力与弯矩的平衡方程。

偏心受压锈蚀钢筋混凝土构件发生正截面失效时，轴向力近侧纵筋可能处于受压弹性状态或受压屈服/屈曲状态。与 13.2.1 节中的内容一致，采用受压纵筋恰好屈服/屈曲时的临界相对受压区高度判断轴向力近侧纵筋应力状态。若 $\xi\geqslant\xi'_{\mathrm{bb}}$，轴向力近侧纵筋已受压屈服/屈曲；若 $\xi<\xi'_{\mathrm{bb}}$，轴向力近侧纵筋仍处于受压弹性状态。

13.3.2　破坏模式与破坏界限

锈蚀钢筋混凝土偏心受压构件破坏时，轴向力近侧钢筋可能存在受压弹性和受压屈服/屈曲两种应力状态，远侧纵筋可能存在受压弹性、受压屈服/屈曲、受拉弹性、受拉屈服、受拉强化、受拉断裂/锈蚀断裂的应力状态。

当 $e<e_{tc}$ 时，轴向力远侧纵筋受压。如图 13-10 所示，对于初始小偏心受压钢筋混凝土构件，当远侧纵筋锈蚀率较小时，纵筋锈蚀后实际受压极限应力较初始实际受压屈服强度下降幅度较小。在偏心轴向力作用下，构件发生正截面破坏时，轴向力近侧边缘混凝土压碎，近侧钢筋受压屈服/屈曲，轴向力远侧纵筋仍处于受压弹性状态，定义此破坏模式为“类似小偏心受压”破坏（模式①$_c$）。当轴向力远侧纵筋锈蚀率较大时，纵筋锈蚀后实际受压极限应力较初始屈服强度有较大降幅。在偏心轴向力作用下，构件发生正截面破坏时，轴向力近侧边缘混凝土压碎，近侧钢筋受压屈服/屈曲，远侧纵筋已处于受压屈服/屈曲状态，将此破

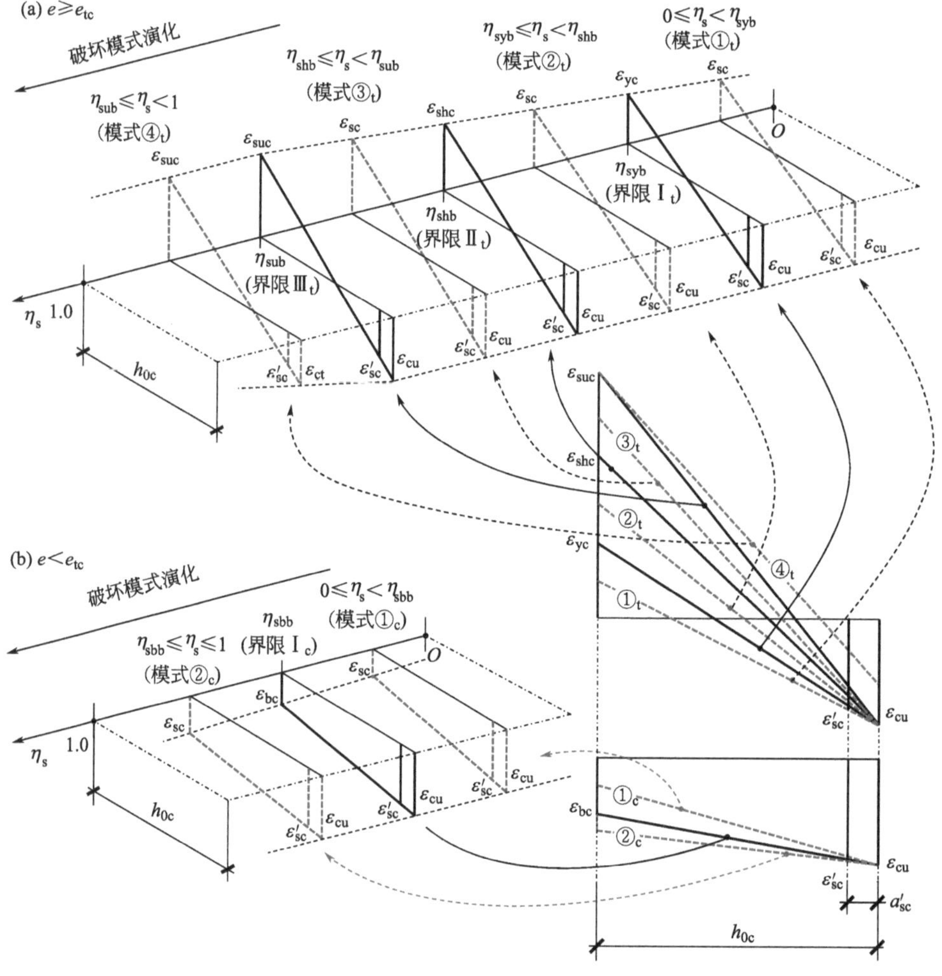

图 13-10 锈蚀钢筋混凝土偏心受压构件正截面破坏模式与破坏界限

坏模式定义为“类似轴心受压”破坏（模式②$_c$）。上述 2 种破坏模式之间存在界限：在偏心轴向力作用下，构件发生正截面破坏时，轴向力近侧边缘混凝土压碎，远侧纵筋恰好受压屈服/屈曲。定义此界限状态为界限Ⅰ$_c$，此界限下轴向力远侧纵筋锈蚀率为 η_{sbb}，截面相对受压区高度为 ξ_{bb}。

当 $e \geqslant e_{tc}$ 时，轴向力远侧纵筋受拉。破坏模式的演化规律与 13.2.2 节受弯构件正截面破坏模式演化规律类似，不再赘述。随着轴向力远侧纵筋锈蚀率的增大，偏心受压锈蚀钢筋混凝土构件的正截面破坏模式依次经历“类似小偏心受压”破坏（模式①$_t$）、“类似大偏心受压”破坏（模式②$_t$）、“类似小偏心受压”破坏（模式③$_t$）、“类似素混凝土柱偏心受压”破坏（模式④$_t$）。两相邻破坏模式之间存在破坏界限。即，对于锈蚀钢筋混凝土偏心受压构件，其正截面破坏存在 3 个界限：

（1）轴向力近侧边缘混凝土压碎，远侧纵筋恰好受拉屈服（界限Ⅰ$_t$）。

（2）轴向力近侧边缘混凝土压碎，远侧纵筋恰好受拉强化（界限Ⅱ$_t$）。

（3）轴向力近侧边缘混凝土压碎，远侧纵筋恰好受拉断裂（界限Ⅲ$_t$）。

各界限轴向力远侧纵筋锈蚀率为：界限Ⅰ$_t$，锈蚀率为 η_{syb}；界限Ⅱ$_t$，锈蚀率为 η_{shb}；界限Ⅲ$_t$，锈蚀率为 η_{sub}。相对受压区高度为 ξ_{yb}、ξ_{hb} 和 ξ_{ub}。

13.3.3　界限锈蚀率与界限相对受压区高度

当 $e < e_{tc}$ 时，轴向力远侧纵筋受压，有界限Ⅰ$_c$。在此界限状态下，偏心受压混凝土构件一般全截面受压，将实际受压区高度 x_n 取为锈蚀损伤截面高度 h_c，且轴向力近侧锈蚀纵筋一般可受压屈服/屈曲。为简化计算，当远侧纵筋受压时，统一取 $x = \beta_1 h_c$；根据定义，此时 $\sigma'_{sc} = f'_{bc}$、$\sigma_{sc} = f_{bc}$。一并代入式（13-39）和式（13-40），可得式（13-49）。

$$\begin{cases} N_{cu} = \alpha_1 f_c b_c h_c + f'_{bc} A'_{s0}(1-\eta'_s) + f_{bc} A_{s0}(1-\eta_s) \\ N_{cu} e = \alpha_1 f_c b_c \beta_1 h_c (h_{0c} - \beta_1 h_c/2) + f'_{bc} A'_{s0}(1-\eta'_s)(h_{0c} - a'_{sc}) \end{cases} \tag{13-49}$$

式中，f_{bc} 为轴向力远侧锈蚀纵筋实际受压极限应力，$f_{bc} = \min\{f_{yc}(\eta_s), f_{bcc}(\eta_s)\}$，$f_{yc}$ 为远侧锈蚀纵筋屈服应力，f_{bcc} 为远侧锈蚀纵筋屈曲应力。

值得注意的是：混凝土保护层折减系数 ϕ 是与 η_s 有关的一次函数，需要将它作为未知变量代入式（13-49）求解 η_s，理论上需引入 η_v、w、w_v 关于 η_s 的函数再代入方程。为了简化计算，此处先按给定的轴向力远侧纵筋、箍筋锈蚀率 η_s、η_v 及锈胀裂缝宽度 w、w_v 计算混凝土保护层折减系数 ϕ，将其作为已知参数代入式（13-49）求解 η_s。

式（13-49）中，$f_{bc} = \min\{f_{yc}(\eta_s), f_{bcc}(\eta_s)\}$ 作为待解值，需代入两种表达式分别求解。

若 $\sigma_{sc} = f_{bc} = f_{yc}(\eta_s)$，代入式（13-49）可得关于 η_s 的一元一次方程，求解

方程，取 η_s 在 0～0.8 的解作为界限Ⅰ$_c$锈蚀率的待定解 η_{s1}^*。若 η_s 在此范围内无解，此时，若 η_s 的计算值小于 0，取 $\eta_{s1}^*=0$；若 η_s 的计算值大于 0.8，取 $\eta_{s1}^*=0.8$。将 η_{s1}^* 代入式（12-33），可得到界限Ⅰ$_c$下远侧纵筋屈服应力值 f_{yc}^*（η_{s1}^*）。

若 $\sigma_{sc}=f_{bc}=f_{bcc}$（$\eta_s$），代入式（13-49）可得关于 η_s 的一元二次方程，求解方程，取 η_s 在 0～0.8 的解作为界限Ⅰ$_c$锈蚀率的待定解 η_{s2}^*。若 η_s 在此范围内无解，取 $\eta_{s2}^*=0.8$。若方程有解且小于 0，取 $\eta_{s2}^*=0$；若解大于 0.8，取 $\eta_{s2}^*=0.8$。将 η_{s2}^* 代入式（12-39）得到界限Ⅰ$_c$下远侧纵筋受压极限应力值 f_{bcc}^*（η_{s2}^*）。

由于 $\sigma_{sc}=f_{bc}=\min\{f_{yc}(\eta_s),\ f_{bcc}(\eta_s)\}$，若 f_{yc}^*（η_{s1}^*）$<f_{bcc}^*$（η_{s2}^*），取界限Ⅰ$_c$锈蚀率 $\eta_{sbb}=\eta_{s1}^*$；若 f_{yc}^*（η_{s1}^*）$\geqslant f_{bcc}^*$（η_{s2}^*），取界限Ⅰ$_c$锈蚀率 $\eta_{sbb}=\eta_{s2}^*$。界限Ⅰ$_c$相对受压区高度 $\xi_{bb}=\beta_1 h_c/h_{0c}\geqslant\beta_1$。

当 $e\geqslant e_{tc}$ 时，轴向力远侧纵筋受拉，存在 3 个界限Ⅰ$_t$～Ⅲ$_t$。界限Ⅰ$_t$～Ⅲ$_t$的求解方法与 13.2.3 节的相关内容类似：根据定义，假设轴向力近侧纵筋屈服/屈曲，将远侧纵筋及近侧边缘混凝土的应力/应变值代入式（13-39）与式（13-40）求解界限锈蚀率，再验证假设近侧纵筋屈服/屈曲是否成立，对此不再赘述。为避免求解高次方程，可令 $(1-1.092\eta_s)/(1-\eta_s)=1$，并对 $\xi-0.5\xi^2$ 进行关于 ξ 的线性近似，如式（13-50）所示。

$$\xi-0.5\xi^2\approx\begin{cases}0.825\xi & (0\leqslant\xi\leqslant0.4)\\0.375\xi+0.18 & (0.4<\xi\leqslant0.8)\end{cases}\tag{13-50}$$

13.3.4 与破坏模式相应的承载力计算方法

根据轴向力远侧纵筋零应力状态临界力臂 e_{tc} 和 4 个界限锈蚀率 η_{sbb}、η_{syb}、η_{shb} 及 η_{sub}，可将锈蚀钢筋混凝土偏心受压构件划分为 6 种不同的正截面破坏模式（①$_c$、②$_c$、①$_t$、②$_t$、③$_t$ 及④$_t$）。针对不同的破坏模式，分别计算相应的构件正截面承载力。

1. $e<e_{tc}$ 时承载力计算方法

对于模式①$_c$（$0\leqslant\eta_s<\eta_{sbb}$），取截面受压区高度 $x=\beta_1 h_c$，轴向力近侧纵筋一般可受压屈服/屈曲，$\sigma_{sc}'=f_{bc}'$，代入式（13-40），得到相应的偏心抗压承载力 N_{cu}。对于模式②$_c$（$\eta_{sbb}\leqslant\eta_s\leqslant1.0$），取 $x=\beta_1 h_c$，$\sigma_{sc}'=f_{bc}'$，$\sigma_{sc}=f_{bc}$（$0.8\leqslant\eta_s\leqslant1.0$ 时，纵筋的锈蚀程度过高，此时偏安全地取 $f_{bc}=0$），代入式（13-39）可直接求得模式②$_c$ 的偏心抗压承载力 N_{cu}。

2. $e\geqslant e_{tc}$ 时承载力计算方法

模式①$_t$～③$_t$ 正截面承载力的计算步骤与 13.2.3 节的相关内容类似，此处不再赘述。对于模式④$_t$，按照 13.2.3 节中模式④的正截面抗弯承载力简化计算方法求得 M_u 后，由 $N_{cu}=M_u/e_{0c}$ 即可求得模式④$_t$ 的偏心抗压承载力，式中，

e_{0c} 为截面锈蚀损伤后轴向力的偏心距。

值得注意的是：当构件两侧纵筋/箍筋锈蚀程度不一致时，可能导致两侧混凝土截面损伤程度不同，进而使得混凝土高度方向中心线发生偏移。定义此偏移量为锈蚀附加偏心距 e_{cor}，且 $e_{cor}=(a'_s\phi'-a_s\phi)/2$。截面损伤后，将轴向力的偏心距，即轴向力与锈损截面高度方向中心线的距离 $e_{0c}=e_0+e_{cor}$，代入式（13-51），可得到模式④$_t$ 下偏心抗压承载力 N_{cu}。

$$N_{cu}=\frac{M_u}{e_0+e_{cor}} \tag{13-51}$$

此外，如式（13-51）所示偏心抗压承载力适用于先锈蚀、后承载的锈蚀钢筋混凝土偏心受压构件。对于在使用荷载下已经开裂的既有偏心受压钢筋混凝土构件，当其轴向力远侧纵筋锈蚀率达到 η_{sub} 及以上时，为安全起见，可认为其不再具有偏心抗压承载力，即 $N_{cu}=0$。

13.3.5 计算结果与试验结果的对比

为验证所提简化计算方法的准确性，计算从文献中收集的纵筋锈蚀率为 0.0009～0.3541、箍筋锈蚀率为 0.00284～0.171 的 118 根锈蚀及 27 根未锈蚀钢筋混凝土构件偏心抗压承载力[12]。锈蚀钢筋混凝土构件偏心抗压承载力计算值与试验值对比如图 13-11 所示。在图 13-11 中，$N_{cu,cal}$ 为承载力计算值，$N_{cu,exp}$ 为承载力试验值；R 为各破坏模式下承载力计算值与试验值的相关系数；γ_{mean} 为各破坏模式下试件承载力计算值与试验值比值的均值。

从图 13-11 可知，这 145 根锈蚀及未锈蚀钢筋混凝土构件的偏心受压破坏模式以模式①$_t$（共 79 根）和模式②$_t$（共 49 根）为主。总体上，145 个点基本均匀分布于等值线上下，且 R 为 0.9869，γ_{mean} 为 1.0055，表明所提出的基于破坏模式的偏心受压锈蚀钢筋混凝土构件正截面承载力简化计算方法的准确性高。此外，少数计算值与试验值相差较大，可能是因为锈蚀钢筋力学性能的随机性较大，且计算时未考虑锈蚀钢筋与混凝土之间应变不协调的影响。同时，计算时采用线性折减的方式考虑锈蚀导致的混凝土有效截面损伤，也可能对计算结果的准确性造成影响。

值得说明的是：所提出的锈蚀钢筋混凝土偏心受压构件正截面承载力简化计算方法仍然基于平截面假定，并未考虑锈蚀钢筋与混凝土之间应变不协调的影响。但从图 13-11 看，采用所提出的计算方法得到的计算结果与大量试验数据总体吻合程度较好。这说明：对于纵筋锈蚀率为 0.0009～0.3541、箍筋锈蚀率为 0.00284～0.171 的偏心受压钢筋混凝土构件，当锈蚀钢筋两端锚固充足、破坏模式以模式①$_t$ 和模式②$_t$ 为主时，应变不协调对偏心受压锈蚀钢筋混凝土构件正截面承载力的影响并不十分显著。

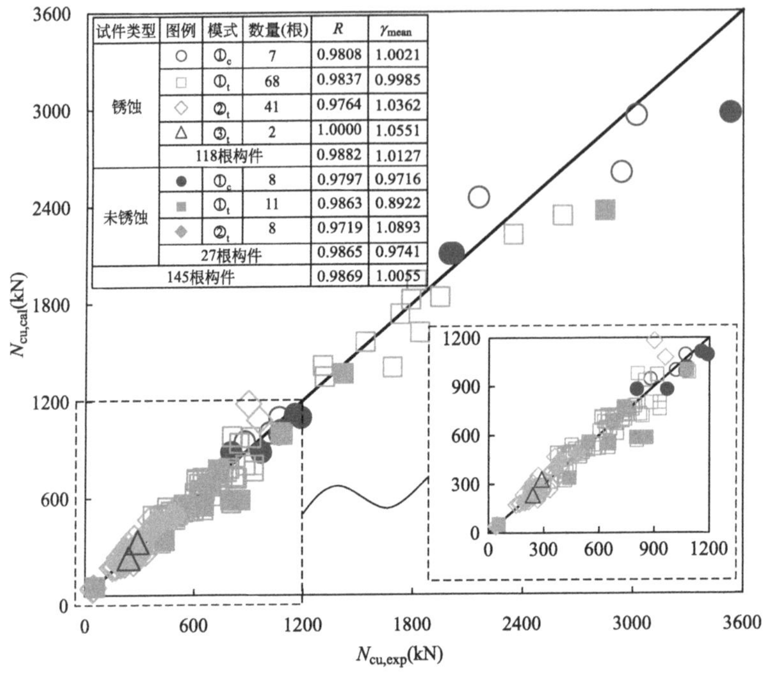

图 13-11 锈蚀钢筋混凝土构件偏心抗压承载力计算值与试验值对比

13.4 锈蚀钢筋混凝土构件斜截面抗剪承载力

13.4.1 试验数据库

为建立锈蚀钢筋混凝土受弯构件斜截面抗剪承载力计算方法，从文献中收集锈蚀钢筋混凝土构件受剪试验数据[13]，如表 13-1 所示。根据锈蚀情况，将数据库细分为 6 类，包括：

(1) D1：纵筋锈蚀率为 0～0.125 的无腹筋梁受剪试验数据。

(2) D2：仅纵筋锈蚀，纵筋锈蚀率为 0～0.17 的配置箍筋的有腹筋梁受剪试验数据。

(3) D3：仅箍筋锈蚀，箍筋锈蚀率为 0～0.542 的配置箍筋的有腹筋梁受剪试验数据。

(4) D4：纵筋锈蚀率为 0～0.262、箍筋锈蚀率为 0～0.601 的配置箍筋的有腹筋梁受剪试验数据。

(5) D5：仅箍筋锈蚀，箍筋锈蚀率为 0～0.363 的既配箍筋，又配弯起钢筋的有腹筋梁受剪试验数据。

(6) D6：纵筋锈蚀率为 0～0.174、箍筋锈蚀率为 0～0.684、弯起钢筋锈蚀率为 0～0.299 的既配箍筋，又配弯起钢筋的有腹筋梁试验数据。

锈蚀钢筋混凝土构件受剪试验数据库　　**表 13-1**

配筋	编号	锈蚀率	数量(根)
纵筋	D1	纵筋锈蚀率：0～0.125	35
纵筋＋箍筋	D2	纵筋锈蚀率：0～0.17	40
	D3	箍筋锈蚀率：0～0.5415	222
	D4	纵筋锈蚀率：0～0.262，箍筋锈蚀率：0～0.601	108
纵筋＋箍筋＋弯起钢筋	D5	箍筋锈蚀率：0～363	7
	D6	纵筋锈蚀率：0～0.174，箍筋锈蚀率：0～0.684，弯起钢筋锈蚀率：0～0.299	7

按配筋形式，将数据库分为 3 类：配置纵筋（D1）；配置纵筋＋箍筋（D2＋D3＋D4）；配置纵筋＋箍筋＋弯起钢筋（D5＋D6）。数据库共有 326 根锈蚀梁及 93 根未锈蚀梁。

13.4.2　锈蚀钢筋混凝土构件斜截面抗剪承载力计算公式

对于一根既配箍筋，又配弯起钢筋的钢筋混凝土受弯构件，按照规范的要求，给定其在集中荷载下的抗剪承载力见式（13-52）。

$$V_{u0}=V_{c0}+V_{v0}+V_{b0}=\frac{1.75}{\lambda+1}f_{t}bh_{0}+f_{vy0}\frac{A_{v0}}{s}h_{0}+0.8f_{by0}A_{b0}\sin\alpha \tag{13-52}$$

式中，V_{u0} 为未锈蚀钢筋混凝土受弯构件斜截面抗剪承载力；V_{c0}、V_{v0}、V_{b0} 为未锈蚀时混凝土、箍筋、弯起钢筋对抗剪承载力的贡献；f_t 为混凝土的轴心抗拉强度；b、h_0 为受弯构件的初始截面宽度与截面的有效高度；s 为有效的箍筋间距；λ 为计算截面的剪跨比，可取 $\lambda=a/h_0$，a 为集中荷载作用点至支座的距离；f_{vy0}、f_{by0} 为箍筋、弯起钢筋的初始屈服强度；A_{v0}、A_{b0} 为箍筋、弯起钢筋的初始截面面积；α 为弯起钢筋与构件轴线间的夹角。

受弯构件中钢筋锈蚀引发的混凝土与受力钢筋截面损伤、受力钢筋屈服强度降低，均可导致构件的斜截面抗剪承载力下降。在式（13-52）的基础上，引入系数 β_{cc}、β_{vc}、β_{bc}，建立锈蚀钢筋混凝土受弯构件斜截面抗剪承载力计算公式，如式（13-53）所示。

$$V_u=\beta_{cc}V_{c0}+\beta_{vc}V_{v0}+\beta_{bc}V_{b0}=\beta_{cc}\frac{1.75}{\lambda+1}f_tbh_0+\beta_{vc}f_{vy0}\frac{A_{v0}}{s}h_0+0.8\beta_{bc}f_{by0}A_{b0}\sin\alpha \tag{13-53}$$

式中，V_u 为锈蚀钢筋混凝土受弯构件斜截面抗剪承载力；β_{cc}、β_{vc}、β_{bc} 为混凝土、箍筋、弯起钢筋对抗剪承载力贡献的锈蚀折减系数。

与《混凝土结构设计规范》GB 50010—2010（2015 年版）的规定一致，矩形截面的受弯构件发生剪压破坏时，斜截面的最大抗剪承载力见式（13-54）、式（13-55）。

$h_{0c}/b_c\leqslant 4$

$$V_{u,max}=0.25\beta_cf_cb_ch_{0c} \tag{13-54}$$

$h_{0c}/b_c\geqslant 6$

$$V_{u,max}=0.20\beta_cf_cb_ch_{0c} \tag{13-55}$$

当 $4<h_{0c}/b_c<6$ 时，按线性插值法求 $V_{u,max}$。

式中，$V_{u,max}$ 为锈蚀受弯构件斜截面的最大抗剪承载力；β_c 为混凝土强度影响系数；b_c、h_{0c} 为锈蚀损伤后的截面宽度和截面的有效高度，可参照 13.2.1 节的相关方法计算或取值。

13.4.3 锈蚀折减系数的确定

1. 确定原则

在实际工程中配置纵筋、箍筋和弯起钢筋的钢筋混凝土梁，纵筋、箍筋、弯起钢筋可能都会锈蚀，锈蚀导致的混凝土、箍筋、弯起钢筋的贡献降低，实际是耦合在一起的，难以区分的。为方便地确定混凝土、箍筋、弯起钢筋的锈蚀折减系数，需根据单一变量的受剪试验数据进行校核分析，取各单一变量下的锈蚀折减系数为相应试验数据的均值或偏下限值。例如，对于混凝土的锈蚀折减系数 β_{cc}，根据无腹筋（仅配纵筋）钢筋混凝土梁在纵筋锈蚀后的受剪试验数据（数据库 D1）校核确定，取为试验数据的均值 $\beta_{cc,a}$ 或偏下限值 $\beta_{cc,l}$；对箍筋的锈蚀折减系数 β_{vc}，根据配置纵筋和箍筋的钢筋混凝土梁在纵筋不锈蚀、箍筋锈蚀后的受剪试验数据（数据库 D3）校核确定，取为试验数据的均值 $\beta_{vc,a}$ 或偏下限值 $\beta_{vc,l}$；对于弯起钢筋的锈蚀折减系数 β_{bc}，根据配置纵筋和弯起钢筋的钢筋混凝土梁在纵筋不锈蚀、弯起钢筋锈蚀后的受剪试验数据（数据库 D＊，无相关数据）校核确定，取为试验数据的均值 $\beta_{bc,a}$ 或偏下限值 $\beta_{bc,l}$。

值得注意的是：式（13-52）中混凝土、箍筋、弯起钢筋各项对抗剪承载力贡献的计算值是偏于安全的，并不是精确的值。因此，在校核确定上述各项锈蚀折减系数时，尽可能采用原始试验数据。校核分析混凝土的锈蚀折减系数 β_{cc} 时，基于混凝土对抗剪承载力贡献试验值的相对值 $V_{c,exp}/V_{c0,exp}$，$V_{c,exp}$、$V_{c0,exp}$ 为锈蚀与未锈蚀无腹筋梁斜截面抗剪承载力试验值；校核分析箍筋的锈蚀折减系数 β_{vc} 时，基于箍筋对抗剪承载力贡献试验值的相对值（$V_{cv,exp}-V_{c0,exp}$）/（$V_{cv0,exp}-V_{c0,exp}$），$V_{cv,exp}$、$V_{cv0,exp}$ 为配置纵筋与箍筋的锈蚀与未锈蚀钢筋混凝土梁斜截面抗剪承载力试验值；校核分析弯起钢筋的锈蚀折减系数 β_{bc} 时，基于弯起钢筋对抗剪承载力贡献试验值的相对值（$V_{cb,exp}-V_{c0,exp}$）/（$V_{cb0,exp}-V_{c0,exp}$），$V_{cb,exp}$、$V_{cb0,exp}$ 为配置纵筋与弯起钢筋的锈蚀与未锈蚀钢筋混凝土梁斜截面抗剪承载力试验值。

然而，数据库 D3 中没有同组 $V_{c0,exp}$ 相关试验数据，且未收集到数据库 D＊的数据。因此，校核分析箍筋项的锈蚀折减系数时，用未锈蚀时混凝土对抗剪承载力贡献的计算值 $V_{c0,cal}$ 替代 $V_{c0,exp}$。弯起钢筋的锈蚀折减系数，按下述步骤确定：

（1）根据数据库 D1 和数据库 D3 的数据，分别确定均值意义上的混凝土锈蚀折减系数 $\beta_{cc,a}$ 和箍筋锈蚀折减系数 $\beta_{vc,a}$。

（2）将数据库 D6 中的试验数据减去按步骤（1）确定锈蚀后与未锈蚀时混凝土和箍筋对抗剪承载力贡献的计算值 $V_{cv,cal}$（$\beta_{cc,a}V_{c0}+\beta_{vc,a}V_{v0}$）、$V_{cv0,cal}$（$V_{c0}+V_{v0}$），将其分别从配置纵筋、箍筋及弯起钢筋的锈蚀与未锈蚀钢筋混凝土梁斜截面抗剪承载力试验值 $V_{cvb,exp}$、$V_{cvb0,exp}$ 中减去，获取弯起钢筋对抗剪承载力贡献的相对值（$V_{cvb,exp}-V_{cv,cal}$）/（$V_{cvb0,exp}-V_{cv0,cal}$），获得修正的数据库 D6。

（3）基于第（2）步修正的数据库 D6 进行校核分析，获得弯起钢筋锈蚀折减系数，取为修正后数据库 D6 中试验数据的均值（$\beta_{bc,a}$）或偏下限值（$\beta_{bc,l}$）。

2. 混凝土锈蚀折减系数 β_{cc}

混凝土对抗剪承载力贡献的相对值 $V_{c,exp}/V_{c0,exp}$ 随纵筋锈蚀率 η_s 增大的变化规律如图 13-12 所示。对图中的数据点进行回归分析，可得均值意义上的 $\beta_{cc,a}$ 的计算公式，如式（13-56）所示。为偏安全地评估混凝土承担的剪力，对图中数据点偏下限取包络线，可得锈蚀折减系数偏下限值 $\beta_{cc,l}$ 的计算公式，如式（13-57）所示。

$$\beta_{cc,a}=0.14/(\eta_s+0.14) \tag{13-56}$$

$$\beta_{cc,l}=0.075/(\eta_s+0.075) \tag{13-57}$$

3. 箍筋锈蚀折减系数 β_{vc}

箍筋承担剪力相对值（$V_{cv,exp}-V_{c0,cal}$）/（$V_{cv0,exp}-V_{c0,cal}$）随箍筋锈蚀率 η_v 增大的变化规律如图 13-13 所示。对图中的数据点进行回归分析，可得均值意义上的 $\beta_{vc,a}$ 的计算公式如式（13-58）所示和偏下限值的 $\beta_{vc,l}$ 的计算公式如式（13-59）所示。

$$\beta_{vc,a}=0.6/(\eta_v+0.6) \tag{13-58}$$

$$\beta_{vc,l}=0.1/(\eta_v+0.1) \tag{13-59}$$

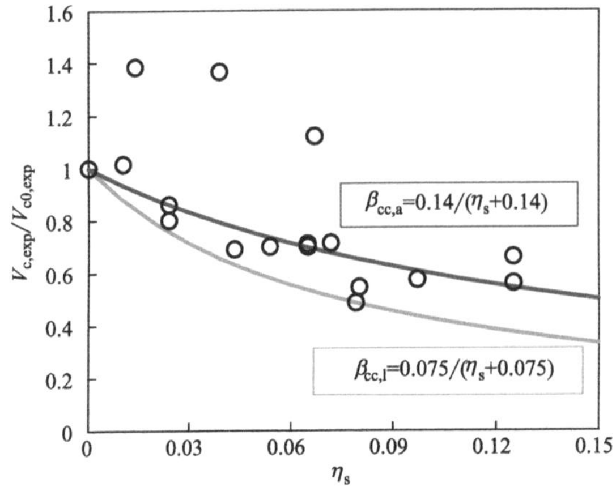

图 13-12　$V_{c,exp}/V_{c0,exp}$ 随纵筋锈蚀率 η_s 增大的变化规律

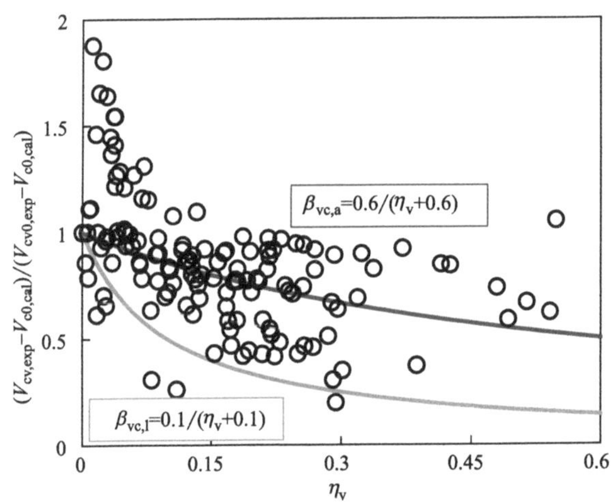

图 13-13　$(V_{cv,exp}-V_{c0,cal})$ / $(V_{cv0,exp}-V_{c0,cal})$ 随箍筋锈蚀率 η_v 增大的变化规律

4. **弯起钢筋锈蚀折减系数** β_{bc}

弯起钢筋承担剪力相对值 $(V_{cvb,exp}-V_{cv,cal})$ / $(V_{cvb0,exp}-V_{cv0,cal})$ 随弯起钢筋锈蚀率 η_b 增大的变化规律如图 13-14 所示。在图 13-14 中，各数据点基本都处于水平线 $(V_{cvb,exp}-V_{cv,cal})$ / $(V_{cvb0,exp}-V_{cv0,cal})$ $=1$ 的上方，显然这是不合理的。造成这一结果的原因有：拟合基于的样本数量较少，不具有普适性；相对值 $(V_{cvb,exp}-V_{cv,cal})$ / $(V_{cvb0,exp}-V_{cv0,cal})$ 计算公式中 $V_{cv,cal}$、$V_{cv0,cal}$ 的计算取值是偏安全的。因此，偏安全地计算 β_{bc} 是有必要的。弯起钢筋锈蚀折减系数均值 $\beta_{bc,a}$ 及偏下限值 $\beta_{bc,l}$ 均按式（13-60）计算。此时，恰好使得 $\beta_{bc,a}f_{by0}A_{b0}=\beta_{bc,l}f_{by0}A_{b0}=f_{byc}A_{b0}$ $(1-\eta_b)$ 近似成立。此处，f_{byc} 为弯起钢筋锈蚀后的屈服强度。

$$\beta_{\mathrm{bc,\,a}}=\beta_{\mathrm{bc,\,l}}=1-1.092\eta_{\mathrm{b}} \tag{13-60}$$

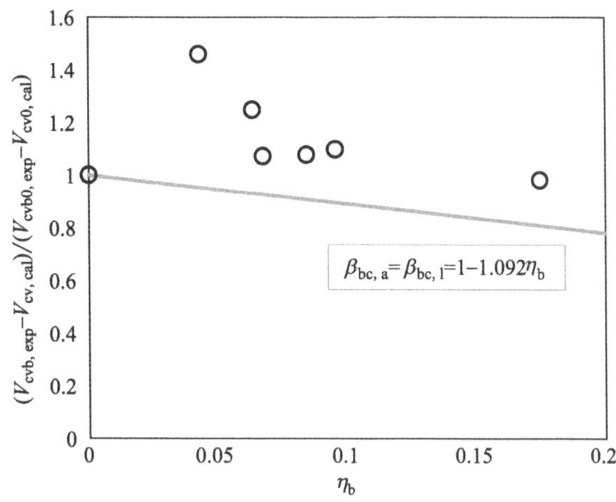

图 13-14　$(V_{\mathrm{cvb,exp}}-V_{\mathrm{cv,cal}})$ / $(V_{\mathrm{cvb0,exp}}-V_{\mathrm{cv0,cal}})$ 随 η_{b} 增大的变化规律

13.4.4　临界锈蚀率

在集中荷载作用下，钢筋混凝土受弯构件发生锈蚀后，若纵筋、箍筋或弯起钢筋不能提供足够的拉力与混凝土形成受剪机制，锈蚀受弯构件将提早发生斜截面受剪破坏。因此，引入临界锈蚀率作为定量标准评估纵筋、箍筋或弯起钢筋能否有效地提供必要的拉力。

1. 纵筋临界锈蚀率

无腹筋梁斜裂缝出现后，对隔离体进行受力分析，隔离体的受力简图如图 13-15 所示。在图 13-15 中，V_{u} 为斜截面抗剪承载力；V_{c} 为混凝土承担的剪力；V_i 为斜裂缝交接面上骨料间的咬合力与摩擦力；V_{d} 为纵筋销栓力；C_{c} 为剪压区混凝土的合压力；T_{s} 为纵筋的拉力；z 为 C_{c} 作用点对纵筋合力点取矩时力臂的长度，按式 (13-61) 计算。

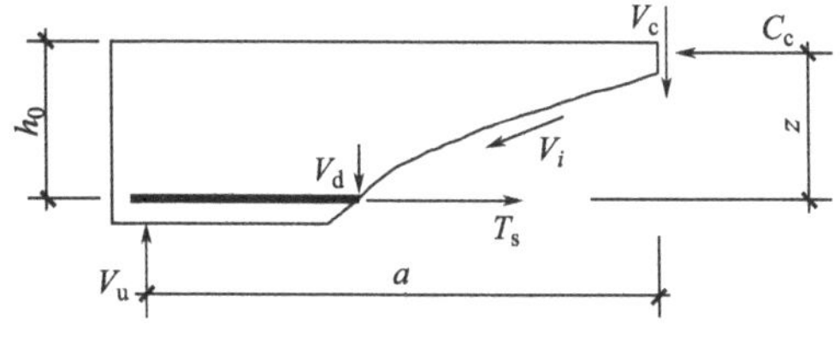

图 13-15　隔离体的受力简图

$$z=h_0-\xi_1 h_0/2=h_0(1-\xi_1/2) \tag{13-61}$$

式中，ξ_1 为截面剪压区的相对高度，可近似认为当 λ 在 1～5 变化时，ξ_1 在

0～0.55 变化[9]。

随着斜裂缝的发展，V_i 不断减小，V_d 不断增大。在计算斜截面受剪承载力 V_u 时，可偏于安全地忽略 V_i 及 V_d 的贡献。但是，在分析锈蚀纵筋能够提供的有效拉力时，V_i 及 V_d 的存在对 T_s 是不利的。为简化计算，在建立平衡方程时，仍忽略 V_i 及 V_d 的贡献，但最终引入一个大于 1 的放大系数 γ_v 来考虑 V_i 及 V_d 的作用。

忽略 V_i 及 V_d 的作用，对图 13-15 中的隔离体建立力与弯矩的平衡方程，得到锈蚀纵筋的拉力 T_s 与混凝土承担的剪力 V_c 的关系，如式（13-62）所示。

$$T_s = V_c \frac{a}{h_0} \frac{1}{(1-\xi_1/2)} = V_c \frac{2\lambda}{(2-\xi_1)} \tag{13-62}$$

为确保纵筋提供足够的拉力，对式（13-62）取上限值，将 $\xi_1 = 0.55$ 代入式（13-62），此时，2/（2$-\xi_1$）$=1.38$，最终得到式（13-63）。

$$T_s = 1.38\lambda V_c = \sigma_{sc} A_{s0}(1-\eta_s) \tag{13-63}$$

若 $T_s \geqslant 1.38\lambda V_c$，混凝土承担的剪力由混凝土控制；若 $T_s < 1.38\lambda V_c$，混凝土承担的剪力由纵筋控制。当 $\beta_{cc} V_{c0} = T_s/$（1.38λ）时，求得的纵筋锈蚀率即为纵筋临界锈蚀率 $\eta_{s,c}$。为简化计算，取 $T_s = f_{yc} A_{s0}$（$1-\eta_s$），得到式（13-64）。

$$\beta_{cc} \frac{1.75}{\lambda+1} f_t b h_0 = \frac{f_{y0} A_{s0}(1-1.092\eta_s)}{1.38\lambda} \tag{13-64}$$

将均值意义上的纵筋锈蚀折减系数 $\beta_{cc,a}$ 及偏下限值 $\beta_{cc,l}$ 分别代入式（13-61），可求得与之对应的纵筋临界锈蚀率 $\eta_{s,ca}$ 与 $\eta_{s,cl}$。若纵筋的锈蚀率 $\eta_s \geqslant \eta_{s,ca}$ 或 $\eta_{s,cl}$，混凝土承担的剪力由纵筋的拉力控制，偏安全地取 $\beta_{cc,a}$ 或 $\beta_{cc,l}=0$，此时 $V_c=0$。

2. 箍筋临界锈蚀率

为确保受弯构件不发生斜拉破坏，对配置纵筋与箍筋的受弯构件，应保证 $V_v \geqslant V_c$。为确保安全性，按最不利情况考虑，若受弯构件仅有箍筋锈蚀，此时混凝土承担的剪力将达到最大值 V_{c0}。令 $V_v = V_{c0}$，求得箍筋的锈蚀率即为箍筋的临界锈蚀率 $\eta_{v,c}$。

$$\beta_{vc} \frac{f_{vy0} A_{v0}}{s} h_0 = \frac{1.75}{\lambda+1} f_t b h_0 \tag{13-65}$$

将均值意义上的箍筋锈蚀折减系数 $\beta_{vc,a}$ 及偏下限值 $\beta_{vc,l}$ 分别代入式（13-65），可求得与之对应的箍筋临界锈蚀率 $\eta_{v,ca}$ 与 $\eta_{v,cl}$。若箍筋锈蚀率 $\eta_v \geqslant \eta_{v,ca}$ 或 $\eta_{v,cl}$，则认为此时的箍筋无法提供足够的拉力，偏安全地取 $\beta_{vc,a}$ 或 $\beta_{vc,l}=0$，此时 $V_v=0$。

3. 弯起钢筋临界锈蚀率

为确保受弯构件不发生斜拉破坏，并按最不利情况考虑，对弯起钢筋锈蚀时的配置纵筋与弯起钢筋的受弯构件，应保证 $V_b \geqslant V_{c0}$。令 $V_b = V_{c0}$，求得弯起钢筋的锈蚀率即为弯起钢筋的临界锈蚀率 $\eta_{b,c}$。

$$0.8\beta_{bc}f_{by0}A_{b0}\sin\alpha=\frac{1.75}{\lambda+1}f_tbh_0 \tag{13-66}$$

将均值意义上的弯起钢筋锈蚀折减系数 $\beta_{bc,a}$ 及偏下限值 $\beta_{bc,l}$ 分别代入式(13-66)，可求得与之对应的弯起钢筋的临界锈蚀率 $\eta_{b,ca}$ 与 $\eta_{b,cl}$。若弯起钢筋的锈蚀率 $\eta_b\geqslant\eta_{b,ca}$ 或 $\eta_{b,cl}$，则认为此时的弯起钢筋无法提供足够的拉力，偏安全地取 $\beta_{bc,a}=0$ 或 $\beta_{bc,l}=0$，此时 $V_b=0$。由于前面取 $\beta_{bc,a}=\beta_{bc,l}$，因此 $\eta_{b,ca}=\eta_{b,cl}$。

13.4.5　建议的锈蚀折减系数

根据试验数据库校核分析，并结合临界锈蚀率，获得的锈蚀钢筋混凝土构件斜截面抗剪承载力计算时的折减系数如表 13-2 所示。由于未锈蚀时混凝土承担剪力计算的公式即为偏下限取值，且混凝土承担剪力的相对值 $V_{c,exp}/V_{c0,exp}$ 由试验确定，能够较好地反应混凝土承担剪力随纵筋锈蚀率增加而降低的变化趋势，因此，建议对混凝土折减系数取均值 $\beta_{cc,a}$，但对箍筋、弯起钢筋锈蚀折减系数偏安全地取偏下限值 $\beta_{vc,l}$、$\beta_{bc,l}$。

锈蚀钢筋混凝土构件斜截面抗剪承载力计算时的折减系数　　表 13-2

折减系数	取为试验数据库均值	取为试验数据库下限值
β_{cc}	$\beta_{cc,a}=\begin{cases}0.14/(\eta_s+0.14) & (\eta_s<\eta_{s,ca})\\0 & (\eta_s\geqslant\eta_{s,ca})\end{cases}$	$\beta_{cc,l}=\begin{cases}0.075/(\eta_s+0.075) & (\eta_s<\eta_{s,cl})\\0 & (\eta_s\geqslant\eta_{s,cl})\end{cases}$
β_{vc}	$\beta_{vc,a}=\begin{cases}0.6/(\eta_v+0.6) & (\eta_v<\eta_{v,ca})\\0 & (\eta_v\geqslant\eta_{v,ca})\end{cases}$	$\beta_{vc,l}=\begin{cases}0.1/(\eta_v+0.1) & (\eta_v<\eta_{v,cl})\\0 & (\eta_v\geqslant\eta_{v,cl})\end{cases}$
β_{bc}	$\beta_{bc,a}=\begin{cases}1-1.092\eta_b & (\eta_b<\eta_{b,ca})\\0 & (\eta_b\geqslant\eta_{b,ca})\end{cases}$	$\beta_{bc,l}=\begin{cases}1-1.092\eta_b & (\eta_b<\eta_{b,cl})\\0 & (\eta_b\geqslant\eta_{b,cl})\end{cases}$

13.4.6　计算结果与试验结果的对比

为检验所提简化计算方法的可靠性，采用 13.4.5 节建议的锈蚀折减系数，计算了 13.4.1 节数据库中的锈蚀钢筋混凝土构件的斜截面抗剪承载力。锈蚀钢筋混凝土构件斜截面抗剪承载力计算值与试验值对比如图 13-16 所示。

在图 13-16 中，$V_{u,cal}$ 为承载力计算值；$V_{u,exp}$ 为承载力试验值；γ 为承载力计算值与试验值的比值；γ_{mean} 为承载力计算值与试验值比值的均值；$N_{\gamma>1}$ 为 $\gamma>1$ 的数据点的数量；$N_{\gamma\leqslant1}$ 为 $\gamma\leqslant1$ 的数据点的数量；L 代表无腹筋梁，LS 代表腹筋只配箍筋的有腹筋梁，LSB 代表腹筋既配箍筋又配弯起钢筋的有腹筋梁。在图 13-16 中，锈蚀 LS 中括号内的数字表示仅纵筋锈蚀的，且配置了纵筋与箍筋的混凝土梁的数量。

由图 13-16 可知，锈蚀数据点基本位于等值线下方，各类型梁承载力计算值与试验值比值的均值均小于 1，且在箍筋/弯起钢筋锈蚀的有腹筋梁中，位于等值线下方的数据点所占比例为 96.30%，说明采用计算方法评估受弯锈蚀钢筋混凝土构件斜截面抗剪承载力是安全可靠的。另有小部分数据点位于等值线上方，这可能是因为锈蚀折减系数采用偏下限而非绝对下限，使得部分计算值偏大。同时，大多数学者并未给出本计算方法中所需的 f_t 参数的数据，计算时可将 f_t 取为 $1/10f_c$，这也可能对计算结果造成影响。此外，有极个别的计算值为 0，这是因为钢筋锈蚀率大于临界锈蚀率时，偏安全地取锈蚀折减系数为 0 所致。

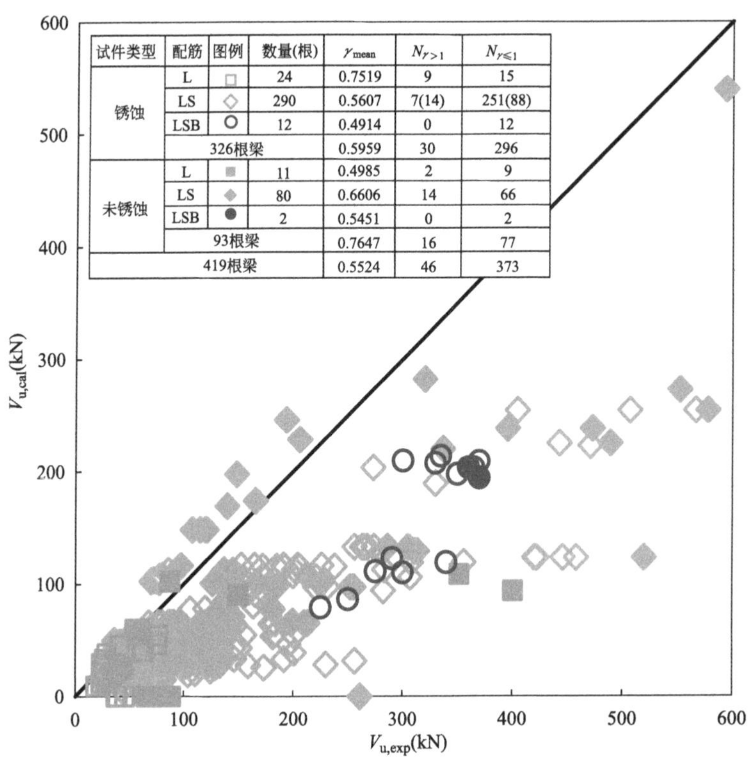

试件类型	配筋	图例	数量(根)	γ_{mean}	$N_{\gamma>1}$	$N_{\gamma\leq1}$
锈蚀	L	□	24	0.7519	9	15
	LS	◇	290	0.5607	7(14)	251(88)
	LSB	○	12	0.4914	0	12
	326根梁			0.5959	30	296
未锈蚀	L	■	11	0.4985	2	9
	LS	◆	80	0.6606	14	66
	LSB	●	2	0.5451	0	2
	93根梁			0.7647	16	77
419根梁				0.5524	46	373

图 13-16　锈蚀钢筋混凝土构件斜截面抗剪承载力计算值与试验值对比

13.5　锈蚀预应力混凝土构件正截面抗弯承载力

13.5.1　基本方程及参数

锈蚀预应力混凝土构件正截面受弯破坏时的应力与应变分布图如图 13-17 所

示。在图 13-17 中，h_{pc} 为锈蚀预应力筋合力点至锈蚀损伤后的截面顶部的距离；A_{p0} 为预应力筋的初始面积；σ_{pc}、$\Delta\varepsilon_{pc}$ 为锈蚀预应力筋应力与增量应变；η_p 为锈蚀预应力筋的锈蚀率。图中各锈蚀损伤截面参数的计算方法与 13.2 节内容一致。截面力和弯矩平衡方程如式（13-67）和式（13-68）所示。

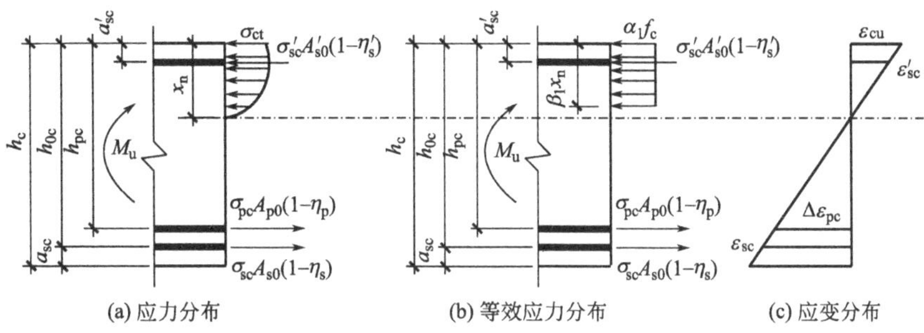

(a) 应力分布　(b) 等效应力分布　(c) 应变分布

图 13-17　锈蚀预应力混凝土构件正截面受弯破坏时的应力与应变分布图

$$\alpha_1 f_c b_c x + \sigma'_{sc} A'_{s0}(1-\eta'_s) = \sigma_{sc} A_{s0}(1-\eta_s) + \sigma_{pc} A_{p0}(1-\eta_p) \tag{13-67}$$

$$M_u = \sigma'_{sc} A'_{s0}(1-\eta'_s)(0.5x - a'_{sc}) + \sigma_{sc} A_{s0}(1-\eta_s) h_{0c}(h_{0c} - 0.5x) + \sigma_{pc} A_{p0}(1-\eta_p)(h_{pc} - 0.5x) \tag{13-68}$$

有粘结预应力的混凝土构件，当受拉纵筋与预应力筋两端锚固良好时，可认为仍满足平截面假定[6,7]，如式（13-69）所示。

$$\frac{\Delta\varepsilon_{pc}}{h_{pc} - x_n} = \frac{\varepsilon_{sc}}{h_{0c} - x_n} = \frac{\varepsilon'_{sc}}{x_n - a'_{sc}} = \frac{\varepsilon_{ct}}{x_n} \tag{13-69}$$

13.5.2　破坏界限与破坏模式

当锈蚀预应力混凝土构件发生正截面失效时，可能存在以下 3 种破坏模式：

（1）模式①：受压区混凝土压碎。

（2）模式②：锈蚀普通钢筋拉断。

（3）模式③：锈蚀预应力筋拉断。

计算表明：若预应力筋与普通钢筋锈蚀率相同，在一般情况下，锈蚀预应力筋会先于锈蚀普通钢筋断裂，计算锈蚀预应力混凝土构件抗弯承载力时，可不考虑锈蚀普通钢筋拉断的破坏模式。为简化计算，仅考虑受压区混凝土压碎（模式①）和锈蚀预应力筋拉断（模式③）两种破坏模式分析计算锈蚀预应力梁正截面抗弯承载力。两种破坏模式之间存在一个破坏界限：受压区混凝土压碎的同时，锈蚀预应力筋恰好拉断。此时，$\Delta\varepsilon_{pc} = \Delta\varepsilon_{puc}$（$\eta_p$）、$\varepsilon_{ct} = \varepsilon_{cu}$，$\Delta\varepsilon_{puc}$ 为锈蚀预应力筋的极限应变增量。

13.5.3 界限锈蚀率

根据界限定义，$\Delta\varepsilon_{pc}=\Delta\varepsilon_{puc}$（$\eta_p$）、$\varepsilon_{ct}=\varepsilon_{cu}$，将它们代入式（13-69），可得界限下实际受压区高度 x_b，如式（13-70）所示。将 x_b 代入式（13-66），可求得此时受拉与受压普通钢筋的应变值，继而可以求得受拉与受压普通钢筋的应力值。将求得的 x_b、σ_{sc}、σ'_{sc}代入式（13-67），可求得界限锈蚀率 η_{pub}，如式（13-71）所示。

$$x_b=\varepsilon_{cu}h_{pc}/(\varepsilon_{cu}+\Delta\varepsilon_{puc}) \tag{13-70}$$

$$\eta_{pub}=1-[\alpha_1 f_c b_c x_b+\sigma'_{sc}A'_{s0}(1-\eta'_s)-\sigma_{sc}A_{s0}(1-\eta_s)]/\sigma_{pc}A_{p0} \tag{13-71}$$

若 $\eta_p<\eta_{pub}$，破坏模式为受压区混凝土压碎（模式①）；若 $\eta_p\geqslant\eta_{pub}$，破坏模式为锈蚀的预应力筋拉断（模式③）。

13.5.4 与破坏模式相应的承载力计算方法

根据界限锈蚀率 η_{pub}，可将锈蚀的预应力混凝土构件分两种不同的正截面破坏模式（模式①、模式②）。针对这两种破坏模式，分别计算构件的正截面抗弯承载力。

对模式①（$0\leqslant\eta_p<\eta_{pub}$），令 $\varepsilon_{ct}=\varepsilon_{cu}$，又 $x=\beta_1 x_n$，由式（13-69）得式（13-72）～式（13-74）。

$$\Delta\varepsilon_{pc}=\varepsilon_{cu}(\beta_1 h_{pc}-x)/x \tag{13-72}$$

$$\varepsilon_{sc}=\varepsilon_{cu}(\beta_1 h_{0c}-x)/x \tag{13-73}$$

$$\varepsilon'_{sc}=\varepsilon_{cu}(x-\beta_1 a'_{sc})/x \tag{13-74}$$

由式（13-72）可求得锈蚀的预应力筋应变，见式（13-75）。

$$\varepsilon_{pc}=\varepsilon_{cu}(\beta_1 h_{pc}-x)/x+f_{pu0}\phi_p/E_{p0} \tag{13-75}$$

式中，ϕ_p 为预应力筋应力水平系数。

利用式（13-73）～式（13-75）求得与受压区高度 x 相关的受拉普通钢筋应力 σ_{sc}、受压普通钢筋应力 σ'_{sc}、预应力筋应力 σ_{pc}，代入式（13-67），求解 x。将 x 代入式（13-65）即可求得模式①下锈蚀预应力筋混凝土梁的正截面抗弯承载力。

对模式②（$\eta_p\geqslant\eta_{pub}$），令 $\Delta\varepsilon_{pc}=\Delta\varepsilon_{puc}$，又 $x=\beta_1 x_n$，由式（13-69）得式（13-76）～式（13-78）。

$$\varepsilon_{ct}=\Delta\varepsilon_{puc}x/(\beta_1 h_{pc}-x) \tag{13-76}$$

$$\varepsilon_{sc}=\Delta\varepsilon_{puc}(\beta_1 h_{0c}-x)/(\beta_1 h_{pc}-x) \tag{13-77}$$

$$\varepsilon'_{sc}=\Delta\varepsilon_{puc}(x-\beta_1 a'_{sc})/(\beta_1 h_{pc}-x) \tag{13-78}$$

对于强度等级小于等于 C50 的混凝土，等效矩形应力图相关系数 α_1、β_1 分别按式（13-79）和式（13-80）计算。

当 $0<\varepsilon_{ct}<\varepsilon_0$ 时：

$$\begin{cases}\alpha_1=\dfrac{\varepsilon_{ct}}{\varepsilon_0}-\dfrac{\varepsilon_{ct}^2}{3\varepsilon_0^2}\\ \beta_1=\dfrac{2-\varepsilon_{ct}/(2\varepsilon_0)}{3-\varepsilon_{ct}/\varepsilon_0}\end{cases}\tag{13-79}$$

当 $\varepsilon_0\leqslant\varepsilon_{ct}\leqslant\varepsilon_{cu}$ 时：

$$\begin{cases}\alpha_1=1-\dfrac{\varepsilon_0}{3\varepsilon_{ct}}\\ \beta_1=\dfrac{6-4\varepsilon_0/\varepsilon_{ct}+(\varepsilon_0/\varepsilon_{ct})^2}{6-2\varepsilon_0/\varepsilon_{ct}}\end{cases}\tag{13-80}$$

利用式（13-76）～式（13-78）求得与受压区高度 x 相关的受拉普通钢筋应力 σ_{sc}、受压普通钢筋应力 σ_{sc}'、预应力筋应力 σ_{pc}，代入式（13-67），求解 x。将 x 代入式（13-65）即可求得模式②下锈蚀预应力筋混凝土梁的正截面抗弯承载力。

13.5.5　计算结果与试验结果的对比

为验证所提简化计算方法的准确性，计算从文献中收集到的预应力筋锈蚀率为 0.021～0.20 的 14 根锈蚀及 5 根未锈蚀预应力混凝土梁正截面抗弯承载力[14]。锈蚀预应力混凝土梁正截面抗弯承载力计算值与试验值对比如图 13-18 所示。

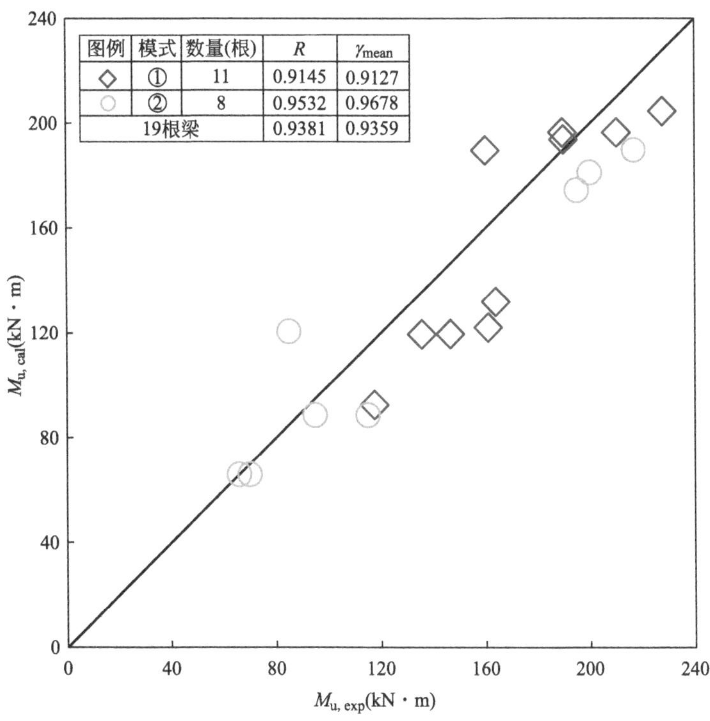

图 13-18　锈蚀预应力混凝土梁正截面抗弯承载力计算值与试验值对比

在图 13-18 中，$M_{u,cal}$ 为承载力计算值，$M_{u,exp}$ 为承载力试验值；R 为各破坏模式下承载力计算值与试验值的相关系数；γ_{mean} 为各破坏模式下试件承载力计算值与试验值比值的均值。从图 13-18 可知：总体上，19 个点大部分略低于等值线，R 为 0.9381，γ_{mean} 为 0.9359，说明所提出的基于破坏模式的受弯锈蚀预应力混凝土梁正截面承载力简化计算方法偏于安全，且准确性较高。

13.6 锈蚀钢筋混凝土构件的抗弯刚度

13.6.1 锈蚀钢筋混凝土受弯及大偏心受压构件

考虑钢筋锈蚀对钢筋与混凝土之间粘结性能的影响，建立锈蚀钢筋混凝土构件短期抗弯刚度的计算方法如式（13-81）和式（13-82）所示。

$$B_{sc}=\frac{E_{sc}A_{sc}h_0^2}{1.15\psi_c+0.2+\dfrac{6\alpha_E\rho_{sc}}{1+3.5\gamma'_f}} \tag{13-81}$$

$$\psi_c=\psi+\frac{1-\psi}{w_{cr}}w \tag{13-82}$$

式中，B_{sc} 为锈蚀钢筋混凝土受弯构件的短期刚度（在下面的字母解释中，将锈蚀钢筋混凝土受弯构件简称为：该构件）；γ'_f 为该构件受压翼缘与腹板有效面积的相对比值；ψ_c 为该构件裂缝间纵向受拉钢筋应变不均匀系数，假设其值随着锈蚀钢筋与混凝土间粘结性能的退化而近似按照线性规律提高，最大不超过 1；w 为该构件锈胀裂缝宽度；w_{cr} 为锈胀裂缝宽度限值，裂缝宽度超过该值时，混凝土保护层完全剥落，锈蚀钢筋与混凝土间的粘结性能完全丧失，根据文献［8］的建议，对光圆钢筋取 $w_{cr}=2.5$mm，对变形钢筋取 $w_{cr}=3.5$mm；ψ 为未锈蚀钢筋混凝土受弯构件裂缝间纵向受拉钢筋应变不均匀系数；ρ_{sc} 为该构件纵向受拉钢筋配筋率；E_{sc} 为锈蚀钢筋弹性模量，取值同未锈蚀钢筋弹性模量值；A_{sc} 为该构件纵向受拉钢筋的截面面积；α_E 为该构件钢筋弹性模量和混凝土弹性模量的比值。

选取文献［6］中 8 根试验梁在不同荷载等级下的抗弯刚度的试验结果，与对应的计算结果进行比较，得到如表 13-3 所示的锈蚀钢筋混凝土梁抗弯刚度计算结果与试验结果的比较表，表中，M_1、M_2、M_3 为不同的荷载等级，$B_{s,e}$ 为梁短期刚度试验值，$B_{s,c}$ 为梁短期刚度计算值。由表 13-3 可以看出：计算结果与试验结果基本吻合。

锈蚀钢筋混凝土梁抗弯刚度计算结果与试验结果的比较表　　表 13-3

梁编号	L10	L11	L12	L13	L20	L21	L22	L23
η_s(%)	0	8.42	10.80	21.34	0	7.69	13.56	29.73
w(mm)	0	0.70	1.49	2.20	0	0.59	0.70	1.45
$M_{uc}\times10^6$(kN·m)	21.37	17.22	17.51	14.98	11.21	11.53	11.26	9.21
$M_1\times10^6$(kN·m)	6	6	6	6	3	3	3	3
$B_{s,e1}\times10^{12}$(N·mm^2)	1.52	0.90	1.09	1.08	1.57	1.24	1.40	1.70
$B_{s,c1}\times10^{12}$(N·mm^2)	1.58	1.31	1.21	1.06	1.50	1.17	1.06	0.81
$B_{s,c1}/B_{s,e1}$	1.04	1.46	1.11	0.98	0.96	0.94	0.76	0.48
$M_2\times10^6$(kN·m)	9	9	9	9	4.5	4.5	4.5	4.5
$B_{s,e2}\times10^{12}$(N·mm^2)	1.31	0.88	1.10	0.87	1.15	0.87	1.22	1.39
$B_{s,c2}\times10^{12}$(N·mm^2)	1.33	1.14	1.10	1.00	1.50	1.17	1.06	0.81
$B_{s,c2}/B_{s,e2}$	1.02	1.30	1.00	1.15	1.30	1.34	0.87	0.58
$M_3\times10^6$(kN·m)	12	12	12	12	6	6	6	6
$B_{s,e3}\times10^{12}$(N·mm^2)	1.31	0.81	1.07	0.58	0.83	0.76	0.79	0.66
$B_{s,c3}\times10^{12}$(N·mm^2)	1.23	1.07	1.06	0.97	1.31	1.06	0.96	0.74
$B_{s,c3}/B_{s,e3}$	0.94	1.32	0.99	1.67	1.58	1.39	1.22	1.12

若锈胀裂缝的宽度超过限值，即 $w\geqslant w_{cr}$，可以不考虑混凝土保护层的作用，按锈损后的混凝土截面计算构件的抗弯刚度。尽管混凝土保护层剥落，但锈蚀钢筋在支座处若有可靠的锚固，可根据钢筋和混凝土锈损后的截面按两铰拱计算构件的抗弯刚度。

若已知纵向受力钢筋的平均锈蚀率为 η_s，锈蚀钢筋混凝土受弯构件的短期抗弯刚度亦可按式（13-83）计算[15]。

$$B_{sc}=\frac{E_{sc}A_{sc}h_0^2}{1.15k(\eta_s)\psi+0.2+\dfrac{6\alpha_E\rho_{sc}}{1+3.5\gamma_f'}}\tag{13-83}$$

式中，k（η_s）为综合应变系数，按式（13-84）计算[16]。

$$k(\eta_s)=\begin{cases}1 & \eta_s\leqslant 0.55/k_u\\ 9k_u^2\eta_s^2-10.1k_u\eta_s+3.83 & 0.55/k_u<\eta_s\leqslant 1/k_u\\ 2.73 & \eta_s>1/k_u\end{cases}\tag{13-84}$$

式中，η_s 为钢筋的平均锈蚀率；k_u 为与钢筋直径 d 和保护层厚度 c 相关的经验系数，按式（13-85）计算[15]。

$$k_u = 10.544 - 1.586 \times \frac{c}{d} \tag{13-85}$$

锈蚀钢筋混凝土大偏心受压构件正截面抗弯刚度的计算方法和受弯构件相同。

13.6.2 锈蚀的钢筋混凝土轴心受压及小偏心受压构件

在混凝土保护层剥落前，锈蚀的钢筋混凝土轴心受压构件及小偏心受压构件的短期刚度仍按未锈蚀截面的惯性矩 I_0 计算；在混凝土保护层剥落后，按核心区混凝土截面的惯性矩 I_{cor} 计算，如式（13-86）所示。

$$B_{sc} = E_c I_c = \begin{cases} E_c I_0 & \eta'_s < \eta'_{s,0} \text{且} \eta_v < \eta_{v,0} \\ E_c I_{cor} & \eta'_s \geq \eta'_{s,0} \text{或} \eta_v \geq \eta_{v,0} \end{cases} \tag{13-86}$$

有关锈蚀预应力混凝土受弯构件的短期抗弯刚度的计算方法可参考文献[9]。

参考文献

[1] ZHANG X H，ZHANG Y，LIU B，et al. Corrosion-induced spalling of concrete cover and its effects on shear strength of RC beams [J]. Engineering failure analysis，2021，127：105538.

[2] VIDAL T，CASTEL A，FRANÇOIS R. Analyzing crack width to predict corrosion in reinforced concrete [J]. Cement and Concrete Research，2004，34（1）：165-174.

[3] DING H，JIANG C，GU XL，et al. Simplified calculation methods for bearing capacities of corroded reinforced concrete columns in uniaxial compression [C]. In：BELLETTI B，CORONELLI D，eds. Capacity Assessment of Corroded Reinforced Concrete Structures. online：fib，2021. 97-100.

[4] MANDER J，PRIESTLEY M，PARK R. Theoretical stress-strain model for confined concrete [J]. Journal of Structural Engineering，1988，114（8）：1804-1826.

[5] ZHANG Q，ZHENG N H，GU X L，et al. Study of the confinement performance and stress-strain response of RC columns with corroded stirrups [J]. Engineering Structures，2022，266：114476.

[6] GU X L，ZHANG W P，SHANG D F，et al. Flexural Behavior of Corroded Reinforced Concrete Beams [C]. In：SONG G B，MALLA R B，eds. Earth and Space 2010，Hawaii：ASCE，2010. 3545-3552.

[7] GUO H Y，DONG Y，BASTIDAS A E，et al. Probabilistic Failure Analysis，Performance Assessment，and Sensitivity Analysis of Corroded Reinforced Concrete Structures [J]. Engineering Failure Analysis，2021，124：105328.

[8] 牛荻涛，卢梅，王庆霖．锈蚀钢筋混凝土梁正截面受弯承载力计算方法研究 [J]. 建筑结

构，2002，32 (10)：14-17.

[9] 顾祥林．混凝土结构基本原理（第 3 版）[M]. 上海：同济大学出版社，2015.

[10] JIANG C，DING H，GU XL，et al. Failure mode-based calculation method for bending bearing capacities of normal cross-sections of corroded reinforced concrete beams [J]. Engineering structures. 2022，258：114113.

[11] 姜超，丁豪，顾祥林，张伟平．锈蚀钢筋混凝土梁正截面受弯破坏模式及承载力简化计算方法 [J]. 建筑结构学报，2022，43 (6)：1-10.

[12] JIANG C，DING H，GU X L，et al. Failure mode-based calculation method for bearing capacities of corroded RC columns under eccentric compression [J]. Engineering Structures，2023，285：116038.

[13] JIANG C，DING H，GU X L，et al. Calibration analysis of calculation formulas for shear capacities of corroded RC beams [J]. Engineering Structures，286：116090.

[14] YU Q Q，GU X L，ZENG Y H，et al. Flexural behavior of Corrosion-Damaged prestressed concrete beams [J]. Engineering Structures，2022，272：114985.

[15] 王晓刚，顾祥林，张伟平．碳纤维布加固锈蚀钢筋混凝土梁的抗弯刚度 [J]. 建筑结构学报，2009，30 (5)：169-176.

[16] 张伟平，王晓刚，顾祥林，等．加速锈蚀与自然锈蚀钢筋混凝土梁受力性能比较分析 [J]. 东南大学学报（自然科学版），2006，36 (S1)：139-144.

第14章　既有建筑结构构件的可靠性分析

既有建筑结构构件的可靠性分析有两种途径：一是计算构件的可靠度或失效概率，二是对构件的可靠性进行评级。计算构件的可靠度或失效概率主要包含两方面的内容：确定构件的失效模式和根据失效模式下的极限状态方程计算可靠度或失效概率。对于单个结构构件，无论是否考虑荷载效应和构件抗力的时变性，计算构件的失效概率在理论上是可行的[1-3]。但是，计算过程复杂，难以在工程实际中直接应用。根据构件极限状态表达式中抗力与荷载效应的比值，对构件的可靠性等级进行定量评定，是既有建筑结构构件可靠性评定的主要内容，也符合工程技术人员的习惯。

目前，我国对既有建筑结构构件的安全性等级进行评定时，仍然沿用设计规范规定的极限状态表达式，荷载和抗力分项系数的取值也与设计规范的取值相同。然而，设计规范的相关准则都是针对拟建结构而言的，用于既有建筑结构是不合理的。世界上很多国家在 20 世纪末就开始根据既有建筑结构自身的特点，从经济合理的角度出发，逐步确立适用于既有建筑结构的鉴定准则。英国皇家结构工程师学会建议的既有建筑结构的鉴定准则包括了对结构抗力和荷载分项系数的调整[4]，而这种调整正是考虑既有建筑结构在某些方面的不确定性要少于拟建结构的不确定性。欧洲混凝土委员会建议的鉴定准则中包括了类似的系数调整，如对于永久荷载和地震作用降低其荷载分项系数，而对于已经损坏和部分修复的结构采用更加保守的抗力分项系数[5]。捷克的建筑物鉴定规范规定：如果既有建筑结构之前经历的最大荷载超过了设计荷载，则应降低荷载分项系数[6]。美国混凝土协会规定：如果既有建筑结构的几何参数和材料性能是经过实测和试验得到的，允许提高结构抗力折减系数[7]。1991 年 Allen 建议的既有建筑结构评估的极限状态准则中同样包含了对荷载分项系数的调整[8]。进入 21 世纪，对在有关环境作用下混凝土结构性能演化与控制的研究取得了很大的进展[9]，但是，实际工程中如何进行既有建筑结构的耐久性评定问题仍未得到有效解决。本章基于既有建筑结构的目标可靠指标，针对目标使用期内的荷载概率模型以及既有建筑结构的抗力特点，分析既有建筑结构的安全性，经过可靠性计算，重新调整荷载和抗力的分项系数，建立与设计规范相协调的适合既有建筑结构构件安全性等级评定的极限状态表达式；以检测结果为主，分析既有建筑结构的使用性；从结构的寿命预测以及目标使用期内结构的安全性和实用性两个角度介绍既有建筑结构构件的耐久性分析；提出既有建筑结构构件可靠性分析的实用方法。

14.1　既有建筑结构的目标可靠指标

目标可靠指标，即设计所预期的可靠指标，理论上应根据各种结构的重要性、失效后果、破坏性质、经济指标等因素，以优化方法分析确定，但实际上很难找到合理的定量分析方法。目前由于统计资料不充足，且考虑规范的现实继承性，我国的设计规范是采用“校准法”来确定目标可靠指标的。所谓“校准法”，就是对现行结构设计规范的反演分析，搞清现有结构设计总体的可靠度水准，并据此确定今后设计时取用的统一可靠指标。这种做法实质上认为现行设计规范的可靠度水准在总体上是合理的，而对不合理的地方进行局部调整。“校准法”也是其他一些国家选取目标可靠指标所采用的方法。

有学者将现行设计规范规定的目标可靠指标所对应的建筑结构的年失效概率与一些意外事故造成的年死亡率进行了比较。当目标可靠指标 $\beta=3.7$ 时，50 年的失效概率 $P_f=1.0\times10^{-4}$，年失效概率 $P_{fy}=2.0\times10^{-6}$；当 $\beta=3.2$ 时，50 年的失效概率 $P_f=6.8\times10^{-4}$，年失效概率 $P_{fy}=1.37\times10^{-5}$。一些意外事故造成的年死亡率见表 14-1。对比表 14-1 中的结果可知，当 $\beta=3.2\sim3.7$ 时，建筑结构的年失效概率低于多数事故造成的年死亡率。况且，建筑结构构件的失效并不等于整个建筑的倒塌，也不等于由此造成的死亡率。可见建筑结构的失效概率是可以被接受的。

一些意外事故造成的年死亡率　　表 14-1

事故	年死亡率	事故	年死亡率	事故	年死亡率
赛车	5×10^{-3}	失火	2×10^{-5}	雷击	5×10^{-7}
飞机失事	1×10^{-5}	汽车失事	2.5×10^{-4}	游泳淹死	3×10^{-5}
电击	6×10^{-6}	暴风	4×10^{-7}	—	—

对于既有建筑结构的目标可靠指标，国内和国际上还没有比较统一的确定方法。文献［8］引入了生命安全准则，考虑了既有建筑结构的检测情况、破坏性质和风险种类 3 个因素，对原设计阶段的目标可靠指标进行调整，如表 14-2 所示。总的目标可靠指标调整值为各因素下目标可靠指标调整值之和。这种调整方法虽然概念清晰，但实际应用不便，不同的检测人员可能会给出不同的目标可靠指标调整值。

既有建筑结构的目标可靠指标调整值　　表 14-2

评估项目		P_{fe}/P_{fd}	$\Delta_{\beta i}$
检测/结构性能 $\Delta_{\beta 1}$	未经检测且没有原始资料	0.33	−0.4
	已进行检测	1	0.0
	结构性能良好或者已实测恒荷载	2.5	0.25
结构特性 $\Delta_{\beta 2}$	结构破坏引起倒塌，很可能造成人员伤亡	1	0.0
	两者之间	2.5	0.25
	局部破坏，不太可能造成人员伤亡	6	0.50
失效风险（考虑人员伤亡人数）$\Delta_{\beta 3}$	很高	1	0.0
	高	1	0.0
	一般	2.5	0.25
	低	6	0.50

注：P_{fe} 为结构评估时所采用的失效概率；P_{fd} 为设计采用的失效概率；$\Delta_{\beta i}$ 为目标可靠指标的调整值。

国外相关标准建议既有建筑结构的目标可靠指标应该根据目标使用期、可能的失效后果、社会经济条件等因素确定，其所建议的既有建筑结构承载力极限状态的目标可靠指标如表 14-3 所示[10]。

相关标准建议既有建筑结构承载力极限状态的目标可靠指标　　表 14-3

极限状态		目标可靠指标[β]	参考期
正常使用状态	可逆的	0.0	在整个目标使用期内
	不可逆的	1.5	在整个目标使用期内
疲劳	可进行检查	2.3	在整个目标使用期内
	不可进行检查	3.1	在整个目标使用期内
承载力极限状态	失效后果极轻微	2.3	10 年
	失效后果轻微	3.1	10 年
	失效后果一般	3.8	10 年
	失效后果严重	4.3	10 年

在我国的设计规范中，根据建筑结构的破坏后果，即危及人的生命、造成的经济损失、产生的社会影响等严重程度，把建筑结构分为 3 个等级，相邻等级之间的目标可靠指标相差 0.5，目标可靠指标一共有 4 个等级，即 2.7、3.2、3.7 和 4.2。和国外相关标准比较可以看出，对于承载力极限状态，国外相关标准所建议的对于既有建筑结构的目标可靠指标与我国设计规范所规定的目标可靠指标基本上处于同一水平。为此，在进行既有建筑结构的安全性分析时，其目标可靠指标仍采用设计规范的规定值[11]。

14.2　基于目标使用期的荷载与作用

14.2.1　荷载分类及其模型

荷载按其作用的持续时间可分为永久荷载、可变荷载和偶然荷载。永久荷载在目标使用期内基本不随时间变化，其随机性主要表现在空间上，如自重荷载、非承重结构的材料重量荷载、土压力荷载和预加应力荷载等。

可变荷载将随时间发生变化，在时间和空间上都有随机性，如楼面活荷载、风雪荷载等。偶然荷载在目标使用期内不一定出现，一旦出现，量值较大，持续时间较短，如罕见的地震作用、爆炸荷载、龙卷风荷载等。

为了描述结构上的作用所具有的随机性和时变性，我国结构设计标准用随机变量模型描述永久荷载，用随机过程模型描述可变荷载，将偶然作用用随机过程模型进行恰当的描述。国内外常见的荷载随机过程模型有好几种：如平稳二项随机过程、泊松随机过程、平稳高斯泊松过程、矩形脉冲过程等。但我国目前考虑分析简便，将各种荷载都统一为平稳二项随机过程，这一荷载模型一直沿用至今。该模型假定：

（1）建筑结构的设计基准期为 T 年（$T=50$ 年）。

（2）荷载一次持续施加于结构上的时段长度为 τ，而在设计基准期 T 年内可分为 r 个相等的时段，即 $r=T/\tau$。

（3）在每个时段上荷载出现的概率为 p，不出现的概率为 $q=1-p$。

（4）在每个时段上，当荷载出现时，其幅值是非负随机变量，且在不同时段上其概率分布函数 $F_Q(x)$ 相同，这种概率分布称为任意时点荷载概率分布。

（5）不同时段上的幅值随机变量是相互独立的，且与在时段上荷载是否出现也是互相独立的。

14.2.2　既有建筑结构中的荷载

既有建筑结构是已经客观存在的实体，相对于拟建建筑结构而言有其自身的特点。

第一，一些在原来设计时按随机变量考虑的永久荷载可按确定性的永久荷载考虑。结构自重是最常见的永久荷载，在设计阶段由于存在材料、施工等不确定因素的影响，它是随机的，应按随机变量处理；但是结构一旦建成，这些因素的影响便成为历史，结构自重在客观上是确定的，应按确定性处理，虽然这时对结构自重的认识可能存在主观上的不确定性，但它与客观的不确定性——随机性有着本质的区别。

第二，可将一些原先设计时按随机过程考虑的可变荷载转换为永久荷载，按随机变量或确定性考虑。例如，对于一些以自重对结构施加作用的设备，设计时由于事先缺乏具体的信息以及对在未来较长时间更换、改造等可能情况的考虑，往往将其自重按可变荷载考虑。当建筑物建成并投入一定时间的使用，需按另一较短的目标使用期分析其可靠性时，如果当前的荷载及人们对未来情况的预测和控制足以保证他们在新的目标使用期内保持当前的状态，则可将它们直接按确定性的永久荷载考虑。否则，仍按随机变量处理。

第三，所谓“验证荷载”的存在。即结构已实际承受了某些荷载及其组合的作用，如工业厂房吊车梁最大起吊荷载以及建筑受到的风和雪荷载等。这种验证荷载的存在，对既有建筑结构可靠性的影响，既是有利于结构可靠性评定的特殊信息，又有因其不确定性而增加分析难度的特点。计算表明：考虑验证荷载的存在，结构的可靠度有所提高。

第四，荷载标准与拟建结构的要求不同，荷载随目标使用期的不同会在性能、分布和大小上有所改变。对于既有建筑结构的荷载，一些规范和标准认为[8-10]，当后继服役期的使用时间未超过原设计使用期 T 时，在未来 $[\tau'_0, T]$ 内仍承受的荷载处于原设计的考虑范围内，故其统计特性不变。对 $[\tau'_0, T]$ 内的可靠性进行分析，荷载仍采用原先的任意时点分布和 T 内的最大值分布。另一些学者认为，对既有建筑结构的荷载应按其新的目标使用期 T_1，即在 $[\tau'_0, \tau'_0+T_1]$ 内分析。

我们认为，对于仍需按随机过程考虑的可变荷载，在进行既有建筑结构的可靠性评价时，应考虑不同的目标使用期对该荷载概率分布的影响。当将荷载作为随机变量处理时，可以按目标使用期内的荷载最大值分布来确定荷载，而不应等同于设计荷载。在既有建筑结构的目标使用期 $[0, T_1]$ 内，最大荷载 Q_{T_1} 的概率分布函数 $F_{Q_{T_1}}(x)$ 可由式（14-1）表示。

$$F_{Q_{T_1}}(x)=[F_Q(x)]^{m_{T_1}} \tag{14-1}$$

式中，$F_Q(x)$ 为任意时点荷载 Q 的概率分布函数；m_{T_1} 为 $[0, T_1]$ 内荷载 Q 的平均出现次数。

14.2.3 永久荷载及其标准值

在结构使用期，其值不随时间变化或其变化与平均值相比可以忽略不计的荷载，可称为永久荷载（恒荷载），例如结构自重、土压力等。

在建筑结构设计时，结构自重可按结构构件的设计尺寸与材料单位体积的自重计算确定。对于某些自重变异较大的材料和构件，对自重的标准值应根据对结构的不利状态取上限值或下限值。常用材料的自重标准值在荷载规范中已有了规定。

对既有建筑结构进行可靠性鉴定时，结构自重应按构件和连接的实际尺寸与荷载规范中规定的材料单位体积的自重计算确定，仅对不便实测的某些连接构造，其尺寸允许按结构详图采用。同样对荷载规范有规定时，应根据对结构的不利状态取上限值或下限值。

既有建筑结构比较复杂，有经历了漫长岁月的古建筑，亦有刚完工的新建建筑，在历史上，这些古建筑无一例外地曾被多次维修。对这些既有建筑的构件和材料自重的标准值，均需在现场抽样称量确定。

现场抽样检测材料和构件自重时，其试样应不少于 5 个，并按式（14-2）或式（14-3）计算其标准值。

当其效应对结构不利时

$$g_k = \mu_g + k\sigma_g \tag{14-2}$$

当其效应对结构有利时

$$g_k = \mu_g - k\sigma_g \tag{14-3}$$

式中，g_k 为材料或构件单位自重的标准值；μ_g 为试样按标准方法烘干称量后得到的样本单位自重平均值；σ_g 为试样按标准方法烘干称量后得到的样本单位自重标准差；k 为与抽样数量 n 有关的推定系数，见表 14-4。

推定系数 k 值　　　　**表 14-4**

n	k	n	k	n	k	n	k
5	0.95	10	0.58	15	0.45	20	0.39
6	0.82	11	0.55	16	0.44	25	0.34
7	0.73	12	0.52	17	0.42	30	0.31
8	0.67	13	0.49	18	0.41	35	0.29
9	0.62	14	0.47	19	0.40	40	0.27

14.2.4　楼面活荷载及其标准值

楼面活荷载按其随时间变异的特点，可分为持久性荷载和临时性荷载两类。持久性荷载 L_i 是指楼面上在某一时段内基本上保持不变的荷载，例如民用住宅的家具、物品荷载，工业厂房内的机器、设备和堆料荷载，还包括常在的人员重量产生的荷载。临时性荷载 L_r 是指楼面上偶然出现的短期荷载。例如聚会时的人群荷载，房屋维修时工具与材料的堆积荷载，室内扫除时家具的集聚等产生的荷载。

持久性荷载在基准期内的任何时刻都存在，故 $p=1$，经过对全国办公楼、住宅使用情况的调查，每次搬迁后平均持续使用时间 τ 接近于 10 年，故《建筑结构设计统一标准》GBJ 68-84 统计时确定在设计基准期 50 年内，平均出现次数 $m=5$。

对临时性荷载的特性，要取得精确资料是困难的，现已取得的数据来源于用户的记忆，基本上反映了用户在其实际使用期 10 年内的极值数据，经过对全国办公楼、住宅使用情况的调查，可粗略而偏安全地取 $m=5$。

经统计假设检验，办公楼和住宅楼面任意时点持久性荷载与临时性荷载均服从极值 I 型分布，其概率分布函数见式（14-4）。[11,12]

$$F(x)=\exp\{-\exp[-\alpha(x-\beta)]\} \tag{14-4}$$

式中，α 为分布的尺度参数；β 为分布的位置参数，即其分布的众值。

α、β 与均值 μ 和标准差 σ 的关系按式（14-5）和（14-6）确定。

$$\alpha=\frac{1.2826}{\sigma} \tag{14-5}$$

$$\beta=\mu-\frac{0.5772}{\alpha} \tag{14-6}$$

根据《建筑结构设计统一标准》GBJ 68—84 规定，办公楼楼面持久性荷载和临时性荷载任意时点的概率分布函数分别见式（14-7）和式（14-8）。

$$F_{\mathrm{L}_i}(x)=\exp\left[-\exp\left(-\frac{x-0.204L_{0\mathrm{k}}}{0.092L_{0\mathrm{k}}}\right)\right] \tag{14-7}$$

$$F_{\mathrm{L}_{\mathrm{rs}}}(x)=\exp\left[-\exp\left(-\frac{x-0.164L_{0\mathrm{k}}}{0.127L_{0\mathrm{k}}}\right)\right] \tag{14-8}$$

式中，$L_{0\mathrm{k}}$ 为《建筑结构荷载规范》GBJ 9—87 规定的楼面荷载标准值，取为 $1.5\mathrm{kN/m^2}$。

由式（14-1）得到在目标使用期 T 内，持久性荷载和临时性荷载的最大荷载概率分布函数分别见式（14-9）和式（14-10）。

$$F_{\mathrm{L}_{i\mathrm{T}}}(x)=\exp\left[-\exp\left(-\frac{x-0.204L_{0\mathrm{k}}-0.092L_{0\mathrm{k}}\ln r}{0.092L_{0\mathrm{k}}}\right)\right] \tag{14-9}$$

$$F_{\mathrm{L}_{\mathrm{rT}}}(x)=\exp\left[-\exp\left(-\frac{x-0.164L_{0\mathrm{k}}-0.127L_{0\mathrm{k}}\ln r}{0.127L_{0\mathrm{k}}}\right)\right] \tag{14-10}$$

式中，$r=T/10$。

目标使用期内楼面活荷载考虑以下两种组合方式：

（1）持久性荷载在使用期内的最大值加上临时性荷载的任意时点分布值，即 $L_{\mathrm{T1}}=L_{i\mathrm{T}}+L_{\mathrm{rs}}$。

（2）持久性荷载的任意时点分布值加上临时性荷载在使用期内的最大值，即 $L_{\mathrm{T2}}=L_i+L_{\mathrm{rT}}$。

取第二种组合方式：$\mu_{\mathrm{L_T}}=\mu_{\mathrm{L}_i}+\mu_{\mathrm{L_{rT}}}$，于是得到办公楼楼面活荷载的最大概率分布函数见式（14-11）。

$$F_{\mathrm{L_T}}(x)=\exp\left[-\exp\left(-\frac{x-0.604-0.191\ln r}{0.235}\right)\right] \tag{14-11}$$

根据式（14-5）、式（14-6），可算得其平均值和标准差分别见式（14-12）和式（14-13）。

$$\mu_{L_T}=(0.494+0.127\ln r)L_{0k}=0.741+0.191\ln r \tag{14-12}$$

$$\sigma_{L_T}=\sqrt{\sigma_{L_i}^2+\sigma_{L_{rT}}^2}=\sqrt{0.118^2+0.163^2}L_{0k}=0.201L_{0k}=0.302 \tag{14-13}$$

与《建筑结构荷载规范》GB 50009—2012 的要求相一致，办公楼楼面活荷载的标准值按式（14-14）计算。

$$L_k=\mu_{L_T}+3.16\sigma_{L_T} \tag{14-14}$$

将式（14-12）和（14-13）代入式（14-14），就得到对应不同目标使用期的办公楼楼面活荷载的标准值。表 14-5 为不同目标使用期办公楼楼面活荷载的标准值。

不同目标使用期办公楼楼面活荷载的标准值（kN/m²）　　表 14-5

目标使用期 T(年)	10	20	30	40	50	60	70	80	90	100
r	1	2	3	4	5	6	7	8	9	10
L_k	1.69	1.83	1.90	1.96	2.00	2.03	2.06	2.09	2.11	2.13

同样还可以得到住宅楼楼面活荷载的最大概率分布函数，如式（14-15）所示。

$$F_{L_T}(x)=\exp\left[-\exp\left(-\frac{x-0.836-0.197\ln r}{0.234}\right)\right] \tag{14-15}$$

其平均值和标准差见式（14-16）和式（14-17）。

$$\mu_{L_T}=(0.647+0.131\ln r)L_{0k}=0.971+0.197\ln r \tag{14-16}$$

$$\sigma_{L_T}=\sqrt{\sigma_{L_i}^2+\sigma_{L_{rT}}^2}=\sqrt{0.108^2+0.168^2}L_{0k}=0.200L_{0k}=0.3 \tag{14-17}$$

与《建筑结构荷载规范》GB 50009—2012 的要求相一致，住宅楼楼面活荷载的标准值按式（14-18）计算。

$$L_k=\mu_{L_T}+2.38\sigma_{L_T} \tag{14-18}$$

将式（14-16）和（14-17）代入式（14-18），就得到对应于不同目标使用期的住宅楼楼面活荷载的标准值。不同目标使用期住宅楼楼面活荷载的标准值见表 14-6。

不同目标使用期住宅楼楼面活荷载的标准值（kN/m²）　　表 14-6

目标使用期 T(年)	10	20	30	40	50	60	70	80	90	100
r	1	2	3	4	5	6	7	8	9	10
L_k	1.69	1.82	1.90	1.96	2.00	2.04	2.07	2.09	2.12	2.14

14.2.5　风荷载

风荷载根据风压确定，而风压是根据气象台站的风速资料换算而来的。根据全国各气象台站历年来的最大风速记录，按基本风压的标准要求，将不同高度、时次、时距测得的年最大风速，统一换算为离地 10m 高、10min 的平均年最大风速。根据该风速数据，经统计分析，《建筑结构荷载规范》GB 50009—2001 规定对设计基准期为 50 年的结构取重现期为 50 年的最大风速作为当地的基本风速 v_0，再按式（14-19）计算当地的基本风压。

$$w_0=\frac{1}{2}\rho_a v_0^2 \tag{14-19}$$

式中，ρ_a 为空气密度，按式（14-20）计算。

$$\rho_a=\frac{0.001276}{1+0.00366T_a}\left(\frac{p-0.378e}{100000}\right) \tag{14-20}$$

式中，T_a 为空气温度；p 为气压；e 为水汽压。

为使统计结果对全国各地区具有普遍适用性，以无量纲参数 $k_w=w'_{0y}/w_{0k}$ 作为风压的基本统计对象，其中，w'_{0y} 为实测的不按风向的年最大稳定风压值，w_{0k} 为《工业与民用建筑结构荷载规范》TJ 9—74 规定的基本风压。根据年极值风速换算的年最大风压资料，并经统计假设检验，年最大风压服从极值 I 型分布，如式（14-4）～式（14-6）所示。当不考虑风向时，其概率分布见式（14-21）。

$$F'_{w_{0y}}(x)=\exp\left\{-\exp\left[-\frac{x-0.364w_{0k}}{0.157w_{0k}}\right]\right\} \tag{14-21}$$

其平均值 $\mu'_{w_{0y}}=0.455w_{0k}$，标准差 $\sigma'_{w_{0y}}=0.202w_{0k}$。

事实上，风是有方向的。在上述的年最大风压分布中并没有考虑风向，因此统计值偏高。当考虑风向的影响时，年最大风压概率分布见式（14-22）。

$$F_{w_{0y}}(x)=\exp\left\{-\exp\left[-\frac{x-0.328w_{0k}}{0.142w_{0k}}\right]\right\} \tag{14-22}$$

其平均值 $\mu_{w_{0y}}=0.410w_{0k}$，标准差 $\sigma_{w_{0y}}=0.182w_{0k}$。

由年最大风压概率分布，根据式（14-1）可以得到不同重现期内的最大风压。以目标使用期作为计算最大风压的重现期，作为实例，表 14-7 给出了上海地区对应不同目标使用期的基本风压值。

上海地区对应不同目标使用期的基本风压值（kN/m²）　　表 14-7

目标使用期 T（年）	10	20	30	40	50	60	70	80	90	100
基本风压 w_0	0.40	0.46	0.50	0.52	0.55	0.56	0.57	0.58	0.59	0.60

假定风荷载的概率分布和基本风压的概率分布相同，考虑高度、地面粗糙度和建筑物体型等的影响，则可由基本风压值计算出风荷载值。

14.2.6 雪荷载

《建筑结构荷载规范》GB 50009—2001 中的基本雪压 s_0 是根据全国 672 个地

点的气象台站，从建站起到 1995 年的最大雪压或雪深资料，经统计得出 50 年一遇最大雪压，即重现期为 50 年的最大雪压，以此规定当地的基本雪压。

据统计，年最大雪压的概率分布统一按极值Ⅰ型考虑，如式（14-4）～式（14-6）所示。其概率分布函数见式（14-23）。

$$F_{s_y}(x)=\exp\left[-\exp\left(-\frac{x-0.244s_{0k}}{0.199s_{0k}}\right)\right] \tag{14-23}$$

式中，s_{0k} 为各地区统计所得的最大雪压值。

因为年最大雪荷载也接近每年出现一次，根据式（14-1）可求得目标使用期内最大雪荷载 s_0 的概率分布函数，见式（14-24）。

$$F_{S_{0T}}(x)=\exp\left[-\exp\left(-\frac{x-0.244S_{0k}-0.199S_{0k}\ln r}{0.199S_{0k}}\right)\right] \tag{14-24}$$

式中，r 为目标使用期内，年最大雪荷载的平均出现次数。

与不同目标使用期内基本风压的确定方法一样，可根据基本雪压的概率分布确定不同地区的基本雪压。作为实例，表 14-8 给出了上海地区对应不同目标使用期的基本雪压值。

上海地区对应不同目标使用期的基本雪压（kN/m²）　　表 14-8

目标使用期 T(年)	10	20	30	40	50	60	70	80	90	100
基本雪压 s_0	0.100	0.145	0.172	0.190	0.200	0.217	0.227	0.235	0.243	0.250

屋面雪荷载与地面雪压有关，但又不完全相同。这是因为屋面雪荷载受到房屋和屋顶的几何形状、朝向、房屋采暖情况、风速和风向、扫雪等因素的影响[8]。因此，把地面雪压转换成屋面雪荷载是比较复杂的。一般来说，屋面雪荷载要比地面雪荷载小。因而在未取得足够的实测资料之前，屋面雪荷载可暂按地面雪压的 0.9 倍取用。

14.2.7　可变荷载修正系数

《工程结构可靠性设计统一标准》GB 50153—2008 中定义按设计使用年限 T_L 计算的可变荷载标准值 Q_{kL} 与按设计基准期 T（50 年）计算的可变荷载标准值 Q_k 的比值为可变荷载修正系数 γ_L。按 Q_{kL} 与 Q_k 具有相同的概率分位值原则，当可变荷载服从极值Ⅰ型分布时，γ_L 可按式（14-25）计算。

$$\gamma_L=1+0.78k_Q\delta_Q\ln\left(\frac{T_L}{T}\right) \tag{14-25}$$

式中，k_Q 为可变荷载设计基准期内最大值的平均值与标准值之比；δ_Q 为可变荷载设计基准期最大值的变异系数。

表 14-9 给出了按 γ_L 的定义由表 14-5～表 14-8 算出的相应的可变荷载调整系

数，以及按式（14-25）算出的相应的可变荷载调整系数。通过比较发现：本章确定的不同目标使用期可变荷载调整系数 γ_L 与《工程结构可靠性设计统一标准》GB 50153—2008 中相关的内容有较好的一致性。

不同目标使用期可变荷载调整系数 γ_L　　表 14-9

目标使用期 T(年)		10	20	30	40	50	60	70	80	90	100
办公楼活荷载	本书方法	0.845	0.915	0.950	0.980	1.000	1.015	1.030	1.045	1.055	1.065
	规范方法	0.858	0.919	0.955	0.978	1.000	1.014	1.029	1.040	1.051	1.061
住宅活荷载	本书方法	0.845	0.910	0.950	0.980	1.000	1.020	1.035	1.045	1.060	1.070
	规范方法	0.859	0.920	0.955	0.990	1.000	1.014	1.029	1.040	1.051	1.061
风荷载	本书方法	0.727	0.836	0.909	0.945	1.000	1.018	1.036	1.054	1.073	1.91
	规范方法	0.756	0.861	0.923	0.962	1.000	1.024	1.048	1.067	1.086	1.105
雪荷载	本书方法	0.500	0.725	0.860	0.950	1.000	1.085	1.135	1.175	1.215	1.250
	规范方法	0.799	0.886	0.936	0.968	1.000	1.020	1.040	1.056	1.071	1.087

注：1. 表中未列出的中间值可按插值法确定；当 $T<10$ 年时，按 $T=10$ 年确定 γ_L。
2. 表中的规范方法是指《工程结构可靠性设计统一标准》GB 50153—2008 中的方法。

《建筑结构荷载规范》GB 50009—2012 偏于保守地将 γ_L 取为如表 14-10 所示的数值。对于荷载标准值可控制的可变荷载，如书库、储藏室、机房、停车库、工业楼面均布荷载等，其相应的可变荷载调整系数 γ_L 取为 1。另外，除给出了重现期为 50 年（设计基准期）的基本风压和基本雪压外，也给出了重现期为 10 年和 100 年的风压和雪压值。

《建筑结构荷载规范》GB 50009—2012 给出的可变荷载调整系数 γ_L　　表 14-10

结构使用年限(年)	5(10)	50	100
γ_L	0.9(0.91)	1.0	1.1

注：当设计使用年限不为表中数值时，调整系数 γ_L 可按线性插值确定。

14.2.8 地震作用

在抗震设计规范中，一般建筑相应于抗震设防烈度的可接受危险性水准为 50 年 10%的超越概率。对于既有建筑结构，当目标使用期不等于 50 年或可接受的超越概率不等于 0.1 时，如何确定抗震设防烈度或基本设计地震参数，越来越引起人们的关注。文献［13］给出了估计不同目标使用期结构抗震设防水准的简单方法。一般建筑的设计基准期确定为 50 年，采用了三水准设防的思想。三水准就是多遇地震、基本烈度地震和罕遇地震，通常也称为“小震”“中震”和“大震”，相应的超越概率为 0.632，0.10 和 0.025[14]。在率定三水准时，应用了设计基准期和超越概率这两个指标。其实，只要用一个指标就可以，这就是设计重现期或回归期。给定重现期为 T 的地震烈度也就是 T 年一遇的地震烈度。假如地震烈度 I 不小于 i 的平均发生次数（或年发生率）为 $\lambda(I \geqslant i)$，显然相应的重现期 $RP(I \geqslant i)=1/\lambda(I \geqslant i)$。当地震的发生符合泊松过程时，超越概率与年发生率和目标使用期存在如式（14-26）所示的关系。

$$P_{\mathrm{T}}(I \geqslant i)=1-\mathrm{e}^{-\lambda(I \geqslant i)T} \tag{14-26}$$

式中，$P_{\mathrm{T}}(I \geqslant i)$ 为目标使用期内地震烈度 I 超越 i 的概率（通常说的超越概率）；$\lambda(I \geqslant i)$ 为地震烈度 I 不小于 i 的年发生率；T 为目标使用期（年）。

由式（14-26）可以得到地震烈度 I 不小于 i 的重现期，见式（14-27）。

$$PR(I \geqslant i)=\frac{1}{\lambda(I \geqslant i)}=\frac{-T}{\ln[1-P_{\mathrm{T}}(I \geqslant i)]} \tag{14-27}$$

由此看来，对于每一对目标使用期和超越概率都可以标定出一个重现期，如相应于设计基准期 50 年，超越概率分别为 0.632，0.10 和 0.025 的重现期分别为 50 年，475 年和 1975 年，因此可以用重现期来表示设防水准的高低。

现行建筑抗震设计规范中以“中震”（基本烈度地震）烈度 I 为基础，将“小震”烈度确定为 $I-1.55$ 度，将“大震”烈度确定为 $I+1$ 度。这样就可以按照二次项插值法将地震烈度 I 表达为重现期 x 的函数，如式（14-28）所示。

$$I=a(\log x)^2+b\log x+c \tag{14-28}$$

对 7 度设防区，当重现期 $x=50$，475，1975 年时，相应的设防烈度分别为 5.45，7 度和 8 度。代入式（14-28），联立方程即可求解 a，b 和 c。如果仍然假定“中震”的超越概率 $P_{\mathrm{T}}(I \geqslant i)=0.1$，那么根据不同的目标使用期 T 就可以根据式（14-27）得到其相应的重现期 $PR(I \geqslant i)$。再将得到的重现期代入式（14-28）就可以求出相应的设防烈度。对抗震设防烈度为 8 度和 9 度地区，可作同样的计算。表 14-11 给出了不同抗震设防区既有建筑结构在不同目标使用期内的抗震设防烈度取值。

不同抗震设防区既有建筑结构在不同目标使用期内抗震设防烈度取值

表 14-11

目标使用期 T(年)	10	20	30	40	50	60	70	80	90	100
7 度抗震设防区	5.89	6.36	6.64	6.84	7	7.13	7.23	7.33	7.41	7.48
8 度抗震设防区	6.89	7.36	7.64	7.84	8	8.13	8.23	8.33	8.41	8.48
9 度抗震设防区	7.89	8.36	8.64	8.84	9	9.13	9.23	9.33	9.41	9.48

注：1. 表中数据只适用于既有一般工程、小型工程及临时工程的抗震性能评估，重大工程的相应设防烈度应根据专门研究，按规定的审批手续确定。
2. 对表中未列出的中间值，可按线性插值确定，当 $T<10$ 年时，按 $T=10$ 年确定。

不同目标使用期水平地震影响系数的最大值见表 14-12，时程分析所用地震加速度时程曲线的最大值按表 14-13 确定。

不同目标使用期水平地震影响系数的最大值　　表 14-12

目标使用期 T(年)	10	20	30	40	50	60	70	80	90	100
7 度多遇地震	0.036	0.055	0.066	0.074	0.080	0.090	0.099	0.107	0.114	0.119
7 度罕遇地震	—	0.343	0.413	0.463	0.500	0.552	0.596	0.636	0.668	0.696
8 度多遇地震	0.071	0.109	0.132	0.148	0.160	0.180	0.197	0.212	0.226	0.237
8 度罕遇地震	0.399	0.614	0.740	0.830	0.900	0.963	1.017	1.064	1.105	1.142
9 度多遇地震	0.142	0.218	0.263	0.295	0.320	0.340	0.357	0.372	0.386	0.397
9 度罕遇地震	0.621	0.955	1.151	1.291	1.400	1.463	1.517	1.564	1.605	1.642

注：1. 表中数据只适用于既有一般工程、小型工程及临时工程的抗震性能评估，重大工程的相应设防烈度应根据专门研究按规定的审批手续确定。
2. 对表中未列出的中间值，可按线性插值确定，当 $T<10$ 年时，按 $T=10$ 年确定。

时程分析所用地震加速度时程曲线的最大值（cm/s^2）　　表 14-13

目标使用期 T(年)	10	20	30	40	50	60	70	80	90	100
7 度多遇地震	16	24	29	32	35	39	43	46	49	52
7 度罕遇地震	—	152	182	203	220	243	262	279	294	307
8 度多遇地震	31	48	58	65	70	79	86	93	99	104
8 度罕遇地震	178	273	329	369	400	428	452	472	490	506
9 度多遇地震	62	95	115	129	140	149	156	163	169	174
9 度罕遇地震	275	423	510	572	620	648	672	692	710	726

注：1. 表中数据只适用于既有一般工程、小型工程及临时工程的抗震性能评估，重大工程的相应设防烈度应根据专门研究按规定的审批手续确定。
2. 对表中未列出的中间值，可按线性插值确定，当 $T<10$ 年时，按 $T=10$ 年确定。

14.3 既有建筑结构构件的抗力

14.3.1 既有建筑结构构件时不变抗力模型

不考虑既有建筑结构构件性能随时间演化建立的抗力计算模型可称为既有建筑结构构件时不变抗力模型。即使不考虑时间效应，影响结构构件抗力的因素还有很多。在设计阶段，经常考虑的主要因素有 3 个：材料性能的不确定性、几何参数的不确定性、计算模式的不确定性。既有建筑结构相当于拟建结构一个具体的样本实现，其抗力大小在理论上是一个确定性的量[15]，但在实际中，无法直接得到既有建筑结构的抗力，结构的材料性能和几何参数由相应的模型（抗力函数）计算获得。在消除了材料性能的不确定性和几何参数的不确定性后，既有建筑结构抗力模型的建立只需考虑计算模式不确定性的影响。构件的抗力可采用随机变量 R 表达，如式（14-29）所示。

$$R=\Omega_p \cdot R_p=\Omega_p \cdot R(f_i,\ a_i) \quad (i=1,\ 2,\ \cdots\cdots,\ n) \tag{14-29}$$

式中，R 为既有建筑结构构件的实际抗力值；R_p 为由抗力函数确定的既有建筑结构构件抗力值；Ω_p 为计算模式的不定性参数；f_i 为既有建筑结构构件中第 i 种材料的材料性能实际值；a_i 为与第 i 种材料相应的既有建筑结构构件几何参数实际值。

由此可以得到既有建筑结构构件抗力的变异系数 δ_R 和均值 μ_R，见式（14-30）和式（14-31）。

$$\delta_R=\sqrt{\delta^2{}_{\Omega_p}+\delta^2{}_{R(f,\ a)}}=\delta_{\Omega_p} \tag{14-30}$$

$$\mu_R=\mu_{\Omega_p}R(f,\ a) \tag{14-31}$$

式中，δ_{Ω_p} 为计算模式不定性参数的变异系数，μ_{Ω_p} 为计算模式不定性参数的均值，两者均可按拟建结构的统计数据取值，如表 14-14 所示[11]。

各种结构构件计算模式 Ω_p 的统计参数　　表 14-14

结构构件种类	受力状态	$\mu_{\Omega p}$	$\delta_{\Omega p}$
钢结构构件	轴心受拉	1.05	0.07
	轴心受压	1.03	0.07
	偏心受压	1.12	0.10
薄壁型钢结构构件	轴心受压	1.08	0.10
	偏心受压	1.14	0.11
混凝土结构构件	轴心受拉	1.00	0.04
	轴心受压	1.00	0.05
	偏心受压	1.00	0.05
	受弯	1.00	0.04
	受剪	1.00	0.15
砖结构砌体	轴心受压	1.05	0.15
	小偏心受压	1.14	0.23
	齿缝受压	1.06	0.10
	受剪	1.02	0.13
木结构构件	轴心受拉	1.00	0.05
	轴心受压	1.00	0.05
	受弯	1.00	0.05
	顺纹受剪	0.97	0.08

关于既有建筑结构抗力模型，Fujino 等提出既有建筑结构的抗力服从某一截尾分布的观点[16]。当既有建筑结构经受验证荷载 Q_{PL} 后，其抗力的概率分布函数 $F''_R(x)$ 如式（14-32）所示。

$$F''_R(x)=\frac{F'_R(x)-F'_R(Q_{PL})}{1-F'_R(Q_{PL})},\ x\geqslant Q_{PL} \tag{14-32}$$

式中，F'_R(　　) 为施加验证荷载前既有建筑结构抗力的分布函数。

验证荷载试验通常可用来检验既有建筑结构或构件的抗力。然而一个结构或构件经受住了某个水平的验证荷载，仅仅表明该结构的最小抗力大于在其上施加的荷载效应，既不能得到结构的实际抗力，也不能得到结构的可靠度，但是验证荷载试验可以得到较高的结构可靠度。分析表明：验证荷载试验对结构可靠度计算结果的影响只有当荷载效应达到结构抗力的 75%时才比较明显，这时，试验会在非结构构件或结构构件中产生一定的损伤，同时增加了结构的破坏风险[17]。

另外一种情况就是考虑结构过去的使用经历。一个结构在过去的使用期内良好的特性表明：该结构的抗力大于其在使用期间所经受的最大荷载效应，因此，结构的抗力分布函数可用式（14-33）表示[18]。

$$F''_R(x)=\frac{\int_0^r F_Q^T(x)f'_R(x)\mathrm{d}r}{\int_0^\infty F_Q^T(x)f'_R(x)\mathrm{d}r} \tag{14-33}$$

式中，F_Q^T 为结构在过去使用期内荷载效应的分布函数；f'_R 为加载前抗力的密度函数。

采用截尾后的抗力分布虽然可以得到较高的可靠指标，但是也存在一个较难解决的问题，就是必须有结构荷载的历史记录或有进行过验证荷载的试验，其工作量和难度之大影响了这类方法的应用。

14.3.2 既有建筑结构构件时变抗力模型

环境作用下既有建筑结构的性能并非恒定，而是随时间不断演化的。由于环境作用的复杂性，既有建筑结构构件的抗力 R（t）是时变的、随机的，即 R（t）是一随机过程。近二十年来，有关结构，尤其是混凝土结构在环境作用下的性能演化和控制方面的研究成果丰富[9]，但目前尚没有合适的模型来描述 R（t）这一随机过程。从概念上讲，R（t）的表达公式见式（14-34），R_p（t）的表达公式见式（14-35）。

$$R(t)=\Omega_p(t)R_p(t) \tag{14-34}$$

$$R_p(t)=R_p[g_{K_m}(t),\ K_m,\ g_{K_a}(t),\ K_a] \tag{14-35}$$

式中，R（t）为结构的实际抗力；Ω_p（t）为计算模式不确定性参数的时变函数；$R_p(t)$ 为按抗力函数计算出的抗力值；K_m 为材料强度的不确定性；$g_{K_m}(t)$ 为

K_m 的时变函数（确定性函数）；K_a 为结构几何参数的不确定性；$g_{K_a}(t)$ 为 K_a 的时变函数（确定性函数）。

14.4　既有建筑结构构件承载力极限状态验算

14.4.1　既有建筑结构构件承载力极限状态验算表达式

长期以来，土木工程技术人员已经习惯采用基本变量的标准值和分项系数进行结构设计，并已积累了大量的工程实践经验。考虑这些情况，对于既有建筑结构构件安全性的验算，其验算表达式在形式上仍采用分项系数表达的形式，且满足验算表达式的结构所具有的可靠指标应尽可能地接近于预定的目标可靠指标。显然，对于验算表达式中荷载和抗力的分项系数也应根据既有建筑结构的特点重新计算。

承载力极限状态见式（14-36）。

$$\gamma_0(\gamma_G S_{G_k}+\gamma_{Q_1}S_{Q_{1k}}+\sum_{i=2}^{n}\gamma_{Q_i}\psi_{c_i}S_{Q_{ik}})\leqslant\frac{R(f,\ a,\ \cdots\cdots)}{\gamma_R}\tag{14-36}$$

式中，γ_0 为结构重要性系数，按《建筑结构可靠性设计统一标准》GB 50068—2018 的规定取值；γ_G 为永久荷载分项系数；γ_{Q_1}、γ_{Q_i} 为第一个和第 i 个可变荷载分项系数；S_{G_k} 为永久荷载标准值效应；$S_{Q_{1k}}$ 为第一个可变荷载的标准值效应，该效应大于任何第 i 个可变荷载的标准值效应；$S_{Q_{ik}}$ 为第 i 个可变荷载的标准值效应；ψ_{c_i} 为第 i 个可变荷载的组合值系数；$R(\quad)$ 为结构构件的抗力函数，按各有关建筑结构设计规范规定的方法计算；γ_R 为结构构件的抗力分项系数；f 为实测材料性能的标准值；a 为实测几何参数的标准值。

14.4.2　荷载分项系数的确定

只考虑恒荷载和活荷载两种简单的组合情况，将式（14-36）简化为式（14-37）。在各项标准值已给定的前提下，选取一组分项系数，使之满足验算表达式（14-35）的各种结构构件所具有的可靠指标与规定的可靠指标之间在总体上误差最小。

$$\gamma_G S_G+\gamma_Q S_Q\leqslant\frac{R}{\gamma_R}\tag{14-37}$$

为使 γ_G 和 γ_Q 通用于各种材料的结构构件，选取 14 种有代表性的结构构件及荷载效应常用比值进行计算分析（表 14-15）。对延性破坏，目标可靠指标取 3.2；对脆性破坏，该值取 3.7。根据目标使用期、目标可靠指标、荷载效应随机变量的平均值和标准差，以及结构抗力的变异系数，由极限状态方程$R-S_G-S_Q=0$，按验算点法反求所需的结构抗力平均值μ_R[15]，再按统计参数μ_R/R求出R^*。对于某一种构件，如果按目标可靠指标求得的抗力值R^*与按式（14-37）求得的抗力值R相等，即$R^*=R$，则满足式（14-37）条件的构件所具有的可靠指标必然与目标可靠指标相等。要达到此要求，就要选取合适的分项系数，使得由式（14-38）算出的H_i最小。

14种有代表性的结构构件及荷载效应常用比值　　表14-15

<table>
<tr><th>序号</th><th colspan="2">结构构件种类</th><th>μR/R</th><th>δR</th><th>荷载效应常用比值ρ</th></tr>
<tr><td>1</td><td rowspan="2">钢结构</td><td>轴心受压</td><td>1.03</td><td>0.07</td><td rowspan="2">0.25
0.5
1.0
2.0</td></tr>
<tr><td>2</td><td>偏心受压</td><td>1.12</td><td>0.10</td></tr>
<tr><td>3</td><td rowspan="2">薄钢结构</td><td>轴心受压</td><td>1.08</td><td>0.10</td><td rowspan="2">0.5
1.0
2.0
3.0</td></tr>
<tr><td>4</td><td>偏心受压</td><td>1.14</td><td>0.11</td></tr>
<tr><td>5</td><td rowspan="3">砌体结构</td><td>轴心受压</td><td>1.05</td><td>0.15</td><td rowspan="3">0.1
0.25
0.5
0.75</td></tr>
<tr><td>6</td><td>偏心受压</td><td>1.14</td><td>0.23</td></tr>
<tr><td>7</td><td>受剪</td><td>1.02</td><td>0.13</td></tr>
<tr><td>8</td><td rowspan="2">木结构</td><td>轴心受压</td><td>1.00</td><td>0.05</td><td rowspan="2">0.25
0.5
1.5</td></tr>
<tr><td>9</td><td>受弯</td><td>1.00</td><td>0.05</td></tr>
<tr><td>10</td><td rowspan="5">钢筋混凝土结构</td><td>轴心受拉</td><td>1.00</td><td>0.04</td><td rowspan="5">0.1
0.25
0.5
1.0
2.0</td></tr>
<tr><td>11</td><td>轴心受压</td><td>1.00</td><td>0.05</td></tr>
<tr><td>12</td><td>大偏心受压</td><td>1.00</td><td>0.05</td></tr>
<tr><td>13</td><td>受弯</td><td>1.00</td><td>0.04</td></tr>
<tr><td>14</td><td>受剪</td><td>1.00</td><td>0.15</td></tr>
</table>

注：荷载效应比值ρ是指可变荷载效应与永久荷载效应的比值。

$$H_i=\sum_i(R_{ij}^*-R_{ij})^2 \tag{14-38}$$

式中，R_{ij}^*为第i种结构构件在第j种荷载效应比值ρ下根据目标可靠指标以概率方法求得抗力值；R_{ij}为在同样情况下，根据所选的分项系数按式（14-37）求得的抗力值，即$R_{ij}=\gamma_{R_i}[\gamma_G(S_G)_j+\gamma_Q(S_Q)_j]$。

取恒荷载加办公楼楼面活荷载（S_G+S_L）、恒荷载加住宅楼楼面活荷载（S_G+S_L）、恒荷载加风荷载（S_G+S_W）进行分析。恒荷载分项系数的可能取值$\gamma_G=0.8$、0.9、1.0、1.1、1.2，可变荷载分项系数的可能取值$\gamma_Q=$

0.8、0.9、1.0、1.1、1.2、1.3、1.4、1.5、1.6。每一组给定的 γ_G、γ_Q 取值，对每一种结构构件，可以用最小二乘法，求出相应的优化抗力分项系数 γ_{R_i}（见 14.4.3 节），从而满足使误差值 H_i 达到最小的条件。计算 14 种构件的 H_i，得到总误差 I，如式（14-39）所示。给定某一目标使用期，应用 14.3 节的方法确定荷载的标准值，对于上述可能的 γ_G、γ_Q 取值，可求得相应 I 值。显然，适用于各种结构构件的最佳荷载分项系数 γ_G、γ_Q 必须能使 I 值为最小。

$$I=\sum_i\sum_j\left(\frac{R_{ij}^*-R_{ij}}{R_{ij}^*}\right)^2=\sum_i\sum_j\left(1-\frac{R_{ij}}{R_{ij}^*}\right)^2 \tag{14-39}$$

当永久荷载和可变荷载效应同号时，不同目标使用期 T 下 γ_G、γ_Q 取不同值时 I 的变化规律计算结果如图 14-1～图 14-10 所示[19]。根据这些分析结果，对于目标使用期 $T=10$～100 年的既有建筑结构构件，荷载分项系数可统一取 $\gamma_G=1.0$、$\gamma_Q=1.3$。

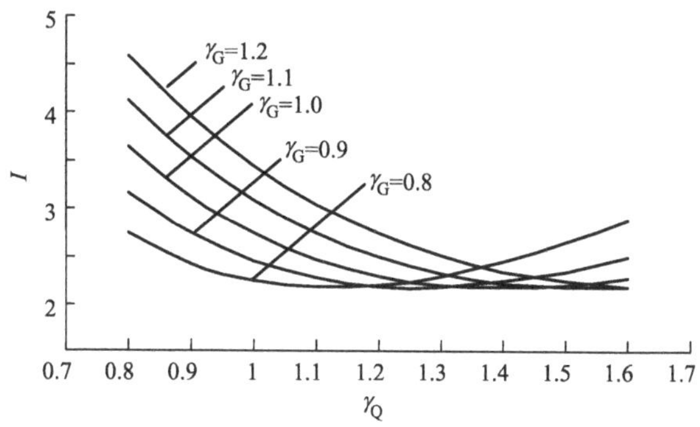

图 14-1　$T=10$ 年时，I 与 γ_Q、γ_G 的关系

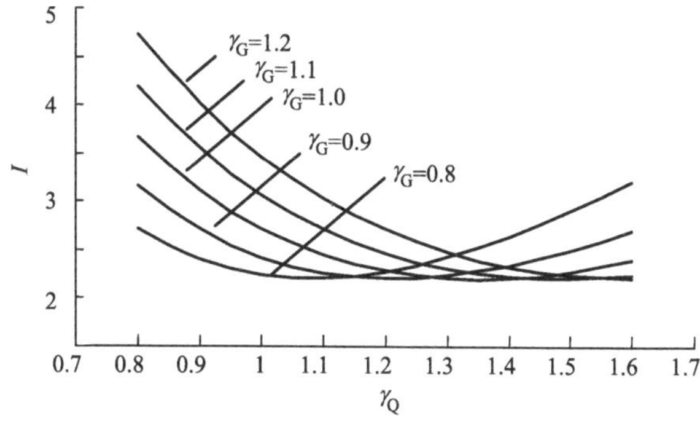

图 14-2　$T=20$ 年时，I 与 γ_Q、γ_G 的关系

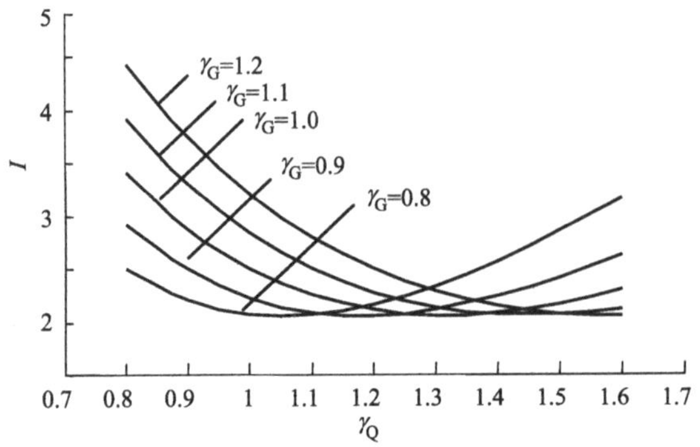

图 14-3　$T=30$ 年时，I 与 γ_Q、γ_G 的关系

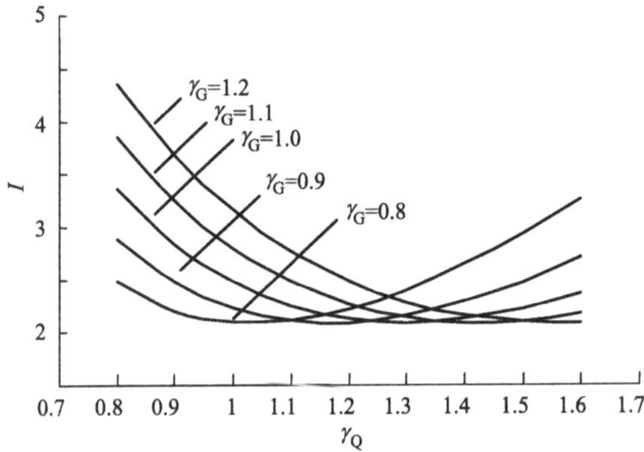

图 14-4　$T=40$ 年时，I 与 γ_Q、γ_G 的关系

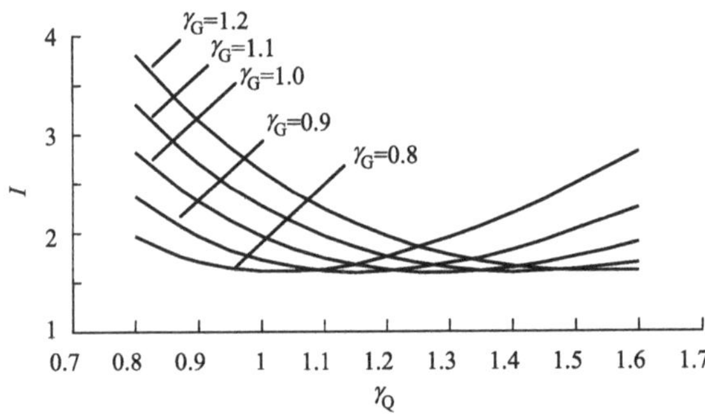

图 14-5　$T=50$ 年时，I 与 γ_Q、γ_G 的关系

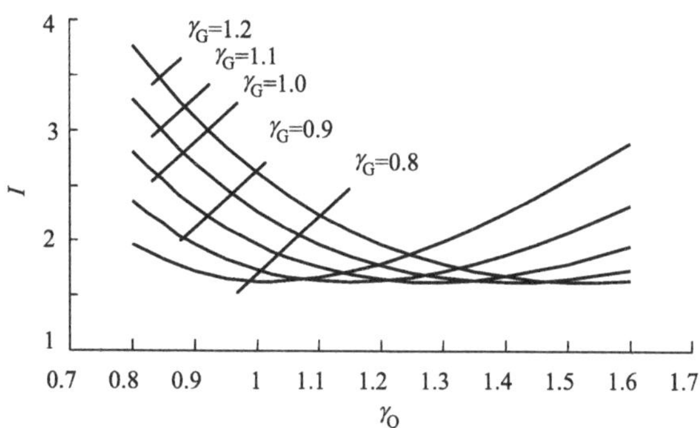

图 14-6　T=60 年时，I 与 γ_Q、γ_G 的关系

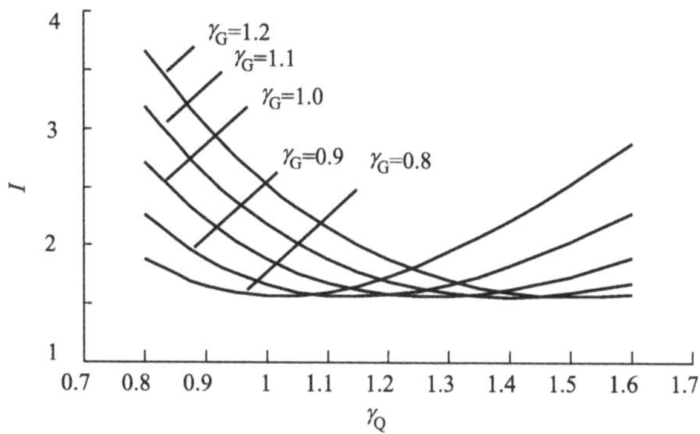

图 14-7　T=70 年时，I 与 γ_Q、γ_G 的关系

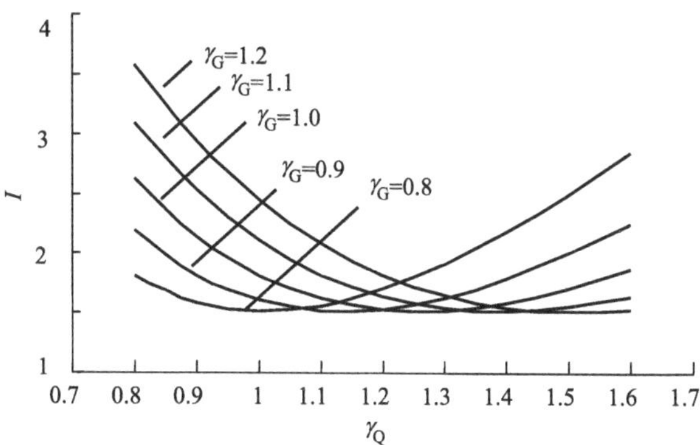

图 14-8　T=80 年时，I 与 γ_Q、γ_G 的关系

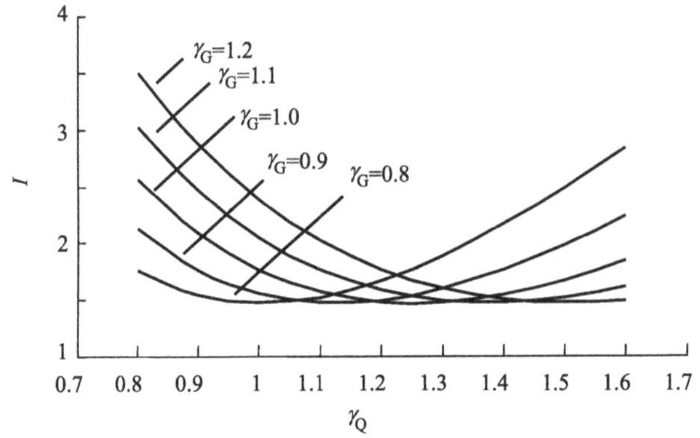

图 14-9　$T=90$ 年时，I 与 γ_Q、γ_G 的关系

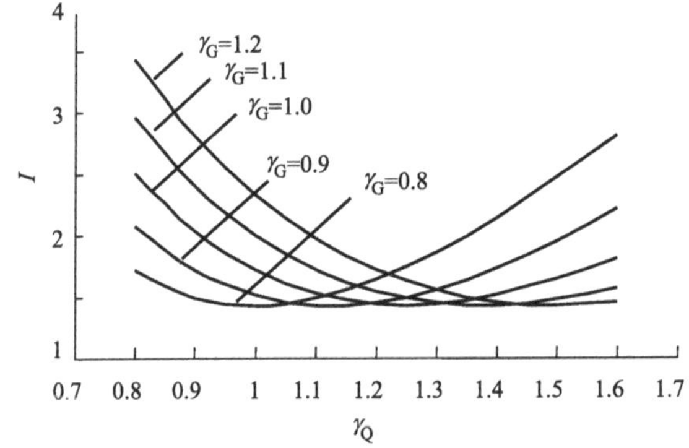

图 14-10　$T=100$ 年时，I 与 γ_Q、γ_G 的关系

对于永久荷载和可变荷载效应异号的情况，永久荷载产生的效应会抵消可变荷载产生的效应。在可靠性分析中，采用的极限状态方程则见式（14-40）。

$$R+S_G-S_Q=0 \tag{14-40}$$

此时，荷载分项系数若仍取与同号荷载效应时相等的值，则将导致结构可靠度不足。这是因为当对结构某截面起不利作用的可变荷载向增大方向变化时，对该截面起有利作用的永久荷载并不会增大。

通过计算分析比较，认为采用 $\gamma_G=0.6$、$\gamma_Q=1.3$ 的效果最好。以钢筋混凝土受弯构件为例，图 14-11 列出了该种构件在 3 种简单荷载组合下，可靠指标 β 随目标使用期的变化情况，从图中可以看出，当采用 $\gamma_G=0.6$、$\gamma_Q=1.3$ 时可取得比较满意的效果。

14.4.3　抗力分项系数的确定

在选择最优荷载分项系数的过程中，对于任一组给定的 γ_G、γ_Q 应使 H_i 值达

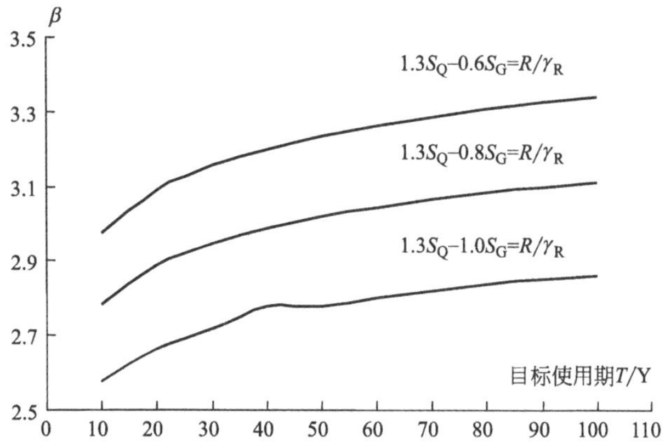

图 14-11　永久荷载和可变荷载异号时钢筋混凝土受弯构件的 β 值

到最小。对式（14-38），当 $\dfrac{\partial H_i}{\partial \gamma_{Ri}}=0$ 时，H_i 达到最小值。于是，有式（14-41）。

$$\gamma_{R_i}=\frac{\sum_j R_{ij}^{*} S_j}{\sum_j S_j^2} \tag{14-41}$$

将 S_G+S_L（办公楼）、S_G+S_L（住宅）、S_G+S_W 荷载效应组合下的全部 R_{ij}^{*} 和 S_j 值代入式（14-41），即可求某种结构构件 i 在 3 种简单荷载效应组合下对应规定的 β 值的最优抗力分项系数。表 14-16 给出了当采用 $\gamma_G=1.0$、$\gamma_Q=1.3$ 时，不同目标使用期下，14 种构件在 3 种简单荷载组合下的抗力分项系数 γ_{R_i}。

不同目标使用期下，14 种构件在 3 种简单荷载组合下的抗力分项系数 γ_{R_i}

表 14-16

序号	结构构件种类		γ_{R_i}									
			10 年	20 年	30 年	40 年	50 年	60 年	70 年	80 年	90 年	100 年
1	钢	轴心受压	1.192	1.166	1.154	1.146	1.141	1.137	1.133	1.130	1.128	1.126
2		偏心受压	1.150	1.129	1.119	1.113	1.108	1.105	1.102	1.100	1.098	1.097
3	薄钢	轴心受压	1.213	1.182	1.168	1.158	1.152	1.146	1.142	1.139	1.136	1.134
4		偏心受压	1.167	1.139	1.125	1.116	1.110	1.106	1.102	1.099	1.096	1.094
5	砌体	轴心受压	1.517	1.505	1.500	1.497	1.495	1.494	1.493	1.492	1.491	1.491
6		偏心受压	1.827	1.823	1.823	1.822	1.823	1.823	1.823	1.823	1.824	1.824
7		受剪	1.469	1.455	1.448	1.445	1.442	1.440	1.439	1.438	1.437	1.436
8	木	轴心受压	1.184	1.160	1.148	1.140	1.135	1.131	1.128	1.125	1.123	1.121
9		受弯	1.184	1.160	1.148	1.140	1.135	1.131	1.128	1.125	1.123	1.121

续表

序号	结构构件种类		γ_{R_i}									
			10年	20年	30年	40年	50年	60年	70年	80年	90年	100年
10	钢筋混凝土	轴心受拉	1.172	1.148	1.136	1.129	1.124	1.120	1.117	1.114	1.111	1.109
11		轴心受压	1.290	1.258	1.242	1.232	1.225	1.220	1.215	1.212	1.208	1.206
12		大偏心受压	1.186	1.163	1.151	1.144	1.139	1.135	1.132	1.130	1.128	1.126
13		受弯	1.171	1.148	1.136	1.129	1.124	1.120	1.117	1.114	1.111	1.109
14		受剪	1.613	1.589	1.577	1.571	1.566	1.562	1.559	1.557	1.555	1.554

由表 14-16 中的结果可以看出，一种构件的抗力分项系数随目标使用期的不同而有所变化，但这种变化并不显著。目标使用期 10 年和 100 年分别对应的抗力分项系数在数值上仅相差 1%～6%。因此，采用不同目标使用期 F 抗力分项系数的平均值作为一种构件统一的抗力分项系数。结构构件抗力分项系数 γ_{R_i} 及相应的可靠指标 β 见表 14-17。

结构构件抗力分项系数 γ_{R_i} 及相应的可靠指标 β　　表 14-17

序号	结构构件种类		γ_{R_i}	β(平均值)									
				10年	20年	30年	40年	50年	60年	70年	80年	90年	100年
1	钢	轴心受压	1.145	3.09	3.18	3.23	3.26	3.29	3.31	3.32	3.34	3.35	3.36
2		偏心受压	1.112	3.10	3.16	3.20	3.22	3.24	3.25	3.26	3.27	3.28	3.28
3	薄钢	轴心受压	1.157	3.07	3.15	3.20	3.23	3.26	3.28	3.29	3.31	3.32	3.33
4		偏心受压	1.115	3.07	3.16	3.20	3.23	3.25	3.27	3.28	3.29	3.30	3.31
5	砌体	轴心受压	1.498	3.63	3.66	3.67	3.68	3.69	3.69	3.70	3.70	3.70	3.70
6		偏心受压	1.824	3.69	3.69	3.69	3.69	3.69	3.69	3.69	3.69	3.69	3.69
7		受剪	1.445	3.61	3.65	3.67	3.68	3.69	3.70	3.70	3.71	3.71	3.71
8	木	轴心受压	1.139	3.10	3.20	3.26	3.29	3.32	3.35	3.37	3.38	3.40	3.41
9		受弯	1.139	3.10	3.20	3.26	3.29	3.32	3.35	3.37	3.38	3.40	3.41
10	钢筋混凝土	轴心受拉	1.128	3.20	3.30	3.35	3.39	3.42	3.44	3.46	3.47	3.49	3.50
11		轴心受压	1.231	3.76	3.88	3.94	3.99	4.02	4.05	4.07	4.09	4.1	4.12
12		大偏心受压	1.143	3.16	3.25	3.29	3.33	3.35	3.37	3.38	3.40	3.41	3.42
13		受弯	1.128	3.20	3.30	3.35	3.39	3.42	3.44	3.46	3.47	3.49	3.50
14		受剪	1.570	3.60	3.65	3.67	3.68	3.69	3.70	3.71	3.71	3.72	3.72

14.5 既有建筑结构构件的安全性分析

当荷载效应的统计参数为已知时，可靠指标是结构构件抗力均值及其标准差的函数，而结构构件的抗力又与材料或构件的质量密切相关。《建筑结构设计统一标准》GBJ 68—84 规定了两种质量界限，即设计要求的质量和下限质量。前者为材料和构件的质量应达到或高于目标可靠指标要求的期望值，后者系按目标可靠指标减 0.25 确定的值。此值相当于其失效概率运算值上升半个数量级。基于以上考虑，并兼顾工程技术人员的习惯，参考《民用建筑可靠性鉴定标准》GB 50292—2015，对既有建筑结构构件的安全性采用分级评价的方法，分级原则如下：

a_u 级：既有建筑结构构件的可靠度达到目标可靠指标 β，其验算表征为 $R/\gamma_0\gamma_R S \geqslant 1.0$。对该类构件，不必采取措施。

b_u 级：既有建筑结构构件的可靠度没有达到目标可靠指标 β，但尚可达到或超过相当于工程质量下限的可靠度水平。即可靠指标 $\beta_1 = \beta - 0.25$，该类结构构件仍可继续使用，验算表征为 $1.0 > R/\gamma_0\gamma_R S \geqslant a$（其中 a 值需根据可靠性分析结果确定）。对该类构件，可不采取措施。

c_u 级：既有建筑结构构件的可靠度没有达到目标可靠指标 β，且低于相当工程质量下限的可靠度水平，但未达到随时有破坏可能的程度，因此，其可靠指标的下浮可按构件的失效概率增大一个数量级估计：$\beta - 0.25 > \beta_1 \geqslant \beta - 0.5$。该类结构构件的验算表征为 $b > R/\gamma_0\gamma_R S \geqslant a$（其中 b 值需根据可靠性分析结果确定）。对该类构件，应采取措施。

d_u 级：既有建筑结构构件的可靠指标的下降值超过 0.5，其失效概率大幅度提高，结构构件可能处于危险的状态，验算表征为 $R/\gamma_0\gamma_R S < b$。对该类构件，必须立即采取措施。

通过计算，得出在不同目标使用期内，对应不同可靠指标的抗力分项系数以及待定系数 a、b 值，如表 14-18 所示。为了工程应用方便，取表 14-18 中 a、b 的均值作为其代表值，即 a=0.96，b=0.92。表 14-19 列出了既有建筑结构构件承载力等级的评定标准。上海市工程建设规范《既有建筑物结构检测与评定标准》DGTJ 08—804 为了避免在数值上和《民用建筑可靠性鉴定标准》GB 50292—2015 数值不一致，对表 14-19 中的计算结果进行适当调整，见表 14-19 中括号内的数据。

对应不同可靠指标抗力的分项系数以及待定系数 a、b 值　　表 14-18

序号	结构构件种类		γ_{R_i}			a	b
			β	$\beta-0.25$	$\beta-0.5$		
1	钢	轴心受压	1.145	1.099	1.056	0.960	0.922
2		偏心受压	1.112	1.065	1.020	0.957	0.917
3	薄钢	轴心受压	1.157	1.098	1.043	0.949	0.901
4		偏心受压	1.115	1.057	1.004	0.948	0.900
5	砌体	轴心受压	1.498	1.434	1.374	0.958	0.917
6		偏心受压	1.824	1.718	1.618	0.942	0.888
7		受剪	1.445	1.389	1.335	0.961	0.924

续表

序号	结构构件种类		γ_{R_i}			a	b
			β	β−0.25	β−0.5		
8	木	轴心受压	1.139	1.099	1.060	0.964	0.931
9		受弯	1.139	1.099	1.061	0.964	0.931
10	混凝土	轴心受拉	1.128	1.089	1.054	0.966	0.934
11		轴心受压	1.231	1.186	1.143	0.963	0.929
12		大偏心受压	1.143	1.104	1.067	0.966	0.933
13		受弯	1.128	1.089	1.054	0.966	0.934
14		受剪	1.570	1.495	1.424	0.952	0.907

既有建筑结构构件承载力等级的评定 **表 14-19**

$R/\gamma_0\gamma_R S$			
a_u 级	b_u 级	c_u 级	d_u 级
≥1.0	≥0.96(0.95)且<1.0	≥0.92(0.90)且<0.96(0.95)	<0.92(0.90)

14.6 既有建筑结构构件的使用性分析

对既有建筑结构构件的使用性能评定，可采用拟建建筑结构构件相同的正常使用极限状态表达式，如式（14-42）所示。式（14-42）中的荷载效应 S_k 可以通过现场检测获得。

$$S_k \leqslant C \tag{14-42}$$

式中，C 为结构构件达到正常使用要求的规定限值，可按各有关建筑结构设计规范的规定值采用或按结构的特殊使用要求确定。

《民用建筑可靠性鉴定标准》GB 50292—2015 和《工业建筑可靠性鉴定标准》GB 50144—2019 在进行构件的使用性能评定时也采用分级评定的方法，分为三级进行评定：对 a_s 级的构件不必采取措施；对 b_s 级的构件可不采取措施；对 c_s 级的构件应采取措施。工程实践表明：如实测获得的结构构件的荷载效应不能满足式（14-42）的要求，则必须要采取相应的技术措施。为此建议：对既有建筑结构构件的正常使用性采用分级评定，且只分为两级：a_s 级的构件不必采取措施；d_s 级的构件应采取措施（为和结构构件的安全性评定相协调，将应采取措施构件的等级定为 d_s 级）。

14.7　既有建筑结构构件的耐久性分析

既有建筑结构构件的耐久性分析实际上包含两方面内容，一是确定目标使用期内既有建筑结构构件是否安全、是否满足正常使用要求；二是预测既有建筑结构构件的使用寿命。

针对第一方面，对给定的目标使用期 T，由相关公式计算可得式（14-43）。

$$R(T)=\Omega_{\mathrm{p}}(T)R_{\mathrm{p}}(T) \tag{14-43}$$

若不考虑计算模式不确定性参数的时变性，即认为 $\Omega_{\mathrm{p}}(t)=\Omega_{\mathrm{p}}$，于是，式（14-43）变为式（14-44）。

$$R(T)=\Omega_{\mathrm{p}}R_{\mathrm{p}}(T) \tag{14-44}$$

由此可知，给定目标使用期 T，若能考虑结构构件的时变性，则结构构件的耐久性不是一独立的性能指标。可引入时间变量，考虑抗力的时变性，按目标使用期内结构构件的安全性和正常使用性分别进行评定，就可确定结构构件是否可靠。

针对第二方面，可以仅考虑构件抗力的时变性，采用逐步搜索法近似确定既有建筑结构构件的剩余寿命。若既考虑荷载效应和结构构件抗力的时变性，又考虑其随机性，则能更为科学地预测既有建筑结构构件的剩余使用寿命，如图 14-12 所示。20 多年来，作者及其研究团队考虑环境作用对涉及混凝土结构构

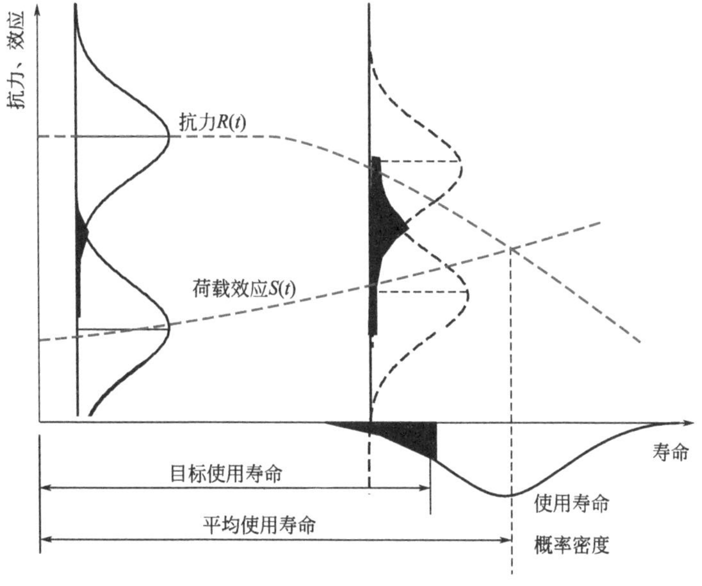

图 14-12　既有建筑结构构件抗力、荷载效应演化过程及使用寿命

件性能演化的一些基础科学问题进行了系统的研究，且能科学地预测一般大气环境下以及海洋大气环境下混凝土结构构件的使用寿命，具体内容可参考相关文献，不再赘述[1-3,20]。

14.8 工程应用

1. 中国科学院上海生命科学研究院办公楼钢筋混凝土梁安全性评定

该楼为一栋五层L形的砖混结构建筑，始建于20世纪70年代，并经过多次加层改建，该办公楼二、三层结构平面布置图如图14-13所示[21]。现以图14-13中椭圆处的等截面连续梁为例，验算其承载力是否满足目标使用期内的使用要求。

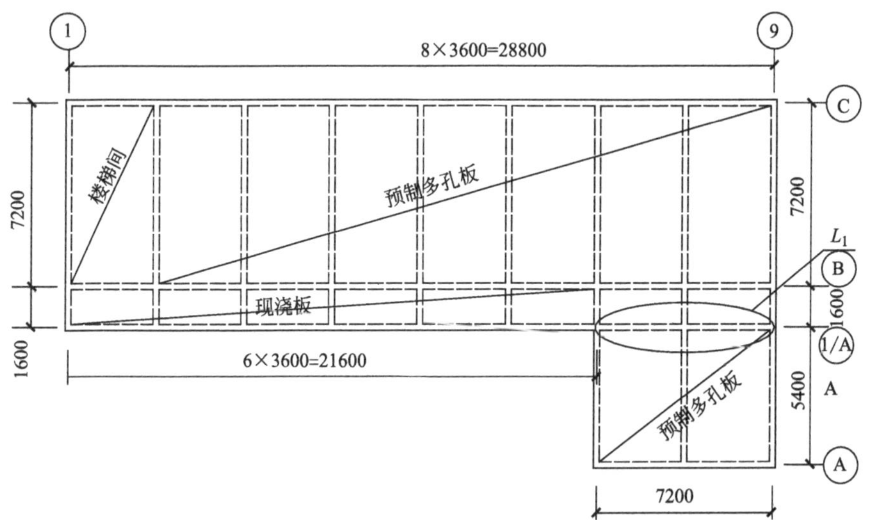

图14-13 中国科学院上海生命科学研究院办公楼二、三层结构平面布置图

经现场荷载调查，三层楼面恒荷载可取4kN/m^2，假定该办公楼的目标使用期为30年，则楼面活荷载标准值可取1.9kN/m^2。表14-20给出了按本章方法算得梁L_1安全性验算结果与按《民用建筑可靠性鉴定标准》GB 50295—2015验算所得的结果。

比较表14-20中相关验算结果可以看出：按照本章方法对梁跨中截面抗弯承载力的评价结果与按照《民用建筑可靠性鉴定标准》GB 50292—2015的方法获得的评价结果相比，差了两个等级，而对c_u级的构件应该采取相应措施，但从该梁的使用历史以及现状来看，其使用性能良好，不必采取加固措施。可见，按照《民用建筑可靠性鉴定标准》GB 50292—2015 的方法获得的评定结果偏于保守，这将给委托人或房屋所有人带来较大的经济压力。对梁中间支座截面抗剪承载力的验算，按照《民用建筑可靠性鉴定标准》GB 50292—2015 的方法获得的结果又有偏于冒进的趋势，这是因为本章所推荐的验算表达式中，直接使用了构件抗力的分项系数，并没有再根据不同的受力构件类型进一步优化得到材料的分项系数，这样有利于减少在优化过程中产生的误差。

按本章方法算得梁 L_1 安全性验算结果与按规范方法所得的结果　表 14-20

验算方法	$g+q$ (kN/m)	跨中弯矩 (kN·m)	抗弯承载力 (kN·m)	抗力/荷载效应	等级	支座处剪力 (kN)	抗剪承载力 (kN)	抗力/荷载效应	等级
本章方法	33.79	39.81	41.7	1.05	a_u	73.0	80.8	1.1	a_u
规范方法*	39.48	46.5	42.1	0.91	c_u	85.3	110	1.3	a_u

注：* 是指《民用建筑可靠性鉴定标准》GB 50292—2015 的方法。

2. 上海市建国中路 10 号原上海汽车制动器公司厂房钢柱安全性评定

2003 年有关部门将该厂房改造为商业和办公建筑。为确保房屋结构安全，并为改造设计单位提供技术依据，改造代建单位委托同济大学对相关厂房的建筑结构图纸进行测绘，对厂房的损伤情况、主要材料强度、房屋倾斜情况等进行检测，对房屋结构的安全性进行综合评估，并提出处理建议[22]。

厂区内的 4 号厂房主体为单层房屋，北侧局部有两层的搭建房屋。房屋主体近似呈矩形，搭建部分平面不规则。厂房主体采用双坡屋面，自室内地坪至屋架下弦高 6600mm。现场调查发现，C～E 轴间钢柱普遍有锈蚀现象，图 14-14 给出了 4 号厂房底层建筑平面示意图，现对 4 号厂房 D 轴与 7 轴钢柱进行安全性验算，表 14-21 给出了验算结果。由表 14-21 可见，尽管可以不采取相关加固措施，但两种验算方法的评定结果相差一个等级。

4 号厂房 D 轴与 7 轴钢柱安全性验算结果　表 14-21

验算方法	轴力(kN)	弯矩(kN·m)	荷载效应(MPa)	抗力(MPa)	抗力/荷载效应	等级
本章方法	207.4	67.6	200.8	212	1.06	a_u
规范方法*	222.6	72.8	216.1	210	0.97	b_u

注：* 是指《民用建筑可靠性鉴定标准》GB 50292—2015 的方法。

3. 上海市嘉定区某小区多层住宅砖墙安全性评定

上海市嘉定区某小区一期工程由 12 幢多层住宅组成，建于 1995 年，上海市嘉定区人民法院于 2002 年委托同济大学对 12 幢住宅进行检测与鉴定。图 14-15 为 1～7 号房屋结构平面布置示意图[23]。

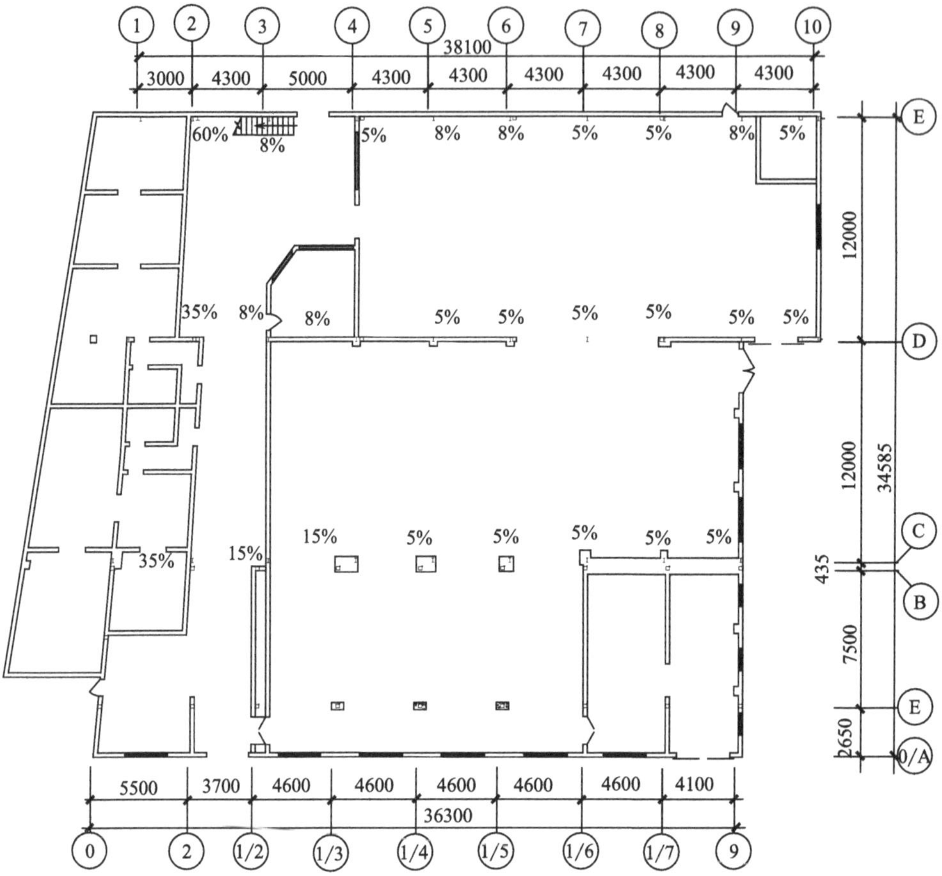

图 14-14　4 号厂房底层建筑平面示意图

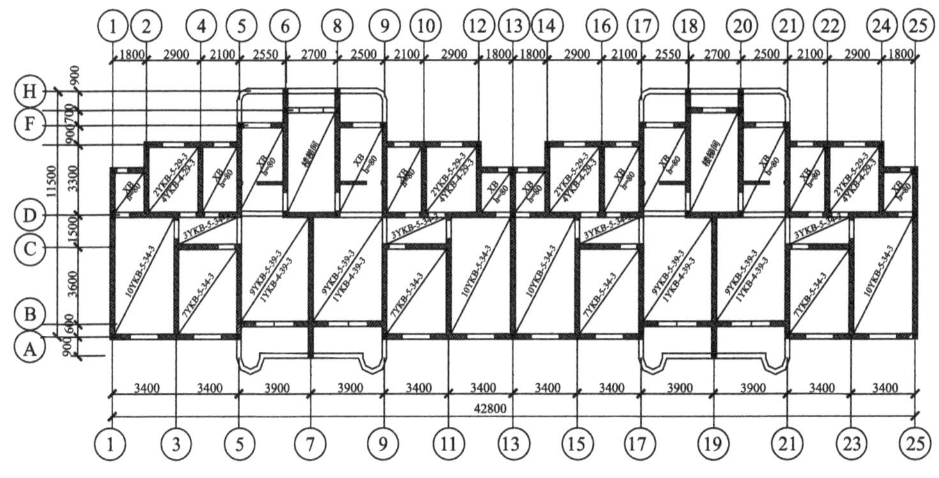

图 14-15　1～7 号房屋结构平面布置示意图

现对 3 号房屋某轴的承重墙体的安全性进行分析。根据砖和砂浆实测强度推算得到砌体抗压强度值为 1.05MPa。取目标使用期为 50 年，楼面荷载标准值为 2.0kN/m^2。不考虑风荷载和地震作用，该片墙体在竖向荷载作用下的承载力验算结果列于表 14-22。由表 14-22 可见：两种验算方法的评定结果相差了两个等级，给出了截然不同的鉴定结论，但从现场检测结果看，在竖向荷载作用下不需要对墙体立即加固，《民用建筑可靠性鉴定标准》GB 50292—2015 给出的方法偏于保守。从保证结构安全角度，保守的评定方法可以理解。但若涉及质量责任纠纷，则要求有更精确、更合理的方法。

3 号房屋某轴墙体在竖向荷载作用下的承载力验算结果　　表 14-22

验算方法	恒荷载 (kN/m)	活荷载 (kN/m)	荷载效应 (MPa)	抗力 (MPa)	抗力/荷载效应	等级
本文方法	43.0	98.8	141.8	135.6	0.96	b_u
规范方法*	51.6	106.4	158.0	126.0	0.80	d_u

注：* 是指《民用建筑可靠性鉴定标准》GB 50292—2015 的方法。

参考文献

[1] GU X L，GUO H Y，ZHOU B B，et al. Corrosion non-uniformity of steel bars and reliability of corroded RC beams [J]. Engineering Structures，2018 (167)：188-202.

[2] 郭弘原，顾祥林，周彬彬，等. 基于概率密度演化的锈蚀混凝土梁时变可靠性分析 [J]. 建筑结构学报，2019，40 (1)：67-73.

[3] GUO H Y，DONG Y，GU X L. Two-step translation method for time-dependent reliability of structures subject to both continuous deterioration and sudden events [J]. Engineering Structures，2020 (225)：111291.

[4] Appraisal of existing structures [S]. The institution of structural engineers，London，United Kingdom，1980.

[5] Assessment of concrete structures and design procedures for upgrading [S]. Comité euro-international du béton. Bulletin d' information no. 162，lausanne，Switzerland，1983.

[6] Czechoslovak code for the design and assessment of building structures subjected to reconstruction：SN 73-0083 [S]. English translation by building research institute，Prague，Czechoslovakia，1986.

[7] Building code requirements for structural concrete and commentary (ACI 318-95) [S]. American concrete institute，Detroit，1995.

[8] ALLEN D E. Limit states criteria for structural evaluation of existing buildings [J]. Canadian journal of civil engineering，1991，18：995-1004.

[9] 缪昌文，顾祥林，张伟平，等. 环境作用下混凝土结构性能演化与控制研究进展 [J]. 建

筑结构学报，2019，40（1）：1-10.
[10] International Standard. Bases for design on structures - assessment of existing structures：ISO 13822：2010E [S]. ISO，2018.
[11] 李继华，林忠民，李明顺，等．建筑结构概率极限状态设计 [M]. 北京：中国建筑工业出版社，1990.
[12] 杨巧虹，沈祖炎．民用建筑结构可靠性鉴定时可变荷载的统计分析 [J]. 四川建筑科学研究，2000，26（1）：19-21，50.
[13] 周锡元，曾德民，高晓安．估计不同服役期结构的抗震设防水准的简单方法 [J]. 建筑结构，2002，1（1）：37-40，72.
[14] 高小旺，鲍霭斌．用概率方法确定抗震设防标准 [J]. 建筑结构学报，1986，7（2）：55-63.
[15] 赵国藩．工程结构可靠性理论与应用 [M]. 大连：大连理工大学出版社，1996.
[16] FUJINO Y，LIND N C. Proof-lad factors and reliability. structural engineering [J]. 1977，103（ST4）：853-870.
[17] ELLINGWOOD B R. Reliability-based condition assessment and LRFD for existing structures [J]. Structural safety，1996，18（2/3）：67-80.
[18] HALL W B. Reliability of Service-proven Structures [J]. Structural Engineering，1988，114（3）：608-624.
[19] 顾祥林，许勇，张伟平．既有建筑结构构件的安全性分析 [J]. 建筑结构学报，2004，25（6）：117-122.
[20] ZHANG W P，ZHOU B B，GU X L，et al. Probability Distribution Model for Cross-Sectional Area of Corroded Reinforcing Steel Bars [J]. Journal of Materials in Civil Engineering，ASCE，2014，26（5）：822-832.
[21] 顾祥林，张伟平，管小军，等．中国科学院上海生命科学研究院办公楼房屋质量检测报告 [R]. 同济大学房屋质量检测站，2003.3.28.
[22] 顾祥林，张伟平，管小军，等．建国中路 10 号 1＃、2＃、4＃厂房房屋质量检测报告 [R]. 同济大学房屋质量检测站，2004.3.10.
[23] 顾祥林，张伟平，管小军，等．艺丰花园一期住宅工程质量检测鉴定报告 [R]. 上海同济建设工程质量检测站，2002.8.20.

第15章　既有建筑结构体系的可靠性分析

与既有建筑结构构件的可靠性分析类似，既有建筑结构体系的可靠性分析也有两种途径：一是计算结构体系的可靠度或失效概率；二是对结构的可靠性进行评级。从理论上讲，既有建筑结构体系的可靠度或失效概率可以由构件的可靠度或失效概率按构件间的连接关系以及相关性，用概率方法精确地计算，但有关结构体系可靠度计算的研究还不成熟。对一些简单的结构，可能实现精确的计算；但对于一般的结构，尤其是大型的复杂结构，尚难实现计算分析。然而，实际工程有时并不需要知道结构可靠度或失效概率的精确值，只要大致确定结构处于什么样的可靠程度，是否需要加固即可。因此，根据构件的可靠性等级评定既有建筑结构体系的可靠性等级更有工程意义。

目前，我国既有建筑结构可靠性评定的主要依据是《民用建筑可靠性鉴定标准》GB 50292—2015 和《工业厂房可靠性鉴定标准》GB 50144—2019，这两本标准均采用可靠性评级的方法分析结构体系的可靠性，按构件—子单元—鉴定单元三个不同层次对结构体系进行可靠性评级。将具有独立功能的结构体系看作一个鉴定单元，一个鉴定单元包含地基基础、上部承重结构（简称结构）、围护系统三个子单元，一个上部承重结构子单元包含若干子结构（楼层或区域），一个子结构包含若干构件。同一子结构内最低等级构件的相对数量决定子结构的可靠性等级，同一结构子单元内最低等级子结构的相对数量决定结构子单元的可靠性等级。对上部承重结构来讲，这实际是基于并联子结构的结构体系可靠性评定方法，简单实用，但未科学考虑构件之间、子结构之间的连接关系，结果相对近似。本书的作者主编了上海市工程建设规范《既有建筑物结构检测与评定标准》DG/TJ 08—804—2005[1]，对上述两本国家标准中上部承重结构的可靠性评级方法进行了必要改进，最大限度地体现构件之间、子结构之间的连接关系和相关性，提出了基于串联子结构的结构体系可靠性评定方法，既保持了简便、实用的特点，又最大限度地提高了评定精度。本章先以《民用建筑可靠性鉴定标准》GB 50292—2015 为例，简要介绍基于并联子结构的结构体系可靠性等级评定，再详细介绍基于串联子结构的结构体系可靠性等级评定，最后给出工程实例。

15.1 基于并联子结构的结构体系可靠性等级评定

15.1.1 结构体系层次和等级划分

《民用建筑可靠性鉴定标准》GB 50292—2015 把结构体系按构件、子单元和鉴定单元划分为三个层次，将每一层次分为四个安全性等级和三个使用性等级。根据鉴定建筑的构造特点和承重体系的种类，将其划分为一个或若干个可以独立进行鉴定的区段，每一区段为一鉴定单元。子单元是鉴定单元细分的单元，一个鉴定单元一般分为地基基础、上部承重结构和维护系统承重部分三个子单元。民用建筑可靠性评级的层次、等级划分如表 15-1 所示。

15.1.2 结构体系可靠性等级评定

由表 15-1 可知：子单元的可靠性等级评定是结构体系可靠性评定的核心，而在子单元中，上部承重结构部分又是主体，以上部承重结构的安全性评定为例，安全性等级应根据结构承载功能等级、结构整体性等级以及结构侧向位移等级的评定结果确定。当上部承重结构可视为由平面结构组成的体系，且其构件工作不存在系统性因素的影响时，承载功能的安全性等级可按下列规定评定：

民用建筑可靠性评级的层次、等级划分　　表 15-1

<table>
<tr><th colspan="2">层次(层名)</th><th>一(构件)</th><th colspan="2">二(子单元)</th><th>三(鉴定单元)</th></tr>
<tr><td rowspan="8">安全性鉴定</td><td>等级</td><td>a_u、b_u、c_u、d_u</td><td colspan="2">A_u、B_u、C_u、D_u</td><td>A_{su}、B_{su}、C_{su}、D_{su}</td></tr>
<tr><td rowspan="3">地基基础</td><td>—</td><td>地基变形评级</td><td rowspan="3">地基基础评级</td><td rowspan="7">鉴定单元安全性评级</td></tr>
<tr><td rowspan="2">按同类材料构件评定单个基础等级</td><td>边坡场地稳定性评级</td></tr>
<tr><td>地基承载力</td></tr>
<tr><td rowspan="3">上部承重结构</td><td rowspan="2">按承载力、构造、不适于承载的位移或损伤等检查项目评定单个构件等级</td><td>每种构件集评级</td><td rowspan="3">上部承重结构评级</td></tr>
<tr><td>结构侧向位移评级</td></tr>
<tr><td>—</td><td>按结构布置、支撑、圈梁、结构间的连接情况评定结构整体性等级</td></tr>
<tr><td>围护系统承重部分</td><td colspan="3">按上部承重结构检查项目及步骤评定围护系统承重部分各层次安全性等级</td></tr>
</table>

续表

<table>
<tr><th colspan="2">层次(层名)</th><th>一(构件)</th><th colspan="2">二(子单元)</th><th>三(鉴定单元)</th></tr>
<tr><td rowspan="6">使用性鉴定</td><td>等级</td><td>a_s、b_s、c_s</td><td colspan="2">A_s、B_s、C_s</td><td>A_{ss}、B_{ss}、C_{ss}</td></tr>
<tr><td>地基基础</td><td>—</td><td colspan="2">按上部承重结构和维护系统工作状态评估地基基础等级</td><td rowspan="5">鉴定单元使用性评级</td></tr>
<tr><td rowspan="2">上部承重结构</td><td rowspan="2">按位移、裂缝、风化、锈蚀等检查项目评定单个构件等级</td><td>每种构件集评级</td><td rowspan="2">上部承重结构评级</td></tr>
<tr><td>结构侧向位移评级</td></tr>
<tr><td rowspan="2">围护系统功能</td><td>—</td><td>按屋面防水、吊顶、墙、门窗、地下防水及其他防护设施等检查项目评定围护系统功能等级</td><td rowspan="2">围护系统评级</td></tr>
<tr><td colspan="2">按上部承重结构检查项目及步骤评定围护系统承重部分各层次使用性等级</td></tr>
<tr><td rowspan="4">可靠性鉴定</td><td>等级</td><td>a、b、c、d</td><td colspan="2">A、B、C、D</td><td>Ⅰ、Ⅱ、Ⅲ、Ⅳ</td></tr>
<tr><td>地基基础</td><td colspan="3" rowspan="3">以同层次安全性和正常使用性评定结果并列表达，或按《民用建筑可靠性鉴定标准》GB 50292—2015 规定的原则确定其可靠度</td><td rowspan="3">鉴定单元可靠性评级</td></tr>
<tr><td>上部承重结构</td></tr>
<tr><td>围护系统</td></tr>
</table>

(1) 在多、高层房屋的标准层中随机抽取 $\sqrt{m}$ 层另加底层和顶层，以及高层建筑的转换层和避难层为代表层作为评定对象，m 为该鉴定单元房屋的层数。当 $\sqrt{m}$ 为非整数时，应多取一层。对一般单层房屋，以原设计的每一计算单元为一区，并随机抽取 $\sqrt{m}$ 区为代表区作为评定对象，m 为该鉴定单元房屋的计算单元数。所谓代表层或代表区实际上是一子结构。

(2) 按《民用建筑可靠性鉴定标准》GB 50292—2015 的规定，将子结构中的承重构件划分为若干主要构件集和一般构件集，按表 15-2 和表 15-3 的内容要求，分别评定各种构件集的安全性等级。

(3) 按该子结构中各主要构件集之间的最低等级确定子结构的安全性等级。当子结构中一般构件集的最低等级比主要构件集最低等级低二级或三级时，该子结构的安全性等级应降一级或降两级。

(4) 不含 C_u 级和 D_u 级子结构，含 B_u 级，但含量不多于 30%，上部承重结构承载功能的安全性等级可被评定为A_u级。不含D_u级子结构，含C_u级，但含量不多于15%，上部承重结构承载功能的安全性等级可被评定为B_u级。当仅含C_u级子结构且其含量不多于50%时，或当仅含D_u级子结构且其含量不多于10%时，或当同时含有C_u级和D_u级子结构且其C_u级含量多于25%，D_u级含量不多于5%时，上部承重结构承载功能的安全性等级可被评定为C_u级。当C_u级或D_u级子结构的含量多于C_u级的规定数量时，上部承重结构承载功能的安全性等级可被评定为D_u级。

上部承重结构主要构件集安全性等级的评定 **表 15-2**

等级	多层及高层房屋	单层房屋
A_u	在该种构件集中，不含c_u级和d_u级，可含b_u级，但含量不多于25%	在该种构件集中不含c_u级和d_u级，可含b_u级，但含量不多于30%
B_u	在该种构件集中，不含d_u级，可含c_u级，但含量不多于15%	在该种构件集中不含d_u级，可含c_u级，但含量不多于20%
C_u	该构件集内，可含c_u级和d_u级，当仅含c_u级时，其含量不应多于40%；当仅含d_u级时，其含量不应多于10%；当同时含有c_u级和d_u级时，c_u级含量不应多于25%；d_u级含量不应多于3%	该构件集内，可含c_u级和d_u级，当仅含c_u级时，其含量不应多于50%；当仅含d_u级时，其含量不应多于15%；当同时含有c_u级和d_u级时，c_u级含量不应多于30%；d_u级含量不应多于5%
D_u	该构件集内，c_u级或d_u级含量多于C_u级的规定数	该构件集内，c_u级或d_u级含量多于C_u级的规定数

上部承重结构一般构件集安全性等级的评定 **表 15-3**

等级	多层及高层房屋	单层房屋
A_u	在该种构件集中，不含c_u级和d_u级，可含b_u级，但含量不多于30%	在该种构件集中不含c_u级和d_u级，可含b_u级，但含量不多于35%
B_u	在该种构件集中，不含d_u级，可含c_u级，但含量不多于20%	在该种构件集中不含d_u级，可含c_u级，但含量不多于25%
C_u	该构件集内，可含c_u级和d_u级，但c_u级含量不应多于40%；d_u级含量不应多于10%	该构件集内，可含c_u级和d_u级，但c_u级含量不应多于50%；d_u级含量不应多于15%
D_u	该构件集内，c_u级或d_u级含量多于C_u级的规定数	该构件集内，c_u级或d_u级含量多于C_u级的规定数

从表15-2和表15-3可以看出：在每个等级中除了作为主成分的构件外，还不同程度地存在低等级的构件，这实际上是对结构体系目标可靠度进行的一定调整。但是包含低等级构件的界限值还是无法被定量确定，是以现有的工程实践数

据来确定的，其基本依据为：

（1）在任意一个等级的结构体系中出现低等级构件纯属随机事件，其分布是无规律和分散的，不会引起系统效应。

（2）在以某等级构件为主成分的结构体系中出现低等级构件，其等级仅允许比主成分的等级低一级。若低等级构件是鉴定时已处于破坏状态的 d_{u} 级构件或可能发生脆性破坏的 c_{u} 级构件，尚应单独考虑其对结构体系安全性可能造成的影响。

（3）采用理论分析结果作为参照物，依据允许含有低等级构件的分级方案构成某个等级的结构体系，其失效概率运算值与完全由该等级构件（不含低等级构件）组成的“基本体系”相比，应无显著的增大。考虑理论分析结果仅作为参照物使用，故可暂用二阶区间法（窄区间法）算得的“基本体系”失效概率中值作为该体系失效概率的代表值，而以二阶区间的上限值作为它的允许偏离值。若上述结构体系算得的失效概率中值不超过该上限值，则可近似地认为：其失效概率无显著增大，该结构体系仍隶属于该等级。

15.2　基于串联子结构的结构体系可靠性等级评定

15.2.1　结构体系可靠性等级评定的一般方法

采用上一节的方法进行结构体系可靠性等级评定时，会出现如图 1-5 所示的问题，为此，根据结构体系的特点，建议采用一个或若干个结构层作为一个子结构，将地基基础看成结构体系中最底部的一个子结构。将子结构之间上下串联，形成一个完整的传力体系。它虽然不是简单的串联体系，但各子结构在整个结构体系中的重要性显而易见（处于下方的子结构要比上方的子结构重要）。因此，对各子结构进行可靠性等级评定后，根据其在整个结构体系中所处的位置和等级，可对整个结构体系的可靠性等级加以评定。

图 15-1 以一多高层建筑为例给出了基于串联子结构的结构体系可靠性等级评定方法的示意。在图 15-1a 中，第三层子结构最薄弱。根据各子结构在结构体系中所处的位置和作用，以及各子结构相互之间的传力关系，图 15-1b 中斜线阴影部分的结构可靠性等级可被评定为 C_{u} 级，给修复加固标明了范围，在实际工程中，直观地给出了该结构可靠度的总体水平[1]。

子结构的可靠性等级由子结构中各构件的可靠性等级决定。要准确地评定子结构的可靠性等级，必须确定各构件的权重，因为只有这样才能较好地反映实际结构因不同构件被破坏而产生不同后果的情况，才能分清构件的主次，使评价结

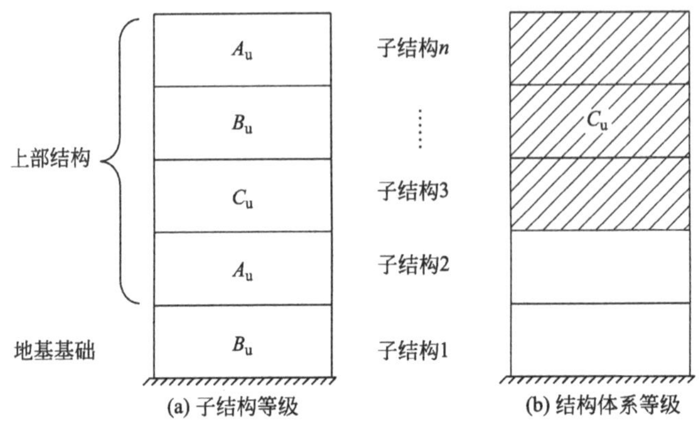

图 15-1　基于串联子结构的结构体系可靠性等级评定

果更符合实际情况。文献［2］提出了一种计算构件权重的方法，该方法通过计算各构件在同条件下，由于同等抗力程度的降低而引起的结构体系可靠度不同程度的降低，衡量各构件在整个结构体系中的相对重要性，通过比较这种相对重要性来确定构件的权重系数。该方法需要识别结构体系的各种失效模式，计算失效概率、联合失效概率，计算复杂。而且，目前对结构体系失效模式识别及失效模式之间相关性的研究还不成熟，无法在实际工程中推广与应用。况且，如果能计算出结构体系的失效概率，无需再计算构件的权重系数，因为计算构件权重系数是为了更好地评价结构体系的可靠性。层次分析法是随决策论发展起来的用于确定系统中各影响因素权重的方法，将其用于工程结构，可以确定结构体系各影响因素的权重[3]。但工程结构体系有其自身的特点，要广泛地把该方法用于实际工程，需要对该方法有更深入的研究。Pushover 法可以方便地分析子结构中结构构件的权重系数，尤其是在水平荷载作用下分析子结构中结构构件的权重系数，下面将对此进行深入分析。

15.2.2　基于层次分析法的子结构可靠性等级评定的基本原理

层次分析法是 T. L. Saaty 等人在 20 世纪 70 年代初提出的一种数学方法，被广泛地应用于工程技术、经济管理等领域[4]。层次分析法的基本思想是：将若干因素对同一目标的影响归结为确定它们在目标中所占的比重[5]。若要比较 n 个因素 $U=(U_1, U_2, \cdots, U_n)$ 对目标 I 的影响，确定其在 I 中所占的比重，每次取两个因素 U_i、U_j，用 C_{ij} 表示 U_i 与 U_j 对 I 的影响之比，形成判断矩阵，见式（15-1）。

$$\boldsymbol{C}=(C_{ij})_{n\times n} \tag{15-1}$$

满足：$C_{ij}>0$，$C_{ji}=1/C_{ij}$，且 $C_{ii}=1(i, j=1, 2, \cdots, n)$

若矩阵 $\boldsymbol{C}$ 满足式（15-2）的规定，

$$C_{ij} \cdot C_{jk} = C_{ik} \quad (i,\ j,\ k = 1,\ 2,\ \cdots,\ n) \tag{15-2}$$

则称矩阵 $\boldsymbol{C}$ 为一致性矩阵，简称一致阵。

矩阵 $\boldsymbol{C}$ 的最大特征值 λ_{max} 对应的特征向量归一化后见式（15-3）。

$$\boldsymbol{\omega} = (\omega_1,\ \omega_2,\ \cdots,\ \omega_n)^T \tag{15-3}$$

式中，$\sum_{i=1}^{n} \omega_i = 1$，文献［6］证明了向量 $\boldsymbol{\omega}$ 即为权重向量，表示了 U_1，U_2，…，U_n 在目标 I 中所占的比重。

既有建筑结构体系复杂，若一次性将所有构件都进行两两比较，形成的判断矩阵将会很庞大，很难保证矩阵的一致性，为此将结构体系化为一个递阶的层次模型，分别求出每一层次各影响因素的权重，最后合成影响因素在结构体系中的权重。根据既有建筑结构体系的特点，建立如图 15-2 所示的子结构递阶层次模型。

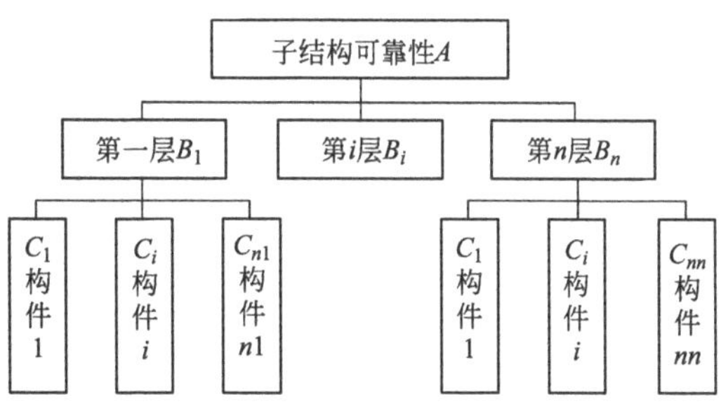

图 15-2　子结构递阶层次模型

建立递阶层次结构后，根据构件在每层内的位置和作用，进行两两比较，形成每层构件的判断矩阵，根据楼层的位置建立层的判断矩阵。心理学的研究表明：9 个数字足以表述人在同时比较某种属性差异的区别，所以层次分析法通常用 1～9 的数字描述两因素的权重比值[7]，按照式（15-1）形成判断矩阵。在层次分析法中确定判断矩阵元素时的取值尺度见表 15-4。

在层次分析法中确定判断矩阵元素时的取值尺度　　表 15-4

影响程度	相同	稍强	强	很强	绝对强
确定 c_{ij} 时的取值尺度	1	3	5	7	9

注：介于两个等级之间，可根据实际情况取值。

判断矩阵元素的取值直接影响各构件的权重系数，不同的判断矩阵得出的权重向量不同，因此，必须合理地确定判断矩阵的元素值。影响构件权重的因素包括：构件之间的传力关系、构件所处的位置。每层构件的判断矩阵中各元素值主要根据这两因素确定。层的判断矩阵元素主要依据每层的位置确定，楼层的位置越高，对子结构的影响越小。

判断矩阵 $\boldsymbol{C}$ 的最大特征值 λ_{max} 对应的特征向量归一化后，即为权重向量，根据判断矩阵可以求出每层构件在该层中的权重向量，以及在结构体系中的权重向量。判断矩阵 **C** 的特征值和特征向量可以通过矩阵的方法和一些计算软件来计算，也可以用近似的方法计算，计算过程如下[5]：

$$\boldsymbol{C}=(c_{ij})_{n\times n}=\begin{bmatrix} c_{11} & c_{12} & \cdots & c_{1n} \\ c_{21} & c_{22} & \cdots & c_{2n} \\ \vdots & \vdots & & \vdots \\ c_{n1} & c_{n2} & \cdots & c_{nn} \end{bmatrix} \xrightarrow{\text{列向量标准化}} \begin{bmatrix} \dfrac{c_{11}}{\sum\limits_{i=1}^{n} c_{i1}} & \dfrac{c_{12}}{\sum\limits_{i=1}^{n} c_{i2}} & \cdots & \dfrac{c_{1n}}{\sum\limits_{i=1}^{n} c_{in}} \\ \dfrac{c_{21}}{\sum\limits_{i=1}^{n} c_{i1}} & \dfrac{c_{22}}{\sum\limits_{i=1}^{n} c_{i2}} & \cdots & \dfrac{c_{2n}}{\sum\limits_{i=1}^{n} c_{in}} \\ \vdots & \vdots & & \vdots \\ \dfrac{c_{n1}}{\sum\limits_{i=1}^{n} c_{i1}} & \dfrac{c_{n2}}{\sum\limits_{i=1}^{n} c_{i2}} & \cdots & \dfrac{c_{nn}}{\sum\limits_{i=1}^{n} c_{in}} \end{bmatrix}$$

$$\xrightarrow{\text{按行求和}} \begin{bmatrix} \sum\limits_{j=1}^{n} \dfrac{c_{1j}}{\sum\limits_{i=1}^{n} c_{ij}} \\ \sum\limits_{j=1}^{n} \dfrac{c_{2j}}{\sum\limits_{i=1}^{n} c_{ij}} \\ \vdots \\ \sum\limits_{j=1}^{n} \dfrac{c_{nj}}{\sum\limits_{i=1}^{n} c_{ij}} \end{bmatrix} \xrightarrow{\text{令} \sum\limits_{j=1}^{n} \frac{c_{ij}}{\sum\limits_{i=1}^{n} c_{ij}} = d_i} \begin{bmatrix} d_1 \\ d_2 \\ \vdots \\ d_n \end{bmatrix} \xrightarrow{\text{平均}} \begin{bmatrix} \dfrac{d_1}{\sum\limits_{i=1}^{n} d_i} \\ \dfrac{d_2}{\sum\limits_{i=1}^{n} d_i} \\ \vdots \\ \dfrac{d_n}{\sum\limits_{i=1}^{n} d_i} \end{bmatrix} = \boldsymbol{\omega}$$

由于是人为主观确定的判断矩阵，并不是一致阵，为了满足实际要求，避免逻辑错误，必须判断不一致的程度，进行一致性检验[8]。设矩阵 $\boldsymbol{C}=(c_{ij})_{n\times n}$ 为 n 阶判断矩阵，其权重向量为 $\boldsymbol{\omega}=(\omega_1, \omega_2, \cdots, \omega_n)^{\mathrm{T}}$。令矩阵 $\boldsymbol{A}=(\alpha_{ij})_{n\times n}$，其中 $\alpha_{ij}=c_{ij}/(\omega_i \sum\limits_{i=1}^{n} c_{ij})$，称矩阵 **A** 为判断矩阵 **C** 的导出矩阵。文献［9］证明了判断矩阵 **C** 为一致阵的充要条件是其导出矩阵 **A** 的元素全部为 1。由于人的主观理性判断存在着一致性的趋向，而不一致矩阵的产生可以认为是众多的随机干扰联合作用的结果，α_{ij} 可视作以 1 为均值的正态随机变量，即 $\alpha_{ij} \sim N(1, \sigma^2)$，且 α_{ij} 相互独立。统计量 $\chi^2=\frac{1}{\sigma^2}\sum\limits_{i}\sum\limits_{j}(\alpha_{ij}-1)^2$ 服从自由度为 n^2 的 χ^2 分布，显然，当 χ^2 过大时，认为 **C** 的一致性不满足要求，于是判断矩阵 **C** 的一致性检验即成为统计假设检验问题，见式（15-4）。

$$H_0: \chi^2 \leqslant \chi_0^2 \tag{15-4}$$

对于给定的显著性水平 α，当判断矩阵 $\boldsymbol{C}$ 的观测值 $\chi^2 > \chi_{1-\alpha}^2(n^2)$ 时，即可认为 $\boldsymbol{C}$ 的一致性不满足要求；反之，则认为 $\boldsymbol{C}$ 的一致性满足要求。表 15-5 列出本章用到的各阶矩阵的临界值，其中，显著性水平取 $\alpha=0.05$。

不同阶数判断矩阵一致性判别的临界值　　表 15-5

阶数 n	2	3	4	5	6	7
$\chi_{1-0.05}^2(n^2)$	9.488	16.919	26.296	37.652	50.998	66.339

在 $\alpha_{ij} \sim N(1, \sigma^2)$ 中，σ^2 的大小反映了 α_{ij} 对其数学期望值 1 偏离程度的大小，因此，不同的 σ^2 反映了对一致性程度要求的不同。参考 T. L. Saaty 对一致性的要求，对低阶判断矩阵一般可取 $\sigma^2=1/16$，对高阶判断矩阵可取 $\sigma^2=1/9$。

若一致性不满足要求，则要对其进行修正。从上述的分析可以看出：判断矩阵 $\boldsymbol{C}$ 的导出矩阵 $\boldsymbol{A}$ 中的元素应该和 1 接近，偏离 1 过大，就会导致一致性的不满足。所以，当判断矩阵 $\boldsymbol{C}$ 不满足一致性要求时，找出导出矩阵中和 1 偏离最大的元素 α_{ij}，通过调整和其对应的 c_{ij} 及 c_{ji} 来修正判断矩阵 $\boldsymbol{C}$ 的一致性。具体步骤如下：

(1) 找出矩阵 $\boldsymbol{A}$ 中和 1 偏离最大的元素 α_{ij}。

(2) 当 $\alpha_{ij}>1$ 时，若 $c_{ij}>1$，则调整 $c_{ij}^*=c_{ij}-1$；若 $c_{ij}<1$，则调整 $c_{ij}^*=c_{ij}/(c_{ij}+1)$；当 $\alpha_{ij}<1$ 时，若 $c_{ij}>1$，则调整 $c_{ij}^*=c_{ij}+1$；若 $c_{ij}<1$，则调整 $c_{ij}^*=c_{ij}/(1-c_{ij})$。

(3) 令 $c_{ji}^*=1/c_{ij}^*$。

(4) 一致性检验，若 $\boldsymbol{C}^*$ 满足一致性要求，则停止，否则，重复上述步骤，直到满足要求为止。

设子结构有 n 层，第 k 层有 n_k 根构件，假定通过判断矩阵已经计算出每层对体系的权重系数 $\omega_{\mathrm{b}i}(i=1, 2, \cdots, n)$，其列向量见式 (15-5)。

$$\boldsymbol{\omega}_\mathrm{b}=(\omega_{\mathrm{b1}}, \omega_{\mathrm{b2}}, \cdots, \omega_{\mathrm{b}n})^\mathrm{T} \tag{15-5}$$

假定通过判断矩阵已经求得第 k 层各构件对应于该层权重的列向量，见式 (15-6)。

$$\boldsymbol{\omega}_\mathrm{ck}=(\omega_{\mathrm{c1}}, \omega_{\mathrm{c2}}, \cdots, \omega_{\mathrm{c}n_\mathrm{k}})^\mathrm{T} \tag{15-6}$$

则第 k 层内各构件相对于子结构的合成权重列向量，见式 (15-7)。

$$\boldsymbol{\omega}_\mathrm{k}=(\omega_{\mathrm{k1}}, \omega_{\mathrm{k2}}, \cdots, \omega_{\mathrm{k}n_\mathrm{k}})^\mathrm{T}=\boldsymbol{\omega}_\mathrm{ck}^\mathrm{T} \cdot \boldsymbol{\omega}_\mathrm{bk}(k=1, 2, \cdots, n) \tag{15-7}$$

式中，$\omega_{\mathrm{k}l}(l=1, 2, \cdots, n_\mathrm{k})$ 即为第 k 层第 l 根构件的合成权重。

确定构件的权重系数后，处于各级构件的权重系数总和，用 Γ_k 表示，见式 (15-8)。[9]

$$\Gamma_\mathrm{k}=\sum_{i_\mathrm{k}=1}^{n_\mathrm{k}} \omega_{i_\mathrm{k}} \tag{15-8}$$

式中，k 表示构件的可靠性等级，n_k 表示可靠性等级为 k 级的构件数量；i_k 表示相应的构件编号。

如第 14 章所述，计算安全性等级时，k 为 a_u、b_u、c_u、d_u，对 a_u 级的构件不必采取措施，对 b_u 级的构件可不采取措施，对 c_u 级的构件应采取措施，对 d_u 级的构件必须及时或立即采取措施。计算使用性等级时，k 为 a_s、d_s，对 a_s 级的构件不必采取措施；对 d_s 级的构件应采取措施。

子结构体系安全性等级从好到差依次分为四个等级：A_u、B_u、C_u、D_u。对 A_u 级的构件不必采取措施；对 B_u 级的极个别构件应采取措施；对 C_u 级的构件应采取措施，且对极个别构件必须采取措施；对 D_u 级的构件必须立即采取措施。正常使用性等级分为两个等级：A_s、D_s。对 A_s 级的构件不必采取措施；对 D_s 级的构件应采取措施。

参考《民用建筑可靠性鉴定标准》GB 50292—2015 的规定，建立的子结构可靠性等级评定标准如表 15-6 所示[10]。

子结构可靠性等级评定标准　　表 15-6

安全性等级		使用性等级	
等级	评级标准	等级	评级标准
A_u	$\Gamma_{bu} \leqslant 0.25, \Gamma_{cu} = 0, \Gamma_{du} = 0$	A_s	$\Gamma_{ds} \leqslant 0.25$
B_u	$\Gamma_{cu} \leqslant 0.15, \Gamma_{du} = 0$	D_s	$\Gamma_{ds} > 0.25$
C_u	$\Gamma_{du} \leqslant 0.05$	—	—
D_u	$\Gamma_{du} > 0.05$	—	—

15.2.3　基于层次分析法的子结构可靠性等级评定算例

由层次分析法的原理及应用可以看出：对任何形式的结构，通过上节所述的步骤都可以确定构件的权重系数。为了进一步说明其在既有建筑结构体系子结构可靠性等级评定中的应用，本节进行算例分析。在实际工程中，构件可能受到拉、压、弯、剪、扭等各种作用，因此，可能的破坏形态也不同，随着构件破坏形式的不同，构件的权重系数也将发生变化。在其他构件破坏形式不变的前提下，某一构件的脆性破坏（如钢筋混凝土梁的剪切破坏）比延性破坏（如适筋钢筋混凝土梁的正截面受弯破坏）后果严重，因此，在不同破坏模式下，构件的权重系数也不同。如果针对各种破坏形式都计算构件的权重系数，很不方便，况且，在实际工程中的构件出现破坏形式也有随机性，增加了分析的难度。因此，进行构件的权重系数分析时，不用考虑破坏形式的影响，统一确定其权重系数。

在进行拟建框架结构设计的时候，采用“强节点、弱构件”的思想，保证构件在破坏前不发生节点破坏。但对于既有建筑，节点完全有可能破坏，而且节点破坏对整个结构影响更严重。考虑对结构整体而言节点的破坏，等效于它所连接的结构构件的破坏，可取构件和节点两者等级较低者作为节点连接构件的等级，而不单独考虑节点的影响，框架节点对结构体系影响的简化处理如图 15-3 所示。在本节的算例中，所有的构件等级都是已经考虑节点影响后的等级[10]。

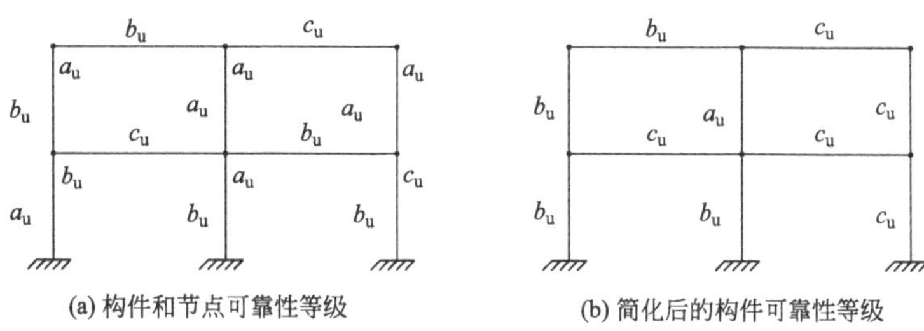

图 15-3　框架节点对结构体系影响的简化处理

首先，假定子结构为某三跨四层框架结构（以下简称框架）。该框架跨度为 6m，层高为 3.6m，每一层构件的编号相同，如图 15-4 所示。每层内构件的判断矩阵、一致性检验、构件的权重系数、层的权重系数由于篇幅所限，不再表述。

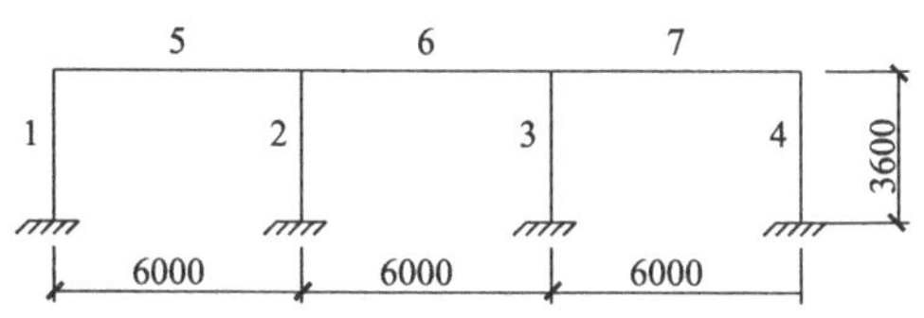

图 15-4　某三跨四层框架每层的构件编号

由式（15-7）求得各构件在整个子结构中的权重系数，如图 15-5a 所示。假定构件的安全性等级已知，如图 15-5b 所示，则 $\Gamma_{du}=0.0652>0.05$。根据表 15-6 的评定标准，该子结构安全性等级被评为 D_u 级；根据《民用建筑可靠性鉴定标准》GB 50292—2015 推荐的方法，该子结构安全性等级也被评为 D_u 级。若变更左侧上下柱的安全性等级（如图 15-5b 括号内所示），则 $\Gamma_{du}=0.0133<0.05$，根据表 15-6 的评定标准，该子结构安全性等级被评定为 C_u 级；根据《民用建筑可靠性鉴定标准》GB 50292—2015 推荐的方法，该子结构安全性等级也被评定为 D_u 级。顶层柱和底层柱在结构中的地位和作用是不同的，《民用建筑可靠性鉴定标准》GB 50292—2015 由于没有考虑构件的权重系数，无法区别不同构件的破坏对整体结构的影响，从而导致顶层柱和底层柱被破坏时，子结构的评定结果一样，这显然是不合理的。而基于层次分析法的子结构可靠性等级评定方法由于引入权重系数，评定结果更加符合实际。

为了进一步说明推荐方法的应用，将子结构的层数增加到七层，对三跨七层

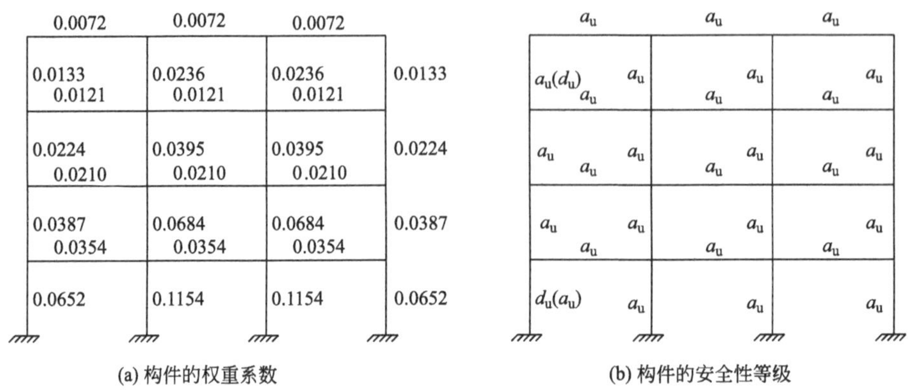

图 15-5　三跨四层框架子结构构件的权重系数和安全性等级

框架进行分析。七层框架的跨度和层高同上一算例，层内各构件在该层中的权重系数同三跨四层框架对应的数据。每层内杆件的判断矩阵、一致性检验、层的权重，由于本书篇幅所限，不再表述。

由式（15-7）求得构件的权重系数如图 15-6a 所示。假定构件的安全性等级如图 15-6b 所示，则 Γ_{du}=0.0495<0.05。根据表 15-6 的评定标准，该子结构安全性等级被评为 C_u 级。但实际上该子结构底层边柱子已为 d_u 级，其安全等性级评为 C_u 级是不合理的。出现这种情况的原因是由于层数多，底层柱子的权重系数变得很

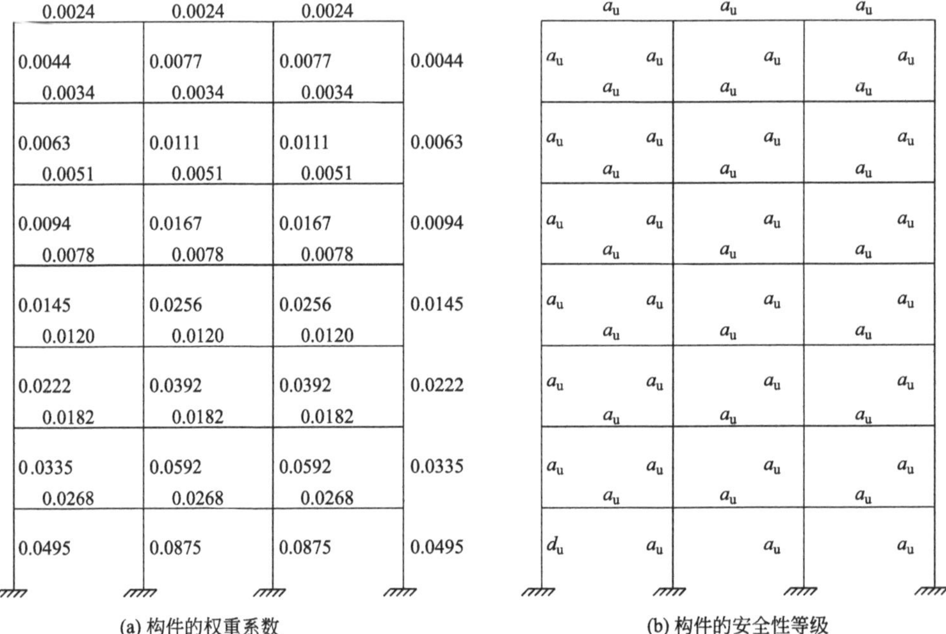

图 15-6　三跨七层框架子结构构件的权重系数和安全性等级

小，致使底层柱子为 d_u 级时，结构体系却被评为 C_u 级，和实际不符，有待改进。

在上述两个算例中，通过建立递阶层次结构，分别用层次分析法确定各层在体系中的权重系数，以及每层内各构件在该层中的权重系数，并通过数学运算合成构件在结构体系中的权重系数。由于考虑了构件权重系数，弥补了《民用建筑可靠性鉴定标准》GB 50292—2015 方法的不足，能反映不同构件在子结构中的不同地位和作用。但随着层数的增加，构件权重系数减小，导致重要构件的控制作用变得不明显。因此，建议在后续分析中，将子结构都取为一层。

既有建筑除了采用框架结构外，还采用很多其他的结构形式。相应的子结构形式不同于框架结构，组成的基本构件不同，传力体系也不同。对它们逐一进行验算分析，计算量很大，为此，选取典型的框架—剪力墙结构作为分析对象，通过对墙、柱、梁的权重系数计算，使读者对层次分析法的实用性有更深刻的理解。

图 15-7 为框架—剪力墙子结构示意图及构件编号。按照剪力墙（中柱）、边柱、梁的重要程度次序，以 3、2、1 作为取值尺度，可建立一个 32 阶的判断矩阵 $\boldsymbol{C}$，详见附录 A。经一致性检验后，算得各构件的权重系数如图 15-8 所示。

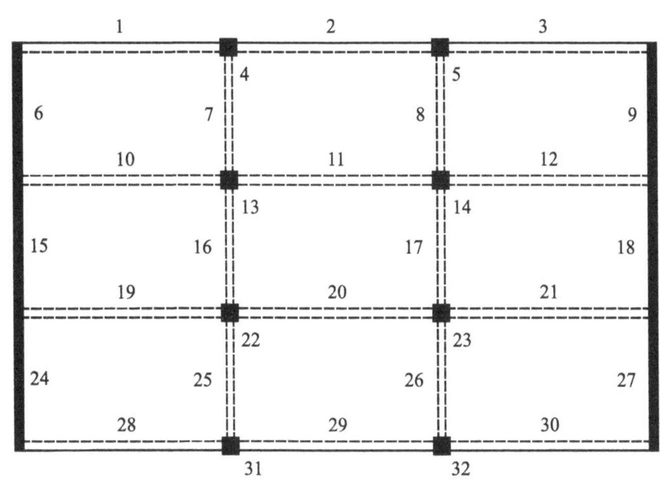

图 15-7　框架—剪力墙子结构示意图及构件编号

假定构件的安全性等级如图 15-9 所示，假定构件的安全性等级如图 15-9 所示，则各等级构件的权重系数之和为 $\Gamma_{au}=0.9449$，$\Gamma_{du}=0.0551>0.05$。根据表 15-6 的评定标准，该子结构安全性等级评为 D_u 级。根据表 15-6 的评定标准，该子结构安全性等级被评为 D_u 级。根据《民用建筑可靠性鉴定标准》GB 50292—2015 推荐的方法，该子结构安全性等级也被评为 D_u 级。假定构件的安全性等级是如图 15-9 所示括号内的内容，没有括号的表示等级不变，则各等级构件的权重系数之和为 $\Gamma_{au}=0.9823$，$\Gamma_{du}=0.0177<0.05$。根据表 15-6 的评定标准，该子

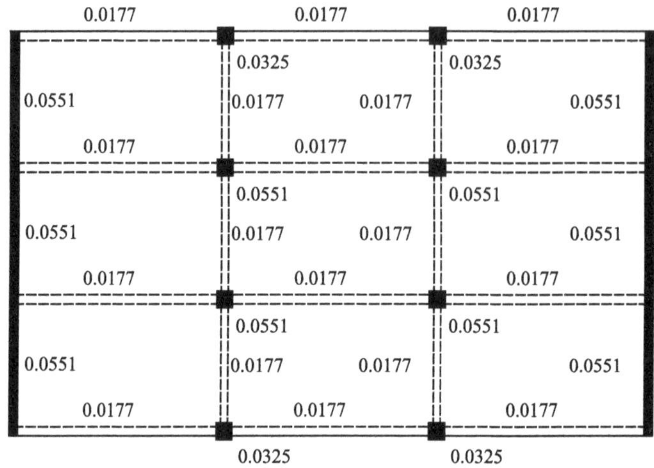

图 15-8 框架—剪力墙子结构构件的权重系数

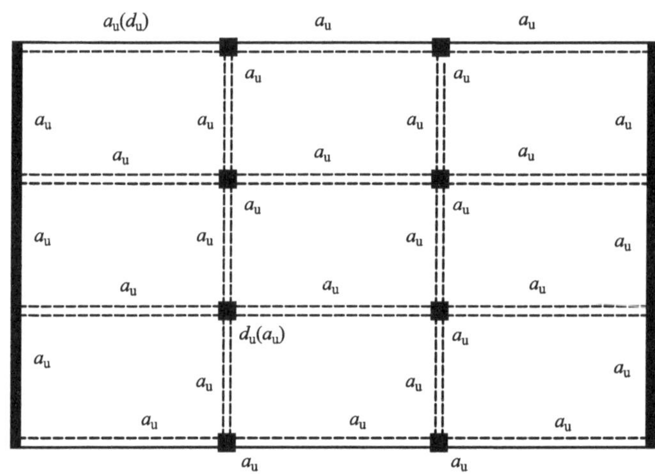

图 15-9 框架—剪力墙子结构构件安全性等级

结构安全性等级被评为 C_u 级。根据《民用建筑可靠性鉴定标准》GB 50292—2015 推荐的方法，该子结构安全性等级也被评为 D_u 级。因一根边梁的安全性等级为 d_u 级，而判断整个子结构安全性等级为 D_u 级，显然不合理。

梁和柱在子结构中的作用应该是有区别的，柱比梁更重要。由此可以看出层次分析法在子结构可靠性等级评定中的优势。然而，层次分析法在应用上也有一定局限性。随着构件数量的增多，建立判断矩阵非常繁琐，而且判断矩阵阶数大，检验矩阵的一致性需要大量的计算。如图 15-7 所示的框架—剪力墙算例是一个非常小的子结构，有 32 根构件，判断矩阵为一个 32×32 的方阵，建立判断矩阵需要确定 1024 个数字。而实际结构的构件数远不止如此，若用层次分析法确定构件的权重系数，工作量会很大，甚至不现实。如何有效地用层次分析法确定构件的权重系数还需要进一步研究。

15.2.4　基于 Pushover 法的子结构可靠性等级评定

用层次分析法确定子结构中各构件的权重系数时，人的主观判断、选择、偏好对结果影响较大，不同的评判者给出的评判结果可能不一致。本节从另一个角度研究构件的权重系数。构件被破坏后，子结构所能承受的极限荷载减小，荷载—位移曲线所包围的面积减小，构件吸收或耗散的能量减少，而不同构件被破坏时子结构体系吸收或耗散能量的程度也不同。因此，可以根据子结构吸收或耗散能量的程度确定构件的权重系数。本节用 Pushover 法对子结构进行分析，根据一定的原则定义构件的权重系数，并和层次分析法的结果进行比较。

Pushover 法（也是推覆分析法）是一种弹塑性静力分析方法。它是在结构分析模型上对其按某种方式施加侧向力，并逐渐单调增大，使结构从弹性阶段开始，经历开裂、屈服，到达某一破坏标志为止[11]。通过 Pushover 法，可以得到子结构的荷载—位移曲线，即 $P—\delta$ 曲线。$P—\delta$ 曲线反映了在水平荷载作用下子结构的整体性能，不同构件被破坏后子结构的 $P—\delta$ 曲线和完好结构的 $P—\delta$ 曲线不同。因此，可以根据 $P—\delta$ 曲线，分析不同构件对子结构的影响。

要对某构件被破坏后的子结构进行分析，必须明确定义构件的破坏特征，确定其被破坏后残余的子结构形态。为此，定义两种破坏形式：一种是将杆件两端的刚接变为铰接，与构件受弯破坏相似，有一定延性，称其为延性破坏；另一种是从子结构中去除该构件，构件被破坏后不能承担任何作用，称其为脆性破坏。

由前面的内容分析可知：子结构的选取宜为单层，因此，本节研究的子结构都为单层。采用 SAP2000 分析软件对子结构进行 Pushover 分析[12,13]。为了进行比较，选取钢框架结构作为研究对象，统一尺寸和截面形式。框架结构跨度为 6m，层高为 3.6m。梁截面采用工字钢 W24×45，翼缘宽为 180mm、腹板高为 600mm、翼缘厚为 13mm、腹板厚为 10mm。柱子截面采用工字钢 W14×90，翼缘宽为 370mm、腹板高为 360mm、翼缘厚为 18mm、腹板厚为 12mm。材料强度 $f_y=248$MPa、$f_u=400$MPa。

图 15-10a 为两跨钢框架子结构示意图，定义其结构荷载加到最大时所吸收或耗散的能量为 E，如式（15-9）所示。

$$E=\int_0^{P_u} P(\delta)\mathrm{d}\delta \tag{15-9}$$

设子结构未破坏时所能吸收或耗散的能量为 E_0，则第 i 根构件被破坏后，结构所吸收或耗散的能量为 E_i，则能量变化用 ΔE_i 表示，见式（15-10）。

$$\Delta E_i=E_0-E_i \tag{15-10}$$

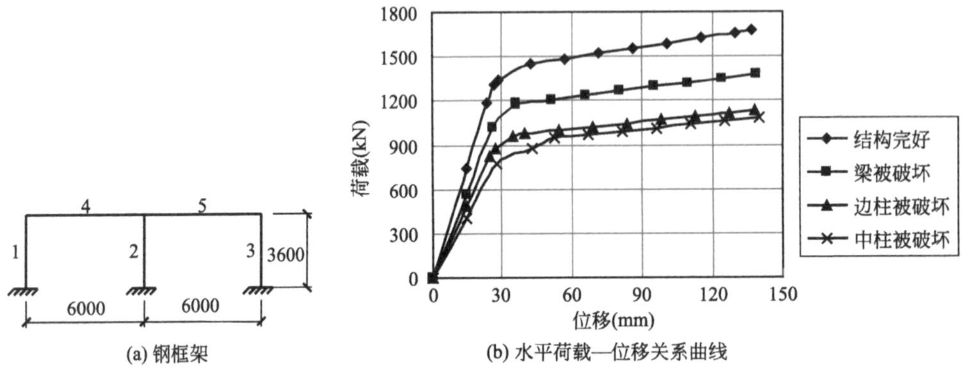

(a) 钢框架 (b) 水平荷载—位移关系曲线

图 15-10 两跨钢框架子结构示意图及其构件发生延性破坏后的水平荷载—位移关系曲线

第 i 根构件的重要性系数用 ω_i 表示，见式（15-11）。

$$\omega_i = \frac{\Delta E_i}{\sum \Delta E_i} \tag{15-11}$$

从而得到构件的权重向量如式（15-12）所示。

$$\boldsymbol{\omega} = (\omega_1, \omega_2, \cdots, \omega_n)^{\mathrm{T}} \tag{15-12}$$

在框架结构中，任意一根梁的作用都差不多，为了简化分析，认为边梁和中梁的权重系数相等。针对如图 15-10 所示的两跨框架子结构，分别计算结构完好时，梁、边柱、中柱发生延性破坏后的水平荷载—位移关系曲线，如图 15-10b 所示。根据式（15-10）～式（15-12）可求得各构件的权重系数。同样，可采用前述的方法求得各构件的权重系数。比较两种方法的计算结果可知：尽管相应权重系数的值有差异，但反映的不同构件间的差异规律却是相同的。构件发生延性破坏时，两跨钢框架子结构中构件的权重系数以及权重系数的比值见表 15-7。由于实际工程结构构件的数量不同，权重系数也不同，为了便于比较分析，以同一子结构构件中权重系数最小的构件为基准，确定各构件的权重系数比值如表 15-7 括号中的数值所示。

构件发生延性破坏时两跨钢框架子结构中构件的权重系数以及权重系数的比值

表 15-7

构件编号(种类)	4(梁)	1(边柱)	2(中柱)
层次分析法	0.1093(1)	0.2063(1.8875)	0.3689(3.3751)
Pushover 法(延性)	0.1271(1)	0.2397(1.8859)	0.2662(2.0944)
Pushover 法(延性,有竖向荷载)	0.1214(1)	0.2423(1.9959)	0.2725(2.2446)
Pushover 法(脆性)	0.1363(1)	0.1363(1)	0.4549(3.3375)

将如图 15-10a 所示的两跨钢框架子结构拓展至三跨、四跨，如图 15-11a、图 15-12a 所示，分别计算结构完好时，计算梁、边柱、中柱发生延性破坏后的水

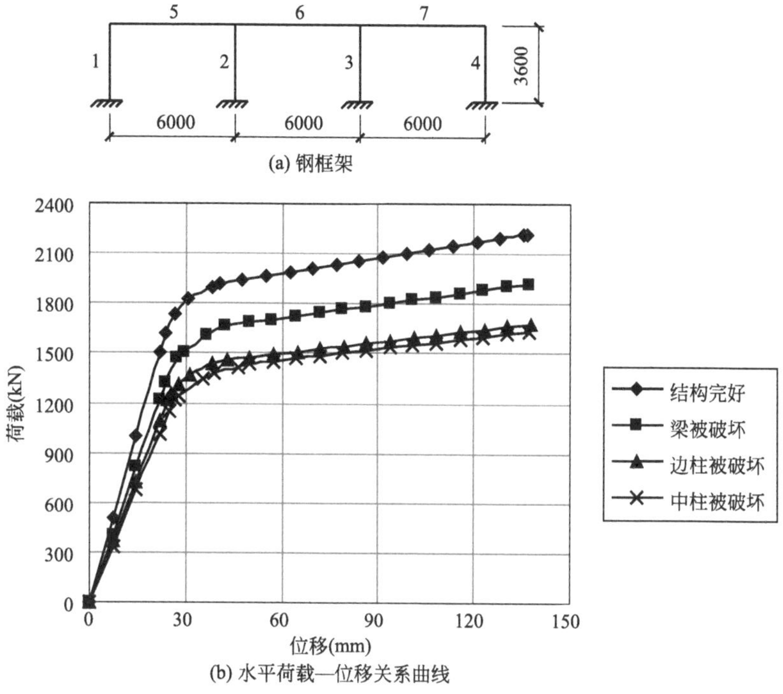

图 15-11 三跨钢框架子结构示意图及其构件发生延性破坏后的水平荷载—位移关系曲线

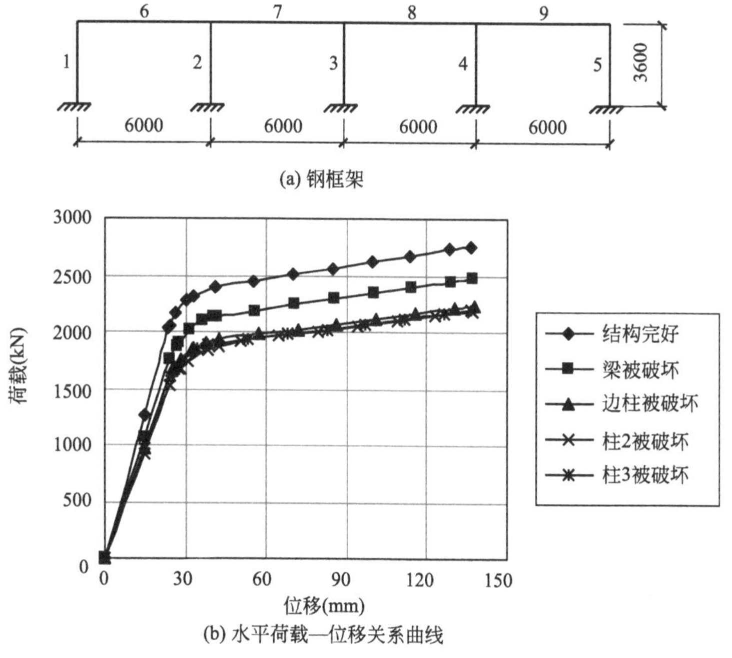

图 15-12 四跨钢框架子结构示意图及其构件发生延性破坏后的水平荷载—位移关系曲线

平荷载—位移关系曲线，如图 15-11b、图 15-12b 所示。根据式（15-10）～式（15-12）可求得两种子结构中各构件的权重系数如表 15-8、表 15-9 所示。与层次分析法的结果比较表明：尽管通过两种方法获得的权重系数的值有差异，但反映的不同构件间的差异规律相同。

构件发生延性破坏时三跨钢框架子结构中构件的权重系数以及权重系数的比值

表 15-8

构件编号(种类)	5(梁)	1(边柱)	2(中柱)
层次分析法	0.0757(1)	0.1396(1.8441)	0.2469(3.2616)
Pushover 法(延性)	0.1042(1)	0.1832(1.7582)	0.2050(1.9674)
Pushover 法(脆性)	0.11334(1)	0.1134(1)	0.2165(1.9092)

构件发生延性破坏时四跨钢框架子结构中构件的权重系数以及权重系数的比值

表 15-9

构件编号(种类)	6(梁)	1(边柱)	2(中柱)	3(中柱)
层次分析法	0.0580(1)	0.1057(1.8222)	0.1856(3.2000)	0.1856(3.2000)
Pushover 法(延性)	0.0819(1)	0.1455(1.7772)	0.1639(2.0012)	0.1615(1.9719)
Pushover 法(脆性)	0.0446(1)	0.1175(1.7772)	0.1956(4.3857)	—

比较上述三个不同跨度的子结构中构件权重系数的计算结果可以看出：随着跨度的增加，中柱的权重系数基本相同。对于单层框架子结构，只要确定梁、边柱、中柱三类构件的权重系数，根据构件的总数便可知晓所有构件的权重系数。

在实际情况中，结构都承受竖向荷载，为了更好地反映实际情况，对如图 15-10a 所示的两跨钢框架子结构施加均布恒荷载 14.6kN/m 和均布活荷载 7.3kN/m，在结构完好时，计算梁、边柱发生延性破坏后的水平荷载—位移关系曲线。根据式（15-10）～式（15-12）求出各构件的权重系数如表 15-7 所示。由表中结果可知：当结构承受竖向荷载时，柱的权重系数增加，梁的权重系数减少，但和没有竖向荷载作用时相差不大。为了简化分析，在确定子结构中各构件的权重系数时，可以不考虑竖向荷载的作用。

实际结构中的构件发生脆性破坏后，往往不能继续承受任何荷载。在对子结构进行 Pushover 分析时，若构件发生脆性破坏，应在模型中去除该构件。由于子结构中构件之间存在着连接，有些构件被去除后，与其连接的构件无法承担原有的功能，在分析时也应将它们从结构中去除。如两跨的结构，当边柱被破坏后，应去除该边柱以及相连的梁，使两跨的结构成为单跨结构；中柱发生脆性破坏后，则认为整个子结构被破坏。仍以如图 15-10a 所示的两跨钢框架子结构为例，由于边柱和梁发生脆性破坏，原来的子结构都变为单跨框架，因此，荷载—

位移关系曲线相同，中柱发生脆性破坏后整个结构倒塌，图 15-13a 给出了相关的水平荷载—位移关系的曲线。荷载位移曲线只有一个点，在原点处，图 15-13a 给出了相关水平荷载-位移关系的计算结果。根据式（15-10）～式（15-12）求出

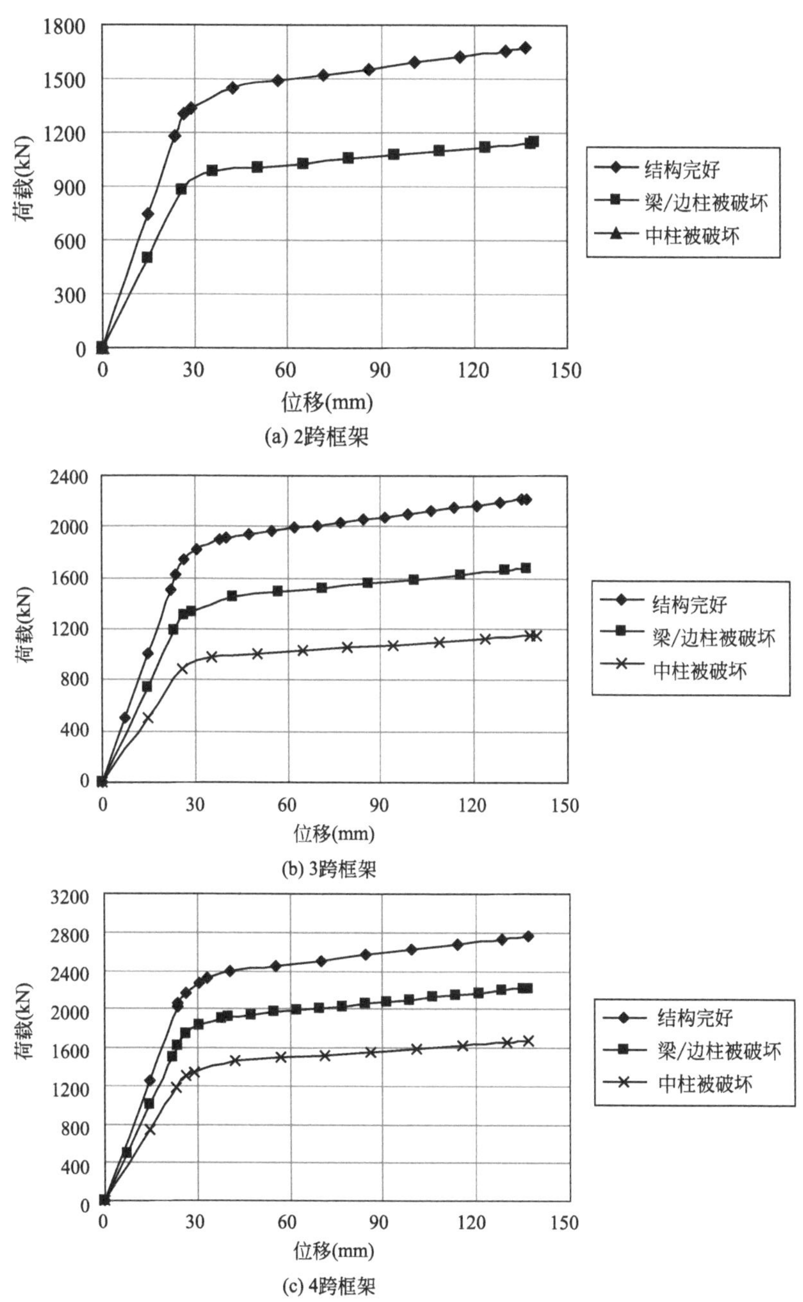

图 15-13　构件发生脆性破坏时钢框架子结构水平荷载—位移关系曲线

各构件的权重系数，如表 15-7 所示。同样，分别以如图 15-11a、图 15-12a 所示的三跨钢框架子结构和四跨钢框架子结构为例，进行相关的计算，图 15-13b 和图 15-13c 分别给出了这两个子结构相关的水平荷载—位移关系曲线。相应的权重系数的计算结果分别列入表 15-8 和表 15-9。

比较构件延性破坏和脆性破坏的最终计算结果可以发现：构件中有不同形式的破坏，对结构整体的影响是不同的。构件发生塑性破坏时，梁∶边柱∶中柱的权重系数的比值大约为 1∶2∶2；构件发生脆性破坏时，梁∶边柱∶中柱的权重系数的比值大约为 1∶1∶2。

15.2.5 子结构可靠性等级评定的实用方法

在子结构中，同种构件的作用和地位是相同的，因此，同种构件的权重系数也相近或者差别不大。由前面的分析可知：不同构件的作用可以通过权重系数的比值直观反映。因此，可以先通过权重系数的比值确定各类构件的权重系数，再根据各类构件的数量求出每根构件的权重系数，此种方法被称为比值法。比值法和层次分析法有相似的地方，它们都是通过比较各构件在结构中的作用确定其权重系数，它们的区别是：层次分析法是两两比较，形成判断矩阵，判断矩阵的元素值不一定是权重系数的比值；而比值法确定的比值则是构件权重系数的比值。层次分析法在建立判断矩阵时，判断矩阵的元素值不一定为权重系数的比值，是由于判断矩阵的不一致性引起的。如梁、边柱、中柱的判断矩阵见式（15-13）。

$$\boldsymbol{C}=\begin{bmatrix}1 & 1/2 & 1/3\\ 2 & 1 & 1/2\\ 3 & 2 & 1\end{bmatrix} \tag{15-13}$$

根据矩阵第一行和最后一行得：梁∶边柱∶中柱的重要性比为 1∶2∶3；而根据第二行得：梁∶边柱∶中柱的重要性比为 1∶2∶4，这两者是矛盾的。而通过运算得到权重向量 $\boldsymbol{\omega}=[0.1634\ 0.2970\ 0.5396]^{\mathrm{T}}$，得真实的权重系数比值为 1∶1.82∶3.30。

层次分析法是通过两两比较，收集了更多的信息，其确定的权重系数较为合理，且其计算结果反映的不同构件权重系数的变化规律和采用 Pushover 方法的计算结果反映的规律一致。因此，可以先用层次分析法确定各类构件的权重系数比值，再确定各构件的权重系数。

以如图 15-7 所示的框架—剪力墙结构体系为例，说明如何通过各类构件权重比值确定构件的权重系数。由如图 15-8 所示的计算结果可知，梁、柱、墙的权重系数比值为梁∶边柱∶中柱∶墙＝1∶1.84∶3.11∶3.11。设梁的权重系数为 x，则边柱权重系数近似为 $2x$，中柱和墙体权重系数近似为 $3x$。该层结构有 18 根梁、4 根边柱、4 根中柱、6 片墙，根据权重系数的含义，x 应满足的关系式为 1x×18＋1.84x×4＋3.11x×（6＋4）＝1，解得 x＝0.0177。即该层结构梁的权重系数为 0.0177，边柱权重系数为 0.0177×1.84＝0.0326，中柱和墙的权重系数为 0.0179×3.11＝0.0551。权重系数和层次分析法求得的结果完全一致。由此可见，采用比值法确定构件权重系数是可行的，计算上，比单纯应用层次分析法或 Pushover 法简单很多，在实际工程中容易实现。其关键在于要事先确定子结构中不同类别构件的权重系数比值。

为了应用方便，根据不同子结构的特征，统一给出各类构件权重系数的比值。考虑层次分析法和 Pushover 分析法在子结构构件权重系数分析中能得出相同的规律，且子结构构件中的种类不会太多。本节用层次分析法对各种结构形式子结构中的各类构件权重系数进行分析，详见附录 B。根据层次分析法结果得到子结构中各类构件的权重系数比值如表 15-10 所示，进行子结构可靠性等级评定时根据结构类型及各类构件的数量，按式（15-14）直接计算各构件的权重系数。

$$\omega_i=\frac{r_i}{\sum r_i n_i} \tag{15-14}$$

式中，ω_i 为 i 类构件各构件的权重系数；r_i 为 i 类构件的权重系数的比值，按表 15-10 取值；n_i 为 i 类构件的数量。

子结构中各类构件权重系数的比值　　表 15-10

<table>
<tr><th>结构形式</th><th colspan="6">构件权重系数的比值</th></tr>
<tr><td rowspan="4">单层工业厂房</td><td>边柱</td><td>中柱</td><td>屋架</td><td>屋面板</td><td>吊车梁</td><td>檩条</td></tr>
<tr><td>3.57</td><td>6.00</td><td>1.89</td><td>1.00</td><td>1.89</td><td>—</td></tr>
<tr><td>3.73</td><td>6.44</td><td>2.00</td><td>1.00</td><td>—</td><td>—</td></tr>
<tr><td>4.99</td><td>8.28</td><td>2.74</td><td>—</td><td>2.74</td><td>1.00</td></tr>
<tr><td rowspan="3">多层混合结构房屋</td><td>楼(屋)面板</td><td>次梁</td><td>主梁(或梁)</td><td colspan="2">柱</td><td>墙体</td></tr>
<tr><td>1.00</td><td>—</td><td>—</td><td colspan="2">—</td><td>3.00</td></tr>
<tr><td>1.00</td><td>1.76</td><td>2.96</td><td colspan="2">5.36</td><td>5.36</td></tr>
<tr><td rowspan="2">多高层框架结构房屋</td><td>楼(屋)面板</td><td>梁</td><td colspan="2">边柱</td><td colspan="2">中柱</td></tr>
<tr><td>1.00</td><td>1.78</td><td colspan="2">3.08</td><td colspan="2">5.46</td></tr>
<tr><td rowspan="3">多高层框架剪力墙结构房屋</td><td>楼(屋)面板</td><td>梁</td><td>边柱</td><td>中柱</td><td colspan="2">剪力墙</td></tr>
<tr><td>1.00</td><td>1.76</td><td>2.96</td><td>5.36</td><td colspan="2">5.36</td></tr>
<tr><td>1.00</td><td>—</td><td>2.00</td><td>4.00</td><td colspan="2">4.00</td></tr>
<tr><td rowspan="3">多高层剪力墙结构房屋</td><td colspan="2">楼(屋)面板</td><td colspan="2">梁</td><td colspan="2">剪力墙</td></tr>
<tr><td colspan="2">1.00</td><td colspan="2">—</td><td colspan="2">3.00</td></tr>
<tr><td colspan="2">1.00</td><td colspan="2">1.88</td><td colspan="2">5.30</td></tr>
</table>

本节建议的方法已写入上海市工程建设规范《既有建筑结构检测与评定标准》DG/TJ08—804—2005。

15.3 工程实例

1. 上海自动化仪表股份有限公司自动化仪表三厂综合楼安全性等级评定

该综合楼原为上海复旦电容器厂综合楼，位于徐汇区桂林路406号厂区内(近宜山路)，建于1986年前后[1]。综合楼由西块（1～10轴）和东块（11～18轴）组成，两部分之间有沉降缝。业主拟将该综合楼东块用作生产车间、仓库，但发现该综合楼东块楼板和墙体有开裂。为了安全，业主委托同济大学对综合楼结构安全进行检测和评估。

该综合楼东块底层层高为5400mm，夹层层高为2700mm，二层层高为6000mm，三层层高为4800mm，四层层高为4900mm，屋顶女儿墙高1300mm，楼梯间、电梯机房局部突出屋面7400mm，室内外高差为300mm，室外地坪至主要屋面高度为21400mm。采用四层横向钢筋混凝土框架结构，局部有夹层，平面呈矩形，长42000mm、宽20000mm。实测混凝土棱柱体抗压强度标准值为19.7MPa，钢筋强度标准值335MPa。该综合楼立面图及二层结构平面示意图，如图15-14所示。梁柱截面尺寸和配筋情况见文献［1］。

由图15-1可知，对上部结构来讲底层的安全性最为重要，若底层结构的安全性等级被评为D_u级，则整个上部结构的安全性等级为D_u级。故先评定该综合楼底层结构的安全性等级。底层共有52根梁、20根边柱（包括角柱)、12根中柱。根据表15-10可知：梁的权重系数比值为1.78，边柱的权重系数比值为3.08，中柱的权重系数比值为5.46。由此可算得梁、边柱和中柱的权重系数为0.0081、0.0140、0.0248。按目标使用期为50年计算，一层柱的安全性等级都为a_u级，部分梁的安全性等级为d_u级，相关数据如表15-11所示。综合梁、柱的安全性等级、权重系数最后得到$\Gamma_{du}=0.081>0.05$。由表15-6可知：该结构底层的安全性等级被评为D_u级，因此，整个上部结构的安全性等级被评为D_u级，相关数据见表15-12。按目标使用期为30年计算，结果仍未改变。将目标使用期调整为10年，则部分梁的安全性等级发生变化，评定结果见表15-11。由此算得$\Gamma_{du}=0.0486<0.05$。由表15-6可知：该结构底层的安全性等级评为C_u级，因此，整个上部结构的安全性等级评为C_u级，相关数据见表15-12。若不考虑构件的权重，即使将目标使用期调整为10年，该结构的底层安全性等级仍然评为D_u级，相关数据见表15-12。由于柱在结构中更为重要，因此，少数梁的安全性等级评为d_u级时，底层结构的安全性等级评为C_u级更合适。

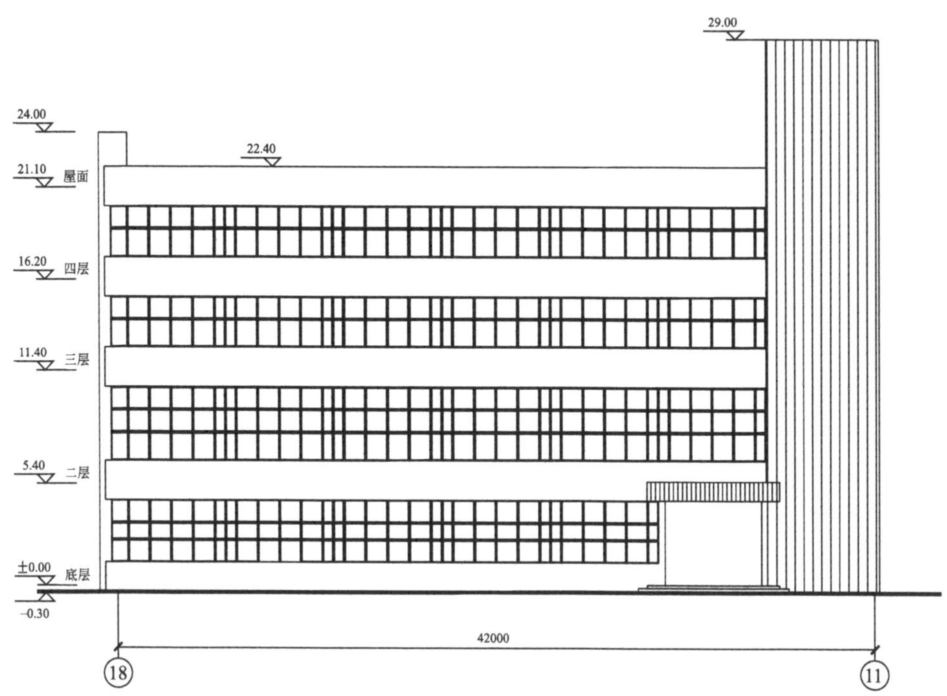

(a) 立面图

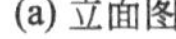

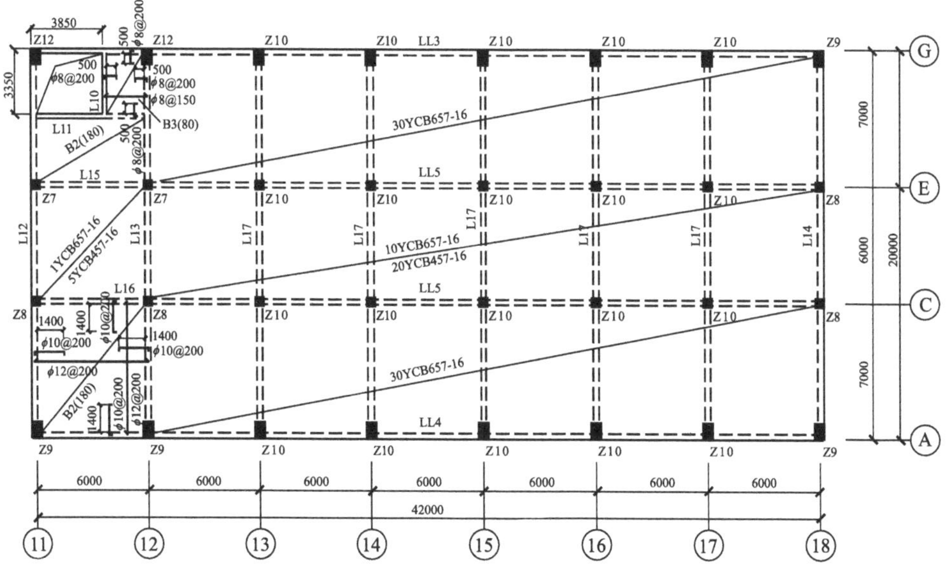

(b) 二层结构布置图

图 15-14　上海自动化仪表股份有限公司自动化仪表三厂综合楼立面图及二层结构平面示意图

上海自动化仪表股份有限公司自动化仪表三厂综合楼二层楼面梁安全性等级评定结果

表 15-11

框架梁	11轴与 A～C轴	11轴与 C～E轴	11轴与 E～G轴	12轴与 A～C轴	12轴与 C～E轴	12轴与 E～G轴
安全等级	d_u	a_u	d_u	d_u	a_u	d_u
权重系数	0.0081	0.0081	0.0081	0.0081	0.0081	0.0081
框架梁	13轴与 A～C轴	13轴与 C～E轴	13轴与 E～G轴	14轴与 A～C轴	14轴与 C～E轴	14轴与 E～G轴
安全等级	a_u	a_u	a_u	a_u	a_u	a_u
权重系数	0.0081	0.0081	0.0081	0.0081	0.0081	0.0081
框架梁	15轴与 A～C轴	15轴与 C～E轴	15轴与 E～G轴	16轴与 A～C轴	16轴与 C～E轴	16轴与 E～G轴
安全等级	a_u	a_u	a_u	a_u	a_u	a_u
权重系数	0.0081	0.0081	0.0081	0.0081	0.0081	0.0081
框架梁	17轴与 A～C轴	17轴与 C～E轴	17轴与 E～G轴	18轴与 A～C轴	18轴与 C～E轴	18轴与 E～G轴
安全等级	a_u	a_u	a_u	$d_u(b_u)$	a_u	$d_u(a_u)$
权重系数	0.0081	0.0081	0.0081	0.0081	0.0081	0.0081

连系梁	A轴与 11～12轴	A轴与 12～13轴	A轴与 13～14轴	A轴与 14～15轴	A轴与 15～16轴	A轴与 16～17轴	A轴与 17～18轴
安全等级	a_u	a_u	a_u	a_u	a_u	a_u	a_u
权重系数	0.0081	0.0081	0.0081	0.0081	0.0081	0.0081	0.0081
连系梁	C轴与 11～12轴	C轴与 12～13轴	C轴与 13～14轴	C轴与 14～15轴	C轴与 15～16轴	C轴与 16～17轴	C轴与 17～18轴
安全等级	d_u	a_u	a_u	a_u	a_u	a_u	a_u
权重系数	0.0081	0.0081	0.0081	0.0081	0.0081	0.0081	0.0081
连系梁	E轴与 11～12轴	E轴与 12～13轴	E轴与 13～14轴	E轴与 14～15轴	E轴与 15～16轴	E轴与 16～17轴	E轴与 17～18轴
安全等级	d_u	a_u	a_u	a_u	a_u	a_u	a_u
权重	0.0081	0.0081	0.0081	0.0081	0.0081	0.0081	0.0081
连系梁	G轴与 11～12轴	G轴与 12～13轴	G轴与 13～14轴	G轴与 14～15轴	G轴与 15～16轴	G轴与 16～17轴	E轴与 17～18轴
安全等级	$d_u(b_u)$	a_u	a_u	a_u	a_u	a_u	a_u
权重系数	0.0081	0.0081	0.0081	0.0081	0.0081	0.0081	0.0081

注：括号中为目标使用期为10年的计算结果，未加括号的表示目标使用期为10年的计算结果未发生改变。

上海自动化仪表股份有限公司自动化仪表三厂综合楼东块上部结构安全性等级

表 15-12

目标使用期(年)	10	30	50
考虑权重	C_u	D_u	D_u
未考虑权重	D_u	D_u	D_u

2. 上海市公安局宝山分局某派出所办公楼抗震鉴定

该楼位于宝山区虎林路 248 号，原为教学楼，由南楼、北楼组成，建于不同时期，建造时均未考虑抗震设防。现上海市公安局宝山分局拟对该楼北楼加建一层，将局部紧邻办公楼进行扩建。为了安全，业主委托同济大学对办公楼的抗震性能进行检测鉴定[14]。

现场实测结果表明：办公楼北楼为三层砖混结构，采用预制多孔楼（屋）面板、砖墙承重。预制多孔板沿纵向布置，将两端搁置在横墙或者横向楼（屋）面大梁（如 2 轴、5 轴、8 轴）上，因此，办公楼北楼属于纵横墙混合承重体系，其平面图如图 15-15 所示。承重砖墙厚度为 240mm，±0.000 以上采用“八五”烧结普通砖和混合砂浆砌筑而成，±0.000 以下部分采用“八五”烧结普通砖和水泥砂浆砌筑而成。承重砖墙在各层楼（屋）面标高处设有圈梁，最小截面尺寸为 240mm×150mm，内配纵筋 4Φ12、箍筋 ϕ6@200；但在房屋四角、纵横墙相交处均未发现有构造柱。砖强度等级为 MU10，1～3 层砂浆强度等级为 M3.5、M2、M5，混凝土强度等级为 C18。文献［14］未给出各梁的配筋，且梁对砌体结构的抗震性能影响较小。因此，只对地震作用下墙体安全性进行分析。

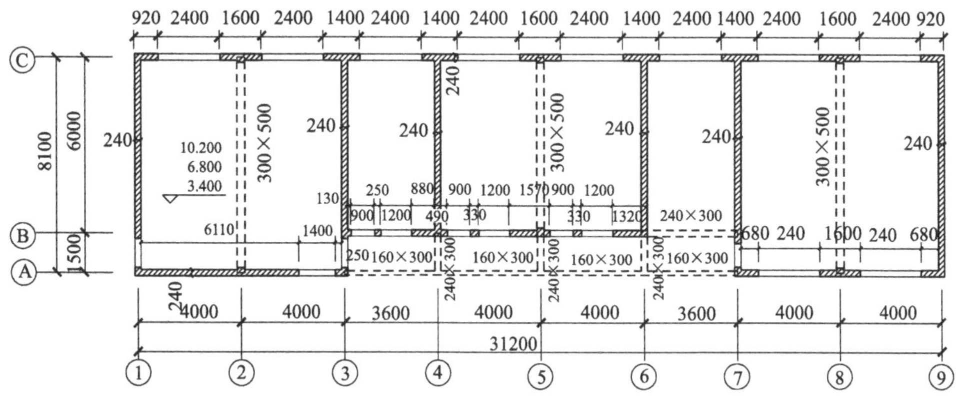

图 15-15　上海市公安局宝山分局某派出所办公楼平面图

由图 15-15 可知：该房屋每层有 11 根梁，23 片墙。由表 15-10 得，梁的权重系数比值为 2.96，墙的权重比值为 5.36。于是，算得梁的权重系数为 0.0190、墙体的权重系数为 0.0344。

按照目标使用期为 50 年计算，办公楼一层结构安全性等级被评为 C_u 级；二层结构安全性等级被评为 D_u 级；三层结构安全性等级被评为 A_u 级。因此，该结构二层及以上安全性等级被评为 D_u 级。根据《民用建筑可靠性鉴定标准》GB 50292—2015 该楼整个上部结构体系安全性等级被评为 D_u 级。由此可知：基于串联子结构的结构可靠性等级评定方法得出的结果更精准。

若将目标使用期调整为 30 年，则该结构所有的墙体抗力都大于荷载效应，即构件的安全性等级都为 a_u 级，因此，该上部结构安全性等级被评为 A_u 级。

附录 A　框架—剪力墙子结构的判断矩阵及构件权重系数

如图 15-7 所示框剪—剪力墙结构的判断矩阵为：

C= [1 1 1 1/2 1/2 1/3 1 1 1/3 1 1 1 1/3 1/3 1/3 1 1 1/3 1 1 1 1/3 1/3 1/3 1 1 1/3 1 1 1 1/2 1/2;

1 1 1 1/2 1/2 1/3 1 1 1/3 1 1 1 1/3 1/3 1/3 1 1 1/3 1 1 1 1/3 1/3 1/3 1 1 1/3 1 1 1 1/2 1/2;

1 1 1 1/2 1/2 1/3 1 1 1/3 1 1 1 1/3 1/3 1/3 1 1 1/3 1 1 1 1/3 1/3 1/3 1 1 1/3 1 1 1 1/2 1/2;

2 2 2 1 1 1/2 2 2 1/2 2 2 2 1/2 1/2 1/2 2 2 1/2 2 2 2 1/2 1/2 1/2 2 2 1/2 2 2 2 1 1;

2 2 2 1 1 1/2 2 2 1/2 2 2 2 1/2 1/2 1/2 2 2 1/2 2 2 2 1/2 1/2 1/2 2 2 1/2 2 2 2 1 1;

3 3 3 2 2 1 3 3 1 3 3 3 1 1 1 3 3 1 3 3 3 1 1 1 3 3 1 3 3 3 2 2;

1 1 1 1/2 1/2 1/3 1 1 1/3 1 1 1 1/3 1/3 1/3 1 1 1/3 1 1 1 1/3 1/3 1/3 1 1 1/3 1 1 1 1/2 1/2;

1 1 1 1/2 1/2 1/3 1 1 1/3 1 1 1 1/3 1/3 1/3 1 1 1/3 1 1 1 1/3 1/3 1/3 1 1 1/3 1 1 1 1/2 1/2;

3 3 3 2 2 1 3 3 1 3 3 3 1 1 1 3 3 1 3 3 3 1 1 1 3 3 1 3 3 3 2 2;

1 1 1 1/2 1/2 1/3 1 1 1/3 1 1 1 1/3 1/3 1/3 1 1 1/3 1 1 1 1/3 1/3 1/3 1 1 1/3 1 1 1 1/2 1/2;

1 1 1 1/2 1/2 1/3 1 1 1/3 1 1 1 1/3 1/3 1/3 1 1 1/3 1 1 1 1/3 1/3 1/3 1 1 1/3 1 1 1 1/2 1/2;

1 1 1 1/2 1/2 1/3 1 1 1/3 1 1 1 1/3 1/3 1/3 1 1 1/3 1 1 1 1/3 1/3 1/3 1 1 1/

3 1 1 1 1/2 1/2；

3 3 3 2 2 1 3 3 1 3 3 3 1 1 1 3 3 1 3 3 3 1 1 1 3 3 1 3 3 3 2 2；

3 3 3 2 2 1 3 3 1 3 3 3 1 1 1 3 3 1 3 3 3 1 1 1 3 3 1 3 3 3 2 2；

3 3 3 2 2 1 3 3 1 3 3 3 1 1 1 3 3 1 3 3 3 1 1 1 3 3 1 3 3 3 2 2；

1 1 1 1/2 1/2 1/3 1 1 1/3 1 1 1 1/3 1/3 1/3 1 1 1/3 1 1 1 1/3 1/3 1/3 1 1 1/3 1 1 1 1/2 1/2；

1 1 1 1/2 1/2 1/3 1 1 1/3 1 1 1 1/3 1/3 1/3 1 1 1/3 1 1 1 1/3 1/3 1/3 1 1 1/3 1 1 1 1/2 1/2；

3 3 3 2 2 1 3 3 1 3 3 3 1 1 1 3 3 1 3 3 3 1 1 1 3 3 1 3 3 3 2 2；

1 1 1 1/2 1/2 1/3 1 1 1/3 1 1 1 1/3 1/3 1/3 1 1 1/3 1 1 1 1/3 1/3 1/3 1 1 1/3 1 1 1 1/2 1/2；

1 1 1 1/2 1/2 1/3 1 1 1/3 1 1 1 1/3 1/3 1/3 1 1 1/3 1 1 1 1/3 1/3 1/3 1 1 1/3 1 1 1 1/2 1/2；

1 1 1 1/2 1/2 1/3 1 1 1/3 1 1 1 1/3 1/3 1/3 1 1 1/3 1 1 1 1/3 1/3 1/3 1 1 1/3 1 1 1 1/2 1/2；

3 3 3 2 2 1 3 3 1 3 3 3 1 1 1 3 3 1 3 3 3 1 1 1 3 3 1 3 3 3 2 2；

3 3 3 2 2 1 3 3 1 3 3 3 1 1 1 3 3 1 3 3 3 1 1 1 3 3 1 3 3 3 2 2；

3 3 3 2 2 1 3 3 1 3 3 3 1 1 1 3 3 1 3 3 3 1 1 1 3 3 1 3 3 3 2 2；

1 1 1 1/2 1/2 1/3 1 1 1/3 1 1 1 1/3 1/3 1/3 1 1 1/3 1 1 1 1/3 1/3 1/3 1 1 1/3 1 1 1 1/2 1/2；

1 1 1 1/2 1/2 1/3 1 1 1/3 1 1 1 1/3 1/3 1/3 1 1 1/3 1 1 1 1/3 1/3 1/3 1 1 1/3 1 1 1 1/2 1/2；

3 3 3 2 2 1 3 3 1 3 3 3 1 1 1 3 3 1 3 3 3 1 1 1 3 3 1 3 3 3 2 2；

1 1 1 1/2 1/2 1/3 1 1 1/3 1 1 1 1/3 1/3 1/3 1 1 1/3 1 1 1 1/3 1/3 1/3 1 1 1/3 1 1 1 1/2 1/2；

1 1 1 1/2 1/2 1/3 1 1 1/3 1 1 1 1/3 1/3 1/3 1 1 1/3 1 1 1 1/3 1/3 1/3 1 1 1/3 1 1 1 1/2 1/2；

1 1 1 1/2 1/2 1/3 1 1 1/3 1 1 1 1/3 1/3 1/3 1 1 1/3 1 1 1 1/3 1/3 1/3 1 1 1/3 1 1 1 1/2 1/2；

2 2 2 1 1 1/2 2 2 1/2 2 2 2 1/2 1/2 1/2 2 2 1/2 2 2 2 1/2 1/2 1/2 2 2 1/2 2 2 2 1 1；

2 2 2 1 1 1/2 2 2 1/2 2 2 2 1/2 1/2 1/2 2 2 1/2 2 2 2 1/2 1/2 1/2 2 2 1/2 2 2 2 1 1；]

计算得到权重向量为：

$\boldsymbol{\omega}=$［0.0177　0.0177　0.0177　0.0326　0.0326　0.0551　0.0177　0.0177

0.0551 0.0177 0.0177 0.0177 0.0551 0.0551 0.0551 0.0177 0.0177 0.0551 0.0177 0.0177 0.0177 0.0551 0.0551 0.0551 0.0177 0.0177 0.0551 0.0177 0.0177 0.0177 0.0326 0.0326]

附录 B 子结构（一层结构）中构件权重系数的比值确定

按层次分析法计算子结构（一层结构）中不同构件权重系数的比值，取 $\sigma^2=1/16$，显著性水平 $\alpha=0.05$。

B1 单层工业厂房

B1.1 $\boldsymbol{U}=$（边柱 中柱 屋架 屋面板 吊车梁）$=$（U_1 U_2 U_3 U_4 U_5）

$$\boldsymbol{C}=(c_{ij})_{5\times5}=\begin{bmatrix}1 & 1/2 & 2 & 4 & 2\\ 2 & 1 & 3 & 6 & 3\\ 1/2 & 1/3 & 1 & 2 & 1\\ 1/4 & 1/6 & 1/2 & 1 & 1/2\\ 1/2 & 1/3 & 1 & 2 & 1\end{bmatrix} \tag{B-1}$$

权重向量为 $\boldsymbol{\omega}=[0.2490\quad 0.4180\quad 0.1316\quad 0.0697\quad 0.1316]$，$\chi^2=1.92<\chi^2_{1-0.05}(25)=37.65$，满足一致性要求。

各种构件权重系数比值为［边柱：中柱：屋架：屋面板：吊车梁］＝［3.57：6.00：1.89：1.00：1.89］。

B1.2 $\boldsymbol{U}=$（边柱 中柱 屋架 屋面板）$=$（U_1 U_2 U_3 U_4）

$$\boldsymbol{C}=(c_{ij})_{4\times4}=\begin{bmatrix}1 & 1/2 & 2 & 4\\ 2 & 1 & 3 & 6\\ 1/2 & 1/3 & 1 & 2\\ 1/4 & 1/6 & 1/2 & 1\end{bmatrix} \tag{B-2}$$

权重向量为 $\boldsymbol{\omega}=[0.2830\quad 0.4891\quad 0.1519\quad 0.0760]$，$\chi^2=1.55<\chi^2_{1-0.05}(16)=26.30$，满足一致性要求。

各种构件权重系数比值为［边柱：中柱：屋架：屋面板］＝［3.73：6.44：2.00：1.00］。

B1.3 $\boldsymbol{U}=$（边柱 中柱 屋架 吊车梁 檩条）$=$（U_1 U_2 U_3 U_4 U_5）

$$C=(c_{ij})_{5\times5}=\begin{bmatrix}1 & 1/2 & 2 & 2 & 5\\ 2 & 1 & 3 & 3 & 7\\ 1/2 & 1/3 & 1 & 1 & 3\\ 1/2 & 1/3 & 1 & 1 & 3\\ 1/5 & 1/7 & 1/3 & 1/3 & 1\end{bmatrix} \tag{B-3}$$

权重向量为 ω＝［0.2526　0.4192　0.1388　0.1388　0.0506］，$\chi^2=3.71<\chi^2_{1-0.05}$（25）＝37.65，满足一致性要求。

各种构件权重系数比值为［边柱：中柱：屋架：吊车梁：檩条］＝［4.99：8.28：2.74：2.74：1.00］。

B2　多层混合结构房屋

B2.1　U＝（楼（屋）面板　墙体）＝（U_1　U_2）

$$C=(c_{ij})_{2\times2}=\begin{bmatrix}1 & 1/3\\ 3 & 1\end{bmatrix} \tag{B-4}$$

权重向量为 ω＝［0.2500　0.7500］，为完全一致阵。

各种构件权重系数比值为［楼（屋）面板：墙体］＝［1.00：3.00］。

B2.2　U＝（楼（屋）面板　次梁　主梁　柱　墙体）＝（U_1　U_2　U_3　U_4　U_5）

$$C=(c_{ij})_{5\times5}=\begin{bmatrix}1 & 1/2 & 1/3 & 1/5 & 1/5\\ 2 & 1 & 1/2 & 1/3 & 1/3\\ 3 & 2 & 1 & 1/2 & 1/2\\ 5 & 3 & 2 & 1 & 1\\ 5 & 3 & 2 & 1 & 1\end{bmatrix} \tag{B-5}$$

权重向量为 ω＝［0.0608　0.1072　0.1798　0.3261　0.3261］，$\chi^2=2.63<\chi^2_{1-0.05}$（25）＝37.65，满足一致性要求。

各种构件权重系数比值为［楼（屋）面板　次梁　主梁　柱　墙体］＝［1.00：1.76：2.96：5.36：5.36］。

B3　多高层框架结构

U＝（楼（屋）面板　梁　边柱　中柱）＝（U_1　U_2　U_3　U_4）

$$C=(c_{ij})_{4\times4}=\begin{bmatrix}1 & 1/2 & 1/3 & 1/5\\ 2 & 1 & 1/2 & 1/3\\ 3 & 2 & 1 & 1/2\\ 5 & 3 & 2 & 1\end{bmatrix} \tag{B-6}$$

权重向量为 ω＝［0.0883　0.1575　0.2718　0.4824］，$\chi^2=2.03<\chi^2_{1-0.05}$

(16) =26.30，满足一致性要求。

各种构件权重系数比值为［楼（屋）面板：梁：边柱：中柱］=［1.00：1.78：3.08：5.46］。

B4 多高层框架剪力墙结构

B4.1 $\boldsymbol{U}$=（楼（屋）面板 梁 边柱 中柱 剪力墙）=（U_1 U_2 U_3 U_4 U_5）

$$\boldsymbol{C}=(c_{ij})_{5\times5}=\begin{bmatrix}1 & 1/2 & 2 & 4 & 2\\ 2 & 1 & 3 & 6 & 3\\ 1/2 & 1/3 & 1 & 2 & 1\\ 1/4 & 1/6 & 1/2 & 1 & 1/2\\ 1/2 & 1/3 & 1 & 2 & 1\end{bmatrix} \tag{B-7}$$

权重向量为 $\boldsymbol{\omega}$=［0.0608 0.1072 0.1798 0.3261 0.3261］，$\chi^2=2.63<\chi^2_{1-0.05}(25)=37.65$，满足一致性要求。

各种构件权重系数比值为［楼（屋）面板：梁：边柱：中柱：剪力墙］=［1.00：1.76：2.96：5.36：5.36］。

B4.2 $\boldsymbol{U}$=（楼（屋）面板 边柱 中柱 剪力墙）=（U_1 U_2 U_3 U_4）

$$\boldsymbol{C}=(c_{ij})_{4\times4}=\begin{bmatrix}1 & 1/2 & 1/4 & 1/4\\ 2 & 1 & 1/2 & 1/2\\ 4 & 2 & 1 & 1\\ 4 & 2 & 1 & 1\end{bmatrix} \tag{B-8}$$

权重向量为 $\boldsymbol{\omega}$=［0.0909 0.1818 0.3636 0.3636］，为完全一致阵。

各种构件权重系数比值为［楼（屋）面板：边柱：中柱：剪力墙］=［1.00：2.00：4.00：4.00］。

B5 多高层剪力墙结构

B5.1 $\boldsymbol{U}$=（楼（屋）面板 剪力墙）=（U_1 U_2）

$$\boldsymbol{C}=(c_{ij})_{2\times2}=\begin{bmatrix}1 & 1/3\\ 3 & 1\end{bmatrix} \tag{B-9}$$

权重向量为 $\boldsymbol{\omega}$=［0.2500 0.7500］，为完全一致阵。

各种构件权重系数比值为［楼（屋）面板：剪力墙］=［1.00：3.00］。

5.2 $\boldsymbol{U}$=（楼（屋）面板 梁 剪力墙）=（U_1 U_2 U_3）

$$\boldsymbol{C}=(c_{ij})_{3\times3}=\begin{bmatrix}1 & 1/2 & 1/5\\ 2 & 1 & 1/3\\ 5 & 3 & 1\end{bmatrix} \tag{B-10}$$

权重向量为 $\boldsymbol{\omega}=[0.0909 \quad 0.1818 \quad 0.3636 \quad 0.3636]$，$\chi^2=0.43<\chi^2_{1-0.05}(9)=16.92$，满足一致性要求。

各种构件权重系数比值为［楼（屋）面板：梁：剪力墙］＝［1.00：1.88：5.30］。

参考文献

［1］顾祥林，陈少杰，张伟平．既有建筑结构体系可靠性评估实用方法［J］．结构工程师，2007，23（4）：12-17.

［2］荣海澄，马建勋．结构可靠性评判中构件权系数的计算研究［J］．西安交通大学学报，2001，35（12）：1299-1304.

［3］张协奎，成文山，李树丞．层次分析法在房屋完损等级评定中的应用［J］．基建优化，1997，18（2）：32-35.

［4］张波．AHP 基本原理简介［J］．西北大学学报（自然科学版），1998，28（2）：109-113.

［5］苏炜，汪箐，吴小柏，等．应用层次分析法确定现有建筑价值评估中影响因素的权重［J］．河南科学，1999，17（2）：200-204.

［6］黄德所，张俊学．层次分析法中特征向量法确定权重向量的理论［A］．1998 中国控制与决策学术年会论文集［C］，大连：大连海事大学出版社，1998：879-882.

［7］许树柏．层次分析法原理［M］．天津：天津大学出版社，1988.

［8］吴泽宁，张文鸽，管新建．AHP 中判断矩阵一致性检验和修正的统计方法［J］．系统工程，2002，20（3）：67-71.

［9］徐茂波，李惠明，刘西拉．建筑结构体系可靠性评价的一个新方法［J］．建筑结构学报，1997，18（6）：41-45.

［10］陈少杰，顾祥林，张伟平．层次分析法在既有建筑结构体系可靠性评定中的应用［J］．结构工程师，2005，21（2）：31-35.

［11］叶献国，种讯，李康宁，等．Pushover 方法与循环反复加载分析的研究［J］．合肥工业大学学报（自然科学版），2001，21（6）：1019-1024.

［12］李森楠．SAP2000 入门与工程上之应用［M］．台北：成阳出版社，2003.

［13］Habibullah A，Pyle S. Practical three dimensional nonlinear static pushover analysis［J］．Structure，Winter，1998.

［14］顾祥林，张伟平，管小军，等．上海市公安局宝山分局泗塘派出所办公楼加层扩建工程结构抗震鉴定报告［R］．同济大学建设工程抗震鉴定委员会，2004 年 8 月．